特种设备金属材料焊接技术

上海市特种设备监督检验技术研究院　组编

主　编　舒文华

副主编　薛季爱　薛小龙　顾福明

参　编　曹志明　李哲一　龚　文

　　　　许海翔　陆欢军　徐志会

　　　　叶上云　齐叔改　徐　峥

　　　　杨惠谷

机械工业出版社

本书较系统地介绍了特种设备金属材料焊接的工艺和技术，其主要内容包括：特种设备基本知识，特种设备用金属材料及焊接材料，特种设备制造常用焊接方法，焊接冶金及焊接接头形式，焊接结构制造质量保证，焊接应力与变形，焊接安全与保护，焊接缺陷及检验，锅炉焊接，压力容器焊接，压力管道焊接，起重机械焊接，电梯、客运索道及游乐设施焊接，场（厂）内专用机动车辆结构焊接等，本书对特种设备如锅炉、压力容器、压力管道、起重设备、电梯、客运索道、游乐设施焊接和场（厂）内专用机动车辆等焊接工艺进行了全面系统的介绍，并结合具体实例，介绍了焊接生产工艺。

　　本书结合特种设备的实际制造和现场安装的情况，吸取了特种设备焊接技术理论和实际经验。本书对制造安装企业和检验检测单位具有指导意义，可供制造安装企业和检验检测单位的工程技术人员、检验员、检验师及焊接人员等参考，也可作为特种设备金属类焊接作业人员的培训参考用书。

图书在版编目（CIP）数据

　　特种设备金属材料焊接技术/上海市特种设备监督检验技术研究院组编；舒文华主编. —北京：机械工业出版社，2023.1
　　ISBN 978-7-111-72215-1

　　Ⅰ.①特…　Ⅱ.①上…②舒…　Ⅲ.①金属材料－焊接工艺
Ⅳ.①TG457.1

　　中国版本图书馆 CIP 数据核字（2022）第 235417 号

机械工业出版社（北京市百万庄大街 22 号　邮政编码 100037）
策划编辑：侯宪国　　　　　　责任编辑：侯宪国　章承林
责任校对：李　杉　王　延　　封面设计：张　静
责任印制：刘　媛
北京盛通商印快线网络科技有限公司印刷
2023 年 4 月第 1 版第 1 次印刷
210mm×285mm·24.25 印张·780 千字
标准书号：ISBN 978-7-111-72215-1
定价：69.80 元

电话服务　　　　　　　　网络服务
客服电话：010-88361066　机　工　官　网：www.cmpbook.com
　　　　　010-88379833　机　工　官　博：weibo.com/cmp1952
　　　　　010-68326294　金　书　网：www.golden-book.com
封底无防伪标均为盗版　机工教育服务网：www.cmpedu.com

前　言

　　随着国民经济的快速发展，特种设备已经广泛应用于经济建设和人民生活的各个领域，已成为社会生产和人民生活中不可缺少的生产装备和生活设施。承压类特种设备，如锅炉、压力容器和压力管道，是石化工业装备的重要组成部分；机电类特种设备，如电梯、起重机械，是重要的输送和搬运工具。同时，特种设备在使用过程中具有较大的危险性，因此得到政府和社会的高度关注。设计的内容正确、制造的质量可靠、使用的状态完好是保证特种设备本质安全的关键。在特种设备制造过程中，焊接是非常重要的环节，焊接质量直接决定了产品的可靠性和安全性。随着特种设备行业迈入高质量发展新阶段，为提高特种设备焊接从业人员的素质，保证特种设备焊接质量，特编写本书。

　　本书是为了提高技术类特种设备的焊接质量，从特种设备本质安全出发，依据特种设备法律、法规、安全技术规范等要求，结合特种设备制造中与焊接有关的问题，由特种设备检验检测、制造和安装等企业的有关专家编写而成。本书对特种设备金属材料焊接及制造安装进行了全面系统的介绍，适合焊工学习、培训之用，也可供特种设备技术人员及安全监察人员参考。

　　本书由上海市特种设备监督检验技术研究院组编，上海锅炉厂有限公司、上海市安装工程集团有限公司和森松（江苏）重工有限公司上海分公司对本书的编写工作提供了强有力的支持。参加编写的人员有：舒文华、薛季爱、薛小龙、顾福明、曹志明、李哲一、龚文、许海翔、陆欢军、徐志会、叶上云、齐叔改、徐峥、杨惠谷，全书由舒文华统稿和审核。

　　本书的编写工作得到了上海市市场监督管理局有关领导的大力支持，在此表示衷心的感谢！

　　由于编者水平有限，书中难免会有不当之处，敬请广大读者批评指正。

编　者

目　录

特种设备基本知识

特种设备是工业生产和人民生活广泛应用的重要设备，同时也是一种比较容易发生事故的特殊设备，一旦发生事故，将直接危及作业人员或公众的安全和健康，因此，世界各主要工业国家都对特种设备实行国家安全监察。《中华人民共和国特种设备安全法》规定了特种设备的定义，其是指对人身和财产安全有较大危险性的锅炉、压力容器（含气瓶）、压力管道、电梯、起重机械、客运索道、大型游乐设施、场（厂）内专用机动车辆，以及法律、行政法规规定适用该法的其他特种设备。国家对特种设备实行目录管理，特种设备目录由国务院负责特种设备安全监督管理的部门制定，报国务院批准后执行。

特种设备作为一种具有危险性的设施，需要专业的安全技术和专业的安全管理来保障，特种设备的生产（包括设计、制造、安装、改造、维修）、经营、使用、检验、检测和特种设备安全的监督管理，都要遵守国家制定的特种设备安全法律、法规和规范。

焊接技术是特种设备制造、安装、改造和维修中广泛使用的关键工艺技术，在特种设备事故中，焊接问题是引起特种设备事故的重要原因之一。为保证特种设备的质量及使用安全，从事特种设备焊接作业的人员及相关工程技术人员，有必要了解特种设备的基本知识。

第一节 锅炉基本知识

一、锅炉的概念及分类

1. 概念

《特种设备目录》对锅炉有如下限制性定义：锅炉，是指利用各种燃料、电或者其他能源，将所盛装的液体加热到一定的参数，并通过对外输出介质的形式提供热能的设备，其范围规定为设计正常水位容积大于或者等于30L，且额定蒸汽压力大于或者等于0.1MPa（表压）的承压蒸汽锅炉；出口水压大于或者等于0.1MPa（表压），且额定功率大于或者等于0.1MW的承压热水锅炉；额定功率大于或者等于0.1MW的有机热载体锅炉。

锅炉由"锅"和"炉"以及为保证"锅"和"炉"安全运行所必需的安全附件、控制仪表、附属设备三大部分组成。

锅：指锅炉中水、水蒸气或有机热载体的密封受压部分，其作用是使工质吸收"炉"释放出的热量，从而达到一定的参数。主要包括：锅炉（汽包）、对流管、集箱（联箱）、过热器和省煤器等。

炉：指锅炉中燃料进行燃烧产生热量的部分，其作用是通过燃料燃烧释放出热量，供"锅"吸收。主要包括燃烧设备、炉墙、炉拱、烟箱、烟囱和钢架等。燃料在"炉"内通过燃烧产生高温烟气，经炉膛和各烟道向锅炉受热面放热，最后从锅炉尾部烟囱排出。

锅炉的附件和仪表：指安装在锅炉受压部件上用来控制锅炉安全和经济运行的一些附件与仪表装置。主要包括：安全阀、压力表、水位表、高低水位报警器、排污装置、给水系统、锅炉的汽水管道、常用阀门和有关仪表等。

锅炉附属设备：指燃料的供给与制备系统。主要包括：上煤、磨粉、燃煤、燃油、燃气装置以及鼓风机、引风机，出渣、清灰、空气预热、除尘等装置。

2. 分类

（1）类别和品种 按照《特种设备目录》，锅炉包括承压蒸汽锅炉、承压热水锅炉、有机热载体锅炉3

个类别，其中有机热载体锅炉又包括有机热载体气相炉和有机热载体液相炉两个品种，见表1-1。

表1-1 锅炉的类别和品种

代码	类别	品 种
1100	承压蒸汽锅炉	
1200	承压热水锅炉	
1300	有机热载体锅炉	
1310		有机热载体气相炉
1320		有机热载体液相炉

（2）级别 TSG G0001—2012《锅炉安全技术监察规程》将锅炉按照设备级别分为A级、B级、C级和D级4个级别。

1）A级锅炉。A级锅炉是指p（p是指锅炉额定工作压力，对蒸汽锅炉代表额定蒸汽压力，对热水锅炉代表额定出水压力，对有机热载体锅炉代表额定出口压力，下同）≥3.8MPa的锅炉，包括：

① 超临界锅炉，$p \geq 22.1$MPa。

② 亚临界锅炉，16.7MPa$\leq p < 22.1$MPa。

③ 超高压锅炉，13.7MPa$\leq p < 16.7$MPa。

④ 高压锅炉，9.8MPa$\leq p < 13.7$MPa。

⑤ 次高压锅炉，5.3MPa$\leq p < 9.8$MPa。

⑥ 中压锅炉，3.8MPa$\leq p < 5.3$MPa。

2）B级锅炉：

① 蒸汽锅炉，0.8MPa$< p < 3.8$MPa。

② 热水锅炉，$p < 3.8$MPa，且$t \geq 120$℃（t为额定出水温度，下同）。

③ 气相有机热载体锅炉，$Q > 0.7$MW（Q为额定热功率，下同）；液相有机热载体锅炉，$Q > 4.2$MW。

3）C级锅炉：

① 蒸汽锅炉，$p \leq 0.8$MPa，且$V > 50$L（V为设计正常水位水容积，下同）。

② 热水锅炉，$p < 3.8$MPa，且$t < 120$℃。

③ 气相有机热载体锅炉，0.1MW$< Q \leq 0.7$MW；液相有机热载体锅炉，0.1MW$< Q \leq 4.2$MW。

4）D级锅炉：

① 蒸汽锅炉，$p \leq 0.8$MPa，且30L$\leq V \leq 50$L。

② 汽水两用锅炉（其他汽水两用锅炉按照出口蒸汽参数和额定蒸发量分属以上各级锅炉），$p \leq 0.04$MPa，且$D \leq 0.5$t/h（D为额定蒸发量，下同）。

③ 仅用自来水加压的热水锅炉，且$t \leq 95$℃。

④ 气相或液相有机热载体锅炉，$Q \leq 0.1$MW。

（3）其他分类方法

1）按载热介质分，包括蒸汽锅炉、热水锅炉、汽水两用锅炉、热风炉和有机热载体锅炉。

2）按用途分，包括电站锅炉、工业锅炉、生活锅炉、船舶锅炉和机车锅炉。

3）按燃料和热源分，包括燃煤锅炉、燃油和燃气锅炉、燃生物质燃料锅炉、原子能锅炉、余热锅炉以及电热锅炉。

二、锅炉的主要参数

1. 额定蒸发量

锅炉每小时所产生的蒸汽数量，称为这台锅炉的蒸发量，用以表示其产汽的能力。蒸发量又称为"出力"或"容量"，用符号"D"表示，常用的单位是t/h。

锅炉蒸发率：指锅炉每平方米受热面积上每小时所产生的蒸发量，用符号"E"或"D/h"表示，单位是 $kg/(m^2 \cdot h)$。

对于热水锅炉是用受热面发热率来衡量的，即每平方米受热面积在每小时内所发出的热量，用符号"Q"来表示，单位是 MW。

热水锅炉的额定蒸发量：指锅炉在确定安全的前提下长期连续运行、每小时输出热水的有效供热量。

2. 额定蒸汽压力

压力：指垂直作用在单位面积上的力，通常叫压力（实际上是压强），用符号 p 表示，单位是 MPa。

额定蒸汽压力：指锅炉设计工作压力，它是根据所用金属材料的强度和受压元件的几何形状以及受压特点等条件，按照有关强度计算标准，对各个受压元件分别进行壁厚计算，然后从中选出一个所能承受压力的最低值，作为这台锅炉的最高允许使用压力。

锅炉铭牌上标示的压力是锅炉设计压力，又称额定工作压力。对有过热器的锅炉是指过热器出口处的蒸汽压力，对无过热器的锅炉是指锅筒内的蒸汽压力，对热水锅炉是指出水阀入口处的热水压力。

3. 额定蒸汽温度和额定热水温度

温度：指物体冷热的程度（通常用符号 t 表示）。测量温度常用的单位是℃。在锅炉设计计算中，常用热力学温度单位是 K。

蒸汽锅炉额定蒸汽温度：指锅炉输出蒸汽的最高工作温度。一般锅炉铭牌上载明的蒸汽温度是以℃表示的。对于小型锅炉，使用的蒸汽绝大多数是从锅筒上部的主汽阀直接引出的，其蒸汽温度是指该锅炉工作压力下的饱和蒸汽温度。对于有过热器的锅炉，其蒸汽温度是指过热器后主汽阀出口处的过热蒸汽温度。

热水锅炉额定热水温度：指锅炉输出热水的最高工作温度。锅炉铭牌上载明的热水温度也是以℃表示的。

三、锅炉的基本构成

锅炉被人们开始使用至今，是从结构上最简单的圆球形锅炉开始的，经过革新、演变，已出现各种不同种类、不同形式的锅炉，下面列举几种锅炉的结构形式。

（1）立式弯水管锅炉　立式弯水管锅炉主要受压部件有：锅壳封头（椭圆形封头）、炉胆、炉胆封头（椭圆形封头）和U形下脚圈。炉胆内均匀布置 1~2 个圈弯水管，锅壳筒体弯水管外有烟箱包围。烟囱置于前烟箱顶上，锅壳封头上设有人孔，锅壳筒体下部设有 3~4 个手孔，以备检查清洗之用。立式弯水管锅炉如图 1-1 所示。

（2）燃油锅炉　燃油锅炉类型很多，图 1-2 所示是一种全自动燃油锅炉，该燃油锅炉是组合式的火管锅炉。火管锅炉是指在锅筒内设火管或烟管受热面，使高温烟气在烟管、火管内流动放热，水在管外筒内吸热。其结构主要由锅壳、波纹炉胆、前管板、后管板、烟管、燃烧器、燃烧控制系统、鼓风机、节风闸以及有关附件仪表所组成。

（3）管壳式余热锅炉　管壳式余热锅炉是指高温过程的气体流入蒸发器，在蒸发器的列管内放热，水在管外筒内吸热的锅炉。管壳式余热锅炉在结构上与换热器区别不大，它的简单形式是一个具有固定管板的列管式换热器，因而管壳式余热锅炉也可理解为一个特殊的换热器。

其他如电站锅炉、燃气锅炉和有机热载体锅炉等，其结构形式都是不同的，这里不再列举。

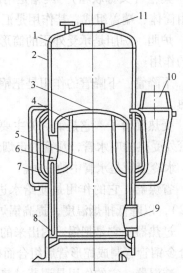

图 1-1　立式弯水管锅炉

1—锅壳封头　2—锅壳筒体　3—炉胆封头
4—弯水管　5—炉胆　6—喉管　7—外部弯水管
8—U形下脚圈　9—炉门　10—烟囱入口　11—人孔

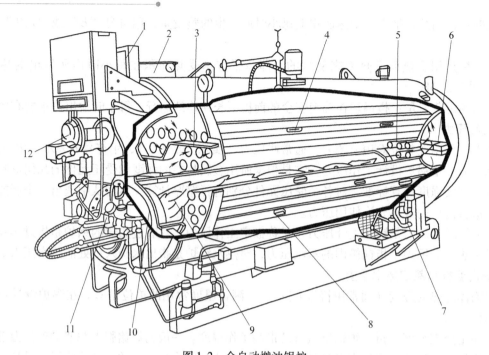

图 1-2　全自动燃油锅炉

1—助燃空气入口　2—烟囱出口　3—前隔板　4—四程　5—三程　6—后隔板　7—空气泵　8—次程
9—燃烧室（首程）　10—旋式节风闸　11—燃烧器组合　12—鼓风机马达

1. 锅炉的主要受压元件

（1）锅筒（也称"汽包"）和锅壳　锅筒是水管锅炉用以进行蒸汽净化、组成水循环回路和蓄水的筒形压力容器，由筒体和封头组成。锅壳是锅壳锅炉作为汽水空间外壳的筒形压力容器，由筒体、封头（或管板）组成，主要作用是汇集、储存，净化蒸汽和补充给水。

（2）集箱（又称联箱）　集箱是用以汇集或分配多根管子中工质（水、汽水混合物、蒸汽）的筒形压力容器，由筒体、端盖组成，其作用是汇集、分配锅水，保证对受热面可靠供水。

（3）炉胆　炉胆是承受外压的筒形炉膛，作为内燃式锅壳锅炉的燃烧空间和辐射受热面，起燃烧和吸收热量的作用。

（4）下降管　下降管的作用是把锅水送到下集箱，使受热面管子有足够的循环水量，保证运行。下降管应绝热。

（5）受热面管子　它是锅炉的主要受热面，由锅炉钢管制成，分为水管和火管，凡管内流水或汽水混合物、管外受热的叫水管，凡管内走烟气、管外被水冷却的叫烟管。烟管只用在小型锅炉中，水管用在各种锅炉中。水冷壁管是水管中的一种。

（6）省煤器　它的作用是使给水进入锅筒之前，被预先加热到某一温度（通常加热到低于饱和温度40～50℃），以降低排烟温度，提高锅炉热效率。

（7）过热器　它是把锅筒内出来的饱和蒸汽加热成过热蒸汽，以满足生产工艺的需要。过热器由碳钢或耐热合金钢管弯制成蛇形管后组合而成。

（8）减温器　它的作用是调节过热蒸汽的温度，将过热蒸汽的温度控制在规定的范围内，以确保安全和满足生产需要。

（9）再热器　它的作用是将汽轮机高压缸排出的蒸汽加热到与过热蒸汽相同或相近的温度后，再回到中低压缸去做功，以提高电站的热效率。

（10）下脚圈　它是连接炉胆和锅壳的部件，只用在立式锅炉中，采用 H 形、S 形等形式。

（11）炉门圈、喉管、冲天管　炉门圈是连接在锅壳和炉胆之间的让燃料进入燃烧室的一段管子，一般由锅炉钢板压制成椭圆形后焊接而成。喉管和冲天管均为连接在锅壳和炉胆之间烟气排出时所经过的一段管子，一般由无缝钢管制成。

2. 锅炉的安全附件

锅炉的安全附件主要是指锅炉上使用的安全阀、压力表、水位计、水位警报器、排污阀等，这些附件是锅炉运行中不可缺少的组成部分，特别是安全阀、压力表、水位计是保证锅炉安全运行的基本附件，常被称为锅炉三大安全附件。

安全阀的主要作用是当锅炉内的压力超过规定要求时自动开启，释放过高的压力，使锅炉回到正常的工作压力状态。

压力表、水位计是司炉正常操作的耳目，每台锅炉必须装有与锅筒蒸汽空间直接相连接的压力表。每台锅炉应在便于观察的位置装设两个彼此独立的水位计。

热水锅炉上的安全附件有安全阀、压力表、温度计、超温报警器和排污阀或放水阀。

锅炉上还有给水装置、自动调节装置和许多管道、阀门仪表，它们也与安全有关。

3. 锅炉的附属设备与管道

锅炉的附属设备与管道是保证锅炉连续可靠运行及燃料供给和有效工质顺利输送所配备的各种设备及系统。附属设备包括给煤设备、通风设备、出渣设备、除尘设备、水处理设备、给水设备、输油设备、送气设备、电气设备、管路系统及其他附属设备。

第二节 压力容器基本知识

一、压力容器的概念及分类

1. 概念

《特种设备目录》对压力容器有如下限制性定义：压力容器，是指盛装气体或者液体，承载一定压力的密闭设备，其范围规定为最高工作压力大于或者等于 0.1MPa（表压）的气体、液化气体和最高工作温度高于或者等于标准沸点的液体、容积大于或者等于 30L 且内直径（非圆形截面指截面内边界最大几何尺寸）大于或者等于 150mm 的固定式容器和移动式容器；盛装公称工作压力大于或者等于 0.2MPa（表压），且压力与容积的乘积大于或者等于 1.0MPa·L 的气体、液化气体和标准沸点等于或者低于 60℃ 液体的气瓶、氧舱。

2. 分类

压力容器的使用极其普遍，形式也很多，根据不同的要求，压力容器的分类方法可以有很多种。

（1）类别和品种 按照《特种设备目录》，压力容器包括固定式压力容器、移动式压力容器、气瓶、氧舱 4 个类别，每个类别又包括不同的品种，见表 1-2。

表 1-2 压力容器的分类

代码	类别	品种
2100	固定式压力容器	
2110		超高压容器
2130		第三类压力容器
2150		第二类压力容器
2170		第一类压力容器
2200	移动式压力容器	
2210		铁路罐车
2220		汽车罐车
2230		长管拖车
2240		罐式集装箱

（续）

代码	类别	品　　种
2250		管束式集装箱
2300	气瓶	
2310		无缝气瓶
2320		焊接气瓶
23T0		特种气瓶（内装填料气瓶、纤维缠绕气瓶、低温绝热气瓶）
2400	氧舱	
2410		医用氧舱
2420		高气压舱

固定式压力容器是指安装在固定位置使用的压力容器。对于为了某一特定用途、仅在装置或者场区内部搬动、使用的压力容器，以及可移动式空气压缩机的储气罐等按照固定式压力容器进行监督管理；过程装置中作为工艺设备的按压力容器设计制造的余热锅炉按照 TSG 21—2016《固定式压力容器安全技术监察规程》进行监督管理。

移动式压力容器是指由罐体或者大容积钢质无缝气瓶与走行装置或者框架采用永久性连接组成的运输装备，包括铁路罐车、汽车罐车、长管拖车、罐式集装箱和管束式集装箱等。

氧舱是指采用空气、氧气或者混合气体（指氧气与其他气体按照比例配制的可呼吸气体）等可呼吸气体为压力介质，用于人员在舱内进行治疗、适应性训练的载人压力容器。

（2）按设计压力分类　固定式压力容器的设计压力（p）划分为低压、中压、高压和超高压四个压力等级。

1）低压（代号 L），$0.1MPa \leqslant p < 1.6MPa$。

2）中压（代号 M），$1.6MPa \leqslant p < 10.0MPa$。

3）高压（代号 H），$10.0MPa \leqslant p < 100.0MPa$。

4）超高压（代号 U），$p \geqslant 100.0MPa$。

（3）按工艺作用分类　固定式压力容器按照在生产工艺过程中的作用原理，划分为反应压力容器、换热压力容器、分离压力容器、储存压力容器。

1）反应压力容器（代号 R），主要是用于完成介质的物理、化学反应的压力容器，如各种反应器、反应釜、聚合釜、合成塔、变换炉、煤气发生炉等。

2）换热压力容器（代号 E），主要是用于完成介质的热量交换的压力容器，如各种热交换器、冷却器、冷凝器、蒸发器等。

3）分离压力容器（代号 S），主要是用于完成介质的流体压力平衡缓冲和气体净化分离的压力容器，如各种分离器、过滤器、集油器、洗涤器、吸收塔、铜洗塔、干燥塔、汽提塔、分汽缸、除氧器等。

4）储存压力容器（代号 C，其中球罐代号 B），主要是用于储存或者盛装气体、液体、液化气体等介质的压力容器，如各种型式的储罐。

在一种压力容器中，如果同时具备两个以上的工艺作用原理时，应当按照工艺过程中的主要作用来划分。

（4）按安全监察管理分类　根据危险程度，TSG 21—2016《固定式压力容器安全技术监察规程》适用范围内的固定式压力容器划分为Ⅰ、Ⅱ、Ⅲ类，等同于特种设备目录品种中的第一、二、三类压力容器。该规程中超高压容器划分为第Ⅲ类压力容器，简单压力容器统一划分为第Ⅰ类压力容器，其中第Ⅲ类压力容器为事故危害性最严重的固定式压力容器。

固定式压力容器的分类应当根据介质特征，按照以下要求选择分类图，再根据设计压力 p（单位为MPa）和容积 V（单位为 m³），标出坐标点，确定固定式压力容器类别：

1）第一组介质（毒性危害程度为极度、高度危害的化学介质，易爆介质，液化气体），压力容器分类如图1-3所示；

2）第二组介质（除第一组以外的介质），压力容器分类如图1-4所示。

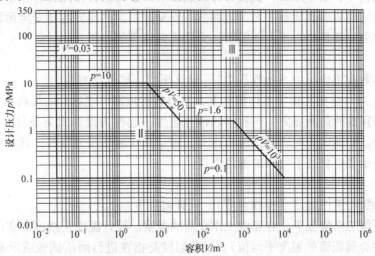

图1-3 固定式压力容器分类图——第一组介质

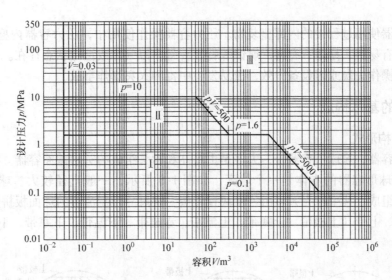

图1-4 固定式压力容器分类图——第二组介质

（5）按照生产单位许可划分 压力容器设计单位的许可项目分为3种，即压力容器分析设计（SAD）、固定式压力容器规则设计、移动式压力容器规则设计。

压力容器制造单位的许可项目分为4种，分别为：固定式压力容器，如大型高压容器（A1）、其他高压容器（A2）、球罐（A3）、非金属压力容器（A4）、超高压容器（A6）、中压及低压容器（D）；移动式压力容器，如铁路罐车（C1）、汽车罐车、罐式集装箱（C2）、长管拖车、管束式集装箱（C3）；氧舱（A5）；气瓶，如无缝气瓶（B1）、焊接气瓶（B2）、特种气瓶。

（6）其他分类方法

1）按容器的壁厚，可分为薄壁容器和厚壁容器。

2）按容器的承受压力方式，可分为内压容器和外压容器。

3）按容器的工作温度，可分为高温容器、常温容器、低温容器。

4）按容器壳体的几何形状，可分为球形容器、圆筒形容器、圆锥形容器等。

二、压力容器的主要参数

压力容器在长期运行中，由于压力、温度、介质腐蚀等因素的综合作用，容器中的缺陷可能进一步发展并形成新的缺陷。因此，压力容器运行中对工艺参数的安全控制，是压力容器安全运行的重要内容。压力容器运行中工艺参数的控制主要是指对压力、温度、介质腐蚀性等的控制。

1. 压力

压力容器的压力参数有工作压力（操作压力）、设计压力、试验压力等。

工作压力（操作压力）是指在正常工作情况下，压力容器顶部可能达到的最高压力（表压力）。设计压力是指设定的压力容器顶部的最高压力，与相应的设计温度一起作为设计载荷条件，其值不低于工作压力。试验压力是指耐压试验或泄漏试验时容器顶部的压力。对于真空绝热压力容器，真空度是衡量容器绝热性能的指标之一，真空度表示真空状态下气体的稀薄程度。

2. 温度

压力容器的温度参数有工作温度（操作温度）、设计温度等。

工作温度是指在正常工作情况下，容器内工作介质的温度。设计温度是指容器在正常工作情况下设定的元件金属温度（沿元件金属截面的温度平均值）。试验温度是指在进行耐压试验或泄漏试验时容器壳体的金属温度。

3. 介质

介质是指压力容器使用过程中的内部盛装物。压力容器操作使用中，压力容器内盛装各种各样的介质，其中不少介质往往具有易燃、易爆、有毒、腐蚀等特性，且多以气体或液体状态存在。在生产过程中，工艺生产条件苛刻，一旦操作失误或因设备失效，极易发生中毒和火灾爆炸事故。

三、压力容器的基本构成

1. 压力容器的结构形式

一般承受内压的容器，除球形容器外，大多是由筒体和封头组成的圆形截面容器。

（1）球形容器　球形容器的本体是一个球壳，如图 1-5 所示，一般直径较大。球形容器主要由球壳、支柱和部分辅助设施组成，其中球壳大多由若干块预先按一定尺寸压制成形的球面板拼焊而成。球壳分成若干带，如三带、五带、七带（上极带、上寒带、上温带、赤道带、下温带、下寒带、下极带），每带由若干球片组成。

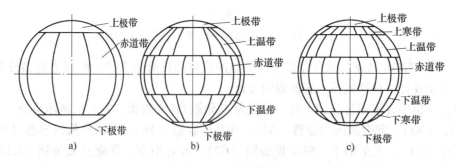

图 1-5　球形容器

球形容器的壳体是中心对称结构，应力分布均匀。当压力和直径相同时，球壳体应力是圆筒形壳体应力的一半，故而球形容器在压力载荷相同的情况下所需板材厚度最小，同时球形壳体的表面积要比容积相同的圆筒形壳体小，因而可节省大量材料。

但是，球形容器制造工艺较复杂、焊接质量要求高，内部工艺附件的安装比较困难，故一般作为储存容器。球形容器由于表面积小，可以减少隔热材料或减少热传导，广泛用作大型液化石油气、压缩氮气、氧气等介质的储罐，但有时也用作蒸汽直接加热的容器，如造纸工业中的蒸球等。

（2）圆形截面容器　圆形截面容器是最常用的一种压力容器，圆形截面容器主要是圆筒形容器。圆筒形容器制造工艺较简单，便于内部工艺附件的安装和工作介质的流动，因而广泛用作反应、换热和分离容器。圆筒形容器一般采用焊接结构，由筒体和两端的封头（端盖）、支座等组成，如图1-6所示。

圆筒形容器是轴对称结构，受力分布比较均匀，受力条件虽不如球形容器，但比其他结构形式好得多。此种结构没有形状突变，不会因形状产生较大的附加应力。

2. 压力容器的主要受压元件

固定式压力容器本体中的主要受压元件，包括筒节（含变径段）、球壳板、非圆形容器的壳板、封头、平盖、膨胀节、设备法兰、换热器的管板和换热管、M36以上（含M36）螺柱以及公称直径大于或者等于250mm的接管和管法兰。

移动式压力容器罐体中的主要受压元件包括筒体、封头以及公称直径大于或者等于50mm的接管、凸缘、法兰、法兰盖板等。

3. 压力容器的安全附件及仪表

固定式压力容器的安全附件，包括直接连接在压力容器上的安全阀、爆破片装置、易熔塞、紧急切断装置、安全联锁装置。固定式压力容器的仪表，包括直接连接在压力容器上的压力、温度、液位等测量仪表。

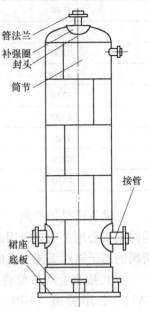

图1-6　圆筒形容器

移动式压力容器的安全附件包括安全泄放装置、紧急切断装置、压力测量装置、液位测量装置、温度测量装置、阻火器、导静电装置等。

氧舱的安全附件与安全保护装置及仪表包括安全阀、应急排放装置、安全保护联锁装置、接地装置，以及呼吸气体浓度、压力和氧舱工作压力、湿度、温度等运行参数自动测定、显示、记录、报警装置及仪表。

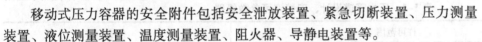

第三节　压力管道基本知识

一、压力管道的概念及分类

1. 概念

管道是指用于输送、分配、混合、分离、排放、计量、控制或者制止流体流动的，由管子、管件、阀门、法兰、垫片、螺栓、其他组成件和支承部件组成的装配总成。

《特种设备目录》对压力管道有如下限制性定义：压力管道，是指利用一定的压力，用于输送气体或者液体的管状设备，其范围规定为最高工作压力大于或者等于0.1MPa（表压），介质为气体、液化气体、蒸汽，或者是可燃、易爆、有毒、有腐蚀性、最高工作温度高于或者等于标准沸点的液体，且公称直径大于或者等于50mm的管道。公称直径小于150mm，且其最高工作压力小于1.6MPa（表压）的输送无毒、不可燃、无腐蚀性气体的管道和设备本体所属管道除外。其中，石油天然气管道的安全监督管理还应按照《安全生产法》《石油天然气管道保护法》等法律法规实施。

2. 分类

压力管道品种繁多，其分类方法有多种。

（1）按类别和品种　按照《特种设备目录》，压力管道包括长输管道、公用管道、工业管道3个类别，每个类别又包括不同的品种，见表1-3。

表1-3　压力管道的分类

代码	类别	品种
8100	长输管道	
8110		输油管道

（续）

代码	类别	品种
8120		输气管道
8200	公用管道	
8210		燃气管道
8220		热力管道
8300	工业管道	
8310		工艺管道
8320		动力管道
8330		制冷管道

长输管道是指产地、储存库、使用单位之间的用于输送商品介质的管道。公用管道是指城市或乡镇范围内的用于公用事业或民用的燃气管道和热力管道，划分为 GB1 级和 GB2 级。工业管道是指企业、事业单位所属的用于输送工艺介质的工艺管道、公用工程管道及其他辅助管道。

（2）按照生产单位许可划分　压力管道设计和安装单位的许可项目分为 3 种，即长输管道（GA1、GA2）、公用管道（GB1、GB2）、工业管道（GC1、GC2、GCD）。压力管道设计、安装许可参数级别见表 1-4。

表 1-4　压力管道设计、安装许可参数级别

许可级别	许可范围	备注
GA1	1. 设计压力大于或者等于 4.0MPa（表压，下同）的长输输气管道 2. 设计压力大于或者等于 6.3MPa 的长输输油管道	GA1 级覆盖 GA2 级
GA2	GA1 级以外的长输管道	—
GB1	燃气管道	—
GB2	热力管道	—
GC1	1. 输送《危险化学品目录》中规定的毒性程度为急性毒性类别 1 介质、急性毒性类别 2 气体介质和工作温度高于其标准沸点的急性毒性类别 2 液体介质的工艺管道 2. 输送 GB 50160—2008《石油化工企业设计防火标准》、GB 50016—2014《建筑设计防火规范》中规定的火灾危险性为甲、乙类可燃气体或者甲类可燃液体（包括液化烃），并且设计压力大于或者等于 4.0MPa 的工艺管道 3. 输送流体介质，并且设计压力大于或者等于 10.0MPa，或者设计压力大于或者等于 4.0MPa 且设计温度高于或者等于 400℃的工艺管道	GC1 级覆盖 GC2 级
GC2	1. GC1 级以外的工艺管道 2. 制冷管道	—
GCD	动力管道	GCD 级覆盖 GC2 级

压力管道元件制造单位许可项目分为 6 种，即压力管道管子、压力管道阀门、压力管道管件、压力管道法兰、补偿器、元件组合装置。

（3）其他分类方法

1）根据承受内压情况分类，可以将管道分为真空管道、低压管道、中压管道、高压管道、超高压管道，其内压划分界限与压力容器相同。

2）按压力管道的操作温度分类，可分为高温管道、常温管道、低温管道等。

3）根据管道的材料分类，可以分为碳钢管道、不锈钢管道、合金钢管道、有色金属管道、非金属管道、复合材料管道、特种材料管道等。

4）按管子壁厚分类，可以分为厚壁管道和薄壁管道。

5）根据压力管道输送的介质分类，可以分为工艺管道、燃气管道、蒸汽管道等，其中工艺管道可以根据各种输送的介质名称命名各种管道。

二、压力管道的主要参数

1. 压力和温度

压力和温度是压力管道使用过程中两个主要的工艺控制指标。使用压力和使用温度是管道设计、选材、制造和安装的依据。只有严格按照压力管道安全操作规程中规定的控制操作压力和操作温度运行，才能保证管道的使用安全。

2. 介质

压力管道介质成分的控制是压力管道运行控制极为重要的参数之一。腐蚀介质含量的超标、原料性质的恶劣，必然对压力管道产生危害。此外，腐蚀介质成分、含水量、气相液相的不同、流速和流动状态差异、颗粒的大小都会影响腐蚀失效的程度。压力管道的设计、管道的选材、安装的焊接工艺、焊接材料、焊后热处理等均取决于管道输送的介质、介质的成分及相应的运行工况。

三、压力管道的基本构成

1. 压力管道元件

管道组成件和支承件在我国现行压力管道法规中统称为压力管道元件。

1）管道组成件：指用于连接或装配成承受压力且密封的管道系统的元件，包括管子、管件、法兰、密封件、紧固件、阀门、安全保护装置以及膨胀节、挠性接头、耐压软管、过滤器（如 Y 型、T 型等）、管路中的节流装置（如孔板）和分离器等。

2）管道支承件：是将管道荷载，包括管道的自重、输送流体的重量、由于操作压力和温差所造成的荷载以及振动、风力、地震、雪载、冲击和位移应变引起的荷载等传递到管架结构上的元件，包括吊杆、弹簧支吊架、斜拉杆、平衡锤、松紧螺栓、支承杆、链条、导轨、鞍座、底座、滚柱、托座、滑动支座、吊耳、管吊、卡环、管夹、U 形夹和夹板等。

进一步还可细分如下：

1）金属管子：包括无缝钢管、焊接钢管、铸铁管和有色金属管等。

2）金属管件：包括弯头、三通、异径管、管帽等。

3）钢制管法兰：包括平焊法兰、堆焊法兰、松套法兰等，其系统中也包括垫片和紧固件。法兰通常与垫片、螺栓紧固件共同组成管道的可拆卸的连接机构。

4）阀门：是流体输送系统中的控制部件，具有截止、调节、导流、防止逆流、稳压、分流或溢流泄压等功能，包括闸阀、截止阀、止回阀、球阀、蝶阀、隔膜阀、疏水阀等。

5）管道补偿器：包括金属波纹补偿器、非金属补偿器、套筒补偿器、方形补偿器等。

6）非金属管材及管件：是指压力管道系统上使用的非金属材料的各类管件，主要包括聚乙烯、防腐蚀等材料的各类管件、阀门、波纹管等产品。

7）支吊架：支吊架按其支承形式，下部支承管重的叫支架，上方吊挂承重的称为吊架，通称为支吊架，简称为支架。

8）组合装置：由两种或两种以上管道元件（如阀门、管件、法兰等）组成的小型设备，可称为元件组合装置。

9）阻火器：是安装在输送和排放可燃气体的管道上，用以阻止因回火而引起火焰在管道内传播的安全设备，主要由阻火层、壳体、连接件组成。

10）过滤器：用于管道上除去流体中的固体杂质，保证机器设备（包括压缩机、泵等）、仪表能正常工作和运转，也可用来提高产品纯度和净化气体等。

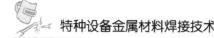

11）减温减压装置：是一种将蒸汽参数进行转换的装置，可将输送来的一次蒸汽进行减温减压，即将一次蒸汽的压力和温度降低到用户所需要的二次蒸汽压力和温度，以满足用户对二次蒸汽参数的要求。

12）减振装置：是用于控制管系高频低幅振动或低频高幅晃动的装置。

13）阻尼装置：是用于控制管道瞬时冲击载荷或管系高速振动位移的装置。

压力管道的构成是根据其功能的要求和所处的位置不同而各不相同的，所需的元器件有多有少，有的非常简单，有的比较复杂，但是最基本的元件一般由管子、管件、阀门、支吊架、保温件等组成。

压力管道一般用单线图表示。图1-7所示的单线图给出了管道系统组成示例，其中构成管道系统的元器件比较多，包括管件、阀门、连接件、附件、支架等。

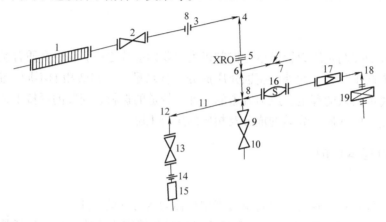

图1-7　管道系统组成示例

1—波纹管　2、10、13—阀门　3—"8"字形盲通板　4、12、18—弯头　5—节流孔板　6—三通　7—斜三通
8—四通　9—异径管　11—滑动支架　14—活接头　15—疏水器　16—视镜　17—过滤器　19—阻火器

2. 压力管道的安全装置

压力管道安全保护装置是指为保证压力管道系统安全运行而装设在系统中的附属装置，包括安全泄压装置、计量显示装置、联锁装置、警报装置等。安全保护装置的设计、制造、安装应符合有关的国家及行业标准。压力管道使用时，其安全保护装置必须按照工艺设计要求配置齐全，必须定期维护和校验，确保安全保护装置的完好、灵敏、可靠。

安全泄压装置是指当管道或系统内介质压力超过额定压力时，能自动泄放部分或全部气体，以防止压力持续升高而威胁到管道正常使用的自动装置，如安全阀、爆破片等。

计量显示装置是指用以显示管道运行时内部介质的实际状况的装置，如压力表、温度计、自动分析仪等。

联锁装置是指能依照设定的工艺参数自动调节，保证该工艺参数稳定在一定范围内的控制机构，能起到防止人为操作失误的作用，包括紧急切断装置、减压阀、调节阀、温控器等。

警报装置是指压力管道在运行过程中温度、压力等出现异常时能自动发出声响或其他明显报警信号的仪器，如压力报警器、温度监控报警器等。

第四节　起重机械基本知识

一、起重机械的概念及分类

1. 概念

起重机械是使用吊钩或其他取物装置吊挂重物，通过各机构的间歇性工作，完成重物的起升、下降、移动等运动，实现各种物料的起重、运输、装卸、安装和人员输送等工作。

根据《特种设备目录》，起重机械是指用于垂直升降或者垂直升降并水平移动重物的机电设备，其范围规定为额定起重量大于或者等于 0.5t 的升降机；额定起重量大于或者等于 3t（或额定起重力矩大于或者等于 40t·m 的塔式起重机，或生产率大于或者等于 300t/h 的装卸桥），且提升高度大于或者等于 2m 的起重机；层数大于或者等于 2 层的机械式停车设备。

2. 分类

起重机械按其功能和结构特点，分轻小型起重设备、起重机、升降机、工作平台和机械式停车设备 5 类，其中轻小型起重设备包括千斤顶、滑车、起重葫芦、卷扬机；起重机包括桥架型起重机、臂架型起重机、缆索型起重机；升降机包括升船机、启闭机、施工升降机、举升机；工作平台包括桅杆爬升式升降工作平台、移动式升降工作平台。

按照《特种设备目录》，起重机械分为桥式起重机、门式起重机、塔式起重机、流动式起重机、门座式起重机、升降机、缆索式起重机、桅杆式起重机和机械式停车设备等 9 大类别 25 个品种，见表 1-5。

表 1-5　起重机械的分类

代码	类别	品种
4100	桥式起重机	
4110		通用桥式起重机
4130		防爆桥式起重机
4140		绝缘桥式起重机
4150		冶金桥式起重机
4170		电动单梁起重机
4190		电动葫芦桥式起重机
4200	门式起重机	
4210		通用门式起重机
4220		防爆门式起重机
4230		轨道式集装箱门式起重机
4240		轮胎式集装箱门式起重机
4250		岸边集装箱起重机
4260		造船门式起重机
4270		电动葫芦门式起重机
4280		装卸桥
4290		架桥机
4300	塔式起重机	
4310		普通塔式起重机
4320		电站塔式起重机
4400	流动式起重机	
4410		轮胎起重机
4420		履带起重机
4440		集装箱正面吊运起重机
4450		铁路起重机
4700	门座式起重机	
4710		门座起重机
4760		固定式起重机
4800	升降机	
4860		施工升降机
4870		简易升降机
4900	缆索式起重机	
4A00	桅杆式起重机	
4D00	机械式停车设备	

桥式起重机是指桥架梁通过运行装置直接支承在轨道上的起重机，如图 1-8a 所示。门式起重机是指桥架梁通过支腿支承在轨道上的起重机，如图 1-8b 所示。塔式起重机是指臂架安装在垂直塔身顶部的回转式臂架型起重机，如图 1-8c 所示。流动式起重机是指可以配置立柱（塔柱），能在负载或不负载情况下沿无轨道路面行驶，且依靠自重保持稳定的臂架型起重机，如图 1-8d 所示。门座起重机是指安装在门座上，下方可通过铁路或公路车辆的移动式回转起重机，如图 1-8e 所示。固定式起重机是指固定在基础或其他静止不动的基座上的起重机，如图 1-8f 所示。缆索式起重机是指挂有取物装置的起重小车沿架空承载索运行的起重机，如图 1-8g 所示。桅杆式起重机是指臂架铰接在上下两端均有支承的垂直桅杆下部的回转起重机，如图 1-8h 所示。机械式停车设备是指用于自动存取和停放汽车的专用机电设备，如图 1-8i 所示。

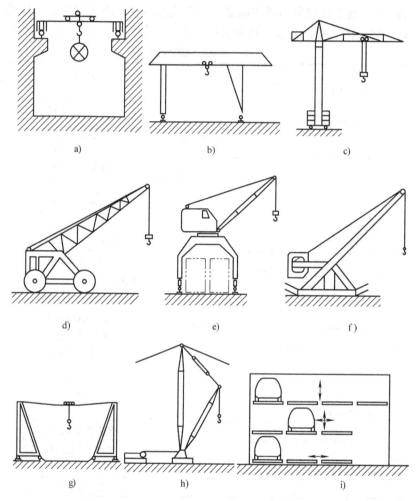

a) b) c)

d) e) f)

g) h) i)

图 1-8　起重机械按品种分类示意图

二、起重机械的主要参数

起重机械的参数是表明起重机械工作性能的指标，也是设计的依据。起重机械的主要参数包括起重量（额定起重量）、跨度、轨距、基距、幅度、起重力矩、轮压、起升高度、下降深度、工作运动速度等。

1. 起重量

1）额定起重量：在正常工作条件下，对于给定的起重机类型和载荷位置，起重机设计能起升的最大净起重量。对于流动式起重机为起重挠性件下起重量。通常情况下所讲的起重量，都是指额定起重量。

2）净起重量：吊挂在起重机固定吊具上起升的重物质量。

3）总起重量：直接吊挂在起重机上的重物的质量。

4）有效起重量：吊挂在起重机可分吊具上或无此类吊具，直接吊挂在固定吊具上起升的重物质量。

2. 跨度

跨度是指桥架型起重机运行轨道中心线之间的水平距离。桥式和门式起重机的跨度已有国家标准系列。

3. 轨距

轨距也称轮距，包括：

1）对于小车，为运行轨道中心线之间的距离。

2）对于臂架型起重机，为轨道中心线或起重机运行车轮踏面中心线之间的水平距离。

4. 基距

基距也称轴距，指沿平行于起重机纵向运行方向测定的起重机支承中心线之间的距离。

5. 幅度

幅度是指起重机置于水平场地时，从其回转平台的回转中心线至取物装置垂直中心线的水平距离。

6. 起重力矩

起重力矩是指幅度和与之对应的载荷两者之间的乘积。

7. 轮压

轮压是指起重机一个车轮作用在轨道或地面上的最大垂直载荷。

8. 起升高度和下降深度

起升高度是指起重机支承面至取物装置最高工作位置之间的垂直距离，下降深度是指起重机支承面至取物装置最低工作位置之间的垂直距离。

9. 工作运动速度

工作运动速度主要包括：在稳定运行状态下，工作载荷的垂直位移速度，即起升速度和下降速度；在稳定运行状态下，起重机回转部分的回转角速度，即回转速度；在稳定运行状态下，起重机的水平位移速度，即运行速度；在稳定运行状态下，小车做横移时的速度，即小车运行速度。

10. 工作级别

工作级别一般指整机的工作级别，表征起重机起重量和起重时间的利用程度以及工作循环次数的特性。根据 GB/T 3811—2008《起重机设计规范》，按起重机的使用等级和起升载荷状态级别，将整机的工作级别划分为 A1~A8 共 8 个级别。使用等级是指起重机的设计预期寿命期限内，从开始使用到最终报废能完成的总工作循环数，可划分为 U0~U9 共 10 个等级。起升载荷状态级别是指起重机的设计预期寿命期限内，各个有代表性的起升载荷值的大小及相对应的起吊次数，与起重机的额定起升载荷值的大小及总的起吊次数的比值情况，可划分为 Q1~Q4 共 4 个等级。

三、起重机械的基本构成

以最常见的通用桥式起重机为例，其基本组成包括：金属结构，如桥架（主梁）、端梁；机械传动装置，如起升机构、大车运行机构、小车运行机构；电气和控制装置，如司机室、电气箱（柜）、电阻器；安全防护装置，如制动器（安全制动器）、起重量限制器、起升高度（下降深度）限位器、行程限位、缓冲器、止挡。

1. 金属结构

以桥架（主梁）为例，桥架是供起重小车在其上横移用的、桥架型起重机的主要承载结构，也称起重机械的金属结构。金属结构是一台起重机械的骨骼，用以承载起重机械的机械、电气设备，支持重物的起吊重量，承受和传递作用在其上的各类载荷，形成作业空间。起重机械的金属结构主要有桥架结构、门架结构、臂架结构、人字架转台、转柱结构和车架结构。通用桥式起重机采用桥架结构，根据主梁结构形式，又分为箱型、偏轨箱型、桁架型等结构形式。

2. 机械传动装置

1）起升机构是使载荷升降的机构，由电动机、制动器、减速器、卷筒、钢丝绳、滑轮组、取物装置和传动装置等组成。

2）大车运行机构是使起重机本体运行的机构，由电动机、制动器、减速器、平衡台车、大车车轮和传动装置等组成。

3）小车运行机构是使起重小车横移的机构，由电动机、制动器、减速器、小车车轮和传动装置等组成。

3. 电气和控制装置

1）司机室是为操纵起重机而在其上或其最接近处专门设计、制造和配备的空间，由座椅、控制装置、取暖降温照明设备和安全防护装置组成。

2）电气箱（柜）是用于起重机械和电气设备控制元件、器件和设备安装放置的空间。

4. 安全防护装置

1）制动器是使起重机机构减速或停止和/或防止其运动的装置，分为卷筒制动器（安全制动器）、鼓式制动器、盘式制动器和防风制动器等。常见的制动器如图1-9所示。

图1-9　常见的制动器

2）起重量限制器是能自动防止起重机起吊超过规定的额定起重量的限制装置，如图1-10所示。

图1-10　起重量限制器

3）起升高度（下降深度）限位器是对起重机起升（下降）机构运动停止和/或限制的装置，如图1-11所示。

图1-11　起升高度（下降深度）限位器

4）行程限位是对起重机大车机构和小车机构运动停止和/或限制的装置，如图1-12所示。

5）缓冲器是缓和冲击的装置，一般沿运动方向设置在起重机端梁和小车外侧，如图1-13所示。

6）止挡是限制起重机和小车运动的装置，一般设置在起重机轨道和小车轨道的端部，如图1-14所示。

图1-12　行程限位

图1-13　缓冲器

图1-14　止挡

第五节　电梯基本知识

一、电梯的概念及分类

1. 概念

电梯，是指动力驱动，利用沿刚性导轨运行的箱体或者沿固定线路运行的梯级（踏步），进行升降或者平行运送人、货物的机电设备，包括载人（货）电梯、自动扶梯、自动人行道等。常见电梯井道布置如图1-15所示。

2. 分类

按照《特种设备目录》，电梯分为曳引与强制驱动电梯、液压驱动电梯、自动扶梯与自动人行道和其他类型电梯等4大类别10个品种，见表1-6。

（1）按用途分类

1）乘客电梯，指为运送乘客而设计的电梯。

2）载货电梯，指主要运送货物的电梯，同时允许有人员伴随。

3）客货（两用）电梯，指以运送乘客为主，可同时兼顾运送非集中载荷货物的电梯。

4）病床电梯（医用电梯），指运送病床（包括病人）及相关医疗设备的电梯。

5）住宅电梯，指服务于住宅楼供公众使用的电梯。

6）杂物电梯，指服务于规定层站的固定式提升装置，具有一个轿厢，由于结构形式和尺寸的关系，轿厢内不允许人员进入。

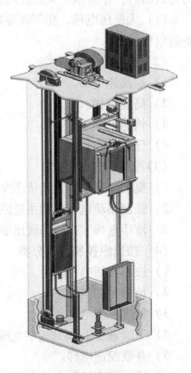

图1-15　常见电梯井道布置

表1-6 电梯的分类

代码	类别	品种
3100	曳引与强制驱动电梯	
3110		曳引驱动乘客电梯
3120		曳引驱动载货电梯
3130		强制驱动载货电梯
3200	液压驱动电梯	
3210		液压乘客电梯
3220		液压载货电梯
3300	自动扶梯与自动人行道	
3310		自动扶梯
3320		自动人行道
3400	其他类型电梯	
3410		防爆电梯
3420		消防员电梯
3430		杂物电梯

7）船用电梯，指船舶上使用的电梯。

8）防爆电梯，指采取适当措施，可以应用于有爆炸危险场所的电梯。

9）消防员电梯，指首先预定为乘客使用而安装的电梯，其附加的保护、控制和信号使其能在消防服务的直接控制下使用。

10）观光电梯，指井道和轿厢壁至少有同一侧透明，乘客可观看轿厢外景物的电梯。

11）非商用汽车电梯，指其轿厢适于运载小型乘客汽车的电梯。

12）家用电梯，指安装在私人住宅中，仅供单一家庭成员使用的电梯，它也可安装在非单一家庭使用的建筑物内，作为单一家庭进入其住所的工具。

13）无机房电梯，指不需要建筑物提供封闭的专门机房用于安装电梯驱动主机、控制柜、限速器等设备的电梯。

（2）按运行速度分类

1）超高速电梯。

2）高速电梯。

3）快速电梯。

4）低速电梯。

（3）按驱动方式分类

1）曳引驱动电梯，指依靠摩擦力驱动的电梯。

2）强制驱动电梯，指用链或钢丝绳悬吊的非摩擦方式驱动的电梯。

3）液压电梯，指依靠液压驱动的电梯。

（4）按操纵控制方式分类

1）按钮控制电梯。

2）信号控制电梯。

3）集选控制电梯。

4）下（或上）集选控制电梯。

5）并联控制电梯。

6）梯群程序控制电梯。

7）梯群智能控制电梯。

8）微机控制电梯。

（5）按机房位置分类

1）机房上置式电梯——机房在井道上方。

2）机房侧置式电梯——机房在井道边，如液压电梯。

3）无机房电梯——曳引机、控制柜在井道内，节省空间。

二、电梯的主要参数

电梯的主要参数有额定载重量、额定乘客人数、额定速度等。

额定载重量是指制造和设计规定的电梯载重量，可理解为制造厂保证电梯正常运行的允许载重量。对制造厂而言，额定载重量是设计和制造的主要依据，对用户则是选用和使用电梯的主要依据，因此它是电梯的主参数。对于乘客电梯和病床电梯，为了防止人员超载，轿厢的有效面积应予以限制。

额定乘客人数是指电梯设计限定的最多允许乘客数量（包括司机在内）。

额定速度是指制造和设计规定的电梯运行速度（m/s），可理解为制造厂保证电梯正常运行的速度，也是制造厂设计制造电梯主要性能的依据，对于用户则是检测速度特性的主要依据，因此它也是电梯的主要参数。

三、电梯的基本构成

1. 电梯的主要部件

电梯是机电一体化的产品，一般由其所依附的建筑物和不同功能的七个系统及一套安全装置组成。

1）曳引系统，主要有曳引机、曳引钢丝绳、导向轮、反绳轮等。

2）导向系统，主要有轿厢的导轨、对重的导轨及其导轨架。

3）轿厢系统，主要有轿厢架和轿厢体。

4）门系统，主要有轿厢门、层门、开门机、联动机构、门锁等。

5）重量平衡系统，主要有对重和重量补偿装置等。

6）电力拖动系统，主要有曳引电动机、供电系统、速度反馈装置、电动机调速装置等。

7）电气控制系统，主要有操纵装置、位置显示装置、控制屏（柜）、平层装置、选层器等。

2. 电梯的安全装置

为保证电梯安全使用，防止一切危及人身安全的事故，电梯应具备下列正常工作的安全装置：

（1）缓冲器　位于行程端部，用来吸收轿厢或对重动能的一种缓冲安全装置，包括：

1）液压缓冲器，以液体作为介质吸收轿厢或对重动能的一种耗能型缓冲器。

2）弹簧缓冲器，以弹簧变形来吸收轿厢或对重动能的一种蓄能型缓冲器。

3）非线性缓冲器，以非线性变形材料来吸收轿厢或对重动能的一种蓄能型缓冲器。

（2）安全触板　在轿门关闭过程中，当有乘客或障碍物触及时，使轿门重新打开的机械式门保护装置。

（3）光幕　在轿门关闭过程中，当有乘客或物体通过轿门时，在轿门高度方向上的特定范围内可自动探测并发出信号使轿门重新打开的门保护装置。

（4）极限开关　当轿厢运行超越端站停止开关后，在轿厢或对重装置接触缓冲器之前，强迫电梯停止的安全装置。

（5）超载装置　当轿厢超过额定载重量时，能发出警告信号并使轿厢不能运行的安全装置。

（6）限速器　当电梯的运行速度超过额定速度一定值时，其动作能切断安全回路或进一步导致安全钳或上行超速保护装置起作用，使电梯减速直到停止的自动安全装置。

（7）安全钳　限速器动作时，使轿厢或对重停止运行保持静止状态，并能夹紧在导轨上的一种机械安全装置。

（8）门锁装置　轿门与层门关闭后锁紧，同时接通控制回路，轿厢方可运行的机电联锁安全装置。

（9）层门安全开关　当层门未完全关闭时，使轿厢不能运行的安全装置。

（10）紧急开锁装置　为应急需要，在层门外借助三角钥匙可将层门打开的装置。

（11）紧急电源装置　电梯供电电源出现故障而断电时，供轿厢运行到邻近层站或指定层站停靠的电源装置。

（12）轿厢上行超速保护装置　该装置是指当轿厢上行速度大于额定速度的115%时，所用在轿厢、对重、钢丝绳系统、曳引轮或曳引轮轴上，至少能使轿厢减速慢行的装置。

（13）轿厢意外移动保护装置　在层门未被锁住且轿门未关闭的情况下，由于轿厢安全运行所依赖的驱动主机或驱动控制系统的任何单一元件失效引起轿厢离开层站的意外移动，防止该移动或使移动停止的装置。

第六节　客运索道基本知识

一、客运索道的概念及分类

1. 概念

客运索道，是指动力驱动，利用柔性绳索牵引箱体等运载工具运送人员的机电设备，包括客运架空索道、客运缆车和客运拖牵索道等。

架空索道是利用架空绳索和牵引客车（或货车）运送乘客（或货物）的一种机械运输设施，在我国交通、冶金、煤炭、化工、建材、水电、林业、农业以及旅游等行业中得到了广泛应用。架空索道能适应复杂地形、跨越山川和克服地面障碍物，在山区和平原、城市和乡村、景区和滑雪场均能发挥作用。国外和国内经验表明，在复杂地形下，以架空索道运送乘客是一种最佳运输方式。

2. 分类

根据《特种设备目录》，客运索道分为 3 个类别 6 个品种，见表 1-7。

表 1-7　客运索道的分类

代码	类别	品种
9100	客运架空索道	
9110		往复式客运架空索道
9120		循环式客运架空索道
9200	客运缆车	
9210		往复式客运缆车
9220		循环式客运缆车
9300	客运拖牵索道	
9310		低位客运拖牵索道
9320		高位客运拖牵索道

根据运行方式和特点，客运索道还可分为往复式客运索道和循环式客运索道两大类。往复式索道又可分为承重与牵引分开的往复式单客厢索道、车组往复式索道及承重与牵引合一的单线车组往复式索道三种；循环式索道又可分为连续循环式、间歇循环式（运行-停止-运行）以及脉动循环式（快速运行-慢速运行-快速运行）三种，其中连续循环式应用最广泛，其次是脉动循环式，而间歇循环式较少采用。

客运索道还可以按照使用的抱索器形式和运载工具形式进行分类。按抱索器形式分为固定式抱索器客运索道和脱挂式抱索器客运索道；按运载工具形式分为吊厢式客运索道、吊椅式客运索道、吊篮式客运索道和拖牵式客运索道四种。

二、客运索道的工作原理及适用条件

为了适应不同地形条件和运输量的要求，客运索道在发展过程中逐渐形成了 5 种基本形式：单线循环吊

椅（吊篮）式客运索道、单线脉动循环吊舱组式客运索道、单线自动循环吊舱式客运索道、往复式客运索道、拖牵式客运索道等，其他类型基本是由这5种形式派生出来的。

1. 单线循环吊椅（吊篮）式客运索道

单线循环吊椅式客运索道，是在一根无极连续循环运行的牵引且支撑吊椅的运载索上按一定的距离悬挂一个固定吊椅，其设备形式及工作原理如图1-16所示。这种索道传动区长度一般在1000m以内，最大以不超过2000m为宜。一个传动区段的长度能够克服的高差主要取决于运载索直径和强度极限，一般在100～300m之间，最大可达500m。吊椅允许的最大爬坡角与抱索器对运载索的夹紧力有关。

a) 设备形式　　　　　　　　b) 工作原理

图1-16　单线循环吊椅式客运索道

1—下站拉紧装置　2—运载索　3—上站驱动装置　4—吊椅　5—重锤

2. 单线脉动循环吊舱组式客运索道

单线脉动循环吊舱组式客运索道，是在一根循环运行的运载钢丝绳上，按一定间距集中挂结几组封闭式载人吊舱。当车组进站时索道减速运行，以便于乘客上下车；车组出站时索道加速运行。此类索道适合沿线支架跨距大、距离地面较高的路线，具有上下车方便的优点，其设备形式及工作原理如图1-17所示。

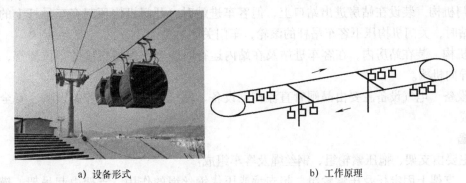

a) 设备形式　　　　　　　　b) 工作原理

图1-17　单线脉动循环吊舱组式客运索道

3. 单线自动循环吊舱式客运索道

单线自动循环吊舱式客运索道的客厢是用活动抱索器夹紧钢丝绳，由钢丝绳带动客车在线路上高速运行。进站时，活动抱索器通过站口安装的脱开器打开抱索，使客车与钢丝绳脱离，并由抱索器上的滚轮转移到站内轨道上运行，这样客车实现了在站内低速运行便于上下客，而在线路上客车又可高速运行之目的。客车在出站时，抱索器通过挂结咬合钢丝绳，由钢丝绳高速带动在线路上的客车，等距发车、等距进出站而形成循环作业系统，其设备形式及工作原理如图1-18所示。

4. 往复式客运索道

往复式客运索道在我国应用最早，主要用于跨越大江、大河及峡谷，跨度可达1000m以上，并具有一定的抗风能力。根据承载索和牵引索的数量，又可分为单承载单牵引往复式索道、双承载单牵引往复式索

a) 设备形式   b) 工作原理

图 1-18 单线自动循环吊舱式客运索道

1、8—站房 2—轨道 3—驱动机 4—运载索 5—支架 6—吊厢 7—迁回轮

道、单承载双牵引往复式索道、双承载双牵引往复式索道。承重和牵引分开的车组往复式客运索道简称双线车组往复式索道。承重和牵引合一的单线车组往复式客运索道简称单线往复式索道。

5. 拖牵式客运索道

拖牵式客运索道是一种乘客在运行中不离开地面的小型、简易索道,主要用来运送滑雪者或游览者。

三、客运索道的基本构成

客运索道设备主要由站内机电设备和线路设备组成。

1. 站内机电设备

站内机电设备主要由驱动装置、张紧装置、迁回装置、开关门机构、导向机构及电气设备组成。

(1) 驱动装置 主要由主驱动、辅助驱动、制动装置、测速装置及机架组成。

(2) 张紧装置 有采用重锤张紧和液压张紧两种方式。重锤张紧由电动卷扬机、导向轮、重锤架、重锤箱、配重块及张紧钢丝绳组成;液压张紧具有结构简单、调整方便的优点。

(3) 迁回装置 起迁回导向作用,结构简单。

(4) 开关门机构 装设在站房进出站口上,但客车进站时,开门机构顶起客车吊杆上的滚轮,车门打开;当客车出站时,关门机构压下客车吊杆的滚轮,车门关闭。

(5) 导向机构 装在站房内,在客车进站及在站内运行时使客车保持正确的车位姿态,一般有地面导向机构及侧面导向机构。

(6) 电气设备 电气设备主要由晶闸管直流传动设备、辅机驱动设备、控制设备、安全保护装置及信号通信设备组成。

2. 线路设备

线路设备主要由支架、拖压索轮组、钢丝绳及客车组成。

(1) 支架 支架上固定托及压索轮组,起支承或压住钢丝绳的作用。支架由起吊架、横担、架身、梯子、走台和栏杆组成。

(2) 拖压索轮组 拖压索轮组常用的有两轮组、四轮组、六轮组及八轮组。

(3) 钢丝绳 钢丝绳(运载索)是索道最重要的关键件,其安全系数不应小于5。

(4) 客车 客车由吊架、双抱索器及厢体组成,国内索道客车多为六人客车。

第七节 大型游乐设施基本知识

一、大型游乐设施的概念及分类

1. 概念

根据 GB/T 20306—2017《游乐设施术语》,游乐设施为一种特定区域内承载游客游乐的运行载体,广义上既包括具有动力的游乐器械，也包括为游乐而设定的构筑物及其附属装置和无动力的游乐载体。根据《特种设备目录》，大型游乐设施是指用于经营目的，承载游客游乐的设施，其范围规定为设计最大运行线速度大于或等于2m/s，或者运行高度距地面大于或等于2m的载人大型游乐设施。用于体育活动、文艺演出和非经营活动的大型游乐设施除外。

2. 分类

游乐设施种类繁多，且运动形式各有不同，根据《特种设备目录》，从品种、结构和运动形式将大型游乐设施分为13类，见表1-8。

表1-8　大型游乐设施的分类

代码	类别	品种
6100	观览车类	
6200	滑行车类	
6300	架空游览车类	
6400	陀螺类	
6500	飞行塔类	
6600	转马类	
6700	自控飞机类	
6800	赛车类	
6900	小火车类	
6A00	碰碰车类	
6B00	滑道类	
6D00	水上游乐设施	
6D10		峡谷漂流类
6D20		水滑梯类
6D40		碰碰船类
6E00	无动力游乐设施	
6E10		蹦极类
6E40		滑索系列
6E50		空中飞人系列
6E60		系留式观光气球系列

二、大型游乐设施的基本构成

一般来说，游艺机和游乐设施由以下部分组成：机械传动系统、液压及气压传动系统、安全装置、紧固件、连接件、钢结构件、车轮、轨道、座舱、电气等，不同种类的游乐设施结构不同。

1. 观览车类

观览车类游乐设施是游乐园常见的游乐设施，主要有观览车系列、飞毯系列、太空船系列、摩天环车系列、海盗船系列及其他组合形式观览车等，其中最典型的就是观览车，一般由驱动装置、立柱、转盘、吊厢、站台和控制室组成。驱动装置常见形式为电动机或液压马达；立柱有双支承和单支承两种形式；转盘按结构形式分为钢索式、桁架式和桁架钢索式三种；吊厢有全封闭和半封闭两种；控制室安放设备控制台。图1-19所示为双支承桁架钢索式转盘摩天轮。其他组合形式观览车最典型的是"挑战者之旅"大摆锤，如图1-20所示，主要由立柱、摆动臂、吊臂、转盘与座舱、电气控制、升降站及辅助设施组成，立柱是大摆锤的主要承载构件，摆动座位于立柱的顶端，其中间段筒体与吊臂通过法兰连接为一体，两侧各有一套驱动机构，转盘通过悬臂及回转支承与吊臂连接，座椅固定于转盘之上，随吊臂绕摆动座中心摆动同时绕转盘中心线转动，产生翻转、上抛等动作。

图 1-19　摩天轮

图 1-20　"挑战者之旅"大摆锤

2. 滑行车类

滑行车类游乐设施指沿轨道运行，有惯性滑行特征及运动形式的游艺机，如过山车（图 1-21）、疯狂老鼠（图 1-22）、滑行龙、滑道等。根据运动方式和结构特点，滑行车类分为六个系列：单车滑行类系列、多车滑行类系列、滑道系列、弯月飞车系列、激流勇进、组合式滑行系列等。滑行车类的游乐设施，主要由滑行车、链式牵引机构、支架与钢轨管道、制动部件、电控柜及站台等组成。

图 1-21　过山车

图 1-22　疯狂老鼠

3. 架空游览车类

架空游览车类主要是由人力、内燃机和电力驱动的、沿架空轨道运行的游览车等游乐设施，分为脚踏车系列、组合式架空游览车系列及电力单轨车系列。架空脚踏车由轨道、站台、车辆组成，轨道是由槽钢和圆管焊接而成的封闭回路，车辆由脚踏、链条、链轮、主动轮、支承轮、座椅、导向轮、防撞装置等组成，有的还有制动装置。

4. 陀螺类

陀螺类游乐设施运动时像陀螺一样绕一个轴旋转，且该转轴可随时变动倾角，即包括自转和轴位置转动及倾角变化几种动作。典型设备包括双人飞天、勇敢者转盘、极速风车、天旋地转、逍遥球、逍遥虎等。双人飞天是利用离心力的一种倾斜类回转游艺机，游客乘坐的吊椅在倾斜旋转运动的斜抛中来回上升、下降，充分领略重力变化之感受，主要由站台、转盘主体、升降装置、液压传动装置和控制系统等部分构成。

5. 飞行塔类

飞行塔类游乐设施是用挠性件吊挂的吊舱，边升降边绕垂直轴旋转的游乐设备，可分为旋转飞椅系列、青蛙跳系列、探空飞梭系列、观览塔系列和组合式飞行塔系列等，主要由底座机架、公转传动装置、自转传动装置、液压升降系统、电气控制系统及机架、连接筒、立柱、托架、转盘、座椅、安全保护装置、豪华玻璃钢外罩等部件组成。

6. 转马类

转马类游乐设施是整个设备绕一个垂直于水平面的中心轴做旋转运动，此类设备在技术及工艺上比较成熟，分为转马、荷花杯、滚摆轮和爱情快车等四大系列。转马类游乐设施由转盘、顶棚、木马、驱动机构、传动机构、操作控制台等部分组成。

7. 自控飞机类

自控飞机类游乐设施是游乐园中常见的设备，其特点是游客座舱既绕中心轴旋转，又做上下升降运动。根据运动方式和结构特点，划分为自控飞机系列（如自控飞机、星球大战等）、章鱼系列和组合式自控飞机系列（如海陆空等）等三个系列。自控飞机系列设施主要由机械系统、液压或气动系统和动力系统组成。

8. 赛车类

赛车类游乐设施主要指赛车，车辆应具有前、后制动及安全带等安全装置。

9. 小火车类

小火车类游乐设施集机电声光为一体，充分结合了火车和现代卡通的特点。小火车按照动力来源分为内燃机驱动和电力驱动，其行驶方式为有轨。

10. 碰碰车类

碰碰车是一种参与性很强的游乐设施，其技术越来越成熟，性能越来越好，品种也越来越多，如有天网碰碰车、无天网碰碰车及电池碰碰车等，碰碰车由车体、底盘、后轮、缓冲轮胎、操纵系统、传动机构、安全带、导电杆及电气开关等部分组成，车边备有气胎缓冲器，可任意碰撞。

11. 滑道类

滑道是用型材或槽形材料制成的，呈坡形铺设或架设在地面上的由乘坐者操纵滑车沿固定线路滑行的游乐设施，滑道有槽式、管轨式及电动滑道等形式，由大弯道、小弯道和直线段组成，滑车有轮式滑车、滑块式滑车及电动滑车等。

12. 水上游乐设施

水上游乐设施有峡谷漂流类、水滑梯类、碰碰船类等，常见的有龙卷风暴、魔力碗、精灵树屋、造浪池、竞技滑道、冲浪池及峡谷漂流等。水滑梯一般是将玻璃钢固定在稳定的钢架结构上，主要由站台、立柱、支承臂、托架、玻璃钢和落水区组成。

13. 无动力游乐设施

无动力游乐设施是指本身无动力驱动，由乘客在设备上操作或游乐的设施，包括蹦极类、滑索系列、空中飞人系列及系留式观光气球系列。

第八节 场（厂）内专用机动车辆基本知识

一、场（厂）内专用机动车辆的概念及分类

1. 概念

场（厂）内专用机动车辆是在场（厂）内区域行驶及从事生产作业的，由动力装置驱动或牵引，最大行驶速度（设计值）大于5km/h的车辆或具有起升、回转等工作装置的叉车，不适用公安、农业部门管理的机动车辆。

2. 分类

根据《特种设备目录》，场（厂）内专用机动车辆是指除道路交通、农用车辆以外仅在工厂厂区、旅游景区、游乐场所等特定区域使用的专用机动车辆，包括机动工业车辆和非公路用旅游观光车辆。机动工业车辆指叉车，叉车是通过门架和货叉将载荷起升到一定高度进行堆垛作业的自行式车辆，包括平衡重式叉车、前移式叉车、侧面式叉车、插腿式叉车、托盘堆垛车和三向堆垛车。非公路用旅游观光车辆包括观光车和观光列车，观光车是指具有4个以上（含4个）车轮的非轨道无架线的非封闭型自行式乘用车辆，包括蓄电池观光车和内燃观光车；观光列车是指具有8个以上（含8个）车轮的非轨道式无架线的，由一个牵引车头与一节或者多节车厢组合的非封闭式自行式乘用车辆，包括蓄电池观光列车和内燃观光列车。场（厂）内专用机动车辆的分类见表1-9。

表 1-9　场（厂）内专用机动车辆的分类

类别	品种
机动工业车辆	
	叉车
非公路用旅游观光车辆	

二、场（厂）内专用机动车辆的主要参数

1. 叉车的基本参数及型号

（1）额定起重量　货物中心位于规定的载荷中心距和最大起升高度时，叉车应能举升的最大质量为额定起重量。

（2）载荷中心距　载荷中心距是货物重心到货叉垂直段前表面的规定距离（mm），为标准值。

（3）最大起升高度　最大起升高度是叉车处于平实地面，承载额定起重量，门架垂直，货叉升到最大高度时，货叉水平段上表面至地面的距离（mm）。

（4）自由提升高度　自由提升高度是内门架顶端不伸出外门架，即叉车高度不增大的情况下，能获得的起升高度（mm）。

（5）满载最大起升速度　满载最大起升速度为叉车停止，节气门开度最大，额定起重量工况下货物所能达到的最大平均起升速度。

（6）门架前、后倾角　通常前倾角为 6°、后倾角为 12°，蓄电池叉车、高起升或大吨位叉车可适当减小。

（7）满载行驶速度　额定起重量下，以最高档在平直干硬的道路上能达到的最高稳定行驶速度为满载行驶速度，典型值为 20km/h。

（8）最大爬坡度　额定起重量下，以最低稳定速度所能爬上的长度为规定值的最陡坡道的坡度值，典型值为 20%，液力传动和静压传动叉车略大，小吨位叉车和蓄电池叉车较小。

（9）最小外侧转弯半径　最小外侧转弯半径是转向轮转至极限，以最低稳定车速行驶，瞬时中心距车体最外侧的距离。

（10）最小离地间隙　除直接与车轮相连接的零件外，车体上最低点（通常是门架下端）距地面的最小间隙为最小离地间隙，它反映叉车的通过能力，范围为 70～160mm。

2. 非公路用旅游观光车辆的基本参数及型号

（1）最大能力　最大能力指旅游观光车辆额定载客人数（含驾驶员），车辆设计时每位乘客质量按 75kg 计，其随身行李物品按 10kg 计。

（2）满载最大运行速度　满载最大运行速度指旅游观光车满员时在平坦良好路面行驶所能达到的最大速度。

（3）满载最大爬坡度　满载最大爬坡度指旅游观光车满载时在良好路面上用最低档所能克服的最大坡度角，反映车辆的爬坡能力。

（4）结构尺寸　结构尺寸主要参数包括：全长 L、全宽 W、全高 H、最小离地间隙 H_1、车架中部离地间隙 H_2、接近角 α、通过角 β、轴距 L_1、前轮距 W_1、后轮距 W_2 等，如图 1-23 所示。

（5）制动距离　制动距离是指旅游观光车在规定的速度下急踩制动踏板时，从脚接触制动踏板（或手触动制动手柄）时起至观光车停住所驶过的距离。

（6）电动旅游观光车参数　电动旅游观光车参数还包括：电气系统中蓄电池的额定电压、容量，电动机功率。

三、场（厂）内专用机动车辆的基本构成

叉车及旅游观光车辆基本组成相似，包括：动力系统、传动系统、制动系统、转向系统、电气系统。此

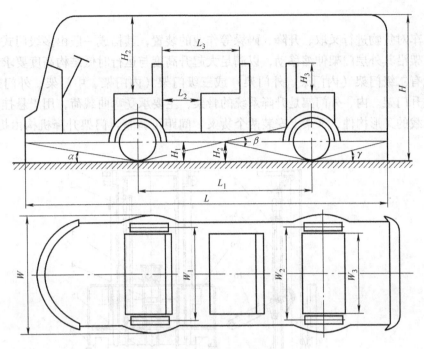

图 1-23　结构尺寸参数图示

外，叉车还有工作装置。

1. 动力系统

目前大多数叉车和少量旅游观光车辆采用内燃机驱动。内燃机分为汽油机和柴油机两种，由机体、曲柄连杆机构、配气机构、供给系、润滑系、冷却系、点火系（柴油机无）和起动系等部分组成。蓄电池和电动机驱动在叉车、搬运车、牵引车和旅游观光车上得到越来越广泛的应用，近年来融合内燃机和电动机优点的混合动力叉车已经投入市场使用。

2. 传动系统

传动系统将发动机动力和转速传输到驱动车轮，使车辆克服阻力以不同的速度行驶，其功能有：减速增距、改变速比、提供倒档、平稳起步及提供差速。

传动系统的传动形式有机械传动、液力机械传动、静压传动及内燃电传动。机械传动由离合器、变速器、驱动桥中的主传动等组成；液力机械传动用液力变矩器取代离合器，动力换档变速器取代人力换档变速器，驱动桥不变；静压传动有高速液压马达加机械驱动桥、低速液压马达（双马达液压差速）等不同形式，依靠液压系统控制回路实现调速；内燃电传动由内燃机带动直流发电机，用发电机输出的电能驱动装在车轮中的直流电动机，调速和制动由电气系统实现。

3. 制动系统

制动系统的功能是使车辆减速、停车以及使车辆稳定停放不溜坡。制动系统由行车制动和驻车制动组成，行车制动装置由行车制动操纵机构和行车制动器组成，驻车制动装置由停车制动操纵机构和停车制动器构成，停车制动器内置于行车制动器上。

4. 转向系统

转向系统是当左右转动转向盘时，通过转向联动机构带动转向轮改变行驶方向。转向系统由操纵机构、机械转向器（转向盘、转向轴、带万向节的转向传动轴等）和转向传动机构（转向摆臂、转向主拉杆、转向节臂、转向梯形臂和横拉杆等）三部分组成。

5. 电气系统

电气系统及其控制主要与车辆的动力方式有关，内燃机动力车辆电气系统由发动机起动部分和信号照明部分组成，蓄电池-电动机驱动车辆电气系统是动力源和控制中心。

6. 工作装置

工作装置指叉车对货物进行叉取、升降、码垛等作业的装置，其构成一般由多级门式框架里外嵌套，通过液压缸使内层门架沿其外层门架伸缩移动，以满足大起升高度与运行时低结构高度要求。

门架升降系统有二级门架（内门架、外门架）或三级门架（内门架、中门架、外门架），如图 1-24 所示为二级全自由提升门架。内、外门架是升降系统的骨架，主要承受弯曲载荷，用于悬挂货叉或其他取物装置。货叉是直接承载的叉形构件，叉架上安装两个货叉，间距可调整。门架升降机构由提升液压缸、链轮、链条等组成。

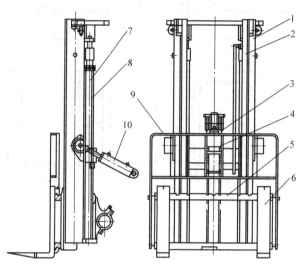

图 1-24　二级全自由提升门架

1—外门架　2—内门架　3—链条　4—自由提升液压缸　5—货叉架
6—货叉　7—左升降液压缸　8—右升降液压缸　9—挡货架　10—倾斜液压缸

第二章

特种设备用金属材料及焊接材料

第 一 节 金属的晶体结构

金属是具有良好导电性、导热性、延展性和光泽的物质，金属在固态下一般都是晶体。金属性能与金属原子的结构以及金属的晶体结构关系密切，在晶体中原子排列的规律不同，则其性能也不同，因此要了解金属晶体结构以及实际晶体中的各种晶体缺陷。

一、晶体的特性

晶体是指其内部粒子排列有序的物质，金属一般都属于晶体。晶体具有以下特点：

1）晶体具有熔点，在熔点以上，晶体为液体，处于非结晶状态。在熔点以下，液体又变成晶体处于结晶状态。从晶体至液体或从液体至晶体的转变是突变的。

2）晶体具有各向异性，在不同的方向上，晶体的各种性能（导电性、导热性、热膨胀性、弹性和强度等）都表现出或大或小的差异。

二、晶格与晶胞

晶体结构是指晶体中原子的有序排列，即晶体中的原子在三维空间有规律的周期性的重复排列。晶体中原子的排列是周期性的，假定理想晶体中的原子都是固定不动的钢球，那么晶体就是这些钢球有规则的堆积。原子在晶体中有序排列形成的点阵称为晶格。从晶格中选取一个能够完全反映晶格特征的最小几何单元，来分析晶体中原子排列的规律性，这个最小的几何单元称为晶胞。晶胞的大小和形状常以晶胞的棱边长度 a、b、c 及棱边夹角 α、β、γ 表示，如图 2-1 所示。

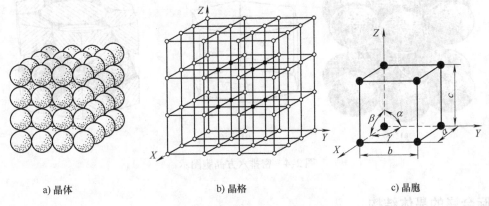

a) 晶体　　　　　　　　　b) 晶格　　　　　　　　　c) 晶胞

图 2-1　晶体、晶格与晶胞图示

自然界中的晶体有成千上万种，晶体结构各不相同。对于金属来说，最常见的典型金属晶体结构有 3 种类型，即体心立方结构、面心立方结构和密排立方结构。

体心立方结构的晶胞模型如图 2-2 所示。晶胞的三个棱边长度相等，呈立方体，立方体中心有一个原子，立方体的八个角上各有一个原子，这个原子与相邻的八个晶胞所共有，故每个晶胞只占 1/8 个原子，只有立方体中心的那个原子才是完整的。具有体心立方结构的金属有 α-Fe、Cr、V、Nb、W 等。

图 2-2 体心立方晶胞图示

面心立方晶胞模型如图 2-3 所示。在面心立方晶胞的每个角上和晶胞的六个面的中心都有一个原子，每个晶胞的八个角只占 1/8 个原子，每个晶胞的六个面占 1/2 个原子。γ-Fe、Cu、Ni、Al、Ag 等具有这种晶体结构。

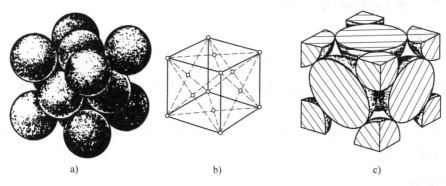

图 2-3 面心立方晶胞图示

密排六方结构的晶胞如图 2-4 所示。在晶胞的 12 个角上各有一个原子，构成六方柱体。上底面和下底面的中心各有一个原子，晶胞内还有三个原子。具有密排六方晶格的金属有 Zn、Mg、Be、α-Ti、α-Co、Cd 等。

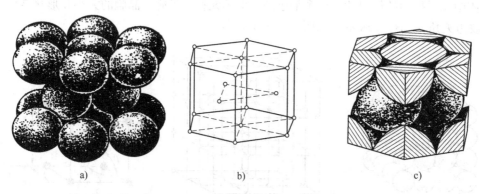

图 2-4 密排六方晶胞图示

三、实际金属的晶体结构

实际金属材料中，原子的排列不可能像理想晶体一样有序和完整，总是不可避免地存在着一些原子偏离规则排列的不完整性区域，这就是晶体缺陷。由于缺陷很少，从总体来看，其结构还是接近完整的。根据缺陷相对于晶体的尺寸，或其影响范围的大小，可以分为点缺陷、线缺陷、面缺陷和体缺陷。

1. 点缺陷

点缺陷在三个方向上的尺寸都很小，相当于原子的尺寸，例如空位、间隙原子等，如图 2-5 所示。点缺陷会造成晶格畸变，对金属的性能产生影响，如屈服强度升高、电阻增大、体积膨胀等。

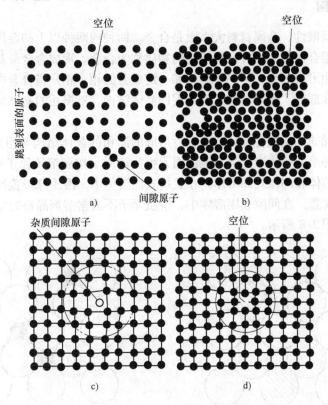

图2-5　空位与间隙原子示意图

2. 线缺陷

线缺陷在两个方向上的尺寸很小，而在另一个方向上的尺寸相对很大。各种类型的位错都属于典型的线缺陷，它是在晶体中某处有一列或若干列原子发生了有规律的错排现象。最简单、最基本的位错有两类：刃型位错（图2-6）和螺型位错（图2-7）。

3. 面缺陷

面缺陷在一个方向的尺寸很小，而在另外两个方向上的尺寸相对很大，例如晶界、亚晶界等。

4. 体缺陷

体缺陷在三个方向的尺寸都较大，但不是很大，例如固溶体内的偏聚区、分布极弥散的第二相超显微微粒以及一些超显微空洞等。

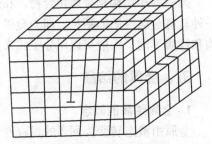

图2-6　刃型位错示意图

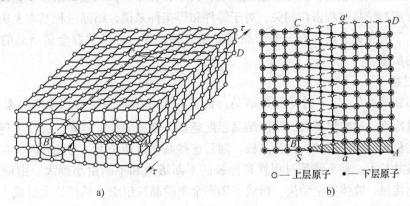

○—上层原子　●—下层原子

图2-7　螺型位错示意图

四、合金的晶体结构

由于纯金属性能上的局限性，金属材料大多数是合金。两种或两种以上的金属，或金属与非金属，经熔炼或烧结，或用其他方法组合而成的具有金属特性的物质称为合金。形成合金最基本的、独立的物质称为组元，合金组元彼此相互作用形成具有一定晶体结构和一定成分的相。相是指合金中结构相同、成分和性能均一并以界面相互分开的组成部分。不同的相具有不同的晶体结构，根据相的晶体结构特点可以将其分为固溶体和金属化合物两大类。

合金的组元之间以不同的比例相互混合，混合后形成的固相的晶体结构与组成合金的某一组元的相同，这种相就称为固溶体，这种组元称为溶剂，其他的组元称为溶质。按照溶质原子在溶剂晶格中位置的不同，可将固溶体分为置换式固溶体和间隙式固溶体。在置换式固溶体中，溶质原子置换了一部分溶剂原子而占据了溶剂晶格中的某些结点位置。在间隙式固溶体中，溶质原子不占据溶剂晶格的结点位置而位于溶剂晶格的间隙中。固溶体示意图如图 2-8 所示。

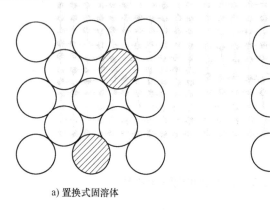

a) 置换式固溶体　　　　　　　　　　b) 间隙式固溶体

图 2-8　固溶体示意图

另一种相结构是金属化合物。在合金系中，组元间发生相互作用，除了彼此形成固溶体外，还可能形成一种具有金属性质的新相，即为金属化合物。金属化合物具有独特的晶体结构和性质，而与各组元的晶体结构和性质不同，一般可以用分子式来大致表示其组成。

五、金属的结晶

1. 金属结晶的概念

金属由液态转变为固态的过程称为凝固，由于凝固后的固态金属通常是晶体，所以又将这一转变过程称为结晶。金属及合金一般都要经过熔炼、铸造和焊接，也就是说要经过由液态转变为固态的结晶过程。金属及合金结晶后所形成的组织，包括各种相的晶粒形状、大小和分布等，将极大地影响金属的加工性能和使用性能。结晶组织的形成与结晶过程密切相关，对于铸件和焊接件来说，结晶过程基本上决定了它的使用性能和使用寿命。因此，了解有关金属和合金的结晶理论和结晶过程，可以掌握金属结晶的规律，用以指导生产，提高焊接结构的质量。

2. 纯金属结晶过程

当液态金属冷却到熔点 T_m 以下时即开始结晶。金属的实际结晶温度与理论结晶温度之间有一定的差距，这一差距称为过冷度，过冷度越大，实际结晶温度越低。金属的纯度越高，过冷度越大。金属结晶时在液体中首先形成一些稳定的微小晶体，称为晶核。随后这些晶核逐渐长大，与此同时，在液态金属中又形成一些新的稳定的晶核并长大。整个结晶过程就是晶核的不断形成和不断由小到大、由局部到整体的发展过程，最后各晶核彼此接触，液体完全消失，形成了固态金属的晶粒组织。晶核长大后成为一个外形规则的晶粒，晶粒之间的界面称为晶界。图 2-9 为液态金属结晶过程示意图。

图 2-9 液态金属结晶过程示意图

3. 晶粒大小及其控制

金属结晶以后,获得晶粒的大小不同,晶粒的大小与金属材料的韧性有密切关系。一般情况下,晶粒越细小,金属的强度越高,塑性和韧性也越好,细晶粒适用于低温服役环境,而粗晶粒适用于高温服役环境。工程上经常通过控制金属的结晶过程以细化晶粒、改善金属材料的力学性能。

晶粒的大小称为晶粒度,用单位面积上的晶粒数目或晶粒的平均线长度(或直径)表示。晶粒度与形核速率和长大速度有关。形核速率越大,单位体积中所生成的晶核数目越多,晶粒也就越细小;若形核速率一定,长大速度越小,结晶的时间越长,生成的晶核越多,晶粒越细小。

从金属结晶的过程可知,促进形核、抑制长大的因素,都能细化晶粒。通过改变温度和冷却条件,便可改变金属液相的过冷度,从而控制晶粒大小。在工业生产中,为了细化晶粒,提高焊缝的性能,采取的措施主要包括增加过冷度、振动和搅拌等。

4. 合金的结晶

合金的结晶比纯金属要复杂得多,主要原因是:①合金的凝固过程中,液相和固相的成分要发生重新分配;②根据组元性质的不同,合金凝固的方式很多,如匀晶转变、共晶转变、包晶转变等;③合金的凝固过程更多地受到凝固条件的影响,即使是同一成分的合金,在不同的冷却条件下,也可能得到差别很大的显微组织。

第 二 节 铁碳合金相图及钢的组织

一、铁碳合金相图

碳钢和铸铁都是铁碳合金,是使用最广泛的金属材料。铁碳合金相图是研究铁碳合金的重要工具,了解和掌握铁碳合金相图,对于钢铁材料的研究和使用、各种热加工工艺的制订以及工艺废品原因分析等都有重要的指导意义。

铁碳合金相图描述了铁-碳合金中出现的相的基本状况。铁碳合金相图纵坐标为温度,横坐标为碳含量,表示以铁、碳为组元的二元合金在不同温度下所呈现的相以及这些相之间的平衡关系,是研究铁碳合金的重要工具。铁碳合金相图如图 2-10 所示。

1. 特性点

铁碳合金相图中各重要特性点的温度、碳的质量分数及说明见表 2-1。

2. 特性线

图 2-10 中,ABC 线为合金的液相线,钢加热到此线以上相应温度时,全部变成液态;而冷却到此线时,开始结晶出现固相。

$AHJE$ 线为铁碳合金的固相线,钢加热到此线相应的温度,开始出现液相;而冷却到此线时全部变成固相。

ES 线是碳在奥氏体中的溶解度线,常用 A_{cm} 表示。从线上可以看出,1148℃时 γ-Fe 中溶解的碳的质量分数最大为 2.11%,在 727℃时溶解的碳的质量分数为 0.77%。因此碳的质量分数大于 0.77% 的铁碳合金,自 1148℃冷却到 727℃的过程中,由于奥氏体溶解碳量的减少,将从奥氏体中析出渗碳体,一般称为二次渗碳体(Fe_3C_{II})。

GS 线,常用 A_3 表示,它表示碳的质量分数不同的奥氏体冷却时,奥氏体开始析出铁素体的温度线,或加热时铁素体完全转变为奥氏体的温度线。

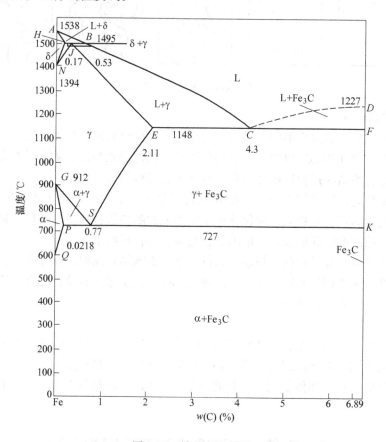

图 2-10　铁碳合金相图

表 2-1　特性点的温度、碳的质量分数及说明

特性点	温度/℃	碳的质量分数（%）	说　明
A	1538	0	纯铁的熔点
B	1495	0.53	包晶转变时液态合金的浓度
E	1148	2.11	碳在 γ-Fe 中的最大浓度
G	912	0	α-Fe↔γ-Fe 纯铁的同素异晶转变点
H	1495	0.09	碳在 δ-Fe 中的最大溶解度
J	1495	0.17	包晶点
N	1394	0	α-Fe↔γ-Fe 纯铁的同素异晶转变点
P	727	0.018	碳在 α-Fe 中的最大溶解度
S	727	0.77	共析点 γ-Fe↔α-Fe + Fe₃C
Q	600	0.01	碳在 α-Fe 中的溶解度

　　PQ 线是碳在铁素体中的溶解度线。铁素体在 727℃ 时溶解度最大为 0.0218%，600℃ 时为 0.01%，而室温时仅溶解 0.0008% 的碳。

　　GP 线为碳质量分数在 0.0218% 以下的铁碳合金冷却时，奥氏体全部转变为铁素体的温度线，或在加热时铁素体开始转变为奥氏体的温度线。

　　铁碳合金相图是在平衡状态下，即加热和冷却速度极为缓慢，并在要求的温度范围内保持相当长时间后得到的相图。在实际生产中，加热和冷却十分迅速，达不到平衡状态，铁碳合金通常经受各种速度的快速冷却，因而出现非平衡组织，如贝氏体、马氏体等。其具体熔化过程如图 2-11 所示。

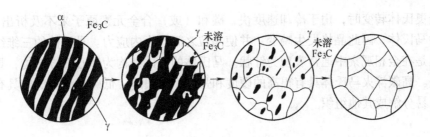

图2-11 铁碳合金熔化过程示意图

二、钢的组织

所谓组织是指用微观金相等方法，在金属或合金内部看到的涉及晶体或晶粒大小、方向、形状、排列状况等组成关系的构造情况。金属合金中出现的晶粒、晶界和相的总称为微观组织，微观组织对金属性能起着主要作用。微观组织会受到化学成分或合金含量、成形操作、热处理操作和焊接操作的影响。钢材常见的金相组织有：铁素体、奥氏体、渗碳体、珠光体等。

1. 铁素体

铁素体是在铁基合金中固溶有碳和（或）其他元素，晶体点阵为体心立方的固溶体，通俗地讲即碳和（或）其他元素溶于 α-Fe 中形成的固溶体。铁素体的强度、硬度较低，但有良好的塑性和韧性。铁素体的显微组织与纯铁相同，呈明亮的多边形晶粒组织。铁素体在 770℃以下具有铁磁性。

2. 奥氏体

奥氏体是 γ-Fe 内固溶有少量碳和（或）其他元素、晶体结构为面心立方、无磁性的固溶体。奥氏体是钢的一种层片状显微组织，碳钢加热至 727℃临界点（A_1 线）以上时组织发生转变，才会存在奥氏体。奥氏体量的多少取决于加热的最高温度和停留时间，随着温度不断升高，铁素体全部转变为奥氏体组织。冷却到727℃以下，随着钢中碳的质量分数和冷却条件的不同，奥氏体分别转变为铁素体、珠光体、渗碳体和中温转变产物。奥氏体塑性很好，强度较低，具有一定韧性。

3. 渗碳体

渗碳体是铁和碳的化合物，渗碳体的分子式为 Fe_3C，是一种具有复杂晶格结构的间隙化合物。渗碳体中碳的质量分数为 6.69%，熔点为 1227℃，其晶格为复杂的正交晶格。常温下碳在 α-Fe 中溶解度很小，大部分碳都以渗碳体形式出现。渗碳体塑性、韧性差，硬而脆。随着钢中碳的质量分数的增加，渗碳体增多，钢的硬度、强度提高，塑性、韧性下降。

4. 珠光体

珠光体是奥氏体从高温缓慢冷却时发生共析转变所形成的，其晶体形态为铁素体薄层和碳化物（包括渗碳体）薄层交替重叠的层状复相物，也可以是铁素体和碳化物（包括渗碳体）两者组成的机械混合物。碳素钢中珠光体组织的平均碳的质量分数约为 0.77%，它的力学性能介于铁素体和渗碳体之间，即其强度、硬度比铁素体显著增高，塑性、韧性良好。

5. 细珠光体（索氏体、屈氏体）

索氏体是指钢经正火或等温转变所得到的铁素体与渗碳体的机械混合物，是在光学金相显微镜下放大600 倍以上才能分辨片层的细珠光体，其实质是一种珠光体，比珠光体组织细，其珠光体片层较薄，层片间距较小。索氏体具有良好的综合力学性能。

屈氏体是通过奥氏体等温转变所得到的由铁素体与渗碳体组成的极弥散的混合物，是一种最细的珠光体类型组织，其组织比索氏体组织还细。屈氏体层片间距更小，即使在高倍光学显微镜下也无法分辨出层片，只有在电子显微镜下才能分辨出，与珠光体、索氏体只有粗细之分，并无本质区别。

6. 马氏体

马氏体是碳和（或）合金元素在 α-Fe 中的过饱和固溶体，就铁、碳二元合金而言，是碳在 α-Fe 中的过饱和固溶体。当奥氏体转变时，由于冷却速度快，碳和（或）合金元素原子来不及析出而固溶在晶格中，呈过饱和状态即为马氏体，因此晶格发生畸变，并使晶粒之间产生内应力。马氏体的三维组织形态通常有片状或者板条状，但是在金相观察中通常表现为针状。马氏体的晶体结构为体心四方结构，具有高的强度和硬度，塑性和韧性差。高碳淬火马氏体具有很高的硬度和强度，但很脆；低碳回火马氏体具有较高的强度和韧性。马氏体加热后易分解成其他组织。

7. 贝氏体

贝氏体是钢在奥氏体化后被过冷到珠光体转变温度区间以下、马氏体转变温度以上这一中温区间转变而成的、由铁素体及其内分布着弥散的碳化物所形成的亚稳组织，是介于珠光体和马氏体之间的一种组织。

按贝氏体形成所处的温度，可分为上贝氏体和下贝氏体。按贝氏体形态的不同，可分为羽毛状贝氏体、粒状贝氏体、柱状贝氏体和条片状贝氏体等。不同贝氏体的形态和性能有很大差别，粒状贝氏体形成温度高于上贝氏体，其强度低但塑性较高；上贝氏体的韧性最差，下贝氏体具有良好的综合力学性能。

8. 魏氏组织

魏氏组织是沿着过饱和固溶体的特定晶面析出并在母相内呈一定规律、片状或针状分布的第二相形成的复相组织，是一种过热组织。

在焊接的过热区内，高温停留时间过长，奥氏体晶粒发生长大，粗大的奥氏体以适宜的冷却速度冷却，亚共析钢中先析出的铁素体就会沿奥氏体晶粒边界呈网状析出，另一部分铁素体则成片状（或针状）在晶粒中间析出，这种粗大的过热组织即魏氏组织。

魏氏组织使钢的塑性、冲击韧性大大降低，使钢变脆。焊接热输入大时，近缝区容易出现魏氏组织，结构有可能会失效。

三、组织变化

以碳的质量分数为 0.30% 的钢材为例，随着加热至下转变温度 A_1 线，珠光体和铁素体开始转变为奥氏体和铁素体，当温度超过 A_3 线时，奥氏体和铁素体全部转变为奥氏体。随着温度的升高，奥氏体晶粒开始互相并吞而尺寸长大，温度继续升高达到熔点时，固态奥氏体晶粒在熔池中各处浮动，最后熔池全部变为液体。随着非常缓慢的冷却，这些同样的变化就会反向发生。当钢达到奥氏体区域后缓慢地冷却，通过这个转变区域，最终形成的微观组织将是珠光体。当从奥氏体区域以较快速度冷却时，就会产生细珠光体，当从奥氏体区域冷却速率再次加快，产生的微观组织是贝氏体，在更快的冷却速率下，所产生的微观组织是马氏体。

第三节　金属热处理及其主要性能

一、金属热处理

1. 金属的普通热处理

将固态金属或合金采用适当的方式进行加热、保温和冷却，以获得所需要的组织结构与性能的工艺，称为热处理。普通热处理方法分为：退火、正火、淬火、回火和固溶处理。

（1）退火　将金属或合金加热到适当温度，保持一段时间，缓慢（炉中）冷却至室温的热处理工艺，称为退火。根据退火温度和时间的不同，退火方法分为完全退火、不完全退火和消除应力退火等。

完全退火是将金属加热到奥氏体区，保温一段时间，在炉中缓慢冷却，获得接近平衡组织的退火工艺；不完全退火是将金属加热到 $Ac_1 \sim Ac_3$ 之间的温度，以不完全奥氏体化，随后缓慢冷却的退火工艺；消除应力退火，则是为了去除由于塑性形变加工、焊接等造成的以及铸件内存在的残余应力，将金属加热到 A_1 线以下，保温一段时间，缓慢冷却的退火工艺。退火可降低金属的强度和硬度，细化晶粒，提高金属的延展性，使组织均匀化并消除残余应力。

（2）正火　将金属加热到 Ac_3（或 A_{cm}）以上 $30 \sim 50℃$，使金属处于奥氏体区，保温一段时间后，在空气中冷却的热处理工艺，称为正火。因正火的冷却速度高于退火，故正火比退火后得到的珠光体组织要细，一般为索氏体。正火是一种均匀化热处理，细化晶粒，金属材料硬度和强度稍高，延展性可能有所降低，具备良好的综合力学性能。经正火处理的碳钢和低合金钢通常具有良好的焊接性。正火工艺简单、经济，应用也很广泛。

（3）淬火　将钢件加热到 Ac_3 以上或 Ac_1 以上某一温度，保持一段时间，然后在水、空气或油等介质中快速冷却，形成马氏体或贝氏体组织的热处理工艺，称为淬火。淬火可以明显提高强度和硬度，但会降低延展性。为了提高延展性，同时不明显降低金属的强度，通常采用回火处理。

（4）回火　回火是把淬火钢件重新加热到 Ac_1 点以下某一温度，保温一段时间，然后冷却到室温的热处理工艺。这种工艺使碳以细微的碳化物微粒形式沉淀，将淬火态的不稳定的马氏体转变成回火马氏体。回火是为了消除内应力、稳定组织，提高塑性和韧性，适当降低硬度，以获得所要求的力学性能。选择合适的回火温度和时间，可以控制所期望的强度和延展性。回火温度越高，则材料硬度越低、延展性越高。根据回火温度的不同，分为低温回火、中温回火和高温回火。淬火钢件在 $250℃$ 以下的回火，称为低温回火。淬火钢件在 $250 \sim 500℃$ 之间的回火，称为中温回火。高温回火指淬火钢件在高于 $500℃$ 以上进行的回火。

淬火后再进行高温回火，称为调质处理，得到的材料为调质钢。高温回火后，材料发生回复和再结晶，内应力基本消除，屈服强度、伸长率、冲击韧性显著提高。高温回火的组织为回火索氏体。

（5）固溶处理　固溶处理是指将合金加热到高温奥氏体区保温，使过剩相充分溶解到固溶体后快速冷却，以得到过饱和固溶体的热处理工艺。固溶处理是为了溶解基体内的碳化物、γ 相等以得到均匀的过饱和固溶体，便于冷却时重新析出颗粒细小、分布均匀的碳化物和 γ 相等强化相，同时消除由于冷热加工产生的应力。固溶处理可以获得适宜的晶粒度，以保证合金高温抗蠕变性能。固溶处理的温度范围在 $980 \sim 1250℃$ 之间。

2. 金属的表面热处理

某些机械零件在复杂应力条件下工作时，表面和心部承受不同的应力状况，对它们各部分的要求也不一样。为此，发展了表面热处理技术，其中包括只改变工件表面层组织的表面淬火工艺和既改变工件表面层组织又改变表面化学成分的化学热处理工艺。

（1）表面淬火　钢的表面淬火是将工件快速加热到淬火温度，然后迅速冷却，仅使表面层获得淬火组织的热处理方法。根据工件表面加热热源的不同，钢的表面淬火有感应加热、火焰加热、电接触加热、电解液加热以及激光加热等。经过表面淬火处理的工件，表面具有高强度、高硬度和高耐磨性，而心部则具有一定的强度、足够的塑性和韧性。

（2）化学热处理　钢的化学热处理是将工件放入含有某种活性原子的化学介质中，通过加热使介质中的原子扩散渗入工件一定深度的表面，改变其化学成分和组织并获得与心部不同力学性能的热处理工艺。化学热处理后的钢件表面可以获得比表面淬火更高的硬度、耐磨性和疲劳强度；心部在具有良好的塑性和韧性的同时，还可获得较高的强度。根据渗入元素的不同，化学热处理可分为渗碳、渗氮、碳氮共渗、多元共渗、渗硼、渗金属等。化学热处理的一般过程通常包括分解、吸附和扩散三个基本过程。

二、金属的力学性能

金属材料的力学性能是指在外力或能量的作用下，所表现出来的一系列力学特性，如强度、刚度、弹性、塑性、韧性、硬度等，也包括在高（低）温、腐蚀、表面介质吸附、冲刷、磨损、氧化及其他机械能不同程度结合作用下的性能。力学性能反映了金属材料在各种形式外力作用下抵抗变形或破坏的某些能力，是选用金属材料的重要依据。充分了解、掌握金属材料的力学性能，对于合理选择和使用材料，充分发挥材料的作用，制定合理的加工工艺，保证产品质量有着重要意义。

1. 强度

强度是金属材料抵抗永久变形和断裂的能力，常用的强度指标有屈服强度和抗拉强度，在高温下还有持久极限和蠕变极限等。屈服强度、抗拉强度等指标可通过拉伸试验方法获得，室温下的拉伸试验按照 GB/T 228.1—2010《金属材料　拉伸试验　第 1 部分：室温试验方法》进行，图 2-12 所示为拉伸试验曲线。

（1）屈服强度　材料在拉伸过程中，当载荷达到某一值时，载荷不变而试样仍然继续伸长的现象，称为屈服。材料开始发生屈服时所对应的应力，称为屈服强度或屈服极限。屈服强度分为上屈服强度（R_{eH}）和下屈服强度（R_{eL}），我国标准规定的屈服强度取钢材的下屈服强度。有些工程材料的屈服点不明显，此时规定以产生 0.2% 残余伸长的应力作为屈服强度，用 $R_{p0.2}$ 表示。

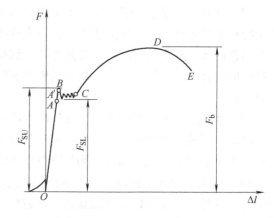

图 2-12　拉伸试验曲线

（2）抗拉强度　试样拉伸时，在拉断前所承受的最大载荷与试样原始截面面积之比，称为强度极限或抗拉强度，用 R_m 表示。设计选材时，可以将抗拉强度或屈服强度作为主要依据。由于脆性材料无屈服现象，以抗拉强度作为设计依据。屈服强度与抗拉强度的比值叫屈强比，是承压设备选材的重要参考指标，一般要求屈强比小于 0.7。

（3）持久极限　持久极限又称持久强度，是指材料在规定的温度下，达到规定时间而不断裂的最大应力。

（4）蠕变极限　蠕变极限又称蠕变强度，是指在规定温度下，引起试样在一定时间内的蠕变总伸长或恒定蠕变速率不超过规定值的最大应力。通常取设计温度下经 10 万 h 蠕变变形 1% 的值为蠕变极限。

（5）疲劳强度　材料或元件在交变应力（随时间做周期性改变的应力）作用下，经过一段时期后，在材料内部缺陷或应力集中的部位，局部可能会产生细微的裂纹，裂纹逐渐扩展以致在应力远小于屈服点或强度极限的情况下，突然发生脆性断裂，这种现象称为疲劳。疲劳极限即材料承受近无限次应力循环（对钢材约为 10^7 次），而不破坏的最大应力值。

2. 塑性

塑性是材料承受外力时，当应力超过弹性极限后，产生残余变形而不立即断裂的性质，一般以断后伸长率或断面收缩率作为材料的塑性指标。

（1）断后伸长率　金属材料拉伸试验时，试样拉断后，其标距的残余伸长与原始标距之比的百分率，称为断后伸长率，用 A 表示。

（2）断面收缩率　金属试样在拉断后，其缩颈处横截面面积的最大缩减量与原始横截面面积的百分比，称为断面收缩率，以符号 Z 表示。

3. 硬度

硬度是材料抵抗其他物体刻划或压入其表面的能力，是衡量材料软硬的性能指标。硬度不是一个单纯的、确定的物理量，而是一个由材料弹性、塑性、韧性等一系列不同力学性能组成的综合性能指标。根据试验方法的不同，可以用不同的量值来表示硬度，如布氏硬度、洛氏硬度、维氏硬度、里氏硬度等。承压设备所用材料一般采用布氏硬度。

4. 韧性

金属在断裂前吸收变形能量的能力称为韧性。衡量材料韧性的指标包括冲击韧性和断裂韧性。

（1）冲击韧性　试样在冲击试验力一次作用下折断时所吸收的能量值称为冲击吸收能量。材料的冲击韧性与加载速率、应力状态及温度等有很大关系。我国承压设备材料及焊接接头冲击试样规定采用夏比 V 型缺口标准试样来测定冲击吸收能量。

（2）断裂韧性　断裂韧性是反映材料抵抗裂纹临界扩展的一种能力，是材料固有的力学性能参数，其一方面取决于材料的成分、组织和结构等内在因素，另一方面又受到加载速率、温度和试样厚度等外在条件的影响。断裂韧性评价的常用指标有临界应力强度因子和裂纹张开位移。

三、其他性能

1. 加工工艺性能

（1）焊接性 在焊接过程中，有些材料容易产生某些焊接缺陷，如气孔、夹渣、裂纹等，并使焊缝和近缝区性能变坏，所以需要特殊的工艺措施，应用特定的焊接方法，才能保证焊接质量。金属的焊接性是指在一般的焊接工艺条件下，获得优质焊接接头的能力。通常把金属材料在焊接过程中产生裂纹的倾向，作为评价金属材料焊接性的主要指标。

影响钢材焊接性的主要因素是化学成分，而在各种化学元素中，碳的影响最为显著，其他元素对钢材焊接性也会产生不同的影响。为了衡量不同元素对焊接性能的影响，可以将各种合金元素的影响折算成碳对焊接性的影响，用碳当量表示。随着钢材碳当量的增加，钢材的焊接性逐渐变差。以 Q345R 为例，其最大碳当量为 0.47%，具有较好的焊接性，只有当厚度大于 30mm 时，才要求焊前预热至 100℃以上；而 15CrMoR 最大碳当量为 0.66%，焊接性较差，当厚度大于 10mm 时，就要求焊前预热至 150℃以上。

（2）可锻性 金属的可锻性是衡量其经受锻压难易程度的工艺性能。可锻性的优劣以金属的塑性和变形抗力来综合评定，塑性高则金属变形不易开裂；变形抗力小则锻压省力，而且不易磨损工具和磨具。

金属的可锻性取决于金属的性能和变形条件，纯金属都具有良好的可锻性。但组成合金后，由于塑性下降、强度增高，可锻性就相应变差。合金元素的含量越多，金属的可锻性就越差，因此，低碳钢的可锻性较好，随着碳含量的增加，可锻性逐渐变差。

（3）可加工性 金属切削加工的目的是用刀具对工件进行加工，从工件上切除多余的部分，使其达到符合要求的形状、尺寸，并获得合格的表面粗糙度。

影响金属材料可加工性的因素是多方面的，但主要与其化学成分、显微组织和原子结构有关。钢的可加工性与其碳含量密切相关，碳含量越高，则珠光体比例也越高，而珠光体的可加工性较铁素体差，所以高碳钢的可加工性远低于低碳钢。Q245R、Q355R 等均具有良好的可加工性。

2. 耐蚀性

耐蚀性是指金属材料抵抗周围介质腐蚀破坏作用的能力，取决于材料的成分、化学性能、组织形态等因素。腐蚀是由于材料表面与周围环境发生作用而产生的，任何一种金属材料，在某种特定的介质和工作条件下具有一定的耐蚀性，但在其他条件下其耐蚀性则可能很差。对于金属材料来说，热处理状态对耐蚀性能也有很大的影响，因此，在选用材料时，不但要注意材料的种类，还要注意材料的热处理状态。

第四节 钢的分类及牌号

一、钢的分类

钢是指以铁为主要元素、碳的质量分数一般在 2% 以下，并含有其他元素的材料。钢的分类方法很多，可以按化学成分、主要质量等级、主要性能或使用特性、冶炼方法、金相组织等进行分类。

按化学成分分类，钢可以分为非合金钢、低合金钢和合金钢。

按钢的主要质量等级分类，非合金钢和低合金钢均可分为普通质量、优质、特殊质量的非合金钢和低合金钢，合金钢可分为优质合金钢和特殊质量合金钢。

按主要性能或使用特性分类，非合金钢可分为以规定最高强度（或硬度）为主要特性的非合金钢、以规定最低强度为主要特性的非合金钢（如压力容器、管道用结构钢）、以限制碳含量为主要特性的非合金钢、非合金易切削钢、非合金工具钢、具有专门规定磁性或电性能的非合金钢、其他非合金钢（如原料纯铁等）。低合金钢可分为可焊接的低合金高强度结构钢、低合金耐候钢、低合金混凝土及预应力用钢、铁道用低合金钢、矿用低合金钢、其他低合金钢（如焊接用钢）。合金钢可分为工程结构用合金钢（如压力容器用钢、输送管线用钢等）、机械结构用合金钢、不锈耐蚀和耐热钢、工具钢、轴承钢、特殊物理性能钢、其

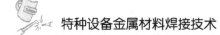

他合金钢（如焊接用合金钢等）。

按冶炼方法分类，钢可以分为平炉钢、转炉钢、电炉钢、炉外精炼钢。

根据冶炼时脱氧程度的不同，钢可分为沸腾钢、半镇静钢、镇静钢和特殊镇静钢。

按金相组织分类，钢可以分为退火组织钢、正火组织钢等。

二、钢的牌号表示方法

我国钢铁产品牌号通常采用大写汉语拼音字母、化学元素符号和阿拉伯数字相结合的方法表示。为了便于国际交流和贸易的需要，也可采用大写英文字母或国际惯例表示符号。采用汉语拼音字母或英文字母表示产品名称、用途、特性和工艺方法时，一般从产品名称中选取有代表性的汉字的汉语拼音首位字母或英文单词的首位字母。

1. 碳素结构钢和低合金结构钢

碳素结构钢和低合金结构钢的牌号通常由四部分组成：第一部分为前缀符号 + 强度值（以 N/mm^2 或 MPa 为单位），其中通用结构钢前缀符号为代表屈服强度的拼音的字母 "Q"；第二部分（必要时）为钢的质量等级，用英文字母 A、B、C、D、E、F、……表示；第三部分（必要时）为脱氧方式表示符号，沸腾钢、半镇静钢、镇静钢、特殊镇静钢分别以 "F" "b" "Z" "TZ" 表示，镇静钢、特殊镇静钢表示符号通常可以省略；第四部分（必要时）为产品用途、特性和工艺方法表示符号，如锅炉和压力容器用钢、锅炉用钢（管）、低温压力容器用钢分别以 "R" "G" "DR" 表示。根据需要，低合金高强度结构钢的牌号也可以采用两位阿拉伯数字（表示平均碳的质量分数，以万分之几计）加元素符号及必要时加代表产品用途、特性或工艺方法的表示符号，按顺序表示。

牌号 Q235AF 中，Q235 表示最小屈服强度为 235MPa，质量等级为 A 级，F 表示沸腾钢。牌号 Q355R 中，Q355 表示最小屈服强度为 355MPa，特殊镇静钢，R 表示锅炉和压力容器用钢。

2. 优质碳素结构钢

优质碳素结构钢牌号通常由五部分组成：第一部分以两位阿拉伯数字表示平均碳的质量分数（以万分之几计）；第二部分（必要时）加锰元素符号 Mn，表示较高含锰量的优质碳素结构钢；第三部分（必要时）为钢材冶金质量代号，分别用 "A" 和 "E" 表示高级优质钢和特级优质钢，优质钢不用字母表示；第四部分（必要时）为脱氧方式表示符号，沸腾钢、半镇静钢、镇静钢分别以 "F" "b" "Z" 表示，镇静钢表示符号通常可以省略；第五部分（必要时）为产品用途、特性或工艺方法表示符号。

牌号 08 表示碳的质量分数为 0.05% ~ 0.11%，锰的质量分数为 0.25% ~ 0.50%，优质钢。

3. 合金结构钢

合金结构钢的牌号通常由四部分组成：第一部分以两位阿拉伯数字表示平均碳的质量分数（以万分之几计）；第二部分为合金元素含量，以化学元素符号及阿拉伯数字表示（当平均质量分数小于 1.50% 时，牌号中仅标明元素；当平均质量分数为 1.50% ~ 2.49%、2.50% ~ 3.49%、3.50% ~ 4.49%、4.50% ~ 5.49%、……时，在合金元素后相应写成 2、3、4、5、……）；第三部分为钢材冶金质量代号，分别用 "A" 和 "E" 表示高级优质钢和特级优质钢，优质钢不用字母表示；第四部分（必要时）为产品用途、特性或工艺方法表示符号。

牌号 18MnMoNbER 表示碳的质量分数不大于 0.22%，锰的质量分数为 1.20% ~ 1.60%，钼的质量分数为 0.45% ~ 0.65%，铌的质量分数为 0.025% ~ 0.050%，E 表示特级优质钢，R 表示锅炉和压力容器用钢。

4. 不锈钢和耐热钢

不锈钢和耐热钢的牌号用化学元素符号和表示各元素质量分数的阿拉伯数字表示。各元素质量分数的阿拉伯数字表示应符合以下规定：用两位或三位阿拉伯数字表示碳的质量分数最佳控制值（以万分之几计或十万分之几计）；合金元素含量以化学元素符号及阿拉伯数字表示，表示方法同合金结构钢第二部分，钢中有意加入的铌、钛、锆、氮等合金元素，虽然含量很低，也应在牌号中标出。

牌号 06Cr19Ni10 表示碳的质量分数不大于 0.08%、铬的质量分数为 18.00% ~ 20.00%、镍的质量分为8.00% ~ 11.00% 的不锈钢。

5. 焊接用钢

焊接用钢包括焊接用碳素钢、焊接用合金钢和焊接用不锈钢等。焊接用钢牌号通常由两部分组成：第一部分为焊接用钢表示符号"H"；第二部分为各类焊接用钢牌号表示方法，包括优质碳素结构钢、合金结构钢和不锈钢。

牌号 H08A 中，H 为焊接用钢表示符号，08A 表示碳的质量分数不大于 0.10% 的高级优质碳素结构钢。

第五节 焊接材料

焊接材料是焊接时所消耗材料的通称，包括焊条、焊丝、焊带、焊剂、焊接用气体、电极等。

一、焊条

1. 焊条的组成

焊条是涂有药皮的供焊条电弧焊用的熔化电极，由药皮和焊芯两部分组成。药皮是指压涂在焊芯表面上的涂料层，焊芯是指焊条中被药皮包覆的金属芯。焊条的质量不仅影响焊接过程的稳定性，而且直接决定焊缝金属的成分与性能，因而对焊接质量有重要影响。

焊条药皮在焊接中起着重要的作用，主要体现在以下 4 个方面。

1）药皮中含有的稳弧物质可保证电弧容易引燃和稳定燃烧，从而起到稳弧作用。

2）起到保护作用，药皮熔化后产生大量的气体笼罩着电弧区和熔池，将熔化金属与空气隔开，保护熔融金属，熔渣冷却后形成渣壳防止表面金属不被氧化并减缓焊缝金属的冷却速度。

3）起到渗合金作用，药皮中加入的铁合金或纯合金元素随着药皮的熔化过渡到焊缝金属中去，以弥补合金元素的烧损，提高焊缝金属的力学性能。

4）可以改善焊接工艺性能，通过调整药皮成分改变药皮的熔点和凝固温度，有利于熔滴过渡，适应各种焊接位置的需要。

药皮组成物按其作用的不同可分为八类，常用的药皮组成物及其作用如下：①稳弧剂，主要是含钾、钠、钙的化合物，如碳酸钾、大理石、水玻璃、长石、金红石等；②造渣剂，如钛铁矿、赤铁矿、金红石、长石、大理石、萤石、钛白粉等；③造气剂，如木粉、大理石、菱苦石、白云石等；④脱氧剂，如锰铁、硅铁、钛铁、铝粉、石墨等；⑤合金剂，如铬、钼、锰、硅、钛、钒的铁合金等；⑥稀渣剂，如萤石、长石、钛铁矿、金红石、锰矿等；⑦黏结剂，如钠水玻璃、钾水玻璃等；⑧增塑剂，如白泥、云母、钛白粉等。

焊芯的作用主要有两个：一是作为电极产生电弧；二是在电弧的作用下熔化后，作为填充金属与熔化的母材混合形成焊缝。为了保证焊缝质量，焊芯应由专用的焊条钢盘条经拔丝、切断等工序后制成。

2. 焊条的分类、型号和牌号

（1）分类 焊条按照用途可以分为 10 类。

1）结构钢焊条，主要用于焊接碳钢和低合金高强钢。

2）钼和铬钼耐热钢焊条，主要用于焊接珠光体耐热钢和马氏体耐热钢。

3）不锈钢焊条，主要用于焊接不锈钢和热强钢，可分为铬不锈钢焊条和铬镍不锈钢焊条两类。

4）堆焊焊条，主要用于堆焊，以获得具有热硬性、耐磨及耐腐蚀的堆焊层。

5）低温钢焊条，主要用于焊接在低温下工作的结构，其熔敷金属具有不同的低温工作性能。

6）铸铁焊条，主要用于补焊铸铁构件。

7）镍及镍合金焊条，主要用于焊接镍及高镍合金，也可用于异种金属的焊接及堆焊。

8）铜及铜合金焊条，主要用于焊接铜及铜合金，包括纯铜焊条和青铜焊条。

9）铝及铝合金焊条，主要用于焊接铝及铝合金。

10）特殊用途焊条，主要用于特殊环境或特殊材料的焊接，比如用于水下焊接等。

按照熔渣的碱度，焊条可以分为酸性焊条和碱性焊条。酸性焊条的药皮中含有较多酸性氧化物，施焊后熔渣呈酸性。这类焊条的工艺性能好，电弧燃烧稳定，可交直流两用；熔渣流动性好，飞溅小，焊缝成形美观，波纹细密。E4303为典型的酸性焊条。碱性焊条的药皮中含有较多碱性氧化物，施焊后熔渣呈碱性。由于碱性焊条药皮中含有较多的大理石、氟石等成分，它们在焊接冶金反应中生成 CO_2 和 HF，因此降低了焊缝中的氢含量，所以碱性焊条又称为低氢焊条。碱性焊条的焊缝具有较高的塑性和冲击韧性，一般承受动载的焊件或刚度较大的重要结构均采用碱性焊条施工。碱性焊条电弧稳定性差，对铁锈、水分等比较敏感，焊接过程中烟尘较大，表面成形比较粗糙。E5015为典型的碱性焊条。

还有一种方法是按焊条药皮的类型分类，可分为氧化钛焊条、钛钙型焊条、钛铁矿型焊条、氧化铁型焊条、纤维素型焊条和低氢型焊条等。

（2）型号　焊条型号是在国家标准及国际权威组织的有关法规中，根据焊条特性指标而明确规定的代号，代号内容所规定的焊条质量标准，是焊条生产、使用、管理及研究等有关单位必须遵照执行的。

GB/T 5117—2012《非合金钢及细晶粒钢焊条》及 GB/T 32533—2016《高强钢焊条》中，焊条型号按熔覆金属力学性能、药皮类型、熔覆金属化学成分和焊后状态等进行划分。非合金钢及细晶粒钢焊条、高强钢焊条型号由五部分组成：第一部分用字母"E"表示焊条；第二部分为字母"E"后面紧邻的两位数字，表示熔敷金属的最小抗拉强度代号；第三部分为字母"E"后面的第三和第四两位数字，为表示药皮类型、焊接位置和电流类型的药皮类型代号；第四部分为熔覆金属的化学成分分类代号，可为"无标记"或短划"-"后的字母、数字或字母和数字的组合；第五部分为熔覆金属的化学成分代号之后的焊后状态代号，其中"无标记"表示焊态，"P"表示热处理状态，"AP"表示焊态和焊后热处理两种状态均可。除以上强制分类代号外，根据供需双方协商，可在型号后依次附加两组可选代号：字母"U"表示在规定试验温度下，冲击吸收能量可以达到47J以上；扩散氢代号"H×"，其中×代表15、10或5，分别表示每100g熔覆金属中扩散氢含量的最大值（mL）。非合金钢焊条型号举例如图2-13所示。高强钢焊条型号举例如图2-14所示。

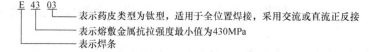

图 2-13　非合金钢焊条型号举例

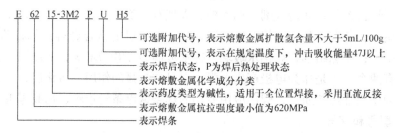

图 2-14　高强钢焊条型号举例

GB/T 5118—2012《热强钢焊条》中，焊条型号按熔覆金属力学性能、药皮类型、焊接位置、电流类型、熔覆金属化学成分等进行划分。热强钢焊条型号由四部分组成：第一部分用字母"E"表示焊条；第二部分为字母"E"后面紧邻的两位数字，表示熔敷金属的最小抗拉强度代号；第三部分为字母"E"后面的第三和第四两位数字，为表示药皮类型、焊接位置和电流类型的药皮类型代号；第四部分为短划"-"后的字母、数字或字母和数字的组合，表示熔覆金属的化学成分分类代号。除以上强制分类代号外，根据供需双方协商，可在型号后附加扩散氢代号"H×"，其中×代表15、10或5，分别表示每100g熔覆金属中扩散氢含量的最大值（mL）。完整的热强钢焊条型号举例如图2-15所示。

GB/T 983—2012《不锈钢焊条》中，焊条型号按熔覆金属力学性能、焊接位置和药皮类型等进行划分。不锈钢焊条型号由四部分组成：第一部分用字母"E"表示焊条；第二部分为字母"E"后面的数字，表示

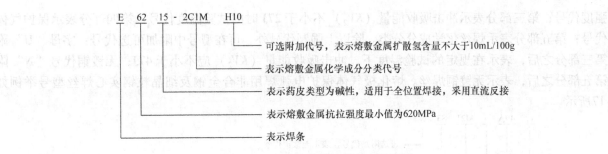

图 2-15　完整的热强钢焊条型号举例

熔覆金属的化学成分分类，数字后面的"L"表示碳含量较低，"H"表示碳含量较高，若有其他特殊要求的化学成分，在后面用该化学成分的元素符号表示；第三部分为短划"-"后的第一位数字，表示焊接位置；第四部分为最后一位数字，表示药皮类型和电流类型。完整的不锈钢焊条型号举例如图 2-16 所示。

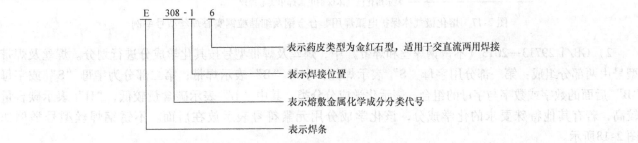

图 2-16　完整的不锈钢焊条型号举例

（3）牌号　焊条牌号是对焊条产品的具体命名，它是根据焊条的主要用途及性能特点来命名的。每种焊条产品只有一个牌号，但多种牌号的焊条可以同时对应于一种型号。焊条牌号通常以一个汉语拼音字母（或汉字）与三位数字表示，如 J422，其中"J"表示结构钢焊条，第一、二位数字"42"表示焊缝金属的抗拉强度等级（用 MPa 值的 1/10 表示），末位数字"2"表示药皮类型及焊接电源的种类。

二、焊丝

焊丝是焊接时作为填充金属或同时用作导电的金属丝，是埋弧焊、气体保护焊、电渣焊的主要焊接材料。NB/T 47018.1～5—2017/NB/T 47018.6～7—2011《承压设备用焊接材料订货技术条件》中，规定了承压设备用气体保护电弧焊钢焊丝和填充丝、埋弧焊钢焊丝的技术要求等内容。

1. 分类及型号

焊丝的分类方法很多，可按照使用的焊接方法、被焊材料、制造方法与焊丝的形状等进行分类。

按照用途，焊丝可分为碳钢焊丝、低合金钢焊丝、不锈钢焊丝、镍基合金焊丝、铸铁焊丝、有色金属焊丝、特殊合金焊丝等。

按焊接方法，焊丝可分为气焊焊丝、气体保护焊焊丝、埋弧焊焊丝、电渣焊焊丝等。

根据焊丝截面形状及结构，焊丝可分为实心钢焊丝、药芯焊丝。由于尚无成熟的适用于锅炉压力容器的药芯焊丝渣系，药芯粉料的均匀性、熔覆金属化学成分、力学性能的稳定性都没有达到用于压力容器焊材的水平，在 NB/T 47015—2011《压力容器焊接规程》中没有采用药芯焊丝。

2. 实心焊丝

实心焊丝是目前最常用的焊丝，由热轧线材经拉拔加工而成，广泛应用于各种自动和半自动焊接工艺中。

（1）气体保护焊用焊丝

1）GB/T 8110—2020《熔化极气体保护电弧焊用非合金钢及细晶粒钢实心焊丝》中，焊丝型号按熔敷金属力学性能、焊后状态、保护气体类型和焊丝化学成分等进行划分。焊丝型号由五部分组成：第一部分用字母"G"表示熔化极气体保护电弧焊用实心焊丝；第二部分表示在焊态、焊后热处理条件下，熔敷金属的抗拉强度代号；第三部分表示冲击吸收能量（KV_2）不小于27J时的试验温度代号；第四部分表示保护气体类型代号；第五部分表示焊丝化学成分分类。除以上强制代号外，可在型号中附加可选代号：字母"U"附加在第三部分之后，表示在规定的试验温度下，冲击吸收能量（KV_2）应不小于47J；无镀铜代号"N"附加在第五部分之后，表示无镀铜焊丝。熔化极气体保护电弧焊用非合金钢及细晶粒钢实心焊丝型号举例如图2-17所示。

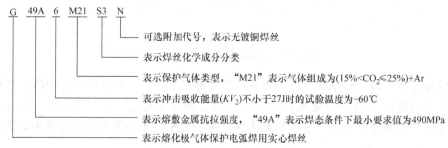

图 2-17 熔化极气体保护电弧焊用非合金钢及细晶粒钢实心焊丝型号举例

2）GB/T 29713—2013《不锈钢焊丝和焊带》中，焊丝及焊带型号按其化学成分进行划分。焊丝及焊带型号由两部分组成：第一部分用字母"S"表示焊丝，字母"B"表示焊带；第二部分为字母"S"或字母"B"后面的数字或数字与字母的组合，表示化学成分分类，其中"L"表示碳含量较低，"H"表示碳含量较高，若有其他特殊要求的化学成分，该化学成分用元素符号表示放在后面。不锈钢焊丝型号举例如图2-18所示。

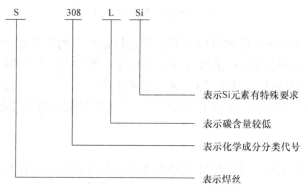

图 2-18 不锈钢焊丝型号举例

（2）埋弧焊用焊丝

1）GB/T 5293—2018《埋弧焊用非合金钢及细晶粒钢实心焊丝、药芯焊丝和焊丝-焊剂组合分类要求》中，埋弧焊用非合金钢及细晶粒钢实心焊丝型号按照化学成分进行划分，其中字母"SU"表示埋弧焊实心焊丝，"SU"后面的数字或数字与字母的组合表示其化学成分分类。埋弧焊用非合金钢及细晶粒钢实心焊丝型号举例如图2-19所示。实心焊丝-焊剂组合分类按照力学性能、焊后状态、焊剂类型和焊丝型号等进行划分。实心焊丝-焊剂组合分类由五部分组成：第一部分用字母"S"表示埋弧焊焊丝-焊剂组合；第二部分表示多道焊在焊态或焊后热处理条件下，熔敷金属

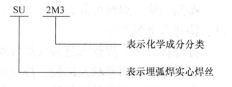

图 2-19 埋弧焊用非合金钢及细晶粒钢实心焊丝型号举例

的抗拉强度代号，或者表示用于双面单道焊时焊接接头的抗拉强度代号；第三部分表示冲击吸收能量（KV_2）不小于27J时的试验温度代号；第四部分表示焊剂类型代号；第五部分表示实心焊丝型号。除以上强制分类代号外，可在组合分类中附加可选代号：字母"U"附加在第三部分之后，表示在规定的试验温度下，冲击吸收能量（KV_2）应不小于47J；扩散氢代号"H×"附加在最后，其中×代表15、10、5、4或2，分别表示每100g熔覆金属中扩散氢含量的最大值（mL）。埋弧焊用非合金钢及细晶粒钢实心焊丝-焊剂组合分类举例如图2-20所示。

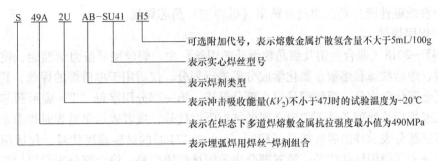

图 2-20　埋弧焊用非合金钢及细晶粒钢实心焊丝-焊剂组合分类举例

2）GB/T 12470—2018《埋弧焊用热强钢实心焊丝、药芯焊丝和焊丝-焊剂组合分类要求》中，埋弧焊用热强钢实心焊丝型号按照化学成分进行划分，其中字母"SU"表示埋弧焊实心焊丝；"SU"后面的数字与字母的组合表示化学成分分类。实心焊丝型号举例如图 2-21 所示。埋弧焊用热强钢实心焊丝-焊剂组合分类按照力学性能、焊剂类型和焊丝型号等进行划分。实心焊丝-焊剂组合分类由五部分组成：第一部分用字母"S"表示埋弧焊焊丝-焊剂组合；第二部分表示焊后热处理条件下熔覆金属的抗拉强度代号；第三部分表示冲击吸收能量（KV_2）不小于 27J 时的试验温度代号；第四部分表示焊剂类型代号；第五部分表示实心焊丝型号，焊丝-焊剂组合熔覆金属化学成分分类。埋弧焊用热强钢实心焊丝-焊剂组合分类举例如图 2-22 所示。

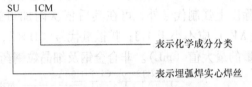

图 2-21　埋弧焊用热强钢实心焊丝型号举例

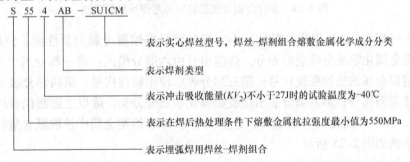

图 2-22　埋弧焊用热强钢实心焊丝-焊剂组合分类举例

3）GB/T 17854—2018《埋弧焊用不锈钢焊丝-焊剂组合分类要求》中，埋弧焊用不锈钢焊丝-焊剂组合分类按照熔覆金属化学成分和力学性能进行划分。焊丝-焊剂组合分类由四部分组成：第一部分用字母"S"表示埋弧焊焊丝-焊剂组合；第二部分表示熔覆金属分类；第三部分表示焊剂类型代号；第四部分表示焊丝型号，按 GB/T 29713—2013。埋弧焊用热强钢实心焊丝-焊剂组合分类举例如图 2-23 所示。

图 2-23　埋弧焊用热强钢实心焊丝-焊剂组合分类举例

3. 药芯焊丝

药芯焊丝是由薄钢带卷成圆形钢管或异形钢管的同时，填进一定成分的药粉后经拉拔制成的一种焊丝。药芯焊丝可用于气体保护焊、埋弧焊等，在气体保护电弧焊中应用最多。

按外层结构可分为由冷轧薄钢带制成的有缝药芯焊丝及焊成钢管形的无缝药芯焊丝。按内部填充材料可分为有造渣剂的造渣型药芯焊丝及无造渣剂的金属型药芯焊丝。按照渣的碱度可分为钛型（酸性渣）药芯焊丝、钙钛型（中性或碱性渣）药芯焊丝及钙型（碱性渣）药芯焊丝。

（1）气体保护焊用焊丝

1）GB/T 10045—2018《非合金钢及细晶粒钢药芯焊丝》中，焊丝型号按力学性能、使用特性、焊接位置、保护气体类型、焊后状态和熔覆金属化学成分等进行划分。仅适用于单道焊的焊丝，其型号划分中不包括焊后状态和熔覆金属化学成分。焊丝型号由八部分组成：第一部分用字母"T"表示药芯焊丝；第二部分表示多道焊时焊态或焊后热处理条件下熔覆金属的抗拉强度代号，或者表示单道焊时焊态条件下焊接接头的抗拉强度代号；第三部分表示冲击吸收能量（KV_2）不小于27J时的试验温度代号，仅适用于单道焊的焊丝无此代号；第四部分表示使用特性代号；第五部分表示焊接位置代号；第六部分表示保护气体类型代号，仅适用于单道焊的焊丝在该代号后添加字母"S"；第七部分表示焊后状态代号，其中"A"表示焊态，"P"表示焊后热处理状态，"AP"表示焊态和焊后热处理两种状态均可；第八部分表示熔覆金属化学成分分类。除以上强制代号外，可在其后依次附加可选代号：字母"U"表示在规定的试验温度下，冲击吸收能量（KV_2）应不小于47J；扩散氢代号"H×"，其中×代表15、10或5，分别表示每100g熔覆金属中扩散氢含量的最大值（mL）。非合金钢及细晶粒钢药芯焊丝型号举例如图2-24所示。

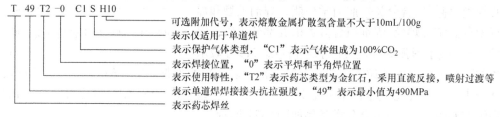

$$T\ 49\ T2\ \text{-}0\ \ C1\ S\ H10$$

可选附加代号，表示熔敷金属扩散氢含量不大于10mL/100g
表示仅适用于单道焊
表示保护气体类型，"C1"表示气体组成为100%CO_2
表示焊接位置，"0"表示平焊和平角焊位置
表示使用特性，"T2"表示药芯类型为金红石，采用直流反接，喷射过渡等
表示单道焊焊接接头抗拉强度，"49"表示最小值为490MPa
表示药芯焊丝

图2-24 非合金钢及细晶粒钢药芯焊丝型号举例

2）GB/T 17493—2018《热强钢药芯焊丝》中，焊丝型号按熔覆金属力学性能、使用特性、焊接位置、保护气体类型和熔覆金属化学成分等进行划分。焊丝型号由六部分组成：第一部分用字母"T"表示药芯焊丝；第二部分表示熔覆金属的抗拉强度代号；第三部分表示使用特性代号；第四部分表示焊接位置代号；第五部分表示保护气体类型代号；第六部分表示熔覆金属化学成分分类。除以上强制代号外，可在型号后附加扩散氢代号"H×"，其中×代表15、10或5，分别表示每100g熔覆金属中扩散氢含量的最大值（mL）。热强钢药芯焊丝型号举例如图2-25所示。

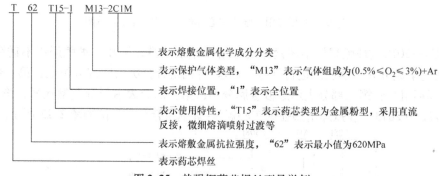

$$T\ 62\ T15\text{-}1\ \ M13\text{-}2C1M$$

表示熔敷金属化学成分分类
表示保护气体类型，"M13"表示气体组成为（0.5%≤O_2≤3%）+Ar
表示焊接位置，"1"表示全位置
表示使用特性，"T15"表示药芯类型为金属粉型，采用直流反接，微细熔滴喷射过渡等
表示熔敷金属抗拉强度，"62"表示最小值为620MPa
表示药芯焊丝

图2-25 热强钢药芯焊丝型号举例

3）GB/T 17853—2018《不锈钢药芯焊丝》中，焊丝型号按熔覆金属化学成分、焊丝类型、保护气体类型和焊接位置等进行划分。焊丝型号由五部分组成：第一部分用字母"TS"表示不锈钢药芯焊丝及填充丝；第二部分表示熔覆金属化学成分分类；第三部分表示焊丝类型代号；第四部分表示保护气体类型代号；第五部分表示焊接位置代号。不锈钢药芯焊丝型号举例如图2-26所示。

（2）埋弧焊用焊丝

1）GB/T 5293—2018《埋弧焊用非合金钢及细晶粒钢实心焊丝、药芯焊丝和焊丝-焊剂组合分类要求》中，药芯焊丝-焊剂组合分类按照力学性能、焊后状态、焊剂类型和熔覆金属的化学成分等进行划分。药芯焊丝-焊剂组合分类由五部分组成，除第五部分表示药芯焊丝-焊剂组合的熔覆金属化学成分分类外，其他部

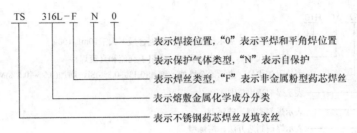

图 2-26　不锈钢药芯焊丝型号举例

分与实心焊丝-焊剂组合分类相同。埋弧焊用非合金钢及细晶粒钢药芯焊丝-焊剂组合分类举例如图 2-27 所示。

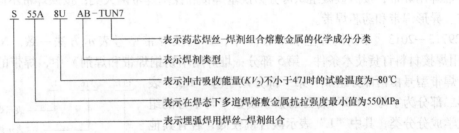

图 2-27　埋弧焊用非合金钢及细晶粒钢药芯焊丝-焊剂组合分类举例

2）GB/T 12470—2018《埋弧焊用热强钢实心焊丝、药芯焊丝和焊剂-焊剂组合分类要求》中，药芯焊丝-焊剂组合分类按照力学性能、焊剂类型和熔覆金属的化学成分等进行划分。药芯焊丝-焊剂组合分类由五部分组成：前四部分与实心焊丝-焊剂组合分类相同；第五部分表示药芯焊丝-焊剂组合熔覆金属化学成分分类。埋弧焊用热强钢药芯焊丝-焊剂组合分类举例如图 2-28 所示。

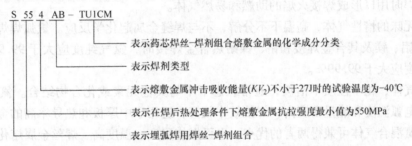

图 2-28　埋弧焊用热强钢药芯焊丝-焊剂组合分类举例

三、焊剂

GB/T 36037—2018《埋弧焊和电渣焊用焊剂》中，埋弧焊和电渣焊用焊剂型号按适用焊接方法、制造方法、焊剂类型和适用范围等进行划分。焊剂型号由四部分组成：第一部分表示焊剂适用的焊接方法，"S"表示适用于埋弧焊，"ES"表示适用于电渣焊；第二部分表示焊剂制造方法，"F"表示熔炼焊剂，"A"表示烧结焊剂，"M"表示混合焊剂；第三部分表示焊剂类型代号；第四部分表示焊剂适用范围代号。除以上强制分类代号外，根据供需双方协商，可在型号后依次附加可选代号；冶金性能代号用数字、元素符号、元素符号和数字组合等表示焊剂烧损或增加合金的程度；电流类型代号用字母表示，"DC"表示适用于直流焊接，"AC"表示适用于交流和直流焊接；扩散氢代号"H×"，其中×可为数字 2、4、5、10 或 15，分别表示每 100g 熔敷金属中扩散氢含量的最大值（mL）。埋弧焊和电渣焊用焊剂型号举例如图 2-29 所示。

四、焊带

焊带是焊接材料的一种类型，焊接时既作为填充金属又传导电流。根据焊带的用途，可分为耐蚀堆焊用

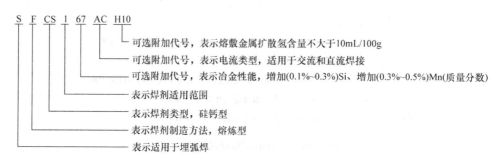

图 2-29　埋弧焊和电渣焊用焊剂型号举例

焊带和耐磨堆焊用焊带；按照显微组织可分为铁基焊带和镍基焊带两大类；按照焊带不同的制造工艺，可分为实心焊带、异形焊带和药芯焊带。

GB/T 29713—2013《不锈钢焊丝和焊带》中，焊丝及焊带型号表示方法一致。NB/T 47018.5—2017《承压设备用焊接材料订货技术条件　第5部分：堆焊用不锈钢焊带和焊剂》中，焊带的型号按其化学成分进行划分。焊带型号由两部分组成：第一部分用字母"EQ"表示焊带；第二部分为字母"EQ"后面的数字或数字与字母的组合，表示化学成分分类，其中"L"表示碳含量较低，若有其他特殊要求的化学成分，该化学成分用元素符号表示放在后面。堆焊用不锈钢焊带型号举例如图 2-30 所示。

图 2-30　堆焊用不锈钢焊带型号举例

五、焊接用气体

焊接用气体主要包括氩气、氦气、二氧化碳、氧气、乙炔等。氩气和二氧化碳是气体保护焊的保护气体，氧和乙炔是气焊时用以形成焊接火焰的助燃和易燃气体。

氩气是无色、无味的惰性气体，高温下不分解，不与焊缝金属起化学反应。氩弧焊焊接钢时，氩气的纯度应大于 99.7%；铝、镁及其合金焊接和铬、镍耐热合金焊接时，氩气纯度应大于 99.9%；钛、锆及其合金焊接时，氩气纯度应大于 99.99%。

氦气为不可燃气体，化学性质不活泼，通常状态下不与其他元素或化合物结合。氦气的热导率比氩气高，氦气保护时的电弧温度和能量密度高，焊接效率较高，适用于中厚板和热导率高的金属材料，但氦气成本较高。采用氩、氦混合气体可兼得两者的优点：电弧燃烧稳定、温度高、焊丝金属熔化速度快、焊缝成形好、焊缝的致密性高。氦气常用于镁、锆、铝、钛等金属焊接的保护气。

二氧化碳是一种多原子气体，在高温时会分解成一氧化碳和氧气。焊接用二氧化碳气体应有较高的纯度（大于 99%）。焊缝质量要求越高，二氧化碳气体纯度要求也越高。当瓶内压力降到 1MPa 时不宜再用。

工业用氧分为两级，一级纯度不低于 99.2%，二级纯度不低于 98.5%。质量要求高的产品气焊时应采用一级纯度的氧气。

乙炔是易燃介质，也是具有爆炸性的气体。乙炔与氧气混合，爆炸极限为 2.8%~9.3%（体积分数），一旦遇到明火就会立刻发生爆炸。乙炔燃烧时能产生高温，氧乙炔焰的温度可以达到 3200℃ 左右，用于切割和焊接金属。乙炔与纯铜或银接触，能生成极危险的爆炸性物质乙炔铜或乙炔银，只要手轻微冲击或振动就会发生爆炸，因此不得使用纯铜（或含铜 70% 以上）或银的材料制造乙炔发生器或乙炔气瓶的零部件或工具。

六、电极

1. 气体保护焊用钨极材料

钨极是钨极氩弧焊或等离子弧焊所用的不熔化电极，常用的钨极材料有：纯钨极、钍钨极、铈钨极和锆钨极。

纯钨极熔点、沸点高，不易熔化蒸发、烧损，但电子发射能力较差，不利于电弧稳定燃烧，另外，还存在电流承载能力低、抗污染性能差等特点。

钨极中加入少于2%的氧化钍构成钍钨极。钍钨极具有较高的热电子发射能力和耐熔性能，尤其用交流电时，许用电流值比相同直径的纯钨极提高1/3，空载电压可显著降低。但钍钨极的粉尘具有微量放射性，在磨削电极和焊接时都应注意防护。

钨极中加入2%的氧化铈制成铈钨极，它比钍钨极具有更多的优点，如电弧束细长、热量集中、烧损率低、使用寿命长、引弧容易、放射性剂量少。

锆钨极性能界于纯钨极和钍钨极之间，在需要防止电极污染焊缝金属的特殊条件下使用，焊接时，电极尖端宜保持半球形。

2. 碳弧气刨用碳电极

焊接生产常用的碳棒有圆碳棒和矩形碳棒两种。圆碳棒主要用于焊缝清根、背面开槽及清除焊接缺陷等；矩形碳棒用于刨除焊件上残留的临时焊道和焊疤，清除焊缝余高和焊瘤，有时也用于碳弧切割。对碳棒的要求是导电良好、耐高温、不易折断、价格低廉等，一般采用镀铜实心碳棒，镀铜层厚度为0.3～0.4mm。

第三章

特种设备制造常用焊接方法

第 一 节　焊接方法及分类

作为制造业的关键技术之一，焊接广泛地应用于石油化工、工程机械、航空航天和海洋工程等工业领域。焊接一直是最常用的金属连接工艺，焊接是在使用或者不使用填充材料的条件下，通过加热、加压或者加热和加压结合的手段将两个或多个待连接工件加热到所需的焊接温度后实现材料间的局部熔合的一种工艺。随着焊接设备及焊接过程数字化程度的不断提高，焊接技术变得越来越复杂、成熟，但是操作却变得越来越简单、高效。不同的行业组织对焊接方法进行了准确的分类，有效地指导了焊接工业生产。

作为特种设备制造工艺，各种连接及切割工艺是保证特种设备质量的关键工艺，每种工艺都有优点和缺点，很多焊接缺陷的产生与所采用的工艺相关，焊接方法与焊接质量之间在一定程度上存在直接的关系。

焊接术语是掌握焊接技术的基本要求，不同国家和地区对焊接术语的规定有所不同。国际标准 ISO 857 专门规定了焊接相关的术语和定义，中国焊接学会（CWS）对常用的焊接术语进行了定义，美国焊接学会 AWS A3.0 对焊接术语进行了概述，AWS A3.0 对焊接术语的定义在国际上影响较大，AWS A3.0 与 ISO 857 相比，美国标准的历史更悠久，所涉及内容更广更完整。由于我国工业化起步较晚，所以我国现行的焊接术语标准 GB/T 3375—1994 在修订过程中，基本上参照和借鉴了美国标准。这里对在焊接工艺中经常使用的主要焊接术语进行讲述。

焊缝是在使用或不使用填充材料的条件下，通过将材料加热到所需的焊接温度、加压或者不加压，或者单独利用加压的手段，获得的金属或非金属的局部熔合。焊接接头是指焊接后构件之间的连接部位或装配好后的待焊部位，焊接接头有五种基本形式：对接接头、角接接头、T 形接头、搭接接头、端接接头。焊缝与焊接接头是两个不同的概念，焊缝的形式有多种，分为角焊缝、坡口焊缝、卷边焊缝、塞焊焊缝、槽焊焊缝、缝焊焊缝和表面堆焊焊缝等。焊缝的位置变化多样，可以根据需要在实际位置下进行焊接。在实际工程应用中，有适用于各种焊接位置的焊接技术。基本的焊接位置有四种：平焊位置、横焊位置、立焊位置和仰焊位置。

1）平焊位置——焊缝轴线平行或近似平行于水平面，坡口平分面垂直或近似垂直于水平面，焊接时焊枪在上，工件和熔池在下，又称为俯焊位置。

2）横焊位置——焊缝轴线平行或近似平行于水平面，坡口平分面也平行或近似平行于水平面。焊板位于竖直面上。

3）立焊位置——焊缝轴线垂直或近似垂直于水平面，坡口平分面垂直或近似垂直于水平面。

4）仰焊位置——焊缝轴线平行或近似平行于水平面，坡口平分面垂直或近似垂直于水平面，焊接时焊枪在下，工件和熔池在上。

近年来，焊接方法的数量持续增加。根据加热、加压或加热和加压的手段区别、填充材料的不同以及所用设备的差异，焊接方法达数十种，各种焊接工艺区别极大。在金属产品的制作中有很多种连接和切割方法，图 3-1 描述了由美国焊接学会给出的焊接和相关工艺总图。此图将焊接和连接方法分为七大类，分别为电弧焊、固态焊、电阻焊、气焊、软钎焊、硬钎焊以及其他焊接与连接方法。相关工艺包括热喷涂、粘接以及热切割（包括氧气、电弧及其他切割）。图中所有的焊接方法都被广义地归类到焊接或连接方法中，包括机械连接、胶接以及各种焊接或连接方法。硬钎焊和软钎焊明确为连接方法。AWS 将焊接能量的转换方式

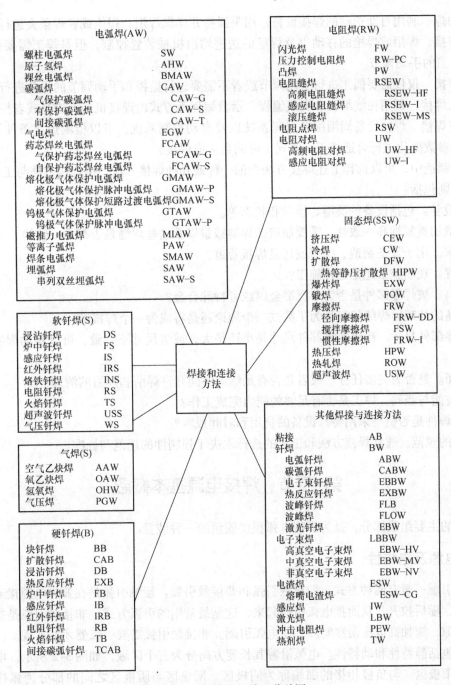

图 3-1 焊接和相关工艺总图

作为焊接方法分类的主要因素。毛细作用是区分焊接方法与连接方法的主要依据，而区分各种焊接方法的主要因素是能量转换方式。

焊接方法可以从工艺角度分类，也可以从冶金角度对焊接方法进行定义；有些分类强调了加压或者不加压，因为有些焊接方法是使用压力的，有些焊接方法是不使用压力的；有些分类强调焊接电流类型、焊丝/焊条的送进方式、焊接操作方式等因素，因为这些因素影响焊接方法的操作特点。根据定义，焊工是进行手工焊或半自动焊的操作人员，而自动焊焊工是操作自适应焊接设备、机械化焊接设备、自动焊设备或焊接机器人的人员。这两种称呼不能分出有关人员实际操作技术水平的高低，因为这两个工种涉及不同的焊接方法。焊工对焊接方法较为敏感，而自动焊焊工对自动化设备敏感性降低。通常有以下六种操作方式：

（1）手工焊 用手握持并操纵焊炬、焊枪或者焊条夹进行焊接，焊条（焊丝）送进和电弧移动均由手工完成。

（2）半自动焊　利用自动送丝的焊接设备，用手握持并操纵焊炬、焊枪或者焊条夹进行焊接。

（3）机械焊接　焊炬或焊枪的移动以及焊丝的送进均由机械装置控制，但是焊工需要根据观察到的情况对设备做出适当的手动调节。

（4）自动焊接　仅仅需要偶尔进行手动调节或者不需要进行监控和手动调节的设备进行焊接。

（5）机器人焊接　利用在线编程、离线编程、示教编程等方式由焊接机器人进行或者控制的焊接。

（6）自适应焊接　焊接设备周围配备过程系统以及自动控制系统，可以检测焊接条件下各种参数的变化，机器人根据参数变化进行合适校正，实现工件的自适应焊接。

在特种设备制造中，可以选择上述焊接方法中的一种或几种焊接方法，但焊接方法与工艺选择是有一定原则的，这些原则包括：

1）可用的设备。包括设备的类型、容量和状态等。

2）焊接制造的重复性和一致性。需要制造的焊缝数量以及这些焊缝是否都是一致的。

3）质量要求。用于设备制造、维修或还是焊接管道？

4）施工位置。现场施工还是远程施工？

5）被焊材料。被焊零部件是否为非标准金属或者特殊合金？

6）最终产品的外观。焊缝仅仅是为了测试一个理论还是将成为一个焊接结构？

7）待焊的零部件尺寸。待焊的零部件尺寸是小还是大，或者尺寸不一致，可以移动焊接还是必须原地焊接？

8）工作时间。是否为突击任务？或者是否有足够的时间允许焊前和焊后的清理？

9）焊工的技能与经验。焊工是否有足够的能力完成工作？

10）成本。焊件是否值得采用特殊设备的费用和时间成本？

11）强制性的规范。通常焊接方法和工艺的选择取决于强制性的规范与标准。

第二节　焊接电源基本概念

电源是焊机的主要组成部分，是为焊接电弧提供能量的一种装置。

一、焊接电源及电特性

焊接电弧的引燃一般有两种方式：即接触引弧和非接触引弧。接触引弧是在弧焊电源接通后，电极与工件直接短路接触，随后拉开，从而把电弧引燃起来，这是最常用的引弧方式。非接触引弧是指电极与工件之间存在一定的间隙，施加高电压击穿间隙，使电弧引燃。非接触引弧需要引弧器才能实现。

电弧的特性包括静特性和动特性。电弧沿着其长度方向分为三个区域，如图 3-2 所示。电弧与电源正极所接的一端成为阳极区，与负极相接的那端称为阴极区。阳极区与阴极区之间的部分为弧柱区，或称正柱区、电弧等离子区。由于阳极区与阴极区宽度很小，因此电弧长度可以认为近似等于弧柱长度。弧柱部分的温度高达 5000 ~ 50000K。

三个区的电压降分别称为阴极压降 U_i、阳极压降 U_y 和弧柱压降 U_z。它们的总和组成了总的电弧电压 U_f。由于阳极压降基本不变，而阴极压降在一定条件下基本也是固定的，弧柱压降则在一定气体介质下与弧柱长度成正比。由此可见，电弧电压主要跟弧长相关。

焊接电弧的静特性是：一定长度的电弧在稳定状态下，电弧电压 U_f 与电弧电流 I_f 之间的关系，称为焊接电弧的静态伏安特性，简称静特性，可用下列函数表示：

$$U_f = f(I_f)$$

焊接电弧是非线性负载，即电弧两端的电压与通过电弧的电流之间不是成正比例关系。当电弧电流从小到大在很大范围内变化时，焊接电弧的静特性近似呈 U 形曲线，故也称 U 形特性，如图 3-3 所示。

U 形静特性曲线可看成由三段（Ⅰ、Ⅱ、Ⅲ）组成。在Ⅰ段，电弧电压随电流的增加而下降，是下降特性段。在 Ⅱ 段，呈等压特性，即电弧电压不随电流而变化，是平特性段。在 Ⅲ 段，电弧电压随电流增加而上升，是上升特性段。

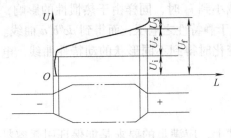

图 3-2　电弧结构和电位分布

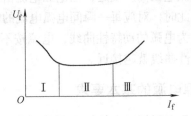

图 3-3　焊接电弧的静特性曲线

在阳极区，阳极压降 U_y 基本上与电流无关，$U_y = f(I_f)$ 为一水平线，如图 3-4 所示。在阴极区，当电弧电流 I_f 较小时，阴极斑点的面积 S_i 小于电极端部的面积，这时，S_i 随 I_f 增加而增加，阴极斑点上的电流密度 j_i 基本上不变。这意味着阴极的电场强度不变，因而 U_i 也不变，此时，$U_i = f(I_f)$ 为一水平线。到了阴极斑点面积和电极端部面积相等时，I_f 继续增加，则 S_i 不能再扩张，于是 j_i 也就随着增大了，这势必造成 U_i 增大，以加剧阴极的电子发射。因此，U_i 随 I_f 的增大而上升。

在弧柱区，可以把弧柱看成是一个近似均匀的导体，其电压降可表示为

$$U_z = I_f R_z = I_f \frac{I_z}{S_z r_2} = j_z \frac{I_z}{r_z}$$

式中，R_z 为弧柱电阻；I_z 为弧柱长度；S_z 为弧柱截面面积；r_z 为弧柱的电导率；j_z 为弧柱的电流密度。

可见，当弧柱长度一定时，电压降与电导率及电流密度有关，将 U_z 与 I_f 的关系分为 ab、bc、cd 三段来分析。

图 3-4　电弧各区域的压降与电流的关系

在 ab 段：电弧电流较小，S_z 随 I_f 的增加而扩大，而且 S_z 扩大较快，使 j_z 降低。同时 I_f 增加使弧柱温度和电离度增高，因而 r_z 增大。由上面的公式可以看出，j_z 减小和 r_z 增大，都会使 U_z 下降，所以 ab 段是下降形状。

在 bc 段：电弧电流较大，S_z 随 I_f 成比例地增大，j_z 基本不变；此时 r_z 不再随温度增加，U_z 基本不变，bc 段为水平形状。

在 cd 段：电弧电流很大，随着 I_f 的增加，r_z 仍基本不变，但 S_z 不能再扩大了，j_z 随着 I_f 的增加而增加，所以 U_z 随 I_f 的增加而上升，cd 段为上升形状。

综上所述，把 U_y、U_i 和 U_z 曲线叠加起来，即得到 U 形静特性曲线 $U_f = f(I_f)$。

静特性的下降段由于电弧燃烧不稳定而很少采用。焊条电弧焊、埋弧焊多工作在静特性的水平段。不熔化极气体保护焊、微束等离子焊、等离子弧焊也多半工作在水平段，当焊接电流较大时才工作在上升段。熔化极气体保护焊和水下焊接基本上工作在上升段。

上面的静特性是在稳定状态下得到的，但是在某些焊接过程中，焊接电流和电压都在高速变动的时候，电弧是不稳定的。所谓焊接电弧的动特性，是指在一定的弧长下，当电弧电流很快变化的时候，电弧电压和电流瞬间值之间的关系 $U_f = f(i_f)$。

图 3-5 中，电流由 a 点以很快的速度连续增加到 d 点，则随着电流增加，电弧空间的温度升高，但后者的变化总是滞后于前者，这种现象称为热惯性。当电流增加到 i_b 时，由于热惯性关系，电弧空间温度还没达到 i_b 时稳定状态的温度。由于电弧空间温度低，弧柱导电性差，阴极斑点与弧柱截面面积增加较慢，维

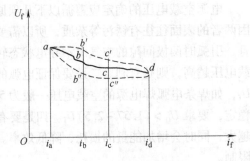

图 3-5　电弧动特性曲线

53

持电弧燃烧的电压不能降至 b 点，而将提高到 b' 点，依次类推。对应于每一瞬间电弧电流的电弧电压，就不在 $abcd$ 实线上，而在 $ab'c'd$ 虚线上，这就是说，在电流增加的过程中，动特性曲线上的电弧电压，比静特性曲线上的电弧电压高。反之，当电弧电流由 i_d 迅速减小到 i_a 时，同样由于热惯性的影响，电弧空间温度来不及下降，此时，对应每一瞬间电弧电流的电压将低于静特性之电压，而得到 $dc''b''a$ 曲线。图中的 $ab'c'd$ 和 $dc''b''a$ 曲线为电弧的动特性曲线，电流按不同规律变化时得到不同形状的动特性曲线，电流变化速度越小，静、动特性曲线就越接近。

二、弧焊电源的基本要求

弧焊电源是电弧焊机中的核心部分，在工艺适应性上，应满足的要求是能保证引弧容易、保证电弧稳定、保证焊接规范稳定、具有足够宽的焊接规范调节范围。焊接电源一般由弧焊变压器、弧焊整流器、弧焊逆变器或弧焊发电机等组成。

电源-电弧系统需要稳定，包括了两方面的含义。一是系统在无外界因素干扰时，能在给定电弧电压和电流下，维持长时间的连续电弧放电，保持静态平衡。此时的 $U_f = U_y$，$I_f = I_y$，其中的 U_f 和 I_f 各为电弧电压和电弧电流的稳定值。要满足这样的要求，电源外特性 $U_y = f(I_y)$ 与电弧静特性 $U_f = f(I_f)$ 必须能够相交，如图 3-6 所示，电源外特性与电弧静特性相交于 A_0 和 A_1 点，这两个交点确定了系统的静态稳定状态。但在实际焊接过程中，由于操作的不稳定、工件表面的不平和电网电压的突然变化等外界干扰的出现，都会破坏这种静态平衡。

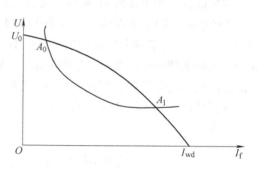

图 3-6 电源-电弧系统工作状态图

二是当系统一旦受到瞬间的外界干扰，破坏了原来的静态平衡，造成了焊接参数的变化；但当干扰消失之后，系统能够自动地达到新的稳定平衡，使得焊接参数重新恢复。

电源外特性形状除了影响"电源-电弧"系统的稳定性之外，还关联着焊接参数的稳定。在外界干扰使弧长变化的情况下，将引起系统工作点移动和焊接参数出现静态偏差。为获得良好的焊缝成形，要求焊接参数的静态偏差越小越好。由于在各种弧焊方法中，电弧放电的物理条件和所用的焊接参数不同，使它们的电弧静特性具有不同的形状，因此需要分别讨论不同弧焊方法对电源外特性的要求，并分为空载点、工作区段和短路区段三个部分来论述。

对于焊条电弧焊，其工作段一般是在电弧静特性的水平段上，采用下降外特性的弧焊电源，便可满足系统稳定性的要求。焊接过程中，由于某些原因，难免会引起焊接电流产生偏差，若焊接电流静态偏差小，则焊接参数稳定、电弧弹性好。焊条电弧焊最好采用恒流带外拖特性的弧焊电源，它既可体现恒流特性使焊接规范稳定的特点，又通过外拖增大短路电流，提高了引弧性能和电弧熔透能力，而且可根据焊条类型、板厚和工件位置的不同来调节外拖拐点和外拖部分斜率，以使熔滴过渡具有合适的推力，从而得到稳定的焊接过程和良好的焊缝成形。

电源空载电压的确定应遵循以下几项原则。一是要保证引弧容易。引弧时，焊条（焊丝）和工件接触，因两者的表面往往有锈污等杂质，所以需要较高的空载电压才能将高电阻的接触面击穿，形成导电通路。而且，引弧时两极间隙的空气由不导电状态转变为导电状态，气体的电离和电子发射均需要较高的电场能，空载电压越高，则越有利。二是要保证电弧的稳定燃烧。为确保交流电弧的稳定燃烧，要求 $U_0 \geq (1.8 \sim 2.25) U_f$，如焊条电弧焊电源的空载电压一般为 55 ~ 70V，埋弧焊电源空载电压为 70 ~ 90V。三是要保证电弧功率稳定，要求 $U_0 > (1.57 \sim 2.5) U_f$。四是要有良好的经济性。空载电压越大，则所需的铁铜材料就越多，重量越大，同时会增加能量的损耗，降低效率。五是保证人身安全。为了保证焊工的安全，对空载电压必须加以限制。

对弧焊电源稳态短路电流的要求：在弧焊电源外特性上，当 $U_f = 0$ 时对应的电流为稳态短路电流 I_{wd}，如图 3-6 所示。当电弧引燃和金属熔滴过渡到熔池时，经常发生短路，如果稳态短路电流过大，会使焊条过热，药皮容易脱落，使熔滴过渡中有大的积蓄能量而增加金属飞溅。但是，如果短路电流不够大，会因电磁压缩推动力不足而使引弧和焊条熔滴过渡产生困难。对于下降特性的弧焊电源，一般要求稳态短路电流 I_{wd} 对焊接电流 I_f 的比值范围为 $I_{wd} > (1.25 \sim 2)I_f$。对于焊条电弧焊，为了使焊接参数稳定，希望弧焊电源外特性的下降梯度大，甚至最好采用恒流特性。同时，为了确保引弧和熔滴过渡时具有足够大的推动力，又希望稳态短路电流适当大些，即满足比值范围的要求。这就要求弧焊电源外特性，在陡降到一定电压值（10V 左右）之后转入外拖段，形成恒流带外拖的外特性。自外拖始点（拐点）到稳态短路点这区段，称为短路区段。

三、电源的组成及分类

弧焊变压器是一种交流弧焊电源，在各类电源中所占比例最大，应用最广，结构最简单。但交流电弧需要重复引弧，为了满足弧焊工艺的要求，需要具备三个特点：一是为稳弧要有一定的空载电压和较大的电感；二是主要用于焊条电弧焊、埋弧焊和钨极氩弧焊，应具有下降的外特性；三是为了调节电弧电压、电流，外特性应可调。根据获得下降外特性的方法，可将弧焊变压器分成两大类：一是串联电抗器式，由正常漏磁的变压器串联电抗器，其中，按构成不同又分为分体式和同体式；二是增强漏磁式，这类变压器中人为地增大了自身的漏抗，而无须再串联电抗器。另外，按增强和调节漏抗的方法，又可分为动铁心式、动线圈式和抽头式。

硅弧焊整流器是一种直流弧焊电源，它以硅二极管作为整流元件，将交流电整流成直流电。为了获得脉动小、较平稳的直流电，以及使电网三相负荷均衡，通常都采用三相整流电路。硅弧焊整流器通常由四大部分组成：主变压器、电抗器、整流器和输出电抗器。主变压器的作用是降压，将三相 380V 电压降到所要求的空载电压。电抗器可以是交流电抗器或磁放大器，它用来控制特性形状并调节焊接规范。当主变压器为增强漏磁式或当要求得到平外特性时，则可不用电抗器。整流器的作用是把三相交流电整流成直流，常采用三相桥式电路。输出电抗器是接在直流焊接电路中的直流电感，作用是改善和控制动特性，其次是滤波。

硅整流器可分为有电抗器和无电抗器两类。有电抗器的都是磁放大器式的，根据结构特点不同可分为无反馈放大器式、外反馈磁放大器式、全部内反馈放大器式和部分内反馈放大器式。无电抗器式按主变压器结构不同又可分为正常漏磁和增强漏磁两种。

晶闸管式弧焊整流器由于本身具有良好的可控性，因而对外特性形状的控制、焊接参数的调节，都可通过改变晶闸管的导通角来实现，而无需用磁放大器。一般晶闸管弧焊整流器的组成是：主电路由主变压器、晶闸管整流器和输出电感组成。

晶闸管弧焊整流器是通过改变晶闸管的导通角来调节电弧电压和电弧电流的，因而电流电压波形的脉动比硅弧焊整流器的大。要解决这个问题，一种方法是并联高压引弧电源，另一种方法是在每个晶闸管上并联硅二极管和限流电阻构成维弧电路。

弧焊逆变电源（也称弧焊逆变器）是一种高效、节能、轻便的新型弧焊电源，它具有结构简单、易造易修、成本低、效率高等优点。但其电流波形为正弦波，输出为交流下降外特性，电弧稳定性较差，功率因数低。该类电源磁偏吹现象很少产生，空载损耗小，一般应用于焊条电弧焊、埋弧焊和钨极氩弧焊等焊接方法。

矩形波交流弧焊电源采用半导体控制技术来获得矩形波交流电流，电弧稳定性好，可调参数多，功率因数高。它除了用于交流钨极氩弧焊（TIG）外，还可用于埋弧焊，甚至可代替直流弧焊电源用于碱性焊条电弧焊。

第 三 节　焊条电弧焊

焊条电弧焊是用手工操纵焊条进行焊接的电弧焊方法，它是通过带药皮的焊条和被焊金属间的电弧将被焊金属加热，从而达到焊接的目的。焊条和工件的电弧提供热能并将母材、填充金属以及焊条药皮融化，随着电弧的移动，焊缝金属得以凝固并在表面形成一层焊渣。它适用于焊接碳钢、低合金钢、不锈钢、铜及铜合金等金属材料。焊条电弧焊设备简单、操作灵活、适应性强，在特种设备的焊接制造及现场施工中，是不可或缺的焊接方法。锅炉压力容器上的一些开孔补强、接管、管板、支座的焊接，锅炉、球形容器的现场组焊、安装，管道的连接以及缺陷的修补、起重机游乐设施的制造安装等都以焊条电弧焊为主。

一、焊条的选择

焊条电弧焊中最主要的要素是焊条本身，它是由金属芯外覆一层粒状粉剂和某种粘接剂制作而成的，如图 3-7 所示。焊条电弧焊时，焊芯与焊件之间产生电弧并熔化为焊缝的填充金属，焊芯既是电极，又是填充金属。焊芯是专用金属丝，分为碳素结构钢、低合金结构钢和不锈钢，碳钢和低合金钢焊条都可以用低碳钢金属丝做芯，而合金元素则来自于药皮。

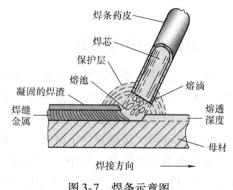

图 3-7　焊条示意图

焊条药皮在加热并分解后出现大量的保护气体，为电弧周围的熔化金属提供气-渣双重保护。焊条药皮的主要作用：

（1）保护作用　焊条药皮熔化或分解后产生气体和熔渣，隔绝空气，防止熔滴和熔池金属与空气接触。熔渣凝固后的渣壳覆盖在焊缝表面，可防止高温的焊缝金属被氧化和氮化，并可减慢焊缝金属的冷却速度。

（2）脱氧去硫磷作用　通过熔渣和铁合金进行脱氧、去硫、去磷、去氮，可去除有害元素，使焊缝具备良好的力学性能。

（3）改善焊接工艺性能　药皮熔化后改善电特性，增强电弧稳定性，同时减少飞溅，改善熔液过渡和焊缝成形等。

（4）合金化作用　焊条药皮中含有合金元素，熔化后过渡到熔池中，可改善焊缝金属的力学性能。

焊条的种类众多，每种焊条均有一定的特性和用途。选用焊条一般应考虑焊接材料的力学性能和化学成分、焊件的使用性能和工作条件、焊件的结构特点和受力状态、施工条件及设备、改善操作工艺性能以及合理的经济效益等。

对于碳钢和低合金钢，一般应按照钢材的强度等级选用焊条，同时还应综合考虑焊缝的塑性、韧性。不同强度等级的碳钢和低合金钢之间的焊接或不同低合金钢之间焊接，应按异种钢接头中强度等级较低的钢选用焊条，保证焊缝及接头强度等于或高于较低一侧强度。对于耐腐蚀要求的结构，应选择相应配套的专用焊条或熔敷金属化学成分与其相近的焊条。结构复杂、刚度大、焊接条件差、工作要求苛刻的重要结构，应选用低氢碱性焊条。若强度等级较低，可选择酸性焊条。

耐热钢焊接可根据钢种和结构工作温度，来选用熔敷金属化学成分和力学性能与母材相同或相近的焊条，同时要求接头等强性。异种钢焊接则按级别低的一侧的化学成分选用焊条，但预热温度和焊后热处理应按高级别的一侧。从保证焊接接头的抗裂性能出发，应选用低氢焊条。

不锈钢焊条的选用按照等成分原则，即选用熔敷金属成分与母材相同或相近的焊条，同时熔敷金属的碳含量不应高于母材。为了改善焊接接头的塑性，也可选用铬镍不锈钢焊条焊接铬不锈钢。结构刚度较大或焊缝抗裂性较差时，应选用碱性药皮的不锈钢焊条。对于异种钢焊接，通常按照合金成分较高一侧的高合金不锈钢选用焊条。

二、焊接参数

选择适当的焊接电流有利于电弧稳定燃烧和焊接过程的顺利进行。增大焊接电流可提高焊接生产率，但电流过大易造成咬边、过热甚至烧穿，降低接头力学性能；电流过小又容易造成夹渣、气孔、未熔合或未焊透。电流大小主要取决于焊条直径和焊缝空间位置，其次是工件厚度、接头形式、焊接层次等。一般来说，平焊位置，焊条直径为 2.5mm 时，焊接电流为 50～80A；焊条直径为 3.2mm 时，焊接电流为 100～130A；焊条直径为 4.0mm 时，焊接电流为 160～210A；焊条直径为 5.0mm 时，焊接电流为 200～270A。

电弧电压由电弧长度决定，电弧若长则电压较高，电弧若短则电压低。焊接电弧不宜过长，否则电弧燃烧不稳定，影响电弧气氛对熔池的保护。

焊接速度应适当并保持均匀。

工件厚度大的时候一般选用粗焊条。按板厚来选择，当板厚小于 4mm 时，焊条直径小于 3.2mm；在 4～12mm 时，选用的焊条一般直径为 3.2～4mm；而当厚度超过 12mm，焊条直径大于 4mm。平焊位置选择的焊条直径可比其他位置大些，而仰焊、横焊焊条直径应小些，一般不超过 4mm。立焊最大不超过 5mm，否则熔池金属容易下坠，甚至形成焊瘤。多层焊的第一层应选用小直径焊条，一般直径不超过 3.2mm。

焊接参数初步选定后，要进行试焊，并检查焊缝成形、外观质量等，若符合要求，方可确定，否则要进一步修订。对于锅炉压力容器等重要结构，要进行焊接工艺评定，合格方可确定。

三、焊接操作技术

焊条采用接触法引弧，引弧方法有划擦法和撞击法两种。划擦法动作似擦火柴，将焊条引弧端对准待焊部位的焊缝或坡口面，利用腕力轻轻划擦，再将焊条提起一点，电弧即可引燃。此方法特别适用于碱性焊条。撞击法引弧是将焊条引弧端对准待焊部位，轻轻触击并将焊条适时提起，即可引燃。该方法用力不能过大，否则易使药皮脱落。

特别注意，引弧时不可在母材金属上打火，尤其是高强钢、低温钢和不锈钢。锅炉压力容器受压件，可在坡口内引弧，或者应该直接放一块引弧板。

焊条的运动有三个方向：随着焊条不断熔化，朝熔池方向逐渐送进焊条；沿焊接方向均匀移动；横向摆动。主要的运条方法有以下几种：

一是直线运条法。焊条做直线移动，可获得较大的熔深，但熔宽较小。这种方法适用于薄板 I 形坡口对接平焊，多层焊的第一层焊道及多层多道焊。

二是直线往返运条法。焊条引弧端沿焊缝的纵向做来回直线摆动，这种运条法焊接速度快、焊缝窄，适用于间隙大时的打底焊及击穿焊的第二层焊道焊接。

三是锯齿形运条法。焊条引弧端做锯齿形连续摆动并向前移动，在两侧稍停顿。此方法操作简单，应用较多，适用于平焊、立焊、仰焊对接焊缝及立角焊。

四是月牙形运条法。焊条引弧端沿焊接方向做月牙形摆动，在两端稍做停留，防止咬边。

五是三角形运条法。引弧端连续做三角形运动并不断向前移动。

六是圆圈形运条法，引弧端连续做正圆圈或斜圆圈形摆动，并不断向前移动。

七是八字形运条法。

焊条运条方法如图 3-8 所示。

焊缝倾角是焊缝轴线与水平面之间的夹角，如图 3-9 所示。

焊缝转角是焊缝中心线（焊根和盖面层中心连线）和水平参照面 Y 轴的夹角，如图 3-10 所示。

平焊为焊缝倾角 0°、焊缝转角 90°焊接位置的焊接。平焊操作简单，若焊接参数不合适或操作不当，易在根部出现未焊透或焊瘤。板厚小于 6mm 时，一般不开坡口对接焊，留有 1～2mm 的间隙。正面焊接的焊条直径一般选 3.2mm 或 4mm，焊缝宽度为 5～8mm，余高大于 1.5mm。

T 形接头平焊，采取平角焊或船形焊。平角焊是角接焊缝倾角 0°、180°，焊缝转角 45°、135°的角焊位置的焊接。一般焊条与两板成 45°，与焊接方向成 65～80°夹角。当两板不等厚时，调整焊条角度，使电弧偏向厚板一侧。T 形接头焊接角度如图 3-11 所示。

焊缝倾角 90°（立向上）、270°（立向下）位置的焊接，为立焊。施焊时，焊条应向下倾斜 60°～80°，采用小直径焊条（3.2mm），电流比平焊小 10%～15%，短弧操作。立焊焊接角度如图 3-12a 所示。

横焊是焊缝倾角 0°、180°，焊缝转角 0°、180°的对接位置焊接。焊接时，焊条应保持 70°～80°的侧倾

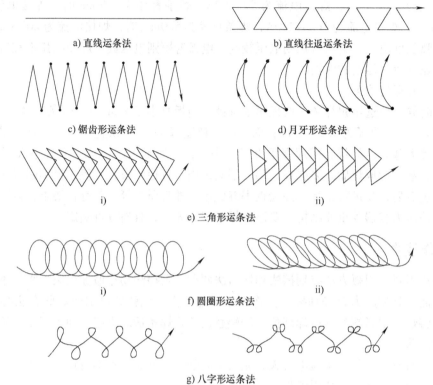

a) 直线运条法   b) 直线往返运条法

c) 锯齿形运条法   d) 月牙形运条法

i)   ii)

e) 三角形运条法

i)   ii)

f) 圆圈形运条法

g) 八字形运条法

图 3-8　焊条运条方法

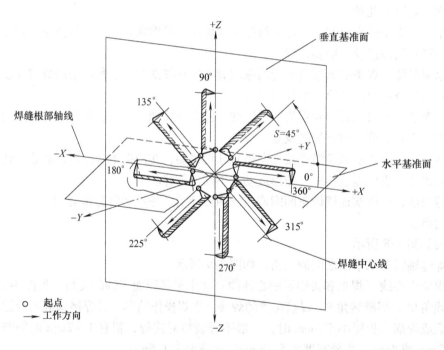

图 3-9　焊缝倾角

角和前倾角。板厚 3～5mm 时可不开坡口，采用直线往返运条法双面焊，小直径焊条（3.2mm），短弧焊接。横焊焊接角度如图 3-12b 所示。

仰焊是在对接焊缝倾角 0°、180°，焊缝转角 270°位置的焊接。焊接时应采用小直径焊条，短弧焊接。焊接电流要合适，太小则根部焊不透，太大则容易引起熔化金属下坠。板厚大于 5mm，应开坡口，坡口角度为 33°～35°。

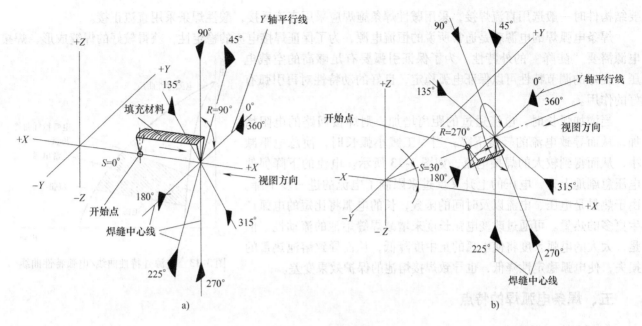

图 3-10　焊缝转角

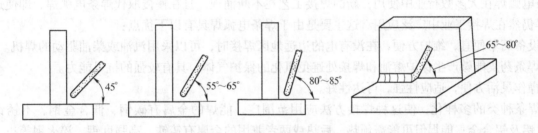

图 3-11　T 形接头焊接角度

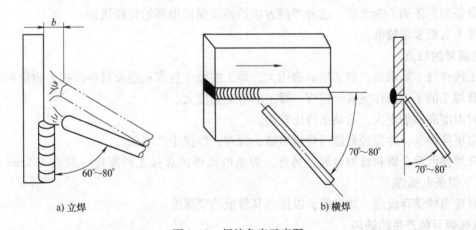

a) 立焊　　　　　　　　　　　b) 横焊

图 3-12　焊接角度示意图

四、焊接电源

焊条电弧焊的设备相对简单，设备由交流或直流弧焊电源、电缆、焊钳、焊条、电弧、工件及地线等组成，焊接电源是主要设备，焊接电源按焊接电流种类不同可分为弧焊变流器、弧焊变压器、弧焊整流器及弧焊逆变器等类。用直流电源焊接时，工件接直流电源正极，焊条接负极时，称正接或正极性；工件接负极，焊条接正极时，称反接或反极性。无论采用正接还是反接，主要从电弧稳定燃烧的条件来考虑。不同类型的焊条要求不同的接法，一般在焊条说明书上都有规定。直流电源的电弧稳定、飞溅少、焊缝质量好，焊接重要结构件时一般选用直流焊接，采用碱性焊条施焊应采用直流反接，酸性焊条采用直流正接。

焊条电弧焊的电源就是通常所说的恒流电源，为了保证焊接电流的稳定性，获得较好的焊缝成形，焊接电源需要"陡降"的外特性。为了保证引弧要有足够高的空载电压，良好的调节特性可以保证电弧稳定，良好的动特性对再引弧有好的作用。

当增加弧长时，电流通过的距离增加，则焊接回路的电阻增加，从而导致电流的轻微下降；当焊工减小弧长时，使总电阻减小，从而得到较大的焊接电流，如图3-13所示。电流的下降促使电压急剧地上升，电压的上升又反过来限制了电流的进一步下降。由于热量是电压、电流以及时间的函数，长的电弧将比短的电弧产生更多的热量。可通过改变电弧长度来增减焊缝熔池的流动性。但是，太大的电弧长度将使电弧的集中度降低，从而导致熔池热量的损失，使电弧稳定性降低，也导致焊接熔池的保护效果变差。

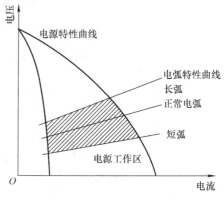

图3-13　电源外特性曲线/电弧特性曲线

五、焊条电弧焊的特点

1. 焊条电弧焊的优点

焊条电弧焊在大多数行业中使用，新的焊接工艺在不断涌现，且在慢慢取代焊条电弧焊，即使这样，焊条电弧焊仍然在焊接工业中广泛应用。这主要是由于焊条电弧焊具有以下优点：

1）设备简单便宜，维护方便，在没有电的边远地区焊接时，可以采用汽油或柴油驱动的焊机。

2）焊条药皮能够产生保护熔池和焊接处避免氧化的保护气体，具有较强的抗风能力。

3）操作灵活方便，适应性强，可达性好。

4）焊条种类的多样化，使这种焊接方法应用范围广，能焊的金属有碳钢、低合金钢、不锈钢、耐热钢、铜、铝及铝合金；能焊但可能需预热、后热或两者兼用的金属有铸铁、高强度钢、淬火钢等。

5）某些焊机体积小、重量轻，便于携带。

6）随着设备和焊条的不断改进，这种焊接方法始终能保持很高的焊接质量。

7）待焊接头装配要求较低。

2. 焊条电弧焊的缺点

1）对焊工操作技术要求高，焊工培训费用大，焊工的操作技术和经验对焊接接头质量影响很大。

2）主要靠焊工的手工操作完成全过程，焊工的劳动强度大。

3）焊接时温度高和烟尘大，劳动条件比较差。

4）要经常更换焊条，并要经常进行焊道熔渣的清理，焊接生产率低。

5）不适合焊接活泼金属和难熔金属，另外，焊条电弧焊的焊接工件厚度一般在1.5mm以上，1mm以下的薄板不适于焊条电弧焊。

6）需要有适当的储存设施，如烘箱，以保持其较低的潮湿度。

3. 焊条电弧焊可能产生的缺陷

由于工业使用不当，焊条电弧焊可能产生的缺陷如下：

1）一种缺陷是焊缝中的气孔，通常是由于焊接区域的潮湿和污染引起的，它可能来自焊条药皮、材料表面或环绕焊接操作处的大气，也可能是由于焊工使用过长的电弧引起的，这点对低氢焊条尤其突出，因此，短弧有助于消除焊缝气孔。

2）焊接时的电弧磁偏吹，它存在于电弧焊的所有方法，电弧磁偏吹会导致气孔、飞溅、咬边、成形不好并降低焊接熔深。

3）焊条电弧焊通过焊渣保护焊缝，就有可能产生夹渣。焊工可运用使焊渣充分浮到熔池表面的操作技术，以降低产生夹渣的可能性，另外，在多道焊中，后续一层施焊之前，把焊道上的焊渣完全清理干净，就能减少夹渣的产生。

4）由于焊条电弧焊是通过焊条操作来完成的，如果操作不当就有可能出现各种其他缺陷，如未熔合、未焊透、裂纹、咬边、焊瘤、焊缝尺寸不对和不当的焊缝断面。

第四节　钨极氩弧焊

钨极氩弧焊（GTAW）是采用不熔化的钨极作为电极，使用氩气作为保护气体的一种焊接方法。它是利用钨极与工件之间产生的电弧热量来熔化母材和填充焊丝，利用从焊枪喷嘴喷出的氩气在电弧周围形成保护气氛实现焊接的方法，如图3-14所示。氩气是惰性气体，即使在高温之下，也不与金属发生化学作用，且不溶解于液态金属，因此焊接质量较高。GTAW可焊接易氧化的有色金属及合金、不锈钢、高温合金、难熔活性金属等。此焊接方法电弧稳定，适宜薄板焊接，可以进行全位置焊接，容易实现单面焊双面成形，焊缝成形好，无飞溅。

在特种设备制造和安装中，钨极氩弧焊得到了广泛应用，特别是采用钨极氩弧焊打底，然后用焊条电弧焊或其他焊接方法填充、盖面形成焊缝，可以避免根部未焊透等缺陷，提高焊接质量。

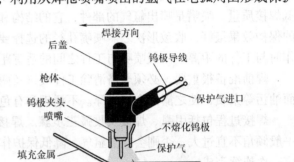

图3-14　钨极氩弧焊示意图

一、焊接材料选择

GTAW焊缝的质量在很大程度上取决于钨极的种类和电极形状，目前钨极的材料有纯钨材料和钨合金材料，经常使用的是纯钨极、钍钨极、铈钨极，一些性能更好的新材料电极也在发展中。氧化钍或氧化锆的加入可帮助电极改善电特性，其结果是使钨极的发射能力得到轻微的提高。简单地说，就是氧化钍或氧化锆型的钨极比纯钨极更容易起弧。纯钨极端部在加热时形成"球"状，所以经常用于铝焊接。和尖形钨极相比，球形钨极具有较低的电流密度，从而减小了钨极烧损的可能性。EWTh-2钨极是黑色金属焊接中最常用的电极。

钨极氩弧焊所用的焊丝，其化学成分应与母材基本相同，焊丝直径一般不大于3mm。钨极惰性气体保护焊只能使用惰性气体作为保护气体，因为灼热的钨极是不允许产生化学反应的，所使用的惰性气体为氩气（Ar）、氦气（He）、氩气和氦气以及氢气（H_2）的混合气体。氩气一般为瓶装供应，通过管道和喷嘴送至焊接区。氩气中含有氧、氮、二氧化碳和水分等杂质，会降低氩气的保护作用，造成气孔，降低焊接接头的力学性能与耐蚀性，因此要求氩气的纯度应大于99.95%。

二、焊接参数

氩弧焊的焊接参数主要有焊接电流、电弧电压、焊接速度、焊丝直径、氩气流量、喷嘴直径等，这些焊接参数的大小又因焊接形式的不同而不同。

钨极氩弧焊的钨电极承载电流能力有限，电流过大会引起钨极的熔化和蒸发，其颗粒可能进入熔池造成污染，因此电弧功率受到限制，焊缝熔深浅，焊接速度低，很多时候只是用于打底焊。现在，钨电极基本上不用纯钨极，而用铈钨极，其承载电流的能力比纯钨极有较大提高。

焊接电流的选择应根据工件厚度、材质及接头的形式等因素综合考虑，电流种类和极性的选择主要根据被焊金属的材质。铝、镁及其合金主要选择交流电，这主要是因为铝、镁易在高温氧化，而在熔池表面形成高熔点的氧化膜，阻止焊接的进行。使用交流电，在交流负极性的半波里，阴极有去除氧化膜的作用；在正极性半波里，钨极得到冷却，又可以发射足够的电子，有利于电弧的稳定。薄板也可选用直流反极性，其余金属一般选用直流正极性。直流正极性的优点有：工件为阳极，产热高，熔池深而窄，生产率高，焊接应力和变形小。钨极由于发射电子消耗大量逸出功，因此产热低，不易过热。采用小直径钨极，电流密度大，有利于电子发射和电弧稳定。

钨极的端部形状是一个重要焊接因素，根据所用电流的种类和大小，应选用不同形状的端部。焊接薄板和电流较小时，可用小直径钨极并将端部磨成尖锥形，角度约为 20°；大电流焊接时要求钨极磨成钝锥角或带有平顶的锥形。采用交流电源时钨极端部应磨成圆珠形，以减少烧损。

氩气流量是影响焊接质量的重要因素，氩气流量增大，可以增大气流的刚度，提高抗外界干扰的能力，增强保护效果。但是氩气流量过大时，会产生不规则的湍流，影响电弧稳定，并将空气卷入电弧区，反而降低焊接质量。喷嘴是喷出氩气的部件，它的结构和尺寸对喷出来的气体的流态有很大影响，一般圆珠形喷嘴的保护效果最好，收敛形次之。喷嘴孔径的选择要考虑焊接电流、焊接速度等的影响。同时还要注意焊接操作时与工件的距离，一般喷嘴与工件之间的适宜距离为 8 ~ 12mm。

焊前准备很重要，必须严格清除工件坡口及两侧表面至少 20mm 范围内的杂质。焊丝使用前应清除其表面油污等杂质，使之露出金属光泽。不锈钢和有色金属焊丝最好采用化学清洗。

焊接过程包括引弧、焊接及收弧三步骤。焊接多采用左向焊（从右向左）。根据板厚调节焊枪的倾角，一般倾角不宜过大，否则会扰乱氩气，降低保护作用。焊接过程中应尽量避免停弧，减少接头数量，打底焊应一次连续完成。

三、焊接电源

钨极氩弧焊设备通常由焊接电源、引弧及稳弧装置、焊枪、供气系统、水冷系统和焊接程序控制装置等部分组成，对于自动氩弧焊还应包括焊接小车行走机构及送丝装置。焊条电弧焊时，焊枪的运动和焊丝的送进均由焊工的左手或右手协调操作，自动焊时分别通过焊枪或工件的移动装置及送丝机构完成这两个动作。GTAW 的焊接电源同焊条电弧焊（SMAW）的设备一样，采用陡降特性的电源。由于使用气体，需要有器具来控制和传送气体。图 3-15 所示为钨极氩弧焊设备的典型配置。

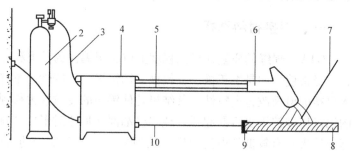

图 3-15　钨极氩弧焊设备的典型配置
1—电网连接　2—保护气瓶　3—保护气胶管　4—焊接电源
5—焊接电缆　6—焊枪　7—焊丝　8—工件　9—工件夹　10—焊接电缆

GTAW 开始时，由于电弧空间的气体、电极和工件都处于冷态，同时氩气的电离势又很高，又有氩气气流的冷却作用，所以开始引弧是比较困难的。一般配备了一个直流反接高频发生器，它协助起弧，起弧后即关闭。当使用交流电时，则全部时间保持高频，在电流反向过程中，帮助每个半周引弧。GTAW 可以采用直流反接（DCEP）、直流正接（DCEN）或交流（AC）。直流反接（DCEP）将在电极上产生较多的热量，而直流正接（DCEN）则在工件上产生更多的热量，交流（AC）则在电极和工件之间交替变换热量。交流（AC）主要用于铝的焊接，这是因为电流的变换会提高清洁作用，从而提高焊接质量。直流正接（DCEN）通常用于钢的焊接。

四、钨极氩弧焊的特点

1. 钨极氩弧焊的优点

1）适于焊接各种钢材、有色金属及合金，焊接质量优良。

2）电弧和熔池用气体保护，清晰可见，便于实现全位置自动化焊接。

3）电弧在保护气流压缩下燃烧，热量集中，熔池较小，焊接速度较快，热影响区较小，工件焊接变形较小。

4）能焊接极薄的材料。

5）电弧稳定，飞溅小，焊缝致密，成形美观。

2. 钨极氩弧焊的缺点和局限

1）熔深较浅，焊接速度较慢，焊接生产率较低。

2）对工件表面状态要求较高，工件在焊前要进行表面清洗、脱脂、去锈等准备工作。

3）焊接时气体的保护效果受周围气流的影响较大，需采取防风措施。

4）与其他焊接方法相比，生产成本较高。

5）GTAW 要求很高的技能水平。

该方法对污染很敏感，如果遇到污染或潮气，无论来自母材、填充材料还是保护气体，都将可能在熔敷焊缝中引起气孔。GTAW 特有的内在缺点是夹钨，这些缺陷是由钨极上的小块熔入焊缝金属所造成的，其他可能的缺陷有表面空洞、弧坑裂纹、不锈钢焊缝的焊根氧化、熔深/熔合不够等。

第五节　埋　弧　焊

埋弧焊是用实心焊丝连续送进，电弧在焊剂层下燃烧，熔化母材金属和焊丝，随着电弧向前移动，电弧力将液态金属推向后方并逐渐冷却凝固成焊缝，熔渣凝固成渣壳覆盖在焊缝表面，从而达到结合的一种焊接方法，如图 3-16 所示。它具有生产率高、焊缝质量稳定、节省焊接材料、改善劳动条件等优点；但埋弧焊只能进行平焊和横焊位置的焊接，焊接设备复杂且机动性差，只适合长焊缝焊接。

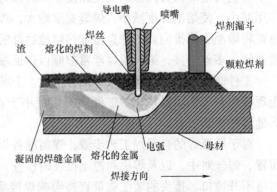

图 3-16　埋弧焊示意图

一、焊接材料

埋弧焊的焊接材料有焊丝和焊剂，它们的选配应根据母材金属力学性能和化学成分、坡口形式、板厚、工艺条件和结构尺寸等选定。低合金钢和低碳钢能够选择与钢材强度相匹配的焊丝，同时也应满足塑性、韧性等其他指标要求。低碳钢选用 H08A、H08MnA 焊丝，应选配高锰高硅型焊剂；也可选用 H08MnA、H10Mn2 焊丝，匹配低锰、无锰型焊剂。

低合金高强钢的焊接，应选用低合金高强钢焊丝，选配中锰中硅或低锰中硅型熔炼焊剂，也可选用烧结焊剂。

耐热钢和不锈钢的焊接，应选择与钢材成分相近的焊丝。对于焊剂的选配，耐热钢、低温钢、耐腐蚀钢可选用碱性的中硅或低硅型焊剂。铁素体、奥氏体等高合金钢，应选用碱度较高的熔炼焊剂或烧结、粘结焊剂，以降低合金元素的烧损及渗加较多的合金元素。此外，还应考虑各种工艺因素的影响。

焊丝的表面质量，如直径偏差、表面硬度和曲率的均匀性等都会影响焊接工艺过程的稳定和焊接质量，因此焊丝装盘前应进行检查，并消除折弯，严格清理污物。药芯焊丝还应进行烘干处理。焊剂在使用前必须烘干，熔炼焊剂的酸性、中性焊剂，烘干温度为 150～200℃，时间为 2h；碱性焊剂烘干温度为 200～350℃，时间为 2h。烧结焊剂烘干温度为 300～400℃，时间为 2h。焊剂颗粒度影响透气性，对焊缝成形和内部质量有一定影响。当焊剂粒度一定时，如果增大焊接电流，会使电弧不稳、焊缝表面及边缘凹凸不平。电流越大，焊剂粒度也应大些。在一般结构件焊接时，如果工件表面有污物，焊剂粒度粗一些有利于气体的逸出，从而减少气孔的产生。

二、焊接参数

埋弧焊焊接参数包括：焊接电流、焊剂种类及颗粒度、焊接电压、焊接速度、焊丝材料和直径、焊丝伸出长度等。为达到焊接质量要求，操作者必须调节这些焊接参数，也要了解这些参数对焊接的影响。

焊接速度对熔宽和熔深均有显著影响。在其他条件不变的情况下，焊接速度增大，焊缝熔宽显著减小。电弧向后倾斜角度增加，有利于熔池金属向后流动，故熔深略有增加。但焊接速度增加到40m/h以上时，热输入显著减小，熔池深度也减小。

焊接电流不变，增大焊丝直径会使电弧截面增大，电流密度减小，因此焊缝熔宽增加而熔池深度减小。细焊丝时电流密度大，电弧压力大而熔深增加。焊丝直径的选择主要依据工件厚度和所使用的焊接设备。半自动埋弧焊只能采用φ2mm以下的焊丝，而埋弧自动焊机大多按粗丝设计。小直径厚壁容器环缝焊接宜采用φ3mm以下细焊丝。采用细焊丝焊接所得焊缝细密光滑，成形美观且脱渣容易，因此深而窄难以清渣的坡口内焊接特别适宜小直径焊丝。大直径焊丝能承受较高的电流，生产率高，同时对装配精度适应性强，有利于焊缝成形。大型焊件适用φ4～φ5mm的粗焊丝。

焊丝伸出长度是指焊丝伸出导电嘴部分的长度。焊丝直径越细或伸出长度越长，预热作用也越大。在相同焊接电流条件下，增加焊丝伸出长度可提高焊丝熔化速度25%～50%，而熔深减小。有些情况下可利用增加焊丝伸出长度提高生产率。焊丝直径小于3mm时，要严格控制伸出长度，一般伸出长度应为焊丝直径的6～10倍。不锈钢等电阻率较大的材料，其伸出长度应小些。

焊丝可沿焊接方向倾斜一定角度。当后倾时，电弧力将熔池金属推向电弧前方，电弧对母材的直接加热作用减小，使熔池深度减小，焊缝宽度增大，焊缝平滑、不易咬边。高速焊接时常使焊丝后倾。焊丝前倾，电弧将熔池金属推向后方并直接加热熔池底部的母材金属，使熔深增加、熔宽减小。所以深熔焊接时，焊丝常前倾。多丝焊接，第一根焊丝常前倾以保证根部的熔深。

工件倾斜有上坡焊和下坡焊两种情况。上坡焊时若工件倾斜角度为6°～12°时，则焊缝余高过大，两侧出现咬边，成形明显恶化。工件倾斜角度小于6°时，下坡焊的焊缝熔深和余高均减小，而熔宽略有增加，焊缝成形得到改善。

对于埋弧焊的自动焊工艺步骤，焊前准备很重要。焊前准备包括坡口的加工和清理、焊件装配、焊剂垫布置、焊丝对中，以及焊机和控制仪表的检查、焊接材料的确认等。对接接头埋弧焊工件厚度不超过16mm时可不开坡口。接头的装配质量直接影响焊接质量，装配不良（如错边、间隙不当等）容易引起焊缝夹渣和气孔缺陷，甚至造成焊穿或未焊透。错边还会影响接头力学性能，尤其单面焊双面成形时更应严格注意。

埋弧焊在焊缝根部常常加衬垫，最常用的衬垫有：焊剂垫、钢衬垫、封底焊缝、铜衬垫和陶瓷衬垫等，除钢衬垫和封底焊缝外，其他均属临时性衬垫，焊后可拆除。

对接直焊缝的焊接有单面焊和双面焊两种，在操作上有加垫板和不加垫板等方法。板厚超过12mm的对接接头通常采用双面焊。这种焊法工件装配时不留间隙或只留很小的间隙。对于板厚大于16mm的板可开Y形坡口，钝边6～8mm，以保证焊接时不被烧穿，也可以在临时衬板上焊接，装配时接头留有一定间隙，并填满焊剂。对接环焊缝的焊接采用非对称坡口形式，一般是内坡口小、外坡口大，将主要工作量放在外环缝，内环缝主要起封底作用。

三、焊接电源

埋弧焊在细焊丝薄板焊接时，采用平特性电源，内调节方式，可同时用半自动和自动焊接，送丝速度控制简单，送丝速度控制电流，电源控制电压，采用直流时电流不能超过1000A。而对于一般的粗焊丝埋弧焊，应采用下降外特性电源，可采用大电流，可同时用半自动和自动焊接，必须使用基于电压的可变送丝速度控制，设备非常昂贵，因为送丝速度控制很复杂，电弧电压取决于送丝速度，电源控制电流，不能用于薄钢板的高速焊接。埋弧焊通常是高负载持续率、大电流的焊接过程，所以一般埋弧焊焊机电源都具有大电流、100%负载持续率的输出能力。自动埋弧焊设备由机头、控制箱、导轨（或支架）以及焊接电源组成，如图3-17所示。

埋弧焊可以采用交流电源或直流电源，在双丝和多丝焊工艺中也可以交流电源和直流电源配合使用。埋弧焊可在交流、直流正接或直流反接之间选择。焊接电流的类型影响焊缝熔深和断面形状。多丝焊可能采用一个电源供电，或需要多个电源。

四、埋弧焊的特点

埋弧焊（SAW）在许多工业领域得到了广泛应用，很多金属都可以采用埋弧焊。由于很高的熔敷效率，它在表面堆焊上表现出很高的效率，在不耐蚀或不耐磨金属表面覆盖耐蚀或耐磨焊缝时，埋弧焊是一种非常经济的办法。埋弧焊具有以下特点：

1）熔敷效率高，焊接速度快，生产率高。

2）焊接质量好，焊缝金属的性能容易通过焊剂和焊丝的选配调整，焊缝表面光洁，焊后无需修磨焊缝表面。

3）容易实现机械化、自动化。

4）无辐射和噪声，是一种安全、绿色的焊接方法。

图 3-17　自动埋弧焊设备

5）受焊接位置限制，常用于平焊和平角焊位置的焊接，不适合焊小件、薄件。

6）不便观察，需要焊缝自动跟踪装置，对装配精度要求高，每层焊道焊接后必须清除焊渣。

7）设备一次性投资大，需采用辅助装置。

在焊接过程中覆盖在电弧上的焊剂保护了焊工免受电弧伤害，也阻挡了焊工准确地观察电弧在接头中的位置，可能电弧偏离，产生未熔合。埋弧焊的焊剂受潮，可能会产生气孔和焊道下裂纹，焊道宽度和深度之比过大，在凝固过程中产生中心收缩裂纹。埋弧焊时可能产生的缺陷还有熔透不足、烧穿、成形不良和夹渣等。

第六节　熔化极气体保护焊

熔化极气体保护电弧焊（GMAW）是在气体保护下，通过焊枪连续不断地送丝，由焊丝和工件之间产生的电弧的热量将母材和焊丝熔化，形成熔池和焊缝的焊接方法，如图 3-18 所示。它是用外加气体作为电弧介质，并保护金属熔滴、焊接熔池和焊接区高温金属的电弧焊方法，有时也称为熔化极惰性气体保护焊（MIG）或熔化极活性气体保护焊（MAG）。保护气体通过焊枪与焊丝电极一起，可以保护焊接过程，防止空气污染。焊接过程可以是半自动的，也可以是自动的。

熔化极气体保护焊包括：CO_2 气体保护焊、混合气体保护焊、惰性气体保护焊、脉冲电弧气体保护焊、脉冲波形控制气体保护焊等。

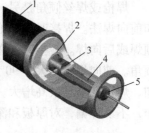

图 3-18　GMAW 及焊枪组成示意图
1—焊枪手柄　2—酚醛树脂绝缘体与螺纹螺母组件
3—保护气体扩散器　4—接触端　5—喷嘴输出端

一、焊材的选择

在熔化极气体保护电弧焊中采用的消耗材料是焊丝和保护气体。实心焊丝制造商供应的是镀铜焊丝，镀铜焊丝改善了导电嘴与焊丝之间导电性能，还具有防锈作用。除碳钢和低合金钢焊丝外，还有不锈钢、铝合金、铜合金及其他金属焊丝，焊丝、母材和保护气体的化学成分决定了焊缝金属的化学成分，决定了焊缝金属的化学性能和力学性能。保护气体和焊丝的选择考虑受如下因素影响：母材和焊缝的成分和力学性能、焊接的位置以及期望的熔滴过渡形式等。CO_2 气体保护焊焊接低碳钢和低合金钢时，为防止气孔、减少飞溅并保证焊缝具有较高的力学性能，必须采用含 Si、Mn 等脱氧元素的焊丝。常用的实心钢焊丝中，ER50-6 是目前应用最为广泛的焊丝，具有良好的工艺性能、力学性能和抗热裂纹性能，适合焊接低碳钢和屈服强度≤

500MPa 的低合金钢以及焊后需热处理的抗拉强度≤1200MPa 的低合金钢。

保护气体的作用是隔离电弧区空气，替代空气的目的是避免空气中的氮气、氧气、微量氩气、CO_2 以及水蒸气进入焊接区域与熔融金属、熔滴及电弧接触。气体的密度是气体保护电弧的主要决定因素，气体的密度越低，等效电弧保护的流量就越高。GMAW 使用活性气体焊接应用最早和最为普遍，现在富 Ar 的混合气体得到越来越广泛的应用，采用富 Ar 气体在高的熔化效率下，飞溅比 CO_2 气体保护时少得多，使得焊后清理工作明显减少，由于这一突出特点，富 Ar 气体保护焊基本上用于机械化焊接。对于碳钢和低合金钢焊接，采用氩气（Ar）+二氧化碳（CO_2）混合气，CO_2 占比为 5% ~ 25%。铝及铝合金焊接采用氩气保护时，可使熔滴过渡非常稳定，但采用氩气和氦气混合气体时可改善熔深和抗氢气孔性能。镍及镍合金焊接，为获得稳定的、飞溅少的电弧过渡形式，采用 MIG-脉冲焊是必要的，一般采用 Ar 和 5% H_2 或 30% He 的混合气。

二、焊接操作技术

GMAW 的焊接参数主要有：

1）送丝速度。增加送丝速度自动增加焊丝所载的电流。

2）电压。电压是喷射过渡时最重要的设置，因为电压控制弧长，短路过渡时，电压控制电流的上升。

3）电流。电流随着送丝速度的增加而自动增加，电流大小主要影响熔深。

4）保护气体和流量。

5）极性。

电弧焊焊接参数的调节还包括次要可调参数，如焊丝伸出长度、焊枪或焊丝倾角，这些参数都会影响焊缝形状尺寸。

当送丝速度保持不变时，增大焊丝伸出长度会降低焊接电流，导致熔深降低。因此，焊丝伸出长度的调节是焊接过程中实时控制焊缝成形的一种方法。焊丝伸出长度影响焊接电流，增大焊丝伸出长度会增大焊接回路的电阻，在电源输出电压保持不变的情况下，焊接电流减小。导电嘴与工件之间的电压等于电弧电压与焊丝伸出长度上的电压之和，焊丝伸出长度增大，回路电阻增大，如果焊接电流不变，则焊丝伸出长度上的电压增大，电弧电压减小。焊接电流和电弧电压的下降都会减小熔深，因此，焊丝伸丝长度不能过长。相反，当焊丝伸出长度减小时，焊丝预热程度降低，稳压电源输出的焊接电流增大，从而使熔深增大。

焊枪或焊丝倾角是另一个次要可调参数，对熔深影响很大。按照焊枪和焊丝的移动方向，可分为后向焊和前向焊法。焊接时的焊枪前倾，焊丝指向前方待焊部位，称为前倾焊或前向焊；而焊丝向后倾斜，称为后倾焊或后向焊。焊接时，在焊丝轴线与焊缝中心线所形成的平面内，焊丝轴线与焊接方向的夹角，称为焊丝倾角。前向焊倾角大于 90°，而后向焊则小于 90°。其他参数不变的情况下，焊丝从垂直变为后倾，熔深增加、焊道变窄且余高增大。若焊丝由垂直变为前倾，则熔深减小、焊缝变宽且余高减小。前倾焊有利于操作，不易焊偏，对厚板和深坡口焊接效果好。

三、熔滴过渡方式

对于熔化极气体保护电弧焊，基本的过渡方式有四种，分别是射流过渡、球滴过渡、脉冲过渡和短路过渡。熔滴过渡的方式取决于保护气体、电流、电压以及电源特性等若干因素。

短路过渡是接触过渡的一种，接触过渡是指焊丝（或焊条）端部的熔滴与熔池表面通过接触而过渡的方式，如图 3-19 所示。短路过渡电弧引燃后，随着电弧的燃烧，焊丝端部熔化形成熔滴并逐渐长大。当电流较小、电弧电压较低时，弧长较短，熔滴未长成大滴就与熔池接触形成液态金属短路，电弧熄灭，随之金属熔滴过渡到熔池中去。熔滴脱落之后电弧重新引燃，上述过程交替进行。短路过渡时，平均焊接电流较小，有利于薄板焊接或全位置焊接。短路过渡用于厚板焊接时必须特别小心，因为热量不足容易产生未熔合。

焊接电流小于临界电流时，过渡方式为球滴过渡，如图 3-20a 所示。球滴过渡又分为粗滴过渡（球滴滴落过渡）和细滴过渡（大滴排斥过渡）两种形式，粗滴过渡是在电流较小而电弧电压较高时的熔滴过渡方

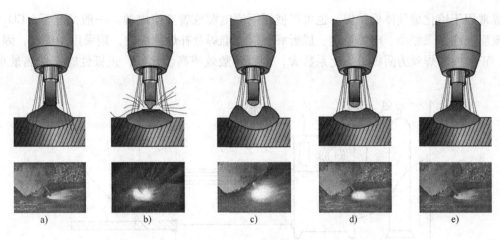

图 3-19　短路过渡

式，此时弧长较长，熔滴不与熔池短路接触，熔滴尺寸逐渐长大，当重力足以克服熔滴的表面张力时，熔滴便脱离焊丝端部进入熔池，小电流时可以忽略电弧力。粗滴过渡时熔滴存在时间长、尺寸大、飞溅也大，电弧稳定性和焊缝质量都较差，一般用于低碳钢薄板的平焊位置焊接。与粗滴过渡相比，细滴过渡电流较大，相应的电磁收缩力增大，表面张力减小，熔滴存在时间缩短，熔滴细化、过渡频率增加，电弧稳定性高、飞溅较小、焊缝质量提高。细滴过渡广泛用于生产中。

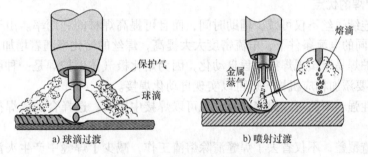

图 3-20　过渡形式示意图

　　射流过渡（也称喷射过渡）容易出现在以氩气或富氩（体积分数大于 80%）气体做保护气体的焊接方法中，如图 3-20b 所示。射流过渡时，细小的熔滴从焊丝端部连续不断地以高速度冲向熔池，加速度可以达到重力加速度的几十倍，过渡频率快、飞溅小、电弧稳定、热量集中，且对焊件的穿透力强，可以得到焊缝中心部位熔深明显增大的指状焊缝。喷射过渡适合焊接厚度大于 3mm 的焊件，不适合薄板焊接。

　　射流过渡具有焊缝表面成形好、飞溅小等优点。但是，这种焊接工艺也有一些缺点，使其难以用于某些应用场合。只有焊接电流大于临界电流时才能实现射流过渡，而射流过渡临界电流较大，利用射流过渡进行焊接时，工件上的熔池体积大、熔深大。因此，射流过渡工艺不能用于薄板焊接，而立焊和仰焊时，熔池难以维持。

　　20 世纪 60 年代，英国人 J. C. Needham 发现一个持续时间较短的电流脉冲可以过渡一个熔滴，这种技术被称为脉冲过渡。过渡的熔滴直径等于或小于焊丝直径。脉冲过渡通过一定形状的脉冲电流来实现，电流以一定的频率在基值电流和脉冲电流之间切换，脉冲电流必须大于射流过渡临界电流，脉冲电流维持时间称为脉冲电流持续时间，有时也称为脉冲宽度。基值电流的作用是维持电弧稳定燃烧，基值电流维持时间称为脉冲间歇时间或基值电流持续时间。脉冲熔化极气体保护焊所用电流脉冲频率一般为 30～400Hz。焊接时，需要根据保护气体、焊丝种类及直径等对这些参数进行正确选择。

四、焊接电源

　　熔化极气体保护焊焊接设备包括焊接电源、送丝装置、供气装置、控制箱和焊枪，如图 3-21 所示。恒压的直流电源常用于熔化极气体保护焊,也可以使用恒流电源或者交流电源。一般情况下,CO_2气体保护焊使用的是直流反极性,飞溅小、电弧稳定、成形好。但在堆焊及补焊铸件时,则采用正极性,因为阴极发热量比阳极大,正极性时焊丝为阴极,熔化系数大,金属熔敷效率高。此外,正极性时工件热量小,熔深浅,对性能有利。

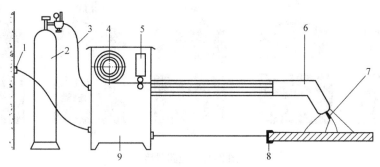

图 3-21　熔化极气体保护焊设备的典型配置

1—电网连接　2—气瓶　3—保护气体软管　4—焊丝(电极)　5—送丝系统

6—焊枪　7—导电嘴　8—工件夹　9—焊接电源

五、熔化极气体保护焊的特点

1. 熔化极气体保护焊的优点

1)焊接效率高,连续送丝不仅可减少辅助时间,而且可提高焊材的利用率。由于气体保护焊大多采用直径较细的焊丝,在相同的电流条件下,电流密度大大提高,焊丝的熔化率随着增加。

2)熔化极气体保护焊易于实现焊接过程自动化,因为熔化极气体保护焊是一种明弧焊,焊丝由送丝机构单独送给,因此,只要添加相应机构,就可以实现自动化焊接。

3)焊接工艺适应性强,不仅可以焊接薄板,也可以焊接中厚板。选择合适的焊接参数可以完成任何空间位置焊缝的焊接。

4)焊缝表面无熔渣覆盖,不仅省去了焊缝清除熔渣工作,减少了焊缝中产生夹渣的危险,也为厚壁窄间隙或窄坡口焊接创造了有利的条件。

5)焊缝金属含氢量低,通常为5mL/100g以下,适用于焊接对氢致裂纹较敏感的低合金高强度钢和耐热钢。

2. 熔化极气体保护焊的缺点

1)焊接设备较复杂,投资费用较高,焊枪需要经常清理。

2)焊接参数较多,且需要严格匹配,焊工需要经过专门的培训。

3)气体保护容易受到外界干扰,在施工现场,必须配备防风器材。

熔化极气体保护焊会出现由于污染或保护不良产生的气孔,厚板焊接采用短路过渡会产生未熔合,送丝软管和导电嘴磨损而产生的电弧不稳定。

第七节　药芯焊丝电弧焊

药芯焊丝电弧焊(FCAW)也属于熔化极电弧焊,但该方法使用的是中间包着粒状焊剂的管状焊丝,焊接时(图3-22),在电弧热的作用下,熔化状态的芯料、焊丝金属、母材金属和保护气体相互之间发生冶金作用,同时形成一层较薄的液态熔渣包覆熔滴并覆盖熔池,对熔化金属构成又一层保护。所以实质上这是一种气渣联合保护的焊接方法。

一、焊接形式及焊接参数

药芯焊丝电弧焊有两种焊接形式:一种是焊接过程中使用外加保护气体(一般是纯 CO_2 或 $CO_2 + Ar$)

的焊接，称为药芯焊丝气体保护电弧焊，它与普通熔化极气体保护电弧焊基本相同；另一种是不用外加保护气体，只靠焊丝内部的芯料燃烧与分解所产生的气体和渣做保护的焊接，称为自保护电弧焊。自保护电弧焊与焊条电弧焊相似，不同的是使用盘状的焊丝，连续不断地送到电弧中。药芯焊丝气体保护电弧焊是一种很有发展前景的焊接方法，与自保护药芯焊丝比较，其突出的特点是在施焊过程中该类焊丝有较强的抗风能力，特别适合于远离中心城市、交通运输较困难的野外工程，在石油、建筑、冶金等行业得到了广泛应用。

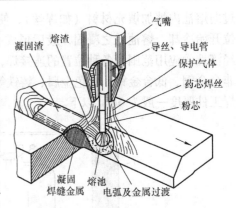

图 3-22　药芯焊丝电弧焊示意图

　　药芯焊丝气体保护电弧焊的焊接参数主要有：焊接电流、电弧电压、焊接速度、焊丝伸出长度、保护气体流量等。焊接参数对焊接过程的影响及其变化规律，药芯焊丝和实心焊丝基本相同，但由于药芯焊丝填充药粉在焊接过程中的造气、造渣等一系列冶金作用，药芯焊丝与实心焊丝焊接工艺还是有所差别的，应针对特定的药芯焊丝供应商，使用相应标准进行工艺评定试验，并根据实际的施工条件，确定合适的焊接参数。

二、焊接电源

　　药芯焊丝电弧焊使用的设备与熔化极气体保护电弧焊基本一致，但药芯焊丝电弧焊需要能承载更高电流的焊枪和电源。对于自保护型焊丝和送丝机构，不需要附带保护气体装置。药芯焊丝电弧焊使用平特性直流电源，根据所使用的焊丝类型，使用直流反接或直流正接或两者均可。气保护药芯焊丝电弧焊的焊枪与实心焊丝的焊枪相同。自保护药芯焊丝焊接时，可以使用专用焊枪，与气保护用焊枪在结构上的差别为：专用焊枪是在气体保护焊枪基础上去掉气体保护套，并在导电嘴外侧加绝缘护套，以满足某些自保护药芯焊丝在伸出长度方面的特殊要求，同时可以减少飞溅的影响。

三、药芯焊丝电弧焊的特点

1. 药芯焊丝气体保护电弧焊的优点

　　1）由于药芯成分改变了纯 CO_2 电弧气氛的物理和化学性质，因而飞溅少、颗粒细、易于清除。因熔池表面覆盖有熔渣，焊缝成形类似于焊条电弧焊，焊缝外观比实心焊丝 CO_2 气体保护焊的美观。

　　2）与焊条电弧焊相比，热效率高，电流密度比焊条电弧焊大，生产率为焊条电弧焊的 3～5 倍，既节省了填充金属又提高了焊接速度。

　　3）与实心焊丝 CO_2 气体保护焊相比，通过调整药芯的成分就可以焊接不同钢种，适应性强。

　　4）药芯焊丝电弧焊有较大的熔深，有助于减少未熔合缺陷的可能性。

　　5）由于该方法主要用于半自动工艺，其操作技能要求远低于焊条方法的要求。

　　6）FCAW 适合工地焊接。

2. 药芯焊丝气体保护电弧焊的缺点

　　1）药芯焊丝送丝比实心焊丝困难，芯料易吸潮，须对药芯焊丝严加保存和管理。

　　2）由于有粉剂，在后续焊道焊接前和外观检查前必须清渣。

　　3）在焊接过程中会产生大量的烟尘，危害焊工的健康。

　　4）FCAW 所要求的设备比焊条电弧焊的复杂。

　　5）药芯焊丝气体保护电弧焊会产生包括未焊透、夹渣和气孔在内的典型缺陷。

第八节　气　焊

　　利用可燃气体和助燃气体混合点燃后产生的高温火焰（热源）来熔化工件的待焊部位（如坡口），并通过向熔池内填加填充材料（如焊丝），使被熔化的金属形成熔池，随着热源不断地向前移动，离开热源的部位开始冷却，熔池随之凝固，最后形成一条焊缝，这种工艺方法称为气焊（OAW），如图3-23所示。气焊经济性的应用范围为各种位置的连接焊，特别是管道安装、车体结构维修、堆焊等。气焊所能焊接的材料为非合金钢、低合金钢、有色金属、铸铁等，尤其是没有电源的场合。氧乙炔焰还是切割用气体火焰之一。气焊工件厚度一般为6mm以下。

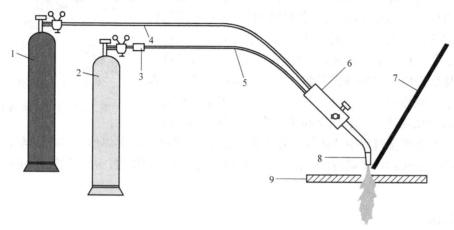

图3-23　气焊示意图

1—氧气瓶　2—乙炔瓶　3—回火防止器　4—氧气带　5—乙炔带

6—焊枪　7—焊丝　8—焊枪嘴　9—工件

一、气焊材料和焊接参数

气焊的焊接材料一般由焊丝和焊剂两部分组成，特别是钎焊更需要添加焊剂。气焊焊丝的选择主要应保证其化学成分与工件的匹配性，并应考虑到合金元素的烧损。焊丝表面应去油、去锈。对于熔焊来讲，焊接低碳钢用焊丝规格一般为 $\phi2 \sim \phi4mm$，长度在1000mm以内。焊剂可以有效去除焊接过程中产生的氧化物等杂质，除钎焊外，有色金属、铸铁及不锈钢等材料的熔焊也使用焊剂。焊剂可以直接撒在坡口上或蘸在气焊丝材表面上。

当乙炔与氧气的体积之比为 $1.1 \sim 1.2$ 时可充分燃烧，此时的火焰为中性焰。当混合比小于1.1时，乙炔不能充分燃烧而变为碳化焰，混合比大于1.2时氧气过剩，为氧化焰。中性焰分为焰芯、内焰和外焰三个区域。焰芯由未燃烧的氧和乙炔组成，外表分布着由乙炔分解的碳素微粒层，灼热的碳颗粒发出明亮的白光形成明显轮廓。焰芯前 $2 \sim 4mm$ 处，温度最高可达 $3050 \sim 3150℃$。内焰由乙炔不完全燃烧产物组成，具有一定还原性，包裹在焰芯外面，外形呈枣核状，颜色为淡橘色。而外焰则包裹在内焰外面，是一氧化碳和氢气与大气中的氧完全燃烧的产物，具有氧化性，颜色由内向外呈橙黄色。

中性焰用于焊接一般碳钢、不锈钢、铝及铝合金、铸铁、锡、铅等。氧化焰含过剩氧气，其焰芯形状变尖，内焰很短。火焰最高温度达 $3100 \sim 3300℃$，适合焊接黄铜、锰钢及镀锌铁等。碳化焰有部分剩余的乙炔时，火焰变长且异常明亮，焰芯轮廓不清，当乙炔大量过剩时冒黑烟。碳化焰适合焊接高碳钢、高速钢、硬质合金及镍合金。

气焊的焊接参数中，主要有焊嘴倾角和焊接速度。厚大、熔点高、导热性好的工件，使用的焊嘴倾角要大些，反之则小些。气焊有两种操作方法，左向法和右向法。右向法是焊炬在前、焊丝在后，从左向右施焊，火焰指向焊缝。该焊法的特点是火焰始终覆盖熔池，以隔绝空气、防止氧化物并减少气孔，火焰加热集中，熔深较大，可提高焊接效率；焊缝冷却缓慢，从而改善焊缝组织，但该方法不易掌握。左向法是焊炬跟在焊丝后面由右向左施焊，火焰背着焊缝而指向焊件待焊部分，对接头有预热作用，该方法操作简单、易于掌握。左向法适合较薄和低熔点工件，缺点是焊缝易于氧化、冷却快、焊缝质量稍差。

二、气焊的特点

虽然气焊在特种设备制造中应用较少，它的主要用途包括薄钢板和小直径钢管的焊接，但它还被应用于特种设备的维护保养中。

气焊的特点：

1）设备十分廉价，结构紧凑，且不用电。

2）火焰不能提供如电弧那样集中的热源，因此，如果是坡口焊接，坡口制备时钝边应很小以保证在接头根部实现完全熔合。

3）低的热量集中还导致该方法速度很慢。

4）需要很高的操作技能以获得良好的结果。

5）如果火焰调节成氧化焰或是碳化焰，就会引起焊缝金属力学性能的下降。

气焊操作有一定的危险性，因此焊工必须经过专门培训，必须持证操作；应选择安全地点，清除可燃物，并有防止金属熔渣飞溅引起火灾的措施；焊接前必须检查焊接工具和设备，禁止使用有缺陷的焊接工具和设备；氧气瓶、乙炔气瓶相距必须大于10m，距明火处大于10m，焊接过程中要做好灭火准备；乙炔气瓶必须直立使用，氧气瓶应有安全帽和防振圈；焊接作业结束后，应对作业现场认真检查，防止留下火种，待确定无危险后才能离开。

第九节　等离子弧焊

等离子是指在标准大气压下温度超过3000℃的气体，在温度谱上可以把其看作继固态、液态、气态之后的第四种物质状态。等离子是由被激活的离子、电子、原子或分子组成。等离子的含义，就是电弧通过涡流环或喷嘴压缩而形成的高能量状态。

等离子弧焊（PAW）是在钨极氩弧焊的基础上发展起来的一种焊接方法。钨极氩弧焊使用的热源是常压状态下的自由电弧，简称自由钨弧。等离子弧焊用的热源则是将自由钨弧压缩强化之后而获得的电离度更高的电弧等离子体，称为等离子弧，又称压缩电弧。两者在物理本质上没有区别，仅是弧柱中电离程度上的不同。经压缩的电弧其能量密度更为集中，温度更高。利用高能量等离子弧加热母材或焊接材料（有时没有）完成焊缝的方法称为等离子弧焊，如图3-24所示。

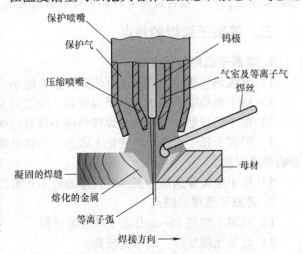

图3-24　等离子弧焊示意图

一、等离子弧分类

等离子弧主要分为两类，即非转移型等离子弧和转移型等离子弧。

（1）非转移型等离子弧　电源接于钨极和喷嘴之间，在离子气流压送下，弧焰从喷嘴中喷出，形成等离子焰。工件本身并不通电，而是被间接加热。因此热的有效利用率不高，为10%～20%。这种等离子弧主要用于焊接金属薄板、喷涂和许多非金属材料的切割与焊接。

（2）转移型等离子弧　电源接于钨极和工件之间，因该电弧难以形成，需在喷嘴上也接入正极，先在钨极与喷嘴之间引燃电流较小的等离子弧（又称诱导弧），为工件和电极之间提供足够的电离度，然后迅速接通钨极和工件之间的电路，使该电弧转移到钨极和工件之间直接燃烧，随即切断喷嘴和钨极之间的电路。在正常工作状态下，喷嘴保持中性，不带电。转移型等离子弧的阳极斑点直接落在工件上，电弧热效率大为提高，达60%～75%。金属焊接和切割几乎都采用这种转移型等离子弧。

除上述两种等离子弧外，还有一种联合型等离子弧，它是非转移型等离子弧和转移型等离子弧在工作过程中同时并存，前者在工作中起补充加热和稳定电弧作用，故又称它为维弧；后者称主弧，用于焊接。联合型等离于弧主要用于小电流（微束）等离子弧焊接和粉末堆焊。

二、等离子弧焊工艺

等离子弧焊按焊缝成形原理分类如下：

（1）小孔型等离子弧焊　实际上是利用等离子弧对一定厚度范围内的金属进行单面焊背面成形的焊接技术，又称小孔法焊接技术。等离子弧焊主要用于同样材料和厚度的母材焊接，在需要热量更集中的地方，可以选择等离子弧焊。采用小孔法焊接可以在厚达12mm材料上实现全焊透焊缝。小孔法焊接是在没有间隙的Ⅰ形对接接头上进行的，热量集中的电弧熔透整个厚度并形成小孔。在焊接过程中，小孔在母材边缘熔化形成的接头上移动，在电弧过去之后，熔化金属流到一起并凝固。这可以在接头没有精细准备的情况下获得高质量的焊缝，而且比钨极氩弧焊有更快的焊接速度。

（2）熔透型等离子弧焊　这是一种只熔化工件而不产生小孔效应的焊接技术。当等离子气流量比小孔法焊接小、弧柱压缩程度较弱时，电弧穿透能力不足以形成小孔，其焊接过程和钨极氩弧焊相似，焊件靠熔池的热传导实现熔透。该方法多用于两板焊接、卷边焊接或厚板多层焊的第二层及以后各层的焊接。

等离子弧焊焊接工艺中，首先是焊前清理。焊口两侧一定距离内必须清除一切油污及表面氧化层，以机械清理方法更为简便。机械清理方法如下：用丙酮除去焊口两侧100mm内的油污，用细砂布除去两侧50mm内的氧化层，直至露出干净的金属为止，再用棉纱蘸丙酮擦洗2~3遍，即可进行焊接。填充焊丝出厂前已经过酸洗，使用前仅用丙酮擦洗一遍。清理完毕，需要进行装配。焊口为机械加工出的直边坡口，比较规整。应当考虑到产品焊接时，必然会存在装配间隙及错边。焊接材料主要是使用各种类型的粉末，如普遍使用的要求较低的铁基合金粉末。如果有耐磨损要求，可以使用Co基粉末或者WC粉末等。

三、等离子弧焊的特点

1. 等离子弧焊的优点

1）电弧热量集中，焊接速度快和焊接变形小。

2）由于喷嘴端部到工件的距离较高，所以焊工有良好的视线观察焊缝的成形。

3）由于钨极缩在焊枪内，焊接钨棒不容易接触熔化金属而形成夹钨的缺陷。

4）等离子弧焊对弧长的变化不敏感，只要电弧对准焊缝，即使焊枪到工件的距离有较大的变化，也不影响熔透深度。

5）由于电弧穿透能力强，对较厚的板不开坡口，可实现单道焊接。

2. 等离子弧焊的缺点

1）只限于焊接25mm及以下厚度的材料。

2）设备比较复杂，成本比较高。

3）操作人员技能要求更高。

4）焊接参数变化多、区间小。

5）焊枪对焊接质量影响大，喷嘴寿命短。

6）除铝合金外，大多数小孔焊工艺仍限于平焊位置。

等离子弧焊有两种类型的金属夹杂物缺陷。夹钨可能是由于电流过高造成的，事实上钨极内凹有利于避免这种情况的发生。电流过高也会造成缓冲铜套管孔熔化并熔进焊缝金属中。采用小孔效应技术焊接时可能会产生贯穿的孔洞，由于电弧和接头都很窄，还存在产生未熔合的可能性。

第 十 节　钎　焊

钎焊是焊接技术中最早得到应用的一种工艺。钎焊属于固相连接，与熔焊方法不同，钎焊时母材不熔化，采用比母材熔点低的钎料，加热温度采取低于母材固相线而高于钎料液相线的一种连接方法。当被连接的零件和钎料加热到钎料熔化，利用液态钎料在母材表面润湿、铺展，与母材相互溶解和扩散，在母材间隙中润湿、毛细流动、填缝而实现零件间的连接。钎焊分为硬钎焊和软钎焊，硬钎焊与软钎焊的区别仅在于钎料的熔化温度不同，钎料熔点在450℃以上的为硬钎焊，而在450℃以下的为软钎焊。

钎焊方法通常是以所应用的热源来命名的，其主要作用是依靠热源将工件加热到必要的温度，随着新热源的发展和使用，近年来出现了不少新的钎焊方法。生产中的一些主要或重要的钎焊方法是按加热方式区分的，如电子组装钎焊、浸渍钎焊、波峰钎焊、电阻钎焊、高频感应钎焊、中频感应钎焊、等离子钎焊、激光钎焊、真空电子束钎焊、盐溶钎焊、火焰钎焊、炉中钎焊、超声波钎焊等。

一、钎焊材料

钎焊需要使用钎料和钎剂。对于软钎焊用钎剂，使用英文符号FS（flux soldering）加上表示钎剂分类的代码组合而成。软钎剂类型有三种：一是树脂类，包括松香类和非松香类（树脂类）；二是有机物类，包括水溶性有机物类和非水溶性有机物类；三是无机物类，包括盐类（又分为加氯化氨和不加氯化氨）、酸类（包括磷酸和非磷酸）和碱类。从形态上来说，软钎剂可分为液态、固态和膏状。

对于硬钎剂，由符号FB表示，可分为四种，见表3-1。钎剂的形态有S（粉末状、粒状）、P（膏状）和L（液态）。

表3-1 硬钎剂的分类及构成

钎剂的主要元素组分分类代号（X1）	钎剂的主要组分	钎焊温度/℃
1	硼酸+硼砂+氟化物≥90%	550～850
2	卤化物≥80%	450～620
3	硼砂+硼酸≥90%	800～1150
4	硼酸三甲酯≥60%	>450

钎剂型号表示方法为：FBX1X2X3。其中，FB表示硬钎剂；X1表示钎剂的主要元素组分分类代号；X2表示钎剂顺序号，X3表示钎剂形态。

钎剂各组分应混合均匀，不允许有肉眼可见的夹杂物存在。钎剂配合钎料进行钎焊时，应具有良好的填缝性能；同时应具有良好的钎焊工艺性能，在正常使用条件下，钎剂不应产生窒息性烟雾和影响操作的火焰或烟气；焊后残留在工件上的钎剂，使用钎剂生产厂家推荐的清洗方法清洗时，应易被除去。

钎料有各种形状和各种合金。钎料形状有线、条、箔、膏和其他预制件形状。预制件形状是针对特殊接头形式而设计的特殊形状的钎料，并在接头装配时就放入接头内部或接头附近。作为焊接耗材，钎焊合金也有美国焊接学会的命名。钎焊合金命名是以B开头，接着以所含的重要化学元素的缩写而组成的，如BCuP、BAg、RBCuZn、BNi等。在字母"B"前有"R"的钎料与气焊用的铜及铜合金焊丝有相同的特性。

二、钎焊接头

钎焊接头设计应考虑接头的强度、保证组合件的尺寸精度、零件的装配定位、钎料的安放、钎焊接头的间隙等工艺问题。钎焊接头大多采用搭接形式，搭接接头的装配与对接接头相比也比较简单。为了保证搭接接头与母材具有相等的承载能力，首先保证钎焊接头具有很大的接触面积；其次保证钎焊接头两侧之间的间隙最小。接头间隙大于0.25mm会导致接头强度急剧下降。图3-25所示为典型的钎焊接头，可以看到钎焊接头的接触面积大，并且两部件接触紧密。

三、钎焊工艺

钎焊工艺过程包括工件的表面处理、装配和固定、钎料和钎剂位置的最佳配置、选择钎焊的焊接参数和钎焊后清洗等，这里主要介绍手工火焰钎焊的步骤。

1）清洁钎件和去除污物。毛细作用只有在金属表面相当清洁时才可很好作用。因此，去除所有污物

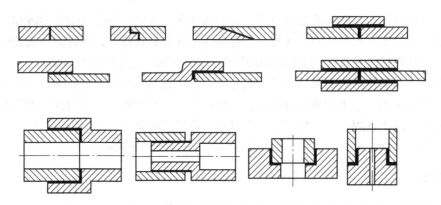

图 3-25　典型的钎焊接头

（油、油脂、垃圾、铁锈和氧化物）非常必要，钎件清洗完毕之后，钎焊前应使之完全干燥。

2）保证良好的装配和正确的间隙。为了得到毛细作用、便于装配、保证接头的强度、便于添加合金、防止浪费，就必须保证正确间隙以得到质量高的钎焊接头，检查装配、接管周边的间隙应一致。

3）在接头表面加钎剂。用钎剂刷添加钎剂：决不可将钎件浸入钎剂中。钎剂应贴附在钎焊金属表面以促进钎料合金与之联结。钎剂应平展地添加，如钎剂球状堆积或拱起则表明有油或油脂残存在金属表面，此时应重新清理钎件并添加钎剂。

4）接头装配和支承。钎件应良好对心，垂直放置，钎件内部在钎焊过程中通氮气保护以免氧化。

5）钎焊组件。包括检查氮气的正常供应、调节火焰、外焰加热钎件、施加钎料等过程，加热时，尽可能地均匀加热，这样钎件可以同时达到钎焊温度。最好的防止加热不均的方法是观察钎件，当纯铜变得暗红时，表明已达到钎焊温度；如果变得鲜红，则金属已过热。当黄铜变得深红时，表明已达到钎焊温度；当黄铜变亮红时，已过热，即将熔化，在此温度钎焊，将有很高的漏率。必须保持钎料清洁，脏污或受腐蚀的钎料会在接头区域产生夹杂。注意要在紧挨接头处添加钎料，并在达到钎焊温度才可加钎料，加钎料时不可超出外件，否则钎料会流到接头之外。

6）清洁组件和冷却。钎焊完成后，将钎件置于净水中淬水，使钎件的温度降低，以免钎件在高温状态下被氧化；对接组中无法分离淬水的钎件，钎焊后用湿布或湿海绵包附钎焊接头降温。小心清理黄铜分配管、阀和其他部件，清理之前，应让黄铜件冷却。钎焊后马上冷却会在黄铜件表面产生裂纹。彻底清理接头，保证无钎剂和残垢。

四、钎焊接头检验

在钎焊完成以后，需要对其质量进行检验。目前主要的方法有目视检查、渗透检查法和密封性检查。从外观上可以将钎缝质量分为Ⅰ、Ⅱ、Ⅲ三个等级。Ⅰ级钎缝使用于承受大的静载荷、动载荷或交变载荷，钎缝表面连续致密、钎角光滑均匀，呈明显的凹下圆弧过渡。表面不允许存在裂纹、针孔、气孔、疏松、节瘤和腐蚀斑点等，钎料对基体金属无可见的凹陷性溶蚀。Ⅱ级钎缝承受中等载荷，钎料无未钎满现象，钎角连续，但均匀性较差，钎缝表面有少量、轻微的分散性气孔、疏松和腐蚀斑点，但不允许有裂纹和针孔。钎料对基体金属有可见的凹陷性溶蚀，但其深度不超过基体金属厚度的5%～10%。Ⅲ级钎缝使用于小载荷，钎缝成形较差，钎缝不连续，不光滑、均匀，局部有未钎满和气孔、较密集的疏松，但不允许有裂纹、穿透性气孔、针孔，允许钎料对金属有明显的凹陷性溶蚀，但其深度不大于基体金属厚度的10%～20%。

目视检查使用于明显可见的宏观缺陷，一般采用不超过10倍的放大镜进行检查，适用于肉眼难分辨的表面缺陷；或者使用反光镜，适用于深孔，必要时再加上放大镜；也可以使用内窥镜对弯曲或遮挡部位进行检查。

渗透检查法适用于Ⅰ、Ⅱ级钎缝外观检查，用以判断钎缝表面有无微小的肉眼难分辨的裂纹、气孔和针孔等缺陷。密封性检查主要是用在不能进行目视或渗透检验的情况，首先是封闭组合件所有开口，然后给钎焊容器内腔充入图样规定的压力空气，放入水中 1～2min，观察有无气泡产生；或者在钎缝外表面涂白垩粉，随后向钎焊容器内注煤油，等 5～10min 后，观察白垩粉的变色情况，若在涂白垩粉的一面上出现油痕，则该处被判定为缺陷区。密封性检查发现有渗漏，必须进行补焊。

五、钎焊的特点

钎焊在许多行业中应用，特别是航空航天业和暖气装置及空调业，它可以用于连接所有的金属，并且也能用于金属与非金属的连接。

1. 钎焊的优点

同熔焊方法相比，钎焊具有以下优点：

1）钎焊加热温度较低，对母材组织和性能影响较小。

2）钎焊接头平整光滑，外形美观。

3）焊件变形较小，尤其是采用均匀加热（如炉中钎焊）的钎焊方法，焊件的变形可减小到最低程度，容易保证焊件的尺寸精度。

4）某些钎焊方法一次可焊成几十条或上百条钎缝，生产率高。

5）可以实现异种金属或合金、金属与非金属的连接。

6）设备并不昂贵。

2. 钎焊的缺点

1）纤焊接头强度比较低，耐热性能比较差。

2）由于母材与钎料成分相差较大而引起的电化学腐蚀致使耐蚀力较差及装配要求比较高。

3）被焊部件在焊前要非常干净。

4）接头的设计必须要提供足够的表面积以提高接头的强度。

5）在接头内部易形成空洞或未焊合区。

6）在母材上局部加热过大，引起母材熔化或烧损。

7）由于钎剂太活泼会引起母材的腐蚀，所残留的钎剂必须清理掉以防止接头或母材的腐蚀。

焊接冶金及焊接接头形式

第 一 节 焊接化学冶金

在熔焊过程中，焊接区内各种物质之间在高温下相互作用的物理化学变化过程，称为焊接化学冶金过程。各种焊接工艺的焊接化学冶金过程对焊缝金属的成分、性能、某些焊接缺陷（如气孔、结晶裂纹等）都有很大的影响。研究焊接化学冶金过程规律，对控制焊缝金属的成分和性能等意义重大。

一、焊材熔化

焊接冶金，从焊材的加热熔化开始，电弧焊时用于加热和熔化焊材的热能有电阻热、电弧热和化学反应热。焊接时电流密度大，造成飞溅大、药皮开裂或脱落、药皮丧失冶金作用、成形差，甚至产生气孔等缺陷，用不锈钢焊条焊接时，这种现象更为突出。

焊接材料加热熔化，熔化金属的量与焊接参数和时间都有关系，把单位时间内熔化的焊接材料的质量或长度称为焊材金属的平均熔化速度，在正常的焊接参数范围内，焊条金属的平均熔化速度与焊接电流成正比。在焊接过程中并非所有熔化的焊条金属都进入了熔池形成焊缝，而是有一部分损失。通常把单位时间内真正进入焊缝金属的那一部分金属的质量称为平均熔敷速度。

二、熔滴及其过渡

在电弧热的作用下，焊材端部熔化形成的滴状液态金属称为熔滴。当熔滴长大到一定的尺寸时，便在各种力的作用下脱离焊材，以滴状的形式过渡到溶池中。熔滴过渡特性对焊接过程的稳定性、焊接冶金和焊缝成形都有很大的影响。焊条电弧焊主要有三种过渡形式：短路过渡、颗粒过渡和附壁过渡；熔化极气体保护焊主要有四种过渡形式：脉冲过渡、短路过渡、颗粒过渡和射流过渡。熔滴过渡形式主要取决于焊接电源、电流、电压和保护气体等，熔滴大小对焊接冶金反应有比较重要的影响。

三、熔池

熔焊时，在热源的作用下焊接材料和母材金属熔化，熔化的局部母材金属和熔化的焊材所组成的具有一定几何形状的液态金属称为熔池。熔池的形状、大小、温度、存在时间和熔池液体金属的流动状态，对熔池中的冶金反应、结晶方向、晶体结构、夹杂物的数量和分布，以至焊接缺陷的产生等均有重要影响。熔池的形状、大小取决于母材的种类和焊接工艺，并随热源移动而移动，研究表明电流决定熔池的深度，电弧电压决定熔池的宽度。熔池的温度分布是不均匀的，处于电弧下面的熔池表面（熔池中部）温度最高，熔池后部的温度逐渐下降，随着电弧的移动温度场移动，熔池后部的金属不断凝固形成焊缝，熔池前部的母材金属不断熔化。熔池金属在各种力的作用下，发生剧烈的运动，这种运动使熔化的母材和焊材金属能够混合良好，形成成分均匀的焊缝金属，同时有利于气体和非金属夹杂物的外逸，加速冶金反应，消除焊接缺陷，提高焊接质量。

液态金属由母材和焊材组成，在熔化的母材金属处液态金属的运动受到限制，出现不均匀的化学成分。在焊缝金属中局部熔化的母材所占的比例称为熔合比，影响熔合比的主要因素有：焊接方法、焊接参数、接头形式、板厚、坡口角度和形式、母材性质、焊接材料种类以及焊条倾角等。

四、熔池金属的保护

焊条电弧焊和药芯焊丝电弧焊的焊接材料由造气剂、造渣剂和铁合金等组成，在焊接过程中是渣-气联合保护，造渣剂熔化后形成熔渣，覆盖在熔滴和熔池的表面上，防止空气侵入，熔渣凝固后，防止高温焊缝金属与空气接触，造气剂受热分解出大量气体。用焊条和药芯焊丝焊接时的保护效果受保护材料的含量、熔渣的性质和焊接参数等影响。

埋弧焊是利用焊剂及其熔化以后形成的熔渣隔离空气保护金属的，保护效果取决于焊剂的粒度和结构。多孔性的浮石状焊剂比玻璃状的焊剂保护效果要差。粒度越大，保护效果越差，但焊剂粒度过小，密度过大，阻碍气体外逸，促使焊缝表面形成条虫状气孔，所以焊剂应当有适当的颗粒度、密度和透气性。

熔化极气体保护焊和钨极气体保护焊的保护效果取决于保护气的性质与纯度、焊炬的结构、气流的特性等因素。一般来说，惰性气体（氩、氦等）的保护效果是比较好的，因此适用于焊接合金钢和化学活性金属及其合金。

五、焊接化学冶金反应

焊接方法不同反应区不同，焊条电弧焊有三个反应区：药皮反应区、熔滴反应区和熔池反应区；熔化极气体保护焊只有熔滴反应区和熔池反应区；钨极气体保护焊只有一个熔池反应区。各个反应区主要的物理化学反应条件、性质和特点不同，焊接化学冶金过程与焊接工艺条件有密切的联系。改变焊接工艺条件（如焊接方法、焊接参数等）必然引起冶金反应条件（反应物的种类、数量、浓度、温度、反应时间等）的变化，因而也就影响到冶金反应的过程，这种影响主要表现在对熔合比和熔滴过渡特性产生影响。

第二节　气体对焊缝金属的影响

焊接区内的气体主要来源于焊接材料、保护气体及其杂质。热源周围的空气也是一种难以避免的气源。焊丝表面上和母材坡口附近的氧化皮、铁锈、油污、油漆和吸附水等，在焊接时也会析出气体。气体的成分和数量与焊接方法、焊接参数、焊材的种类有关，焊接区内的气体主要有：CO_2、H_2O、N_2、H_2、O_2、金属和熔渣的蒸气以及它们分解和电离的产物组成的混合物，其中对焊接质量影响最大的是 N_2、H_2、O_2、CO_2、H_2O。

一、氮对焊缝金属的影响

空气中氮是焊接中氮的主要来源，铜和镍等不与氮发生反应，铁、钛等能溶解氮，与氮形成稳定的氮化物，焊接时，要防止氮与焊缝金属发生作用。氮是促使焊缝产生气孔的主要原因之一，液态金属在高温时可以溶解大量的氮，而在凝固时氮的溶解度突然下降，焊缝金属中过饱和的氮会随时间逐渐析出。在焊缝中氮是有害的杂质，氮是促进焊缝金属时效脆化的元素，也是提高低碳钢和低合金钢焊缝金属强度、降低塑性和韧性的元素，在焊缝中加入能形成稳定氮化物的元素钛、铝等，可以抑制或消除时效。

为了消除氮对焊缝金属的危害，需要采取控制措施，主要措施是加强保护，防止空气与金属作用；减小电弧电压（即降低电弧长度），增加焊接电流，熔滴过渡频率增加，氮与熔滴的作用时间缩短，焊缝含氮量下降；增加焊丝或药皮中的碳含量，碳氧化生成 CO、CO_2 加强了保护，降低了气相中氮的分压，碳氧化引起的熔池沸腾有利于氮的逸出，从而降低焊缝中的含氮量；钛、铝和稀土元素对氮有较大的亲和力，能形成稳定的氮化物，且它们不溶于液态钢而进入熔渣，同时这些元素对氧的亲和力也很大，可减少气相中 NO 的含量，一定程度上减少了焊缝中的氮含量。

二、氢对焊缝金属的影响

焊接时，氢主要来源于焊接材料中的水分、含氢物质及电弧周围空气中的水蒸气等，氢是另外一种焊接有害元素。Zr、Ti、V、Ta、Nb 等与氢反应形成稳定氢化物，焊接这类金属及合金时，必须防止在固态下吸收大量的氢，否则将严重影响接头质量。Al、Fe、Ni、Cu、Cr、Mo 等不与氢反应形成氢化物，但氢能够溶于这些金属及其合金中。焊接方法不同，氢向金属中溶解的途径也不同，对于熔化极气体保护焊和钨极气体保护焊，氢通过气相与液态金属的界面以原子形式溶入金属；对于焊条电弧焊和埋弧焊，氢通过气相与液态金属的界面和通过渣层溶入金属。当氢通过熔渣向金属中过渡时，其溶解度取决于气相中氢和水蒸气的分压、熔渣的碱度、氟化物的含量和金属中的氧含量等因素。当氢通过气相向金属中过渡时，其溶解度取决于氢的状态。在焊接过程中，液态金属所吸收的大量氢，有一部分在熔池凝固过程中可以逸出，来不及逸出的氢，留在焊缝金属中，在焊缝金属的晶格中扩散，聚集到不连续处，结合为氢分子；氢还可以由焊缝扩散到近缝区，在近缝区产生冷裂纹。

氢对焊接质量主要有四个方面的危害：①氢在室温附近使钢的塑性严重下降，这种现象称为氢脆；②碳钢或低合金钢焊缝，如果氢含量高，则常常在其拉伸或弯曲断面上出现银白色圆形局部脆断点，称之为白点；③形成气孔；④产生冷裂纹。要控制氢含量，应从以下几方面进行处理：①焊接时采用低氢和超低氢型的焊条和焊剂；②清除焊丝和焊件坡口附近表面上的铁锈、油污、吸附水和氧化膜；③在药皮和焊剂中加入氟化物，控制焊接材料的氧化还原势，在药皮或焊芯中加入微量的稀土或稀散元素；④控制焊接参数，增加电弧电压使焊缝中的氢含量有些减少，电流种类和极性对焊缝中的氢含量也有影响；⑤焊后立即把焊件加热到 250～350℃，保温一段时间，促使氢扩散外逸，即消氢处理。

三、氧对焊缝金属的影响

根据氧与金属作用的特点，可以把金属分为两类：一类是不溶解氧，但焊接时发生激烈氧化的金属，如 Mg、Al 等；另一类是能溶解氧，同时焊接过程中也发生氧化的金属，如 Fe、Ni、Cu、Ti 等。后一类金属氧化后生成的金属氧化物能溶解于相应的金属中，例如铁氧化生成的 FeO 能溶于铁及其合金中。

氧对焊缝的性能有很大的影响，随着焊缝中氧含量的增加，其强度、塑性、韧性都明显下降，尤其是低温冲击韧度急剧下降。此外，氧还能引起热脆、冷脆和时效硬化。溶解在熔池中的氧和碳发生反应，生成不溶于金属的 CO，在熔池凝固时 CO 气泡来不及逸出形成气孔。氧烧损钢中的有益合金元素，熔滴中氧与碳反应生成的 CO 受热膨胀，使熔滴爆炸，造成飞溅。必须控制氧在焊缝中的含量，具体措施：一是纯化焊接材料，在焊接某些要求高的合金钢、合金和活性金属时，应尽量用不含氧或含氧少的焊接材料；二是控制焊接参数，使用短弧焊等措施可以降低焊缝中的氧含量，也可以使用脱氧的方法减少氧含量。

第三节　焊丝、焊剂或药皮对焊缝金属的影响

焊接过程中焊丝、焊剂或药皮对焊缝金属的影响主要有：①焊条药皮和焊剂造成的熔渣起到保护焊缝金属和改善焊接工艺性能的作用；②焊丝、焊剂或药皮中加入合适的脱氧剂，能去除杂质、氧以及其他大气中的气体，即脱氧；③焊丝、焊剂或药皮为焊缝提供合金元素，即合金过渡；④药皮熔化后改善电的特性，增强电弧稳定性；⑤焊剂或药皮熔化，凝固成焊渣覆盖在焊缝金属上，降低了焊缝金属的冷却速度，焊接中防止焊缝金属氧化。在这里主要介绍熔渣中的脱氧剂和焊丝、焊剂或药皮中硫和磷对焊缝金属的影响以及合金过渡。

一、焊缝金属的脱氧

脱氧的目的是尽量减少焊缝中的氧含量，这一方面要防止被焊金属的氧化，减少在液态金属中溶解的氧；另一方面要排除脱氧后的产物，因为它们是焊缝中非金属夹杂物的主要来源，而这些夹杂物会使焊缝中的氧含量增加。脱氧的主要措施是在焊丝、焊剂或药皮中加入合适的元素或铁合金，使之在焊接过程中夺取氧。用于脱氧的元素或铁合金称为脱氧剂，焊接铁基合金时，Al、Ti、Si、Mn 等可作为脱氧剂。脱氧反应也是分区域连续进行的，按其进行的方式和特点可分为先期脱氧、沉淀脱氧和扩散脱氧。脱氧的效果则取决

于脱氧剂的种类和数量，氧化剂的种类和数量，熔渣的成分、碱度和物理性质，焊丝和母材的成分，焊接参数等多种因素。

二、硫和磷对焊缝金属的影响

1. 焊缝中硫的危害及控制

硫是焊缝金属中有害的杂质之一，当硫以 FeS 的形式存在时危害性最大。在熔池凝固时它容易发生偏析，以低熔点共晶的形式呈片状或链状分布于晶界，因此增加了焊缝金属产生结晶裂纹的倾向，同时还会降低冲击韧性和耐蚀性。在焊接合金钢，尤其是高镍合金钢，硫与镍形成 NiS，而 NiS 又与 Ni 形成熔点更低的共晶 NiS + Ni，所以产生结晶裂纹的倾向更大，硫的有害作用更为严重。当钢焊缝中碳含量增加时，会促进硫的偏析，从而增加它的危害性。

焊缝金属中的硫主要来源于母材的硫，全部过渡到焊缝金属中去，但母材中含硫少；焊丝中的硫大部分过渡到焊缝中去，药皮或焊剂的硫约一半可以过渡到焊缝中，因此，严格控制焊接材料的硫含量是限制焊缝中硫含量的关键措施。为减少焊缝中的硫含量，如同脱氧一样，可选择对硫亲和力比铁大的元素进行脱硫，焊接化学冶金中常用锰作为脱硫剂；熔渣中的碱性氧化物，如 MnO、CaO、MgO 等也能脱硫，因此增加熔渣的碱度可以提高脱硫能力。

2. 焊缝中磷的危害及控制

磷在多数钢焊缝中是一种有害的杂质，在液态铁中可溶解更多的磷，主要以 Fe_2P 和 Fe_3P 的形式存在。磷与铁和镍还可以形成低熔点共晶，因此在熔池快速凝固时，磷易发生偏析。磷化铁常分布于晶界，减弱了晶粒之间的结合力，同时它本身既硬又脆，这就增加了焊缝金属的冷脆性，即冲击韧度降低，脆性转变温度升高。焊接奥氏体钢或低合金钢焊缝中碳含量高时，磷也促使形成结晶裂纹，因此有必要限制焊缝中的磷含量。

母材、填充金属、药皮和焊剂中的磷含量是导致焊缝增磷的主要来源，应当采用脱磷的方法将其清除。增加熔渣的碱度可减少焊缝中的磷含量，在碱性熔渣中加入 CaF_2 有利于脱磷，但碱性渣的脱磷效果不理想。酸性渣虽然含有较多的 FeO，有利于磷的氧化，但因碱度低，所以比碱性渣的脱磷能力更差。实际上，焊接时脱磷比脱硫更困难。控制焊缝中的磷含量，主要是严格限制焊接材料中的磷含量。

三、合金过渡

焊丝和焊剂等焊接材料的合金元素通过熔焊过渡到焊缝金属中，以提高焊缝金属的力学性能和使用性能，这个过程称为合金过渡。合金过渡的目的：补偿焊接过程中由于蒸发、氧化等原因造成的合金元素的损失；消除焊接缺陷，改善焊缝金属的组织和性能；获得具有特殊性能的堆焊金属。合金过渡的方式主要有：

1）把所需要的合金元素加入焊丝、带极或板极内，配合碱性药皮或低氧、无氧焊剂进行焊接或堆焊，从而把合金元素过渡到焊缝或堆焊层中去。

2）药芯焊丝或药芯焊条的里面填满需要的铁合金及铁粉等物质，用这种药芯焊丝进行气体保护焊和自保护焊，把合金元素过渡到焊缝金属中。

3）把所需要的合金元素以铁合金或纯金属的形式加入药皮或黏结焊剂中，配合普通焊丝使用，实现合金过渡。

4）将需要的合金元素按比例配制成具有一定粒度的合金粉末，把它输送到焊接区，或直接涂敷在焊件表面或坡口内，它在热源作用下与母材熔合后就形成合金化的堆焊金属。

5）通过从金属氧化物中还原金属的方式来合金化，如硅锰还原反应。但这种方式合金化的程度是有限的，还会造成焊缝增氧。

通过焊丝合金过渡的过程比较简单，焊丝熔化后，合金元素就溶解在液态金属中。通过药皮、焊剂和药芯焊丝合金过渡的过程主要是在液态金属与熔渣的界面上进行的，而通过合金元素蒸气和离子过渡是很少的。在焊接过程中合金元素利用率的高低，常用过渡系数来表征，合金元素过渡系数是它在熔敷金属中的实际含量与它的原始含量之比，影响过渡系数的因素主要有合金元素的物化性质、合金元素的含量、合金剂的粒度和焊剂成分等。

第四节　焊缝金属凝固和焊接接头性能

熔焊时，在高温热源的作用下，母材发生局部熔化，与熔化了的焊材金属搅拌混合而形成熔池，经过短暂复杂的冶金反应熔池金属凝固（结晶）。凝固过程中，由于熔池冶金和冷却的不同影响，焊缝组织性能差异很大，气孔、夹杂、偏析和结晶裂纹等在凝固过程中产生，凝固过程中还会产生点缺陷（空位和间隙原子）、线缺陷（位错）和面缺陷（界面）等晶体缺陷。

一、焊缝金属凝固

熔化的焊缝金属在冷却过程中，熔化金属形成晶核，晶粒长大凝固成晶体结构。晶核起始部位在液-固交界处，即未熔化热影响区的交界面，交界面首先形成树枝状晶，并大量出现，围绕树枝状晶形成晶粒并长大，直至与其他晶粒相交为止。初始的晶粒为柱状，比较大，朝热源方向增长。当熔池继续冷却时，晶粒长大的空间减小，生成的晶粒尺寸较小，并且在形状上更加偏离柱状，如图 4-1 所示。如图 4-1a 所示，焊缝交界面处初始树状晶体；如图 4-1b所示，初始树状晶粒长大形成固态晶粒，相邻晶粒之间形成晶界；如图 4-1c 所示，焊缝金属完全凝固，晶界不连续，晶粒尺寸不一。

焊缝结晶过程中，由于冷却速度很快，凝固的焊缝金属中化学成分来不及扩散，合金元素的分布是不均匀的，出现所谓偏析现象。在焊缝的熔合区，存在着严重的化学不均匀性、物理不均匀性，组织和性能上也是不均匀的，成为焊接接头中的薄弱部位。许多焊接结构的失效常常是由熔合区的某些缺陷而引起的，例如冷裂纹、再热裂纹和脆性相等常起源于熔合区。

焊接熔池完全凝固后，焊缝金属将发生组织转变。以低碳钢焊缝为例，由于碳含量低，故在固态相变后的结晶组织

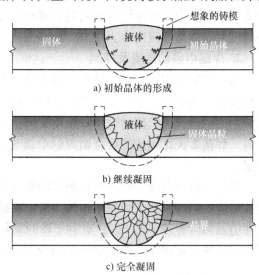

a) 初始晶体的形成

b) 继续凝固

c) 完全凝固

图 4-1　焊缝金属凝固示意图

主要是铁素体加少量珠光体。低合金钢固态相变后的组织复杂得多，随焊接材料等因素变化可出现不同的组织。根据焊缝化学成分和冷却条件的不同，可能出现四种固态转变组织：铁素体转变；珠光体转变；贝氏体转变，其转变温度在 550℃ ~ Ms 之间；马氏体转变。当焊缝金属的碳含量偏高或合金元素较多时，在快速冷却条件下，奥氏体过冷到 Ms 温度以下将发生马氏体转变。根据碳含量不同，可形成不同形态的马氏体。低碳低合金钢焊缝金属在连续冷却条件下，常出现板条马氏体。当焊缝中的碳含量较高时，将会出现片状马氏体。

二、合金元素对焊缝性能的影响

在焊接生产中用于改善焊缝金属性能的途径很多，归纳起来主要是焊缝的固溶强化、变质处理和调整焊接工艺。改善焊缝金属凝固组织最有效的方法之一就是向焊缝中添加某些合金元素，起到固溶强化和变质处理的作用。

1. 锰和硅对焊缝的影响

Mn 和 Si 在低碳钢和低合金钢焊缝中必不可少，Mn 和 Si 使焊缝金属充分脱氧，提高焊缝的抗拉强度（属于固溶强化），但韧性下降，向焊缝中加入其他细化晶粒的合金元素才能进一步改善组织，提高焊缝的韧性。

80

2. 铌和钒对焊缝的影响

适量的 Nb 和 V 在低合金钢焊缝金属中可固溶，从而推迟了冷却过程中奥氏体向铁素体的转变，能抑制焊缝中共析铁素体的产生，可以提高焊缝的冲击韧性。Nb 和 V 还可以与焊缝中的氮化合成氮化物，从而固定了焊缝中的可溶性氮，也提高了焊缝金属韧性。但采用 Nb 和 V 提高焊缝韧性时，当焊后不再进行正火处理时，Nb 和 V 的氮化物以微细共格沉淀相存在，导致焊缝的强度大幅度提高，致使焊缝的韧性下降。

3. 钛和硼对焊缝的影响

Ti 与氧的亲和力很大，焊缝中的 Ti 是以微小颗粒氧化物的形式弥散分布于焊缝中的，可以促进焊缝金属晶粒的细化。而 B 是一种强偏析元素，可以密集于奥氏体的晶界，从而阻碍组织奥氏体化。低合金钢焊缝中有 Ti 和 B 存在可以大幅度地提高韧性。

4. 钼对焊缝的影响

低合金钢焊缝中加入少量的 Mo 不仅提高强度，同时也能改善韧性，若在焊缝中再加入微量 Ti，更能发挥 Mo 的有益作用，使焊缝金属的组织更加均一化，韧性显著提高。Mo 加入奥氏体不锈钢中能改善抗麻点腐蚀。

5. 镍对焊缝的影响

镍加入钢中能提高淬硬性，它在增强淬硬性上起着很大作用，因为即使带来强度和硬度的增加，但它常常改善钢的韧性和塑性。镍经常用于改善钢的低温韧性并改善耐蚀性。

6. 铬对焊缝的影响

加入铬主要有两个原因：一是大大增加了钢的淬硬性；二是大大改善了合金在氧化介质中的耐蚀性。在有些钢材中，它会使材料太硬，并引起焊缝或邻近焊缝处开裂。

三、焊接接头性能

1. 焊缝与焊接接头

"焊缝"和"焊接接头"是两个不同的概念。

"焊缝"是指焊件经焊接后所形成的结合部分，而"焊接接头"则是由两个或两个以上零件要用焊接组合或已经焊合的接点。焊缝和焊接接头的形式关系如图 4-2 所示。

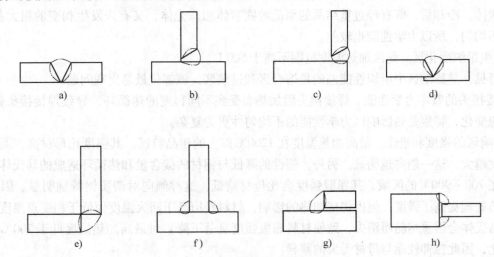

图 4-2　焊缝和焊接接头的形式关系

焊接接头组成如图 4-3 所示，以对接接头对接焊缝为例，包括：焊缝（OA）、熔合区（AB）和热影响区（BC）三部分。焊缝是焊件经焊接后形成的结合部分，通常由熔化的母材和焊材组成，有时全部由熔化的母材组成。熔合区是焊接接头中焊缝与母材交接的过渡区域，它是刚好加热到熔点与凝固温度区间的部分。焊接热影响区是焊接过程中，材料因受热的影响（但未熔化）而发生金相组织和力学性能变化的区域。热影响区的宽度与焊接方法、热输入、板厚及焊接工艺有关。

能够使热影响区组织性能发生改变的某些焊接条件有：热输入、预热的使用、母材的碳当量以及母材厚度。

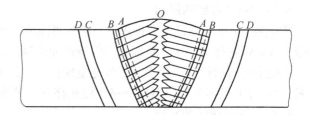

图 4-3　焊接接头组成示意图

2. 热影响区的组织和性能

热影响区是这样一个区域，靠近焊缝金属，并从恰好低于钢的转变温度升温到恰好低于钢的熔化温度，焊接过程中，热影响区沿宽度各点被加热的温度不同，因而焊后组织、性能也不相同。热影响区某点被加热达到的最高温度，在最高温度下停留的时间及随后的冷却速度，则决定了该点的组织情况。

（1）热影响区的组织　低碳钢和含合金元素很少的低合金钢热影响区的组织如图 4-4 所示，热影响区大体可分为四个部分：

1）过热区（粗晶粒区）。此区段金属处于 1100℃ 以上（图中 1），晶粒十分粗大，可能出现粗大魏氏组织，使钢的塑性和韧性都大大降低。在高温下停留越长，晶粒越粗大。不同的焊接方法与焊接参数，焊后过热区的宽窄也不同。焊接速度越快，过热区越小。过热区的力学性能还随焊后冷却速度而变化，冷却速度提高，过热区强度、硬度增高，塑性及韧性降低。

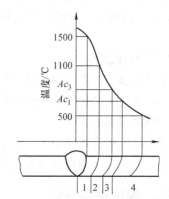

图 4-4　热影响区各部分组织分布
1—过热区　2—正火区
3—不完全重结晶区
4—未发生组织变化区

2）正火区（重结晶区）。此区加热温度在 Ac_3 以上至 1100℃（图中 2），低碳钢加热至这个温度区间，铁素体和珠光体全部转变为奥氏体，由于温度不太高，晶粒未长大，冷却后得到均匀细小的铁素体加珠光体组织，强度高，塑性韧性好，是焊接接头中综合性能最好的部位。此区称为正火或细晶粒区。

3）不完全重结晶区（部分相变区）。此区加热温度范围在 Ac_1 至 Ac_3 之间（图中 3）。对 20 钢来说，温度在 750~900℃ 之间。在此温度下，珠光体和部分铁素体转变为晶粒细小的奥氏体，另一部分未转变的铁素体，在升温中晶粒长大，形成比较粗大的铁素体。冷却后，既有经过重结晶的细晶粒铁素体加珠光体，又有未发生相变的粗大晶粒铁素体，晶粒大小极不均匀，所以力学性能也较差。

4）未发生组织变化区。此区加热温度范围不高于 500℃。

由以上可见，热影响区中组织性能差的是熔合区和过热区，该部位最易出现问题。

（2）焊接接头的基本力学性能　焊接接头因加热而受到不同程度的热循环，导致焊接接头强度、塑性、韧性发生相应变化，特别是热影响区力学性能的不均匀性更为复杂。

1）热影响区的强度和塑性。最高加热温度在 1200℃ 以上的粗晶粒区，其强度比母材高，而塑性比母材低，冷却速度越大，这一趋向越明显。另外，塑性的降低与钢材的碳含量和热循环造成的马氏体量有关。最高加热温度在 700~900℃ 的区域，其屈服强度会比母材略低，这种倾向对调质钢特别明显。因为调质钢经淬火、回火热处理提高了强度，但因焊接加热的影响，材料经历高于回火温度而低于相变点温度的区域，则原来的回火马氏体会因重结晶而消失，致使材料屈服强度显著下降。对最高加热温度低于 700℃ 的区域，因没有组织变化，因此拉伸性能与母材无大的差异。

2）热影响区的硬度分布。硬度是综合的物理指标，能间接地估计热影响区的强度、塑性及产生裂纹的倾向，硬度高，强度也高，而塑性、韧性差。热影响区的硬度分布不均，在熔合区附近硬度最高，离熔合线越远，硬度逐渐下降而接近母材的硬度。

3）热影响区的韧性分布。接头韧性是一个重要的力学性能指标，常以冲击试验所吸收的能量值来表示。热影响区内，韧性的分布是不均匀的，其大小取决于该区受到的热循环。有两个区域的韧性值非常低，一个是最高加热温度 1200℃ 以上的粗晶区到熔合线部分，另一个是稍离焊接区的所谓脆化区。脆化区的位置及范围主要与母材组织成分和焊接热输入有关。

第五节　材料焊接

一、材料焊接性

1. 焊接性概念

焊接性是指被焊钢材在采用一定的焊接方法、焊接材料、焊接参数及焊接结构形式的条件下，获得满足要求的焊接接头的难易程度，即金属材料对焊接加工的适应性。材料在焊接时形成裂纹的倾向及焊接接头处性能变坏的倾向，作为评价材料焊接性能的主要指标。从制造上说，焊接接头应该是完整的，没有裂纹等缺陷；从使用上说，焊接接头的力学性能符合设计要求，能够满足使用需要。焊接性包括工艺焊接性和使用焊接性，工艺焊接性指出现焊接裂纹的可能性，使用焊接性是指使用中的可靠性，包括焊接接头的力学性能等。当采用新的金属材料焊制构件时，需要了解及评价新材料的焊接性，应在工艺评定之前首先进行焊接性试验，为构件设计、施工准备及确定焊接方法、焊接材料和焊接参数，正确拟订焊接工艺提供依据。

2. 焊接性估算和试验

焊接性取决于钢中碳及各种合金元素的含量，其中碳对焊接性的影响最大，金属材料中碳含量增加，其强度增加，塑性及韧性下降，淬硬倾向增大，金属从奥氏体温度区间冷却硬化或者形成马氏体的能力增强，焊接易产生裂纹，使金属的抗裂性即工艺焊接性显著降低。金属中其他合金元素对钢材的焊接性也有不同程度的不利影响。工程上通常用碳当量 C_{eq} 估算钢材的焊接性。国内外估算钢材碳当量的经验公式很多。

（1）IIW（国际焊接学会）推荐的公式

$$C_{eq} = w_C + \frac{w_{Mn}}{6} + \frac{w_{Cr} + w_{Mo} + w_V}{5} + \frac{w_{Ni} + w_{Cu}}{15} \tag{4-1}$$

（2）英国 BS2462 推荐的公式

$$C_{eq} = w_C + \frac{w_{Mn}}{6} + \frac{w_{Ni}}{13} + \frac{w_{Cu}}{15} + \frac{w_{Cr}}{5} + \frac{w_{Mo} + w_V}{4} + \frac{w_{Si}}{24} \tag{4-2}$$

（3）日本 WES-135 和 JIS-3106 推荐的公式

$$C_{eq} = w_C + \frac{w_{Mn}}{6} + \frac{w_{Ni}}{40} + \frac{w_{Cr}}{5} + \frac{w_{Mo}}{4} + \frac{w_V}{4} + \frac{w_{Si}}{24} \tag{4-3}$$

当碳当量 $C_{eq} < 0.4\%$ 时，钢材的淬硬倾向不明显，焊接性较好，在一般焊接条件下施焊即可，不必预热焊件。

当碳当量 $C_{eq} = 0.4\% \sim 0.6\%$ 时，钢材的淬硬倾向逐渐明显，焊接时需要采取预热等适当的工艺措施。

当碳当量 $C_{eq} > 0.6\%$ 时，钢材的淬硬倾向很强，难于焊接，需采取较高的焊件预热温度和严格的工艺措施。

碳当量法是对焊接产生冷裂纹倾向及脆化倾向的一种估算方法，难于全面及准确地衡量钢材的焊接性。金属材料焊接性影响因素还包括板材厚度、焊后应力条件、氢含量等因素的影响。当钢板厚度增加时，结构刚度变大，焊后残余应力也增大，焊缝中心将出现三向拉应力，此时实际允许碳当量值将降低。除估算碳当量外，还应进行焊接性试验。

焊接性试验方法很多，焊接冷裂纹试验、焊接热裂纹试验、再热裂纹试验、层状撕裂试验、应力腐蚀裂纹试验、脆性断裂试验等都是主观焊接性试验方法，每一种方法所得的结果只能从某一方面说明钢材的焊接性，具体的焊接性试验如插销试验、斜 Y 坡口对接裂纹试验、刚性拘束裂纹试验、可调拘束裂纹试验、FIS-CO 焊接裂纹试验、H 型拘束试验等。

二、低碳钢的焊接

1. 低碳钢焊接特点

常用的低碳钢主要有：Q235A、Q235B、10、20、20g、20G 等，这些钢的碳含量都较低，一般不大于 0.25%（质量分数），因此焊接性良好。这种钢的塑性和冲击韧性优良，其焊接接头的塑性、韧性也极其良好。焊接时一般不需预热和后热，不需采取特殊的工艺措施，即可获得质量满意的焊接接头。

2. 低碳钢焊接工艺要点

若焊接热输入过大，会使热影响区粗晶区的晶粒过于粗大，甚至会产生魏氏组织，从而使该区的冲击韧性和弯曲性能降低，导致冲击韧性和弯曲性能不合格。故在使用埋弧焊焊接，尤其是焊接厚板时，应严格按经焊接工艺评定合格的焊接热输入施焊。在现场低温条件下焊接、焊接厚度或刚性较大的焊缝时，由于焊接接头冷却速度较快，冷裂纹的倾向增大，为避免焊接裂纹，应采取焊前预热等措施。CO_2 气体保护焊可采用 H08MnSi 或 ER50-6 焊丝，也可采用药芯焊丝。

三、低合金钢的焊接

1. 低合金钢焊接性的主要问题

在钢中除碳外少量加入一种或多种合金元素（合金元素总的质量分数在 5% 以下），以提高钢的力学性能，使其屈服强度在 275MPa 以上，并具有良好的综合性能，这类钢称之为低合金高强钢。常用的低合金高强钢有 Q355、Q390、Q420、Q460、Q500、Q550、Q620 和 Q690 等；进口钢种有德国的 19Mn5、19Mn6、St52 钢和日本的 SPV36、SM53B、SM53C、SPV46，美国的 A515Gr. 60、516Gr. 70、A255M-A. B 等，这些钢种大多是热轧及正火钢，其主要特点是强度高、塑性和韧性也较好。按钢的屈服强度级别及热处理状态，低合金高强钢的碳含量一般不超过 0.20%。由于低合金高强钢含有一定量的合金元素，使其焊接性能与碳钢有一定差别，其焊接特点表现如下：

（1）焊接接头的焊接裂纹

1）热裂纹。热轧及正火钢，一般碳含量都较低，而锰含量都较高。它们的 Mn/S 比都可达到要求，具有较好的抗热裂纹性能，正常情况下焊缝不会出现热裂纹。但当材料碳含量超过 0.12%，S、P 含量较高或因偏析使局部 C、S 含量偏高时，Mn/S 比就可能低于要求而出现热裂纹。在这种情况下，就要从工艺上设法减小熔合比，在焊接材料上采用低碳、低硫或高锰焊接材料，以降低焊缝中的碳含量、硫含量，防止热裂纹。

2）冷裂纹。冷裂纹是低合金高强钢焊接性的主要问题，低合金高强钢由于含使钢材强化的 C、Mn、V、Nb 等元素，在焊接时易淬硬，淬硬组织是引起冷裂纹的决定因素。随着钢强度级别的提高，合金元素的增加，其淬硬倾向逐渐增大。在冷却速度较大时，热影响区会出现贝氏体和大量马氏体组织，尤其当形成粗大的孪晶马氏体时其缺口敏感性增加，脆化严重，在焊接应力的作用下产生冷裂纹。此外由于扩散氢的富集在淬硬脆化区引起显微裂纹，裂纹尖端形成的三向应力区再行诱导氢扩散富集，使显微裂纹扩展成为宏观裂纹，这就是延迟裂纹。

3）再热（SR）裂纹。某些含有较多碳化物形成元素（如 Cr、Mo、V）的沉淀强化型低合金高强钢，焊接接头在焊后消除应力热处理过程或长期处于高温运行中发生在靠近熔合线粗晶区的沿晶开裂，即产生再热裂纹。一般认为，其产生是由于焊接高温使热影响区附近的 V、Nb、Cr、Mo 等碳化物固溶于奥氏体中，焊后冷却时来不及析出，而在焊后热处理时呈弥散析出，从而强化了晶内组织，使应力松弛时的蠕变变形集中于晶界。为防止再热裂纹，除了注意选择合适的热处理温度外，还应从材料方面考虑选用化学成分适合的钢种，再就是降低焊缝金属强度使之低于母材；制订正确合理的焊接工艺，控制焊接热输入，防止粗晶脆化，以及采取预热措施等。对于再热裂纹敏感性较高的钢种，可在坡口侧壁预先堆焊低强度焊缝，以松弛应力。

4）层状撕裂。在低合金高强钢厚板的 T 形接头或角接接头中，会沿钢材的轧制方向产生层状撕裂，这主要与钢中含有片状硫化物与层状硅酸盐或大量成片地密集在同一平面内的氧化铝夹杂物有关，其中以片状硫化物最为严重。因此硫化物含量及 Z 向断面收缩率是评定钢材层状撕裂敏感性的主要指标。防止层状撕裂的措施包括：应根据母材中碳及合金元素含量、板厚、接头形式、结构特点等，合理选择热输入，采用碱性低氢焊条和碱度较高的焊剂且焊前严格烘干。根据环境温度、拘束条件等确定预热温度，厚度超过一定范围还必须采取后热或焊后热处理措施，以降低热影响区硬度，提高塑性、韧性，消除应力和扩散氢的影响。

（2）焊接接头的脆化和软化

1）应变时效脆化。焊接接头在焊接前需经受各种冷加工（下料剪切、筒体卷圆等），钢材会产生塑性变形，如果该区再经 200 ～450℃的热作用就会引起应变时效。应变时效脆化会使钢材塑性降低，脆性转变温度提高，从而导致设备脆断。焊后热处理可消除焊接结构这类应变时效，使韧性恢复。

2）焊缝和热影响区脆化。焊接是不均匀的加热和冷却过程，从而形成不均匀组织。焊缝（WM）和热影响区（HAZ）的脆性转变温度比母材高，是接头中的薄弱环节。焊接热输入对低合金高强钢的 WM 和 HAZ 性能有重要影响，低合金高强钢易淬硬，热输入过小，HAZ 会出现马氏体引起裂纹；热输入过大，WM 和 HAZ 的晶粒粗大会造成接头脆化。低碳调质钢与热轧、正火钢相比，对热输入过大而引起的 HAZ 脆化倾向更严重。所以焊接时，应将热输入限制在一定范围。

3）焊接接头的热影响区软化。由于焊接热作用，低碳调质钢的热影响区（HAZ）外侧加热到回火温度以上特别是 Ac_1 附近的区域，会产生强度下降的软化带。HAZ 的组织软化随着焊接热输入的增加和预热温度的提高而加重，但一般其软化区的抗拉强度仍高于母材标准值的下限要求，所以这类钢的热影响区软化问题只要工艺得当，不致影响其接头的使用性能。

2. 焊接工艺要求

焊接时应选用低氢或超低氢高韧性的焊材，且重视烘干、保存以及坡口的清理，以减少焊缝中的扩散氢。为了避免热影响区粗晶区的脆化，一般应注意不要使用过大的热输入，对于含钒、铌、钛等微合金化元素的钢，应选用较小的焊接热输入。对于碳及合金元素含量较高、屈服强度也较高的低合金高强钢，如 18MnMoNbR，由于这种钢淬硬倾向较大，又要考虑其热影响区的过热倾向，则在选用较小热输入的同时，还要增加焊前预热、焊后及时后热等措施。焊接低碳调质钢时，为了使热影响区保持良好的韧性，同时使焊缝金属既有较高的强度又有良好的韧性，这就要求焊缝金属得到针状铁素体组织，而这种组织只有在较快的冷却条件下才能获得，为此要严格控制焊接热输入。为防止冷裂纹的产生，焊前需要预热，但应严格控制预热温度，预热温度过高，会使热影响区冷却速度过于缓慢，从而在该区内产生马氏体＋奥氏体混合组织和粗大的贝氏体，使强度下降，韧性变坏。一般要求最高预热温度不得高于推荐的最低预热温度加 50℃。

如 Q355R 钢具有良好的综合加工工艺性能，其碳当量一般为 0.35% ～0.41%，其淬硬倾向和裂纹倾向比一般低碳钢稍大。在低温环境或厚度大、刚性结构焊接时，应采用稍强的焊接参数及较小的焊接速度，板厚 30mm 以下可不预热，焊后不做热处理。但板厚大于 30mm 时，焊接前应预热 100℃以上。板厚大于 30mm 时，焊后应进行消除应力热处理。焊前预热 100℃以上，不消除应力热处理的厚度可放宽至 34mm。热处理温度为 600 ～650℃。

四、奥氏体不锈钢的焊接

奥氏体不锈钢主要牌号有 12Cr18Ni9、06Cr18Ni11Ti、07Cr18Ni11Ti、17Cr18Ni9、12Cr18Ni9 及 022Cr19-Ni13Mo3 等。

1. 奥氏体不锈钢的焊接性

奥氏体不锈钢焊接性的主要问题是：焊接接头的晶间腐蚀、应力腐蚀开裂、焊缝热裂纹、液化裂纹及接头的脆化等。

焊缝的晶间腐蚀与填充金属成分有关，如焊缝金属碳含量越高，晶间腐蚀倾向也越大。当焊缝含有一定量的稳定化元素（如 Ti、Nb）时，可有效防止晶间腐蚀。焊缝呈现奥氏体加少量铁素体的双相组织时，可降低晶间腐蚀的倾向。

防止焊接接头的晶间腐蚀，常用措施有：减少焊缝及母材的碳含量；在钢中加入 Ti、Nb 等稳定化元素；

调整钢中 Cr、Si、Mo、V 等元素，以获得一定量的铁素体相，细化组织并增加晶界面积，减轻贫铬程度；选择合适的焊接方法和热输入，控制在敏化温度的停留时间；焊后采取固溶处理或稳定化处理。

奥氏体不锈钢焊接时，焊缝和近缝区还可能产生热裂纹，常见于高镍的单相奥氏体不锈钢。热裂纹成因主要是由于奥氏体钢的热导率小，而膨胀系数大，焊接时产生较大的焊接应力；焊缝结晶形成方向性较强的柱状晶结构，柱状晶利于有害杂质偏析而形成晶间液态夹层，低熔点液态夹层受拉力作用开裂形成热裂纹。近缝区或多层焊层间的液化裂纹，也是由于低熔点共晶物受拉力作用所引起的。

通常奥氏体不锈钢焊缝的强度不低于母材，而塑性略降低，韧性明显下降，其原因之一就是焊缝中铁素体形成元素 Ti、Nb 的作用引起的。因此，为保证奥氏体不锈钢焊缝良好的低温韧性，应降低铁素体形成元素含量。

2. 奥氏体不锈钢的焊接工艺要求

（1）焊前准备及要求　不锈钢的贮存及运输应与一般结构钢分开，以免受其污染。钢板表面避免机械损伤，下料时尽量采用机械法或等离子弧切割。焊前和焊后，钢材表面应进行酸洗、钝化处理（氧化膜较薄时，可酸洗一次；较厚时可先进行机械清理或碱洗，然后酸洗）。焊后酸洗完，还应进行钝化处理，使表面形成均匀的氧化膜。

（2）焊接要求　奥氏体钢的热导率小、线膨胀系数大，焊接变形也较大。应选用能量集中的焊接方法并采用较小的热输入，进行快速焊接。气体保护焊应选用铬镍元素含量比母材稍高的焊丝，以补偿合金元素的烧损。熔化极惰性气体保护焊，可采用纯氩、Ar + O_2 或 Ar + CO_2 混合气体，纯氩或 He + Ar + CO_2 等混合气体，采用平特性直流电源或直流脉冲电源，焊丝接正极，选择较低的电流和电压。非熔化极惰性气体保护焊可采用氩、氦或其混合气体，焊接电源通常采用直流电、正极性。焊丝的合金成分应与母材相同。耐蚀性要求高的稳定型不锈钢，应采用含 Nb 合金化的不锈钢焊丝和焊条，不宜用含 Ti 的焊丝。为防止合金元素烧损，必须用短弧及直线运条法施焊。由于不锈钢的热导率小，焊接电流应小，自动焊焊丝的伸出长度应短些（不应超过 20mm），并尽量提高焊接速度，控制层间温度不超过 150℃。施焊时应避免随意引弧并防止电缆线划弧造成擦伤；层间接头应错开，接触腐蚀介质的一面焊道应最后焊接。由于焊态下不锈钢接头各区域具有良好的塑性和韧性，其残余应力的有害影响较小，所以一般不做消除应力热处理。

五、铝及铝合金的焊接

铝及铝合金包括纯铝、铝锰合金和铝镁合金。铝锰合金仅可变形强化，其强度比纯铝略高，成形工艺及耐蚀性、焊接性好。铝镁合金仅可变形强化，其中 Mg 的质量分数一般为 0.5% ~ 7.0%，与其他铝合金相比，铝镁合金具有中等强度，其延性、焊接性、耐蚀性良好。

铝在空气和氧化性水溶液介质中，表面产生致密的氧化铝钝化膜，因而在氧化性介质中具有良好的耐蚀性。铝在低温下与铁素体钢不同，不存在脆性转变，铝容器的设计温度可达 −269℃。

1. 铝及铝合金的焊接性

铝极易氧化，在常温空气中即生成致密的 Al_2O_3 薄膜，焊接时造成夹渣，氧化铝膜还会吸附水分，焊接时会促使焊缝生成气孔。焊接时，对熔化金属和高温金属应进行有效的保护。铝的线膨胀系数约为钢的 2 倍，铝凝固时的体积收缩率也比钢大得多，铝焊接时熔池容易产生缩孔、缩松、热裂纹及较高的内应力。铝及铝合金液体熔池易吸收氢等气体，当焊后冷却凝固过程中来不及析出时，在焊缝中形成气孔；当母材为变形强化或固溶时效强化时，焊接热影响区强度将下降。

2. 铝及铝合金的焊接工艺

选择焊丝必须考虑抗裂性能、抗气孔性能和强度要求，一般采用较大直径的焊丝。自动焊机一般采用直径为 1.6mm 的焊丝。气体采用 100% Ar，电弧稳定、引弧方便。对于板厚的母材和气孔要求高的焊缝，采用 70% Ar + 30% He 进行焊接，氦气的导热性好，焊接速度更快，气孔率减少，熔深增加。铝合金厚板的坡口角度较钢板的要大。焊接铝合金必须清理焊缝区域的氧化膜等杂质，尽可能使用不锈钢刷或者用丙酮清洗，清理完毕后应立即施焊。对于厚板进行焊接时，都要进行焊前预热。焊接铝合金应采用较大的热输入，如果热输入不够，容易出现熔深不足甚至未熔合的问题。

<h1 style="text-align:center">第六节　焊 接 接 头</h1>

焊接是特种设备制造的关键技术之一，确定焊接接头是实现高质量焊接的前提，为了使不同领域和行业的焊接用语及其相关表达规范化，使得制造人员能够准确地将图样要求转化为生产工艺，让焊接活动中相关的"焊接语言"能够得到准确无误的表达和完全彻底的交流，焊接接头术语知识就显得非常重要。国家标准对焊接术语、焊接及相关工艺方法代号、焊缝符号表示法等相关内容进行了说明和规定。

一、焊接接头的形式和特点

焊接接头是由两个或两个以上零件用焊接组合或已经焊合的接点，焊接接头包括焊缝、熔合区和热影响区，检验接头性能应考虑焊缝、熔合区、热影响区甚至母材等不同部位的相互影响。焊接接头的设计必须是在充分考虑了结构的特点、材料特性、接头服役条件和经济性等前提下进行确定的。在焊接结构中，焊接接头通常有两方面的作用：一是实现连接，即把被焊工件连接成一个整体；二是传力作用，即在被焊工件之间传递力和载荷。焊接接头的基本形式主要有对接接头、T形接头、角接接头、搭接接头和端接接头等 5 种，如图 4-5 所示。其次还有十字接头、卷边接头、锁接接头、套管接头等。特种设备制造应用较多的主要是对接接头（如板-板对接、管-管对接），其次是 T 形接头和角接接头，压力容器的裙式支座与筒体的连接多属于搭接。

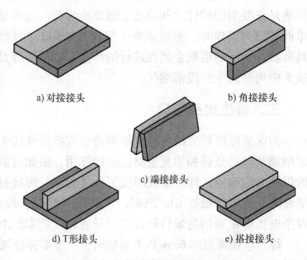

a) 对接接头　　b) 角接接头　　c) 端接接头　　d) T形接头　　e) 搭接接头

图 4-5　焊接接头的基本形式

焊接是现代工业最主要的连接之一，同时焊接接头也是焊接结构上的薄弱环节。提高焊接接头的质量和使用可靠性对特种设备的整体结构至关重要，因此了解焊接的优缺点非常重要。

1. 焊接接头的优点

1）全熔透的焊接接头，能很好地承受各向载荷。

2）焊接接头能很好地适应不同几何形状尺寸、不同材料类型结构和连接要求，材料利用率高，同时接头所占空间小。

3）现代焊接和检验技术可保证获得高品质、高可靠性的焊接接头，是现代各种金属结构特别是大型结构理想的、不可替代的连接方法。

4）焊接接头实施难度较低且可实现自动化，尤其近几年随着焊接自动化的高速发展，诸如大量焊接机器人的应用等，焊接的施工难度变得更低，同时制造成本也较低，可以做到几乎不产生废品，提高了生产率。

2. 焊接接头的缺点

1）接头在几何上存在突变，即几何不连续，同时可能产生各种焊接缺陷，从而引起应力集中、减小承载面积，影响接头性能。

2）接头区域不大，但是熔池冶炼过程造成其在化学成分和组织上的不均匀，可能产生脆化区、软化区和各种劣质性能区。

3）接头区经常存在不同程度的角变形、错边等问题，同时产生接近材料屈服应力水平的残余应力，此外还容易造成整个结构的变形。

二、焊缝

焊缝是指焊件经焊接后所构成的结合部分，组成焊缝的金属即焊缝金属。焊缝的形状和质量将直接影响焊件或结构的性能。按焊缝在空间的位置，可分为平焊缝、立焊缝、横焊缝和仰焊缝4种。按焊缝结合形式可分为对接焊缝、角焊缝、塞焊缝、槽焊缝、螺柱焊缝、点焊缝、缝焊缝、封底焊缝、打底焊缝、堆焊缝和端接焊缝等。对接焊缝是在焊件的坡口面间或一零件的坡口面与另一零件表面间焊接的焊缝，对接焊缝可以适用于单面或双面焊缝的接头。角焊缝是在搭接接头、T形接头、角接接头中，以近似直角的两构件表面彼此连接，成为近似三角形剖面的焊缝。角焊缝通常为单面或双面焊缝，它可能由单焊道或多焊道组成。角焊缝有连续角焊缝和断续角焊缝，断续角焊缝采用交错断续或并列断续角焊。交错断续角焊缝是在接头两侧交错间断增加焊缝，并列断续角焊缝是在接头两侧并列等长的间断增加焊缝。塞焊缝是两零件相叠，其中一块开圆孔，在圆孔中焊接两板所形成的焊缝。槽焊缝是两板相叠，其中一块开长孔，在长孔中焊接两板的焊缝。螺柱焊缝是使用电弧螺柱焊使得螺柱与工件连接在一起的焊缝，使用电弧螺柱焊工艺焊接的最常见的螺柱材料为低碳钢、不锈钢和铝材。螺柱焊的应用包括将木地板固定在钢制甲板上或框架上；在罐、箱车或其他容器内加衬或隔层，装配机器附件，保证管件和绳索的牢固度；焊接剪切连接器和地脚螺栓到结构上。点焊缝是在叠加的构件之间或之上形成的焊缝。缝焊缝是在重叠构件之间或之上形成的连续焊缝。打底焊缝是单面坡口对接焊时，形成背垫（起背垫作用）的焊缝。堆焊是为增大或恢复焊件尺寸，或使焊件表面获得具有特殊性能的熔敷金属而进行的焊接。端接焊缝是在端接接头、卷边对接接头或卷边角接接头中的焊缝，接头中构件的全厚度都熔化。

三、焊接接头坡口

为保证厚度较大的焊件能够焊透，常将焊件接头边缘加工成一定形状的坡口。坡口除保证焊透外，还能起到调节母材金属和填充金属比例的作用，由此可以调整焊缝的性能。坡口形式的选择主要根据板厚和采用的焊接方法确定，同时兼顾焊接工作量大小、焊接材料消耗、坡口加工成本和焊接施工条件等，以提高生产率和降低成本。根据 GB/T 985.1—2008《气焊、焊条电弧焊、气体保护焊和高能束焊的推荐坡口》的规定，焊条电弧焊常采用的坡口形式有不开坡口（I形坡口）、Y形坡口、双Y形坡口、U形坡口等。

焊条电弧焊板厚6mm以上对接时，一般要开设坡口，对于重要结构，板厚超过3mm就要开设坡口。厚度相同的工件常有几种坡口形式可供选择，Y形和U形坡口只需单面焊，焊接性较好，但焊后角变形大，焊条消耗量也大些。双Y形和双面U形坡口两面施焊，受热均匀，变形较小，焊条消耗量较小，在板厚相同的情况下，双Y形坡口比Y形坡口节省焊接材料1/2左右，但必须两面都可焊到，所以有时受到结构形状限制。U形和双面U形坡口根部较宽，容易焊透，且焊条消耗量也较小，但坡口制备成本较高，一般只在重要的受动载的厚板结构中采用。表4-1列举了气焊、焊条电弧焊、气体保护焊和高能束焊坡口的几种形式和尺寸。

表4-1　气焊、焊条电弧焊、气体保护焊和高能束焊坡口的形式和尺寸举例

焊件厚度/mm	名 称	焊缝符号	坡口形式与坡口尺寸	焊缝形式	焊缝标注方法
1~3	不开坡口（I形坡口）	‖	b、δ	$b = 0 \sim 1.5mm$	‖
3~6				$b = 0 \sim 2.5mm$	b ‖
3~26	Y形坡口	Y	α、p、b、δ $\alpha = 40° \sim 60°$; $b = 0 \sim 3mm$; $p = 1 \sim 4mm$		$p \underset{}{Y} \dfrac{\alpha \cdot b}{\alpha \cdot b}$ $p \underset{}{Y} \dfrac{\alpha \cdot b}{}$

（续）

焊件厚度/mm	名 称	焊缝符号	坡口形式与坡口尺寸	焊缝形式	焊缝标注方法
20~60	U 形坡口		$\beta=1°~8°$；$b=0~3mm$；$p=1~4mm$；$R=6~8mm$		

两焊件表面构成夹角在 135°~180°之间的接头，称为对接接头。连接对接接头的焊缝形式可以是对接焊缝，也可以是角焊缝或对接与角接组合焊缝，但以对接焊缝居多。对接焊缝的坡口形式主要有 I 形坡口、V 形坡口、U 形坡口、X 形坡口等。

从对接接头力学角度分析，它的受力状况较好，应力集中较小，能承受较大的静载荷或动载荷，接头效率高，是焊接结构和锅炉压力容器受压元件应用最多的接头形式。为保证焊接质量，减少焊接变形和焊接材料的消耗，需要把焊件的对接边缘加工成各种形式的坡口。一般钢板厚度在 6mm 以下，可开 I 形坡口（即不开坡口，但重要结构厚度 3mm 时，就应开坡口）。厚度为 6~26mm 时，采用 V 形或 Y 形坡口。厚度为 12~60mm，可开双面 V 形或双面 Y 形坡口，它可比单面 V 形或 Y 形坡口减少填充金属将近一半，焊后变形也较小。U 形或双面 U 形坡口的填充金属量更少，焊后变形更小，但加工困难。

T 形接头是将一个焊件的端面与另一焊件的表面构成直角或近似直角的接头。连接 T 形接头的焊缝形式有角焊缝、对接焊缝和组合焊缝。坡口形式为单边 V 形、I 形、K 形、U 形及带钝边 J 形坡口等。

T 形接头由于焊缝向母材过渡较急剧，接头在外力作用下内部应力分布极不均匀，特别是角焊缝，其根部和过渡处都有很大的应力集中。因此这种接头承受载荷尤其是动载荷的能力较低。对于重要的 T 形接头，必须开坡口并焊透，或采用深熔焊接，方可大大降低应力集中。

两焊件端部构成 30°~135°夹角的接头，为角接接头。其焊缝形式有对接焊缝、角焊缝，坡口形式有 I 形、Y 形、单边 Y 形及 K 形坡口（双面单边 V 形坡口）。

搭接接头是指两焊件部分重叠在一起所构成的接头。这种接头的强度较低，尤其是疲劳强度，只用于不重要的结构。不开坡口的搭接接头一般用于厚度在 12mm 以下的钢板，其重叠部分长度由设计决定。当重叠钢板面积较大时，为保证强度可分别选用圆孔内塞焊或长孔内角焊的形式。

为了满足焊接工艺的需要，保证接头的质量，焊件需要用机械、火焰或电弧等方法开坡口。选择坡口应注意焊接材料的消耗量、可焊到程度、坡口加工条件、焊接变形等。同厚度的工件，采用双面 V 形坡口或双面 Y 形坡口比 V 形或 Y 形坡口可节省较多的焊接材料、电能和工时。选择适当的坡口形式，配合合理的工艺，还可有效地减小焊接变形。

坡口的加工方法可根据工件尺寸、形状及加工条件选择，一般有几种方法。一是 I 形坡口可在剪板机上剪切加工，然后用刨边机进行细加工。二是用刨床或刨边机加工坡口，有时也可铣削加工。三是车削，用车床或车管机加工坡口，适用于加工管子坡口。四是热切割，用气体火焰或等离子弧手工切割或自动切割机加工坡口，可切割出 V 形或 Y 形、双面 Y 形坡口，如球罐的球壳板坡口加工。碳弧气刨主要用于清理焊根时的开坡口，效率高，但劳动条件差。铲削或磨削，用手工或风动工具铲削或使用砂轮机磨削加工坡口，效率很低，多用于缺陷返修时的开坡口。

第七节　焊接符号

为了使焊接结构图样清晰，并减轻绘图工作量，一般不按图示法画出焊缝，而是采用一些符号对焊缝进行标注，这就是焊接符号。在特种设备的设计、制造、安装中，焊接符号为图样上的焊接技术信息提供完整专业的表达，焊接符号将这些技术信息传递给设计人员、安装人员、焊接人员、检验人员等。焊接符号应该清晰表述所要说明的信息，不使图样增加更多的注解。焊接符号经常能表达影响所制备部件的最终尺寸的信息。国际标准 ISO 2553《焊缝在图样上的符号表示法》中规定了焊接符号这种技术语言的使用规则，同样美国焊接学会在 AWS A2.4《焊接、钎接和无损检测符号》标准中也对焊缝和焊接符号以及相关术语进行了详细规定，其中 ISO 2553 通过双基准线的使用和标识体系 B 的引入很好地解决了这个问题。GB/T 324—2008《焊缝符号表示法》、GB/T 12212—2012《技术制图 焊缝符号的尺寸、比例及简化表示法》、GB/T 5185—2005《焊接及相关工艺方法代号》中分别对焊缝符号和标注方法做了明确规定。GB/T 324—2008 基本上与 ISO 2553 等效一致，同时在具体标准方面（如符号的种类、尺寸等）做了更具体的规定。

完整的焊接符号包括基本符号（也称焊缝符号）、指引线、补充符号、尺寸符号及数据等。其中，基本符号用以表明焊缝横截面的形状；补充符号用来对焊缝或者接头的某些特征进行补充说明，比如焊缝轮廓形状、衬垫、施焊场所等。

一、焊接方法代号

为了简化图样，采用数字代号表示不同的焊接方法也是国际上通行的做法。GB/T 5185—2005 等效采用了 ISO 4063《焊接和联合工艺方法——工艺方法术语和引用编号》，该标准对焊接及其相关工艺方法代号进行了规定，每种焊接方法都有代号识别，一般采用三位数代号表示，一位数代号表示焊接工艺方法的大类，二位数代号表示工艺方法的分类，而三位数代号表示某种工艺方法。特种设备的焊接工艺评定和焊工资格评定，采用的是美国机械工程师学会和美国焊接学会的标准，焊接方法的代号一般是英文缩写，TSG Z6002—2010《特种设备焊接操作人员考核细则》中焊接方法代号就是用的英文缩写。表 4-2 是特种设备用主要焊接方法的代号。

表 4-2　特殊设备用主要焊接方法的代号

焊接方法	TSG Z6002—2010	GB/T 5185—2005
焊条电弧焊	SMAW	111
气焊	OFW	311
钨极气体保护焊	GTAW	141
熔化极气体保护焊	GMAW	131/135
药芯焊丝电弧焊	FCAW	136/137/114
埋弧焊	SAW	12
电渣焊	ESW	72
等离子弧焊	PAW	15
气电立焊	EGW	73
摩擦焊	FRW	42
螺柱焊	SW	78

二、基本焊缝符号与焊接符号

基本焊缝符号及焊接符号的区别：基本焊缝符号描述了焊缝的每一个特定类型，它仅为包括在焊接符号之内的总含义的一部分，基本焊缝符号标注在焊接符号基准线的上部或下部；焊接符号表示出了全部符号，包括标识焊缝所需的全部信息，所有焊接符号须有基准线和箭头线。

1. 基本焊缝符号

基本焊缝符号描述焊缝横截面的基本形式或特征，见表 4-3。

表 4-3　基本焊缝符号

序号	名称	示意图	符号
1	卷边焊缝（卷边完全熔化）		八

（续）

序号	名称	示意图	符号
2	I 形焊缝		‖
3	V 形焊缝	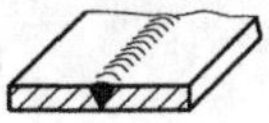	∨
4	单边 V 形焊缝	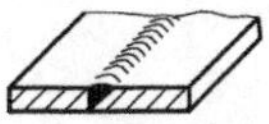	⋁
5	带钝边 V 形焊缝	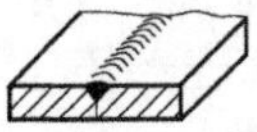	Ⅴ
6	带钝边单边 V 形焊缝	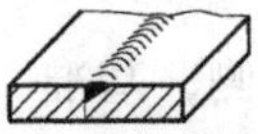	Ⅴ
7	带钝边 U 形焊缝	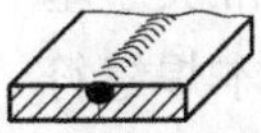	Ⅴ
8	带钝边 J 形焊缝	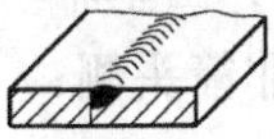	Ⅴ
9	封底焊缝	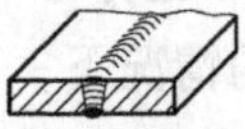	⌣
10	角焊缝	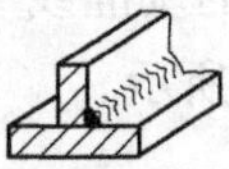	◁
11	塞焊缝或槽焊缝		⊓
12	点焊缝	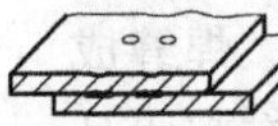	○
13	缝焊缝	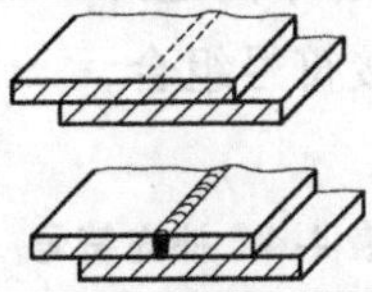	 ⊖
14	端焊缝	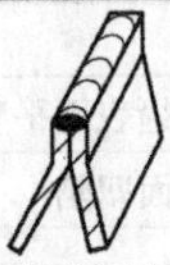	⦀
15	堆焊缝		 ⌒⌒
16	平面连接（钎焊）	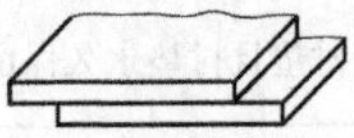	=
17	斜面连接（钎焊）	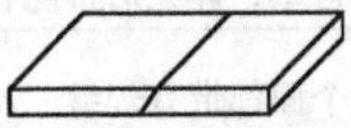	∥

2. 焊接符号

焊接符号包括基准线、箭头、尾巴、基本焊缝符号、焊缝尺寸、数据、附加符号、终结符号、技术条件和工艺等，如图 4-6 所示。

基准线总是画成水平线，美国标准基准线只是实线，国际标准和国家标准基准线由实线和虚线组成。它用来施加焊缝符号和其他数据，对在其上标识的任何要素都有同样的独特含义。在焊接符号中基本符号和指引线为基本要素，指引线由箭头线和基准线（实线和虚线）组成，如图4-7所示。焊缝的准确位置通常由基本符号和指引线之间的相对位置决定，具体位置包括箭头线的位置、基准线的位置和基本符号的位置。

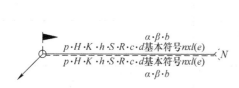

图4-6　焊接符号示意图

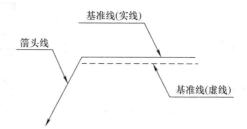

图4-7　指引线示意图

美国标准规定基准线以下一侧被称为箭头一侧，基准线以上一侧称为另一侧。国际标准和我国国家标准关于基本焊缝符号与基准线的相对位置的规定是：当基本焊缝符号位于基准线实线侧时，表示该条焊缝在箭头侧；当基本焊缝符号位于基准线虚线侧时，表示该条焊缝在非箭头侧；对于两侧都有的对称焊缝，可以省略虚线将基本焊缝符号位于基准线的两侧。同时，在明确焊缝分布位置的情况下，而且同时不会产生异议的，可以将有些双面焊缝的基准线虚线省略掉。焊缝在不同位置的表示方式如图4-8所示。

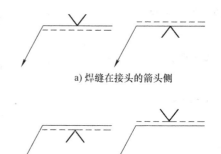

a) 焊缝在接头的箭头侧

b) 焊缝在接头的非箭头侧

三、补充符号

补充符号用来对焊缝或者接头的某些特征进行补充说明，补充符号连同基本焊缝符号可表示焊接范围、焊缝成形外观，包括焊接接头制备在内的材料，或表示车间之外某场地实施的焊接。某些补充符号要与基本焊接符号组合，另一些会出现在基准线上。补充符号见表4-4。

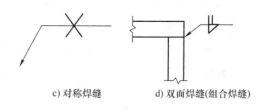

c) 对称焊缝　　d) 双面焊缝(组合焊缝)

图4-8　基本焊缝符号与基准线的相对位置

表4-4　补充符号

序号	名称	符号	说明
1	平面	——	要求焊缝表面平整（可通过加工后实现）
2	凹面	⌣	焊缝表面凹陷
3	凸面	⌢	焊缝表面凸起
4	圆滑过渡	⌣	焊趾处圆滑过渡
5	永久衬垫	⌈M⌋	带衬垫且衬垫永久保留
6	临时衬垫	⌈MR⌋	带衬垫，焊完后拆除衬垫
7	三面焊缝	⊏	三个面都带有焊缝
8	周围焊缝	○	沿工件周边施焊的焊缝，标注位置为基准线与箭头线的交点处
9	现场焊缝	▶	在现场焊接的焊缝
10	尾部	＜	可以表示所需的信息

补充符号的使用说明：当焊缝围绕工件周边一周时，可以用圆形符号表示周围焊缝，该符号的使用表示构件周围四周要全部施焊并且收尾相接；当所设计焊缝必须现场施焊或者野外作业时，可以用小旗表示现场焊接的符号，意味着该条焊缝是工地现场施焊，不是在车间里提前完成；当焊缝有其他信息需要表达时，可以使用尾部符号，在尾部标注中将所需信息进行描述，这些信息可以是该条焊缝所需要采用的焊接方法，也可以是焊缝数量或者是它允许的缺欠质量等级。当尾部需要标注内容较多时，可参照如下次序排列：

1）同类型的焊缝数量。

2）焊接方法代号。

3）缺欠质量等级。

4）焊接位置。

5）焊接材料。

6）其他。

上述各款项之间应用"/"分开。如果所需表达内容比较多，也可以将上述有关内容包含在某一文件中，采用封闭尾部给出该文件的编号（如 WPS 编号）。补充符号的标注示例见表 4-5。

表 4-5　补充符号的标注示例

序号	符号	标注	示意图
1			
2			
3			

四、焊缝符号的尺寸及标注

每一种基本焊缝符号微缩了焊接接头处焊缝的细节，焊缝所需要的尺寸标识于焊接符号处，图样中的注解、技术要求或参考资料标注于焊接符号尾部，图样中就不需要详细的视图。焊接符号处可以标明焊缝尺寸、强度、长度、间距或数量，另外，有关根部间隙、填充深度、制备深度及坡口角度制备等的尺寸信息也包含在内。对于特种设备制造的焊接人员、技术人员、检验人员和管理人员来说，准确地理解焊接符号的这些信息是极其重要的，直接影响部件或装配件的准备和质量。国家标准中的尺寸符号见表 4-6。

尺寸的标注方法见图 4-6，横向尺寸诸如焊缝有效厚度、坡口深度、焊脚尺寸等尺寸标注在基本符号的左侧；纵向尺寸诸如焊缝段数、焊缝长度和焊缝间距等尺寸标注在基本符号的右侧；坡口角度、根部间隙标注在基本符号的上侧或者下侧；相同焊缝数量标注在尾部。当箭头方向改变时，上述规则不变。尺寸标注的示例见表 4-7。

确定焊缝位置的信息不在焊接符号中表示，应将其标注在图样上。如果基本符号右侧无任何尺寸标注又无其他说明时，这样的缺省意味着焊缝是布满整个长度方向的，且在整个长度方向上是连续的。在基本符号的左侧无任何尺寸标注又无其他说明的，意味着对接焊缝应该完全焊透。

表4-6　尺寸符号

符号	名称	示意图	符号	名称	示意图
δ	工件厚度	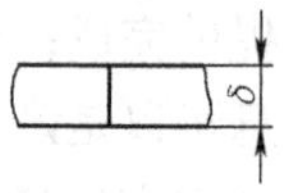	c	焊缝宽度	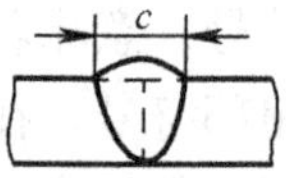
α	坡口直角	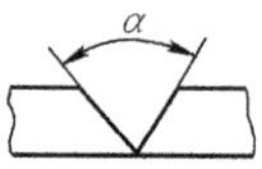	K	焊脚尺寸	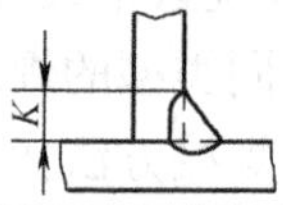
β	坡口面角度	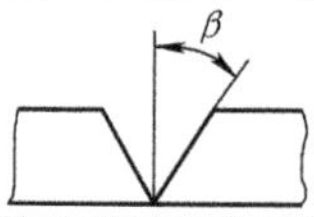	d	点焊：熔核直径 塞焊：孔径	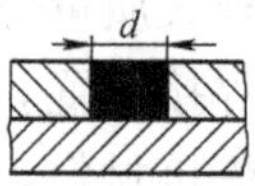
b	根部间隙	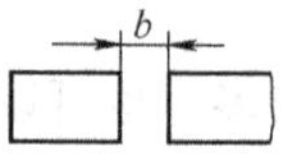	n	焊缝段数	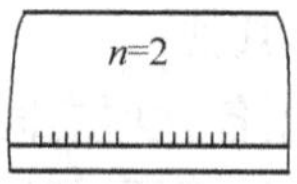
p	钝边	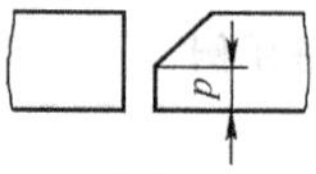	l	焊缝长度	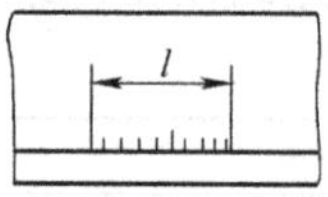
R	根部半径	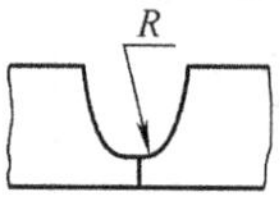	e	焊缝间距	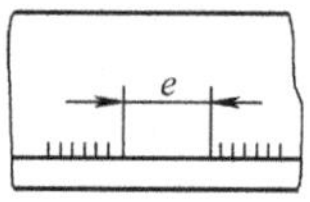
H	坡口深度	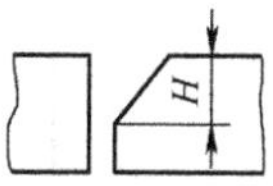	N	相同焊缝数量	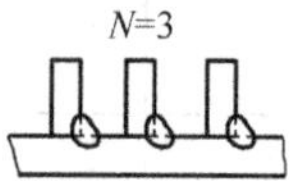
S	焊缝有效厚度	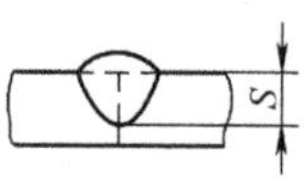	h	余高	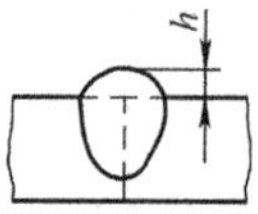

表4-7　尺寸标注的示例

序号	名称	示意图	尺寸符号	标准方法
1	对接焊缝	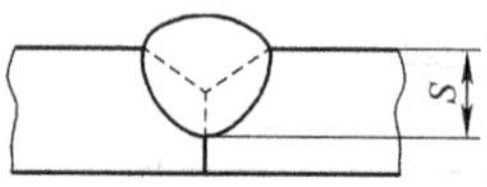	S：焊缝有效厚度	
2	连续角焊缝	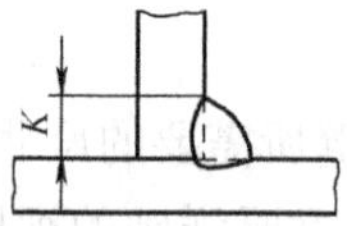	K：焊脚尺寸	
3	断续角焊缝	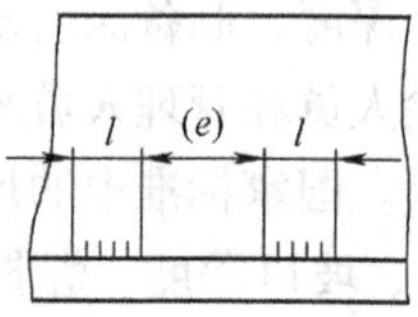	l：焊缝长度 e：间距 n：焊缝段数 K：焊脚尺寸	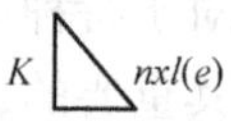
4	交错断续角焊缝	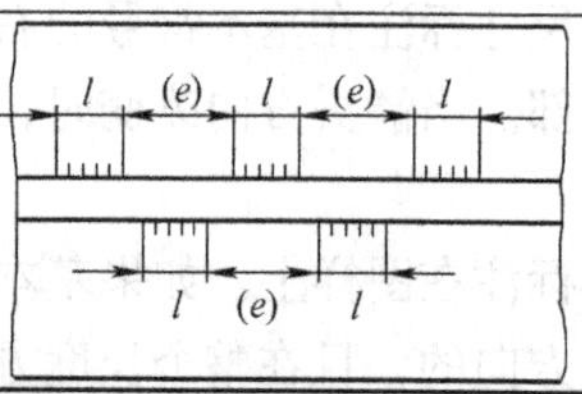	l：焊缝长度 e：间距 n：焊缝段数 K：焊脚尺寸	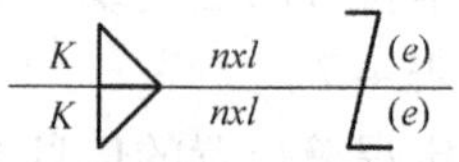

焊接结构制造质量保证

第一节 制造的质量保证

在特种设备制造中，绝大多数的焊接结构都是承载、受压或长期受侵蚀性介质作用的金属结构。焊接结构的制造质量对其运行特性和使用寿命起着决定性的作用。而焊接结构的提前失效，轻者造成不可挽回的经济损失，重者造成人员伤亡。因此，对于焊接结构的制造质量必须严格控制。在焊接生产过程中应采取各种切实有效的措施，确保焊接质量符合相应的国家法律、法规、规章、安全技术规范和标准的有关规定。

根据我国特种设备焊接结构制造行业的生产现状及有关标准，制造产品的质量保证系统主要有以下几方面的要求。

一、管理职责

制造企业应制定质量方针和质量目标，采取必要的措施使各级人员能够理解质量方针和质量目标，并贯彻执行。

在制定质量方针和质量目标时，应根据企业的具体情况、企业发展和市场形势进行研究确定，使企业内与质量有关的活动、职责、职权和相互关系明确，企业协调各项活动并加以控制。

从事与质量有关的管理、执行和验证工作的人员，应具备相关知识和一定的资历，并规定其职责、权限和相互关系，企业内应有一名质量保证工程师，还应包括如下几类责任人员：①设计、工艺质控系统责任人员；②材料质控系统责任人员；③焊接质控系统责任人员；④理化质控系统责任人员；⑤热处理质控系统责任人员；⑥无损检测质控系统责任人员；⑦压力试验质控系统责任人员；⑧检验质控系统责任人员等。

二、质量保证体系

质量保证体系要根据我国特种设备焊接结构制造行业的生产现状、规范标准、生产单位产品的特性和本单位实际情况等建立，特种设备质量保证体系是指生产单位为了使产品、过程、服务达到质量要求所进行的全部有计划有组织的监督和控制活动，质量保证体系把对质量有影响的技术、管理和人员等因素综合在一起，为达到质量目标而互相配合工作。编制质量保证体系的原则是：①符合国家法律、法规、安全技术规范及相关标准；②能够对特种设备安全性能实施有效控制；③质量方针、质量目标适合本单位实际情况；④质量保证体系组织能够独立行使质量监督、控制职权；⑤质量保证体系人员职责、权限及各质量控制系统的工作接口明确；⑥质量保证体系的基本要素及相关质量控制系统的控制范围、程序、内容、记录齐全；⑦质量保证体系文件规范、系统、齐全；⑧满足特种设备许可制度的规定。

1）作为确保产品符合要求的一种手段，应编制质量保证手册，质量保证手册应包括或引用质量保证体系程序，并概述质量保证体系文件的结构。

2）编制符合实际要求且与规定的质量方针相一致的程序文件，具有有效实施质量保证体系及其形成文件的程序。

3）质量保证手册中规定的表格应该标准化、文件化，现行的质量记录表格的内容应能满足特种设备产品的质量控制要求。

4）应有正在贯彻实施的并能确保产品质量的质量计划，质量计划中产品质量控制点（包括记录审核点、见证点和停止点）应合理设置。

特种设备制造安装的质量保证体系控制要素，一般包括文件和记录控制、合同控制、设计控制、材料与零部件控制、作业（工艺）控制、焊接控制、热处理控制、无损检测控制、理化检验控制、检验与试验控制、生产设备和检验试验装置控制、不合格品（项）控制、质量改进与服务、人员管理、执行特种设备许可制度等。

三、文件和记录控制

质量管理体系中所需的文件和资料应受控，要制订有关文件和资料的控制规定，包括如下内容：

1）应制订文件和记录管理的规定：明确受控文件类型，包括质量保证体系文件、外来文件以及其他需要控制的文件；特种设备生产过程形成的记录的填写、确认、收集、归档、保管与保存期限、销毁等的规定；文件的编制、审核、批准、标识、发放、修改、回收及其销毁的规定。

2）应有确保有关部门使用最新版本的受控文件和记录的规定。

3）适当范围的外来文件，如标准和用户提供的图样。

记录的归档、受控记录表格的有效版本，应由相应质量控制系统责任人员进行审查确认，并且对记录的使用、保管进行定期检查，做出记录。记录应保存以证明符合规定要求和质量体系的有效运行。从分包商获取的相关质量记录是这些资料的一部分。所有质量记录必须清晰并存储和留存在一个合适的环境中，防止损坏或损失，且易于查阅。质量记录的保留时间应当符合规范标准的要求期限，质量记录可用于客户或客户代表对产品的评价。记录的形式可能是任何类型的载体，例如硬拷贝或电子载体。

四、合同控制

质量体系文件、程序文件和工艺指导书，应明确对合同、订单和招标人的审核要求，以确保所有各方充分理解合同的所有要求。应制订合同、订单的控制规定，包括如下内容：

1）合同评审的范围、内容，包括执行的法律法规、安全技术规范及相关标准，以及技术条件等，形成评审记录并且保存。

2）合同签订、修改、会签程序。

特种设备制造安装单位在合同或订单签订前，必须确保合同或订单与招标要求之间的所有差异得到解决，并确保能够满足所有要求。合同评审的要求是让特种设备制造安装单位所有相关人员正确理解合同内容，或确定如何修订一份合同。合同评审的记录需要保存。

五、设计控制

企业应策划和控制产品的设计，对设计中涉及的不同部门之间的接口进行管理，并按设计的进度完成任务。主要有以下控制点：

1）设计部门各级人员的职责应有明确的规定。

2）应有产品制造有关的规程、规定和标准。

3）设计文件应规定企业所制造的产品满足产品安全质量要求。

4）应有关于新标准的收集和贯彻的规定。

5）应制订对设计过程进行控制的规定（包括设计输入、输出、评审、更改、验证等环节）。

特种设备制造安装单位应制订设计和开发的计划，落实责任，配备足够的资源来完成工作。要求有组织和技术交流，必要的信息必须被记录在案、传播，并定期审查。有关产品设计的输入要求，要被明确并形成文件，通过充分的审查，有不完整、模糊或相互矛盾的要求，应及时予以解决。设计输出是设计过程的结果，应被记录在案，并明确表达已被证实的与设计输入要求的不同之处，并进行验证。设计输出应包括：①满足设计输入要求的结果；②产品验收标准；③所设计产品的功能和安全特点。在设计的适当阶段，要求对设计方案和结果进行正式书面评审，涉及设计阶段的所有职能部门代表参加审查，根据需要请其他专家参与。评审记录应保存。设计验证是验证在设计阶段输出符合设计阶段输入的要求，应在设计的适当阶段进行验证，验证应记录。设计确认与验证不同，它是确认该产品符合用户需求或要求。关于设计确认的几个要点：设计确认遵守成功的设计验证；设计确认通常在规定的操作条件下进行；设计确认通常对最终产品进行，但可以在生产中进行；如果有不同的预期用途，可进行多种确认。设计变化和修改，在付诸实施前，都必须经过授权的人员标识、文件化、审查和批准。

六、采购控制

企业应控制采购过程，以确保采购的产品符合要求。控制的模式和范围取决于对后续生产过程和产品的影响，企业应基于供方提供满足本企业需求产品的能力评价来选择供方，并建立选择和评价的准则。采购控制应有以下要求：

1）应有对供方进行有效质量控制的规定。

2）供方有质量问题时，企业有处理方式的规定。

3）分包的部件应由取得相应资格的制造企业制造，企业应对分包部件的质量进行有效控制。

4）应制订采购文件的控制程序。

5）应制订原材料及外购件（指板材、管材等承压材料）的验收与控制的规定，以防止用错材料。

采购控制程序应包括对分包商的评估。评价和选择分包商，应包括质量体系和任何质量保证的要求。对分包商规定控制程度和类型，取决于产品的种类、分包产品对最终产品质量的影响。应建立和维持可接受的分包商的质量记录。采购文件包含采购类型、类别、等级、工艺要求、检验规程及其他有关技术资料。采购确认不能被用作供应商对分包商质量有效控制的证据，采购确认验证也不免除供应商提供合格产品的责任，不排除客户随后的拒收。

七、材料控制

焊接结构生产所用的主要材料有：金属材料、焊接材料、外购件及辅助材料等。对结构用金属材料及焊接材料必须经过验收，甚至对材质、性能进行复验，确认材料符合要求后方能入库。对材料的保管、发放要有明确规定，一般有如下几方面内容：

1）应制订原材料及外购件保管的规定，包括对存放、标识、分类等要有明确的规定。

2）应制订原材料库房存放措施的规定。

3）应制订关于材料发放的管理规定，包括材料的领用、代用等。

4）应制订材料标识移植管理规定，包括加工工序中的材料标识移植和余料处理等。

5）应有焊接材料的订购、接收、检验、贮存、烘干、发放、使用和回收的管理规定，并能有效实施。

材料与零部件受委托方评价报告，材料与零部件检查验收报告，材料与零部件代用审批报告，应由相应质量控制系统责任人员审查确认，并对保管、使用情况进行定期检查，做出记录。

八、工艺控制

制造工艺是焊接结构生产过程中的核心，直接关系到产品的质量和生产率，不同产品、不同的生产批量、不同的生产条件，将会有不同的工艺过程，所以在生产前应很好分析，制订合理的工艺，并要实现对工艺的控制。

1）应制订工艺文件管理的规定，包括工艺文件的编制、发放、更改、审批等应有明确的规定。

2）应制订与产品相适应的工艺流程图或产品工序过程卡、工艺卡（或作业指导书）。

3）应有主要部件的工艺流程卡和指导作业人员的工艺文件（作业指导书）的规定。

4）作业（工艺）执行情况检查，包括检查时间、人员、项目、内容等。

5）生产用工装、模具的管理，包括设计、制作及验收、建档、标识、保管、定期检验、维修及报废等。

相应质量控制系统责任人员应当定期对作业（工艺）执行情况进行检查，做出记录。

九、焊接、热处理管理控制

焊接工艺是控制接头焊接质量的关键因素，应按焊接方法、焊材种类、板厚和接头形式编制焊接工艺。焊接结构的热处理是为了保证焊接结构的性能与质量，防止裂纹产生，改善焊接接头的力学性能，消除焊接应力。为了使产品质量得以保证，对焊接和热处理要进行控制，一般基本要求如下：

1. 焊接

1）应有焊工培训、考核和焊工焊接档案管理的规定。

2）应制订适应产品需要的焊接工艺评定记录（PQR）、焊接工艺规程（WPS）或焊接工艺卡，并应满足有关技术规范的要求。应有验证焊接工艺规程的管理规定和焊接工艺评定记录分发、使用、修改的程序和规定。

3）应制订确保合格焊工从事焊接工作的措施，并制订焊工资格评定及其记录（WPQ）的管理办法，同时规定产品焊缝的焊工识别方法，并能有效实施。

4）应制订焊缝返修的批准及返工后重新检查和母材缺陷补焊的程序性规定。

5）应有对主要元件施焊记录的规定。

6）焊接材料控制，包括焊接材料的采购、验收（复验）、检验、储存、烘干、发放、使用和回收等。

7）对产品焊接试板控制，包括焊接试板的数量、制作、焊接方式、标识、热处理、检验检测项目、试样加工、检验与试验、焊接试板和试样不合格的处理以及试样的保存等。

相应质量控制系统责任人员应当对执行情况进行检查，做出记录。

2. 热处理

1）应制订热处理工艺文件的管理规定，包括热处理工艺文件的编制、审批、使用、分发、记录、保存等。

2）应制订热处理的质量控制管理规定。

3）热处理分包时，应有分包管理规定，至少应包括对分包方评价规定和对分包项目质量控制的规定。

热处理工艺、热处理记录和报告、受委托单位的评价，应由相应质量控制系统责任人员审查确认，做出记录。

十、检验和试验控制

焊接结构的质量保证工作是贯穿设计、制造过程中的，焊接结构在装配焊接中，虽然已采取了一系列保证质量的措施，但在装配焊接结束后，还将进行质量检验。检验和试验控制如下：

1. 无损检测控制

1）应制订无损检测质量控制规定，包括检测方法的确定、标准规范的选用、工艺的编制批准、操作环节的控制、报告的审核签发和底片档案的管理等。

2）应编有无损检测的工艺和记录卡，并且能满足所制造产品的要求。

3）应制订无损检测人员资格管理的规定。

4）无损检测分包时，应有分包管理规定，至少应包括对分包方评价的规定和对分包项目质量控制的规定。

5）应制订无损检测过程和无损检测仪器及试块管理规定。

无损检测工艺、无损检测报告、无损检测的工作见证（底片、电子资料等）、受委托单位的评价、人员的考核持证情况，应由相应质量控制系统责任人员审查确认，做出记录。

2. 理化检验控制

1）应制订理化检验的管理规定。

2）应有对理化检验结果的确认和重复试验的规定。

3）理化检验分包时，应有分包管理规定，至少应包括对分包方评价的规定和对分包项目质量控制的规定。

4）理化检验记录、报告的填写、审核、结论确认、发放、复验以及试样、试剂、标样的管理等规定。

5）理化检验的试样加工及试样检测、理化试验人员的规定。

受委托单位的评价、理化检验报告，应由相应质量控制系统责任人员审查确认，做出记录。

3. 检验与试验控制

1）检验与试验工艺文件基本要求，包括依据、内容、方法等。

2）检验与试验条件控制，包括检验与试验场地、环境、温度、介质等。

3）过程检验与试验控制。

4）最终检验与试验控制。

5）检验与试验状态，如合格、不合格、待检的标识控制。

6）安全技术规范及相关标准有型式试验或者其他特殊试验规定时，应当编制型式试验或者其他特殊试验控制的规定。

7）检验试验记录和报告控制，包括检验试验的记录、报告的填写、审核和确认等。

检验与试验工艺、检验与试验报告，应由相应质量控制系统责任人员审查确认，做出记录。检验与测试应按照质量计划或按形成的程序文件的要求进行确认，质量计划或形成的程序文件的最终检验和测试要求应符合所有规定的检验和测试要求。如果产品没有通过检验和测试，应用不合格品控制程序。

4. 生产设备和检验与试验装置控制

所有检验、测量和测试设备应进行控制、校准和维护检查。

1）应制订生产设备和检验与试验装置控制的规定。

2）生产设备和检验与试验装置档案管理，包括建立生产设备和检验与试验装置台账和档案，以及使用记录、维护保养记录、校准检定记录、报告等档案资料。

3）生产设备和检验与试验装置状态控制，包括生产设备使用状态标识、检验与试验装置检定校准标识、法定要求检验的生产设备的检验报告等。

十一、不合格品的控制

应确保不符合要求的产品得到控制，以防止其使用和交付。要制订纠正不合格品的规定，并要重新验证，以证实其符合性。一般应有如下规定：

1）应制订对不合格品进行有效控制的规定，以防止不合格品的非预期使用或安装。

2）应有对不合格品的标识、记录、评价、隔离（可行时）和处置等进行控制的规定。

3）对不合格报告的编制、签发、存档等应有规定。

4）对不合格品的处理环节（回用、返修、报废等）应有相关的规定。

5）应有返修后进行重新检验的规定。

十二、人员培训上岗

应制订对质保工程师、焊接工程师、检验人员、理化和无损检测人员、焊工和其他对产品质量有重要影响的制造活动执行者、验证者和管理人员等培训的规定。

1）人员培训要求、内容、计划和实施等。

2）特种设备许可所要求的相关人员的培训、考核档案。

3）特种设备许可所要求的相关人员的聘用管理。

十三、计量与设备控制

应保证计量及所需设备在受控的状态，以确保产品符合要求。

1）制订计量管理规定，保证仪器、仪表、工具等在计量有效期内使用。

2）有对计量器具和试验仪器进行有效控制、校准和维护的规定，包括：应有计量环境适于计量试验的规定；应有制造设备管理的规章制度。

十四、持续质量改进

企业应策划和管理质量保证体系持续改进，通过质量方针、目标、审核结果、数据分析、纠正和预防措施及管理评审，促进质量保证体系的持续改进。

1）应有对产品的质量信息（包括厂内和厂外）进行反馈、汇集分析、处理的流程。

2）应有进行内部质量审核的规定，以确保质量保证体系正常运作并能对存在的质量问题进行分析研究，提出解决问题的措施和预防措施。

3）内部质量审核活动应由与被审核对象无直接责任的人员进行。

4）应制订质量审核意见的接受、处理和回复的程序，以及纠正或改进措施。

5）应有对监检机构（或第三方检验机构）及客户发现并提出的产品质量问题进行及时解决的规定。

十五、执行特种设备许可制度

应执行许可制度控制，控制范围、程序、内容如下：执行特种设备许可制度；接受各级特种设备安全监管部门的监督；接受监督检验；许可证管理；提供相关信息。执行特种设备许可制度情况，应由质量保证工程师进行监督检查，并做出记录。

第 二 节　焊接工艺评定

焊接工艺评定是确保产品质量的重要措施，无论国内还是国外，已经有很多有关此方面的规范。

对于承压类特种设备的焊接工艺标准国内曾经有过很多，如 NB/T 47014—2011《承压设备焊接工艺评定》、JB/T 4734—2002《铝制焊接容器》附录 B "铝容器焊接工艺评定"、JB/T 4745—2002《钛制焊接容器》附录 B "钛容器焊接工艺评定"、JB/T 4755—2006《铜制焊接容器》附录 B "铜制压力容器的焊接工艺评定"、JB/T 4756—2006《镍及镍合金制压力容器》附录 B "镍及镍合金制压力容器的焊接工艺评定"、GB 151—2014《热交换器》、GB 150.1～4—2011《压力容器》、《蒸汽锅炉安全技术监察规程》附录 I "焊接工艺评定"、DL/T 868—2014《焊接工艺评定规程》、GB 50236—2011《现场设备、工业管道焊接工程施工规范》、GB/T 31032—2014《钢质管道焊接及验收》和 SY/T 0452—2021《石油天然气金属管道焊接工艺评定》等。自从 2011 年 NB/T 47014—2011《承压设备焊接工艺评定》修订完成后，原国家质检总局（质检特函〔2011〕102 号）"关于执行《承压设备焊接工艺评定》（NB/T 47014—2011）的意见"的函规定，自本文发布之日起，锅炉、压力容器（不含气瓶）制造、安装、改造单位（以下简称生产企业），进行新的焊接工艺评定以及修改原有焊接工艺评定时应当执行 NB/T 47014—2011，但对压力管道没有规定，因此 GB/T 31032—2014《钢质管道焊接及验收》和 SY/T 0452—2021《石油天然气金属管道焊接工艺评定》在长输管道焊接中适用。另外，气瓶和管道阀门的堆焊都有各自的工艺评定标准，机电类特种设备没有专用工艺评定标准，主要参照 NB/T 47014—2011《承压设备焊接工艺评定》、《蒸汽锅炉安全技术监察规程》附录 I "焊接工艺评定"和 GB 50661—2011《钢结构焊接规范》进行工艺评定。

在美国，与我国特种设备产品相对应的焊接工艺评定标准，分别存在于三个标准体系内，即 ASME、API、AWS，美国机械工程师学会（ASME）标准涉及核电、锅炉、压力容器标准，美国石油协会（API）标准涉及石油天然气行业的管道，美国焊接学会（AWS）标准涉及美国各行各业的焊接，如起重机行业使用的工艺评定标准。欧洲所有行业，焊接工艺评定一律执行 ISO 15607《金属材料焊接工艺规程及评定　一般原则》等 23 项标准，其中：一般原则 1 项标准、工艺规程 5 项标准（按方法分）、工艺评定 16 项标准和一个金属材料的分类指南标准。可见，有关特种设备焊接工艺评定的规范标准很多，应根据设计施工规范进行选择。

一、焊接工艺评定的意义和目的

大多数规范或标准为制造商或承包商规定了评定的职责。因此，公司必须通过焊接评定以证明其焊接工艺已经按照适宜的规范和技术标准进行了试验，并已经合格。焊接工艺评定是投产前的一种指导性和验证性的试验，在投产前，用拟定的焊接工艺（焊接方法、焊接材料、母材及其厚度、接头形式和各种焊接参数等）按有关标准对焊件进行试验，测定焊接接头能否达到设计要求或满足使用。这是生产准备阶段的焊接工艺的规范化试验，也是对不需制作产品焊接试板的接头性能提供数据的旁证。

焊接工艺评定的目的在于评定及验证焊接工艺指导书的正确性，并评定施焊单位的能力，焊接工艺正确与否的标志在于焊接接头的使用性能是否符合要求。若符合要求，则证明所拟定的焊接工艺是正确的。当用于焊接产品时，则产品焊接接头的使用性能同样可以满足要求。

焊接工艺评定合格只说明将来施焊产品的焊接接头使用性能符合要求，单凭评定合格的焊接工艺并不能确保产品焊接质量全都符合要求，更谈不上确保它们安全可靠使用。

此外"通过焊接工艺评定确定了焊接工艺规范"的提法是不全面的，例如，产品在某一焊后热处理规范下的焊接工艺经评定合格，只能说明在该焊后热处理规范下，产品焊接接头的使用性能是符合要求的，但最终确定焊后热处理规范，还必须测定焊接残余应力和观察金相组织后综合评定。因此，焊接工艺评定只是确定焊接工艺规范的一个方面，不是全部内容，只通过焊接工艺评定是不能最终确定焊接工艺规范的。

二、焊接工艺评定的一般过程

一般规范标准中规定的焊接工艺评定过程是：拟定焊接工艺指导书、施焊试件和制取试样、检验试件和试样、测定焊接接头是否具有所要求的使用性能、提出焊接工艺评定报告对拟定的焊接工艺指导书进行评定，如图 5-1 所示为 NB/T 47014—2011 中焊接工艺评定的流程。

1. 拟定焊接工艺指导书或预焊接工艺规程（pWPS）

焊接技术人员根据有关产品法规、产品的技术要求以及相关的焊接技术资料，编制相应的焊接工艺规程或焊接工艺指导书（未评定过的），该焊接工艺规程的内容与指导生产的焊接工艺规程内容相同，用来指导焊接工艺评定试验。该焊接工艺评定合格后，证明先前拟定的焊接工艺指导书或焊接工艺规程是正确的，相应的焊接工艺规程也生效，也可用作实际生产的焊接工艺规程。根据合格的焊接工艺评定，还可编制多份焊接工艺规程指导生产。

2. 焊接试件并检查

工艺评定所用试件的数量与尺寸，由试样的试验需要决定，焊接试件时应按照焊接工艺规程（未评定过的）为指导，由本单位技能熟练的焊接人员使用本单位焊接设备焊接试件。试件检验主要是外观检查和无损检测。

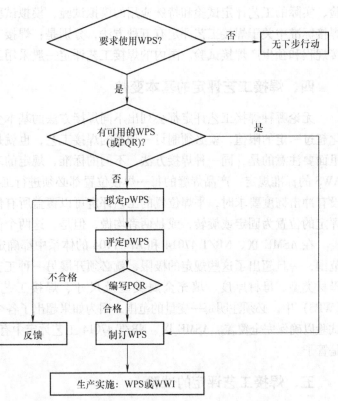

图 5-1　NB/T 47014—2011 中焊接工艺评定的流程

评定合格焊接工艺的目的不在于焊缝外观达到何种要求，也不只在于焊缝达到无损检测几级标准，所以虽然在试件检验项目中规定了外观检查、无损检测，但其主要目的在于了解试件施焊情况，避开焊接缺陷取样。

3. 试样制取与检验

根据工艺评定标准要求，制取标准所需的试样尺寸和数量，并进行检验，记录各项检测结果。如果性能试验不合格，则应分析原因，重新编制焊接工艺指导书，重新焊接试样，制取试样并检验。检测所用的设备、仪器应定期检验和校准，检验后的试件应保存。

4. 编写焊接工艺评定报告

所要求评定的项目检验全部合格后，即可编写焊接工艺评定报告，焊接工艺评定报告应经制造单位焊接责任工程师审核，总工程师批准，并存入技术档案。焊接工艺评定技术资料包括焊接工艺试验条件和各项检验结果，该部分资料应保存至工艺评定失效为止。

5. 对拟定的焊接工艺指导书进行评定并编制焊接工艺规程

焊接工艺规程是为制造符合规范要求的产品焊缝而提供的、具有指导性的、经过评定合格的且结合实际结构编制的焊接工艺文件，作为焊工操作和检验人员对产品质量控制的依据。

三、焊接工艺评定的方法

评定过程中真正第一个步骤是焊接工艺的完善，这必须在焊工资格评定及产品焊接以前完成，因为工艺评定用来衡量实际焊接工艺与材料是否匹配。一般情况下，进行焊接工艺评定是显示以下各项的匹配性：①母材；②焊接或钎焊填充金属；③焊接工艺；④技术措施。

必须注意到工艺评定中有没有对评定试验焊工的技能水平提出要求。即使每个标准对于焊接工艺的评定都稍有差别，但其基本目的是一样的。美国标准中关于焊接工艺评定有三种基本方法，包括免除评定工艺试验、实际的工艺评定试验和特殊应用的模拟试验，模拟试验作为工艺评定其他标准方法的补充。欧洲和国际焊接标准中关于焊接工艺评定有五种方法，分别是：焊接工艺评定试验、焊接材料试验、焊接经验、标准焊接规程和预生产焊接试验。国内的焊接工艺评定一般采用工艺评定试验和模拟试验两种方式。

四、焊接工艺评定的基本变数

无论哪种焊接工艺评定都会列出不同焊接方法的基本变素。基本变素是焊接方法的主要参数，如果其变化超过一定的限值，就必须制订一种新的焊接工艺，也就是说，如果其发生变化，会导致不合格的焊缝。这里面要注意的是，同一种焊接方法，不同的标准，规定的基本变数有所不同，例如关于焊接位置这个变数，AWS 的标准规定：产品焊缝的每一焊接位置都必须进行工艺评定；而 ASME 和 NB/T 47014—2011 规定，当没有冲击韧度要求时，平焊位置的工艺评定可以覆盖所有位置的评定；API 则规定按工作的不同要求，工艺评定的位置为固定或旋转，或是两者均做，但是，这两个位置的任何一个的评定不能覆盖另一个位置。

在 ASME Ⅸ、NB/T 47014 和 API 1104 的体系中都确定了一些基本变素，这些基本变素决定工艺评定的范围，一旦超出了这些规定的极限，就必须开展另一种工艺评定。这些基本变素包括焊接方法、焊接参数、母材类型、母材厚度、填充金属类型及尺寸、焊接工艺措施等，这些基本变素必须写入焊接工艺规程（WPS）中，必须注明每一变量的范围，因为如果超出了各个基本变素的极限范围，可能需要进行大量的评定试验以确保完全覆盖。ASME Ⅸ、NB/T 47014 工艺评定中有板材和管子两种形状的试件，在 API 1104 中试件总是管子。

五、焊接工艺评定的试验

焊接工艺评定试验项目和方法原则上应完全按照焊接工艺评定标准，不得任意增加或缩减试验项目，也不得任意改变试验方法，否则就失去了焊接工艺评定的合法性和合理性。焊接工艺评定试验的目的是用来评估焊接工艺的影响以及母材和填充金属的相容性，标准会明确试验的种类、数量、取样位置、加工位置、试验方法以及验收标准等。一般工艺评定标准或规范中规定的试验种类包括有：拉伸试验、弯曲试验、断口试验、宏观腐蚀试验、角焊缝破断试验及无损检验。进行试验的方法和试样的尺寸按相关标准要求进行，表 5-1 列出了 ASME Ⅸ 焊接工艺评定的试样数量要求，图 5-2 所示为 ASME Ⅸ 焊接工艺评定的试样取样位置示例。由于产品的使用条件不同，根据使用条件可能要求进行附加试验，以评估焊缝的其他性能，这些试验包括：冲击试验、硬度试验、化学试验及特殊的应用条件试验（如耐蚀性和耐磨损试验）。

表 5-1　ASME IX焊接工艺评定数量要求

所焊的试件厚度 T/mm	所需的试验形式及试样数量（拉伸及导向弯曲试验）			
	拉伸 QW-150	侧弯 QW-160	面弯 QW-160	背弯 QW-160
<1.6	2	—	2	2
1.6~10	2	①	2	2
10~19	2	①	2	2
19~38	2②	4	—	—
≥38	2②	4	—	—

① 当试件厚度 $T \geqslant 10$mm 时，对所需的面弯和背弯试验可用 4 个侧弯试验代替之。

② 当试件厚度 $T > 25$mm 时，需采用多个试样。

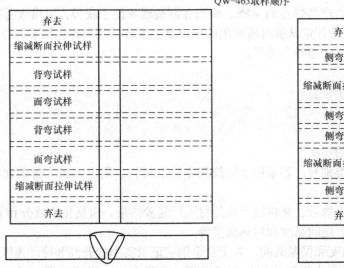

QW-463取样顺序

a) 板材厚度在3/4in(19mm)以下的工艺评定

b) 板材厚度大于或等于3/4in(19mm)及可选的厚度3/8in(10mm)~3/4in(19mm)的工艺评定

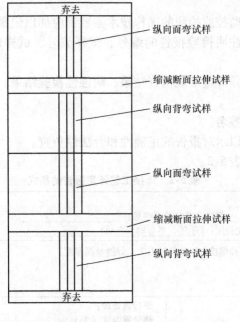

c) 板材取纵向弯曲的工艺评定

图 5-2　ASME IX焊接工艺评定取样位置示例

103

六、焊接工艺评定报告

焊接工艺评定报告（PQR）是试件焊接时所用焊接数据的记录，是焊接试件时记载焊接变素的记录，它同时记有试样的试验结果，记载的变素一般应在实际产品焊接所用变素的窄小范围内。

焊接工艺规程（WPS）即焊接作业指导书（WWI），一份完整的 WPS 应述及在 WPS 中所采用的、对每一种焊接方法而言所有的重要变素、非重要变素和当需要时的附加重要变素。WPS 中应注明支持文件 PQR 的编号。制造商也可在 WPS 中编进其他可能有助于制造规范焊接结构的资料。为适合生产的需要，可以变更 WPS 中的一些非重要变素，而无须重新评定，但要书面表示，可以是 WPS 的修正页，也可以是新的 WPS。重要变素或附加重要变素（当需要时）的变更，WPS 需进行重评（即以新的或补充的 PQR 验证重要变素或附加重要变素的变更）。用于规范产品焊接的 WPS，应当在制造现场便于获得，以供查考和检查。

一份完整的焊接工艺评定报告应记录评定试验时所使用的全部重要参数，其内容包括下列各部分：

1）评定报告编号及相对应的焊接工艺指导书编号。

2）评定项目名称。

3）评定试验采用的焊接方法、焊接位置。

4）所依据的产品技术标准编号。

5）试板的坡口形式、实际坡口尺寸。

6）试板焊接接头焊接顺序和焊缝的层次。

7）试板母材金属的牌号、规格、类别号，若采用非法规和非标准材料，则应列出实际的化学成分化验结果和力学性能的实测数据。

8）焊接试板所用的焊接材料，列出牌号、规格以及该焊材入厂复验结果，包括化学成分和力学性能。

9）评定试板焊前实际的预热温度、层间温度和后热温度等。

10）试板焊后热处理的实际加热温度和保温时间，对于合金钢应记录实际的升温和冷却速度。

11）焊接电参数，记录试板焊接过程中实际使用的焊接电流、电弧电压、焊接速度。对于熔化极气体保护焊和电渣焊应记录实测的送丝速度。电流种类和极性应清楚地表明，若采用脉冲电流，应记录脉冲电流的各参数。

12）凡是在试板焊接中加以监控或检测的操作技术参数都应加以记录，其他参数可不做记录。

13）力学性能检验结果，应注明检验报告的编号、试样编号、试样形式，列出实测的接头强度性能和抗弯性能数据。

14）其他性能的检验结果、角焊缝宏观检查结果、耐蚀性检验结果、硬度测定结果。

15）评定结论。

16）编制、校对、审核人员签名。

17）企业管理者代表批准，以示对报告的正确性和合法性负责。

焊接工艺评定报告的格式见表 5-2。

表 5-2　焊接工艺评定报告的格式

单位名称：_____

焊接工艺评定报告编号：_____　焊接工艺指导书编号：_____

焊接方法：_____　机械化程度：（手工、半自动、自动）_____

接头简图：（坡口形式、尺寸、衬垫、每种焊接方法或焊接工艺、焊缝金属厚度）

母材： 材料标准：_____ 钢号：_____ 类、组别号：_____与类、组别号：____相焊 厚度：_____ 直径：_____ 其他：_____	焊后热处理： 热处理温度（℃）：_____ 保温时间（h）：_____ 保护气体： 　　　　　气体　混合比　流量/（L/min） 保护气体：____　____　____ 尾部保护气：____　____　____ 背面保护气：____　____　____

（续）

填充金属：
　焊材类别：＿＿＿＿＿＿＿＿
　焊材标准：＿＿＿＿＿＿＿＿
　焊材型号：＿＿＿＿＿＿＿＿
　焊材牌号：＿＿＿＿＿＿＿＿
　焊材规格：＿＿＿＿＿＿＿＿
　焊缝金属厚度：＿＿＿＿＿＿
　其他：＿＿＿＿＿＿＿＿＿＿

电特性：
　电流种类：＿＿＿＿＿＿＿＿
　极性：＿＿＿＿＿＿＿＿＿＿
　钨极尺寸：＿＿＿＿＿＿＿＿
　焊接电流（A）：＿＿＿＿＿＿
　电弧电压（V）：＿＿＿＿＿＿
　焊接电弧种类：＿＿＿＿＿＿
　其他：＿＿＿＿＿＿＿＿＿＿

焊接位置：
　对接焊缝位置：＿＿＿＿＿方向：（向上、向下）
　角焊缝位置：＿＿＿＿＿方向：（向上、向下）

技术措施：
　焊接速度（cm/min）：＿＿＿＿
　摆动或不摆动：＿＿＿＿＿＿
　摆动参数：＿＿＿＿＿＿＿＿
　多道焊或单道焊（每面）：＿＿
　多丝焊或单丝焊：＿＿＿＿＿
　其他：＿＿＿＿＿＿＿＿＿＿

预热：
　预热温度（℃）：＿＿＿＿＿
　层间温度（℃）：＿＿＿＿＿
　其他：＿＿＿＿＿＿＿＿＿＿

拉伸试验　　　　　试验报告编号：

试样号	试样宽度/mm	试样厚度/mm	横截面面积/mm²	最大载荷/kN	抗拉强度/MPa	断裂特征和部位

弯曲试验　　　　　试验报告编号：

试样编号	试样类型	试样厚度/mm	弯心直径/mm	弯曲角度/（℃）	试验结果

冲击试验　　　　　试验报告编号：

试样编号	试样尺寸	夏比V型缺口位置	试验温度/℃	冲击吸收能量/J	侧向膨胀量/mm	备注

焊缝外观检查

试样接头表面无裂纹、未焊透、未熔合

无损检测

无损检测方法	无裂纹	标准号	结果

角焊缝和组合焊缝试验　　　　　报告编号：

焊透情况	裂纹类型	两焊角尺寸差
全焊透，焊缝金属无裂纹和未熔合，无气孔		

其他检验

检查方法（标准、结果）	
焊缝金属化学成分分析（结果）	
其他	

接头形式	道数	位置	电流/A	电压/V	速度/（cm/min）	极性	备注

评定结论：本评定按 NB/T 47014—2011 规定的焊接试件、检验试样、测定性能，确认试验记录正确，评定结果合格

施　焊		焊接时间		标　记	
编　制		日　　期			
审　核		日　　期			
批　准		日　　期			

第三节　承压类特种设备焊接工艺评定

我国承压设备制造中应用最多的工艺评定标准有：NB/T 47014—2011《承压设备焊接工艺评定》、GB 50236—2011《现场设备、工业管道焊接工程施工规范》、SY/T 0452—2021《石油天然气金属管道焊接工艺评定》及 GB/T 31032—2014《钢质管道焊接及验收》等，本节以 NB/T 47014—2011 和 GB/T 31032—2014 为基础介绍承压类特种设备的焊接工艺评定覆盖准则、试验方法及合格准则。

一、焊接工艺评定规则

1. 焊接工艺因素

在 NB/T 47014—2011 中把焊接工艺因素分接头（坡口）、焊接材料（填充材料）、预热和后热、气体、电特性、技术措施、焊接位置等方面进行叙述。NB/T 47014—2014 与 ASME 标准一样，将焊接工艺因素分为重要因素、补加因素和次要因素。

焊接工艺评定中的重要因素是指影响焊接接头力学性能（冲击性能除外）的焊接条件，如焊接方法、母材类别、焊条牌号、保护气体种类以及混合气体的配比、预热温度等。

补加因素是指有冲击要求时，影响焊接接头冲击性能的焊接条件，如焊接电流的种类和极性、焊接热输入、从评定合格的位置改变为向上立焊的位置等。

次要因素是指对所测定的焊接接头力学性能无明显影响的焊接条件，如坡口形式、焊接位置、锤击焊缝等。

补加因素的应用，当有冲击要求时，补加因素就成为重要因素；当不要求冲击时，就成为次要因素。

按 NB/T 47014—2011 的规定，当变更任何一个重要因素时都需要重新评定焊接工艺。当补加因素变更时，可按增加或变更的补加因素增焊冲击韧度试件进行试验。当次要因素变更时，不需要重新评定焊接工艺，但需重新编制焊接工艺指导书。

GB/T 31032—2014 中包括了焊接方法、电特性、焊道之间时间间隔、焊接方向、保护气体和流量、预热、焊后热处理等 14 种基本变素，基本变素改变需重新评定。

NB/T 47014—2011 中焊接工艺因素主要内容如下：

（1）焊接电特性和焊接技术　在电特性栏中应注明采用的是直流电还是交流电，若用直流电需指出是正接还是反接，并列出施焊评定试件所用的规范参数（电流、电压、焊接速度等），电特性发生改变需重新评定。

焊接工艺中所用规范参数（例如焊接电流或电压）不应超过评定报告中的 ±15%，焊接热输入作为补加因素，也不应超过评定合格的范围。

当规定冲击韧度试验时，增加热输入要重新评定焊接工艺，但若经过高于上转变温度的焊后热处理或奥氏体母材经固溶处理时的除外。热输入是指每条焊道的热输入，当规定进行冲击试验时每条焊道的热输入都应严格控制。

在焊接技术栏中应注明每种工艺、每种焊材的焊接层数；每道焊道熔敷金属的最大厚度；是单丝还是多丝焊；是单面焊还是双面焊，每面是单道焊还是多道焊；是直线焊还是摆动焊；施焊时是否采用敲击；焊前和层间的清理以及清根方式等。

（2）预热温度和层间温度　法规按钢种和板厚规定了最低的预热温度和层间温度，如预热温度和层间温度降低（或增加）值超过下列规定，则应通过工艺评定试验。对于焊条电弧焊、埋弧焊、熔化极气体保护焊、药芯焊丝电弧焊及钨极氩弧焊，预热温度不得低于评定合格值50℃以下。对于要求缺口冲击韧度的焊接接头，层间温度不应比评定记录值高50℃以上。

（3）气体　在各种气体保护焊中，保护气体从一种气体改为另一种气体，或改用混合气体，或改变混合气体的配比，或取消气体保护，或使用非标准保护气体，均看作是重要参数的改变，需重新进行工艺评定。

GB/T 31032—2014 中焊接工艺因素评定规则如下：

1）直流焊接时焊条（焊丝）接正变更为接负或反之；将直流电变为交流电或反之。焊接电流和电压范围变更，上述变更都需重新评定。完成打底焊和开始第二层焊之间允许最大时间间隔增加，需重新评定。

2）一种气体换成另一种气体，或一种混合气体换成另一种混合气体，或保护气体流量范围较大地增加或减少，需重新评定。

3）降低焊接工艺规程的最低预热温度，需重新评定。

2. 焊接方法

特种设备常用的焊接方法有气焊、焊条电弧焊、埋弧焊、钨极惰性气体保护焊、熔化极气体保护焊、等离子弧焊等，焊接方法改变则需重做工艺评定。当产品的一条焊缝采用两种或两种以上焊接方法，或采用重要因素、补加因素不同的焊接工艺时，可按每种焊接方法或焊接工艺分别进行评定，也可使用两种或两种以上焊接方法或焊接工艺，进行组合评定。焊接方法改变要重新做工艺评定，需要注意的是工艺评定可把 GMAW、GMAW-S、FCAW 分开作为单独的焊接方法进行评定。压力管道最常用的焊接方法是焊条电弧焊和钨极惰性气体保护焊，NB/T 47014—2011 中还包括了电渣焊、等离子弧焊、摩擦焊、气电立焊和螺柱电弧焊，GB/T 31032—2014 中的焊接方法中包括闪光对焊，药芯焊丝自保护焊作为一种单独的焊接方法列出。

3. 焊缝试件

焊缝试件形式可以分为板状与管状两种，NB/T 47014—2011 中两种都可以，如图 5-3 所示；而 GB/T 31032—2014 中只是管材试件。

NB/T 47014—2011 中坡口形式与尺寸对各种焊接方法而言都是次要因素，它的变更对焊接接头力学性能和弯曲性能无明显影响，但坡口形式与尺寸对焊缝抗裂性、生产率、焊接缺陷、劳动保护却有很重要的作用。GB/T 31032—2014 中规定接头设计的重大变更（如 V 形坡口改为 U 形坡口，或反之）、坡口角度或钝边的变更不属于基本要素。

按 NB/T 47014—2011 的规定，焊缝试件替代如下：板状对接焊缝适用于管状对接焊缝，反之亦然；管与板角焊缝适用于板状角焊缝，反之亦然；对接焊缝适用于角焊缝。评定非受压角焊缝时可采用角焊缝试件。任一角焊缝试件评定合格的焊接工艺，适用于所有形式的焊件角焊缝（指的是板的角焊缝可适用于管的）。

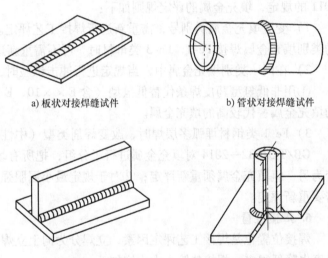

a）板状对接焊缝试件　　　　b）管状对接焊缝试件

c）板状角焊缝试件　　　　d）管与板角焊缝试件

图 5-3　NB/T 47014—2011 中的工艺评定试件

4. 母材

对母材分类分组的目的是减少焊接工艺评定的数量，为此将化学成分、力学性能及焊接性能接近的钢材归纳在同一类或一组中，材料包括钢、铝、钛、铜、镍 5 大类。

按 NB/T 47014—2011 的规定，当重要因素、补加因素不变时，类别的评定规则如下：

1）母材类别号改变，需要重新进行焊接工艺评定。

2）等离子弧焊使用填丝工艺，对 Fe-1 ~ Fe-5A 类别母材进行焊接工艺评定时，高类别号母材相焊评定合格的焊接工艺，适用于该高类别号母材与低类别号母材相焊。

3）采用焊条电弧焊、埋弧焊、熔化极气体保护焊或钨极气体保护焊，对 Fe-1 ~ Fe-5A 类别母材进行焊接工艺评定时，高类别号母材相焊评定合格的焊接工艺，适用于该高类别号母材与低类别号母材相焊。

4）除上述 2）、3）外，当不同类别号的母材相焊时，即使母材各自的焊接工艺都已评定合格，其焊接接头仍需重新进行焊接工艺评定。

5）当规定对热影响区进行冲击试验时，两类（组）别号母材之间相焊，所拟定的预焊接工艺规程，与它们各自相焊评定合格的焊接工艺相同，则这两类（组）别号母材之间相焊，不需要重新进行焊接工艺评定，两类（组）别号母材之间相焊，经评定合格的焊接工艺，也适合于这两类（组）别号母材各自相焊。

按 NB/T 47014—2011 的规定，当重要因素、补加因素不变时，组别评定规则如下：

1）除下述规定外，母材组别号改变时，需重新进行焊接工艺评定。

2）某一母材评定合格的焊接工艺，适用于同类别号同组别号的其他母材。

3）在同类别号中，高组别号母材评定合格的焊接工艺，适用于该高组别号母材与低组别号母材相焊。

4）组别号为 Fe-1-2 的母材评定合格的焊接工艺，适用于组别号为 Fe-1-1 的母材。

GB/T 31032—2014 将所有碳钢及低合金钢按强度进行分组，分成如下三组：

1）规定最小屈服强度小于或等于290MPa。

2）规定最小屈服强度高于290MPa，但小于448MPa。

3）最小屈服强度为448MPa或高于此值的各级碳钢及低合金钢。

GB/T 31032—2014 中母材的评定规则是，焊接工艺规程中管材组别变更需要重新评定，第三组最小屈服强度大于或等于448MPa的母材均应进行单独的评定试验。

5. 填充金属

焊接工艺评定标准中，焊条、焊丝、焊剂或按力学性能分类，或按化学成分分类。按 NB/T 47014—2011 的规定，填充金属的评定规则如下：

1）变更填充金属类别号，需重新进行焊接工艺评定。当用强度级别高的类别填充金属代替强度级别低的类别填充金属焊接 Fe-1、Fe-3 类母材时，可不需重新进行焊接工艺评定。

2）在同一类别填充金属中，当规定进行冲击试验时，下列情况为补加因素：

①用非低氢型药皮焊条代替低氢型（含 E××10、E××11）药皮焊条；②当用冲击试验合格指标较低的填充金属替代较高的填充金属。

3）Fe-1 类钢材埋弧多层焊时，改变焊剂类型（中性焊剂、活性焊剂），需重新进行焊接工艺评定。

GB/T 31032—2014 对填充金属进行了分组，把所有填充金属分成 9 组，标准规定：①从一组填充金属变为另一组填充金属须重新评定；②对于规定最小屈服强度大于或等于448MPa的管材填充金属型号的变更需要重新评定。

6. 焊接位置

焊接位置也是焊接工艺评定因素，立焊分为向上立焊和向下立焊两种，向上立焊虽然电流减少，但焊接速度也降低很多，焊接热输入大大增加。

NB/T 47014—2011 中，当焊接接头没有冲击韧度要求时，平焊位置的工艺评定可以覆盖所有位置的评定；焊接位置由评定合格位置改为立向上焊属补加因素（冲击），因此当焊接接头有冲击韧度要求时，这种位置改变需重新评定。故很多单位焊接工艺评定试件位置通常位于立向上焊，这样就可以位置全覆盖了。

GB/T 31032—2014 中焊接位置由旋转焊变为固定焊，或反之，都是重要变素。固定焊应指明水平固定焊接位置（5G）、垂直焊接位置（2G）或45°倾斜固定管位置（6G）。6G 位可替代 5G 位和 2G 位，其他不可相互替代。

7. 焊后热处理

焊后能改变焊接接头的组织、性能或残余应力的热过程称焊后热处理。按 NB/T 47014—2011，热处理类别分为：不进行；低于下转变温度；高于上转变温度；先在高于上转变温度，再在低于下转变温度和在上、下转变温度之间等。改变焊后热处理类别，需重新评定焊接工艺。当规定进行冲击试验时，焊后热处理的温度和时间范围改变后要重新评定焊接工艺。

GB/T 31032—2014 规定，增加或取消焊后热处理工艺或改变焊接工艺规程中焊后热处理的范围或温度，均需重新进行工艺评定。

8. 母材金属规格

母材厚度和焊缝金属厚度互有关联。在各焊接工艺评定标准中，都有评定合格后适用于母材厚度和焊缝金属厚度有效范围表，按规定，可根据某一评定试件厚度确定适用的母材厚度和焊缝金属厚度有效范围。表5-3 为 NB/T 47014—2011 中规定的对接焊缝厚度评定适用范围。但规定进行冲击试验时，用焊条电弧焊、埋弧焊、钨极气体保护焊、熔化极气体保护焊、等离子弧焊和气电立焊等焊接方法完成的试件，焊接工艺评定合格后，若 $T \geqslant 6mm$ 时，适用于焊件母材厚度的有效范围最小值为试件厚度 T 与 16mm 两者中的较小值；当 $T < 6mm$ 时，适用于焊件母材厚度的最小值为 $T/2$。如果试件经高于上转变温度的焊后热处理或奥氏体材料焊后经固溶处理时，仍按表5-3 中的规定执行。

表5-3 NB/T 47014—2011 中对接焊缝试件厚度与焊件厚度规定（进行拉伸试验和横向弯曲试验）

（单位：mm）

试件母材厚度 T	适用于焊件母材厚度的有效范围		适用于焊件焊缝金属厚度（t）的有效范围	
	最小值	最大值	最小值	最大值
$T < 1.5$	T	$2T$	不限	$2t$
$1.5 \leqslant T \leqslant 10$	1.5	$2T$	不限	$2t$
$10 < T < 20$	5	$2T$	不限	$2t$
$20 \leqslant T < 38$	5	$2T$	不限	$2t$ （$t < 20$）
$20 \leqslant T < 38$	5	$2T$	不限	$2t$ （$t \geqslant 20$）
$38 \leqslant T \leqslant 150$	5	200[①]	不限	$2t$ （$t < 20$）
$38 \leqslant T \leqslant 150$	5	200[①]	不限	200[①] （$t \geqslant 20$）
$T > 150$	5	$1.33t$[①]	不限	$2t$ （$t < 20$）
$T > 150$	5	$1.33T$[①]	不限	$1.33t$[①] （$t \geqslant 20$）

① 限于焊条电弧焊、埋弧焊、钨极气体保护焊、熔化极气体保护焊。

GB/T 31032—2014 中则把管道壁厚分成三组：①公称管壁厚小于 4.8mm；②公称管壁厚为 4.8 ~ 19.1mm；③公称管壁厚大于 19.1mm。从一种管壁厚分组变为另一种管壁厚分组需重新进行评定。

二、焊接工艺评定试验要求

试验的目的是用来评估焊接工艺的影响、母材和填充金属的相容性。工艺评定中使用的一些较常规的试验有：拉伸试验、弯曲试验、断口试验、宏观腐蚀试验、角焊缝破断试验及无损检验。焊接工艺评定试验项目和方法原则上应完全按照焊接工艺评定标准，不得任意增加或缩减试验项目，也不得任意改变试验方法，否则就失去了焊接工艺评定的合法性和合理性。

对接焊缝工艺评定试件的检验项目有外观检查、无损检测和力学性能试验。

1. 取样数量

常规力学性能试验项目包括拉伸试验、弯曲（面弯、背弯、侧弯）试验和冲击试验（规定时）。表5-4 列出了按 NB/T 47014—2011 中要求进行工艺评定的试样的检验数量。表5-5 列出了按照 GB/T 31032—2014 中要求进行工艺评定的对接焊缝的试样要求。

表5-4 NB/T 47014—2011 中力学性能试验项目及检验数量

试件母材的厚度 T/mm	试验项目和取样数量（个）					
	拉伸试验	弯曲试验			冲击试验	
	拉伸	面弯	背弯	侧弯	焊缝区	热影响区
$T < 1.5$	2	2	2	—	—	—
$1.5 \leqslant T < 10$	2	2	2	—	3	3
$10 \leqslant T < 20$	2	2	2	或4	3	3
$T \geqslant 20$	2	—	—	4	3	3

表 5-5　GB/T 31032—2014 中力学性能试验项目及检验数量

管外径/mm	试验项目和试样数量（个）					
	拉伸	刻槽锤断	背弯	面弯	侧弯	总数
壁厚 ≤12.7mm						
<60.3	0	2	2	0	0	4
60.3~114.3	0	2	2	0	0	4
114.3~323.9	2	2	2	2	0	8
>323.9	4	4	4	4	0	16
壁厚 >12.7mm						
≤114.3	0	2	0	0	2	4
114.3~323.9	2	2	0	0	4	8
>323.9	4	4	0	0	8	16

注：对外径小于 60.3mm 的管子焊接两个试验焊缝，各取一个刻槽锤断试样及一个背弯试样。对外径等于或小于 33.4 mm 的管子，应做一个全尺寸的拉伸试样。

2. 取样要求

当试件采用两种或两种以上焊接方法（或焊接工艺）时，拉伸试样和弯曲试样的受拉面应包括每一种焊接方法（或焊接工艺）的焊缝金属和热影响区。当规定做冲击试验，对每一种焊接方法（或焊接工艺）的焊缝区和热影响区都要经受冲击试验的检验取样时，一般采用冷加工方法，当采用热加工方法取样时，则应去除热影响区。NB/T 47014—2011 允许避开焊接缺陷、缺欠制取试样，并去除焊缝余高。GB/T 31032—2014 不允许避开焊接缺陷，不去除焊缝余高。NB/T 47014—2011 中对接焊缝试件上试样取样位置如图 5-4 所示。GB/T 31032—2014 中对接焊缝试件上试样取样位置如图 5-5 所示。

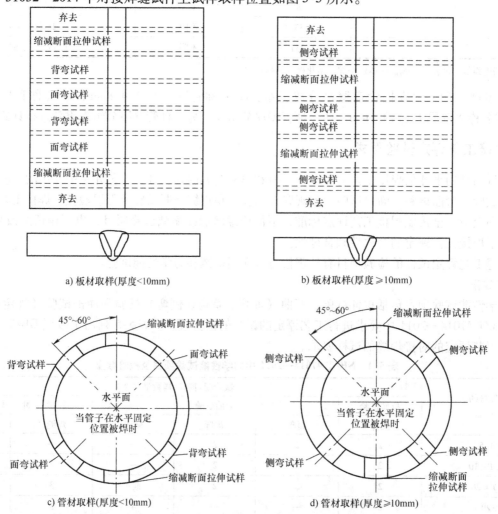

图 5-4　NB/T 47014—2011 对接焊缝试样取样位置

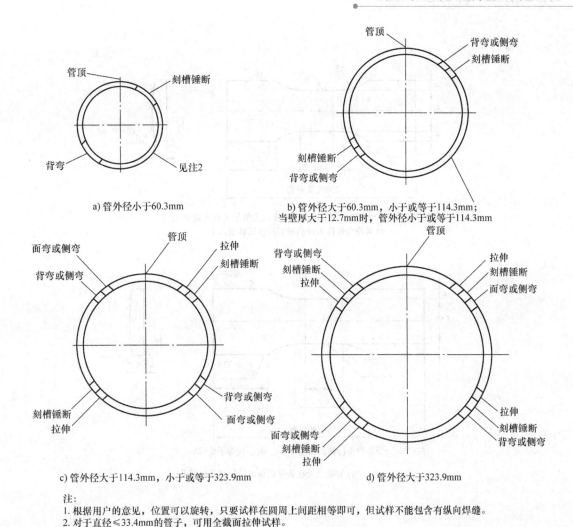

a) 管外径小于60.3mm

b) 管外径大于60.3mm，小于或等于114.3mm；
当壁厚大于12.7mm时，管外径小于或等于114.3mm

c) 管外径大于114.3mm，小于或等于323.9mm

d) 管外径大于323.9mm

注：
1. 根据用户的意见，位置可以旋转，只要试样在圆周上间距相等即可，但试样不能包含有纵向焊缝。
2. 对于直径≤33.4mm的管子，可用全截面拉伸试样。

图 5-5　GB/T 31032—2014 对接焊缝试样取样位置

3. 试样加工

（1）拉伸试样　NB/T 47014—2011 要求的拉伸试样如图 5-6 所示，焊缝余高应以机械方法去除，使之与母材齐平，厚度小于或等于30mm 的试件，采用全厚度试样进行试验。当试验机受能力限制不能进行全厚度的拉伸试验时，则可将试件在厚度方向均匀分层取样。GB/T 31032—2014 要求的拉伸试样如图 5-7 所示，试样可通过机械切割或气割的方法进行。

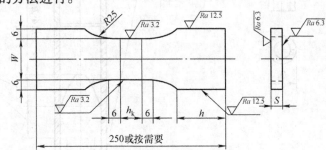

注：S——试样厚度(mm)；
　　W——试样受拉伸平行侧面宽度，大于或等于20mm；
　　h_k——S两侧面焊缝中的最大宽度(mm)；
　　h——夹持部分长度(mm)，根据试验机夹具而定。

a) 紧凑型板接头带肩板形拉伸试样

图 5-6　NB/T 47014—2011 要求的拉伸试样

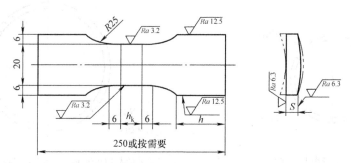

注：为取得图中宽度为20mm的平行平面，壁厚方向上的加工量应最少。

b) 紧凑型管接头带肩板形拉伸试样型式Ⅰ

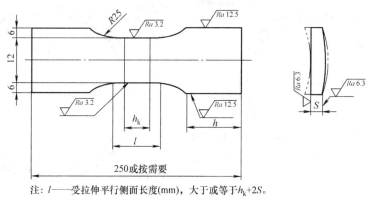

注：l——受拉伸平行侧面长度(mm)，大于或等于h_k+2S。

c) 紧凑型管接头带肩板形拉伸试样型式Ⅱ

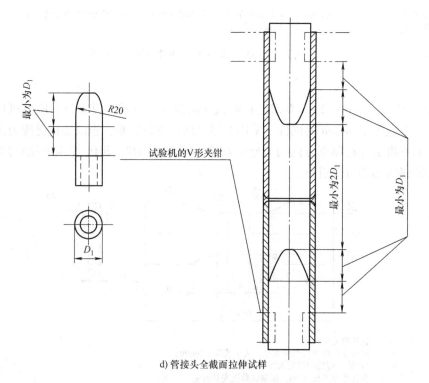

d) 管接头全截面拉伸试样

图 5-6　NB/T 47014—2011 要求的拉伸试样（续）

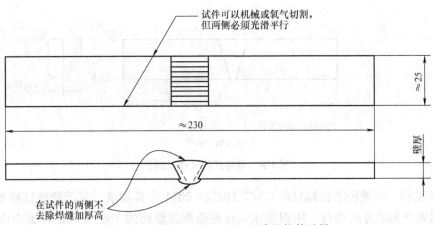

图 5-7 GB/T 31032—2014 要求的拉伸试样

（2）弯曲试样 弯曲试验试样长边缘应磨成圆角，如图 5-8 所示。制样可通过机械切割或气割的方法进行，焊缝内外表面余高应去除至少与试样母材表面平齐，加工的表面应光滑，加工痕迹应轻微并垂直于焊缝轴线。

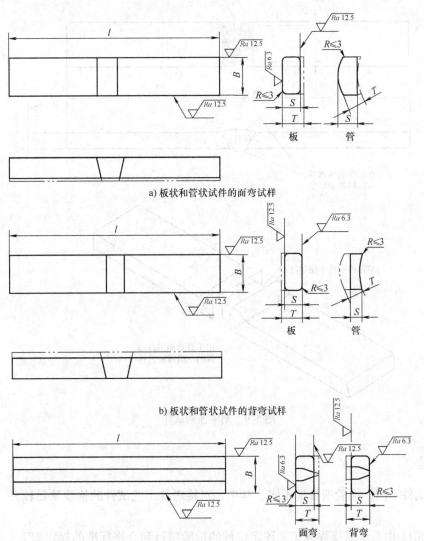

a) 板状和管状试件的面弯试样

b) 板状和管状试件的背弯试样

注：试样长度 $l \approx D + 2.5S + 100\text{mm}$。

c) 纵向面弯和背弯试样

图 5-8 弯曲试验试样

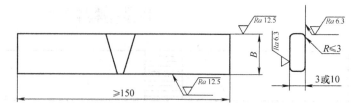

注：B——试样宽度(此时为试件厚度方向)。

d) 横向侧弯试样

图5-8 弯曲试验试样（续）

（3）刻槽锤断试样　刻槽锤断试验只在 GB/T 31032—2014 中有要求，刻槽锤断试样如图5-9所示。制样可通过机械切割或气割的方法进行。用钢锯在试样两侧焊缝断面的中心（以根焊道为准）锯槽，每个刻槽深度约为3mm。

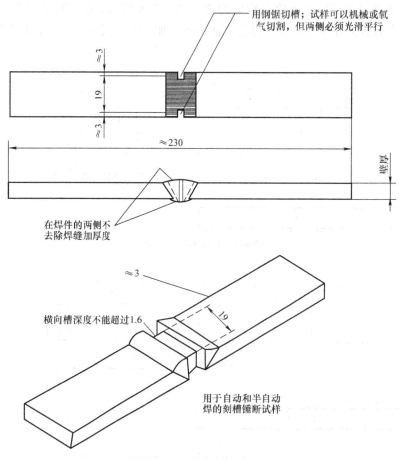

图5-9 刻槽锤断试样

三、合格标准

焊接工艺评定试件不同，检验项目也不同，其中，对接焊缝工艺试件的检验项目较多，合格标准的规定内容也较多。

NB/T 47014—2011 中关于对接焊缝工艺评定试件的检验项目和合格标准的规定如下：

（1）外观检查　试件接头表面不得有裂纹。

（2）无损检测　对接焊缝工艺评定试件按 JB/T 4730《承压设备无损检测》进行无损检测，无损检测结果不得有裂纹，对气孔没做规定。

（3）常规力学性能试验

1）拉伸试验。试样母材为同种钢牌号时，每个试样的抗拉强度应不低于母材标准规定值的下限。试样母材为两种钢牌号时，每个试样的抗拉强度应不低于两种母材标准规定值下限的较低值；若规定使用室温强度低于母材的焊缝金属，则每个（片）试样的抗拉强度应不低于焊缝金属规定的抗拉强度最小值；试样如果断在焊缝或熔合线以外的母材上，其最低值不得低于本标准规定的母材抗拉强度最小值的95%，可认为试验符合要求。

2）弯曲试验。试样弯曲到规定的角度后，其拉伸面上沿任何方向上不得有单条长度大于3mm开口或缺陷。试样的棱角开口缺陷一般不计，但由夹渣或其他焊接缺陷引起的棱角开裂长度应计入。

3）冲击试验。每个区3个试样的冲击吸收能量平均值应符合图样或相关技术条件的规定，钢材不低于表5-6中的规定；镁的质量分数超过3%的铝镁合金焊缝区，3个试样为一组的冲击吸收能量应符合设计文件或相关技术文件规定，且不应小于20J；宽度为7.5mm或5mm的小尺寸冲击试样的冲击吸收能量指标，分别为标准试样冲击吸收能量指标的75%或50%。

表5-6　钢质低温承压设备的试样冲击试验合格标准

材料类别	抗拉强度 R_m 标准规定值下限/MPa	冲击吸收能量平均值/J
碳钢和低合金钢	≤450	≥20
	450～510	≥24
	510～570	≥31
	570～630	≥34
	630～690	≥38
铬镍奥氏体钢	—	≥31

GB/T 31032—2014中关于对接焊缝工艺评定试件的检验项目和合格标准的规定如下。

1）拉伸试验。每个试样的抗拉强度应大于或等于管材规定的最小抗拉强度，但不需要大于或等于管材的实际抗拉强度。如果试样断在母材上，且抗拉强度大于或等于管材规定的最小抗拉强度时，则该试样合格。如果试样断在焊缝或熔合区，其抗拉强度大于或等于管材规定的最小抗拉强度时，且断面缺陷符合刻槽锤断验收的要求，则该试样合格。如果试样是在低于管材规定的最小抗拉强度下断裂，则该焊口不合格，应重新试验。

2）弯曲试验。弯曲后，试样拉伸弯曲表面上的焊缝和熔合线区域所发现的任何方向上的任一裂纹或其他缺陷尺寸应不大于公称壁厚的1/2，且不大于3mm。除非发现其他缺陷，由试样边缘上产生的裂纹长度在任何方向上应不大于6mm。弯曲试验中每个试样均应满足评定要求。

3）刻槽锤断试验。每个刻槽锤断试样的断裂面应完全焊透和熔合，任何气孔的最大尺寸应不大于1.6mm，且所有气孔的累计面积应不大于断裂面积的2%，夹渣深度（厚度方向尺寸）应小于0.8mm，长度应不大于钢管公称壁厚的1/2，且小于3mm。相邻夹渣之间至少应有13mm无缺陷的焊缝金属。

第四节　机电类特种设备焊接工艺评定

焊接也是机电类特种设备制造中一个关键工艺之一，特别是起重机械的制造，但机电类特种设备没有相关的工艺评定标准，现在国内机电类特种设备制造参考应用的工艺评定标准有：NB/T 47014—2011《承压设备焊接工艺评定》、《蒸汽锅炉安全技术监察规程》附录Ⅰ"焊接工艺评定"和GB 50661—2011《钢结构焊接规范》等。《起重机械焊接工艺评定》已经列入工业和信息化部2018年第二批行业标准制/修订任务中，现在已经形成征求意见稿，与GB 50661—2011一样，编制主要借鉴AWS D1.1《钢结构焊接规范》中的内容，因此这里介绍GB 50661—2011的焊接工艺评定覆盖准则、试验方法及合格准则，以便理解机电类焊接工艺评定的方法。

一、焊接工艺评定规则

GB 50661—2011 与正在制定的起重机械焊接工艺评定标准一样，主要的焊接工艺因素有钢材、焊接材料、焊接方法、接头形式、焊接位置、焊后热处理制度以及焊接参数、预热和后热措施等各种参数，制造单位在上述因素改变时应进行焊接工艺评定。

1. 焊接方法

GB 50661—2011 所列出的主要焊接方法有焊条电弧焊、埋弧焊、熔化极气体保护电弧焊、钨极气体保护电弧焊、气电立焊等，不同焊接方法的评定结果不得互相替代。不同焊接方法组合焊接可用相应板厚的单种焊接方法评定结果替代，也可用不同焊接方法组合焊接评定，但弯曲及冲击试样切取位置应包含不同的焊接方法。

2. 母材

机电类特种设备钢结构主要是碳钢和低合金钢为主，根据金属材料的化学成分、力学性能和焊接性能将起重机械常用钢材进行分类，如表5-7是 GB 50661—2011 中钢结构母材分类。

表 5-7 钢结构母材分类

类别号	标称屈服强度/MPa	钢材牌号举例	对应标准号
I	≤295	Q195、Q215、Q235、Q275	GB/T 700
		20、25、15Mn、20Mn、25Mn	GB/T 699
		Q235q	GB/T 714
		Q235GJ	GB/T 19879
		Q235NH、Q265GNH、Q295NH、Q295GNH	GB/T 4171
		ZG200-400H、ZG230-450H、ZG275-485H	GB/T 7659
		G17Mn5QT、G20Mn5N、G20Mn5QT	CECS 235
II	>295~370	Q355	GB/T 1591
		Q355q、Q370q	GB/T 714
		Q355GJ	GB/T 19879
		Q310GNH、Q355NH、Q355GNH	GB/T 4171
III	>370~420	Q390、Q420	GB/T 1591
		Q390GJ、Q420GJ	GB/T 19879
		Q420q	GB/T 714
		Q415NH	GB/T 4171
IV	>420	Q460、Q500、Q550、Q620、Q690	GB/T 1591
		Q460GJ	GB/T 19879
		Q460NH、Q500NH、Q550NH	GB/T 4171

在 GB 50661—2011 中，同种牌号钢材，质量等级高的钢材可替代质量等级低的钢材，质量等级低的钢材不可替代质量等级高的钢材；不同类别钢材的焊接工艺评定结果不得互相替代；I、II类同类别钢材中当强度和质量等级发生变化时，在相同供货状态下，高级别钢材的焊接工艺评定结果可替代低级别钢材；III、IV类同类别钢材中的焊接工艺评定结果不得相互替代；除 I、II 类别钢材外，不同类别的钢材组合焊接时应重新评定，不得用单类钢材的评定结果替代；同类别钢材中轧制钢材与铸钢、耐候钢与非耐候钢的焊接工艺评定结果不得互相替代，控轧控冷（TMCP）钢、调质钢与其他供货状态的钢材焊接工艺评定结果不得互相替代；国内与国外钢材的焊接工艺评定结果不得互相替代。

3. 焊接试件

接头形式变化时应重新评定，但十字形接头评定结果可替代T形接头评定结果，全焊透或部分焊透的T

形或十字形接头对接与角接组合焊缝评定结果可替代角焊缝评定结果。有衬垫与无衬垫的单面焊全焊透接头不可互相替代；有衬垫单面焊全焊透接头和反面清根的双面焊全焊透接头可互相替代；不同材质的衬垫不可互相替代；板材对接与外径不小于600mm的相应位置管材对接的焊接工艺评定可互相替代。

4. 母材金属规格

GB 50661—2014中评定合格的试件厚度在工程中适用的厚度范围见表5-8，直径的覆盖原则如下：

1）外径小于600mm的管材，其直径覆盖范围不应小于工艺评定试验管材的外径。

2）外径不小于600mm的管材，其直径覆盖范围不应小于600mm。

表5-8　评定母材的覆盖范围

焊接方法类别号	评定合格试件厚度（t）/mm	工程适用厚度范围	
		板厚最小值	板厚最大值
1、2、3、4、5、8	≤25	3mm	2t
	25<t≤70	0.75t	2t
	>70	0.75t	不限
6	≥18	0.75t，最小18mm	1.1t
7	≥10	0.75t，最小10mm	1.1t
9	$\phi/3$≤t<12	t	2t，且不大于16mm
	12≤t<25	0.75t	2t
	t≥25	0.75t	1.5t

注：ϕ为栓钉直径。

5. 位置覆盖

与承压设备的工艺评定不同，GB 50661—2011中关于钢结构的工艺评定，位置是不能覆盖的，横焊位置评定结果可替代平焊位置，平焊位置评定结果不可替代横焊位置，立、仰焊接位置与其他焊接位置之间不可互相替代。

6. 焊接工艺因素

机电类特种设备所用的焊接方法主要是焊条电弧焊、埋弧焊、熔化极气体保护电弧焊和钨极气体保护电弧焊，这里主要列出这四种方法的焊接工艺因素，改变这些工艺因素要重新进行工艺评定。

1）焊条电弧焊主要因素：①焊条熔敷金属抗拉强度级别变化；②由低氢型焊条改为非低氢型焊条；③焊条规格改变；④直流焊条的电流极性改变；⑤多道焊和单道焊的改变；⑥清焊根改为不清焊根；⑦立焊方向改变；⑧焊接实际采用的电流值、电压值的变化超出焊条产品说明书的推荐范围。

2）熔化极气体保护焊主要因素：①实心焊丝与药芯焊丝的变换；②单一保护气体种类的变化，混合保护气体的气体种类和混合比例的变化；③保护气体流量增加25%以上，或减少10%以上；④焊炬摆动幅度超过评定合格值的±20%；⑤焊接实际采用的电流值、电压值和焊接速度的变化分别超过评定合格值的10%、7%和10%；⑥实心焊丝气体保护焊时熔滴颗粒过渡与短路过渡的变化；⑦焊丝型号改变；⑧焊丝直径改变；⑨多道焊和单道焊的改变；⑩清焊根改为不清焊根。

3）钨极气体保护焊主要因素：①保护气体种类改变；②保护气体流量增加25%以上，或减少10%以上；③添加焊丝或不添加焊丝的改变，冷态送丝和热态送丝的改变，焊丝类型、强度级别型号改变；④焊炬摆动幅度超过评定合格值的±20%；⑤焊接实际采用的电流值和焊接速度的变化分别超过评定合格值的25%和50%；⑥焊接电流极性改变。

4）埋弧焊主要因素：①焊丝规格改变，焊丝与焊剂型号改变；②多丝焊与单丝焊的改变；③添加与不添加冷丝的改变；④焊接电流种类和极性的改变；⑤焊接实际采用的电流值、电压值和焊接速度变化分别超过评定合格值的10%、7%和15%；⑥清焊根改为不清焊根。

二、焊接工艺评定试验要求和结果评价

焊接工艺评定的试验项目和数量，各个标准的规定有所不同，表5-9是GB 50661—2011钢结构焊接工艺评定的试验项目及数量。各种接头形式的试件尺寸、试样取样位置都要满足所使用标准的规定。

表 5-9　试验项目种类和数量

母材形式	试件形式	试件厚度/mm	无损检测	全断面拉伸	拉伸	面弯	背弯	侧弯	30°弯曲	焊缝中心	热影响区	宏观酸蚀及硬度
板、管	对接接头	<14	要	管2	2	2	2	—	—	3	3	—
		≥14	要	—	2	—	—	4	—	3	3	—
板、管	板 T 形、斜 T 形和管 T、K、Y 形角接接头	任意	要	—	—	—	—	—	—	—	—	板2、管4
板	十字形接头	任意	要	—	2	—	—	—	—	3	3	2
管-管	十字形接头	任意	要	2								4
管-球	—											2

由表 5-9 可知，钢结构工艺评定中也使用了常规的试验：拉伸试验、弯曲试验、冲击试验、宏观腐蚀试验等，从中可以看到对十字形接头要进行拉伸试验，对角接接头和十字形接头都要进行硬度试验，这个在 NB/T 47014—2011 里是没有的，其他的试验与承压设备工艺评定相似。十字形接头拉伸试样的加工如图 5-10 所示，角接接头和 T 形接头硬度测点分布如图 5-11 所示。

GB 50661—2011 中关于工艺评定试验的合格标准，拉伸试验、冲击试验和宏观腐蚀试验合格标准与 NB/T 47014—2011 相似，GB 50661—2011 中关于外观检验的合格标准是：①试件表面不得有裂纹、未焊满、未熔合、焊瘤、气孔、夹渣等超标缺陷；②焊缝咬边总长度不得超过焊缝两侧长度的 15%，咬边深度不得超过0.5mm；③焊缝外观尺寸应符合本规范中一级焊缝的要求，疲劳结构的焊缝外观尺寸应符合规范的特定要求；试件角变形可以冷矫正，可以避开焊缝缺陷位置取样接

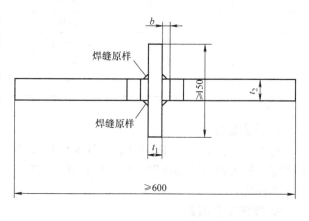

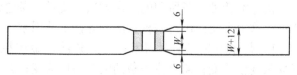

图 5-10　十字形接头拉伸试样

头。弯曲试验合格要求：各试样任何方向裂纹及其他缺欠单个长度不应大于 3mm；各试样任何方向不大于 3mm 的裂纹及其他缺欠的总长不应大于 7mm；四个试样各种缺欠总长不应大于 24mm。硬度试验合格要求是：I 类钢材焊缝及母材热影响区维氏硬度值不得超过 280HV，II 类钢材焊缝及母材热影响区维氏硬度值不得超过 350HV，III、IV 类钢材焊缝及热影响区硬度应根据工程要求进行评定。

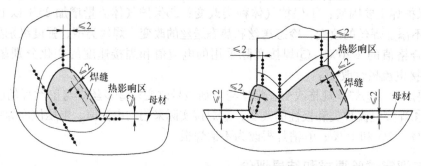

图 5-11　硬度测点分布

三、免除评定

美国焊接学会 AWS D1.1《钢结构焊接规范》中，当使用的焊接方法、母材、厚度、接头形式及焊接工艺措施，在规定范围内组合使用时，则认为是免除评定的，GB 50661—2011 和正在编制的起重机械焊接工艺评定标准，都引入了免予工艺评定的概念，在满足标准相关章节的焊接方法、接头形式、钢材/焊材组合及参数要求等条件下，可以不通过焊接工艺评定试验，直接按本标准的规定编制书面的焊接工艺规程文件。四种焊接方法是免除评定的，包括：焊条电弧焊（SMAW）、实心焊丝熔化极气体保护电弧焊（GMAW）（短路过渡 GMAW-S 除外）、药芯焊丝熔化极气体保护电弧焊（FCAW）（自保护 FCAW-S 除外）和埋弧焊（SAW）。免除评定不仅在方法上有限制条件，还有以下限制条件。

1. 母材、焊材及其匹配

并不是所有的母材都可以免除评定，只是对于一些常用的强度级别比较低而且在相匹配的焊接材料下，才能免除评定，AWS D1.1 给出了这方面的材料，GB 50661—2011 按照 AWS 的标准和我国实际钢结构的制造情况，也列出了免除评定的钢材、填充金属及其匹配组合，免除评定钢材的质量等级应为 A 级、B 级、C 级。表 5-10 列出了免除评定的母材、焊材及匹配。

表 5-10　免除评定的母材、焊材及匹配

钢材			填充金属分类等级			
钢材类别	钢材名义屈服强度/MPa	钢材牌号举例	焊条电弧焊	实心焊丝气体保护电弧焊	药芯焊丝气体保护电弧焊	埋弧焊
I	≤235	20, Q235	GB/T 5117： E43×× E50××	GB/T 14957： ER49-×	GB/T 10045： E43XT-× E50XT-×	GB/T 5293： F4A×-H08A GB/T 12470： F48A×-H08MnA
II	>235～355	Q355	GB/T 5117： E50×× GB/T 5118： E5015 E5016-×	GB/T 8110： ER49-× ER50-×	GB/T 17493： E50XT-×	GB/T 5293： F5A×-H08MnA GB/T 12470： F48A×-H08MnA F48A×-H10Mn2 F48A×-H10Mn2A

2. 母材厚度的限制

由于厚度不同，焊接的工艺及力学性能都会有不同的差距，免予评定的钢材厚度不应超过 40mm。

3. 预热和道间温度

无论进行试验评定还是免除评定，预热和道间温度的控制应以钢材的级别和厚度、化学成分、接头的拘束状态、热输入大小、熔敷金属氢含量及所采用的焊接方法等综合因素为依据，最低预热温度和道间温度应足以防止开裂。焊接接头板厚不同时，应按照最大板厚确定预热温度；焊接接头钢材材质不同时，应按照高强度级别、高碳当量的钢材确定预热温度。当环境温度低于 0℃ 时，应将钢材加热到最低 20℃，且应在焊接过程中保持这一最低温度。当接头拘束应力较高、裂纹敏感指数较高时，应根据碳当量、熔敷金属氢含量及相关标准规定确定预热和道间温度。对于免除评定更加应该遵守规范规定的预热温度，表 5-11 是免除评定最低预热和道间温度的限制。

表5-11　最低预热和道间温度

钢材类别	钢材牌号	设计对焊接材料要求	接头最厚部件的板厚 t/mm	
			t≤20	20 < t ≤ 40
Ⅰ	Q195、Q215、Q235、Q235GJ、Q275、20	非低氢型	5℃	20℃
		低氢型		5℃
Ⅱ	Q355、Q355GJ	非低氢型		40℃
		低氢型		20℃

4. 接头细节

对于每种免除评定的焊接接头，不同焊接方法、焊接位置和接头形式所适用的具体厚度范围在各个标准里都有列表，当有些条件使用的工艺超出限制的范围，就不能采用免除评定，而必须进行评定试验来确认焊接工艺的正确性。表5-12是 AWS D1.1 中列出的对免除评定焊接接头的各种限制的案例，我国的钢结构规范和正在制定的起重机械焊接工艺评定标准关于免除评定都有这种接头的限制条件。表5-12 中免除评定案例为 V 形坡口对接焊缝，单面焊接，根部加金属衬垫材料，不同的焊接方法、厚度及焊接位置，其焊接接头形式的具体要求，对于规定的焊接方法，根部的间隙可随坡口角度变化。表5-12 中还列出了免除评定接头的位置及是否使用气体保护的要求。

表5-12　免除评定焊接接头的案例

单面 V 形坡口焊接（2）
角接接头（C）

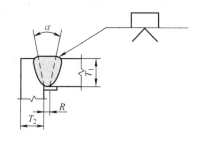

尺寸	零件图偏差	装配偏差
R	+2，−0	+6，−2
α	+10°，−0°	+10°，−5°

（单位：mm）

焊接方法	接头标号	母材厚度（U 表示无限制）		坡口准备		允许的焊接位置	FCAW 用的气保护	备注
		T_1	T_2	根部间隙	坡口角度			
SMAW	C-U2	U	U	R = 6	α = 45°	所有	—	—
				R = 10	α = 30°	平焊，立焊，仰焊	—	—
				R = 12	α = 20°	平焊，立焊，仰焊	—	—
GMAW FCAW	C-U2-GF	U	U	R = 5	α = 30°	平焊，立焊，仰焊	要求	—
				R = 10	α = 30°	平焊，立焊，仰焊	无要求	—
				R = 6	α = 45°	平焊，立焊，仰焊	无要求	—
SAW	C-L2-S	50 最大	U	R = 6	α = 30°	平焊	—	—
SAW	C-U2-S	U	U	R = 16	α = 20°	平焊	—	—

5. 免除评定焊接参数

一般标准免除评定的焊接参数规定比较严格，GB 50661—2011 中有这些规定如：①要求完全焊透的焊缝，单面焊时应加衬垫，双面焊时应清根；②焊条电弧焊焊接时焊道最大宽度不应超过焊条标称直径的4倍，实心焊丝气体保护焊、药芯焊丝气体保护焊焊接时焊道最大宽度不应超过20mm；③导电嘴与工件距离，埋弧自动焊为40mm±10mm，气体保护焊为20mm±7mm；④保护气种类为二氧化碳、富氩气体，混合比例（体积分数）为氩气 80% + 二氧化碳 20%；⑤保护气流量为 20 ~ 50L/min。

免予评定的各类焊接节点构造形式、焊接坡口的形式和尺寸必须符合规范相关的要求，免予评定的结构荷载特性应为静载。GB 50661—2011 列出了免除评定具体的焊接参数，见表 5-13。

表 5-13　免除评定的焊接参数

焊接方法代号	焊条或焊丝型号	焊条或焊丝直径/mm	电流/A	电流极性	电压/V	焊接速度/(cm/min)
SMAW	E××15 E××16 E××03	3.2	80 ~ 140	E××15：直流反接 E××16：交、直流 E××03：交流	18 ~ 26	8 ~ 18
		4.0	110 ~ 210		20 ~ 27	10 ~ 20
		5.0	160 ~ 230		20 ~ 27	10 ~ 20
GMAW	ER-××	1.2	打底 180 ~ 260 填充 220 ~ 320 盖面 220 ~ 280	直流反接	25 ~ 38	25 ~ 45
FCAW	E××1T1	1.2	打底 160 ~ 260 填充 220 ~ 320 盖面 220 ~ 280	直流反接	25 ~ 38	30 ~ 55
SAW	H×××	3.2	400 ~ 600	直流反接或交流	24 ~ 40	25 ~ 65
		4.0	450 ~ 700		24 ~ 40	
		5.0	500 ~ 800		34 ~ 40	

第 五 节　焊接工艺技术文件

制造企业为了完成并保证产品的焊接质量，按照焊接技术要求和相关标准，应制订有关焊接工艺方面的文件。根据企业现行的情况，一般的焊接工艺文件包括以下几种：

1）焊接工艺评定前拟定的用于指导焊接工艺评定的焊接工艺规程或称工艺指导书。评定合格后，该工艺规程也可用于相应产品的焊接。

2）评定合格后，根据工艺评定制订的焊接工艺规程。

3）针对产品制订的接头焊接编号卡或焊缝识别卡。

4）针对产品制订的焊接顺序卡或称焊接接头工艺卡。

5）针对某一钢种、某一有色金属、某一焊接方法、某一特定的焊接工作制订的通用焊接工艺守则（或规程）。

1. 焊接工艺规程

无论焊接工艺评定前制订的焊接工艺规程（或焊接工艺指导书）还是评定合格后制订的焊接工艺规程，都是焊接生产的主要指导性工艺文件，是焊工焊接操作的依据。焊接工艺规程应发到生产班组的有关部门，焊工在焊接产品之前必须认真阅读焊接工艺规程中的全部内容，并在工作过程中遵照执行。

表 5-14 是焊接工艺规程的样式，内容一般包括如下几个方面：

1）焊接工艺规程的编号和日期。

2）相应的焊接工艺评定报告编号。

3）焊接方法及自动化程度。

4）接头形式、有无衬垫及衬垫材料牌号。

5）坡口简图、焊缝示意图（焊道分布和顺序）。

6）焊接位置、立焊的焊接方向。

7）母材钢牌号、分类号、母材及熔敷金属的厚度范围、管子直径范围。

8）焊接材料的牌号、标准号、类别、规格，钨极的类型、牌号、直径，保护气体的名称、成分、流量（包括背面和尾部保护）。

9）焊前预热、层间温度。

10）焊接电特性参数（包括电流种类和极性、焊接电流、电弧电压、焊接速度、送丝速度、摆动速度和幅值等）。

11）操作技术和焊接程序。

12）热处理（后热、消氢、中间热处理、焊后退火处理、正火、回火处理等）。

13）编制人和审批人签字、日期。

表 5-14　焊接工艺规程的样式

××××公司		编　制	审核	批准

焊 接 工 艺 规 程	PQR 编号	PQR-01-01，03，06	WPS 编号	WPS-91-03
	焊接位置	平焊	版本号	B1

焊缝	对接焊缝	母　材	20g，16MnR
描述	角接接头	规　格	厚 8～10mm 焊接

焊接方法	MIG	手工、半自动、自动	半自动	电源极性	直负
焊条（焊丝）标准	GB/T 8110—2020	焊丝（焊条）牌号	ER50-6	焊丝（焊条）直径/mm	$\phi 1.2$
焊剂规格牌号		保护气体	CO_2	流量/（L/min）	15～20
坡口加工方法	机械加工	焊接垫板	无	清　根	无
基本要求	焊前清理铁锈、油污、水分等异物，焊后打磨焊缝不平整处；焊接时注意层间温度不大于150℃；焊后应彻底清理飞溅。焊后敲上焊工钢印				
预　热	℃，h		后　热	℃，h	

接 头 形 式	道数	位置	电流/A	电压/V	速度/（cm/min）	备注
	1	平	150～160	20～22	14～16	
	2	平	200～210	23～25	15～18	
	3	平	200～210	23～25	15～18	

2. 产品的接头编号卡（或焊缝识别卡）

实际产品的结构复杂，焊接接头较多，使用的焊接工艺规程较多。哪条焊缝使用哪个工艺规程，由什么样资格的焊工焊接，为了在产品的生产中正确使用焊接工艺规程，确保焊接质量，ASME 标准中规定要制订产品焊缝识别卡。在 NB/T 47015—2011 中，也提到了焊接接头编号表，其内容都是一致的。表 5-15 是焊缝识别卡的式样，内容一般包括：

表 5-15 焊缝识别卡

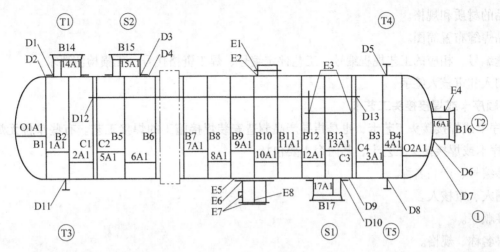

×××有限公司	焊缝接头示意图		识别卡编号	
			产品名称	再生换热器

焊缝编号	工艺规程编号	工艺评定编号	焊接方法	焊工资格代号	焊接材料	无损检测要求	备 注
O1A1, O2A1	BPZ-07	450, 1633	SMAW SAW	SMAW-Ⅳ-1G-12-F4 SAW-1G（K）-07/09	A022φ3.2, φ4 ER-316Lφ4 HJ260	100% RT Gr. Ⅱ	
1A1～13A1, B1～B13	BPZ-07	450, 1633	SMAW SAW	SMAW-Ⅳ-1G-12-F4 SAW-1G（K）-07/09	A022φ3.2, φ4 ER-316Lφ4 HJ260	20% RT Gr. Ⅲ	
14A1～17A1, B14～B17	C422（2）	450	SMAW	SMAW-Ⅳ-1G-12-F4	A022φ3.2, φ4	100% RT Gr. Ⅱ	
C1～C4	BPZ-13	889 1726	GTAW SMAW	GTAW-Ⅳ-1G-12-03 SMAW-Ⅳ-1G-12-F4	TGF-316Lφ2 A022φ3.2, φ4	100% UT Gr. Ⅱ	
D1, D3, D6, D10	BPZ-04	635, 889 1618, 1619 1152, 1726	GTAW SMAW	GTAW-Ⅳ-2FG-12/60-03 SMAW-Ⅳ-2FG-12/60-F4 GTAW-Ⅳ-2FG-12/60-02	TGF-316Lφ2.6 A022 φ3.2, φ4 ER-316L φ2	100% UT Gr. Ⅱ	
D2, D4, D7, D9, E2, E3, E5	C422（15）	450	SMAW	SMAW-Ⅳ-2FG-12/60-F4	A022φ3.2, φ4		
D5, D8, D11	BPZ-04	635, 889, 1618, 1619, 1152, 1726	GTAW SMAW	GTAW-Ⅳ-2FG-12/60-03 SMAW-Ⅳ-2FG-12/60-F4 GTAW-Ⅳ-2FG-12/60-02	TGF-316L φ2.6 A022φ3.2, φ4 ER-316Lφ2		
D12, D13	HOLD		GTAW	GTAW-5FG（K）-05/07/09			
E1, E4	C449（15）	1152	GTAW	GTAW-Ⅳ-2FG-12/60-03	TGF-316L φ2.6		
E6	BPZ-11	—	SMAW	—	A312φ3.2, φ4		
E7	C801（15）	—	SMAW	—	A312φ3.2, φ4		
E8	C095（15）	—	GMAW	—	TWE-711φ1.2		

编制人		日 期		审 核 人		日 期	

1）产品或设备名称。

2）接头编号卡或识别卡编号。

3）接头类型。

4）产品的材质和规格。

5）产品焊缝布置简图。

6）焊缝编号，相应的工艺规程编号、工艺评定编号、焊工资格代号、无损检测要求。

7）编制人和审核人签字。

3. 焊接顺序卡或焊接接头工艺卡

焊接顺序卡或焊接接头工艺卡，也是指导产品制造安装焊接施工的焊接工艺。有些单位无焊缝识别卡，而用焊接顺序卡或焊接接头工艺卡，其内容主要包括：

1）产品编号、产品名称。

2）编制人、审核人。

3）焊接顺序。

4）材料名称、规格。

5）接头编号示意图。

6）焊接位置。

7）焊接技术，是否预热、后热、热处理，气体流量等。

8）焊接方法。

9）焊接材料、名称规格。

10）焊接电流、电压等。

这种焊接接头卡，其实已经包括了焊接工艺规程的内容，也包括了焊接顺序的内容，其内容与焊接工艺规程和焊缝识别卡的内容相类似。表5-16是焊接接头工艺卡的样式。

4. 通用焊接工艺守则（或规程）

焊接结构的制造中，常用埋弧焊、焊条电弧焊、钨极氩弧焊、熔化极气体保护焊等焊接方法，各种不同的焊接方法都有其特点，焊接时也有特有的注意事项。例如，钨极氩弧焊前要通氩一段时间，熄弧时要滞后关气，要防风，填充焊丝的热端头不应离开喷嘴的保护区。各种焊接方法应注意的事项不宜在"焊接工艺规程"中反复罗列，而可以分别集中在钨极氩弧焊工艺守则、埋弧焊工艺守则、CO_2气体保护焊工艺守则等焊接方法工艺守则中，作为使用该焊接方法时的指导性工艺文件。

焊接钢结构往往根据其工作条件选用不同的钢材作为材料，不同的钢材各自有不同的焊接性，其焊接工艺也针对其各自的特性而有不同的侧重面。例如，铬钼珠光体耐热钢焊接的工艺措施主要是保证预热条件和焊后及时做消氢后热，防止产生冷裂纹；控制焊材和母材的杂质成分，防止回火脆性。奥氏体不锈钢则主要防止焊缝和热影响区过热敏化，避免耐晶间腐蚀性能下降；控制焊缝形状系数，减少焊缝杂质，防止产生热裂纹。这些工艺措施也不宜分散重复地罗列在各产品的各个"焊接工艺规程"中，而可以集中编成碳钢及碳锰低合金钢焊接工艺守则、珠光体耐热钢焊接工艺守则、奥氏体不锈钢焊接工艺守则、低合金低温钢焊接工艺守则等，放在各自的工艺守则当中，作为焊接这些钢材时的指导性工艺文件。

有些如定位焊、气刨清根、焊接返修、焊条烘干、焊工钢印布置等特定的工作，其本身就是整个焊接工作的一部分，而这些工作又有不同于一般的焊接工作的特点。为了更好地指导这些工作，避免在"焊接工艺规程"中分散重复这些要求，则要编制定位焊工艺守则、焊缝清根工艺守则（或碳弧气刨工艺守则）、焊接返修工艺守则、焊条烘干规程、焊工打钢印的规定等。

表 5-16　焊接接头工艺卡的样式

接头简图：		
	焊接工艺卡编号	16Ⅱ009-01　　版本号：0
	焊接工艺评定报告编号	N153A
	焊接方法	GTAW + SMAW
	母材牌号及规格	S30403，δ = 12mm S30403、S30403Ⅲ，δ = 12mm、20mm
	焊缝金属及厚度	TGF-308L + JWE-308L，δ = 12mm
	焊后热处理	—
	焊接位置	平 （B7、B8：平、横）

接头简图：外 / 内　50°　12　2~3

施焊要求：

1. 施焊前清除坡口及两侧 20mm 内的水、油、锈等污物

2. 点焊采用钨极气保焊，焊材 TGF-308L，φ2.0~φ2.4mm

3. 第1道采用钨极气保焊，焊道厚度 2~3mm。其余焊道采用焊条电弧焊，焊条不宜摆动，采用窄焊道短弧焊，多层多道焊，每道焊道厚度 2~4mm

4. 按焊接工艺规定的焊接规范施焊，严格控制道间温度，道间温度超过工艺要求时，须等到冷却时小于等于道间温度上限（同时大于预热温度下限）后方可施焊

5. 施焊时焊速不得低于规定值的下限

6. 当环境温度低于 0℃ 时，应采用火焰加热等方式将施焊处 100mm 内预热到 15℃ 以上

预热温度/℃	>0	焊层（道）	焊接方法	填充材料		焊接电流		电弧电压/V	焊接速度/（mm/min）	热输入/（kJ/cm）
道间温度/℃	0~150			牌号	规格	极性	电流/A			
后热要求	—	打底	GTAW	TGF-308L	φ2.0~φ2.4mm	直流正接	90~140	10~15	80~130	≤15
保护气体	Ar	填充、盖面	SMAW	JWE-308L	φ3.2mm	直流反接	70~110	20~24	80~200	≤27
气体流量/（L/min）	8~15				φ4.0mm	直流反接	90~140	22~26	80~200	≤27
钨极类型及直径/mm	铈钨极 φ2.4~φ3.2									
喷嘴直径/mm	φ10~φ20									
清根方法	打磨									

编制人及日期：	审核人及日期：	批准人及日期：

第六节　焊工考试

焊接工艺评定后，必须进行焊工资格评定以确定每位焊工是否有熟练的技能，是否能焊出满意的焊缝。焊工资格评定也有一些基本变素，包括焊接位置、接头形式、焊条类型及尺寸、焊接方法、母材类型、母材厚度及某些工艺措施，这些变量直接与焊工的能力有关。

根据产品制造法规、规程和标准的规定，对从事焊接作业的焊工，应按相应的要求考试，取得焊工合格证后，才能在有效期内从事合格项目范围内的焊接工作。焊工技能考试的目的是要求焊工按照评定合格的焊接工艺焊出没有超标缺陷的焊缝，是对焊工操作技能及掌握焊接材料性能的能力测试。进行焊工技能评定时，要求焊接工艺正确，以保证焊工完成合格的焊缝。

一、考试内容与方法

1. 基本知识考试

焊接是一门理论和实践紧密结合的工艺技术，对于焊工考试是否要进行理论知识的测试，一直以来争论较多。ASME、JIS、BS、AWS 等标准不要求焊工进行理论考试，因为焊工只要按评定合格的工艺焊接试件，不需焊工本人选择工艺参数。AD 规范和国内一些规范则要求焊工进行理论考试，目的是使焊工了解焊接的基本知识，以提高焊工对焊接工艺规程的了解并提高焊接质量。基本知识的考试一般包括如下内容：

1）特种设备的法律、法规。

2）特种设备的基本知识。

3）金属材料的分类、型号、牌号、化学成分、使用性能、焊接特点和焊后热处理。

4）焊接材料（焊条、焊丝、焊剂和气体等）的类型、型号、牌号、性能、使用和保管。

5）焊接设备、工具和测量仪表的种类、名称、使用和维护。

6）常用焊接方法的特点、焊接参数、焊接顺序、操作方法及其焊接质量的影响因素。

7）焊缝形式、接头形式、坡口形式、焊缝符号及图样识别。

8）焊接接头的性能及其影响因素。

9）焊接缺陷的产生原因、危害、预防方法和返修。

10）焊缝外观检验方法和要求，无损检测方法的特点、适用范围、级别、标志和缺陷识别。

11）焊接应力和变形的产生原因和防止方法。

12）焊接质量管理体系、规章制度、工艺纪律。

13）焊接工艺规程、焊接工艺评定、焊工考核细则基本知识。

14）焊接安全知识和规定。

2. 实际操作考试和覆盖范围

与焊接操作技能考试有关的要素包括：焊接方法、焊接方法的机动化程度、金属材料的类别、填充金属的类别、试件形式、试件的衬垫、试件焊缝金属尺寸、试件管材外径和焊接工艺要素。考核一般分为手工和机械操作两大类。

（1）焊接方法　不同焊接方法的操作要求，对焊工焊接操作技能影响较大。一般考试规则包括焊条电弧焊（SMAW）、气焊（OFW）、钨极惰性气体保护焊（GTAW）、熔化极气体保护焊（GMAW）、药芯焊丝电弧焊（FCAW）、埋弧焊（SAW）、电渣焊（ESW）、摩擦焊（FRW）等。当改变焊接方法时，应当重新进行操作技能考试，每种焊接方法都可能有手工及机械操作两种方式，如：焊条电弧焊大多数情况下是焊工用手工操作，对于重力焊和躺条焊而言则是机械化操作；埋弧焊大多数情况下是机械化操作，但也有焊工持盛有焊剂的漏斗向前移动而焊丝由机械送进的，俗称半自动操作方式，半自动操作焊工属于手工焊工。药芯焊丝电弧焊与熔化极气体保护焊相同，常用半自动与自动焊方式（实质上是手工焊与机械化焊）。在同一种焊接方法中，手工焊考试合格，从事焊机操作工作时，也要重新考试，反之亦然。

（2）母材分类　焊缝是否合格与母材的种类（如黑色和有色金属）有一定的关系。ASME 认为包括不锈钢在内的黑色金属不需分类；AWS D1.1 把钢结构焊工考试的材料分成四类；英国的 BS 4871 规定合金元素 <6%（质量分数）的钢不分类，BS 4882 分铁素体和奥氏体两类；德国 DIN 8560 和我国分成四类。

我国 TSG Z6002—2010《特种设备焊接操作人员考核细则》中，母材包括钢、铜及铜合金、镍及镍合金、铝及铝合金和钛及钛合金。

对于钢来说分成如下四类：

碳素钢（Ⅰ类）：这类钢焊接性能良好，大多数情况下焊前不要求预热，焊后不要求后热，部分钢牌号因为没有冲击试验要求，因此不需要控制焊接热输入。

低合金钢（Ⅱ类）：这类钢焊前要求预热，焊后要求后热，而且有冲击试验要求，因此要求控制焊接热输入上限。

马氏体钢、铁素体不锈钢（Ⅲ类）：这类钢焊接裂纹倾向较大，焊前要求预热，焊后要求进行热处理，焊接工艺要求严格，因此要求控制焊接热输入范围。

奥氏体不锈钢、双相不锈钢（Ⅳ类）：这类钢用相应的焊条施焊时，熔池不易摊开，熔滴过渡不畅，特点与碳钢、低合金钢焊条很不相同，故另列一类。

对手工焊：

1）一个钢牌号考试合格后，焊接与该钢牌号同类的所有其他钢牌号不需要重新考试。

2）除奥氏体和双相不锈钢（即Ⅳ类钢）以外，高类别的钢牌号考试合格后，则焊接较低类别钢牌号时不需要重新考试。

3）某类别内某钢牌号考试合格后，焊接该类别内不同钢牌号，或该类别钢牌号与较低类别钢号所组成的异种钢牌号接头，不需要重新考试。

4）手工焊焊工采用异类别钢牌号组成的管板角接头（或者管材角焊缝）试件，经焊接操作技能考试合格后，视为该焊工已通过试件中较高类别钢的焊接操作技能考试。

对焊机操作工来说，采用任一钢牌号考试合格后，则焊接所有钢牌号都可免除考试。

对于有色金属来说：

1）焊工采用铜及铜合金中某类别任一牌号材料，经焊接操作技能考试合格后，手工焊焊工焊接该类别其他牌号材料时，不需重新进行焊接操作技能考试。

2）焊工采用镍及镍合金中某类别任一牌号材料，经焊接操作技能考试合格后，焊接该类别中的其他牌号材料时，不需重新进行焊接操作技能考试。

3）焊工进行焊接操作技能考试时，试件母材可以用奥氏体不锈钢代替。

4）焊工采用铝及铝合金或者钛及钛合金中某类别任一牌号材料，经焊接操作技能考试合格后，焊接该类别铝及铝合金或者钛及钛合金中的其他牌号材料时，不需重新进行焊接操作技能考试。

（3）焊接材料　焊接材料对焊工操作技能的影响，因各种焊接方法的不同而存在差异。对于焊条电弧焊，焊工焊接操作技能与焊条药皮和熔敷金属类别密切相关。焊条药皮是由多种矿物、非矿物、铁合金、纤维素等组成的，它们分别有不同的作用。焊条药皮类别不同，焊接操作特点也各不相同，因此对于焊条电弧焊，将焊条药皮类别划分为四类：

1）钛钙型。施焊时操作性能好，适应焊接规范变化能力强。焊条类别代号为F1。

2）纤维素型。常用于打底焊和向下立焊。纤维素药皮焊条向下立焊时焊速较快，不宜摆动，焊层厚度不大。焊条类别代号为F2。

3）钛型、钛钙型。这类药皮的焊条包括两类：一类是马氏体不锈钢和铁素体不锈钢焊条，马氏体和铁素体钢焊条在施焊时熔滴过渡特点与低合金钢焊条相同，焊条类别代号为F3；另一类是奥氏体不锈钢和双相不锈钢焊条，焊条类别代号为F4。

4）低氢型和碱性。碱性焊条类别代号为F3J和F4J。

焊工考试用的焊材类别适用于焊件焊接用的焊材类别范围的规定是：

1）对于钢，带药皮焊条的分类及试件用焊条类别适用于焊件用焊条的类别范围见表5-17；对于有色金属的焊接材料，铜及铜合金焊接材料适用范围较小，而镍及镍合金焊接材料的适用范围相对较广。

2）焊机操作工采用某类别填充金属材料，经焊接操作技能考试合格后，适用于焊件相应种类的各种类别填充金属材料。

表5-17　焊条类别及适用范围

试件用焊条类别代号	焊条类别代号	相应型号	适用于焊件的焊条范围
钛钙型	F1	E××03	F1
纤维素焊条	F2	E××10，E××11，E××10-×，E××11-×	F1，F2
钛型、钛钙型	F3	E××（×）-16，E×××（×）-17	F1，F3

（续）

试件用焊条 类别代号	焊条类别 代号	相应型号	适用于焊件的 焊条范围
低氢型、碱性	F3J	E××15，E××16，E××18，E××48 E××15-×，E××16-×，E××18-×，E××48-× E×××（×）-15，E×××（×）-16，E×××（×）-17	F1，F3，F3J
钛型、钛钙型	F4	E×××（×）-16，E×××（×）-17	F4
碱性	F4J	E×××（×）-15，E×××（×）-16，E×××（×）-17	F4，F4J

（4）焊接试件　焊接操作技能考试试件一般分为：对接焊缝试件（分为板材对接焊缝试件和管材对接焊缝试件）、管板角接头试件。试件的适用范围，只依据试件焊缝金属厚度来确定适应于焊件焊缝金属厚度范围，以及管材外径来确定适用管材外径的范围。例如，对于手工焊焊工采用对接焊缝试件，经焊接操作技能考试合格后，适用于焊件焊缝金属厚度范围，见表5-18。手工焊焊工采用管对接焊缝试件，经焊接操作技能考试合格后，适用于管材对接焊缝焊件外径范围见表5-19。

表5-18　手工焊板对接试件焊缝金属适用范围　　　　　　　　（单位：mm）

焊缝形式	试件母材厚度 T	适用于焊件焊缝金属厚度（t）	
		最小值	最大值
对接焊缝	<12	不限	$2t$
	≥12	不限	不限

表5-19　管材对接焊缝焊件外径范围　　　　　　　　（单位：mm）

管材试件外径 D	适用管材外径范围	
	最小值	最大值
<25	D	不限
25≤D<76	25	不限
≥76	76	不限
≥300	300	不限

（5）焊接位置　焊接位置是影响焊工技能的重要参数，平焊最易掌握，难度最大的是管子水平固定和倾斜45°固定的对接全位置焊。除AD和JIS外，各国都规定管子全位置焊考试合格的焊工，若其他重要参数不变，可免除其他位置的考试。ASME规定：平焊以外的任何位置的考试，均可免除对平焊的考试；凡通过坡口焊缝考试的焊工对一定厚度和管径的角焊缝也取得资格。

而我国规则对焊接位置替代规定严格，其板状试件合格，不能免除管状试件的考试；板状各位置也不能替代。《锅炉压力容器压力管道焊工考试与管理规则》中具体的焊缝位置替代见表5-20。

表5-20　焊缝位置的适用范围

试件		适用焊件范围			
		对接焊缝位置		角焊缝位置	管板角接头 焊件位置
形式	代号	板材和外径 D>600mm的管材	外径 D≤600mm的管材		
板材对接 焊缝	1G	平	平	平	—
	2G	平、横	平、横	平、横	—
	3G	平、立	平	平、横、立	—
	4G	平、仰	平	平、横、仰	—
管材对接 焊缝	1G	平	平	平	—
	2G	平、横	平、横	平、横	
	5G	平、立、仰	平、立、仰	平、立、仰	
	5GX	平、立向下、仰	平、立向下、仰	平、立向下、仰	
	6G	平、横、立、仰	平、横、立、仰	平、横、立、仰	
	6GX	平、立向下、横、仰	平、立向下、横、仰	平、立向下、横、仰	

（续）

试件		适用焊件范围			
		对接焊缝位置		角焊缝位置	管板角接头焊件位置
形式	代号	板材和外径 $D>600mm$ 的管材	外径 $D\leqslant600mm$ 的管材		
管板角接头	2FG	—	—	平、横	2FG
	2FRG	—	—	平、横	2FRG、2FG
	4FG	—	—	平、横、仰	4FG、2FG
	5FG	—	—	平、横、立、仰	5FG、2FRG、2FG
	6FG	—	—	平、横、立、仰	所有位置

（6）焊接要素 焊接要素实际上是影响焊工焊接操作技能的工艺因素和条件。焊接要素的改变分两种情况：一是手工焊，只对钨极气体保护焊填充金属做了规定，即有焊丝、无焊丝、实心焊丝、药芯焊丝等四种情况时需重新考试；二是机械化焊，对钨极气体保护焊的自动稳压系统和其他焊接方法的自动跟踪系统及单道焊、多道焊做了重新考试的规定。

（7）衬垫 板材对接焊缝试件、管材对接焊缝试件和管板角接头试件，分为带衬垫和不带衬垫两种。试件和焊件的双面焊、角焊缝，焊件不要求焊透的对接焊缝和管板角接头，均视为带衬垫。手工焊焊工或者焊机操作采用不带衬垫对接焊缝试件和管板角接头试件，经焊接操作技能考试合格后，分别适用于带衬垫对接焊缝焊件和管板角接头焊件，反之不适用。

二、考试结果评定

1. 试件检验项目

焊工考试的目的是评定焊工焊接合格焊缝的能力。一般情况下，外观检验与射线照相是评定焊缝合格与否的主要方法。弯曲性能试验检查焊工执行焊接工艺规程情况，弯曲试件不合格可以判定该焊缝性能有问题，焊工执行工艺可能有问题。因此，有一些焊工考试标准中，考试评定主要有外观检查、射线照相及弯曲试验；而有些焊工考试中，考试评定主要是外观检查和射线照相。TSG Z6002—2010《特种设备焊接操作人员考核细则》规定如下：

1）所有试件都要进行外观检查。

2）板对接焊缝试件要做射线检测和弯曲试验，板厚小于10mm的试件做面弯、背弯各一个，板厚不小于10mm的试件做侧弯两个。

3）外径小于76mm的管材对接要做3个试件，3个试件都要进行射线检测，一个试件加工面弯、背弯各一个试样做弯曲试验；外径大于或等于76mm的管材对接试件要做射线检测，然后加工面弯、背弯试样各一个或侧弯试样两个进行试验。

4）管径小于76mm的管板角接头要焊2个试件做外观检查，从中抽一个做3个断面的宏观金相检验；管径不小于76mm的管板角接头只焊一个试件做外观检查，然后加工3个断面做宏观金相检验。

2. 合格标准

1）焊缝外观要求一般主要从焊缝余高、焊缝宽度、咬边、焊面凹坑、错口及变形等方面进行衡量，焊缝表面不得有裂纹、未熔合、夹渣、气孔和未焊透等。

2）试件的射线透照一般要求射线透照质量不应低于AB级，焊缝缺陷等级不低于Ⅱ级。

3）对接焊缝试件的弯曲应达到规定的角度，其拉伸面不得有任一单条长度大于3mm的裂纹或缺陷，试样的棱角开裂不计，但确因焊接缺陷引起试样棱角开裂的长度应计入评定。

三、焊工操作考试项目代号

焊工操作考试项目代号，应按每个焊工、每种焊接方法分别表示。

手工焊焊工操作考试项目表示方法为1）-2）-3）-4）/5）-6）-7），其含义如下：

1）焊接方法代号，耐蚀堆焊代号加（N与试件母材厚度）。

2）试件金属材料分类代号，试件为异类别金属材料用×／×表示。

3）试件形式代号，带衬垫代号加（K）。

4）试件焊缝金属厚度。

5）试件外径。

6）填充金属类别代号。

7）焊接工艺要素代号。考试项目中不出现某项时，则不填。

焊机操作工操作考试项目表示方法为1）-2）-3），其含义如下：

1）焊接方法代号，耐蚀堆焊代号加（N与试件母材厚度）。

2）试件形式代号，带衬垫代号加（K）。

3）焊接工艺要素代号。操作考试项目中不出现某项时，则不填。

第六章

焊接应力与变形

在石油化工、能源及各种机械设备的制造中，焊接技术得到了广泛的应用。焊接过程中产生的焊接应力和变形，不但引起工艺缺陷，而且将影响结构的承载能力，造成各类损伤与破坏，例如危害强度、刚度、受压稳定性、结构加工精度和尺寸稳定性，降低抵抗断裂、磨损和腐蚀的能力等。因此，了解焊接应力和变形，可以大大减少焊接应力与变形的危害。

第一节　焊接应力和变形的基本原理

一、焊接温度场和影响因素

1. 焊接温度场

焊接温度场是指在焊接热源的作用下，焊件每一点的温度分布的综合状况。可以将相同温度的各点连线形成等温线，不同温度的等温线综合起来，可形象地表示温度场。温度场沿热源移动方向等温线分布不对称于热源，热源前面温度场的等温线密集，温度梯度大，热源后面等温线稀疏，温度梯度小，也即温度下降较慢。

由于金属材料中热传播速度很快，焊接时必须利用高度集中的热源，且焊接时的温度场也是非常不均匀和不稳定的。构件的初始温度为室温，而焊接熔池中的局部最高温度可达金属的汽化温度。在这个温度范围内，熔池外的母材和填充金属均被熔化，热影响区各部位也会加热到不同温度，不均匀的温度分布使得焊接接头在加热冷却过程中产生了不同的应变和应力，不仅如此，在加热冷却过程中，金属还会发生显微组织的转变。温度场不仅直接通过热应变，而且还间接通过随金属状态和显微组织变化引起的相变、应变决定焊接残余应力。

2. 影响温度场的因素

（1）热源性质及焊接工艺的影响　热源的性质不同，温度场的分布也不同。热源的能量越集中，则加热面积越小，温度场中等温线（面）的分布越密集。不同的焊接热源，温度场分布不同。此外，同样的焊接热源，若焊接参数不同，温度场的分布也不同。在焊接参数中，热源功率和焊接速度的影响最大。当热源功率一定时，焊接速度增加，则等温线的范围变小，即温度场的宽度和长度都变小，但宽度减小得更大些，所以温度场的形状变得细长。当焊接速度一定时，随热源功率的增加，温度场的范围随之增大。

（2）材料热物理性质的影响　被焊金属材料的热导率、比热容、传热系数等对焊接温度场的影响较大。对于加热到某一温度以上的范围，热导率大小具有决定性影响，当热导率 λ 小时，很小的热输入 q_w 就足够用于焊接；当热导率 λ 大时，则需要较大的热输入 q_w。因此，奥氏体 CrNi 钢（λ 小）焊接时，可以用较小的热输入施加于单位长度焊缝上；而铝和铜（λ 大），需要较大的热输入。

另外，焊件的几何尺寸不同也会影响焊接温度场，焊件大小和厚度都会影响温度场分布。

二、温度对材料的物理及力学性能的影响

与焊接残余应力和变形分析有关的材料物理性能和力学性能，除已知的材料密度 ρ 以外，还有以下材料热力学性能特征值与温度有关：热膨胀系数 α、弹性模量 E、泊松比 γ、屈服极限 σ_s，这些力学性能参数随温度的变化而变化。

对于钢的屈服极限 σ_s，在 0~500℃时，金属材料的 σ_s 基本是一个常数；当温度升到 500℃以上时，σ_s 发生陡降；当温度达到 600℃时，金属处于塑性，σ_s 较小，接近 0。

金属在熔化温度时，体积发生显著膨胀，凝固时，体积收缩。当达到熔化或凝固温度时，由于屈服应力跌落至零，所以，仅就这一部分金属讲，一般对焊接残余应力的形成没有重要影响。

综上所述，由于焊接温度场比较复杂，受到多种因素的影响，且温度对材料的物理力学性能的影响复杂，因此，焊接残余应力及变形也是比较复杂的。

三、金属杆件在温度变化时产生的应力和变形

焊接是一个不均匀的加热过程，焊接接头部位加热和冷却时尺寸变化和组织变化各不相同，比较复杂。为了更好地理解焊接应力、变形的基本概念，现以一根金属杆件在加热、冷却过程中的四种状态来进行讨论。

1）金属杆件处于自由延伸-自由收缩状态，如图 6-1a 所示，钢棒被加热而自由延伸，在冷却时又自由收缩而恢复到原始长度，在整个过程中不存在延伸阻力和收缩阻力，因此在钢棒内不存在内应力也无尺寸变化。

2）金属杆件处于自由延伸-限制收缩状态，如图 6-1b 所示，钢棒被加热时自由延伸，而在冷却时其收缩却受到限制，这样冷却后在钢棒内将产生拉应力，当拉应力大于该材料的抗拉强度时，导致钢棒断裂。

3）金属杆件处于限制延伸-自由收缩状态，如图 6-1c 所示，钢棒受热时不能自由延伸而产生压应力；随着加热温度的提高，屈服极限随之下降，并导致"锻粗"，随之压应力下降。在冷却时对收缩没有限制，而"锻粗"部位又不能恢复原态，故钢棒将缩短，但不存在残余应力。

4）金属杆件处于限制延伸-限制收缩状态，如图 6-1d 所示，加热时钢棒的延伸受到限制，产生压应力；随着温度的增加，钢棒的屈服极限下降，直至产生"锻粗"，随之压应力减小。在冷却时，钢棒的收缩受到限制，导致在钢棒内产生拉应力（收缩应力）。

四、不均匀加热及焊接过程引起的应力和变形

假设有一块钢板，如图 6-2 所示，它是由许多可以自由伸缩的小板条组成的。若在钢板的一侧加热，由于是不均匀加热，距加热边越远的小板条受热温度越低。由于金属受热时的伸长量与温度成正比，因此，它们的伸长将相似于温度分布曲线的形状（图 6-2a 中的双点画线）。这是理论伸长曲线，但是事实上所假设的无数小板条是互相结合、互相牵制的，因此，温度高、伸长量大的板条要受到温度低、伸长量小的板条压缩；而温度低、伸长量小的板条要受到温度高、伸长量大的板条的拉伸。故实际上钢板加热时伸长的情况为图 6-2a 中实线所示。这种不均匀加热温度超过某一值时，在实际的变形中就有塑性变形。

钢板在冷却时，互相牵制的小板条都在收缩，其中原来温度高的小板条被"压缩"的伸长量大，因此，在冷却时的收缩也较大，其余部分逐次减小（图 6-2b 中的虚线）。这是理论收缩曲线，但是事实上所假设的无数小板条是互相结合、互相牵制的，结果出现如图 6-2b 所示的实际变形情况。由于收缩在受拘束的状况下进行，所以钢板在冷却后，原来温度高的部分产生拉应力，温度低的部分产生压应力。事实上，上述单边加热的钢板，除了加热边的纵向缩短外，还会有弯曲变形的存在。

焊接应力和变形与上述不均匀温度场引起的应力和变形的基本规律是一致的，但是前者更为复杂，其复杂性首先表现在焊接时的温度变化范围，比前面分析的情况要大得多。在焊缝上最高温度可达到材料的沸点，而离开热源温度急剧下降直至室温。此外，金属在高温下性能和组织发生变化。

五、材料的物理和力学性能对焊接残余应力与变形的影响

材料因素对于焊接残余应力与焊接变形的影响，主要为熔化温度 T_m、热膨胀系数 α、弹性模量 E、屈服极限 σ_s，下面以它们来做出比较性评定，评定时先不考虑 α、E、σ_s 与温度的相关性。

熔化温度 T_m 对焊接残余应力和焊接变形的影响是同向的，即较高的熔化温度引起较高的应力和较大的

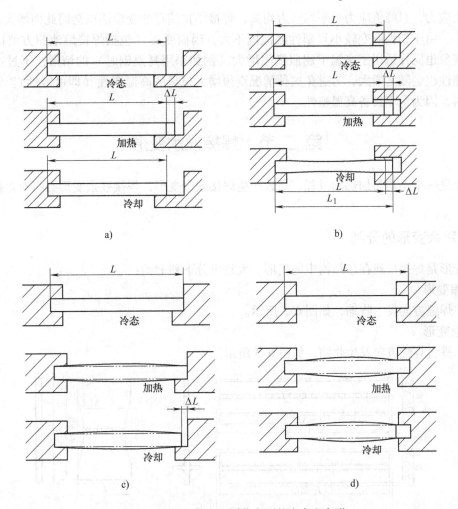

图 6-1 金属杆件在不同状态下的应力和变形

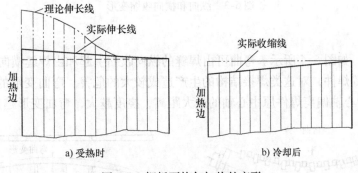

a) 受热时   b) 冷却后

图 6-2 钢板不均匀加热的变形

变形。单位容积熔化热对焊接残余应力与变形的影响也与熔化温度相同。就 T_m 而论，铝合金较能适应焊接，而钛合金的适应性则相对较差。

热膨胀系数 α 对焊接应力与变形也产生同向影响且特别明显，但在出现具有反向影响的相变应变时，其作用会受到一定限制。就 α 而论，钛合金较能适应焊接，而铝合金相对较差。

弹性模量 E（包括较少变化的泊松比 γ）增大时焊接残余应力随之增大，而焊接变形随之减小，不稳定现象（翘曲）尤其可因弹性模量较大而受到抑制。就此而论，焊接铝材时残余应力会较低，但变形较大；而焊接钢、钛和铜等则残余应力较高，变形较小。

屈服极限 σ_s（包括硬化系数）对焊接残余应力与焊接变形的影响与弹性模量相同。较高的屈服极限会引起较高的残余应力，且峰值应力与平均应力均高，焊接结构储存的变形能也会因此而增大，从而可能促使脆性断裂。此外，由于塑性应变较小且塑性区范围不大，因而变形（包括焊接熔池前方坡口面的位移）得以减小。上述现象也同样适用于高温下屈服极限增大（例如采用高温钢时）的情形，不过这种情况下高温产生裂纹的可能性也会随之增大，为避免这种情况则须增大材料的高温塑性（即可锻性）。铸铁不适合用作焊接结构材料，因为它不具备高温塑性。

第二节 焊接残余变形

焊接热过程是一个不均匀加热的过程，导致产生焊接残余变形，焊接残余变形必将对焊接结构的生产和使用产生影响。

一、焊接残余变形的分类

焊接残余变形是焊接后残存于结构中的变形，大致可分下列七类：

1. 纵向收缩变形

构件焊后在焊缝方向发生收缩，如图 6-3 所示。

2. 横向收缩变形

构件焊后在垂直焊缝方向发生收缩，如图 6-3 所示。

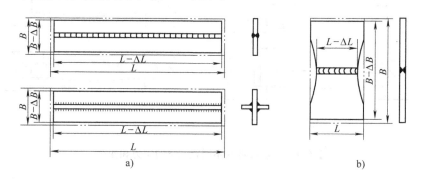

图 6-3　纵向和横向收缩变形

3. 弯曲变形

构件焊后发生弯曲，如图 6-4 所示。弯曲可由焊缝的纵向收缩引起和由焊缝横向收缩引起。弯曲变形常见于焊接梁、柱、管道等焊件，对这类焊接结构的生产造成较大的危害。弯曲变形的大小以挠度 f 的数值来度量，f 是焊后焊件的中心轴偏离焊件原中心轴的最大距离，挠度越大，弯曲变形越大。

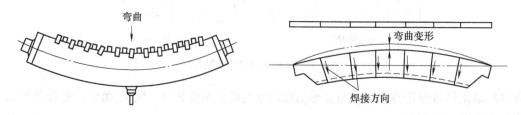

图 6-4　构件的弯曲变形

4. 角变形

焊后构件的平面围绕焊缝产生的角位移，常见的角变形如图 6-5 所示。当焊接（单面）较厚钢板时，由于在钢板厚度方向上的温度分布不均匀，温度高的一面受热膨胀较大，另一面膨胀小甚至不膨胀，导致焊接面膨胀受阻，出现较大的横向压缩塑性变形。这样，在冷却时就产生了在钢板厚度方向上收缩不均匀的现象，施焊的一面收缩大，另一面收缩小。这种在焊后由于焊缝的横向收缩使得两连接件间相对角度发生变化的变形称为角变形。角变形造成了构件平面的偏转。在堆焊、对接、搭接和T形接头的焊接时往往会产生角变形。

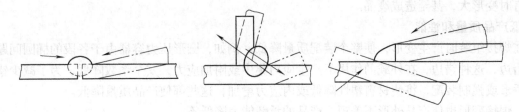

图 6-5　常见的角变形

5. 波浪变形

波浪变形如图 6-6 所示，容易在薄板焊接结构中产生。造成波浪变形的原因有两种：一种是由于薄板结构焊接时的纵向和横向的压应力使薄板失去稳定而造成波浪形的变形；另一种原因是角焊缝的横向收缩引起的角变形造成。

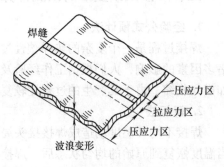

图 6-6　波浪变形

6. 错边变形

错边变形通常有长度方向与厚度方向的错边，如图 6-7 和图 6-8 所示。引起错边变形的主要原因有：装配不良；组成焊件的两零件在装夹时夹紧程度不一致；组成焊件的两零件的刚度不同或它们的热物理性质不同；以及电弧偏离坡口中心等。

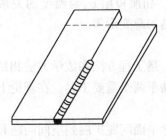

图 6-7　长度方向的错边

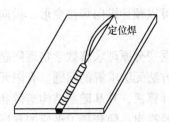

图 6-8　厚度方向的错边

7. 螺旋变形

焊后在结构上出现的扭曲，如图 6-9 所示。产生螺旋变形的原因很多：装配质量不好，即在装配之后焊接之前的焊件位置和尺寸不符合图样的要求；构件的零部件形状不正确，而强行装配；焊件在焊接时位置搁置不当；焊接顺序及方向不当，造成整体焊缝在纵向和横向的应力和变形。

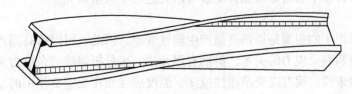

图 6-9　螺旋变形

上述几种类型的变形，在焊接结构生产中往往并不是单独出现的，而是同时出现、互相影响的。

二、焊接变形的危害

焊接变形是焊接结构生产中经常出现的问题，焊接变形对产品的制造和使用有以下几方面危害。

1. 增加制造成本，浪费工时

在生产中有时工件出现了变形，需要花许多工时去矫正，比较复杂的变形，矫正的工作量比焊接工作量还要大，有时变形大，甚至造成废品。

2. 降低产品质量和性能

部件在焊接组装时产生变形，使整个装配质量降低。例如，圆形压力容器由于各段的椭圆问题，组装环缝将出现错边，这种错边，在外载的作用下产生应力集中或附加应力，安全系数降低。为了减少错边，在装配时进行矫形或强制装配，将使材料塑性降低或内应力增加，这些都使产品质量降低。

当然，焊接变形也使产品外形不美观，产品的承载能力降低等。

三、焊接残余变形的预测计算

1. 经验公式预计法

焊接过程是一个复杂的热弹塑性过程，焊接应力和变形将受到焊接工艺、拘束条件、焊接构件的尺寸等诸多因素的影响，人们根据工作经验及大量的试验，总结出了各种不同条件下计算焊接变形的近似公式。比如横向收缩，由于其产生的过程比较复杂，不易详细计算，因此产生了许多关于横向收缩变形的经验公式。

2. 解析法

焊接不均匀温度场造成焊接接头局部区域的内应力达到材料的屈服极限，使该局部区域产生塑性变形；当温度恢复到原始的均匀状态后，焊接件就产生残余应力及变形。根据这些情况，利用热传导理论、热弹塑性理论、材料力学，对一些简单结构的焊接变形进行理论分析，得到了大量有关焊接变形和焊接应力的解析解。在这些预计焊接变形的解析方法中，往往有许多假设，例如构件平截面的假定，单轴应力的假定，线热源、面热源的假定。对于金属性能如温度膨胀系数、热导率、屈服极限 σ_s 与温度的关系，也进行了各种简化假设。用解析法可以预计纵向焊接变形、横向焊接变形、结构总变形等。

3. 有限元方法

有限元法是根据变分原理求解数学物理问题的数值方法，是工程方法和数学方法相结合的产物，可以求解许多过去用解析方法无法求解的问题。有限元法的发展借助于两个重要工具，在理论上采用矩阵方法，在实际计算中采用了计算机，其基础是结构离散和分布插值。

有限元方法一经提出，便获得了迅速的发展，由弹性力学平面问题扩展到空间问题和板壳问题，由平衡问题扩展到稳定问题和动力问题，由弹性问题扩展到弹塑性、黏弹性、热弹塑性问题，由固体力学扩展到流体力学、渗流、温度场、电场及其他场。

计算机向高参数、大容量的扩展以及有限元技术的发展，给焊接温度场、动态初应变过程及其随后产生的残余应力和残余变形的数值分析提供了广阔的前景。由于焊接过程是一个极其复杂的热弹塑性力学过程，材料的物理力学参数是温度的函数，其温度场、应力及应变之间的关系是非线性关系，所以必须用非线性理论进行分析计算。国内外许多学者对焊接热弹塑性有限元进行了大量研究。

4. 固有应变法

焊接残余应力和变形产生的根源是局部高温产生塑性变形，因此，可以将高温产生的压缩塑性应变作为一个参数，找出塑性应变和残余应力的关系，借助有限元法，来分析焊接残余应力及变形。这种压缩塑性应变称固有应变，对于焊接来说，固有应变是塑性应变、温度应变和相变应变作用的结果。焊接构件经过一次焊接热循环后，温度应变为零，所以，固有应变就是塑性应变与相变应变残余量之和。由于压缩塑性变形和相变都发生在焊缝及近焊缝区，因此，认为固有应变仅存在于焊缝及其附近。固有应变是产生焊接应力与变形的根源。

5. 相似分析法

对于一些大型复杂焊接结构，为了分析焊接组装所产生的残余应力及变形规律，往往采用缩小的模型进行试验。相反，对于一些几何尺寸很小的焊接结构，则要采用放大的模型分析其物理现象。跟数值模拟一样，这种物理模型可预计结构的焊接变形。

四、焊接残余变形的测量

1. 焊接过程中的测量

由前述明显可知，为了克服计算上的困难，理论模型和数值求解均包含了很大程度的简化，其方法只是使主要特征近似。因而，重要的是要通过试验来检查所做的简化，检查数学求解反映实际的程度。在很多情况下，由于要求的时间短，人们也更情愿进行试验测量而不采用计算，虽然这样获得的结果的推广价值和普遍意义较低。

要求测量的主要是在焊接接头的高温区，这是焊接时产生最大应变的部位。

高温区各点相对构件冷区或甚至构件外部参考点位移的测量已得到解决，并在各不同场合得到应用。图 6-10 给出了焊缝横向和纵向位移的测量情况，以及与平板和圆筒垂直的竖向位移的测量情况（内环随测量仪器转动）。测量仪器可以是机械的、光学的、电感的、电容的，或基于电阻作用等。

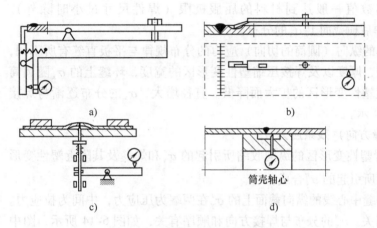

图 6-10　焊接过程中变形的测量

2. 焊接后的测量

实际上常采用长度和角度测量技术，不需要任何与焊接相关的特殊匹配，即可测量焊后冷却状态的变形，图 6-11 给出了应用实例。采用卷尺很容易确定横向和纵向收缩。对弯曲和角收缩的测量，可在测量板上用拉线的方法进行（由于线的下垂，测量要在水平面上进行），或对构件采用直角尺测量，如图 6-11a、b、c 所示。还可以连续测量挠度，以确定弯曲和角变形后构件的轮廓，如图 6-11d、e 所示。对于竖直延伸的构件，如柱、支座、缶壁，可用吊垂线的办法测量倾斜和偏差，吊线的重物要浸入液体中，以防止摆动，如图 6-11g 所示。

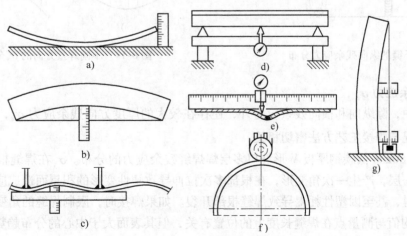

图 6-11　焊后变形的测量

第 三 节 焊接残余应力

一、焊接残余应力的分布

在厚度 δ 不大（$\delta < 20mm$）的常规焊接结构中，残余应力基本上是双轴的，厚度方向上的应力很小。只有在大厚度的焊接结构中，厚度方向的应力才较大。为了便于分析，把焊缝方向的残余应力称为纵向残余应力，用 σ_x 表示；垂直于焊缝方向的残余应力称为横向残余应力，用 σ_y 来表示；厚度方向的残余应力，用 σ_z 来表示。

1. 纵向残余应力 σ_x

低碳钢、普通低合金钢和奥氏体钢焊接结构中，焊缝及其附近的压缩塑性变形区内的 σ_x 为拉应力，其数值一般达到材料的屈服极限（焊件尺寸过小时除外）。图 6-12 所示为长板对焊后横截面上 σ_x 的分布。

圆筒环焊缝所引起的纵向（圆筒的切向）应力的分布规律与平板直缝有所不同，其数值取决于圆筒直径、厚度以及焊接压缩塑性变形区的宽度，环缝上的 σ_x 随圆筒直径的增大而增加，随塑性变形区的扩大而降低。直径增大，σ_x 的分布逐渐与焊接平板接近，如图 6-13 所示。

2. 横向（垂直焊缝方向）残余应力 σ_y

σ_y 由焊缝及其附近塑性变形区的纵向收缩所引起的 σ_y' 和焊缝及其附近塑性变形区横向收缩的不同时性所引起的 σ_y'' 合成。

平板对接时，沿焊缝中心线的纵向截面上的 σ_y' 在两端为压应力，中间为拉应力。σ_y' 的数值与板的尺寸有关。σ_y'' 的分布与焊接方向和顺序有关，如图 6-14 所示，图中箭头为焊接方向。σ_y 为 σ_y' 及 σ_y'' 两者的综合。图 6-15 所示为两块 $25mm \times 910mm \times 1000mm$ 板材焊接后的 σ_y 分布。双面埋弧焊与焊条电弧焊的 σ_y 分布基本相同。分段焊法的 σ_y 有多次正负反复，拉应力峰值往往高于焊条电弧焊的值。

图 6-12　长板对焊后横截面上 σ_x 的分布

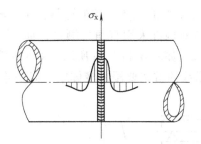

图 6-13　圆筒环缝的纵向残余应力分布

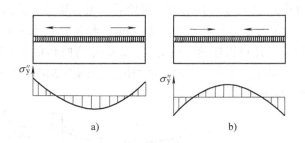

图 6-14　不同焊接方向的 σ_y'' 分布

3. 厚度方向残余应力 σ_z

厚板焊接接头中，除纵向和横向残余应力外，还存在较大的厚度方向残余应力 σ_z，它们在厚度上的分布不均匀，分布状况与焊接工艺方法密切相关。

图 6-16 所示为 80mm 低碳钢厚板 V 形坡口多层焊焊缝残余应力的分布。σ_y 在焊缝根部大大超过屈服极限，这是由于每焊一层，产生一次角变形，在根部多次拉伸导致塑性变形的积累而造成应变硬化，使应力不断上升所致，严重时，甚至因塑性耗竭导致焊缝根部开裂。如果焊接时，限制焊缝的角变形，则根部可能出现压应力。σ_y 的平均值与测量点在焊缝长度上的位置有关，但其表面大于中心的分布趋势是相似的。

4. 拘束状态下焊接残余应力

在生产中，构件往往是在受拘束的情况下焊接，如图 6-17 所示的一个金属框架，它的中心构件上有一

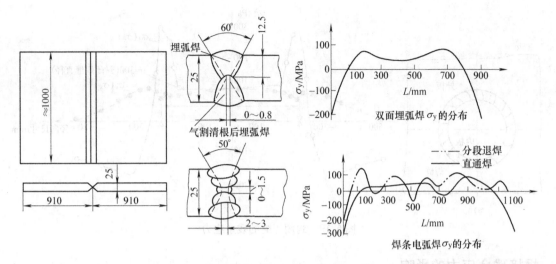

图 6-15　平板对接的 σ_y 分布

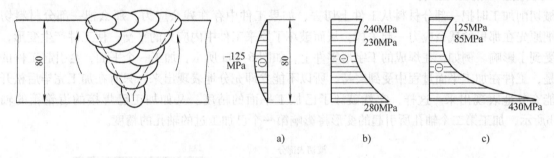

图 6-16　厚度方向残余应力的分布

条对接焊缝，这条焊缝的横向收缩受到框架的限制，在框架中心部分引起拉应力 σ_f，这种应力并不在该截面中平衡，而平衡于整个框架截面上，这种应力称为反作用内应力。除此以外，这条焊缝还引起与自由状态下焊接相似的横向内应力 σ_y。焊接接头的实际横向内应力应该是这两项内应力的综合。

5. 封闭焊缝引起的残余应力

在容器、船舶等板壳结构中，经常会遇到如图 6-18 所示的焊接接管、人孔接头和镶块之类的情况，这些环绕着接管、镶块等的焊缝构成一个封闭回路，称之为封闭焊缝。封闭焊缝是在较大拘束下焊接的，因此内应力比自由状态时大。

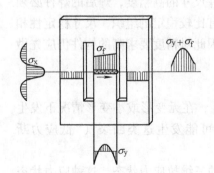

图 6-17　拘束状态下焊接残余应力

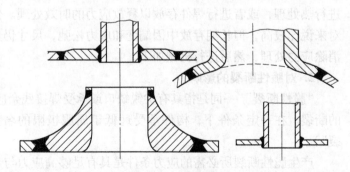

图 6-18　封闭焊缝实例

图 6-19a 所示为一个直径为 1m、厚度为 2mm 的圆盘，在其中心开孔焊接直径为 300mm 的镶块，其焊缝的残余应力分布情况如图 6-19b 所示，其中 σ_θ 为切向应力，σ_r 为径向应力。

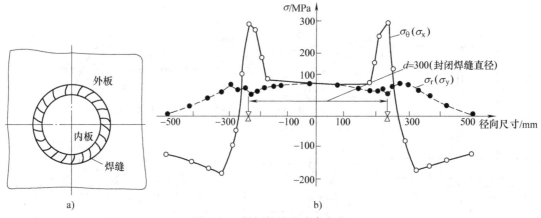

图 6-19　封闭焊缝的残余应力

二、焊接残余应力的影响

1. 对机械加工精度的影响

机械切削加工时把一部分材料从工件上切去，如果工件中存在残余应力，那么把一部分材料切去的同时，也把原先在那里的残余应力一起去掉，从而破坏了原来工件中内应力的平衡，使工件产生变形，加工精度也就受到了影响。例如，在焊成的丁字形零件上，如图 6-20a 所示，加工一个平面，会引起工件的挠曲变形。但是，工件在加工平面过程中受到夹持，所以不能立即充分地表现出来，只有在加工完毕后松开夹具时变形才能充分地表现出来。这样，它就破坏了已加工平面的精度。又如加工已焊接的齿轮箱的轴孔，如图 6-20b 所示，加工第二个轴孔所引起的变形将影响第一个已加工过的轴孔的精度。

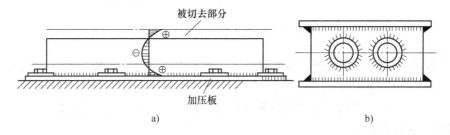

图 6-20　残余应力对加工精度的影响

保证加工精度的最彻底的办法，是先消除焊接内应力然后进行机械加工。焊接应力会在焊件长期存放过程中随时间变化而破坏已经加工完毕的工件尺寸的精度，所以为了保证构件尺寸的高精度，焊后的焊件必须进行热处理，或者进行焊件存放以释放应力的时效处理。低碳钢焊后虽具有比较稳定的组织，尺寸稳定性相对来说比较高，但长期存放中因蠕变和应力松弛，尺寸仍然有少量变化，因此对精度要求高的构件仍应先做消除应力处理，然后进行机械加工。

2. 对脆性断裂的影响

"脆性断裂"一词是指具有尖锐缺口或承受焊接残余应力的试样与构件，在无变形或小变形情况下发生的断裂。在一定条件下，构件承受远低于屈服极限的名义负载应力时也可能发生这类断裂（"低应力断裂"）。

产生脆性断裂所必需的应力条件是具有足够高应力与足够大作用范围的三维拉应力状态，这种应力状态可出现在裂纹与尖锐缺口处，在焊接冷却之后，以焊接残余应力的形式出现。

能发生脆性断裂的材料，其显微组织状况往往具有粗晶粒、淬硬、时效及含有扩散氢等因素，脆性断裂特别可能出现在焊接接头的热影响区中，从而在该区中的焊接残余应力的共同作用之下增大了发生脆性断裂的危险。焊缝纵向应力（对于环焊缝来说是周向应力）是特别有害的，它们会使本已因残余应力与负载应力的重新分布而（最差情况下）受到横裂纹预先损伤的淬硬区产生超限应力。

减小发生脆性断裂危险的设计、选材和工艺措施不少，其中减少焊接残余应力并从而降低构件的脆性转变温度，便是一项重要措施。相比之下，焊接变形对于脆性断裂的发生并无多大影响。

3. 对疲劳断裂的影响

"疲劳"一词是指构件在循环载荷作用下，在其塑性变形区内萌生裂纹，继而稳定扩展且最终失稳断裂这一现象。构件的疲劳强度主要取决于缺口处与横截面骤变处的应力集中情况、循环应力的幅值或范围等决定性因素，而静载平均应力或预应力的影响次之。静载平均应力或预应力可能因外载或残余应力而引起，并且同样会在缺口处与横截面骤变处增大。由外载产生的平均应力通常与载荷循环数无关，但残余应力却可能会因构件的一次性过载、循环载荷本身特点、蠕变与松弛以及裂纹的形成等而变化。一般来说，残余拉应力不利于疲劳强度。

4. 对腐蚀与磨损的影响

腐蚀是在环境介质作用下构件表面上发生的、导致原有材料表面剥蚀或开裂的破坏性化学反应或电解反应。构件表面若存在较高的拉应力，便可能引发应力腐蚀开裂，且开裂还会因氢扩散而加剧。因此，若有可能发生应力腐蚀开裂，则构件表面处的焊接残余拉应力便极具破坏性。在这种情况下应设法将其消除或转变成残余压应力。

磨损是构件表面的不良机械性磨耗，表现为材料表面的细小粒状剥落或残余变形。材料表面处的拉应力会加剧磨损，因此应设法消除可能发生磨损的表面处焊接残余拉应力。

5. 对杆件稳定性的影响

几何形状不稳定性是指杆、梁、板、壳等在低于屈服极限的名义负载应力作用下可能发生的弹性或弹塑性屈曲，即杆的弯曲、梁的扭转弯曲、板和壳的压曲与压曲后行为等。对于金属薄板来说，单由焊接残余应力便可能引发不稳定性。对于厚板以及杆、梁等，焊接残余应力会影响其临界载荷水平。

焊接构件的稳定性极限主要依靠设计措施来提高。此外，保证构件具有足够的制造精度也十分重要。特殊情况下设法降低残余应力也可能具有一定作用。

三、焊接残余应力的测量

1. 破坏性残余应力的测量

破坏性残余应力测量方法也称应力释放法，该方法应用最广，主要有切条法、套孔法、小孔法和逐层铣削法。

（1）切条法 将需要测定残余应力的构件先划分成几个区域，在各区的待测点上贴上应变片，然后测定它们的原始读数。在各测点间切出几个梳状切口，使内应力得以释放，再测出释放应力后各应变片的读数，求出应变量。

（2）套孔法 本方法采用套料钻孔法加工环形孔来释放应力，如果在环形孔内部预先贴上应变片或加工标距孔，则可测出释放后的应变量算出内应力。

（3）小孔法 本方法的原理是：在应力场中钻一小孔，应力的平衡受到破坏，则钻孔周围的应力将重新调整。测得孔附近的应变变化，就可以用弹性力学来推算出小孔处的应力。

（4）逐层铣削法 当具有内应力的物体被铣削一层后，该物体将产生一定的变形，根据变形量的大小，可以推算出被铣削层内的应力。这样逐层往下铣削，每铣削一层，测一次变形，根据每次铣削所得的变形差值，就可以算出各层在铣削前的内应力。

2. 非破坏性残余应力的测量

（1）X 射线法 残余应力或应变的非破坏性测量，可采用 X 射线法。X 射线对晶体晶格衍射并产生干涉现象，因而可求出晶格的面间距，根据面间距的改变以及与无应力状态的比较，可确定加载应力或残余应力。

X 射线残余应力测量的主要优点是不损伤工件，在焊接接头上应用的关键是表面测量要有最大可能的局部分辨率，特别是直接在焊缝附近的测量。

（2）中子衍射法　最近发展起来的另一种无损应力应变测量技术是中子衍射方法。中子是由原子核散射的，因此中子的穿透深度比 X 射线大得多，能测量构件内部的应力应变。

（3）电磁测量法　本方法是利用磁致伸缩效应来测定应力。铁磁物质的特点是：外加磁场强度发生变化时，物体将伸长或缩短。用一传感器与物体接触，形成一闭合磁路，当应力变化时，由于物体的伸缩引起磁路中磁通变化，并使传感器线圈的感应电流发生变化，由此可测出应力变化。

（4）超声波测量法　声弹性研究表明，没有应力作用时，超声波在各向同性的弹性体内传播速度的差异与主应力的大小有关。因此，如果能分别测得无应力和有应力作用时弹性体内横波和纵波传播速度的变化，就可以解得主应力。本方法测定焊接残余应力，不但是无损的，而且有可能用来测定三维的空间残余应力。

另外，还有通过测量硬度来了解残余应力相关信息等，例如拉应力使硬度成比例降低；还有利用激光散斑及小孔组合测量应力，该方法利用小孔应力释放、激光散斑测量应变，最后得到残余应力，优点是小孔较小，对结构影响小，能得到多个方向的应力及主应力。

第四节　减小焊接变形及应力的措施

一、预防控制焊接变形的措施

焊接残余变形可以从设计和工艺两方面解决。设计上如果考虑得比较周到，注意减少焊接变形，往往比单纯从工艺上来解决问题方便得多。为了减少焊接应力和变形，在构件的设计和工艺的制订中，设计人员和工艺人员都应考虑减少焊接应力和变形。

1. 设计措施

（1）选用合理的焊缝尺寸和形状　在保证结构强度的前提下，应尽可能做到：

1）焊缝长度尽可能短。

2）板厚尽可能最小。

3）焊脚尺寸尽可能小。

（2）尽可能减少焊缝数量或避免焊接

1）优先采用断续焊缝。

2）尽量少采用焊接结构。焊接必然会造成变形和收缩，因此，好的设计方法不仅要求焊接的次数最少，也要求熔敷金属量最少，在设计阶段通过使用成形板材或标准型材，如图 6-21 所示，焊接通常可以避免。如果有可能，设计时应规定尽量采用间断焊缝，而不采用连续焊，以减少焊接量。

3）复杂结构最好采用分部件组合焊。

（3）合理安排焊缝位置

1）焊缝应对称于构件截面的中心轴。

2）尽量避免焊缝密集与交叉。

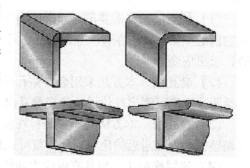

图 6-21　用型材替代焊缝

在设计时为了取得最小变形，选择焊接的位置和平衡焊缝很重要，一个焊缝越靠近工件的中心轴，收缩的力就越小，变形就越小，如图 6-22 所示。如果大多数焊缝的位置偏离中心轴，在焊接设计时可以在每一个焊缝的背面（相对于中心轴）设置另一条焊缝，这样，前一个焊缝所造成的收缩率，可以被第二个焊缝平衡，从而减少变形。如果条件允许焊接应该在正面和反面交替进行，对于大的构件，如果变形倾向于一面，可以采取某些措施降低总体变形，比如在另一面增加焊接量。

（4）结构选材的合理性

1）选用的材料应在相应的设计和制造情况下适于焊接。

2）材料在工作载荷下应能免于开裂、抵抗破坏和具有足够的变形能力。

3）从焊接应力和焊接变形角度来考虑焊接材料的基本参数。

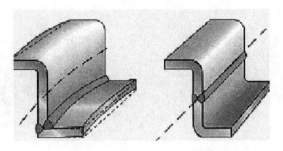

图 6-22　改变焊缝位置减少变形

2. 工艺措施

（1）反变形　焊前将焊件装配成具有与焊接变形方向相反的变形。反变形的大小以能抵消焊后变形为准，这种变形可以是弹性的、塑性的和弹塑性的。

图 6-23 所示为反变形的典型实例。反变形的大小和方向，应根据经验事先预测。在待焊工件装配过程中，造成与焊接残余变形大小相当、方向相反的预变形，使焊后残余变形与预变形相互抵消，焊件恢复到设计要求的几何形状。

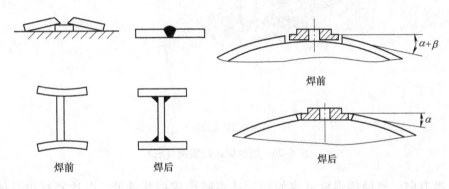

图 6-23　反变形的典型实例

（2）刚性固定法　刚性固定法的实质是在焊接时，将焊件固定在具有足够刚性的基础上，使焊件在焊接时不能移动，在焊接完全冷却以后再将焊件放开，这时焊件的变形要比在自由状态下焊接时所发生的变形小。图 6-24～图 6-26 所示为几种不同焊接结构采用刚性固定法的实例。该方法防止弯曲变形的效果不如反变形，但对角变形较有效。

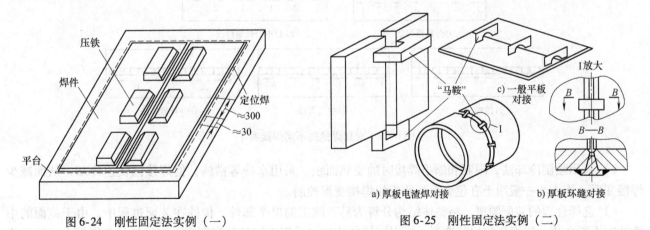

图 6-24　刚性固定法实例（一）　　　　图 6-25　刚性固定法实例（二）

（3）选择合理的焊接规范和装配顺序

1）采用合理的焊接参数，减小热输入，焊接过程中尽量采用小电流，快速焊接。

2）采用不同的焊接顺序：对于结构中的长焊缝，如果采用连续的直通焊，将会造成较大的变形，这除了焊接方向因素之外，焊缝受到长时间加热也是一个主要原因。在可能的情况下，可将直通焊改成分段焊，

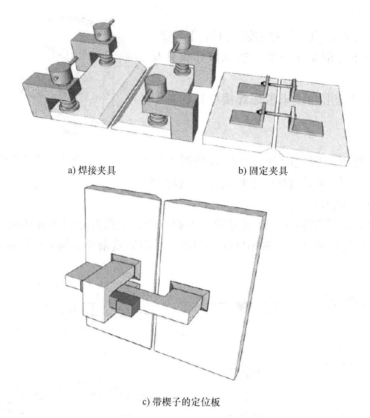

a) 焊接夹具　　　　　　　　b) 固定夹具

c) 带楔子的定位板

图 6-26　刚性固定法实例（三）

并适当地改变焊接方向，使局部焊缝造成的变形适当减小或相互抵消，以达到减少总体变形的目的。图 6-27 所示为对接焊缝采用不同焊接顺序的示意图，其中分段退焊法、分中分段退焊法、跳焊法和交替焊法常用于长度为 1m 以上的焊缝；长度为 0.5~1m 的焊缝可用分中对称焊法。交替焊法在实际上较少使用。退焊法和跳焊法的每段焊缝长度一般以 100~350mm 较为适宜。

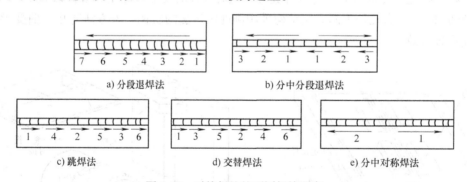

a) 分段退焊法　　　　　　　　b) 分中分段退焊法

c) 跳焊法　　　　　d) 交替焊法　　　　　e) 分中对称焊法

图 6-27　对接焊缝的不同焊接顺序

3）采用强制冷却法，限制和缩小焊接时的受热面积。采用水冷等措施，使焊接区快速冷却，从而减少焊接变形。该方法一般用于有色金属或薄板的焊接变形控制。

4）选择合理的装配顺序，将整体结构分解为易于施工的单个部件，构件在装配过程中，由于截面的中性轴在不断变化，因而影响焊接变形。所以同样的构件，采用不同的装配顺序，变形量的差别很大。通常将焊接件分成若干部分，分别装配焊接，并根据构件的实际形状，合理地安排装焊顺序。对于重要部件，还需要进行模拟试验。一般应遵循先焊对接焊缝后焊角焊缝，先焊短焊缝后焊长焊缝，先焊纵焊缝后焊环焊缝等原则。

二、焊接变形的矫正

1. 机械矫正法

利用外力使构件产生与焊接变形方向相反的塑性变形，使两者互相抵消。

除了采用压力机外，还可用锤击法来延展焊缝及其周围压缩塑性变形区域的金属，达到消除焊接变形的目的。这种方法比较简单，经常用来矫正不太厚的板结构。劳动强度大，表面质量不好，是锤击法的缺点。

2. 火焰矫正

火焰矫正是指用火焰对已变形构件上的点状、条形或楔形的狭窄有界区域加热至红热状态，使其产生局部热压缩，并在随后的冷却过程中相应收缩而消除变形的方法。若加热区布置得当，使其收缩能抵消焊接变形，则变形便可得以全部或部分消除。火焰矫正是一种与焊接加热及焊接冷却相似的温度-形变过程。实际中的收缩变形有时也可用堆焊焊缝来矫正。

火焰矫正主要用于处理金属薄板上的凹陷和梁与其他型材的弯曲收缩。金属薄板上的凹陷可用较小范围的点状加热或较大范围的圆形或椭圆形环状加热来消除，有时也可辅以在热态下进行锤击整平。已产生弯曲收缩变形的梁或型材可在型材外弯边上做纵向条形加热，或在垂直于弯曲变形的方向上做楔形加热来加以矫正。火焰矫正的优点是在引起变形的焊缝中不产生或仅产生轻微的附加冷应变。矫正后焊缝处的焊接残余应力状态保持不变。此方法还可用于无法采用机械方式进行形状修正的大型构件与结构。

要使火焰矫正取得预期的效果，其前提是要对局部界定的加热区快速而准确地加热到使其屈服极限可大大降低的温度（对低合金钢，这一温度为 $600 \sim 800℃$），这样，受热那一部分金属因周围未加热金属的限制而在其板平面内产生热压缩状态，并使板厚局部增大。而加热区的冷却则要缓慢进行，以便与周围区域的温度保持平衡。

三、控制焊接应力的措施

1. 设计措施

1）使用热输入小、能量集中的焊接方法。

2）尽量减少焊缝的数量和尺寸。

3）避免焊缝过分集中，焊缝间距应保持足够的距离。

4）采用刚性较小的接头形式。

5）在残余应力为拉应力的区域内，应该避免几何不连续性，以免内应力在该处进一步增高。

6）制订合理的消除应力热处理规范。

7）焊缝不要布置在高应力区及断面突变的地方，以免应力集中。

2. 工艺措施

（1）选择合理的焊接顺序和焊接方向

1）先焊收缩量较大的焊缝，使焊缝能较自由地收缩，如图6-28所示，应先焊1（对缝），后焊2（角缝）。

2）先焊错开的短焊缝，后焊直通长焊缝，如图6-29所示，使焊缝有较大的横向收缩余地。

3）先焊在工作时受力较大的焊缝，使内应力合理分布。如图6-30所示，工字梁为在接头两端留出一段翼缘角焊缝不焊，先焊受力最大的翼缘对接焊缝1，然后焊腹板对接焊缝2，最后焊翼缘预留的角焊缝3。这样，焊后可使翼缘的对接焊缝承受压应力，而腹板对接焊缝有一定的收缩余地，同时也有利于在焊接翼缘对接焊缝时采取反变形措施以防止产生角变形。

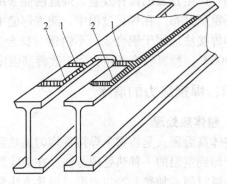

图 6-28 合理选择焊接顺序

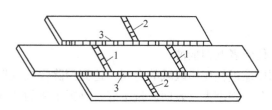

图6-29 拼板的焊接顺序

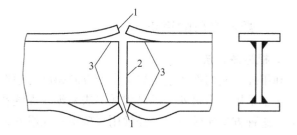

图6-30 工字梁的焊接顺序

（2）降低接头局部的拘束程度 焊接封闭焊缝时，由于周围板的拘束度较大，拘束应力与残余应力叠加，会使局部区域形成高应力区，从而产生裂纹。如图6-31所示的封闭焊缝，焊前采用反变形的措施，减小接头局部区域的拘束程度，可使焊缝冷却时较自由收缩，达到减小残余应力的目的。

（3）局部加热造成反变形 在焊接结构的适当部位加热使之伸长，此加热区的伸长带动焊接部位，使焊接部位产生一个与焊缝收缩方向相反的变形。在加热区冷却收缩时，焊缝就可能比较自由地

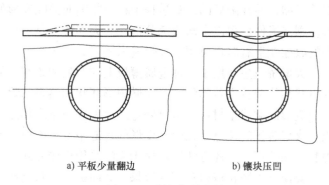

a) 平板少量翻边　　　　b) 镶块压凹

图6-31 封闭焊缝焊接

收缩，从而降低内应力。例如，图6-32a所示的大带轮或齿轮的某一轮辐需要焊接修理，为了减小内应力，在需焊修的轮辐两侧轮缘上加热，使轮辐向外产生变形，然后焊接轮辐；如图6-32b所示，带轮的轮缘需要焊修，焊缝在轮缘上，此时在焊缝两侧的轮辐上进行加热，使轮缘产生反变形，然后进行焊接维修，这样对降低焊接应力可起到良好的效果。此方法又称为"加热'减应力'法"。

（4）锤击焊缝 对于多层焊缝的中间各层或各焊道，在每一层或每一道，焊后立即使用带有圆弧面的锤子或风枪击打焊缝，使焊缝变形延展，从而降低焊接应力。锤击应均匀、用力适度，以焊缝产生塑性变形为宜，避免因锤击过分产生裂纹。锤击法是工程中较为常用的工艺措施，既节约能源、提高效率，又能在焊缝区表面形成一定深度的压应力，有利于提高结构的疲劳寿命。

（5）低应力无变形焊接方法 该方法用于薄板件的焊接。在焊缝区加铜垫板对焊缝进行冷却，焊缝的两侧有加热元件对近缝区加热，形成一个预置

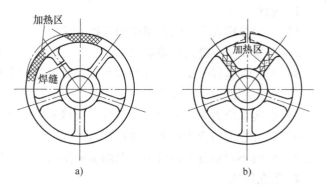

图6-32 局部加热减应力

温度场，产生预置的拉伸效应，焊缝两侧采用固定装置固定。预置温度场可以在焊缝中形成压应力，使残余应力场重新分布。在焊接过程中，随着焊缝中拉应力水平的降低，焊缝两侧的压应力水平也在降低。低应力无变形焊接法适用于铝合金、不锈钢、钛合金等。预置温度场的温度因材料和结构的不同而不同，一般为100～300℃。预置温度场还有利于改善高强度铝合金等材料焊接接头的性能。

四、焊接应力的消除

1. 整体热处理

整体高温回火是将整个焊接件均匀加热到某一合适的温度，然后在该温度下保温预定的时间，最后使其均匀冷却到室温的一种热处理方法。在消除焊接残余应力的热处理中，影响热处理效果的主要因素有回火温度、保温时间、加热和冷却速度、加热方法和加热范围的大小。对于同一种材料，回火温度越高、时间越长，应力也就消除得越彻底。应当注意的是，有的焊接件不适宜高温回火，高温回火会损害其力学性能。

热处理温度根据材质不同、供货状态不同来确定。对于碳钢和低合金钢，热处理温度一般为 580 ~ 680℃，热处理时间按焊件的厚度确定。实践证明，整体热处理可以消除 80% ~ 90% 的残余应力。

整体热处理一般是将焊件整体放在加热炉中加热，加热炉可以是电炉也可以是燃气炉。整体热处理要保证足够的加热宽度，可采用工频感应加热、红外线加热、火焰加热等方法。

2. 局部热处理

本方法只对焊缝及其附近的局部区域进行加热，其消除应力的效果不如整体热处理。本方法多用于比较简单的、拘束较小的焊接接头，如长的圆筒容器、管道接头、长构件的对接接头等。

局部热处理可采用气体、红外线、间接电阻或工频感应加热等。

3. 温差拉伸法

温差拉伸法也称低温消除应力法，即伴随焊缝两侧加热随后急冷。这种方法一般用于焊缝比较规则、焊缝厚度不大于 40mm 的焊件上。

在锅炉和压力容器制造中，经常采用整体或局部热处理的方法消除焊接应力。由于温差拉伸法的工艺较复杂，使用有局限性，所以应用较少。

4. 锤击碾压法

锤击碾压法一般用于中厚板焊接应力的调整。具体方法是，用圆头小锤敲击多层焊道的中间层焊道，使其发生双向塑性延展，以减小焊接应力。

5. 振动法

本方法利用由偏心轮和变速马达组成的激振器，使结构发生共振所产生的循环应力来降低内应力，其效果取决于激振器和构件支点的位置、激振频率和时间。本方法所用设备简单价廉、处理费用低、时间短，也没有高温回火时金属表面氧化的问题。

6. 爆炸法

本方法是通过布置在焊缝及其附近的炸药带引爆，产生的冲击波与残余应力交互作用，使金属产生适量的塑性变形，残余应力因而得到松弛。根据构件厚度和材料的性能选定恰当的单位焊缝长度上的药量和布置方式，是取得良好消除效果的决定性因素。

7. 机械拉伸法

机械拉伸法通过对焊接构件进行加载，使焊接压缩塑性变形区得到拉伸，可减少由焊接引起的局部压缩塑性变形量，使内应力降低。

五、典型应用实例

1. $\phi 12m$ 大法兰焊接变形控制

$\phi 12m$ 的无槽大法兰在法兰的厚度方向（即法兰内径和外径之间）采用对称的双 U 形坡口，法兰的内径为 12000mm，外径为 12430mm，法兰高度 $h_2 = 180mm$，法兰高颈处高度 $h_1 = 250mm$，法兰的厚度 $\delta = 215mm$，法兰的材质为 06Cr19Ni10，分八瓣拼焊而成，法兰的截面如图 6-33 所示。焊缝包括法兰主体部分的焊缝和高颈部分的焊缝，法兰主体部分的焊缝由两名焊工内外对称焊接。

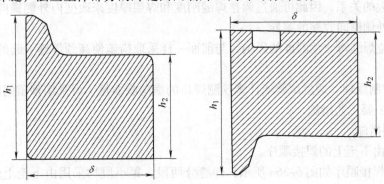

图 6-33 大型法兰的截面

（1）焊接变形分析

1）法兰平面度变化。横向收缩沿焊缝长度方向分布不均匀，对于法兰截面部分的焊缝，采用立焊直通焊时，横向收缩沿焊缝长度方向的差异，将会引起法兰平面度的变化，由于法兰每瓣弧长为4.6m，横向收缩在法兰上下面的微小差异，将引起法兰平面度较大的变化，图6-34所示为直通焊引起的法兰平面度变化示意图。

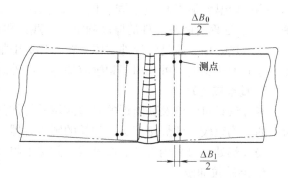

图6-34　直通焊引起的法兰平面度变化示意图

2）法兰圆度的变化。法兰的主截面焊缝是采用两人对称同时焊，各人的焊接习惯不同，焊层厚度也不同，内外侧不同的焊肉厚度将引起法兰内外侧的横向收缩不同，法兰内外侧横向收缩的差异将会引起法兰圆度变化，横向收缩内外侧上的微小差异，将引起法兰圆度的较大变化，图6-35所示为法兰内外侧横向收缩的差异引起的圆度变化示意图。

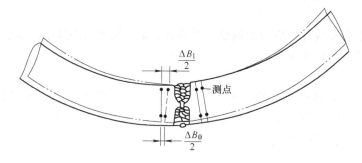

图6-35　法兰内外侧横向收缩的差异引起的圆度变化示意图

3）法兰周长的变化。构件焊接将引起法兰的横向收缩变形，整个ϕ12m法兰由八瓣拼焊而成，若每个焊口焊缝的横向收缩为4mm，则法兰的周长将缩短32mm，由此将引起法兰直径减小将近10mm。另外，法兰高颈部分的焊缝偏离焊缝中心轴，高颈部分焊缝的横向收缩将引起法兰上下端横向收缩不一致而导致法兰平面度的变化，高颈部分的焊接也将引起法兰圆度的变化。

（2）变形控制原理

1）平面度的控制原理。对于立向焊，常见焊接方法是由下至上直通焊，这种焊接方法横向收缩沿长度方向上的分布是不均匀的。横向收缩沿焊缝长度上的分布与焊接次序有较大的关系，改变焊接次序可改变横向收缩沿焊缝长度上的分布。因此，在控制平面度时，可采用反变形的控制思想，采用合适的焊接次序控制主体焊对法兰平面度的影响。法兰高颈部位的焊缝对法兰平面度的影响，可通过消除高颈焊缝引起的横向收缩来实现。

2）法兰圆度的控制原理。采取不对称的工艺措施来控制法兰圆度，考虑到焊缝的横向收缩与焊层厚度、焊缝的刚性有较大的关系，因此可通过调整焊缝刚度和焊层厚度来改变内外侧横向收缩，且在焊接前几层时控制调整法兰内外侧横向收缩的差异。

为了消除高颈部位焊缝对法兰圆度的影响，与前面一样采取措施使高颈焊缝引起的横向收缩尽量小，甚至为零。

3）法兰周长的控制原理。通过试验或计算预测焊口的横向收缩量，可采用预留间隙控制法兰的周长。

（3）变形控制的主要工艺措施

1）平面度的控制措施。

① 直通焊：采用由下至上的焊接顺序。

② 分两段退焊：焊接顺序如图6-36a所示，焊缝分两段，每小段均采用由下至上焊接，先焊上部段1，再焊下部段2。

③ 分三段退焊：焊接顺序如图6-36b所示，焊缝分三段，焊接过程中先焊上部段1，再焊中间段2，最

后焊下部段 3。

④ 分段跳焊：焊接顺序如　图 6-36c 所示，焊缝分三段，先焊中部段 1，再焊下部段 3，最后焊上部段 2。

⑤ 上薄下厚：由下至上焊接，上端的焊层薄，下端的焊层厚，厚度由下至上逐渐过渡。

⑥ 加短段焊：在焊接过程中，在下端加一短段，如图 6-36d 所示。

⑦ 锤击：锤击处理可使锤击区域产生塑性延长。

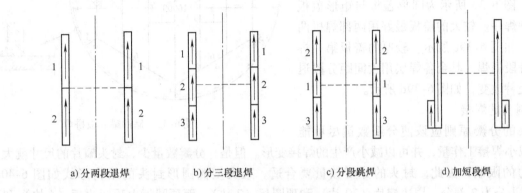

a) 分两段退焊　　　b) 分三段退焊　　　c) 分段跳焊　　　d) 加短段焊

图 6-36　焊接工艺示意图

2）圆度的控制措施。

① 调整两侧焊层厚度：若内侧的收缩量小，则内侧焊加厚；反之，外侧焊加厚。

② 一侧单加焊层：对于较大的变形可通过一侧单加焊层的方式来对内外侧横向收缩量加以控制。

3）周长的控制措施。通过试验得出每一焊缝的横向收缩量，用预留间隙控制每一焊口的周长方向的变化。

采用上述控制措施，成功地完成了 ϕ12m 大法兰组装焊接，如图 6-37 所示 ϕ12m 大法兰现场组焊。

图 6-37　ϕ12m 大法兰现场组焊

2. 储油罐底板拼焊

图 6-38 所示为储油罐焊接底板所需板材的形状、布置及焊接顺序。横向焊缝需最先焊接。6 块边板均具有径向焊缝（坡口），该焊缝先只熔敷一半，直至壳体对底板的角焊缝完成之后再行焊满。边板需厚于内板，以便减轻其翘曲并补强壳体接边。

3. 盖板焊接

盖板焊接中，盖板尺寸、形状的加工精确与否及焊接顺序是否合理至关重要。盖板用以封闭构件上装配孔、因修改设计而出现的开孔或为去除不良材质所留下的切口，故通常做插入式或覆盖式搭接。覆盖式搭接盖板不存在焊接残余应力与焊接变形问题，但具有疲劳强度较低、易于引发间隙腐蚀及破坏构件表面的圆顺平滑等缺点。相反，对于插入嵌平式盖板，若需控制残余应力与变形，则要对焊接顺序做精细安排。安排焊序的基本原则是将盖板周长一分为二，各自采用分段退焊，顺次完成，这样便可保证第一半周焊缝的横向收缩相对来说不受拘束，不致妨碍盖板扭转。在另一半周焊缝上定位焊点的撕裂表明其横向收缩情况。图 6-39 所示为圆形盖板与矩形盖板焊接时的合理焊序。较大的盖板最好用两部焊机两人同时焊接，如图 6-39c 所示。较厚的盖板第一焊层用短间距分段退焊，其余各焊层用大间距分段退焊，但方向交替改变，如图 6-39d 所示。

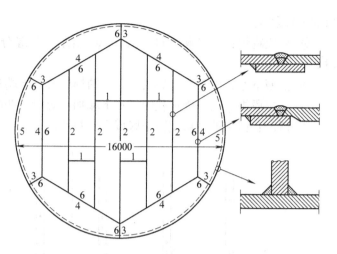

图 6-38　储油罐底板拼焊

4. 大型封头的焊接

大型封头的分瓣原则应该使分瓣数量尽可能少，这样可减小焊接工作量，并可以减小产生的焊接变形。但是，分瓣数量少，封头瓣片的尺寸就大，又将受到加工能力的限制，因此，封头的分瓣数量要合适。某大型椭圆形封头的结构形式如图 6-40 所示，ϕ12000mm 封头分为 2 部分，周边瓣片（20 片）和顶圆板（7 块），而顶圆板由顶圆边板（4 块）和顶圆中板（3 块）组成，封头长半轴为 6m，短半轴为 3m。

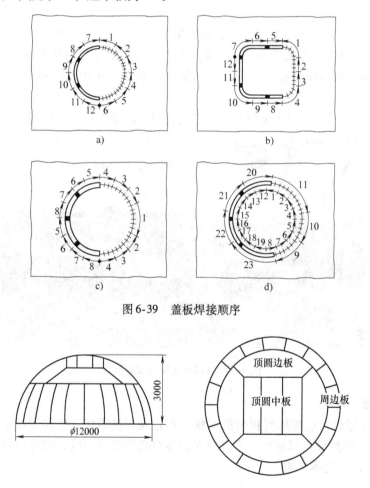

图 6-39　盖板焊接顺序

图 6-40　ϕ12000mm 封头的分瓣结构形式

对于大型封头，为了保证椭圆度及工程质量，制订了如下装配工艺及焊接顺序：在专用平台上，用夹具进行整体装配，焊接采用先分部件焊接，再逐步拼焊成整体，即：①点固并焊接周边瓣片、顶圆中板、顶圆边板；②拼焊顶圆中板、顶圆边板；③拼焊周边瓣组合件与顶圆板。

封头周边瓣片的焊接：各周边瓣片点固焊后，由10名焊工均布对称施焊，每名焊工焊相邻的两条焊缝，两条焊缝交替施焊，在内、外侧焊时前3层均采用分段跳焊和分段退焊，其余层采用直通焊。

封头顶圆板的焊接：先组对焊接顶圆边板缝1~缝4和顶圆中板缝6、缝7，其次焊接缝5、缝8~缝10，如图6-41所示。

顶圆板焊完后，再与周边瓣组焊。装配点固好后，由10名焊工对称焊，先焊外侧焊缝，焊完3层后，清根着色检查确认无缺陷，再焊内侧焊缝。内、外侧前几层均采用分段跳焊、分段退焊，分段焊焊缝长度为400~500mm。

上述工艺措施成功用于φ12m大型封头拼焊，图6-42所示为组装完成的φ12m大型法兰封头现场。

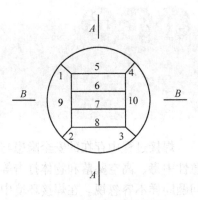

图6-41 顶圆板焊缝编号

图6-42 组焊完成的φ12m大型法兰封头现场

焊接安全与保护

焊接过程中存在的安全隐患与焊接方法的关系密切，主要的焊接安全隐患有火灾、爆炸、触电、灼烫、急性中毒、高空坠落和物体打击等，虽然焊接相关人员暴露于这些危险环境中的时间可能短暂，但有关安全问题同样不容忽视。在焊接环境中可能存在的物理有害因素有：明弧焊时的弧光、高频电磁波、热辐射、噪声和射线等；可能存在的化学有害因素有焊接烟尘和有害气体等。因此，必须正确地使用防护眼镜、安全帽、防护服或针对某一特定场合所需的防护器械等。

气焊、气割的主要危险因素有火灾和爆炸。触电则是利用电能转变为热能的各种焊接方法共同具有的主要危险，电阻焊时还存在机械损伤的危险。在各种特殊作业环境下还有其特有的危险，如登高焊割作业具有高空坠落的危险等。

安全在所有的焊接、切割以及与之相关工作中非常重要，这里主要讨论焊接所遇到的危险以及减少人员伤害和财产损失的方法。

第一节 焊接易发事故的原因及安全措施

一、电弧焊的触电事故

1. 电弧焊时发生触电事故的原因

电弧焊操作是接触带电体的操作，如移动和调节焊接设备及其他器具（焊钳、电缆等）、调换焊条，有时还要站在焊件上操作。电弧焊机的空载电压较高，大多超过安全电压。国产焊条电弧焊焊机空载电压为 $50 \sim 90V$，等离子弧焊接与切割电源的电压为 $300 \sim 450V$，电子束焊焊机电压高达 $80 \sim 150kV$，故需采取特殊防护措施。国产焊接电源的输入为电压 220V/380V、频率 50Hz 的工频交流电，大大超过安全电压。

（1）电弧焊接时的触电事故分类

1）直接电击，为触及电弧焊设备正常运行的带电体、接线柱等，或靠近高压电网及电气设备所发生的触电事故。

2）间接电击，为触及意外带电体所发生的电击，意外带电体是指正常时不带电，由于绝缘损坏或电器线路发生故障而意外带电的导体，如漏电的焊机外壳、绝缘破损的电缆等。

（2）电弧焊时发生直接电击事故的原因

1）操作时，手或身体某部位接触到焊条、电极、焊钳或焊枪的带电部分，而脚或身体其他部位对地和金属结构之间又无绝缘防护，特别是在金属容器、管道或锅炉内，或在阴雨天、潮湿地以及身上大量出汗时，容易发生这种电击事故。

2）在接线或调节电弧焊设备时，手或身体某部位碰到接线柱、极板等带电体而触电。

3）在登高焊接时，触及或靠近高压电网引起的触电事故。

（3）电弧焊时发生间接触电事故的原因

1）人体触及漏电的电焊机。造成焊机漏电的原因是：焊机受潮使绝缘损坏；焊机长期超负荷运行或短路发热使绝缘损坏；焊机安装的地点和方法不符合安全要求；焊机遭受振动、撞击，振动或撞击后使线圈或引线的绝缘造成机械损伤，并且破损的线圈或导线与铁心和外壳相连。

2）焊机的保护接地或保护接零（中线）系统不牢。将电器设备的金属外壳接地或接到电路系统的中性

152

点上叫作保护接地或保护接零。如果电器的绝缘损坏，使金属外壳带电，而保护接地或保护接零又不牢靠，则人体接触到带电外壳时，不能使流经人体的电流减少到安全范围或及时使保险装置动作切断电源，失去保护作用，从而使人体触电。

3）接线错误。误将弧焊变压器的二次绕组接到电网上去，或将采用220V的弧焊变压器接到380V电源上，手或身体某一部分触及二次回路或裸导体而造成触电。

4）绝缘损坏。弧焊变压器的一次绕组与二次绕组之间的绝缘损坏，使初级电压直接加在次级上，手或身体触及二次回路或裸导体而发生触电。

操作时触及绝缘破损的电缆、胶木闸盒、破损的开关等造成触电。

5）用金属物体代替焊接电缆。由于利用厂房的金属结构、管道、轨道、行车、吊钩或其他金属物搭接作为焊接回路而发生触电。

2. 防止焊工发生触电事故的安全措施

（1）隔离防护　弧焊设备应有良好的隔离防护装置，避免人与带电导体接触。焊机的接线端应在防护罩内。弧焊机的电源线应设置在靠墙壁不易接触处，且电源线长一般不应超过3m。各弧焊机与设备之间及弧焊机与墙之间，至少应留1m宽的通道。

（2）良好的绝缘　弧焊设备和线路带电导体对地、对外壳之间，或相与相、线与线之间，都必须有良好的符合标准的绝缘，绝缘电阻不得小于1MΩ。

为防止电焊机绝缘破坏，应做到：

1）电弧焊机应在规定的电压下使用，弧焊机的供电线路上应接有合乎规定的熔断保险装置。

2）使用弧焊机时，工作电流不得超过相应负载持续率规定的许用电流，弧焊机运行时的温升不得超过额定温升。

3）弧焊机电源和控制箱应保持清洁。

4）防止弧焊机受潮、受振动和碰撞。

5）注意保护弧焊机及手把、软线的绝缘，使之不受损伤。

（3）安装自动断电装置　在弧焊机上安装自动断电装置，使焊机引弧时电源开关自动合闸，停止焊接时电源开关自动跳开，以保证焊工在更换焊条时避免触电。

（4）加强个人防护　焊工应穿戴符合标准的工作服、绝缘手套和鞋等。更换焊条或焊丝时，必须使用手套，手套应保持干燥、绝缘可靠。在潮湿环境操作时，应使用绝缘橡胶衬垫。特别在夏天炎热的天气，身体出汗后工作服潮湿，因此身体不得靠在焊件上。

（5）保护接地或保护接零系统要牢靠　保护接地或保护接零要牢靠，以保证人体接触漏电设备的金属外壳时不发生触电事故。

1）保护接地。保护接地的作用在于用导线将弧焊机外壳与大地连接起来，当外壳漏电时，外壳对地形成一条良好的电流通路，当人体碰到外壳时，相对电压就大大降低，从而达到防止触电的目的。

2）保护接零。保护接零的作用是采用导线将弧焊机金属外壳与零线的干线相接，一旦电气设备绝缘损坏而外壳带电时，绝缘破坏的这一相就与零线短路，产生的强大电流使该相熔丝熔断，切断该相电源，外壳带电现象立刻终止，从而达到人身设备安全的目的。这种安全装置叫作保护接零。

二、电弧焊的火灾爆炸事故

电弧焊接是高温明火作业，焊接时会产生大量的火花和灼热的金属熔滴，操作不当易发生火灾或爆炸事故。

1. 电弧焊时产生火灾、爆炸事故的原因

1）作业附近有易燃、易爆物品或气体，焊接前未清理。焊接时，飞溅的火花、熔融金属与高温熔渣的颗粒引燃焊接处附近的易燃物或可燃气体而造成火灾。

2）高空作业时，火花、熔滴和熔渣飞溅所及范围内的易燃易爆物品未清理干净，特别在风大时尤为危险。

3）操作过程中乱扔焊条头，作业后未认真检查是否留有火种。

4）焊接电缆或电弧焊机本身的绝缘破坏而发生短路后引起火灾。

5）焊接未清洗过的油罐、油桶、带有气压的锅炉和储气筒及带压附件，会造成火灾、爆炸事故。

6）在有易燃气体的房间内及含有一定浓度的粉尘（硫黄粉、木粉、煤粉、镁粉等）场所焊接时，会引发火灾和爆炸。

7）弧焊机超载使用，焊工未按照负载持续率使用弧焊机，当使用的焊接电流及焊接时间超过负载持续率时，会引发火灾和爆炸。

8）接触电阻过大。由于接触部位（如导线间连接，或导线与接线柱的连接）表面粗糙不平、有氧化皮或连接不牢造成局部接触电阻过大而过热，可使导线的金属芯变色甚至熔化，引起燃烧。

9）焊机接地回路导线乱接乱搭，由于接触不良，电阻热增大，使易燃物起火；或搭接在可燃气体、液体的管道上而造成火灾。

2. 电弧焊时防止火灾、爆炸事故的安全措施

1）焊接处10m以内不得有可燃、易燃物，工作地点通道宽度应大于1m。

2）现场作业时，应注意作业环境的地沟、下水道内有无可燃液体和可燃气体，以及是否有可能泄漏到地沟和下水道内的可燃易爆物质，以免由于飞溅的火花、熔滴及熔渣引起火灾、爆炸事故。

3）高空作业时，禁止乱扔焊条头，对作业下方应进行隔离。作业完毕时应认真细致地检查，确认无火灾隐患后方可离开现场。

4）严禁焊接带压的管道、容器及设备。

5）焊接作业处应把乙炔发生器（或乙炔瓶）和氧气瓶安置在10m以外。

6）储放易燃易爆物的容器未经彻底清洗严禁焊接。

7）焊接管道、容器时，必须把孔盖、阀门打开。

8）焊接设备等的绝缘应保持完好。

9）严禁将易燃易爆管道作为焊接回路使用。

10）油漆室、喷油室、油库、中心乙炔站、氧气站内严禁电弧焊作业。

11）化工设备的保温层，有的是采用沥青胶合木、玻璃纤维、泡沫塑料等易燃物品，焊接前应将距操作处1.5m范围内的保温层拆除干净，并用遮挡板隔离，以防飞溅火花落到易燃保温层上。

12）电弧焊工作结束后要立即拉闸断电，并认真检查，特别是有易燃易爆物或填有可燃物隔热层的场所，一定要彻底检查，将火星熄灭，待焊件冷却并确认没有焦味和烟气后，方可离开工作场所。着火并不都是在焊接后立即发生，有可能要经过一段时间才燃烧，切不可大意。

三、电弧焊的其他事故

1. 灼伤

在焊接火焰或电弧高温作用下，焊接过程中的熔渣飞溅、弧光辐射，都有可能造成灼伤事故。焊接现场的调查情况表明，灼伤是焊接操作者容易发生的常见事故。

2. 急性中毒

焊接过程会产生一些有害气体，如一氧化碳；碱性焊条会产生氟化氢气体；焊接有色金属铜、铝时会产生有害的金属蒸气。当作业环境狭小，如在锅炉里、密闭容器里、船舱和矮小车间而门窗又关闭等通风不良的条件下作业，有害气体和金属蒸气的浓度较高，有可能引起急性中毒事故。在检修焊补盛装有毒物质的容器管道时，也有可能发生这类事故。

3. 高处坠落

登高焊割作业，如高层建筑、桥梁、石油化工设备的安装检修等，有可能发生高处坠落伤亡事故。

4. 物体打击

移动或翻转笨重焊件，在金属结构或机器设备底下的仰焊操作或立体作业等，有可能发生压、挤、砸等机械性伤害。

第二节 焊接的危害及防护

一、电弧辐射及防护

1. 电弧辐射的危害

焊接电弧是一种很强的光源，会产生强烈的弧光辐射，这种辐射对人体能造成伤害。当其辐射到人体上，被体内组织吸收，会引起组织的热作用、光化作用或电离作用，致使人体组织发生急性或慢性损伤。

焊接方法的不同，产生的紫外线强度不同，焊条电弧焊、氩弧焊与等离子弧焊三种电弧的紫外线强度比较见表7-1。由表7-1可知，波长在290nm内的等离子弧焊，其紫外线强度最大，其次是氩弧焊，焊条电弧焊最小。

表7-1 几种焊接方法的紫外线相对强度

波长 $\lambda/(\times 10^{-10}\,\mathrm{m})$	紫外线相对强度		
	焊条电弧焊	氩弧焊	等离子弧焊
2000～2330	0.02	1.0	1.9
2330～2600	0.06	1.0	1.3
2600～2900	0.61	1.0	2.2
2900～3200	3.90	1.0	4.4
3200～3500	5.60	1.0	7.0
3500～4000	9.30	1.0	4.8

紫外线对人体主要造成皮肤和眼睛的伤害，这是由于光化学作用而引起的。皮肤受强烈紫外线作用时，可引起皮炎、弥漫性红斑，有时出现小水泡、渗出液和浮肿，有灼热感发痒。波长较短的，红斑的出现和消失较快，疼痛较重。作用强烈时伴随有全身症状、头痛头晕、易疲劳、发烧、神经兴奋、失眠等。

紫外线过度照射会引起眼睛的急性角膜炎称为电光性眼炎，有时甚至侵及虹膜和视网膜。这是明弧焊直接操作和辅助工人的一种特殊职业性眼病。强烈的紫外线短时间照射，眼睛即可致病，会出现两眼流泪、异物感、刺痛、眼睑红肿痉挛，并伴有头痛和视物模糊，一般经过治疗和护理，数日后即可恢复，不易造成永久性损伤。

焊接电弧的红外线对人体的危害主要是引起组织的热作用。波长较长的红外线可被皮肤表面吸收，使人产生热的感觉。在焊接过程中，眼部受到强烈的红外线辐射，立即感到强烈的灼伤和灼痛，发生闪光幻觉。长期接触红外线可能引起白内障，视力减退，严重时能导致失明，并且还会造成视网膜灼伤。

焊接电弧产生可见光线的强度，比肉眼正常承受的强度约大一万倍，被照射后引起眼睛疼痛，看不清物像。

2. 电弧辐射的防护

（1）在焊接作业区严禁直视电弧 操作者与辅助工都要有一定的防护措施，应配带有专用滤色玻璃的面罩或眼镜。面罩上的滤色玻璃（电焊护目镜片）应根据不同的焊接方法及同一焊接方法不同的电流，还有母材种类及厚薄等条件的差异选择不同的编号。护目镜的编号是按护目镜颜色深浅程度而定的，由浅到深排列。各种护目镜片推荐使用于不同的焊接电流、焊接方法，见表7-2。

表7-2 焊接滤光片推荐使用遮光号

遮光号	电弧焊接与切割
1.2	—
1.4	
1.7	防侧光与杂散光
2	

（续）

遮光号	电弧焊接与切割
2.5 3 4	辅助工种
5 6	30A 以下电弧焊作业
7 8	30 ~ 75A 电弧焊作业
9 10	75 ~ 200A 电弧焊作业
11 12 13	200 ~ 400A 电弧焊作业
14	500A 电弧焊作业
15 16	500A 以上气体保护焊

为防止面罩与滤色玻璃之间漏光，可在中间垫一层橡胶，同时在滤色玻璃外面可镶一块普通透明玻璃，避免金属飞溅而损坏滤色镜片。

（2）防护工作服　焊工用防护工作服，要求有隔热和屏蔽作用，以保护人体免受热辐射、弧光辐射和飞溅物等伤害。常用的为白帆布工作服或铝膜防护服，用防火阻燃织物制作的工作服也已开始应用。

（3）防护手套和工作鞋　电焊手套宜采用牛绒面革或猪绒面革制作，以保证绝缘性能好和耐热不易燃烧。

工作鞋应为具有耐热、不易燃、耐磨和防滑性能的绝缘鞋，现一般采用胶底翻毛皮鞋。新研制的焊工安全鞋具有防烧、防砸性能，绝缘性好和鞋底耐热性能好。

（4）工作场地应用围屏或挡板与周围隔离开　为保护焊接工地上其他人员的眼睛，一般在小件焊接的固定场所周围，装置围屏或挡板。围屏或挡板的材料最好使用耐火材料，如石棉板、玻璃纤维布、铁板等，并涂以深色，其高度约为 1.8m，屏底距地面留 250 ~ 300mm，以供空气流通。

（5）注意眼睛的适当休息　焊接时间较长、使用焊接参数较大时，应注意中间休息。如果已经出现电光性眼炎，应到医务部门治疗。

（6）照明　电焊场所必须有充分的照明，以便于焊接作业。

二、有害物质及防护

1. 有害物质的概念及分类

有害物质是指有害于健康的气态和颗粒状态的物质（包括气体、烟雾、灰尘等）的统称。在焊接及有关工艺过程中产生的有害物质，是一种可吸入的空气污染物质。当这些物质超过容许浓度时，就会危害人体健康，因此有必要对操作人员采取防护措施，以避免在工作环境中受到有害物质的损害，并寻求对工作场所状况的改善。

在焊接及有关工艺过程中产生的有害物质可从其存在的形式和影响两个方面分类：

（1）按存在形式分　由焊接及有关工艺过程产生的有害物质有气态和颗粒状态两种。颗粒状态物质以微小的固体颗粒弥散在空气中，可通过人的嘴、鼻进入体内，其尺寸可达或超过 $100\mu m$；进入呼吸系统的颗粒能渗入肺泡内，其尺寸可达 $10\mu m$。焊接产生的悬浮在空气中的颗粒非常小，其尺寸一般小于 $1\mu m$，因此是"可呼吸"的，称其为焊接烟雾。

（2）按影响分　根据焊接、切割及有关工艺过程产生的气态和颗粒状态的物质对人体不同器官的影响，可分为对肺产生作用的物质、有毒物质与致癌物质。

1）对肺产生作用的物质。铁的氧化物、铝的氧化物属于此类物质，长期吸入高浓度的烟尘会导致肺功能的抑制。

2）有毒物质。气态有毒物质有一氧化碳、氧化氮、二氧化氮、臭氧以及金属氧化物，还有以烟尘形式存在于空气中的铜、铅、锌等。当超过某一剂量时，会对人体产生有毒的影响。空气中高浓度的有毒物质可以造成非常严重的中毒甚至导致死亡。

3）致癌物质。镍、铬、镉、钴、铍及它们的化合物属此类物质，当这些物质的剂量增加，患癌症的可能性增大。

2. 有害物质的危害

有害物质进入人体的途径可以分为呼吸道、消化道、皮肤黏膜三方面，而最主要的途径是呼吸道。从呼吸道吸收的毒物，不仅经过肝脏接受解毒作用，还直接进入血液分布到全身，所以有害作用比较迅速。

（1）气态有害物质的危害

1）CO 是一种非常有害的无味的气体，在较高的浓度下，CO 与血球具有很大的亲和力，可阻碍血的载氧能力，结果使细胞组织缺氧。CO 被列为可再生的有毒物质。

当呼吸区的 CO 浓度达到 $150mL/m^3$ 时，就会产生眩晕、疲劳和头痛；达到 $700mL/m^3$ 时会导致昏厥、脉搏和呼吸率增加，最后失去知觉，呼吸停顿，心跳停止和死亡。

2）氮的氧化物，也称为氧化氮或亚硝酸气体。NO 是一种无色有毒气体；NO_2 是棕红色的有毒气体，其毒性比 NO 大得多，甚至在浓度相当低时仍是一种隐伏的刺激性气体。最初会感到空气中存在刺激物，呼吸困难，几小时后（一般为 4～12h）逐渐出现恶性症状，最后出现致命的肺水肿。

3）臭氧（O_3）。在高浓度下，O_3 是一种带有刺激性的强毒性气体，它对呼吸器官和眼睛有刺激作用，能引起喉咙刺激、呼吸困难并可能导致肺水肿。最新的研究结果未能排除 O_3 有潜在致癌的可能性，属于已有证据证明可能对人有诱导作用的物质。

4）光气（$COCl_2$）。当存在氯化氢（HCl）时，由于加热或氯化的碳氢化合物的去油污剂受到紫外线辐射，就会形成 $COCl_2$。这是一种带有霉烂味的极毒气体，起初 3～8h 出现轻微的症状，随后严重刺激呼吸道，最后导致肺水肿。

5）涂层材料产生的气体。

① HCN，也称氢氰酸，是一种带有苦杏仁味、非常弱、非常不稳定的酸，但它是作用最强、最快的毒气之一。类似于 CO，可以极大地阻碍 O_2 在血液中的输运。

② CH_2O，一种带辛辣味的无色气体，对黏膜具有强烈的刺激作用，能引起呼吸道的发炎并可能引起癌的诱变。

③ 甲苯基二异氰酸盐（TDI），对呼吸道有强烈的刺激作用，能产生像气喘病的症状，并可导致支气管气喘病发生的敏感性。

（2）颗粒状有害物质的危害

1）对肺产生压迫的物质。

① 铁的氧化物（FeO、Fe_2O_3、Fe_3O_4）被认为是无毒、无致癌作用的物质，但长期高浓度地吸入会导致烟尘在肺中的沉积，这种沉积已知为铁质沉积性肺尘病或铁质沉积病。如果停止接触，肺内的铁质沉积会渐渐消散。

② Al_2O_3 会导致烟尘在肺中的沉积，在某些情况下会发生铝土肺尘病。但它不像铁质沉积病那样可以渐渐消散，并对呼吸道产生刺激。

③ K_2O、Na_2O、TiO_2，由于它们会导致烟尘在肺中的沉积，被列入对肺产生压迫的物质。

2）有毒物质。

① 氧化锰（MnO_2、Mn_2O_3、Mn_3O_4、MnO）浓度高时对呼吸道有刺激作用并导致肺炎，长期接触能损害神经系统从而导致麻痹症。

② 氟化物（CaF_2、KF、NaF、其他）浓度高时对胃黏膜和呼吸道黏膜产生刺激，长期吸入氟化物较多量时，可观测到对骨骼的慢性损害。

③ 钡化合物（$BaCO_3$、BaF_2）在焊接烟雾中主要以水溶性形式存在，吸入后对人体有毒性。当可溶性钡超过一定值，不排除会有少量钡的积累。在某些情况下会导致人体组织缺钾。

④ 氧化铅可能导致血和神经的中毒。

⑤ 氧化铜、氧化锌金属烟雾的吸入可引起中毒性"发热"。

⑥ 五氧化钒有毒并对眼睛和呼吸道有刺激作用，当浓度高于一定值时会导致肺功能的损害。

3）致癌物质。

① 铬酸盐形式的六价铬化物和 CrO_3 对人体有致癌作用，特别是对呼吸器官，人体接触它有可能会得恶性肿瘤。六价铬化物对黏膜也有刺激和腐蚀作用。

② 镍的氧化物（NiO、NiO_2、Ni_2O_3）对呼吸道有致癌作用。

③ CdO 有强烈的刺激作用，类似于亚硝酸气体，可导致严重的肺水肿。通常轻微的症状出现以后，在 $20 \sim 30h$ 的一段时间里无症状发生。如果吸入了大量的 Cd，上呼吸道会出现变化，大约在 2 年以后，会发生肺水肿和类似风湿病的病痛。

④ BeO 通常有毒性，当吸入含有 Be 的烟雾和灰尘后，对上呼吸道产生严重的刺激作用，出现急性金属烟雾中毒性发热，可导致慢性呼吸道发炎。

⑤ CoO 的浓度较高时，不排除对呼吸器官的危害。

4）放射性物质。ThO_2 是放射性物质，吸入含有 ThO_2 的烟雾和灰尘，导致人体的内辐射。Th 沉积在骨骼内，产生对支气管和肺的辐射从而造成危害。

3. 有害物质的防护措施

对于有害物质的防护，可通过技术性防护措施与个人防护设备两方面来实施。

（1）技术性防护措施　为尽可能减少在工作环境下对焊工健康的危害，必须采取技术性防护措施（单一的或综合性的）。

1）低烟雾散发率工艺的选择。焊条电弧焊、活性气体保护焊（MAG）、熔化极惰性气体保护焊（MIG）与钨极惰性气体保护焊（TIG）相比较，TIG 焊产生的烟雾要少得多。为此，TIG 焊被称为低烟雾散发率的工艺。

埋弧焊的焊接过程是在焊剂层下进行的，仅有少量的有害物质散发出来，另外，操作人员一般离焊缝的距离较远。因此，在可行的场合，推荐使用埋弧焊代替其他的弧焊方法。

气体保护脉冲电弧焊比焊条电弧焊能减少 50% ~90% 的焊接烟雾散发率。

碳钢和低合金钢的激光切割比氧切割的散发率低，用带氮气的高压激光切割代替带氧的激光切割时，有害物质散发率低得多。对于相同的材料和相同的板厚，用高压激光切割时有害物质的散发率仅为一般激光切割的 1/10 左右。

在可能的场合，为降低有害物质散发率，应优先采用火焰喷涂代替电弧喷涂。

2）低散发率材料的选择。通过对焊接材料的仔细挑选，能减少在软钎焊和硬钎焊时产生的烟雾及相应的影响作用。对镍基钎焊合金和含镉钎焊合金的钎焊，要特别注意，因为 Cd 和 Ni 有致癌作用，所以要大力开展使用低毒钎料代替镍基钎焊合金和含镉钎焊合金的工作。

3）优化工作条件。通过选择有利的焊接参数，改善工作条件，能减少有害物质的产生以及在呼吸区的沉积。

选择有利的焊接参数对于尽量减少有害物质具有实质性的作用。

TIG 焊时采用含有其他氧化性化合物的无钍钨极，可以减少甚至消除含有放射性物质的烟雾和灰尘。

在激光熔覆时，可通过以下途径选择有利的激光熔覆参数，尽量减少有害物质：①对于一定的加工要求，对单位面积加入的粉末尽可能采用最小量；②在粉末选择的优化方面主要考虑颗粒尺寸的分布。

在激光切割时，有害物质能通过激光切割参数的优化而尽量减少，如较低的激光光束功率、短焦距透镜、低的切割压力。

工件的表面状态也能影响有害物质的产生。在进行有镀层的工件焊接与切割时，采取以下措施可以避免来自镀层额外的有害物质：①将镀层减少到 15～20μm；②将焊接区的镀层去除。将工件表面的污染物（如油、漆、残余的溶剂等）去除，也是改善工件的表面状态，减少有害物质的措施。

焊工的身体姿态与吸入有害物质的程度有关。焊工的工作位置与工件的位置应当是：焊接的位置与焊工头部的水平距离越远越好；焊接的位置与焊工头部的垂直距离越近越好。因为热气向上排放，使有害物质上升而确保远离焊工的呼吸区。

4）技术性安全装置。为减少有害物质的散发，需要使用专门的技术性安全设备。

①带气体关闭阀的割炬支架。在固定位置的氧乙炔操作台上，可以采用带自动气体关闭阀的割炬支架，以避免在操作停顿时产生大量的氮化气体。

②带水保护装置的等离子弧切割。带水帘的等离子弧切割时，通常有一个带水的切割台和带水射流的割炬，这时有害物质的散发可减少，但不能避免。

③水下等离子弧切割。目前，许多中、小工厂采用了水下等离子弧切割，这一方法相当可观地减少了有害物质的散发和噪声。在相同的应用条件下（板的厚度、材料类别），颗粒状悬浮粒子的散发率仅为一般切割方法的 1/500。气体的散发率，尤其是氮化气体（在等离子弧切割时用氩/氮/氢作为等离子气）能减少一半。

④在水面上的火焰及等离子弧切割。将待切割的板材放在切割缸的水面上，并在割炬周围安装一个轴流式排气管，以减少有害物质的散发。

⑤在密封舱中操作。若有自动化可能（操纵者在外面），热喷涂应在密封舱中进行。当前，在密封舱中进行等离子弧喷涂已是标准化的工作方式。

5）通风。

①自然通风。由于室内外的温差和风向形成的压力梯度使室内外的空气通过门、窗、房顶通风口等进行交换。自然通风仅仅用于有害物质的量较低的环境下（根据有害物质的类型、浓度确定）。

②强制通风。通过循环系统（如风扇、鼓风机等）进行室内外的空气交换，称为强制（机械的）通风。为了实现在厂房或室内有效的通风，必须考虑不同空气流动的模式，例如，焊接时，有害物质是从下到上的热流动方式，应使室内的空气从房间的上方（通常安装排风扇）排出，而使新鲜空气流入房间的下方。

6）抽风。在焊接过程中，工作现场的空气往往存在高浓度的有害物质甚至达到临界值，这时，抽风系统的使用是最有效的措施，其目的通常是截获、去除或分离有害物质。

为使抽风有效，关键是捕获器的安装，其位置的选择必须对应于焊接烟雾的热运动方向，并取决于工作的特定条件。一般来说，捕获器总是安装在距离有害物质产生最近的地方。对于可移动式捕获器，要根据焊工的要求正确定位。

对有害物质的分离，过滤系统有重要的作用。过滤系统的选择取决于有害物质的化学成分以及其他一些因素。

气体的分离，特别是有机组分，是很困难的，要根据具体情况（方法、材料）来确定。无论对再循环空气还是对环境的保护，为了有效地过滤有害物质，必须采用固定的或可移动的抽风系统。另外，各种机械式、静电式过滤系统均可采用。

实用的抽风设备一般分为固定式抽风设备和移动式抽风设备（带颗粒过滤）。

固定式抽风设备适用于在固定位置进行重复性焊接作业的场合，通过管道将所抽的空气直接排到外边。要根据具体情况将捕获器安装在指定位置，也可用软管引导。固定式抽风设备在实际应用中有不同的形式。通常切割台采取底部抽风，抽风的方向与有害物质热上升反向。另一抽风口可安放在操作台的上方或后方。装有抽风口的火焰切割或等离子弧切割系统分为若干段，并集中在各烟尘产生的区域。

移动式过滤-抽风设备适用于变化的工作地点及多种场合，这些设备与空气再循环系统一起工作，即收集并过滤空气然后进入工作区使用。对于含有致癌作用的有害物质的抽取，移动式过滤-抽风设备已在相应的工艺中成功应用。

（2）个人防护设备　个人防护设备指的是对焊工直接保护的设备，在许多场合，是技术性防护措施的必要补充。

1）焊工的手和脸的保护。带有过滤层的头盔和面罩用于电弧焊接时，可以对光辐射、热、火花以及某种程度上对有害物质进行防护。

2）对呼吸的保护设备。呼吸防护装置的使用仅仅是在紧急的条件下、当所有可能的技术措施都已采用后才是允许的，这是指仅用于短时间内和限定的空间，且含有致癌或有毒物质时，尽管已采取了技术性防护措施，但在焊工的呼吸区仍然存在有害物质导致实质性风险。

三、焊接热辐射、噪声、振动的防护

1. 高温热辐射防护

电弧是高温强辐射热源，焊接电弧可产生3000℃以上的高温。手工焊接时电弧总热量的20%左右散发在周围空间。电弧产生的强光和红外线还造成对焊工的强烈热辐射，红外线虽不能直接加热空气，但在被物体吸收后，辐射能转变为热能，使物体成为二次辐射热源。因此，焊接电弧是高温强辐射的热源。

焊接工作场所加强通风（机械通风或自然通风）是降温的重要措施，尤其是在容器或狭小的舱间进行焊割时，应向容器或舱内送风和排气，加强通风。

在夏天炎热季节更应加强通风，以降温防暑。另外，给焊工供给一定量的含盐清凉饮料，以补充人体内水分，也是一项防暑措施。

2. 噪声防护

焊接车间的噪声不得高于90dB（A），因此需要加以控制。

1）车间工艺设计中应采用低噪声工艺和设备，以减少噪声源。如采用热切割代替机械剪切；用坡口斜切机、电弧气刨、热切割坡口代替铲坡口；采用整流器、逆变电源代替旋转交流电焊机；采用先进工艺提高零件下料精度以减少组装锤击；用组装机械化装置代替手工操作等。

车间工艺设计中，应将高噪声工段与低噪声工段分开布置，高噪声设备宜集中布置，然后采取隔声措施。

工艺设计中的设备选用，应包括噪声控制装置，并考虑其安装和维修所需的空间。对设备的空气动力性噪声，应在进、排气管路上采取消声措施。

2）采取隔声措施。对分散布置的高噪声设备，宜采用隔声罩；对集中布置的高噪声设备，宜采用隔声间；对难以采用隔声罩或隔声间的某些高噪声设备，宜在声源附近或受声处设置隔声屏障。

3）采取吸声降噪措施，降低室内混响声。对声源较密、体形扁平的厂房宜安装吸声顶棚或悬挂空间吸声体；对长、宽、高尺寸相差不大的房间宜对顶棚、墙面做吸声处理；对集中在厂房局部的声源，可对声源所在区的顶棚、墙面做吸声处理或悬挂空间吸声体。

4）加强个人防护措施。个人防护用品有耳塞、耳罩及防噪声头盔等，其插入损失值为10~35dB（A）。

3. 振动防治

焊接车间应对压力机、风动工具、电动工具进行振动控制。压力机边的操作人员受全身振动影响，手持各种工具的操作人员受局部振动影响，设计时应按两种标准分别控制。

防治振动危害最根本的措施是改革工艺和设备。宜用无冲击工艺代替有冲击工艺；用热压法代替冷作业；用平衡良好的机器代替不平衡机器等。

对于某些对周围影响较大的振源，应采取隔振措施，隔振器可放在机器基础下面，也可放在设备底部。

第三节　常用焊接方法的安全操作技术

一、焊条电弧焊安全操作技术

1. 焊前的安全检查

1）焊接现场10m内不能有易燃易爆物品。

2）检查焊机设备和工具是否安全可靠，如：焊机外壳的接地和焊机各接线点接触是否良好，焊接电缆

的绝缘有无破损等。

3）焊机接地线应尽量采用较短的焊接电缆线。

4）合理、有效、正确使用劳动防护用品。

5）现场须配备适用的灭火器材。

2. 焊接时的安全技术

1）在室内或人多的场地焊接，应设防护屏，以免他人受弧光伤害。

2）推拉刀开关需要戴橡胶手套，同时头部偏斜，以防电火花灼伤脸部及眼睛。禁止在存在闭合回路时闭合电源，以及在有负载时切断电源。

3）搬动焊机、维修焊机、改换接线等操作应在切断电源后进行。

4）必须在额定负载持续率的范围内使用焊机，严禁超负载使用焊机。

5）六级以上大风和雨天禁止露天作业，工作时须防止由于潮湿或大量出汗而导致的空载电压触电事故。

6）加强焊接现场或容器内的通风措施，减少焊接烟尘对焊工的危害。

7）操作现场不应有与明火相抵触的工种同时工作，如木工、油漆工等。

8）焊接时应防止高温焊件、设备的保温层或残余的可燃气体引发的火灾爆炸事故，注意飞溅的散发范围，不乱扔焊条头。

9）在狭小的舱室、容器内焊接时，须防止焊工身体和焊件接触，应加强绝缘、通风措施。照明灯电压应小于36V，小舱室、容器外面应有人监护，配合焊接。

10）有压力或密封的管道、容器须打开孔盖泄压后才能焊接，严禁在有压力的容器、管道上进行焊接作业。

11）清渣时应戴防护眼镜。

3. 焊后清场

1）工作完毕应及时切断电源。

2）收好焊接电缆线，注意焊钳和回路导线接口的分离，防止焊钳和接口接触造成短路引发事故。

3）清理场地，检查现场是否留有发生火灾的隐患。

二、氩弧焊安全操作技术

1）熟知氩弧焊操作技术，工作前穿戴好劳动防护用品，检查焊接电源、控制系统的接地线是否可靠。将设备进行空载试运转，确认其电路、水路、气路畅通，以及设备正常时，方可进行作业。

2）在容器内部进行氩弧焊时，应戴静电防尘口罩及专门面罩，以减少吸入有害烟气，并设专人监护、配合。

3）氩弧焊会产生臭氧和氮氧化物等有害气体及金属粉尘，因此作业场地应加强自然通风，固定作业台可安装固定的通风装置。

4）氩弧焊时电弧的辐射强度比焊条电弧焊强得多，因此要加强防护措施。

5）采用交流电氩弧焊时，须接入高频引弧器，焊件要良好接地，接地点离工作场地越近越好。

6）登高作业时禁止使用带有高频振荡器的焊机。

7）大电流操作时焊炬采用水冷却，操作前应检查有无水路漏水现象，不得在漏水情况下操作。

8）若采用钍钨棒作为电极，会产生放射性，应有固定的钍钨棒专用贮存设备，在大量存放钍钨棒时放射剂量很大，故应存放在铅盒内。磨削钍钨棒时，砂轮机罩壳应有吸尘装置，操作人员应戴口罩。因此，应尽量采用无放射性的铈钨棒。

9）需要更换钍钨或铈钨极时，应先切断电源。磨削电极时应戴口罩、手套，并将专用工作服袖口扎紧，同时要正确使用专用砂轮机。

10）工作结束后要切断电源，关闭冷却水盒和气瓶阀门，认真检查现场，在确认安全后再离开作业现场。

11）使用氩气瓶应遵守《气瓶安全技术监察规程》的规定。

三、二氧化碳气体保护焊安全操作技术

1）CO_2 气体保护焊时电弧光辐射比焊条电弧焊强，因此应加强防护。

2）CO_2 气体保护焊时飞溅较大，尤其是粗丝焊接，会产生大颗粒飞溅，焊工应有必需的防护用具，防止人体灼伤。

3）在焊接电弧高温作用下，CO_2 气体会分解，生成对人体有害的一氧化碳气体，焊接时还会排出其他有害气体和烟尘，应加强防护。特别是在容器内施焊，更应加强通风，且容器外应有人监护。

4）CO_2 气体预热器所使用的电压不得高于 36V。

5）大电流粗丝 CO_2 气体保护焊时，应防止焊枪水冷系统漏水破坏绝缘，发生触电事故。

6）工作结束后立即切断电源和气源。

7）CO_2 气瓶内装有液态 CO_2，满瓶压力为 $0.5 \sim 0.7MPa$，但当受到外加的热源时，液态 CO_2 便迅速蒸发为气体，使瓶内压力升高。接受的热量越大，则压力增高越大，造成爆炸的危险性就越大。因此，CO_2 气瓶不能接近热源或在太阳下曝晒，使用时应遵守《气瓶安全技术监察规程》的规定。

四、埋弧焊安全操作技术

1）操作者应了解埋弧焊的工作原理及设备性能，掌握操作技术及有关附属设施的使用方法。

2）埋弧焊的小车轮子要有良好绝缘，导线应绝缘良好，工作过程中应理顺导线，防止扭转及被熔渣烧坏。

3）控制箱外壳的接线板罩壳必须盖好。

4）操作前，焊工应穿戴好个人防护用品，如绝缘鞋、橡胶手套、工作服等，注意检查焊机各部分导线的连接是否良好、可靠，焊接设备应有可靠的接地或接零保护线。自动焊车的轮子必须与工件绝缘。

5）在焊接过程中焊工应防止电弧从焊剂层下暴露出来，以免眼睛受到电弧光的辐射伤害。在敲除覆盖焊道的渣皮特别是清除角焊缝的焊渣时，为了防止崩起的渣屑损伤眼睛，焊工应戴上平光眼镜。

6）埋弧焊焊接时会产生一定数量的有害气体，若在通风不良的舱室或容器内工作，应使用灵活、轻便的通风设备；夜间工作或在自然采光条件不良的地点工作，应当装有足够照明的灯具。

7）所使用的设备、机具发生电气故障或机械故障时，应立即停机，通知专门的维修工进行修理，不要自行动手拆修。

8）在进行大直径外环缝埋弧焊时，应执行登高作业的有关规定。

9）工作结束，必须切断焊接电源。自动焊车要放在平稳的地方；半自动埋弧焊的手把应搁放妥当，特别要防止手把带电部位与其他物件碰靠造成短路、产生电弧及飞溅而伤人。

五、等离子弧焊接和切割安全操作技术

1）检查设备、工具是否完好，焊接电源正常后方可施焊。

2）工作时操作者应穿戴好保护用品，必须戴眼镜、穿绝缘鞋，地面应铺绝缘垫。

3）工作场地必须设置灭火器材，并悬挂安全标志。

4）设备送电后严禁触及带电部分，焊接（切割）之前打开通风设备，严禁用双手同时触及焊（割）枪的正极和负极。

5）操作中需要拔出钨极时，必须先切断电源。磨削钨极时，操作者必须戴手套、口罩操作。

6）使用气瓶必须遵守《气瓶安全技术监察规程》。

7）工作场地不得吸烟和饮食。

8）工作完毕后，先切断设备的电源，最后切断总电源。

六、电阻焊安全操作技术

1）工作前应仔细、全面地检查焊接设备，使冷却水系统、气路系统及电气系统处于正常的状态，并调整焊接参数使之符合工艺要求。

2）穿戴好个人防护用品，如工作帽、工作服、绝缘鞋及手套等，并调整绝缘胶垫或工作台装置。

3）起动焊机时应先打开冷却水阀门，以防焊机烧坏。

4）在操作过程中注意保持电极、变压器的冷却水畅通。

5）焊机绝缘必须良好，尤其是变压器一次侧电源线。

6）操作时应戴上防护眼镜，操作者的眼睛应避开火花飞溅的方向，以防灼伤眼睛。

7）在使用设备时不要用手触摸电极头球面，以免灼伤。

8）装卸工件要拿稳，双手应与电极保持一定的距离，手指不能置于两待焊焊件之间。工件堆放应稳妥、整齐，并留出通道。

9）工作结束后应关闭电源、气源、水源。

10）作业区附近不能有易燃、易爆物品；工作场所应通风良好，保持安全、清洁的环境。粉尘严重的封闭作业间，应有除尘设备。

11）机架和焊机的外壳必须有可靠的接地。

七、气焊和气割安全操作技术

1）严格遵守有关电石、乙炔发生器（或燃气瓶）、水封安全器、橡胶软管、气瓶、焊（割）炬等安全操作规程。

2）工作前或停工时间较长再工作时，必须检查所用设备，乙炔发生器、燃气瓶、氧气瓶及橡胶软管的接头、阀门应紧固牢靠，不能有松动、破损和漏气现象。

3）检查设备、附件及管路是否漏气时，只准用肥皂水试验，试验时周围不得有明火，不准吸烟，严禁用明火检查。

4）氧气瓶、燃气瓶（乙炔发生器）与明火的距离应保持在10m以上，如果条件受限制，也不得低于5m，并应采取隔离措施。

5）禁止用易产生火花的工具去开启氧气或燃气阀门。

6）设备管道冻结时，严禁用火烤或用工具敲击冻块，氧气阀门或管道要用40℃的温水溶化，乙炔发生器、回火防止器及管道可用热水或蒸汽加热解冻。

7）焊接场地应备有相应的消防灭火器材，露天作业时应有防止阳光直射在氧气瓶或燃气瓶（乙炔发生器）上的防护措施。

8）承压容器及其安全附件（压力表、安全阀）应按规定定期进行校验、检查。检查、调整压力器件及安全附件时，应取出电石筐，消除余气后才能进行检查。

9）工作完毕或离开工作现场前，应拧上气瓶的安全帽，收拾好现场，把气瓶或乙炔发生器放在指定地点，应将乙炔发生器卸压、放水，并取出电石筐。

第四节 常用焊接方法的有害物质

一、焊条电弧焊

1. 碳钢、低合金钢

该工艺产生大量的悬浮粒子，而由氧化氮造成的有害物质可能性较少，焊接烟雾的主要成分为 Fe_2O_3、SO_2、K_2O、MnO、Na_2O、TiO_2 和 Al_2O_3 等。

药皮的类型（低氢型、金红石型、纤维素型等）决定了这些组分在焊接烟雾中的不同比例。例如，金红石型药皮焊条的烟雾中，含有上面所述的组分，而碱性焊条的烟雾中却含有大量的 CaO 和氟化物。氟化物应被考虑为是另一种主要组分。

对于含铜的特种焊条，CuO 也是烟雾的另一种主要组分。

2. 铬镍钢

有的高合金焊条中，除了 Fe 以及来自药皮的物质之外，焊芯中 Cr 的质量分数可达 20%，Ni 的质量分数可达 30%。

当采用高合金焊条进行焊条电弧焊时，产生的焊接烟雾中铬化合物的质量分数可达 16%，而这些铬化物 90% 以上是以铬酸盐（六价铬化物）的形式存在，在大多数情况下这种铬酸盐属于致癌物质。

对采用上述材料的工艺过程，首要组分是"铬酸盐"，在碱性焊条的烟雾中所含的六价铬化物的比例要比金红石型焊条高得多。

对焊工健康影响最大的是高合金焊条电弧焊，因此，在作业现场应采取特殊的防护措施，例如在焊接烟雾的产生处抽除烟雾，并建议对焊工进行预防性的体检。

3. 镍及镍合金

在纯镍或镍基合金的焊条电弧焊时，首要组分是"氧化镍"，尽管焊接烟雾中氧化镍的质量分数最高只有 5%，但氧化镍归于致癌物质的第一类，在作业现场必须采取特殊的防护措施。

除了氧化镍，烟尘和可能存在的氧化铜也应是主要组分。

在平面堆焊中，当熔敷的焊缝金属含有钴时，必须重视氧化钴的影响。

二、钨极氩弧焊

在钨极氩弧焊时烟雾产生量减少，但促进了 O_3 的形成。在纯铝或铝硅合金焊接时，O_3 的浓度会特别高。在纯镍或镍基合金焊接时，氧化镍是主要组分。

钨极氩弧焊使用钍钨电极特别是在铝材焊接时，可能因吸入含氧化钍的烟雾而造成体内放射，因此，在施工场所必须提供有效的防护措施。

三、熔化极气体保护焊

1. 所用的保护气体对烟雾产生的影响

（1）CO_2 气体保护焊　碳钢和低合金钢的 CO_2 气体保护焊时，CO_2 的热分解生成了 CO，同时，焊接烟雾中还含有氧化铁。

（2）熔化极活性混合气体保护焊（MAG）　碳钢和低合金钢的活性混合气体保护焊时，混合气体以 CO_2 为主，那么肯定会有一定量的 CO 形成，同时，焊接烟雾中还含有氧化铁。

铬镍钢的活性混合气体保护焊时，焊接烟雾中的氧化镍应被考虑是另一种主要组分，尽管焊接烟雾中铬化物的质量分数可达 17%，而氧化镍的质量分数为 5%，但这些铬化物都以三价化合物的形式存在，不属于致癌物质。

（3）熔化极惰性气体保护焊（MIG）　在铝基材料的熔化极惰性气体保护焊（MIG）时，除了烟尘中总体以氧化铝形式存在的有害物质之外，应考虑由于紫外线辐射和材料的强烈反射而形成的 O_3。在多数情况下，MIG 产生的烟雾少于 MAG。

铝硅合金焊接时，O_3 的浓度会比焊纯铝时高，并且也比焊接铝镁合金时高。在镍或镍基合金的 MIG 中，氧化镍是一种重要的主要组分，由于填充材料中 Ni 的质量分数高，焊接烟雾中氧化镍的质量分数可达 30% ~87%。

含铜的镍基合金焊接时的烟尘总体散发率一般高于含其他合金元素（如 Cr、Co、Mo 等）的镍基合金，这时除了氧化镍之外，氧化铜应被考虑是另一种主要组分。

对于其他致癌物质，应采取防护措施。对臭氧浓度的检查也是必要的。

2. 焊丝的种类对烟雾产生的影响

用药芯焊丝进行 MAG 或 MIG 时，产生的烟雾比实心焊丝要大。而自保护药芯焊丝产生的烟雾，与使用保护气体的药芯焊丝相比要大得多。碳钢和低合金钢的熔化极活性气体保护焊时的烟尘总体散发率见表7-3。

表7-3 焊接烟尘散发率

填充材料	烟尘总体散发率/(mg/s)
实心焊丝	2 ~ 12
气保护药芯焊丝	6 ~ 54
自保护药芯焊丝	可达97

一般来说，药芯焊丝所含的组分与同类的药皮焊条是相似的。表7-4为不同填充金属除了烟尘总体以外的其他主要组分。

表7-4 焊接烟尘的主要组分

填充金属	主要成分
碱性气保护碳钢和低合金钢药芯焊丝	氟化物
高合金钢药芯焊丝	六价铬化物
自保护碳钢和低合金钢药芯焊丝	氟化物、钡化物

四、电阻焊

在正常操作及通风条件下，对不同材料进行电阻焊时产生的焊接烟雾浓度（因材料飞溅或金属氧化物蒸发）一般较小。在实际生产中，应尽可能避免对表面有油的钢板进行焊接，厚的油层会导致较高浓度的烟雾产生，其中含有不同比例的有机物质。在无飞溅焊接时，带油钢板产生的烟雾比无油钢板多30%。

与其他电阻焊工艺相比（如点焊），闪光对焊产生的烟雾量较大，通常需要在焊接现场排风。

五、等离子弧切割

等离子弧切割通常伴有悬浮粒子产生，散发的有害物质取决于所切割母材的化学成分、所选择的切割参数和所用的等离子气体。切割速度的增加会降低有害物质的散发率。在碳钢及低合金钢的切割过程中，"烟尘总体"是主要组分（以氧化铁为主）；在等离子弧切割铬-镍钢时，氧化镍和六价铬化物是主要组分。在等离子弧切割镍及镍基合金时，产生的烟雾中会含有高浓度的氧化镍。

若不采取保护措施，如安装排风装置等，工作现场的总尘量会超过限定值（6mg/m^3），而与材料的化学成分无关。如果材料中铬和镍的质量分数超过5%，对于六价铬化物和氧化镍也使用这一限定值。如果将压缩空气或氮气用作等离子气体，应考虑NO$_2$有可能成为主要组分。

六、钎焊

钎焊产生有害物质的量及其化学成分取决于所用的材料（钎料合金、钎剂）及其工艺参数（钎焊温度、保持时间）。硬钎焊合金中包括铜锌合金，其中也可能含有镍、锡、银和镉，所用的钎剂是硼酸、单纯或复合的氟化物、氧-氟化合物以及硼砂。硬钎焊过程产生的有害物质取决于钎焊合金和钎剂，例如有氧化镉、氧化铜、氧化锌、氧化银、氟化物、硼氧化物等，见表7-5。

表7-5 硬钎焊中的有害物质

母材	钎料	钎剂	有害物质
重金属	① 铜基钎焊合金 ② w(Ag)<20%的钎焊合金	① 加有单一或复合氟化物、磷酸盐、硅酸盐的硼化合物	氧化硼 硼-三氟化物 氧化物 氟化物
轻金属	③ w(Ag)≥20%的钎焊合金 ④ 铝基钎焊合金 ⑤ 镍基钎焊合金	② 以氯化物和氟化物为主的无硼焊剂 ③ 吸湿性氯化物和氟化物，以及非吸湿性氟化物	氧化铜 五价磷氧化物 氧化银 氧化锌

从职业健康角度考虑，硬钎焊过程烟雾中的镉化合物和氟化物危害最大。

七、气焊和气割

碳钢和低合金钢气焊时主要产生氮化气体（氧化氮），其主要组分是 NO_2，对于其他氧-燃料工艺，例如火焰加热和火焰矫正，会产生更多的氧化氮。

在工作现场的空气中，NO_2 的浓度随火焰长度的增加而增加，同样也随焊枪的尺寸及焊嘴与工件的距离增加而增加。

第五节　焊接用气体和气瓶的安全

用于焊接和切割的气体通常封装于气瓶中，在我国气瓶使用应符合 TSG R0006—2014《气瓶安全技术监察规程》和 TSG 08—2017《特种设备使用管理规则》等技术法规的规定。应按《气瓶安全技术监察规程》的规定对这些气瓶定期复检，超过规定复检期限的气瓶不得充气，严禁充装超期未检气瓶、改装气瓶、翻新气瓶和报废气瓶。气瓶充装单位应当按照 TSG R5001—2005《气瓶使用登记管理规则》的规定申请办理气瓶使用登记，气瓶充装单位应当按照 TSG R4001—2006《气瓶充装许可规则》的要求，取得气瓶充装许可资质，方可从事充装活动。气瓶充装单位应当在充装完毕验收合格的气瓶上牢固粘贴充装产品合格标签，标签上至少应注明充装单位名称和电话、气体名称、充装日期和充装人员代号。气瓶必须按 GB/T 7144—2016《气瓶颜色标志》的规定做标识，且标识必须清晰、不易去除。标识模糊不清的气瓶禁止使用。无标签的气瓶不准出充装单位。严禁向气瓶内混充易燃的气体，或彼此不能混合的气体，气体混装将会造成严重的爆炸事故。

一、气瓶使用

气瓶必须储存在不会遭受物理损坏或使气瓶内储存物的温度超过 40℃ 的地方。气瓶必须储放在远离电梯、楼梯或过道，不会被经过或倾倒的物体碰翻或损坏的指定地点。在储存时，气瓶必须稳固以免翻倒。气瓶在储存时必须与可燃物、易燃液体隔离，并且远离容易引燃的材料（诸如木材、纸张、包装材料、油脂等）至少 6m 以上，或用至少 1.6m 高的不可燃隔板隔离。

气瓶在使用时必须稳固竖立或装在专用车（架）或固定装置上。气瓶不得置于受阳光暴晒、热源辐射及可能受到电击的地方。气瓶必须距离实际焊接或切割作业点足够远（一般为 5m 以上），以免接触火花、热渣或火焰，否则必须提供耐火屏障。气瓶要避免与电动机车轨道、无轨电车电线等接触。气瓶必须远离散热器、管路系统、电路排线等，以及可能供接地（如电焊机）的物体。禁止用电极敲击气瓶，在气瓶上引弧。不允许把气瓶作为电路的一部分，严禁用电弧焊保护气体的气瓶接地。焊条桶、焊枪、电缆线、软管和工具不应堆放在气瓶上，以避免产生电弧或影响阀门的正常工作。严禁将气瓶作为工作支架或滚筒使用。应保护气瓶使其免受冲击、坠落物和恶劣天气的影响，任何没有保护、滥用都可能导致气瓶的损坏并引起严重后果。

搬运气瓶时应关紧气瓶阀，而且不得提拉气瓶上的阀门保护帽。用起重机运送气瓶时，应使用吊架或合适的台架，不得使用吊钩、钢索或电磁吸盘。应避免可能损伤瓶体、瓶阀或安全装置的剧烈碰撞。气瓶应配置手轮或专用扳手启闭瓶阀。气瓶在使用后不得放空，必须留有不小于 196kPa 表压的余气。当气瓶冻住时，不得在阀门或阀门保护帽下面用撬杠撬动气瓶松动，应使用 40℃ 以下的温水解冻。

将减压器接到气瓶阀门之前，阀门出口处首先必须用无油污的清洁布擦拭干净，然后快速打开阀门并立即关闭以便清除阀门上的灰尘或可能进入减压器的脏物。清理阀门时操作者应站在排出口的侧面，不得站在其前面。不得在其他焊接作业点、存在着火花、火焰（或可能引燃）的地点附近清理气瓶阀。

开启氧气瓶时，减压器安装在氧气瓶上之后，必须进行以下操作：①调节螺杆并打开顺流管路，排放减压器的气体；②调节螺杆并缓慢打开气瓶阀，以便在打开阀门前使减压器气瓶压力表的指针始终慢慢地向上移动，打开气瓶阀时，应站在瓶阀气体排出方向的侧面而不要站在其前面；③当压力表指针达到最高值后，阀门必须完全打开以防气体沿阀杆泄漏。

乙炔气瓶开启时，瓶阀应缓慢打开，严禁开至超过1.5圈，一般只开至3/4圈以内以便在紧急情况下迅速关闭气瓶。

如果发现燃气气瓶的瓶阀周围有泄漏，应关闭气瓶阀、拧紧密封螺母。当气瓶泄漏无法阻止时，应将燃气瓶移至室外，远离所有起火源，并做相应的警告通知。缓缓打开气瓶阀，逐渐释放内存的气体。有缺陷的气瓶或瓶阀应做适当标识，并送专业部门修理，经检验合格后方可重新使用。

气瓶泄漏导致的起火可通过关闭瓶阀，采用水、湿布、灭火器等手段予以熄灭。在气瓶起火无法通过上述手段熄灭的情况下，必须将该区域做疏散，并用大量水流浇湿气瓶，使其保持冷却。

所有与乙炔相接触的部件（包括仪表、管路、附件等）不得由铜、银以及铜（或银）含量超过70%的合金制成。氧气瓶、气瓶阀、接头、减压器、软管及设备必须与油、润滑脂及其他可燃物或爆炸物相隔离。严禁用沾有油污的手或带有油迹的手套去触碰氧气瓶或氧气设备。

严禁用氧气代替压缩空气使用。氧气严禁用于气动工具、油预热炉、起动内燃机、吹通管路、衣服及工件的除尘，为通风而加压或类似的应用。氧气喷流严禁喷至带油的表面、带油脂的衣服或进入燃油或其他储罐内。用于氧气的气瓶、设备、管线或仪器严禁用于其他气体。

用于焊接与切割的输送气体的软管，如氧气软管和乙炔软管，其结构、尺寸、工作压力、力学性能、颜色必须符合 GB/T 2550—2016《气体焊接设备　焊接、切割和类似作业用橡胶软管》的要求。软管接头则必须满足 GB/T 5107—2008《气焊设备　焊接、切割和相关工艺设备用软管接头》的要求。禁止使用泄漏、烧坏、磨损、老化或有其他缺陷的软管。

只有经过检验合格的减压器才允许使用。减压器的使用必须严格遵守 GB/T 7899—2006《焊接、切割及类似工艺用气瓶减压器》的有关规定。减压器只能用于设计规定的气体及压力。减压器的连接螺纹及接头必须保证减压器安装在气瓶阀或软管上之后连接良好、无任何泄漏。减压器在气瓶上应安装合理、牢固。采用螺纹连接时，应拧足五个螺扣以上；采用专门的夹具压紧时，装夹应平整牢固。从气瓶上拆卸减压器之前，必须将气瓶阀关闭并将减压器内的剩余气体释放干净。同时使用两种气体进行焊接或切割时，不同气瓶减压器的出口端都应装上各自的单向阀，以防止气流相互倒灌。当减压器需要修理时，维修工作必须由经相关主管部门考核认可的专业人员完成。

为了防止气瓶内部的压力超过安全限值，气瓶上设置了安全装置以释放气体。应只允许经过培训的人员调节气瓶上的压力释放装置。

在气体用量集中的场合可以采用汇流排供气，汇流排的设计、安装必须符合有关标准规程的要求。汇流排系统必须合理地设置回火保险器、气阀、逆止阀、减压器、滤清器、事故排放管等。安装在汇流排系统中的这些部件均应经过单件或组合件的检验认可，并证明符合汇流排系统的安全要求。气瓶汇流排的安装必须在对其结构和使用熟悉的人员监督下进行。乙炔气瓶和液化气气瓶必须在直立位置上汇流。与汇流排连接并供气的气瓶，其瓶内的压力应基本相等。

二、焊接用气体

1. 氧气

氧气不是可燃性气体，但有助于可燃性物质的燃烧。氧气可以引发燃烧并使燃烧急剧加速。因此，氧气瓶或液氧罐不应存放在可燃性物质或燃气瓶附近。氧气绝不能当压缩空气使用。比起含有体积分数为21%的氧气的空气，纯氧能更强烈地助燃。因此，氧气和空气不同。

油、油脂和易燃粉尘在接触氧气时可能会发生自燃现象。所有用氧设备及其器械都不应带有可燃物质。制造过程中未明确用于氧气环境的阀门、管道系统部件，在使用前必须进行清洗并取得批准后方可使用。严禁用油对氧气阀、氧气减压器和器件进行润滑。若要进行润滑，则润滑剂型号和使用方法必须按制造商的规定进行，否则，应将装置返还制造商或其授权代理处进行保养。

严禁用氧气驱动气动工具，因为这些工具通常用油润滑。同样地，严禁用氧气吹除工件和衣物中的污物，因为它们常常被油、油脂或可燃性粉尘污染。严禁用氧气进行狭窄空间的通风。富氧环境下衣物或头发着火会导致非常严重的烧伤。

2. 燃气

用于氧气焊接和气割的燃气通常为甲烷-乙炔、天然气、丙烷、丙烯，少数情况下会用氢气。

乙炔在气瓶中以溶解于丙酮的形式存在，因此它适于在压力下安全储存。自由状态下，切勿在大于103kPa的压力下使用乙炔气，因为高压状态下，处于游离状态的乙炔会猛烈地爆炸。切勿在使用中将乙炔和甲烷、丙烯等类似气体与银、汞或铜含量为70%或更高的合金材料接触，这些气体会和这些金属反应形成不稳定化合物，在受冲击或受热时引发爆炸。切记不要在靠近火源或在狭窄空间里清理燃气瓶的阀门出口。

所有的燃气设备在安装后都应仔细地进行致密性检查，以确认没有泄漏，并在随后经常性地定期检查，从而避免燃气起火。应检查燃气瓶是否泄漏，主要检查易熔塞、安全装置和阀门密封。焊接和切割过程中常见的着火，是由飞溅或火花点燃泄漏气体所引起的。燃气着火时，如果可行的话，控制火势的有效方法就是切断燃气阀门，这就是为何规定燃气阀门开启时的转动要小于一圈。如果不能切断就近的阀门来控制火情，则应将上游的阀门关闭以控制燃气的流动。

气瓶发生泄漏有时会引发火情。当失火时，火警报警器要发出警报声，由经过训练的消防人员来处理。靠近气瓶阀门和安全装置的小火应先灭掉。必要时，可采用关闭阀门，用水、湿衣服和灭火器灭火。如果无法阻止泄漏，则应在灭火后，由经过训练的消防人员将气瓶移动到室外安全的地方，并通知气瓶供应商。如果气瓶火势很大，应启动警报器，并将该区域的所有人员疏散，消防人员应采用大的消防水柱使气瓶湿润并保持冷却。通常情况下，较好的做法是让火继续燃烧以消耗掉已有的气体，而不是试图将火扑灭。如果将火熄灭，则泄漏的气体会再次点燃并有可能引发猛烈的爆炸。

3. 保护气体

氩气、氦气、二氧化碳和氮气是用作一些焊接方法的保护气体，这些气体都是无味和无色的气体，不能将含这类气体的容器置于狭窄空间，这些气体的气瓶如果泄漏，在狭窄空间里焊接用的保护气体就多了，而氧气的含量就少了。因此，当进入含有这类气体的狭窄空间前，必须进行很好的通风，如果对该空间中的氧气含量有怀疑，可首先用氧气分析仪测量一下该空间是否有足够的氧气浓度。如果手头没有氧气分析仪，则任何进入该空间的人都必须佩带有能够提供空气的呼吸器。

第八章

焊接缺陷及检验

第一节 焊接缺陷

焊接接头的不完整性称为焊接缺欠，主要有焊接裂纹、孔穴、固体夹杂、未熔合、未焊透、形状缺陷等。这些缺欠会减小焊缝截面面积，降低承载能力，产生应力集中，引起裂纹；降低疲劳强度，易引起焊件破裂导致脆断。其中危害最大的是焊接裂纹和未熔合。根据 GB/T 6417.1—2005《金属熔化焊接头缺欠分类及说明》，焊缝缺欠可根据其性质、特征分为 6 类：裂纹，孔穴，固体夹杂，未熔合及未焊透，形状和尺寸不良，其他缺陷。

一、裂纹

焊接裂纹是在应力作用下焊接接头中局部区域的金属原子结合遭到破坏而产生的缝隙，是焊件中最危险的不连续性。裂纹是线性缺陷，端部非常尖锐。在载荷作用下裂纹长大或扩展，造成结构的失效。焊接裂纹根据其部位、尺寸、形成原因和机理的不同，可以有不同的分类方法。按裂纹形成时的温度分，可分为热裂纹和冷裂纹。热裂纹是在高温下金属凝固时产生的，有沿晶界分布的特征。热裂纹通常多产生于焊缝金属内，但也可能形成在焊接熔合线附近的被焊金属（母材）内。在热裂纹的断裂面可以看到各种回火的颜色。冷裂纹是指在焊接接头冷却到较低温度时所产生的焊接裂纹，延迟裂纹和焊道下裂纹都属于冷裂纹。冷裂纹主要发生在碳钢、低合金高强钢、马氏体不锈钢的焊接热影响区，一些超高强度钢有时也出现在焊缝中。焊接冷裂纹主要分布在焊道下、焊缝根部、焊趾、焊缝表面，具有沿晶及穿晶断裂特征，断口明亮有金属光泽。

裂纹按它的方向相对于焊缝纵轴的方向来分，分为纵向裂纹和横向裂纹，与焊缝纵轴平行的裂纹为纵向裂纹，与焊缝纵轴垂直的裂纹为横向裂纹。纵向裂纹是由于焊接的横向收缩应力或是在役应力形成的。图 8-1 所示为纵向裂纹，裂纹可以在母材、焊缝金属、热影响区和熔合线上。横向裂纹通常是由于作用在低韧性焊缝或是母材上的焊接的纵向收缩应力造成的。图 8-2 所示为横向裂纹，裂纹可以在母材、焊缝金属和热影响区。

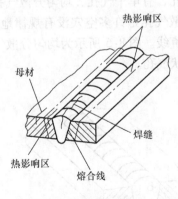

图 8-1　纵向裂纹

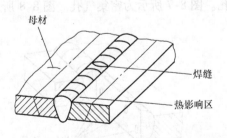

图 8-2　横向裂纹

按裂纹所在焊缝位置不同分为：焊缝厚度、根部、焊趾、弧坑、焊道下、热影响区和母材的裂纹。裂纹是穿过焊缝沿着焊缝厚度方向或者沿着最短路径扩展的，称为焊缝厚度裂纹，一般为纵向裂纹、热裂纹。根部焊道单薄或是内凹的角焊缝可能会产生焊缝厚度裂纹。焊根裂纹通常在焊缝根部或焊缝根部表面起裂，在焊接收缩应力作用下往焊缝或母材内扩展，通常被认为是热裂纹、纵向裂纹。通常由于接头装配或准备不当，如根部间隙过大，导致应力集中而产生焊根裂纹。焊趾裂纹是指从焊趾处扩展的母材裂纹，焊缝余高过高在焊趾处造成应力集中源，热影响区的组织性能差，在应力作用下引起焊趾裂纹。焊趾裂纹是冷裂纹，引起焊趾裂纹的应力既可以是焊接残余应力，也可能由外加载荷应力造成，特别是动载荷。焊道下裂纹是在靠近焊道的热影响区内所形成的焊接冷裂纹，裂纹在热影响区内紧邻熔合线，大部分裂纹与熔合线平行，有时也与熔合线垂直。焊道下裂纹也称为延迟裂纹，填充金属、母材、大气或是焊件表面的有机污物在电弧高温作用下分解产生氢，氢进入焊缝熔池或热影响区，当焊缝金属凝固时，金属溶解氢的能力大幅度下降，氢离子就会转移到热影响区，并在淬硬处集聚，单个的氢原子结合成为氢分子，陷落集聚的氢分子产生的内部压力导致出现焊道下裂纹。图8-3所示焊根裂纹、焊趾裂纹和焊道下裂纹。

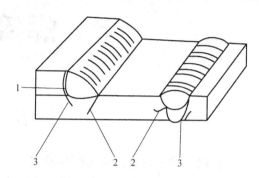

图8-3　焊根裂纹、焊趾裂纹和焊道下裂纹
1—焊道下裂纹　2—焊趾裂纹　3—焊根裂纹

　　在焊缝收弧弧坑处引起的裂纹称为弧坑裂纹。弧坑裂纹可以是单个的纵向或横向裂纹，或者从弧坑中心向周边放射的网状裂纹，如图8-4所示，焊工在收弧时没有完全填满焊缝熔池，在收弧处形成弧坑，在收缩应力作用下形成星状裂纹。弧坑裂纹是热裂纹，弧坑裂纹主要与焊工收弧时操作有关，但也可能与使用的填充金属有关，焊工必须充分填满弧坑以防止弧坑裂纹。

图8-4　弧坑裂纹

二、气孔

　　气孔是焊接中经常遇到的圆形缺陷，会降低焊缝金属的强度和韧性，特别是动载强度和疲劳强度。气孔还可能引起裂纹。焊缝中产生气孔的原因是高温时金属溶解了较多的气体，以及冶金反应产生的不溶于金属的气体，气体在焊缝凝固过程中来不及逸出产生气孔。气孔通常被认为是危害最小的不连续性，但气孔可能成为泄漏途径。气孔的类型很多，有表面气孔、焊缝内部气孔，有单个气孔、均匀分散气孔、密集气孔、线状气孔以及管状气孔，有贯穿整个焊缝断面的气孔。均匀分散气孔是许多空穴没有规律地发生于整个焊缝，密集气孔是许多气孔聚集在一起，线状气孔是许多气孔排成直线。图8-5所示为均匀分散气孔。图8-6所示为单个球形气孔。图8-7所示为密集气孔。图8-8所示为链状气孔。

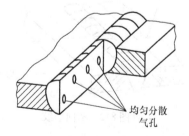

图8-5　均匀分散气孔

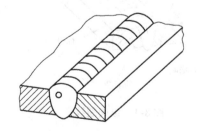

图8-6　单个球形气孔

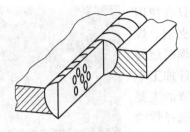

图 8-7 密集气孔

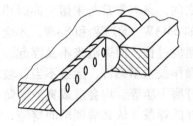

图 8-8 链状气孔

还有单个气孔是长条形的。图 8-9 所示为焊缝表面发生的长条形气孔。图 8-10 所示为焊缝金属中的条形气孔，通常称之为条虫状气孔。当气体被捕捉在熔化金属和凝固的焊渣之间时，就会出现这样的表面状况。FCAW 时使用药芯焊剂重量太大，使得气体无法彻底地逸出，当气体被留在熔化金属和凝固的焊渣之间时，就会出现这样的表面状况。长条形气孔的另一种形式是管状气孔，如图 8-11 所示。

对于低碳钢和低合金钢的焊接，氢气孔出现在焊缝的表面上，气孔的断面形状如同螺钉状，在焊缝的表面上看呈喇叭口形，而气孔的四周有光滑的内壁。CO 气孔主要是在焊接碳钢时，冶金反应产生的 CO 在结晶过程中来不及逸出而残留在焊缝内部形成气孔。气孔沿结晶方向分布，有些像条虫状卧在焊缝内部。药皮或焊剂的冶金反应、保护气体的气氛、

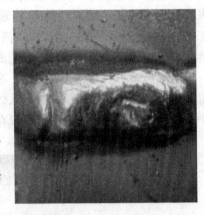

图 8-9 长条形表面气孔

水分、油类和铁锈等，在焊接时都会产生气孔。焊接工艺如焊接参数、电流种类和极性，以及操作技巧等对气孔的产生也会有影响，如电弧电压太高会使空气中的氮侵入熔池，因而出现氮气孔；焊接速度太快，往往由于增加了结晶速度，使气体附在焊缝中而出现气孔。一般来讲，交流焊较直流焊产生气孔的倾向大，而直流反接较正接产生气孔的倾向小。焊接时焊接参数要保持稳定，对于低氢型焊条应尽量采用短弧焊，并适当配合摆动，以利于气体逸出。

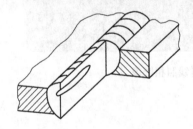

图 8-10 条虫状气孔

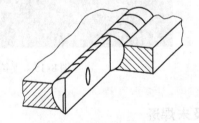

图 8-11 管状气孔

三、夹杂物

焊缝中有夹杂物存在时，不仅降低焊缝金属的韧性，增加低温脆性，同时也增加了热裂纹的倾向。焊缝夹杂物是指外来的固体物质，例如渣、焊剂、钨或氧化物。夹杂物包括金属和非金属两类。非金属夹杂是指保护焊缝金属的埋弧焊焊剂、药芯焊丝焊芯或焊条药皮，残留在焊缝金属中，也称夹渣。尖锐的夹渣往往造成应力集中，在载荷作用下形成裂纹并扩展，导致焊缝开裂。夹渣有线形夹渣、孤立夹渣或密集夹渣，如图 8-12 所示。夹渣可在焊缝的截面内，也可在焊缝表面，图 8-13 就是焊缝表面夹渣。夹渣可以在焊缝与母

线形夹渣

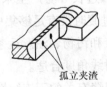

孤立夹渣

密集夹渣

图 8-12 焊缝中的夹渣形式

材之间或是在焊道之间，夹渣常常与未熔合同时出现。只有使用渣保护的焊接方法如 SMAW、FCAW 和 SAW，才会形成夹渣。焊接电流太小，焊接速度过快，使熔渣来不及浮起；多层焊时层间清理不干净；焊工操作技术不熟练，运条不当；坡口设计加工不合适、焊接区域没打磨干净等，均会造成夹渣。防止夹渣的主要措施是选择脱渣性好的焊条、认真清理层间熔渣、合理选择焊接参数、调整焊条角度和运条方法、控制电流大小及焊接速度、采用适宜直径的焊条等。由于渣的密度往往要比金属低得多，所以夹渣在射线照相上通常为相对较暗的显示，具有不规则的外形，如图 8-14 所示。但是，药皮焊条渣的密度与金属差不多，所以很难用射线照相来检测由这些焊条造成的夹渣。

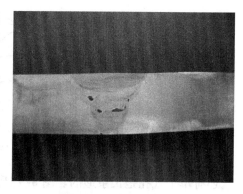

图 8-13　焊缝表面夹渣

金属夹杂主要有夹钨和夹铜，在 GTAW 和 PAW 焊接时可能产生夹钨和夹铜，夹钨主要由于钨极与焊接熔池接触，钨极端部断裂，钨陷入焊缝中。焊接电流大时也能产生夹钨，钨极打磨不适当也能产生夹钨。由于钨和铜的密度比钢大得多，所以在射线照相底片上显示的是很亮的区域，如图 8-15 所示。

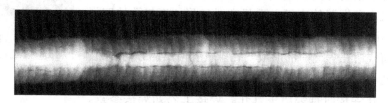

图 8-14　条形夹渣的射线照相影像

图 8-15　夹钨的射线照相影像

四、未熔合及未焊透

未熔合是指在焊缝金属和母材之间或焊道金属之间没有熔化的部分，常出现在坡口的侧壁、多层焊的层间及焊缝的根部，因此包括三种未熔合：根部未熔合、层间未熔合、坡口面未熔合，有的坡口面未熔合延续到表面，也称表面未熔合。根部未熔合是打底过程中焊缝金属与母材金属的未熔合；层间未熔合主要是多层多道焊接中层与层或道与道之间的焊缝金属未熔合。未熔合是线性状态并且端部相对尖锐。未熔合是危险的不连续性。当未熔合延续到表面，那么危害更大。图 8-16 所示为各种部位的未熔合。

未熔合经常带夹渣，清理不干净有渣的存在，阻碍了熔合；焊工的焊条操作不当（如运条速度过快、焊条角度不当、电弧偏吹）和电流过小或电弧过长等易产生未熔合；加工的坡口角度过小、钝边过大和装配间隙过小等也会引起未熔合；GMAW 短路过渡时没有足够集中的热量易产生未熔合。正确选择焊接规范、选择对口规范、清理坡口两侧及焊层间的熔渣和污物、注意运条、使焊缝金属熔合均匀且熔透，可防止未熔合的产生。射线检测很难发现未熔合，除非射线角度合适。

未焊透与未熔合不同，是一种仅与坡口焊缝有关的不连续性，未焊透指母材金属未熔化，焊缝金属没有进入接头根部的现象，如图 8-17 所示。未焊透分为根部未焊透和中间未焊透。未焊透减小了焊缝的有效面积，使接头强度下降，还引起应力集中，降低焊缝的疲劳强度。大多数规范对允许未焊透的数量和程度做了限制，有的规范不允许有任何未焊透。有些焊缝不需要完全焊透，焊缝只要满足设计要求即可，称为"部分焊透"。产生未焊透的原因有：焊接电流小熔深浅、坡口和间隙尺寸不合理、钝边太大、磁偏吹影响、层间及焊根清理不干净。使用较大电流来焊接是防止未焊透的基本方法，另外，合理设计坡口并加强清理，用短弧焊等措施也可有效防止未焊透的产生。

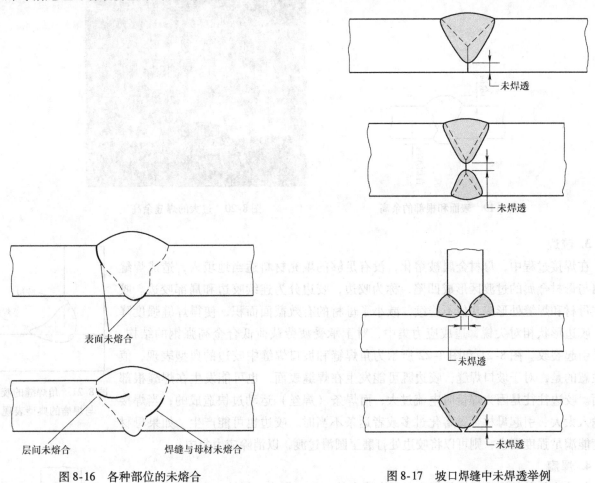

图 8-16　各种部位的未熔合

图 8-17　坡口焊缝中未焊透举例

五、形状和尺寸不良

1. 焊缝凸度过大

根据角焊缝的外表形状，角焊缝分为凸角焊缝和凹角焊缝。凸度是凸角焊缝截面中，焊趾连线与焊缝表面之间的最大距离，焊缝凸度过大是指凸度值超出了规范规定的要求，造成焊趾处焊缝表面和母材形成尖锐，导致应力集中，当结构处于疲劳载荷下容易失效，图 8-18 所示为凸度过大的角焊缝。通常希望略有凸度，以保证不出现减小角焊缝尺寸和强度的凹度，但凸度不能超过限制。在焊接过程中应避免过大的凸度，或在焊趾处熔敷补充的焊缝金属加以纠正，使得焊缝和母材之间形成光滑的过渡。当焊接速度太低、热输入太小或运条不当时，会产生过大的凸度；母材表面有污物或者在没有充分清除这些污物的情况下使用保护气体，也会影响角焊缝外形。

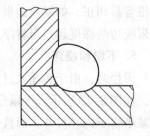

图 8-18　凸度过大的角焊缝

2. 焊缝余高过大

焊缝余高是超过焊接接头所需且是多余的焊缝金属，包括表面余高和根部余高，表面余高指焊接接头施焊面的余高，根部余高是在接头背面的余高，对于双面焊的焊接接头，两个面的余高都称为表面余高。凸度用于角焊缝，余高用于对接焊缝。图 8-19 所示为单面焊焊接接头的表面和根部的余高。图 8-20 所示为过大的焊缝余高。余高过大会在焊趾处产生尖锐的缺口，焊缝余高越大，焊缝表面凸起、过渡不圆滑，应力集中越严重，对焊接结构承载动载不利，因此要限制余高尺寸。余高过大可用打磨来削减其高度，以符合规范的要求。焊接操作是产生过大焊缝余高的主要原因。

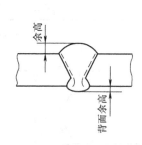

图 8-19　表面和根部的余高

图 8-20　过大的焊缝余高

3. 咬边

在焊接过程中，母材金属被熔化，没有足够的填充材料适当地填入，造成焊缝金属与母材金属的过渡区形成凹陷，称为咬边，咬边分为连续咬边和局部咬边。咬边在母材和焊缝处形成几何不连续，减小了母材的有效截面面积，使得焊缝强度降低。咬边形状相对尖锐，造成应力集中，对于承受疲劳载荷低合金高强钢的结构，容易引起裂纹。图 8-21 和图 8-22 所示为角焊缝和坡口焊缝中咬边的典型表现，值得注意的是，对于坡口焊缝，咬边既可能发生在焊缝表面，也可能发生在焊缝根部表面。咬边往往是因为焊接时电流过大，而焊条（焊丝）运动过快造成的；当焊接热输入太大、引起母材金属熔化过多或者运条不当时，咬边也可能产生。如果母材厚度能满足强度要求，则可以将咬边处打磨至圆滑过渡，以消除应力集中。

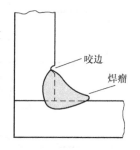

图 8-21　角焊缝的咬边与焊瘤的典型表现

4. 焊瘤

与咬边相关的不连续性是焊瘤，是未熔合的一种。焊瘤是焊接金属溢出熔池覆盖至未熔化的母材，并留在母材表面上，如图 8-21 和图 8-22 所示，造成焊件表面的尖锐缺口，形成应力集中。对于坡口焊缝，焊瘤不易发现。当焊缝一侧出现咬边时，应留意另外一侧是否产生焊瘤。焊瘤的发生通常是由于焊工使用了不适当的焊接技术，如焊接速度太慢、熔化的填充金属量大、过多的金属溢出并留在没有熔化的母材表面。当在横焊位置焊接时，常常发生焊瘤和咬边。咬边和焊瘤很容易纠正，如果咬边很浅，其深度不超过母材厚度的公差，可以打磨光滑；如果咬边的深度超过母材厚度的公差，可以焊补解决。

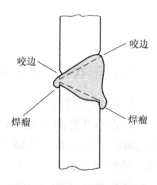

图 8-22　坡口焊缝的咬边与焊瘤的典型表现

5. 下塌和烧穿

焊接时，由于热输入过大、熔化金属过多而使液态金属向焊缝背面塌落，在焊缝背面成形后凸起，称下塌，如图 8-23 所示。下塌分为局部下塌和连续下塌，下塌常伴有未焊透或缩孔。管子内部的下塌或焊瘤，会减小管子内径尺寸，而且会在运行中脱落。烧穿是指焊接过程中熔化金属自坡口背面流出，形成穿孔的现象，称为烧穿，如图 8-24 所示。烧穿是由于焊接电流太大、焊接速度过慢、停留时间过长，或装配间隙太大、钝边太小等原因造成的，预防措施是选择合适的焊接电流和焊接速度，设计合适的坡口尺寸。

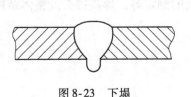

图 8-23　下塌

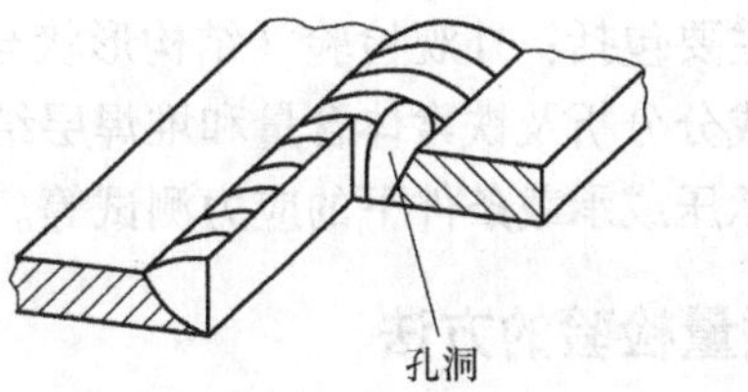

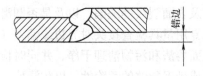

孔洞

图 8-24　烧穿

6. 错边

焊接装配过程中，两个焊件表面应平行对齐时，未达到规定的平行对齐要求，使两个工件在厚度方向上错开一定距离，称为错边，它是装配偏差形成的缺陷，如图 8-25 所示。

图 8-25　错边

六、其他缺陷

1. 飞溅

在熔焊过程中，熔化焊缝金属飞出熔池之外的金属颗粒，黏附在邻近焊缝的母材上，称为飞溅。从危害性来看，在许多应用中，飞溅危害不大，但在腐蚀环境下，飞溅处会发生应力腐蚀开裂，另外，飞溅降低了焊缝的外观质量。飞溅使金属表面油漆过早地失效。飞溅是由于使用大的焊接电流而造成的，大电流会在焊接区域内引起过大的骚动。熔化极气体保护电弧焊中的短路过渡比射流过渡产生的飞溅多。在 GMAW 时，应选择合理的焊接电流与焊接电压，避免使用大滴过渡形式；应选用优质焊接材料，避免由于焊接材料的冶金反应导致飞溅；采用（$Ar + CO_2$）混合气体代替 CO_2 以减少飞溅，通过焊接电流波形控制，降低飞溅。

2. 电弧擦伤

电弧擦伤是指在焊缝坡口外的母材金属表面引弧造成的母材局部损伤，对于合金元素含量较高的高强钢，在焊件的母材上随意引弧，将母材表面局部区域熔化并快速冷却，引弧烧伤处可能产生含有马氏体的局部热影响区和脆性的微观组织，产生裂纹的倾向就增大，同时电弧擦伤的不规则形状还将引起应力集中，易形成小裂纹，对焊接结构使用的安全性造成危害，甚至造成事故，因此禁止在高强钢和不锈钢工件上随意引弧。电弧擦伤是由于不恰当的焊接操作和不当的工件夹具连接造成的，一定要让操作人员理解电弧擦伤的危害。

第二节　焊接质量检验的目的及方法

一、焊接质量检验的目的

焊接质量检验是对焊接过程及其产品的一种或多种特性进行测量、检查、试验，并将这些特性与标准或设计的要求进行比较以确定其符合性的活动。它主要通过对焊接接头或整体结构的检验，发现焊缝和热影响区内的各种缺陷，以便做出相应处理，评价产品质量、性能是否达到设计标准及有关规程的要求，以确保产品的安全运行。

特种设备的焊接质量检验主要分为：焊前检验、焊接过程中检验和焊后检验。

焊前检验主要是检查技术文件是否符合各项标准、法规的要求，同时要进行焊接工艺评定试验结果及编制的焊接工艺文件或工艺规程的审查，毛坯装配和坡口质量的检查，焊接设备是否完好、可靠的检查，以及焊工操作水平、资格的认可等。焊前检查的目的是预防或减少焊接时产生缺陷的可能性。

焊接过程中检验主要包括焊接设备运行情况、焊接工艺执行情况的检查，也包括对产品试板的检验、焊缝的无损检测及外观质量检验等，其目的是及时发现焊接过程中的问题，以便随时加以纠正，防止缺陷的产生，同时使出现的缺陷得到返修处理。

焊后检验是最后环节，是在全部焊接工作完成后进行的成品检验，是鉴定产品质量的主要依据。成品检验的方法和内容主要包括：外观检验（结构形状与尺寸及焊缝表面质量的检验），焊缝的无损检测，焊缝金属或堆焊层化学成分分析及铁素体含量和堆焊层结合强度的测定等，焊接接头及整体结构的强度试验和致密性检验，结构在承压或承载条件下的应力测试等。

二、焊接质量检验的方法

焊缝及接头的检验方法有：

1）外观检验。一般是用肉眼或 5 ~ 10 倍放大镜检查焊缝表面质量，主要检查焊缝成形，有无咬边、弧坑及表面裂纹等缺陷，以及是否圆滑过渡等；用样板或检测尺检查焊缝尺寸（焊缝余高、宽度等）；用直尺或专用量具检查接头对界边缘偏差（错边）、棱角度及壳体直径、圆度、直线度等。外观检验前，应将焊缝表面熔渣和污物清理干净，并同时检查焊缝正面和背面。高强钢焊缝的检查一般应进行两次，因为高强钢有形成延迟裂纹的危险性，以防漏检。

2）焊缝的无损检测，这是一种非破坏性检验。常用的无损检测方法有射线检测（RT）、超声检测（UT）、磁粉检测（MT）、渗透检测（PT）、涡流检测（ET）及声发射检测（AE）等。

3）接头化学成分和性能的鉴定，这种方法属于破坏性的。检测接头化学成分的方法有化学分析法和仪器分析法两种。化学分析法需要钻取样品 5 ~ 10g，采用容量法、重量法、吸光比色法、光度法、汽化法及电量分析法进行检测。仪器分析法主要是用光谱分析仪器，利用火花放电或电弧放电把分析试样中的元素原子游离出来并被碰撞、激发，以显示各元素含量。金相检验可用来检验焊缝金属及热影响区的组织、晶粒度以及各种夹杂物、缺陷等，一般可分为宏观金相检验（放大镜 < 30 倍）和微观金相检验（光学显微镜或扫描电子显微镜）。力学性能试验包括拉伸试验、弯曲试验、冲击试验、疲劳试验等项目。有的接头需要在腐蚀环境下工作，还需要做耐腐蚀试验。

4）密封性和耐压（强度）试验，这两种试验均属于非破坏性试验。存放液体或气体介质的容器及管道等受压元件按标准规定必须进行密封性试验和强度试验，以检查是否存在贯穿性的缺陷，如气孔、夹渣、裂纹及疏松组织等。常压容器可用煤油检验、盛水试验和氨气渗漏等方法进行检查，压力容器则要求进行气密性试验和强度试验。强度试验分为水压和气压试验两种。

水压试验应在确保无泄漏的状态下保压 30min，然后降到规定试验压力的 80%，保压足够时间进行检查。试验压力一般取 1.25 倍、1.5 倍或 2 倍的设计压力或工作压力，同时应考虑设计温度下材料的许用应力，即

$$p_T = (1.25 \sim 2)p[\sigma]/[\sigma]_t$$

式中　p_T——试验压力（MPa）；

p——设计压力或最高工作压力（MPa）；

$[\sigma]$——试验温度下材料的许用应力（MPa）；

$[\sigma]_t$——设计温度下材料的许用应力（MPa）。

压力容器水压试验时，对碳素钢、16MnR 和正火 15MnVR 钢制压力容器，液体温度不得低于 5℃。其他低合金钢制压力容器，液体温度不得低于 15℃。水压试验用水应保持高于周围露点的温度以防容器表面结露，但温度也不宜过高以防止汽化和过大的温差应力，一般为 20 ~ 70℃。对于不锈钢及奥氏体钢，要求试验用水的氯离子浓度不超过 25mg/L。试验合格后，应立即将水渍清除。压力容器液压试验以无泄漏、无可见变形、无异常响声、对强度大于 540MPa 的材料表面无裂纹为合格。锅炉水压试验以受压元件金属壁和焊缝上无水珠水雾、降到工作压力后胀口处无水滴、无残余变形为合格。

如果压力容器由于结构或支撑原因，不能向内充灌液体，以及运行条件不允许残留试验液体的压力容器，可按设计图样规定采用气压试验。试验介质为干燥、洁净的空气或其他气体，温度不得低于 15℃。试验时先缓慢升压到试验压力的 10%，保压 5 ~ 10min，检查所有焊缝和连接部位。若无泄漏可继续升压到规定试验压力的 50%，若无异常现象，按规定试验压力 10% 逐级升压直到试验压力，保压 30min。然后降到试验压力的 87%，保压检查。试验以无异常响声、经肥皂液或其他检漏液检查无漏气、无可见变形为合格。

第三节 目视检验

在特种设备焊接质量控制中，目视检验是评估设备和部件质量的最基本方法，各种规范和标准均把目视检验作为最基本、判定接受与否的最低要求，其他检验方法都是对目视检验的一种补充，这是因为试验或试验结果的最终评估都要依靠目视的方法来完成。目视检验包括焊前、焊接过程中和焊后三阶段的检验，焊后检验不仅仅是检查完工焊缝，还有安装调试质量检验和产品服役质量检验等。目视检验是相对简单的质量检验方法，但需要目视检验知识和检验经验。

一、目视检验的条件

目视检验以肉眼观察为主，必要时利用放大镜、量具及样板等对目视尺寸和焊缝表面质量进行全面检查。目视检验时，有时为了观察锅炉、压力容器的内部空间，可借助内窥镜检查。焊缝的目视检验主要通过量规或其他辅助工具来测量所谓的焊缝几何偏差，例如：盖面层余高过大、根部余高过大或表面的不规则性，如咬边、接头缺陷、飞溅等。辅助工具和量规的精确度必须符合要求的公差值。为了检验工件表面质量，被检工件表面的光照度应至少达到350lx，推荐值为500lx，眼睛与被检区域的距离不应超过600mm，眼睛与被检工件的夹角应大于30°。目视检验的角度如图8-26所示。

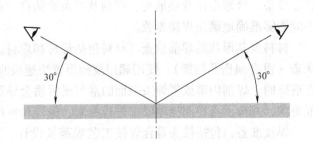

图 8-26 目视检验的角度示意图

二、目视检验的工具

焊缝目视检验的基本范围在所应用的标准中做出了规定：焊缝必须可见且便于检验，检验时间在表面处理之前。焊缝的目视检验可分三个阶段：焊前的目视检验、焊接过程中的目视检验和焊后的目视检验。

目视检验工具虽然比较简单，但这些工具可以使检验更容易、更有效。图8-27给出了一些能够评价焊件和焊缝质量的工具，主要有常用的焊接量规（检查坡口角度、焊缝轮廓、角焊缝尺寸、咬边深度）、专门的焊缝量规和高低焊规、直尺、卷尺、放大镜（放大倍数为2～5倍）等。

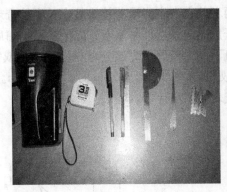

图 8-27 目视检验工具

三、焊前检验

焊前检验首先是阅审与实际焊接相关的所有资料，包括图样、规范、技术要求、工艺等。资料中包括了诸如被检对象、检验时间、检验地点以及如何进行检验的信息，通过审阅这些资料可以知道产品制造所应用的标准及代码，从标准和设计图样中明确目视检验接受条件，从设计图中明确部件细节、位置和公差等。审阅质量控制程序文件，文件包括了对每道工序的控制，如材料处理、文件控制、焊接耗材的储存与发放等。审阅质量计划，包括检验与试验计划、检验清单、具体的检验要求细节、检验程序和检验记录等。

另一个焊接前要检验的是焊接工艺评定和焊工资格，检查焊接工艺是否覆盖所要求焊接的工艺。审核焊接工艺评定和焊接工艺，包括评定试验、焊接方法、焊接技术、填充金属的型号、焊接位置等信息，焊接工艺要发给焊工及检验员，压力容器制造要求对工艺评定过程进行监督，包括试验、评定和记录等。对每个焊工的资格证书进行审核，以确保这些焊工有资格并持证、有能力按照已经批准的焊接工艺从事特种设备的焊接工作，确保焊工有能力按所应用的焊接工艺进行产品焊接。资格证书应覆盖将要用到的每个焊接程序，所有资格证书必须在有效期内。应建立一份能够显示每个焊工钢印号的记录。

所用的焊接设备的状况对焊缝质量也有影响，所有焊接设备及电压表、电流表状况应良好并已标定（如果需要），所有安全要求已明确，必需的安全设备已就位。检查评估焊接设备的内容包括：焊接电源、送丝设备、接地电缆及接地夹、焊剂及焊条的储存设备、传输保护气体的软管及其备件等。在产品焊接过程中应能够准确地确定焊接参数。

材料及其形状的焊前检查。材料包括母材和焊材，已确认材料且附有试验证书、规格要正确、处于良好状态（没有损伤及污染）。使用超声波测厚仪快速检测母材，已经能够检测到材料的分层。焊接材料也是非常重要的，焊剂内部或者焊条表面的潮气或污物会导致一系列的焊缝质量问题。焊接材料应符合焊接工艺规范要求，并按质量控制程序要求进行控制、保管和使用，以防止过量的潮气或污物。

焊接准备，包括接头符合焊接工艺规范及设计、无缺陷和无污染等，检查焊接接头的准备质量及其精度。在坡口焊缝的情况下，应当对诸如坡口角度、坡口深度、钝边尺寸和坡口曲率半径进行目视检验。应检查焊接接头的装配情况，检查待连接构件的对直及相对位置，检查的项目包括：根部间隙、装配角度对准情况、装配面对准情况（高、低）、坡口角度等。接头装配的精度会影响焊件的最终尺寸，装配尺寸的偏差还会直接影响到完工焊缝的质量。

在装配过程中使用装配架、夹具和其他对准设备时，需要检查工装，工装应符合焊接工艺规范，工装数量应保证焊接质量达到焊接程序规定的要求。在检验焊接接头装配过程中，还需仔细检查焊接区域的清洁情况，表面污物和水分的存在会极大地影响最终焊缝的质量。水汽、油类、脂类、机油、黄油、油漆、锈蚀、氧化皮、镀锌层等的存在会引入焊缝不容许的杂物，从而导致完工焊缝中出现气孔、裂纹或者未熔合等缺陷。

最后一个应当在焊接前检查的项目是预热（如果要求预热）。预热温度应符合焊接工艺规范，规程规定的预热温度可能是最低值，或者最高值，也可以两者兼有。应当沿着接头整个长度检查规定的预热温度，应在加热面的背面测定温度，如果做不到，应先移开加热源，待母材厚度方向上温度均匀后再测定温度。测温点位置如图 8-28 中 A 处的位置，其中 A 的规定如下：①当焊件焊缝处母材厚度小于或等于 50mm 时，A 等于 4 倍母材厚度，且不超过 50mm；②当焊件焊缝处母材厚度大于 50mm 时，$A \geqslant 75mm$。检查预热温度的方法很多，包括温度指示笔、表面高温计、热电偶或表面温度计等。

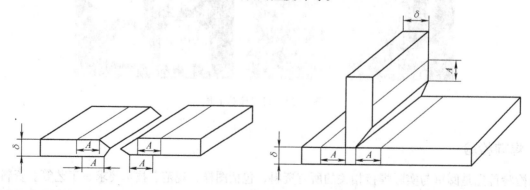

图 8-28　预热温度测量位置

四、焊接过程中检验

焊接过程中检验涉及实际焊接技术及最终焊缝质量的评价。焊接过程中首先要注意气候条件是不是适合于焊接（如在现场焊接），焊接环境出现下列任一情况时，应采取有效防护措施，否则禁止施焊：①风速，气体保护焊大于2m/s，其他焊接方法大于10m/s；②相对湿度大于90%；③雨雪环境；④焊件温度低于－20℃，当焊件温度为－20～0℃时，应在始焊处100mm范围内预热到15℃以上。

在焊接过程中进行检验时，必须符合焊接工艺规范进行检验。焊接工艺规定了焊接操作的所有重要因素，包括：焊接方法、焊接材料、焊接电流、焊接电压、焊接速度、焊接技术、预热及道间温度和产品焊接技术说明的任何信息。焊接电流和焊接电压可以查看焊接设备上的电流表和电压表，也可以直接用钳形电表进行测量，如图8-29所示。

焊接过程中检验应当对每一条焊道进行检查，发现任何表面不连续性，应进行修补。对于打底焊道，若可能，在单面对接焊焊缝填满前，目测检查打底焊道，并注意观察焊缝形状，若发现外形可能妨碍后续的焊接，应进行适当的打磨以保证充分熔合，后续焊接开始之前对根部焊道进行彻底检查以便及时发现所存在的问题并立即纠正。焊接操作过程中应当检查道间清理的情况，如果没有彻底清理两条单独焊道之间的焊道，则极有可能导致夹渣或未熔合。打磨去掉不规则的焊缝形状以便于道间清理。焊缝的道间清理可以采用诸如手工尖头锤、气动尖头锤、砂轮机、手动钢丝刷和电动钢丝刷等工具。当然道间清理要避免造成焊缝的开裂或损坏。对于那些需要控制道间温度的焊接工艺，检验师也要注意对这方面进行监督。与对待预热一样，可以

图8-29　钳形电表

规定道间温度的最小值或最大值，或两者兼有。测量道间温度应当在接头外面，典型情况是离开接头大约25mm，而不是在焊接接头本身内部。测量时间是在下一焊道或下一焊层开始之前。图8-30a所示为接触式测温仪；图8-30b所示为非接触式测温仪。

a) 接触式测温仪

b) 非接触式测温仪

图8-30　测温仪

焊接过程中检验还包括变形控制方面的检验，即检查焊道的布置、焊缝各段的焊接顺序和位置等，在某些情况下，可以利用分段退焊技术来焊接每一个单独的焊道，作为防止焊接变形的方法。当采用这种方法时，每一焊道的焊接方向与沿着焊缝轴线的总的焊缝的进程刚好相反，对于设计要求从接头的两面进行全焊透坡口焊的焊接，则必须有清根，在第二面焊接以前，检查清根后的焊缝表面。如果不清根，则有可能会有夹渣或别的未去除的不连续性存在而导致留存在最终的焊缝中。确保反面清根去除了所有的不连续性，而且还要检查清根后的外形恰当，以确保有足够的开口尺寸，保证后续焊缝能够成功地熔敷。

五、焊后检验

在焊接完成以后必须对焊缝进行目视检验，以确定这些要求是否得到了满足。焊后检验的内容包括：①检查焊缝标注，对于焊缝需标注编号并注上焊工的标识；②目视检验焊缝表面缺陷，确保所有焊接部位都适合无损检测，按规范要求判定焊缝质量；③焊缝尺寸和外形尺寸的测量，确保尺寸符合设计图或有关规范的要求；④其他无损检测，确保所有无损检测已完成，焊缝质量符合标准规范要求，并完成无损检测报告；⑤焊缝修补，监督修补过程，确保符合工艺规范；⑥焊后热处理检查，监督热处理符合工艺规范，检查热处理文件与图表记录，确保符合规范；⑦压力/载荷测试，确保试验设备已经标定，监督试验过程以确保其符合程序/规范，确保压力试验报告记录保存完整；⑧文件与记录，确保所有修改都记录在实际完工的设计图上，确保所有记录保存完整，施工记录文件装订成册，文件已签署，并送交质量控制部门。

当所有这些目视检验完成以后，必须准备相应的检验报告来说明所完成的检验内容。检验报告应当尽可能得简单（且清晰可辨），但仍要包含足够的信息，以便其他人员能够明白都做了哪些检验，以及检验的结果。目视检验是所有焊接质量控制程序中的基本组成部分，尽管目视检验相当简单，但能够发现大多数的焊接不连续性。焊接检验人员一定要在焊前、焊接过程中和焊后进行检验。

六、目视检验工具的应用简介

焊缝的目视检验包括按图样的要求对焊缝尺寸进行测量，以确认是否满足要求。焊缝尺寸和外形的检验通常需要借助于目视检验工具。下面介绍焊缝常用目视检验工具的应用。

如图8-31所示，焊接检验尺由主尺、高度尺、咬边深度尺和多用尺四部分组成，主要用来检测焊接构件的各种角度和焊缝高度、宽度、焊接间隙及咬边深度等外部特征。焊接检验尺的用途、测量范围和参数见表8-1。

表8-1　焊接检验尺的用途、测量范围和参数

测量项目		测量范围	示值允差
高度	平面高度	0~15mm	0.2mm
	角焊缝高度	0~15mm	0.2mm
	角焊缝厚度	0~15mm	0.2mm
宽度		0~60mm	0.3mm
焊件坡口角度		≤160°	30'
焊缝咬边深度		0~5mm	0.1mm
间隙尺寸		0.5~6mm	0.1mm

在压力管道的组装焊接中，压力管道焊口的组装质量非常重要，管道组装焊口的错边和根部间隙测量是关键。焊接高低规（图8-32）就是用来测量管道组装后内壁错边量的。

根部间隙对焊缝的全熔透质量影响很大，对于根部间隙的测量，可用焊接检验尺的多用尺插入两焊件之间测量两焊件的装配间隙，如图8-33所示。

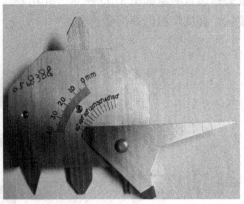

图 8-31　焊接检验尺

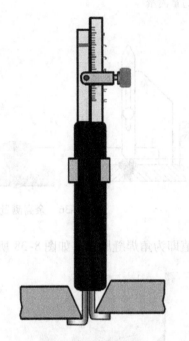

图 8-32　焊接高低规

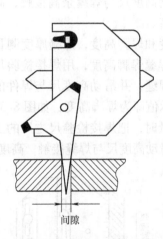

间隙

图 8-33　焊接检验尺测量根部间隙

　　焊接构件加工的坡口角度是不是符合图样要求，要进行坡口角度的测量。如图 8-34 所示，可将焊接检验尺的主尺和多用尺分别靠紧被测角的两个面，其示值即为角度值。

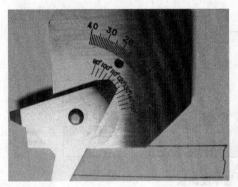

图 8-34　坡口角度测量

板材对接接头错边量测量如图 8-35 所示，先用焊接检验尺的主尺靠紧焊缝一边，然后滑动高度尺使之与焊缝另一边接触，高度尺示值即为错边量。

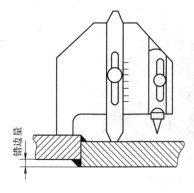

图 8-35　错边量测量

　　对接焊缝余高对受疲劳载荷焊接结构影响很大，因此测量焊缝余高很重要。余高测量如图 8-36 所示，首先把焊接检验尺的咬边深度尺对准零位，并紧固螺钉，然后滑动高度尺与焊缝余高接触，高度尺示值即为焊缝余高。

　　角焊缝有焊缝厚度和焊脚高度，焊缝厚度测量时选最低值。测量角焊缝焊脚高度，用焊接检验尺的工作面靠紧焊件和焊缝，并滑动高度尺与焊件的另一边接触，高度尺示值即为焊脚高度，如图 8-37 所示。角焊缝厚度测量时，把焊接检验尺主尺的工

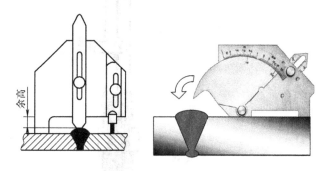

图 8-36　余高测量

作面与焊件靠紧，并滑动高度尺与焊缝接触，高度尺示值即为角焊缝厚度，如图 8-38 所示。

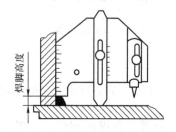
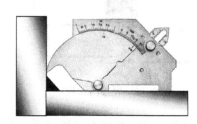

图 8-37　焊脚高度测量

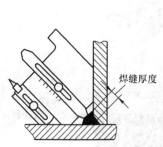
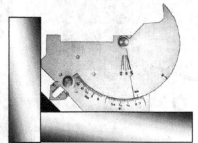

图 8-38　焊缝厚度测量

　　标准和规范根据产品的载荷状况，对咬边深度都有限制，测量咬边深度时，使用焊接检验尺薄而尖的直边，以焊缝两侧的母材为基准面进行测量。另一种测量咬边深度的方法是通过在冷硬塑料或橡皮泥上留下一

个填充压痕，咬边深度可在压痕上用游标卡尺来测量。平面咬边深度测量：先把焊接检验尺的高度尺对准零位并紧固螺钉，然后使用咬边深度尺测量咬边深度。圆弧面咬边深度测量：先把焊接检验尺的咬边深度尺对准零位紧固螺钉，把三点测量面接触在工件上（不要放在焊缝上），锁紧高度尺，然后将咬边深度尺松开并放于测量处，移动咬边深度尺，其示值即为咬边深度。图 8-39 所示为咬边深度测量。

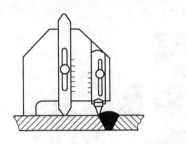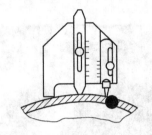

图 8-39　咬边深度测量

第四节　渗透检测

一、渗透检测的原理及分类

渗透检测就是通过以着色对比为背景的渗出来显露表面的不连续性，这是通过把渗透剂（通常为液体）喷到经过清理的被检工件表面来实现的。渗透检测的原理是：零件表面被施涂含有荧光染料或着色染料的渗透液后，在毛细管作用下，经过一定时间，渗透液可以渗进表面开口的缺陷中。经去除零件表面多余的渗透液后，再在零件表面涂显像剂，同样在毛细管作用下，显像剂将吸引缺陷中保留的渗透液，渗透液回渗到显像剂中，在一定的光源下（紫外线或白光），缺陷处的渗透液痕迹被显示（黄绿色荧光或鲜艳红色），从而探测出缺陷的形貌及分布状态。

根据渗透剂所含染料成分可分为荧光法和着色法两大类。根据渗透剂去除方法可分为水洗型、后乳化型和溶剂去除型三大类。显像的方法有湿式显像、快干式显像、干式显像和无显像剂式显像四种。着色法只需在白光或日光下进行，在没有电源的场地也能工作。荧光法需要配置黑光灯和暗室，无法在没有电源及暗室的场合下工作。水洗着色法适合检查表面较粗糙的零件，操作简单，成本低，但灵敏度很低。后乳化型着色法具有较高的灵敏度，适宜检查较精密零件，但对螺栓、有孔（槽）零件以及表面粗糙零件不适用。溶剂去除型着色法应用广，特别是使用喷罐，可简化操作，适宜于大型零件的局部检验。

二、渗透检测的基本步骤

渗透检测操作的基本步骤有：表面准备和预清洗、渗透过程、去除渗透剂、显像过程、观察（检验）。

（1）表面准备和预清洗　在渗透检测中，被检工件表面的油、油脂、附着物、锈蚀以及各种形式的表面涂层，不仅会阻碍渗透剂渗入可能存在的缺欠中，还会产生伪显示。预处理和预清洗的目的就是去除被检工件表面上妨碍渗透检测的污染物。预处理和预清洗的方法包括机械清理、化学预清洗、溶剂清洗等。机械清理可去除工件表面严重的锈蚀、飞溅、氧化物、毛刺、涂层等，常用的方法有用钢丝刷、抛光、砂轮磨、吹砂、喷丸等方法，在选用上述方法时要格外慎重，因其易对工件表面造成损坏，特别是软金属（铝、铜、钛等合金）材料。同时，机械清理也可能使开口缺欠的开口闭合，机械清理所产生的金属粉末或砂末等也可能堵塞缺欠，造成渗透剂难以渗入，所以，经机械清理的工件，一般应进行酸洗或碱洗再进行渗透检测。化学预清洗可通过适当的清洗剂去掉残留物，化学清洗要控制酸碱浓度，防止工件表面的过腐蚀，化学清洗后应进行足够的冲洗和烘干，预清洗后不允许在缺欠中存在水或清洗剂。溶剂清洗包括溶剂液体清洗和溶剂蒸气除油等方法，主要是清除各类油和油脂及某些油漆，预清洗后必须注意检测面的温度（工件温度）在 5~50℃之间，如果超出这一温度范围，必须使用允许的试剂种类。

（2）渗透过程　一旦检测对象的表面已经适当地清理并干燥，就可施加渗透剂。施加渗透剂采用喷、刷、浸渍或浸泡的方法，应确保被检工件表面在整个渗透时间内保持完全湿润，在任何情况下都不应在渗透时间内干燥。如图 8-40 所示，渗透剂正在被施加于试件的表面。施加方法的选择应根据被检工件的大小、形状、数量和检测部位来确定。喷适用于大工件的局部或全部检测；刷适用于局部检测或焊缝检测；浸适用于小工件的全面检测。

图 8-40　渗透剂施加

渗透温度一般为 10～50℃，特殊情况下可将温度降低到 5℃。当温度低于 10℃或高于 50℃时，渗透产品种类和工艺方法必须按照有关标准的要求来确认。渗透时间一般为 5～60min，对于特定的材料和缺欠种类可延长渗透时间。适当的渗透时间取决于渗透剂的性能、应用温度、被检工件的材料以及要检测的缺欠，如应力腐蚀裂纹特别细微，其渗透时间可长达 4h。

（3）去除渗透剂　由于毛细作用，渗透剂被吸入细小的裂纹，在达到停留时间后，需要彻底、仔细地清除掉检测对象表面的多余渗透剂。水洗型渗透剂直接用水去除；后乳化型渗透剂应先用水冲洗，然后乳化，最后用水冲洗去除；溶剂去除型渗透剂用溶剂擦除，将没有棉花的软麻布用溶剂弄湿，朝一个方向揩抹，以清除多余的渗透剂。不允许直接用溶剂进行冲洗或浸泡。采用水冲洗时应注意尽可能减少机械作用（如用刷子刷）的影响，水温不得超过 50℃，清洗的喷射角度应平缓，无压（千万不能垂直喷射）。在保证获得合格背景的前提下，水洗时间越短越好。使用后乳化型渗透剂时，只能采用浸、浇、喷的方法施加乳化剂，不用刷，因为刷涂不均匀。在应用乳化剂前，乳化剂的浓度和停留时间，应由用户按照供应商说明书在预先校验的基础上进行评定。使用荧光渗透剂时，最后的清洗过程应在紫外线的照射下完成，其辐照度不低于 $3W/m^2$（$300\mu W/cm^2$）。图 8-41 所示为去除多余渗透剂的方法。

（4）显像过程　在去除多余的渗透剂后，需要在被检工件表面上施加显像剂。显像剂可以是干粉，也可以是粉粒在挥发性液体中的悬浮液。干粉显像主要用于荧光渗透检测，零件干燥后，可将零件埋入显像粉中，也可用喷枪或喷

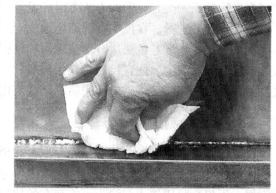

图 8-41　去除多余渗透剂

粉柜显像，采用静电喷涂会较均匀。非水基湿式显像主要采用喷罐喷涂，水基湿式显像多采用浸涂。现场的焊缝检验主要采用湿式溶剂型显像剂，悬浮在溶剂中的粉末通过喷射，在工件表面形成一层均匀的薄膜。干的粉末与渗透剂一旦接触，就立即开始显像过程，显像时间一般为 10～30min。显像时间的计算：施加干粉显像剂后立即开始，施加湿式显像剂等干燥后开始计时。显像剂层的厚度取决于采用的渗透剂。采用荧光渗透剂时，相当薄的一层就够了；采用彩色渗透剂时，应使其恰好覆盖上底色为好。渗透检测的灵敏度取决于显像剂粉粒的大小以及被检工件上显像剂层的厚度，大的颗粒尺寸和厚的显像剂层会降低渗透检测的灵敏度。图 8-42 所示为施加显像剂的方法。

（5）观察（检验）　显像剂把存在于所有表面不连续性内的渗透剂吸出并形成有反差的显示，这种"渗

出"放大了微小的不连续性，以形成便于观察的显示。如果可能应在喷上显像剂后直接观察检测面，这主要可以有助于解释所出现的显示。真正的观察应在显像完成后进行。着色渗透检测法见到的缺欠是在白底色上出现红色显示，如图 8-43 所示为渗透检测发现的裂纹。荧光渗透检测法见到的缺欠为暗黑的底色上出现黄绿颜色显示。着色渗透检测法要求检测面上的光照度至少为 500lx，日光是能满足这一要求的。荧光渗透检测法要求检测面上的辐照度至少为 $10W/m^2$（$1000\mu W/cm^2$），同时光照度不超过 20lx。采用荧光渗透法主要适于室内检测，其检测灵敏度要高于着色渗透法。

图 8-42　施加显像剂的方法

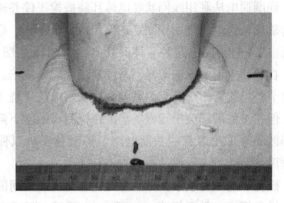

图 8-43　渗透检测发现的裂纹

三、渗透检测的特点

渗透检测能检测出的缺陷的最小尺寸，是由渗透剂的性能、检测方法、检测操作的好坏和试件表面的状况等因素决定的，好的渗透检测技术与工艺能将深 0.02mm、宽 0.001mm 的缺陷检测出来。

渗透检测的优点是：使用简便、成本低、检测快、可用于任何非多孔性材料、便于携带和技能要求低等。渗透检测的缺点是：只能检测贯通表面的缺陷、基本不反映深度信息、渗透剂可能污染部件、表面处理极其关键、需要事后清洗、可能存在有害的化学物质、可测量的次数有限和检测结果受温度影响等。与磁粉检测相比，渗透检测比较费时也比较麻烦。由于工件的状态对于测试的可靠性具有明显的影响，因此就某些应用场合而言，所需的表面清理工作量会非常大，在测试完成后还需要清理被测试部件。焊接结束后，常常出现粗糙、不规则的表面，当检测这种表面时，出现无关的显示将难以解释。

渗透检测所用的渗透剂几乎都是油类可燃性物质，喷罐式渗透剂有时是用强燃性的丙烷气充装的，使用这种渗透剂时要特别注意防火。渗透检测用的渗透剂一般是无毒或低毒的，但是如果人体直接接触或吸收渗透剂、清洗剂等，有时会感到不舒服，会出现头痛和恶心，尤其是在密封的容器内或室内检测时，容易聚集挥发性的气体和有毒气体，所以必须充分地进行通风。在规定波长范围内的紫外线对眼睛和皮肤是无害的，但如果长时间地直接照射眼睛和皮肤，有时会使眼睛疲劳和灼红皮肤，所以在检测操作时，应注意眼睛和皮肤的保护。

第五节　磁粉检测

一、磁粉检测的原理

磁粉检测主要适用于检验铁磁性材料焊缝的表面与近表面缺陷，例如碳钢或低合金钢表面的焊接裂纹、疲劳裂纹与应力腐蚀裂纹等，磁粉检测发现的近表面不连续往往需要借助于其他检测方法来验证评估。磁粉检测是利用铁磁性材料或工件被磁化后，在表面和近表面若有不连续性（材料的均质状态即致密性受到破坏）存在，则在不连续性处磁力线离开工件和进入工件表面发生局部畸变产生磁极，并形成可检测的漏磁场进行检测的方法。磁粉检测是利用漏磁场吸附施加在不连续性处的磁粉聚集形成磁痕，从而显示出不连续性的位置、形状和大小。

二、磁化方法

铁磁性材料和工件被磁化的方法分为：纵向磁化法、周向磁化法和复合磁化法。

1）纵向磁化法是利用通电或通磁来磁化工件，使其产生一个沿工件轴向或长度方向的磁场，用于检测与轴向或长度方向垂直或近于垂直的横向缺陷，如线圈通电法、磁轭法、感应电流法。

线圈通电法利用线圈状导电体环绕被检工件并通电产生纵向磁场，这种原理用于固定式磁粉检测设备时，称为"线圈通电"。电流流过这种导体时所产生的磁场如图 8-44 所示，在线圈中形成纵向磁场，易发现工件周向缺陷。检测管或管节点与接管角焊缝上的纵向裂纹采用电缆环绕工件较方便，但在工件端部会出现磁场泄漏使检测灵敏度下降，故在端部区最好采用含有"快断电路"的磁化系统以保持检测灵敏度。

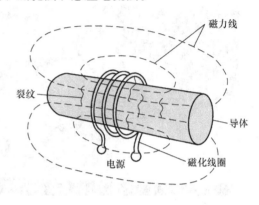

图 8-44　线圈通电法

磁轭法由磁轭或永久磁铁将焊缝表面两磁极间的区域磁化，设备轻便，易于携带，如图 8-45 所示，既适合于平面焊缝也适合于角焊缝，可检测与磁轭间连线相垂直的缺陷，为检查纵向与横向缺陷，必须在相隔90°的两个方向上施加磁场，检验速度慢。磁极与工件表面接触不良会影响检测灵敏度。

感应电流法通过磁通变化在工件上所产生的感应电流对工件进行磁化，用于发现与感应电流方向平行的缺陷，如图 8-46 所示，适于检测直径与壁厚之比大于 5 的薄壁环形件、齿轮和不允许产生电弧及烧伤的工件。

2）周向磁化法是利用对工件通电，使其产生周向磁场，用于检出与工件轴线平行或近于平行的纵向缺陷，如工件通电法、触头法、中心导体法。

工件通电法将工件夹于检测机的两接触板之间，电流从工件上通过，形成周向磁场。通电法用于固定式磁粉检测设备时，称为"工件通电"，如图 8-47 所示，可检测与电流方向平行的焊接缺陷。工件可一次通电磁化，其长度与所需电流值无关，工艺简单，效率高，检测灵敏度高，但接触不良会产生电弧烧伤。

中心导体法利用导体穿过并置于空心工件中心，电流通过导体，形成周向磁场，用于检测空心工件的内外表面与电流平行和位于端部径向的缺陷，如图 8-48 所示，适于各种有孔工件，如管子、阀体等。

图 8-45　磁轭法检测设备

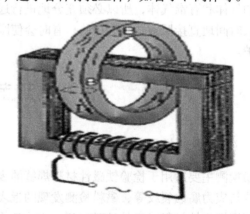

图 8-46　感应电流法

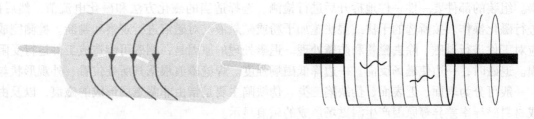

图 8-47　工件通电法　　　　　　　　　　图 8-48　中心导体法

触头法是用支杆触头接触工件表面，电流从支杆导入工件，如图 8-49 所示，适于焊缝或大型工件的局部检验。其缺点是存在电接触点，易产生火花、烧损工件表面。触头法可检测与触头间连线相平行的缺陷，通过触头位置的摆放可改变磁场方向，可检测焊缝表面的纵向与横向裂纹。

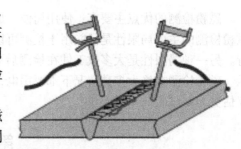

3）复合磁化法是通过对工件同时进行纵向和周向或多方向磁化，在工件上产生随时间变化的摆动、螺旋或旋转磁场，可以同时检出各方向的表面和近表面缺陷，如交叉磁轭法、交叉线圈法。

图 8-49　触头法

三、影响漏磁场的因素

影响漏磁场的因素主要有：外加磁场、缺陷位置及形状、工件表面状态和工件材质等。外加磁场强度越大，形成漏磁场强度也越大；在一定外加磁场作用下，材料的磁导率越高，工件越易被磁化，材料的磁感应强度越大，漏磁场强度也越大。缺陷埋藏深度对漏磁场的影响很大，同样的缺陷，位于工件表面时，产生的漏磁场大；若位于工件的近表面，产生的漏磁场显著减小；若位于工件表面很深处，则几乎没有漏磁场泄漏出工件表面。缺陷垂直于磁场方向，漏磁场最大，也最有利于缺陷的检出；若与磁场方向平行则几乎不产生漏磁场；当缺陷与工件表面由垂直逐渐倾斜成某一角度，而最终变为平行，即倾角等于零时，漏磁场也由最大下降至零，下降曲线类似于正弦曲线由最大值降至零值的部分。缺陷的深宽比是影响漏磁场的另一个重要因素，缺陷的深宽比越大，漏磁场越大，缺陷越容易发现。工件表面覆盖层越厚漏磁场就越小，因此有油漆的情况下磁粉检测灵敏度低。另外，工件材料及状态，如晶粒大小、碳含量、热处理、合金元素、冷加工等，对漏磁场都有影响。

四、磁粉检测的设备及步骤

磁力检测机可分为固定式、移动式和携带式三种。最常见的固定式卧式湿法检测机，设有放置工件的床身，可进行包括工件通电法、中心导体法、线圈通电法等多种磁化，配置了退磁装置和磁悬液简板喷洒装置、紫外线灯。最大磁化电流可达 12kA，主要用于中小型工件检测。移动式检测机体积、重量中等，输出电流为 3~6kA。

灵敏度试片用于检查磁粉检测设备、磁粉、磁悬液的综合性能，使用时，将试片刻有人工槽的一侧与被检工件表面贴紧，然后对工件进行磁化并施加磁粉，如果磁化方法、规范选择得当，在试片表面上应能看到与人工刻槽相对应的清晰显示。

磁粉是具有高磁导率和低剩磁的四氧化三铁或三氧化二铁粉末，湿法磁粉平均粒度为 2~10μm，干法磁粉平均粒度不大于 90μm。按加入的染料可将磁粉分为荧光磁粉和非荧光磁粉。非荧光磁粉有黑、红、白几种不同颜色。磁悬液是以水或煤油为分散介质，加入磁粉配成的悬浮液，配制浓度一般为：非荧光磁粉 10~20g/L，荧光磁粉 1~3g/L。湿粉荧光检测具有较高的检测灵敏度，因而成为许多现场和车间应用中常选的方法之一。

磁粉检测操作的一般步骤包括：预处理、磁化和施加磁粉、观察、记录以及后处理等。

预处理是把试件表面的油脂、涂料以及铁锈等清除，以免妨碍磁粉附着在缺陷上。用磁粉时还应使试件表面干燥。组装的部件要一件一件地拆开后进行检测。选择适当的磁化方法和磁化电流值，然后接通电源，对试件进行磁化操作。按所选的干法或湿法施加干粉或磁悬液。对磁痕进行观察和判断。检测完成后，根据需要，应对工件进行退磁、除去磁粉和防锈处理。退磁处理的原因是，剩磁可能造成工件运行受阻和加大零件的磨损。退磁时，一边使磁场反向，一边降低磁场强度。焊缝磁痕根据其所处位置、外观形状与焊件材质等因素，一般可分为表面、近表面、伪缺陷三类。伪缺陷主要是指由非漏磁场形成的磁痕，以及由于工件截面突变或材料磁导率差异等原因产生漏磁场形成的磁痕显示。

五、磁粉检测的特点

磁粉检测的优点主要有：使用简便、成本低、检测速度快、表面准备方便、可透过薄涂层进行检测等。磁粉检测的主要局限性是只能用于检测可以被磁化的材料，只适用于线性缺陷，并且检测需通过两个方向进行。另一种局限性是大多数工件在检测后要进行消磁处理，而且较厚的涂层有可能会掩蔽有缺欠之处的显示。磁粉检测在绝大多数情况下都要用电，这可能会限制检测设备的可携带性。焊缝或铸件的粗糙表面会使评估更为困难。

第六节 射线检测

一、射线照相法的原理

射线检测是利用射线探测零件内部缺陷的无损检测方法，利用 X 射线、γ 射线和中子射线易于穿透物体和穿透物体后衰减程度的不同，使胶片的感光程度不同来探测物体内部的缺陷，并直接显示内部缺陷的形状、大小和性质，便于缺陷的定性、定量和定位，并可检查几乎所有的金属材料。

射线检测主要适用于体积型缺陷，如气孔等的检测；在特定的条件下，也可检测裂纹、未焊透、未熔合等缺陷。

射线照相底片还可留做永久性记录。常用的射线检测方法有 X 射线、γ 射线和中子射线照相法，X 射线荧光屏观察法，X 光工业电视检测法，以及高能加速器 X 射线照相法。

X 射线和 γ 射线都是波长极短的电磁波，是一种能量极高的光子束流。由 X 射线管发出的 X 射线能谱为连续谱，因其波长分布是连续的，连续谱的最短波长 $\lambda_{\min}$（10^{-10} m）与管电压 U（kV）的关系为

$$\lambda_{\min} = \frac{12.4}{U}$$

管电压越高，最短波长 $\lambda_{\min}$ 的值就越小。

射线在穿透物质过程中与物质相互作用，除了直线前进的透射射线外，还会产生散乱射线、荧光 X 射线、光电子、反冲电子、俄歇电子等向各个方向射出，如图 8-50 所示，射线因吸收和散射而使其强度减弱。当射线贯穿不同厚度、不同物质的材料时，衰减的程度不同（衰减程度取决于材料对射线的吸收能力）。射线强度衰减的公式为

$$I = I_0 \mathrm{e}^{-\mu T}$$

式中　I——通过物体后的射线强度；

I_0——未通过物体前的射线强度（初始射线强度）；

μ——物质的衰减系数；

T——物质厚度。

射线还有一个重要性质，就是能使胶片感光，当 X 射线或 γ 射线照射胶片时，与普通光线一样，能使胶片

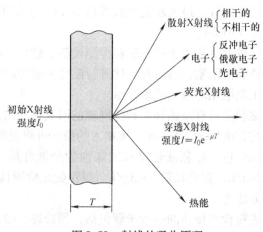

图 8-50　射线的吸收原理

乳剂层中的卤化银产生潜像中心，经显影和定影后就黑化，接收射线越多的部位黑化程度越高，这个作用叫作射线的照相作用。

射线照相是根据这个穿透或吸收原理和射线的照相作用的无损检测方法，具有高射线穿透能力（低吸收）的区域会在经过暗室处理的底片上形成黑的影像区，而具有较低射线穿透能力（高吸收）的区域会在经过暗室处理的底片上形成较淡的影像区域。当射线穿过密度大的物质如金属时，射线被吸收得多，自身衰减的程度大，使底片感光轻；当射线穿过密度小的缺陷（气孔、夹渣）时则被吸收得少，衰减小，底片感光重。铅的密度高，产生最亮的底片，如图8-51所示。薄的地方在底片上形成的影像黑，如图8-52所示。

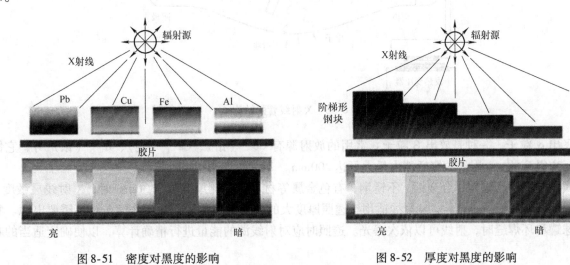

图8-51　密度对黑度的影响　　　　图8-52　厚度对黑度的影响

当焊缝内部有气孔、夹渣、裂纹等缺陷时，缺陷内的气体或非金属夹杂物等对射线的吸收能力要比钢材小得多，所以引起射线强度衰减的程度与无缺陷部位不同，从而使胶片曝光程度不同，反映在照相底片或荧光屏上的影像黑度也不同，而显示出较黑的缺陷图像。当焊缝中存在夹钨时，由于钨对射线的吸收能力比钢强，所以照相底片感光程度比钢板部分弱，故夹钨缺陷呈白色。因此，通过对射线检测底片的观察，便可发现并判断缺陷的大小、性质及分布情况。

二、射线检测设备

射线检测设备可分为：X射线检测机、高能射线检测设备、γ射线检测机三大类。

X射线检测机可分为携带式、移动式两类。移动式X射线检测机用在透照室内的射线检测，它具有较高的管电压和管电流，管电压可达450kV，管电流可达20mA，最大透照厚度约为100mm。工业X射线是由X射线管产生的。射线管是X光机的重要部件，它是由一个真空管并在管内装上钨质阴极和阳极靶构成的，阴极钨丝通电加热发射电子，阳极的表面固定以高熔点的钨或钼，称为靶，阴极与阳极间加上高电压形成强电场，阴极灯丝被加热后发射出自由电子，在强电场作用下高速飞向阳极。阳极电位越高，自由电子速度越大，动能也越大。当具有足够动能的自由电子轰击阳极靶面时，高速运动的电子被突然截止，电子失去能量，绝大部分转化为热能，少部分转变为粒子辐射能在阳极上发出X射线，称为韧致辐射，如图8-53所示。

为了满足大厚度工件射线检测的要求，设计了高能X射线检测装置，这种装置对钢件的X射线检测厚度可达500mm。它们是直线加速器、电子回旋加速器，其中直线加速器可产生大剂量射线，检测效率高，透照厚度大，目前应用最多。

γ射线是某些放射性元素的原子核在衰变时自发产生的。一些元素的原子核能不断地、自发地发射出不可见的射线，经过衰变后自身变成其他元素原子，这一过程叫作原子的蜕变（衰变）。衰变分两种，一种是

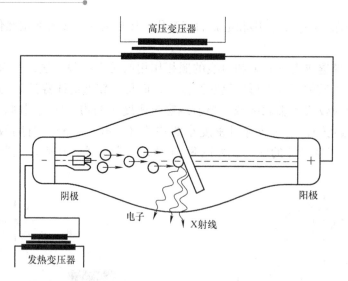

图 8-53　X 射线管的结构

原子核飞出 α 粒子，一种是放出 β 粒子。常用的放射源有 Co^{60}（钴）、Cs^{137}（铯）、Ir^{192}（铱）等，它们是通过核反应得到的。γ 射线的穿透能力最大可达 200mm。

射线检测适用于碳钢、合金钢、不锈钢、有色金属等材料。检测厚度小于 30mm 时，X 射线灵敏度比 γ 射线高，透照时间短、速度快。γ 射线适用于透照厚度大的材料，设备轻便、操作简单、不需要电源。特别是检查球罐和环焊缝时，射线可以依次曝光。透照时应对射线源的能量进行精确计算，以便确定适当的曝光时间。

无论哪种射线检测都需要底片，如图 8-54 所示，还有不透光的底片袋，以及用于识别试验物体的铅字。由于铅的高密度和局部厚度增加，γ 辐射使这些字母在已显像的底片上形成亮区。像质计（IQI）或透度计用来测定射线底片照相灵敏度，根据在底片上所显示的像质计影像，可对射线底片影像质量进行判断，从而确认底片成像是否满足检测技术条件。像质计的材质应与被检工件相同或相似，或射线吸收小于被检材料。像质计一般分为丝型、孔型、槽型三类。像质计一般原则上放置在射源侧。丝型像质计骑跨在焊缝上；孔型像质计平行放置在焊缝侧，但要有薄的垫片以到达包括余高和衬垫的焊缝厚度。透度计的厚度和孔直径或线直径尺寸的大小，造成了给定的密度差别，根据检测这些透度计的能力来验证灵敏度。图 8-55 所示为各种类型的像质计或透度计。

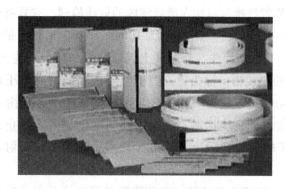

图 8-54　射线检测底片

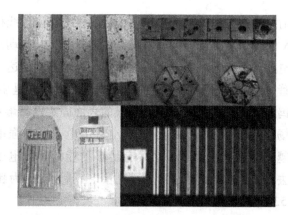

图 8-55　各种类型的像质计或透度计

三、射线照相工艺

射线照相是将 X 射线管或 γ 射线源对准焊缝、调好焦距，并将装有底片的暗袋放在焊缝背面，然后接通电源（事先选好管电压），射线管就会发出 X 射线使底片感光。感光的底片经暗室处理便显示出图像，从而可判断出缺陷的类型、位置和大小。

射线检测工艺是根据被检工件和一定的技术要求，选用适当的器材、条件和透照方法进行射线透照，继而进行适当的显影处理，以便得到可以正确评定工件内部质量的射线底片的一系列过程。透照前需要对被检工件的规格、材质、结构、制造过程、使用情况和质量要求等情况进行了解，在此基础上，选择射线源或设备型号，选择合适的底片和增感屏，选择像质计、标记、暗盒、对焦对位器具，以及曝光曲线和底片特性曲线的制备等。

一般把被检工件安放在离 X 射线装置或 γ 射线装置 0.5~1m 的位置处，把底片盒紧贴在试样背面，让射线照射适当的时间进行曝光。把曝光后的底片在暗室中进行显影、定影、水洗、干燥。把干燥的底片放在观光灯的显示屏上观察，根据底片中的黑度和图像来判断存在缺陷的种类、大小和数量，随后按通行的标准对缺陷进行评定和分级。

要得到一张好的射线照相底片，除了合理地选择透照方式外，还必须选择好透照规范，使小缺陷能够在底片上尽可能明显地辨别出来，即照相要达到高灵敏度。为了达到这一目的，除了选择质量好的细颗粒底片外，还要取得好的射线照相对比度和清晰度。对比度是指射线底片上有缺陷部分与无缺陷部分的黑度差。选择较低的管电压、梯度值大的底片以及适当的防护措施，则所得到的缺陷图像对比度就高。

射线照相清晰度是指底片上图像的清晰程度，它主要由两部分组成，即固有不清晰度和几何不清晰度。工件越薄，底片贴得越紧，清晰度越好。射线源越小，焦距越大，清晰度越好。

除了管道和无法进入内部的小直径容器只能采用双壁透照外，大多数容器壳体的焊缝照相都采用单壁透照，透照时既可以把射线源放在外面而把底片贴在内壁（外透法），也可以把射线源放在里面而把底片贴在外面（内透法）。

评片是射线照相最后一道工序，也是最重要的一道工序。通过观光灯观察底片，首先应评定底片本身质量是否合格。在底片合格的前提下，再对底片上的缺陷进行定性、定量和定位，对照标准评出工件质量等级，写出检测报告。底片质量的要求有三个方面：一是底片的黑度应在规定范围内，影像清晰，反差适中，灵敏度符合标准要求，即能识别规定的像质指数；二是标记齐全，摆放正确；三是评定区内无影响评定的伪缺陷。

四、射线的安全防护

射线具有生物效应，超剂量辐射可引起放射性损伤，破坏人体的正常组织，出现病理反应。辐射具有积累作用，超剂量辐射是致癌因素之一。

辐射剂量是指材料或生物组织所吸收的电离辐射量，它包括照射剂量 [单位为伦琴（R），$1R = 2.58 \times 10^{-4}C \cdot kg^{-1}$]、吸收剂量 [新单位为戈瑞（Gy），旧单位为拉德（rad），$1Gy = 1J \cdot kg^{-1}$，$1rad = 10^{-2}Gy$]、剂量当量 [新单位为希沃特（Sv），旧单位为雷姆（rem），$1Sv = 1J \cdot kg^{-1}$，$1rem = 10^{-2}Sv$]。我国对职业放射性工作人员剂量当量限值规定为：从事放射性的人员年剂量当量限值为 50mSv。

射线防护就是在尽可能的条件下采取各种措施，在保证完成射线检测任务的同时，使操作人员接受的剂量当量不超过限值，并且尽可能地降低操作人员和其他人员的吸收剂量。主要防护措施有屏蔽保护、距离保护和时间防护。屏蔽保护是在射线源与操作人员及其他邻近人员之间加上有效合理的屏蔽物质来降低辐射的方法。屏蔽防护应用最广泛，如射线检测机体衬铅，现场使用流动铅房和建立固定曝光室等。距离保护是利用增大射线源距离的方法来防止射线伤害的防护方法。时间防护就是减少操作人员与射线接触的时间，以减少射线损伤的防护方法。

五、射线检测的特点

射线检测方法能探测所有普通工程材料表面下的不连续性，它的主要优点是：底片是永久记录、表面准备少、缺陷辨认容易、不受材料类别的限制、较少依赖操作者的技能、可检测薄壁材料等。

除优点外，其缺点之一就是人在过多辐射下是有害的。射线照相检测的设备也是非常贵的，操作人员和评定人员的培训期长；必须要能进入被检物件的两面（一边是辐射源，另一边是底片）；更危险平面缺陷（如裂纹及未熔合）无法检测到，除非辐射源与缺陷同方向；检测物体的外形（如分支或角焊缝）会使得检测操作和评片困难。另外，射线检测还有消耗昂贵、设备笨重、缺陷几乎没有深度信息、检测结果显示慢等缺点。

第七节　超声检测

超声检测主要用于检测试件内部缺陷。所谓超声波是指超过人耳听觉，频率大于20kHz的声波。用于检测的超声波，频率为0.4~25MHz，其中用得最多的是1~5MHz。使用超声检测金属缺陷是因为超声波的指向性好，能形成窄的波束；波长短，小的缺陷也能够较好地反射；距离分辨力好，分辨缺陷的能力高。

一、超声波的发生及性质

工业用超声波是通过压电换能器产生的，换能器将电压转换成声波形式的机械能。能实现压电转换的材料称为压电材料，压电材料主要使用石英、钛酸钡等制成，它们具有压电效应，可以将电振动转换成机械振动，也能将机械振动转换成电振动。要使压电材料产生超声波，可把它切成能在一定频率下共振的片子，这种片子叫作晶片，将晶片两面都镀上银，作为电极。当高频电压加到这两个电极上时，晶片就在厚度方向产生伸缩（振动），这样就把电振动转换成机械振动了。这种机械振动发生的超声波，可传播到被检物质中去。反之，将高频机械振动传到晶片上，晶片就被振动，在晶片两电极之间就会产生高频电压，经放大、检波并显示在示波屏上，这就是超声波的接收。

波在一个周期内完成一次振动所经过的路程称为波长，用 λ 表示，根据频率 f 和波速 C 的定义，三者的关系为

$$C = \lambda f$$

分贝是计量声强和声压的单位。超声检测中，通常采用比较两个信号的声压值的方法来描述缺陷的大小。分贝值 Δ 的计算公式为

$$\Delta = 20\lg(p_2/p_1)$$

式中，p_1、p_2 为两个不同信号的声压。由于超声波信号在示波屏上的波高 H 与声压成正比，所以不同波高的分贝差值的计算公式为

$$\Delta = 20\lg(H_2/H_1)$$

当超声波碰到缺陷时会反射和散射，可是，如果缺陷的尺寸大小等于波长的一半时，由于衍射，波就会绕过缺陷传播，这样波的传播就与缺陷的存在与否没有关系了。因此，在超声检测中，缺陷尺寸的检出极限约为超声波波长的一半。缺陷的尺寸越大，越容易反射。由于缺陷形状和方向不同，其反射的方式也有所不同。较低频率用于检测粗晶材料和衰减较大的材料，较高频率用于检测细晶材料和要求高灵敏度处。超声波具有频率高、波长短、传播能量大、穿透力强、指向性好的特点。超声波在均匀介质中沿直线传播，遇到界面时发生反射和折射，并且可以在任何弹性介质（固体、液体和气体）中传播。在工业超声检测中传播介质主要是固体，液体作为耦合剂以减少声能损失。

二、超声检测的原理

超声检测实际上就是利用超声波通过两种介质的界面时发生反射和折射的特性来探测零件内部的缺陷。超声检测方法按波的传播方式分为脉冲反射法和透射法。

超声检测可以分为超声探伤和超声测厚，以及超声测晶粒度、测应力等。在超声探伤中，有根据缺陷的回波和底面的回波进行判断的脉冲反射法；有根据缺陷的阴影来判断缺陷情况的穿透法；还有由被检物产生驻波来判断缺陷情况或者判断板厚的共振法。目前用得最多的是脉冲反射法，在显示超声信号方面，目前用

得最多而且较为成熟的是 A 显示。脉冲反射法是在垂直检测时用纵波，在斜入射检测时用横波。

脉冲反射波法是利用脉冲发生器发出的电脉冲激励探头晶体产生超声脉冲波，超声波以一定的速度向零件内部传播，遇到缺陷的波发生反射，得到缺陷波，其余的波则继续传播至零件底面后发生反射，得到底波。探头接收发射波、缺陷波和底波，放大后显示在荧光屏上，如图 8-56 所示。荧光屏显示两种信息：第一，沿着屏幕的水平轴，指示各种位置或距离；第二，可以测量信号的高度，并且也可以给出所返回的声波量相应值，由此确定反射体的性质和大小，并与规范或技术条件相比对，以判断是否可以接受。

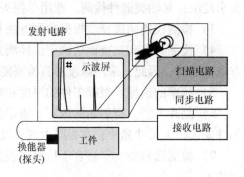

图 8-56　直探头检测示意图

超声波的垂直入射纵波检测和倾斜入射横波检测是超声检测中两种主要的检测方法，图 8-57 所示垂直入射和倾斜入射所用的探头。垂直入射纵波检测主要能发现与探测面平行或稍有倾斜的缺陷，通常用于钢板、锻件、铸件的检测；而斜射的横波检测主要能发现垂直于探测面或倾斜较大的缺陷，通常用于焊缝的检测。

图 8-57　垂直入射和倾斜入射所用的探头

在斜射法检测中，由于超声波在被检物中是斜向传播的，超声波斜向射到底面，所以不会有底面回波，因此，不能再用底面回波调节来对缺陷进行定位。而要知道缺陷位置，需要用适当的标准试块把示波管横坐标调整到适当状态，通常采用 CSK-1A 和横孔试块来进行调整。图 8-58 所示为 CSK-1A 标准试块。通过试块可以测试仪器或探头的性能，以及仪器和探头连接在一起的系统综合性能。

三、超声检测工艺

图 8-58　CSK-1A 标准试块

超声检测按原理分为脉冲反射法、穿透法和共振法，目前用得最多的是脉冲反射法。按检测图形的显示方式分为 A 型显示、B 型显示和 C 型显示，目前用得最多的是 A 型显示检测法。按超声波的波型来分，脉冲反射法可分为直射检测法（纵波）、斜射检测法（横波）、表面波检测法和板波检测法，用得较多是的纵波和横波检测法。按探头的数目分为单探头法、双探头法和多探头法，用得最多的是单探头法。按接触方法分为直接接触法和水浸法。

现将超声脉冲 A 显示检测操作要点叙述如下：

1）检测时机选择。根据要达到的检测目的，选择最适当的检测时机。例如，为减少粗晶粒的影响，电渣焊焊缝应在正火处理后检测；为估计锻造后可能产生的锻造缺陷，应在锻造全部完成后对锻件进行检测。

2）检测方法的选择。根据工件情况选定检测方法，如对焊缝选择单斜探头接触法；对钢管选择聚焦探头水浸法；对轴类锻件检测，选用单探头垂直检测法。

3）检测仪器的选择。根据检测方法和工件情况，选定能满足工件检测要求的检测仪去检测。

4）检测方向和扫查面的选定。检测方向应以能发现缺陷为准，如轧制钢板中，钢板内的缺陷是沿轧制方向伸展的，因此，采用纵波垂直检测能使超声波束垂直投照在缺陷上，这样缺陷回波最大。

5）频率的选择。根据工件的厚度和材料的晶粒大小，合理地选择检测频率。

6）晶片直径、折射角的选定。根据检测的对象和目的，合理选用晶片尺寸和折射角，例如检测大厚度工件要选择大尺寸晶片；在板厚大或者没有余高时，用小折射角。

7）检测面修整。不适合于检测的表面，必须进行适当的修整，以免不平整的表面影响检测灵敏度和检测结果。

8）耦合剂和耦合方法的选择。为使探头发射的超声波传入试件，应使用合适的耦合剂，例如对粗糙表面进行检测时，应选用黏性大的水玻璃或糨糊作为耦合剂；手工检测时，为保持耦合稳定，要用手或重物加上 $10 \sim 20N$ 的力。

9）确定检测灵敏度。用适当的标准试块的人工缺陷或试件将缺陷底面回波调节到一定的波高，确定检测灵敏度。

10）进行粗检测和精检测。为了大概了解缺陷的有无和分布情况，以较高的灵敏度进行全面扫查，称为粗检测。对粗检测发现的缺陷进行定性、定量、定位，就是精检测。

11）写出检验报告。根据有关标准，对检测结果进行分级、评定，写出检验报告。

四、超声检测的特点

超声检测的主要优点是体积测试，不仅能确定不连续性的长度和侧面位置，也能给出不连续性的深度。与射线检测相比，超声检测只需进入所测物体的一面，因此更加适合于检测容器、储罐以及管道系统。超声检测能够更好地检测平面的不连续性，如裂纹和未熔合。超声检测对于垂直于声束的不连续性更敏感。超声检测大的穿透能力，更加适合检测厚度大的材料，适合于轴类、锻件的检测，而且检测非常精确。超声检测设备非常轻便，也带有数据存储功能，所存的数据可以传递到计算机，以用作趋势分析和永久保存。

超声检测方法的主要缺点是要有非常娴熟的、有经验的操作者，被检测物体的表面必须相当光滑，而且对于接触式检测要使用耦合剂。此外，要有参考标准，并且适宜检测厚度较大的工件，不适宜检测较薄的工件，检测的最小厚度根据相关标准的规定确定。

第八节　涡流检测

涡流检测的理论基础是电磁感应原理。金属材料在交变磁场作用下产生涡流，根据涡流的大小和分布可检出铁磁性和非铁磁性材料的缺陷，或用以分选材料、测量膜层厚度和工件尺寸以及材料的某些物理性能等。

涡流检测就是使导电试件内部发生涡电流（又称涡流），并通过测量涡流变化量进行缺陷检测、材质检验和形状尺寸的检验。目前，焊缝的涡流检测主要采用多频涡流或脉冲涡流。

当载有交变电流的线圈接近被检工件时，材料表面与近表面会感应出涡流，其大小、相位和流动轨迹与被检工件的电磁特性和缺陷等因素有关，如图8-59所示，裂纹使得涡流发生改变，涡流产生的磁场作用会使线圈阻抗发生变化，测定线圈阻抗即可获得被检工件物理、结构和冶金状态等信息。

根据电学原理，励磁电流和反作用电流的相位会出现一定差异，这个相位差随着试件的形状不同而变化，所以这个相位的变化也可以作为检测试件的信息加以利用。因为涡流是交流电，所以在导体的表面电流密度较大。随着向内部的深入，电流按指数级减小，这种现象称为集肤效应。因此，从试件上取得的信息以表面上的最多，而内部的较少。缺陷越深，检测越难。一般地，频率越高，则涡流趋于被检测对象的表面分布，对于表面微小缺陷的检出能力越高，但由于随着透入深度的增大高频涡流急剧衰减，因此对于表面下具有一定深度的近表面缺陷则难以产生有效的响应；相反，频率越低，则涡流在被检测对象表面下的透入深度增大，可对试件近表面一定深度范围内的缺陷产生响应，但对于表面缺陷的检测灵敏度随励磁信号频率的降低而明显下降。以降低检测灵敏度来提高涡流检测深度，或以减小涡流透入深度来提高检测灵敏度，长期以来一直是常规涡流检测应用中在两者之间权衡取舍的焦点。

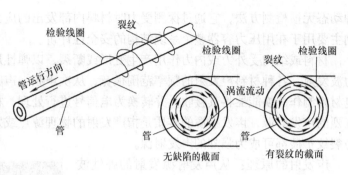

图 8-59　涡流检测示意图

涡流检测（也称电磁检测）是一种多用途的检测方法，它能用于测量被测物体的薄截面的厚度、电导率、磁导率、硬度以及热处理状态。这种检测方法也能用于为异种金属分类，并测量被测物体上非导体复层的厚度。另外，可用这种方法探测靠近被测物体表面的裂纹、缝隙、结疤、气孔以及夹杂物。

涡流检测系统一般包括涡流检测仪、检测线圈及辅助装置，如图 8-60 所示。涡流检测仪由振荡器发生交流电通入线圈内，产生交流磁场加到试件上去。因为要求涡流检测检出很微小的缺陷，所以事前需要调整电桥，使没有缺陷时的交流电输出接近零。由电桥输出的电信号通过放大后送到检波器进行检波，并作为该试件的信息在显示器上显示出来。显示器由示波

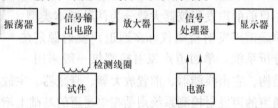

图 8-60　涡流检测系统框图

器、电表、记录仪和指示灯等组成。按试件的形状和检测目的的不同，采用不同形式的线圈，大致可分为穿过式线圈、探头式线圈和插入式线圈。

涡流检测的工艺要点：

1）试件表面的清理。试件表面在检测前要进行清理，除去对检测有影响的附着物。

2）检测仪器的稳定。检测仪器通电之后，应经过必要的稳定时间，方可选定试验规范并进行检测。

3）检测规范的选择：①检测频率的选定，应考虑透入深度和缺陷及其他参数的阻抗变化，利用指定的对比试块上的人工缺陷找出阻抗变化最大的频率和缺陷与干扰因素阻抗变化之间相位差最大的频率；②线圈的选择，要根据对比试块上的人工缺陷，选择适合于试件的形状和尺寸；③检测灵敏度的确定；④平衡调整，应在试样无缺陷的部位进行电桥的平衡调整；⑤相位角的选定；⑥直流磁场的调整。

4）检测结果。在选定的检测规范下进行检测，如果发现检测规范有变化时，应立即停止试验，重新调整之后再继续进行检测。

当线圈或试件传送时，线圈与试件间距离的变动也会成为杂乱信号的原因，因此必须注意保持固定的距离。另外，必须尽量保持固定的传送速度。

涡流检测的特点（优点和局限性）如下：①适用于各种导电材质的试件检测，无论有磁性还是非磁性，包括各种钢、钛、镍、铝、铜及其合金；②可以检出表面和近表面缺陷；③检测结果以电信号输出，容易实现自动化检测；④由于采用非接触式检测，所以检测速度很快；⑤形状复杂的试件很难应用，因此一般只用其检测管材、板材等轧制型材；⑥不能显示出缺陷图形，因此无法从显示信号判断出缺陷性质；⑦各种干扰检测的因素较多，容易引起杂乱信号；⑧由于集肤效应，埋藏较深的缺陷无法检出；⑨不能用于不导电材料的检测；⑩不需接触工件也不用耦合介质，所以可以进行高温在线检测。

第九节　声发射检测

声发射检测是一种与 X 射线和超声波等常规检测方法不同的、特殊的无损检测方法。声发射技术是一

种动态无损检测方法，它通过探测受力时材料内部发出的应力波来判断容器内部结构的损伤程度。声发射检测主要用于在用压力容器整个系统结构的安全性评价。

材料或结构受外力或内力作用产生变形或断裂，以弹性形式释放出应变能的现象称为声发射，也称为应力波发射。各种材料声发射的频率范围很宽，从次声频、声频到超声频。应力波在材料中传播，可以使用压电材料制作的换能器将其接收，并转换为电信号进行处理。材料在力的作用下能产生多种声发射信号，产生强烈的声发射源，声发射源的实质是指声发射的物理源点或发生声发射的机制源。材料在应力作用下的变形与裂纹扩展都可成为强烈的声发射源。

声发射的原理：从声发射源发射的弹性波最终传播到达材料的表面，引起可以用声发射传感器探测的表面位移，这些探测器将材料的机械振动转换为电信号，然后再被放大、处理和记录。根据观察到的声发射信号进行分析与推断以了解材料产生声发射的机制，如图8-61所示。

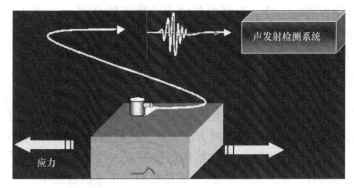

图8-61 声发射原理示意图

目前的声发射仪器大致分为两种基本类型，即单通道声发射检测仪和多通道声发射源定位和分析系统。单通道声发射检测仪一般采用一体结构，它由换能器、前置放大器、衰减器、主放大器、门槛电路、声发射率计数器以及数模转换器组成。多通道的声发射检测系统则是在单通道的基础上增加了数字测定系统以及计算机数据处理和外围显示系统。

承压类特种设备中，以压力容器声发射检测应用最多。压力容器声发射检测应按照GB/T 18182—2012《金属压力容器声发射检测及结果评价方法》的有关规定执行。压力容器耐压试验时进行的声发射检测程序如下：

1）准备工作。包括耐压试验准备和声发射检测准备，后者包括检测方案和设备器材准备。

2）布置换能器和校准声发射仪器。包括确定使用通道数、换能器布置方式和位置、施加耦合剂、固定换能器；用模拟声发射源检查和校正耦合质量、信号衰减特性、换能器间距、各通道增益、源定位精度；根据背景噪声调整门槛电压。

3）升压并进行声发射检测。试验应尽可能采用两次加压循环过程，在升压和保压过程中应连续测量和记录声发射各参数，声发射检测参数至少应包括事件数、源位置和信号的幅度。

4）检测结果的分析与评价。按活度和强度划分声发射源的等级，并确定源的综合等级。

活度是指声发射源的事件数随加压过程或时间变化的程度。如果事件数随升压或保压呈快速增加，则认为该部位的源具有强活性；如果事件数随着升压或保压呈连续增加，则认为该部位的源具有活性。如果在升压和保压过程中事件数是离散的，或间断出现，则认为该部位的源是弱活性或非活性的。

源的强度用能量、幅度或计数参数来表示。声发射信号的幅度 Q 与材料特性有关。标准规定，对16MnR，$Q > 80dB$ 为高强度源，$60dB \leq Q \leq 80dB$ 为中强度源。源的综合等级根据活度和强度分为6级，其中A级声发射源不需复验，B、C级由检验人员决定是否复验，D、E、F级声发射源必须采用常规无损检测方法复验。

声发射检测的优点：①声发射检测是一种动态检验方法；②声发射检测方法对线性缺陷较为敏感；③声发射检测在一次试验过程中能够整体探测和评价整个结构中缺陷的状态；④声发射检测可提供缺陷随载荷、时间、温度等外变量而变化的实时或连续信息，因而适用于工业过程在线监控及早期或临近破坏预报；⑤声发射检测适于其他方法难于或不能接近环境下的检测，如高低温、核辐射、易燃、易爆及极毒等环境；⑥对于在役压力容器的定期检验，声发射检测可以缩短检验的停产时间或者不需要停产；⑦对于压力容器的耐压试验，声发射检测可以预防由未知不连续缺陷引起系统的灾难性失效和限定系统的最高工作压力；⑧声发射检测适于检测形状复杂的构件。

声发射检测的局限性：①对数据的正确解释要有更为丰富的数据库和现场检测经验，因为声发射特性对材料甚为敏感，又易受到机电噪声的干扰；②声发射检测一般需要适当的加载程序，多数情况下可利用现成的加载条件，但有时还需要做特别的准备；③声发射检测目前只能给出声发射源的部位、活性和强度，不能给出声发射源内缺陷的性质和大小，仍需依赖于其他无损检测方法进行复验。

第十节 新型检测技术简介

一、超声导波技术

导波是一种以超声或声频率在波导中平行于边界传播的弹性波，频率高于20kHz声波频率的导波称为超声导波。根据被检构件特征，采用一定的方式在构件中激励出沿构件传播的导波，当该导波遇到缺陷时，会产生反射回波，采用接收传感器接收到该回波信号，通过分析回波信号特征和传播时间，即可实现对缺陷位置和大小的判别。图8-62所示为超声导波检测原理的示意图。超声导波检测系统构成如图8-63所示。

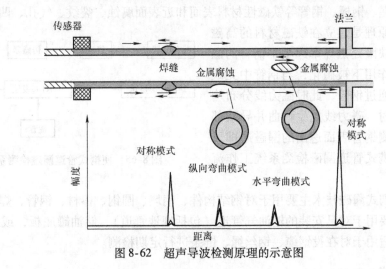

图8-62 超声导波检测原理的示意图

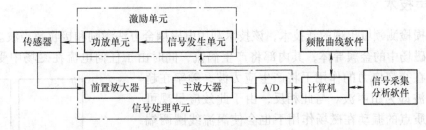

图8-63 超声导波检测系统构成

超声导波技术可用于绳、杆、棒、管、板等几何形状规则结构的缺陷检测和健康监测，适用于长输、公用、工业等各种类型的管道，以及海洋平台导管、立管等。在实践中，经常用导波对"三穿"（穿越公路、铁路、河渠）管道进行非开挖检测。

二、超声相控阵技术

相控阵超声使用的探头是由若干压电晶片组成的阵列换能器，通过电子系统控制阵列中的各个晶片按照一定的延时法则发射和接收超声波，从而实现声束的扫描、偏转与聚焦等功能。利用扫描特性，相控阵技术可以在探头不移动的情况下实现对被检测区域的扫查；利用偏转特性，相控阵技术不仅可以在探头不移动的情况下实现对被检测区域的扫查，而且可以激发多角度声束对检测区域进行较大面积覆盖，从而提高检测效率及缺陷检出率；利用聚焦特性，相控阵技术可以提高声场信号强度、回波信号幅度和信噪比，从而提高缺陷检出率，以及缺陷深度、长度的测量精度。

相控阵超声检测系统是高性能的数字化仪器，能够实现检测全过程信号的记录。通过对信号进行处理，系统能生成和显示不同方向投影的高质量图像，检测系统构成如图8-64所示。

超声相控阵技术的应用领域非常广阔，可以用在使用脉冲回波检测的任何领域。目前，超声相控阵技术主要应用在如下领域：在压力容器压力管道领域，主要用在管道的焊缝检测以及复合材料容器和管道的检测中；在石化工业中，可以用于腐蚀成像，也

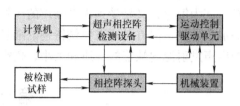

图8-64 超声相控阵检测系统构成

可以用来检测氢致开裂和应力导向氢致开裂以及储气罐；在电力工业中，可以检测电站锅炉接管座角焊缝、锅炉管道弯头、核电站停堆用冷却器热交换器的微生物腐蚀。

三、便携式漏磁技术

漏磁检测方法通常与涡流、微波、金属磁记忆一起被列为电磁无损检测方法，该方法主要应用于输油气管、储油罐底板、钢丝绳、钢板、钢管等铁磁性材料表面和近表面腐蚀、裂纹、气孔、凹坑、夹杂等缺陷的检测。漏磁检测的基本原理是建立在铁磁材料的高磁导率特性之上。钢管中缺陷处磁导率远小于钢管的磁导率，钢管在外加磁场作用下被磁化，当钢管中无缺陷时，绝大部分磁力线通过钢管，此时磁力线分布均匀；当钢管内部有缺陷时，磁力线发生弯曲并导致部分泄漏出钢管表面。检测钢管表面逸出的漏磁通即可判断是否存在缺陷。便携式管道漏磁检测系统工作流程如图8-65所示。

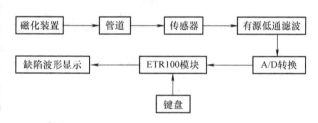

图8-65 便携式管道漏磁检测系统工作流程

在钢铁行业中，便携式漏磁技术主要用于对钢结构件、钢坯、圆钢、棒材、钢管、焊缝、钢缆的出厂检验；在石化行业中，主要用于对已安装的输油气管道（包括埋地管道）、储油罐底板，或对回收的油田钢管进行检测。漏磁检测还适用于对在役钢缆、钢丝绳、链条进行定期检测。

四、电磁超声技术

电磁超声是无损检测领域出现的新技术，该技术利用电磁耦合方法激励和接收超声波。电磁超声的产生机理是：处于交变磁场中的金属导体，其内部将产生涡流，同时由于任何电流在磁场中受到洛伦兹力的作用，因此金属介质在交变应力的作用下将产生应力波，频率在超声波范围内的应力波即为超声波。与此相反，由于此效应呈现可逆性，返回声压使质点的振动在磁场作用下也会使涡流线圈两端的电压发生变化，因此可以通过接收装置进行接收并放大显示。把用这种方法激励和接收的超声波称为电磁超声。

电磁超声检测装置主要由高频线圈、外加磁场、试件本身三部分组成，如图8-66所示。

电磁超声技术只能对具有良好导电性的物体进行检测，但由于无需接触，可在高温下运行，具有检测效率高等诸多优点，目前被广泛应用在测厚、炼钢、焊接、管道、钢板以及铁路等多方面的无损检测中。

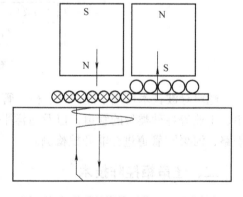

图8-66 电磁超声检测装置的基本结构

第九章

锅 炉 焊 接

18 世纪，人类发明了蒸汽机，从此开始了工业革命，随着蒸汽作为动力应用越来越广泛，锅炉制造技术不断进步，特别是 19 世纪火力发电技术的问世，锅炉制造技术更得到了飞速发展。锅炉作为最主要的取暖、动力源，在国民经济的发展中占有重要地位，得到了广泛应用。我国是一个多煤少油的国家，目前大部分锅炉主要通过煤的燃烧产生蒸汽，小型锅炉主要用于生活取暖和工厂生产，而大型锅炉主要用于生产和产生电力，在火力发电厂，锅炉产生的高温、高压蒸汽通过汽轮机带动发电机产生强大的电力。随着人们生活水平的不断提高，对电力的需求在不断地提升，虽然国家不断发展水电、核电及增加石油、天然气的使用和发展其他绿色能源，但煤在目前及可预见的将来，仍将是我国的主要能源。因此不断降低发电能耗，通过脱硫、脱硝以减少有害物的排放，是节能减排的长期任务。随着锅炉蒸汽压力、温度和单机容量不断提高，大容量超临界锅炉、超超临界锅炉的发电能耗已达到每千瓦小时耗煤小于 300g。目前我国电站锅炉已以亚临界锅炉、超临界锅炉、超超临界锅炉为主，并不断向更高参数的超临界、超超临界发展，主蒸汽温度也将随着材料的发展而不断提高以提升锅炉效率；锅炉容量也已从 50MW、100MW、135MW、300MW 发展为主要以 600MW 和 1000MW 及 1000MW 以上级别为主的大型发电用锅炉，以及部分 50MW、135MW、300MW 环保型、集中供暖和企业生产自备用锅炉。

目前我国电站锅炉的容量和参数见表 9-1。图 9-1 所示为两台配 1000MW 火力发电机组的超超临界塔式燃煤锅炉，其锅炉炉顶标高约为 130m。

表 9-1 我国电站锅炉的容量和参数

参数		容量/(t/h)	所配机组功率/MW
主蒸汽压力/MPa	主蒸汽温度/℃		
9.81	540	220	50
10.0	540	410	100
13.7	540	425	135
14.0	540	670	200
17.47	541	1025	300
17.5	541	2008	600
25.4	571	1913	600
25.4	571	2102	660
27.9	605	2955	1000

图 9-1　两台配 1000MW 火力发电机组的超超临界塔式燃煤锅炉

　　电站锅炉各部分组件处于高温高压运行状态，使用的钢种繁多，生产应用的焊接方法也多，一台 600MW 超临界压力锅炉使用的钢材超过 12300t，焊口数量达 9 万个，而一台 1000MW 超超临界塔式锅炉使用的钢材最小的约为 2.61 万 t，最大的约为 2.83 万 t，焊口数量达 13.9 万个，锅炉每一条焊缝、每一个焊口的破坏都将引起整台机组的强迫停机。

　　因此，焊接作为锅炉制造中的一项工序，比以往更受到重视，锅炉焊接的机械化、自动化也越来越成为企业提高焊接技术水平，提高劳动生产率，保证产品焊接质量的重要组成部分。

第一节　通 用 要 求

锅炉设备级别包括 A 级、B 级、C 级和 D 级。

（1）A 级锅炉　A 级锅炉是指 $p \geqslant 3.8$MPa 的锅炉（p 为额定工作压力，下同）。

（2）B 级锅炉

1）蒸汽锅炉：0.8MPa $< p < 3.8$MPa。

2）热水锅炉：$p < 3.8$MPa，且 $t \geqslant 120$℃（t 为额定出水温度，下同）。

3）气相有机热载体锅炉：$Q > 0.7$MW（Q 为额定热功率，下同）。

4）液相有机热载体锅炉　$Q > 4.2$MW。

（3）C 级锅炉

1）蒸汽锅炉：$p \leqslant 0.8$MPa，且 $V > 50$L（V 为设计正常水位水容积，下同）。

2）热水锅炉：$p < 3.8$MPa，且 $t < 120$℃。

3）气相有机热载体锅炉：0.1MW $< Q \leqslant 0.7$MW。

4）液相有机热载体锅炉：0.1MW $< Q \leqslant 4.2$MW。

（4）D 级锅炉

1）蒸汽锅炉：$p \leqslant 0.8$MPa，且 30L $\leqslant V \leqslant 50$L。

2）汽水两用锅炉：$p \leqslant 0.04$MPa，且 $D \leqslant 0.5t/h$（D 为额定蒸发量）。

3）仅用自来水加压的热水锅炉，且 $t \leqslant 95$℃。

4）气相或者液相有机热载体锅炉：$Q \leq 0.1 MW$。

锅炉焊接应按照 TSG G0001—2012《锅炉安全技术监察规程》和 NB/T 47014—2011《承压设备焊接工艺评定》的要求进行焊接工艺评定。

锅炉焊接的焊工和焊接操作工应按照 TSG Z6002—2010《特种设备焊接操作人员考核细则》考核合格且证书在有效期内。

用于锅炉受压元件的焊接材料应符合相应焊接材料的标准，其技术要求应不低于 NB/T 47018《承压设备用焊接材料订货技术条件》的要求。

第二节 锅筒的焊接

虽然整体布置中不采用锅筒部件的超临界、超超临界锅炉在大型电站锅炉中越来越作为主力机组，但大量的亚临界及以下等级的锅炉，尤其是近年来由于环保的要求，余热锅炉和垃圾焚烧炉的市场正在不断壮大，这些炉型中仍然存在锅筒部件。因此，锅筒仍然是锅炉机组中重要的部件之一。通常在锅炉机组中，锅筒是锅炉部组件中工件壁厚较厚、制造难度较高的容器，它由锅炉钢板制成大型圆筒形容器，并在其上焊接各种类型的管座和附件及预埋件。

图9-2所示的锅筒产品示意图中，A1～A6为每个筒节上的纵向对接焊缝，B1～B7为筒节与筒节或筒节与封头之间的环向对接焊缝，D1～D4为下降管、给水管与筒体之间的管座焊缝，D5～D12为其他用途的管接头与筒体或封头之间的焊缝。对于D1～D12管座、管接头焊缝，设计通常采用全焊透焊缝。

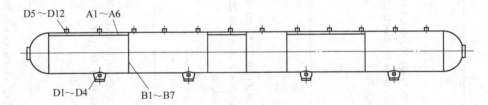

图9-2 锅筒产品示意图

锅筒主要制造工序如下：

1）锅筒筒节通常由锅炉钢板卷制成筒节或由压力机压制成半圆片状筒节，加工纵缝坡口，焊接纵缝；纵缝无损检测，卷制筒节的复卷圆，加工环缝坡口。

2）压制锅筒球形封头或椭球形封头，加工封头环缝坡口，焊接环缝，环缝无损检测。

3）筒节管座处开孔并加工管座坡口，焊接管座焊缝，管座焊缝无损检测。

4）锅筒附件焊接及锅筒内焊用于需要避免热处理的内件焊接的预埋件，无损检测。

5）锅筒热处理。

6）无损检测（按照标准和制造工艺）。

7）焊接内件。

国产锅筒用钢板按 GB 713—2014《锅炉和压力容器用钢板》规定，化学成分、力学性能见表9-2。国外中、高压锅筒常用钢板的化学成分、力学性能见表9-3。锅筒主要选材为Q245R、Q355R、Q370R（P355GH）、SA-299GrA、BHW35、WB36等，目前我国50MW以上机组的电站锅炉锅筒用钢板主要采用P355GH（19Mn6）、BHW35（13MnNiMo5-4/DIWA353）和SA-299GrA。我国各容量级别锅炉锅筒钢板选用见表9-4。

表 9-2　锅筒用钢板（GB 713—2014）

序号	牌号	化学成分（质量分数,%）						钢板厚度/mm	拉伸试验			冲击试验		弯曲 180° b=2a
		C≤	Si	Mn	P≤	S≤	其他		R_m/MPa	R_{eL}/MPa 不小于	A（%）不小于	温度/℃	冲击吸收能量 KV_2/J 不小于	
1	Q245R	0.20	≤0.35	0.50 ~ 1.10	0.025	0.010	Cu≤0.30,Ni≤0.30,Cr≤0.30,Mo≤0.008 Nb≤0.05,V≤0.05,Ti≤0.03,Alt≤0.02 Cu+Ni+Cr+Mo≤0.70	3~16	400~520	245	25	0	34	D=1.5a
								>16~36	400~520	235	25			D=2a
								>36~60	400~520	225				
								>60~100	390~510	205	24			D=2a
								>100~150	380~500	185				
								>150~250	370~490	175				
2	Q345R	0.20	≤0.55	1.20 ~ 1.70	0.025	0.010	Cu≤0.30,Ni≤0.30,Cr≤0.30,Mo≤0.008 Nb≤0.05,V≤0.05,Ti≤0.03,Alt≥0.02 Cu+Ni+Cr+Mo≤0.70	3~16	510~640	345	21	0	41	D=2a
								>16~36	500~630	325				D=3a
								>36~60	490~620	315				
								>60~100	490~620	305	20			
								>100~150	480~610	285				
								>150~250	470~600	265				
3	Q370R	0.18	≤0.55	1.20 ~ 1.70	0.020	0.010	Cu≤0.30,Ni≤0.30,Cr≤0.30,Mo≤0.08 Nb=0.015~0.050,V≤0.05,Ti≤0.03 Cu+Ni+Cr+Mo≤0.70	10~16	530~630	370	20	-20	47	D=2a
								>16~36	530~630	360				D=3a
								>36~60	520~620	340				
								>60~100	510~610	330				
4	13MnNiMoR	0.15	0.15 ~ 0.50	1.20 ~ 1.60	0.020	0.010	Cu≤0.30,Ni=0.60~1.00,Cr=0.20~0.40 Mo=0.20~0.40,Nb=0.005~0.020	30~100	570~720	390	18	0	47	D=3a
								>100~150		380				

注：a 为试样厚度，b 为试样宽度，D 为弯曲压头直径。

表9-3 国外中、高压锅筒常用钢板

序号	牌号	化学成分（质量分数，%）						板厚/mm	力学性能			
		C	Si	Mn	P	S	其他		R_m/MPa	R_{eL}/MPa ≥	A(%) ≥	KV_2/J ≥
1	P355GH	0.10~0.22	≤0.60	1.0~1.70	≤0.030	≤0.025	Al≥0.020,Cr≤0.30,Cu≤0.30,Mo≤0.08,Nb≤0.010 Ni≤0.30,Ti≤0.03,V≤0.02,Cr+Cu+Mo+Ni≤0.70	60~100	490~630	315	20	27(0℃)
2	DIWA353	≤0.17	0.05~0.56	0.95~1.70	≤0.025	≤0.004	Ni=0.6~1.0,Mo=0.2~0.4,Cr=0.15~0.45,Nb≤ 0.025,Al≥0.015	50~100 100~125 125~150	570~740	390 380 375	18	31(0℃) 39(20℃)
3	DIWA373	≤0.19	0.20~0.56	0.75~1.30	≤0.035	≤0.035	N≤0.022,Al≥0.010,Ni=0.95~1.35,Cr≤0.35 Cu=0.45~0.85,Mo=0.22~0.54,Nb=0.010~0.050	50~100 100~125 125~150	600~760 600~750 590~740	430 420 410	16	31(0℃)
4	SA-515Gr70	≤0.31 0.33 ≤0.35	0.13~0.45	≤1.30	≤0.035	≤0.035	—	≤25 >25~50 >50	485~620	260	21	—
5	SA-299GrA	≤0.26 ≤0.28	0.13~0.45 0.13~0.45	0.84~1.52 0.84~1.62	≤0.025 ≤0.025	≤0.025 ≤0.025		≤25 >25	515~655	290 275	19	—

注：
1. 序号1为熔炼分析，其余为成品分析。
2. 序号1 P355GH 摘自 DIN EN10028-2，即原 DIN 17155 的 19Mn6。
3. 序号2 DIWA353（BHW35）摘自德国 DILLNGER 钢厂1995年9月材料规范 DH-E24-C，VdTUV 材料规范编号384。
4. 序号3 DIWA373（15NiCuMoNb5-6-4 又称 WB36）摘自德国 DILLNGER 钢厂1995年9月材料规范编号377/1。
5. 序号5 SA-299GrA 拉伸长率率为50mm试样的数据。

表 9-4 我国各容量级别锅炉锅筒钢板选用

机组容量	<50MW	50MW	135MW	300MW 或 600MW	300MW 或 600MW
锅炉容量	—	220t/h	425t/h	1025t/h 或 2008t/h	1025t/h 或 2008t/h
材料	Q245R、Q355R、SA-515Gr70	Q370R、P355GH	BHW35	BHW35	SA-299GrA
壁厚/mm	—	100	92	135~145	190~210

一、主要焊缝的焊接

1. 纵缝焊接

锅筒筒节分为卷制和压制两种。

卷制筒节钢板长度为筒节圆周周长，筒节卷制后采用气割 + 打磨的方法加工纵缝坡口，筒节采用等厚度钢板，每个筒节焊接一条纵缝，通常厚壁锅筒筒节纵缝焊接坡口按图 9-3 加工，纵缝焊妥后还要进行复卷圆。

压制筒节也可采用上、下不等厚的钢板在水压机上压制成两个半瓦片状筒节，采用机加工方法加工纵缝坡口，每个筒节两条纵缝，如 300MW 和 600MW 控制循环锅炉采用 SA-299GrA 锅炉钢板制造锅筒，上半部 145°范围最小壁厚 203mm，下半部 215°范围最小壁厚 167mm，采用压制筒节可减轻锅筒重量。纵缝焊妥后不再进行复卷圆。

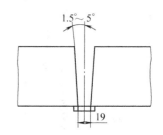

图 9-3 厚壁锅筒筒节纵缝焊接坡口

（1）卷制筒节纵缝的焊接 筒节的卷制，根据锅筒壁厚和卷板机能力及筒节材料塑性指标，对不同壁厚的锅筒采用正火状态热卷、低于 Ac_1 温度的温卷或室温下卷制。目前国内大型电站锅炉制造厂对壁厚 $t = 190~210mm$ 的 SA-299GrA 和 $t = 135~145mm$ 的 BHW35 采用正火状态热卷，对其他壁厚较薄的 Q245R、SA-515 Gr70、P355GH、BHW35 等，根据原材料塑性性能进行冷卷或低于 Ac_1 温度的温卷。卷制筒节采用气割 + 打磨的方法加工出纵缝坡口，坡口要求按图 9-3（冷卷筒节可在卷制前加工好纵缝坡口，可采用双面焊坡口。薄壁筒节可加大坡口角度以降低焊接难度），筒节内表面采用厚度为 10mm 的钢衬垫，衬垫与筒节点固焊采用 SMAW，外侧采用 SAW 多层多道焊接，外侧纵缝焊妥后采用碳弧气刨将衬垫去除并打磨，低于母材时采用 SMAW 补焊。纵缝焊妥后筒节分别按卷制温度进行复卷圆。

（2）压制筒节纵缝的焊接 压制筒节根据压力机能力采用正火状态或室温状态或低于 Ac_1 温度压制，焊接坡口采用机加工方法加工，可采用 SAW 双面焊，通常大多采用与环缝相同的焊接方法，内壁采用 SMAW，外壁采用 SAW 焊妥，SMAW/SAW 组合焊缝采用图 9-4 所示焊接坡口。

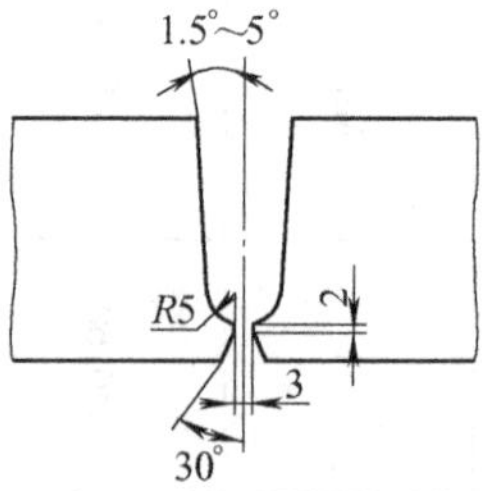

2. 环缝焊接

筒节环缝焊接通常采用内壁 SMAW 封底焊接，外壁采用 SAW 焊妥，与压制筒节纵缝相同。

3. 集中下降管、给水管焊接

图 9-4 压制筒节纵缝及环缝坡口

集中下降管、给水管等主要大管座一般与锅筒本体材料相同，对于 A 级锅炉，集中下降管、给水管与筒体的连接通常采用全焊透的接头形式，采用图 9-5 所示插入式结构，为坡口角焊缝。集中下降管、给水管根部放置钢衬垫，采用 SMAW 点固焊，外侧焊接采用 SAW 马鞍形焊机焊接，焊妥后，碳刨去除衬垫并打磨。对于设计压力、容量较小的锅筒，其集中下降管、给水管的外径较小而无法采用马鞍形焊机自动焊的管座，可选用其他要求全焊透的管接头结构形式（外径小于或者等于 108mm 且采用插入式结构的下降管除外），并采用相应的焊接工艺方法进行焊接。

4. 其他管接头焊接

锅筒上除集中下降管、给水管等大管座之外，还有众多功能不同、规格不同和结构形式不同的管接头。

这些管接头根据设计计算的需要，有采用全焊透的结构形式，也有采用非全焊透的结构形式。通常全焊透的接管坡口角焊缝优先选用如图9-6所示的结构形式。这类管接头与锅筒连接时，锅炉制造单位通常采用手工 GTAW 封底＋SMAW 焊妥，保证全焊透；对于外径大于 108mm 的这类管接头，已有锅炉制造厂实施不填丝内孔氩弧机械焊封底加外侧采用细丝 SAW 机械焊焊妥的组合焊接工艺方法，既保证全焊透，又提高了生产率和制造质量。

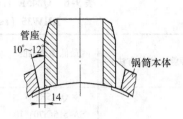

图 9-5 集中下降管坡口角焊缝

二、焊接材料的选用

主要焊缝焊接材料的选用见表9-5。

三、锅筒的焊接及热处理

1) Q245R（$t \leq 100$mm）、SA-515 Gr70（$t \leq 100$mm）、P355GH（$t \leq 100$mm）、BHW35（$t \leq 92$mm）、WB36（$t \leq 85$mm）的锅筒，焊接及热处理参数实例见表9-6。

焊接过程中停止焊接或焊接结束时应根据结构条件采取后热消氢处理，消氢处理规范：（350～400℃）×2h。

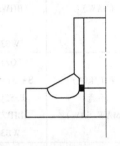

图 9-6 GTAW/SAW 组合焊管接头焊接形式

表 9-5 主要焊缝焊接材料的选用

焊缝（焊接方法）	材料						
	Q245R（$t \leq 100$mm）	SA-515 Gr70（$t \leq 100$mm）	Q355R、Q370R、P355GH（$t \leq 100$mm）	SA-299GrA（$t = 190 \sim 210$mm）	BHW35（$t = 92$mm）	BHW35（$t = 135 \sim 145$mm）	WB36（$t \leq 85$mm）
纵缝（卷制筒节）（SAW）	H08MnA ϕ4.0mm /HJ330	H08Mn2MoA ϕ4.0mm /HJ330	H08Mn2MoA ϕ4.0mm /HJ330	H10Mn2NiMoA ϕ4.0mm /SJ101	H08Mn2MoA ϕ4.0mm /SJ101	H15Mn2NiMoA ϕ4.0mm /SJ101	S3NiMo1 ϕ4.0mm /UV420TTR
环缝、纵缝（压制筒节）（SMAW/SAW）	E5015 ϕ4.0～ϕ5.0mm /H08MnA ϕ4.0mm /HJ330	E5015 ϕ4.0～ϕ5.0mm /H08Mn2MoA ϕ4.0mm /HJ330	E5015 ϕ4.0～ϕ5.0mm/H08Mn2MoA ϕ4.0mm /HJ330	E5015 ϕ4.0～ϕ5.0mm/ H08Mn2MoA ϕ4.0mm /SJ101	E6015-D1 ϕ4.0～ϕ5.0mm /H08Mn2MoA ϕ4.0mm /SJ101	E6015-D1 ϕ4.0～ϕ5.0mm /H08Mn2MoA ϕ4.0mm /SJ101	Sh Schwarz 3KNi ϕ4.0～ϕ5.0mm /S3NiMo1 ϕ4.0mm /UV420TTR
额定蒸汽压力≥3.8MPa 的下降管、给水管与筒体坡口角焊缝（SAW）	H08MnA ϕ3.0mm /HJ330	H08Mn2MoA ϕ3.0mm /HJ330	H08Mn2MoA ϕ3.0mm /HJ330	H08Mn2MoA ϕ3.0mm /HJ330	H08Mn2MoA ϕ3.0mm /HJ330	H08Mn2MoA ϕ3.0mm /HJ330	S3NiMo1 ϕ3.0mm /UV420TTR
其他碳钢管座、附件与筒体坡口角焊缝（SMAW 或 GTAW/SMAW）	ER50-6 /E5015	ER50-6 /E5015	ER50-6 /E5015	ER50-6 /E5015	ER50-6/E5015	ER50-6/E5015	ER50-6/E5015
其他碳钢管座与筒体坡口角焊缝（GTAW/SAW）	— /H10Mn2ϕ1.6mm /SJ101	— /H10Mn2ϕ1.6mm /SJ101	— /H10Mn2ϕ1.6mm /SJ101	— /H10Mn2ϕ1.6mm /SJ101	— /H10Mn2ϕ1.6mm /SJ101	— /H10Mn2ϕ1.6mm /SJ101	— /H10Mn2ϕ1.6mm /SJ101

注：1. t 为板厚。

2. S3NiMo1、Sh Schwarz 3KNi、UV420TTR 为伯乐蒂森公司焊接材料商业牌号。

焊后热处理保温时间：每 25mm 保温 1h，壁厚超过 50mm 时，每增加 25mm，保温时间增加 15min。管接头焊后热处理温度与锅筒本体热处理温度有差异时，应按锅筒本体热处理温度。

表 9-6 Q245R（$t \leqslant 100mm$）、SA-515 Gr70（$t \leqslant 100mm$）、P355GH（$t \leqslant 100mm$）、
BHW35（$t \leqslant 92mm$）、WB36（$t \leqslant 85mm$）锅筒焊接及热处理参数实例

焊缝（焊接方法）	最低预热温度/℃	焊接电流/A	焊接电压/V	焊接速度/（mm/min）	焊后热处理温度/℃
纵制（卷制）（SAW）	Q245R：5 SA-515Cr70：100 P355GH：100 BHW35：180 WB36：150	450～600	30～40	320～500	550～600（600～650） 600～650 520～550 560～600（复校圆） 555～585 555～585
纵缝（压制）、环缝（SMAW/SAW）	Q245R：5 SA-515Cr70：100 P355GH：100 BHW35：180 WB36：150	SMAW： ϕ4.0mm，140～180 ϕ5.0mm，170～210 SAW：450～550	22～28 22～28 30～38	120～180 120～180 400～600	500～600（600～650） 600～650 520～550 555～585 555～585
下降管与筒节坡口角焊缝（SAW）	Q245R：5 SA-515Gr70：80 P355GH：80 BHW35：120 WB36：150	350～450	28～34	300～500	550～600（600～650） 600～650 420～550 555～585 555～585
其他管接头与筒节坡口角焊缝封底焊接（GTAW、自动GTAW）	Q245R：5 SA-515Gr70：80 P355GH：80 BHW35：80 WB36：80	100～180	10～20	35～85	550～600（600～65） 600～650 520～550 555～585 555～585
其他管接头与筒节坡口角焊缝封底或盖面焊接（SMAW）	Q345RP：5 SA-515Cr70：80 P355GH：80 BHW35：120 WB36：150	ϕ4.0mm，140～180 ϕ5.0mm，170～210	22～28 22～28	120～180 120～180	550～600（600～650） 600～650 520～550 555～585 555～585
其他管接头与筒节坡口角焊缝盖面焊接（SAM）	Q245R：5 SA-515Gr70：80 P355GH：80 BHW35：120 WB36：150	180～250	24～30	200～350	550～600（600～650） 600～650 520～550 555～585 555～585

2）SA-299GrA（$t = 190 \sim 210mm$）锅筒焊接及热处理参数实例见表9-7。

表 9-7 SA-299 GrA（$t = 190 \sim 210mm$）锅筒焊接及热处理参数实例

焊缝（焊接方法）	最低预热温度/℃	焊接电流/A	焊接电压/V	焊接速度/（mm/min）	焊后热处理温度/℃
纵缝（卷制）（SAW）	150	450～600	30～40	320～500	885～915（正火复校圆） 605～635
纵缝（压制）、环缝（SMAW/SAW）	150	SMAW： ϕ4.0mm，140～180 ϕ5.0mm，170～210 SAW：450～550	22～28 22～28 30～38	120～180 120～180 400～600	605～635

（续）

焊缝（焊接方法）	最低预热温度/℃	焊接电流/A	焊接电压/V	焊接速度/（mm/min）	焊后热处理温度/℃
下降管与筒节坡口角焊缝（SAW）	150	350~450	28~34	300~500	605~635
其他管接头与筒节坡口角焊缝封底焊接（GTAW、全自动GTAW）	80	100~180	10~20	35~85	605~635
其他管接头与筒节坡口角焊缝封底或盖面焊接（SMAW）	120	φ4.0mm，140~180 φ5.0mm，170~210	22~28 22~28	120~180 120~180	605~635
其他管接头与筒节坡口角焊缝盖面焊接（SAW）	120	180~250	24~30	200~350	605~635

焊接过程中停止焊接或焊接结束时应根据结构条件采取后热消氢处理，消氢处理规范：（350~400℃）×2h。

焊后热处理保温时间：每25mm保温1h，壁厚超过50mm时，每增加25mm，保温时间增加15min。

3）BHW35（$t=135~145mm$）锅筒焊接及热处理参数实例见表9-8。

表9-8 BHW35（$t=135~145mm$）锅筒焊接及热处理参数实例

焊缝（焊接方法）	最低预热温度/℃	焊接电流/A	焊接电压/V	焊接速度/（mm/min）	焊后热处理温度/℃
纵缝（卷制）（SAW）	180	450~600	30~40	320~500	905~935（正火复校圆） 605~635（回火） 545~575
纵缝（压制）、环缝（SMAW/SAW）	180	SMAW： φ4.0mm，140~180 φ5.0mm，170~210 SAW：450~550	22~28 22~28	120~180 120~180	545~575
下降管与筒节坡口角焊缝（SAW）	180	350~450	28~34	300~500	545~575
其他管接头与筒节坡口角焊缝封底焊接（GTAW、全自动GTAW）	80	100~180	10~20	35~85	545~575
其他管接头与筒节坡口角焊缝封底或盖面焊接（SMAW）	150	φ4.0mm，140~180 φ5.0mm，170~210	22~28 22~28	120~180 120~180	545~575
其他管接头与筒节坡口角焊缝（SAW）	120	180~250	24~30	200~350	545~575

焊接过程中停止焊接或焊接结束时应根据结构条件采取后热消氢处理，消氢处理规范：（350~400℃）×2h。

回火保温时间：3h。

焊后热处理保温时间：5h。

四、检验与试验

1. 外观检验

1）焊缝外形尺寸应符合设计图样和工艺文件的规定，对接焊缝高度不低于母材表面，焊缝与母材平滑过渡。

2）焊缝和热影响区表面无裂纹、夹渣、弧坑和气孔。

3）锅筒纵、环焊缝及封头的拼接焊缝无咬边，其余焊缝咬边深度不超过0.5mm。

2. 无损检测

（1）蒸汽锅炉

1）射线检测（RT）。A、B级锅炉纵、环缝及封头拼接焊缝100%采用射线检测或者超声检测（壁厚<20mm的焊接接头应采用射线检测，壁厚≥20mm时，可以采用超声检测，超声检测宜采用数字式可记录仪器，若采用模拟式仪器，应当附加20%局部射线检测）；C级锅炉每条纵、环缝及封头拼接焊缝至少20%采用射线检测；D级锅炉的纵、环缝及封头拼接焊缝10%采用射线检测。

2）超声检测（UT）。A级锅炉的集中下降管角接接头及外径>108mm的角接接头100%采用超声检测。

3）磁粉检测（MT）。A级锅炉的其他外径≤108mm的角接接头，至少接头数的20%采用磁粉检测〔非铁磁材料可进行渗透检测（PT）〕。

（2）热水锅炉　B级及以上热水锅炉无损检测比例应当符合相应级别蒸汽锅炉要求，C级热水锅炉纵、环缝10%应当进行射线检测或超声检测。

（3）承压有机热载体锅炉　气相有机热载体锅炉锅筒的纵、环缝及封头的拼接对接接头100%采用射线检测；液相有机热载体锅炉锅筒的纵、环缝及封头的拼接对接接头50%采用射线检测。

局部无损检测部位必须包含纵缝与环缝的相交对接接头部位。

接头的RT、UT、MT、PT按NB/T 47013《承压设备无损检测》的规定执行，射线检测技术等级不低于AB级，超声检测技术等级不低于B级。

额定蒸汽压力>0.1MPa的锅炉，接头射线检测的质量不低于Ⅱ级；额定蒸汽压力≤0.1MPa的锅炉，接头射线检测的质量不低于Ⅲ级。

接头超声检测的质量不低于Ⅰ级。

磁粉检测的焊接接头质量等级不低于Ⅰ级。

3. 焊接试件

为检验产品焊接接头的力学性能，应当焊制产品焊接试件，对于焊接质量稳定的制造单位，经过技术负责人批准，可以免做焊接试件，但是有下列情况之一的，应当制作焊接试件：

1）制造单位按照新焊接工艺制造的前5台锅炉。

2）用合金钢制作的以及工艺要求进行焊接热处理的锅筒。

3）锅炉设计图样要求制作焊接试件的。

焊接试件制作的具体要求如下：

1）每个锅筒的纵缝应制作一块检查试件，纵缝焊接试件应当作为产品纵缝的延长部分焊接（电渣焊除外，由于窄间隙埋弧焊的应用，电渣焊其实已经基本不用了）。

2）产品焊接试件应当由焊接该产品的焊工焊接，试件材料、焊接材料和工艺条件应当与所代表的产品相同。

3）需要热处理时，试件应当与所代表的产品同炉热处理。

4）焊接试件的数量、尺寸应当满足检验和复验所需要试样的制备。

试样制取和性能试验的具体要求如下：

1）焊接试件经过外观检验和无损检测后，在合格部位制取试样。

2）焊接试件上制取试样的力学性能检验类别、试样数量、取样和加工要求、试验方法、合格指标及复验应当符合NB/T 47016—2011《承压设备产品焊接试件的力学性能检验》要求，同时按TSG G0001—2012

《锅炉安全技术监察规程》要求制取熔敷金属和热影响区冲击韧性试样及全焊缝金属拉伸试样，即从试件上取 1 个接头拉伸试样，2 个弯曲试样，3 个一组熔敷金属冲击韧性试样，3 个一组热影响区冲击韧性试样，当板厚 $t \leqslant 70mm$ 时，应从检查试板上沿焊缝纵向切取全焊缝拉伸试样 1 个，当板厚 $t > 70mm$ 时，应取全焊缝金属拉伸试样 2 个。

焊接接头性能试验考核要求如下：

焊接接头的抗拉强度不低于母材抗拉强度的最低值；试样如果断在焊缝或熔合线以外的母材上，其抗拉强度不低于母材抗拉强度的 95%，可认为试样符合要求。

全焊缝金属拉伸试样的抗拉强度不低于母材规定值的抗拉强度最低值；全焊缝金属拉伸试样的断后伸长率不小于 20% 和 $(4820/U + 10)$% 中的较小值（U 为被焊母材规定的抗拉强度最低值，单位为 MPa）。

弯曲试样弯曲到规定的角度后，其拉伸面上的焊缝和热影响区内，沿任何方向不得有单条长度大于 3mm 的开口缺陷，试样的棱角开裂不计，但由于未熔合、夹渣或其他内部缺欠引起的棱角开口缺陷长度应计入。

3 个一组的冲击韧性试样的常温冲击吸收能量平均值应不低于规定值，且不低于 27J（10mm × 10mm 标准试样），至多允许有 1 个试样的冲击吸收能量低于上述指标值，但不低于上述指标值的 70%。

4. 水压试验

水压试验应在无损检测和热处理后进行。水压试验时，压力应缓慢地升降。当水压上升到工作压力，应暂停升压，检查有无漏水或异常现象，然后升压到试验压力，锅筒应在试验压力下保持 20min，然后降到工作压力进行检查。检查期间压力应保持不变。

以部件形式出厂的锅筒水压试验压力为其工作压力的 1.25 倍，也有 50~600MW 电站锅炉按合同技术要求进行 1.5 倍工作压力的水压试验。

第三节 集箱的焊接

集箱在锅炉中起到汇集汽水的作用，锅炉受热面管内的水和蒸汽吸收燃料燃烧的热量，最终成为有一定温度和压力的水或蒸汽，汇集到出口集箱，然后输送到需使用热水或蒸汽的场合。大型电站锅炉受热面管内的高温高压蒸汽最终汇集到末级过热器出口集箱，再由管道输送到汽轮机高压缸，推动汽轮机运转做功，并带动发电机产生强大的电力，之后温度、压力已降低的蒸汽从汽轮机返回锅炉再热器，再次加热后汇集到再热器出口集箱后送到汽轮机低压缸做功。大型电站锅炉集箱主要有水冷壁集箱、省煤器集箱、过热器集箱、再热器集箱及类似集箱形状的起动（汽水）分离器、管道、储水箱、减温器等。

图 9-7 中 B1~B3 为拼接环缝或集箱与端盖焊缝，D1~D4 为全焊透管座焊缝，其余 D5~D30 为全焊透或部分焊透管接头。

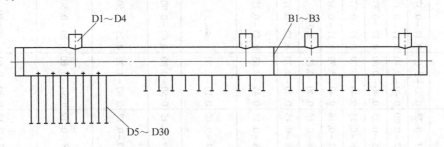

图 9-7 集箱环缝、全焊透管接头、部分焊透管接头示意图

同一部件的集箱，例如过热器集箱，有低温过热器集箱、高温过热器集箱之分，即使同一过热器集箱，也有进口集箱和出口集箱之分，所以不同的集箱其所承受的温度、压力各不相同，所使用的材料也不尽相同。目前国内温度、压力参数最高的 1000MW 超超临界锅炉，其末级过热器出口集箱所输出的主蒸汽温度、压力分别为 605℃ 和 27.9MPa，所以，应当根据不同的温度和蒸汽压力选用合适的材料作为集箱用材。我国集箱用钢管与受热面钢管为同一标准，我国用于集箱的钢管材料见表 9-9。ASME 动力锅炉建造规程用于集箱的钢管见表 9-10。表 9-11 为国内外集箱用钢管牌号对照。

表9-9　高压锅炉用无缝钢管（GB 5310—2017）

序号	牌号	化学成分（质量分数，%）								拉伸性能			冲击吸收能量 KV_2/J 纵向/横向≥	硬度 HBW
		C	Si	Mn	Cr	Mo	S≤	P≤	其他	R_m/MPa	R_{eL}/MPa ≥	A（%）纵向/横向≥		
1	20G	0.17~0.23	0.17~0.37	0.35~0.65			0.015	0.025		410~550	245	24/22	40/27	120~160
2	15MoG	0.12~0.20	0.17~0.37	0.40~0.80		0.25~0.35	0.015	0.025		450~600	270	22/20	40/27	125~180
3	20MoG	0.15~0.25	0.17~0.37	0.40~0.80		0.44~0.65	0.015	0.025		415~665	220	22/20	40/27	125~180
4	12CrMoG	0.08~0.15	0.17~0.37	0.40~0.70	0.40~0.70	0.40~0.55	0.015	0.025		410~560	205	21/19	40/27	125~170
5	15CrMoG	0.12~0.18	0.17~0.37	0.40~0.70	0.80~1.10	0.40~0.55	0.015	0.025		440~640	295	21/19	40/27	125~170
6	12Cr2MoG	0.08~0.15	≤0.50	0.40~0.60	2.00~2.50	0.90~1.13	0.015	0.025		450~600	280	22/20	40/27	125~180
7	12Cr1MoVG	0.08~0.15	0.17~0.37	0.40~0.70	0.90~1.20	0.25~0.35	0.015	0.025	V=0.15~0.30	470~640	255	21/19	40/27	135~195
8	12Cr2MoWVTiB	0.08~0.15	0.45~0.75	0.45~0.65	1.60~2.10	0.25~0.65	0.015	0.025	V=0.28~0.42,Ti=0.08~0.18,B=0.002~0.008,W=0.30~0.55	540~735	345	18/—	40/—	160~220
9	07Cr2MoW2VNbB	0.04~0.10	≤0.50	0.10~0.60	1.90~2.60	0.05~0.30	0.010	0.025	V=0.20~0.30,Al≤0.030,W=1.45~1.75,Nb=0.02~0.08,N≤0.030,B=0.005~0.006	≥510	400	22/18	40/27	150~220
10	12Cr3MoVSiTiB	0.09~0.15	0.60~0.90	0.50~0.80	2.50~3.00	1.00~1.20	0.015	0.025	V=0.25~0.35,Ti=0.22~0.38,B=0.0005~0.011	610~805	440	16/—	40/—	180~250
11	15Ni1MnMoNbCu	0.10~0.17	0.25~0.50	0.80~1.20	—	0.25~0.50	0.015	0.025	Ni=1.00~1.30,Al≤0.050,Cu=0.50~0.80,Nb=0.015~0.045,N≤0.020	620~780	440	19/17	40/27	185~255
12	10Cr9Mo1VNbN	0.08~0.12	0.20~0.50	0.30~0.60	8.00~9.50	0.85~1.05	0.010	0.020	V=0.18~0.25,Ni≤0.40,Al≤0.020,Nb=0.06~0.10,N=0.030~0.070	≥585	415	20/16	40/27	185~250
13	10Cr9MoW2VNbBN	0.07~0.13	≤0.50	0.30~0.60	8.50~9.50	0.30~0.60	0.010	0.020	V=0.15~0.25,Ni≤0.40,N=0.030~0.070,W=1.50~2.00,Al≤0.020,Nb=0.04~0.09,B=0.001~0.006	≥620	440	20/16	40/27	185~250
14	07Cr19Ni10	0.04~0.10	≤0.75	≤2.00	18.0~20.0	—	0.015	0.030	Ni=8.00~11.00	≥515	205	35/—	—/—	140~192
15	07Cr18Ni11Nb	0.04~0.10	≤0.75	≤2.00	17.0~19.0	—	0.015	0.030	Ni=9.00~13.00,Nb=8C~1.10	≥520	205	35/—	—/—	140~192

表9-10 ASME 锅炉规范所使用的集箱钢管

序号	牌号	C	Mn	Si	Cr	Mo	S≤	P≤	其他	R_m/MPa ≥	R_{eL}/MPa ≥	A（%）≥ 纵向/横向	硬度 HBW(HV) ≤
1	SA-106B	≤0.30	0.29~1.06	≥0.10	≤0.40	≤0.15	0.035	0.035	Ni≤15，V≤0.08，Cr+Mo+Ni+V≤1	415	240	30/16.5	—
2	SA-106C	≤0.35	0.29~1.06	≥0.10	≤0.40	≤0.15	0.035	0.035	Ni≤0.15，V≤0.08，Cr+Mo+Ni+V≤1	485	275	30/16.5	—
3	SA-335P12	0.05~0.15	0.30~0.61	≤0.50	0.80~1.25	0.44~0.65	0.025	0.025		415	220	30/20	—
4	SA-335P11	0.05~0.15	0.30~0.60	0.50~1.00	1.00~1.50	0.44~0.65	0.025	0.025		415	205	30/20	—
5	SA-335P22	0.05~0.15	0.30~0.60	≤0.50	1.90~2.60	0.87~1.13	0.025	0.025		415	205	30/20	—
6	SA-335P36 (15NiCuMoNb5-6-4)	0.10~0.17	0.80~1.20	0.25~0.50	≤0.30	0.25~0.50	0.025	0.030	Ni=1.00~1.30，Cu=0.50~0.80，Nb=0.015~0.045，V≤0.02，N=0.02，Al≤0.05	620	440	15/—	—
7	SA-335P91	0.08~0.12	0.30~0.60	0.20~0.50	8.50~9.50	0.85~1.05	0.010	0.020	V=0.18~0.25，Nb=0.06~0.10，N=0.030~0.070，Ni≤0.40，Al≤0.02，Ti≤0.01，Zr≤0.01	585	415	20/—	250 (265)
8	SA-335P92	0.07~0.13	0.30~0.60	≤0.50	8.50~9.50	0.30~0.60	0.010	0.020	V=0.15~0.25，N=0.03~0.07，Ni≤0.40，Nb=0.04~0.09，W=1.50~2.00，B=0.001~0.006，Ti≤0.01，Al≤0.02，Zr≤0.01	620	440	20/—	250 (265)
9	SA-335P122	0.07~0.14	≤0.70	≤0.50	10.00~11.50	0.25~0.60	0.010	0.020	V=0.15~0.30，W=1.50~2.50，Cu=0.30~1.70，Nb=0.04~0.10，B=0.0005~0.005，N=0.030~0.070，Ni≤0.50，Al≤0.02，Ti≤0.01，Zr≤0.01	620	440	20/—	250 (265)
10	SA-376TP304H	0.04~0.10	≤2.00	≤0.75	18.0~20.0	—	0.030	0.040	Ni=8.00~11.0	515	205	35/25	—
11	SA-376TP347H	0.04~0.10	≤2.00	≤0.75	17.0~20.0	—	0.030	0.040	Ni=9.00~13.0，Nb+Ta=10C~1.00	515	205	35/25	—

表 9-11　国内外集箱用钢管牌号对照

合金系统	中国 GB	美国 ASME	欧洲 EN	日本
碳钢	20、20G	SA-106B	St45.8/Ⅲ	STPT42
	—	SA-106C	—	—
1Cr-0.5Mo	15CrMoG	SA-335P12	13CrMo4-5	STPA22
2.25Cr-1Mo	12Cr2MoG	SA-335P22	10CrMo9-10	STPA24
1Cr-Mo-V	12Cr1MoVG	—	—	—
NiCuMoNb	15Ni1MnMoNbCu	SA-335P36	15NiCuMoNb5-6-4	—
9Cr-1Mo-V	10Cr9Mo1VNbN	SA-335P91	X10CrMoVNb9-1	—
9Cr-2W-Mo-V	10Cr9MoW2VNbBN	SA-335P92	X10CrWMoVNb9-2	—
18Cr-9Ni	07Cr19Ni10	SA-376TP304H	X6CrNi18-10	SUS304HTP
19Cr-11Ni-Nb	07Cr18Ni11Nb	SA-376TP347H	X7CrNiNb18-10	SUS347HTP

注：St45.8/Ⅲ 符合 DIN17175 标准。

一、集箱环缝焊接

1. 焊接方法

通常，集箱本体采用无缝钢管，工厂按设计图样将钢管拼接到一定尺寸，或在钢管之间插入三通或者弯头，集箱的一端或两端还要与端盖焊接，这些全部归入集箱环缝焊接。由于集箱所承受的工作条件，环缝要求全焊透，并且集箱的结构形式只能采取单面焊方法，集箱环缝焊接坡口如图 9-8 所示，坡口尺寸见表 9-12。集箱环缝拼接主要采用以下焊接工艺方法：

（1）手工氩弧焊（GTAW）+焊条电弧焊（SMAW）+埋弧焊（SAW）　这种焊接工艺主要是通过采用 GTAW 封底焊接实现单面焊双面成形并保证根部全焊透，再在同一工位进行 SMAW 加厚，使 GTAW+SMAW 焊缝厚度达到 10mm，然后采用 SAW 进行填充盖面焊妥焊缝。GTAW+SMAW 焊缝厚度达到 10mm 的目的：①确保 SAW 不会焊穿；②焊缝具有一定的强度，可吊运到 SAW 工位，并采用 SAW 焊妥。由于 SAW 只能采用平焊位置，并且对集箱管外径有限制，因此这种组合的焊接工艺方法通常适用于集箱管外径≥219mm、壁厚≥15mm 的直管拼接焊缝或直管与弯头之间的对接焊缝的焊接，难以应用到空间位置集箱环缝的焊接。GTAW+SMAW+SAW、GTAW+SMAW 都是锅炉制造厂家普遍使用的组合焊接工艺。

（2）手工氩弧焊（GTAW）+焊条电弧焊（SMAW）　这种焊接工艺主要是通过采用 GTAW 封底焊接实现单面焊双面成形并保证根部全焊透，然后采用 SMAW 进行填充盖面焊妥焊缝。这种组合焊接方法对集箱部组件中对接焊缝的焊接位置、管径、壁厚都不受限制。由于 GTAW+SMAW 均属于手工焊范畴，焊接效率较低，因此，锅炉制造行业通常能采用 SAW 或 GTAW-HW 等机械高效焊接工艺的，都会优先采用。

（3）全位置 TIG 焊（GTAW-AP）　这种焊接工艺通过将全位置 TIG 焊装置（有卡盘式、小车式）装夹在集箱管上，通过焊接电源自动控制该装置上的焊枪、送丝机构、旋转（行走）机构及摆动机构等实现打底、填充及盖面焊缝的焊妥。这种焊接工艺按焊接装置的装夹方式分为卡盘式和小车式两种；按焊丝送入熔池时的状态分冷丝和热丝两种；按坡口形式可分为普通型和窄间隙型两种。适合于集箱部组件中各种空间位置的对接焊缝的焊接。全位置 TIG 焊的优点是焊缝质量佳，合格率高，适用于高合金材料的焊接。全位置 TIG 焊当前存在的缺点主要是焊接效率普遍低于 SAW，特别是冷丝全位置 TIG 焊和适用普通坡口形式的全位置 TIG 焊工艺，焊接效率低下，设备价格昂贵。国内电力安装公司及个别大型锅炉制造厂有采用这种焊接工艺的业绩，但目前并没有得到锅炉制造厂家普遍使用。

（4）机械氩弧焊（GTAW）＋埋弧焊（SAW） 这种组合焊接工艺主要是通过采用机械氩弧焊设备，转动集箱管实现GTAW封底焊接，获得单面焊双面成形并全焊透的焊缝，加厚至6mm以后，采用SAW进行后续的填充盖面焊妥焊缝。封底焊接可以采用冷丝GTAW，也可以采用热丝GTAW，该焊接方法组合从常规的SAW改为窄间隙焊接，坡口间隙小，焊接机械化程度大大提高。目前国内个别大型锅炉制造厂家已有采用该焊接工艺的业绩，但该类设备的采购和维护成本高，并没有得到锅炉制造厂家的普遍推广使用。

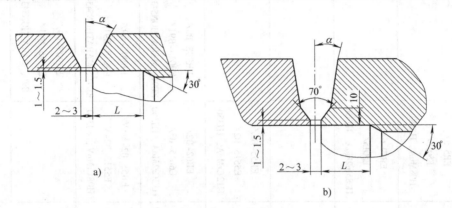

a) b)

图 9-8 集箱环缝焊接坡口

表 9-12 坡口尺寸

集箱壁厚 t/mm	坡口角度 α/(°)	内镗直线段长度 L/mm	内镗直径
$t \leqslant 16$	32.5	—	可不内镗
$16 < t \leqslant 30$	32.5	25	壁厚不小于最小壁厚
$30 < t \leqslant 40$	15	50	壁厚不小于最小壁厚
$40 < t \leqslant 80$	10	50	壁厚不小于最小壁厚
$80 < t \leqslant 140$	7.5	50	壁厚不小于最小壁厚

2. 集箱环缝焊接材料的选用

集箱环缝与本体一样承受高温高压，因此环缝必须具备与本体同样的性能。对于碳钢焊接材料的选择，主要是考虑力学性能，而对于合金钢材料，还必须考虑焊缝金属的化学成分与母材相当。环缝焊接材料推荐见表 9-13。

3. 集箱环缝的焊接工艺

集箱环缝 GTAW/SMAW/SAW 和 GTAW/SMAW 的焊接及热处理参数实例见表 9-14。

集箱环缝 GTAW/SAW 的焊接及热处理参数实例见表 9-15。

4. 集箱环缝的热处理规范

壁厚≤30mm 的 20、20G、St45.8/Ⅲ、SA-106B、STPT42 等级的碳钢，环缝对接接头可不热处理；壁厚＜20mm 的 SA-106C 环缝对接接头可不热处理；壁厚≤30mm 的 SA-106C、碳当量≤0.45 时，增加预热措施，环缝对接接头可不热处理；壁厚≤10mm 的 15CrMoG、13CrMo4-5、SA-335P12（SA-335P11）的环缝对接接头可不热处理；壁厚≤6mm 的 12Cr1MoVG 环缝对接接头可不热处理；壁厚≤16mm 的 12Cr2MoG、10CrMo9-10、SA-335P22 环缝对接接头，以不低于150℃的温度进行预热，可不热处理。其余除不锈钢外的表 9-13 ~ 表 9-15 所列同种材料环缝焊后热处理温度应不低于母材焊后热处理温度下限，异种材料集箱环缝焊接热处理温度应取两者热处理温度的较高值，但不得超过任一材料的 Ac_1 温度。

表9-13 环缝焊接材料推荐

材料	20、20G、St45.8/Ⅲ、SA-106B	SA-106C	15NiCuMoNb5-6-4	15CrMoG、13CrMo4-5、SA-335P12	12Cr2MoG、10CrMo9-10、SA-335P22	12Cr1MoVG	10Cr9Mo1VNb、SA-335P91	10Cr9MoW2VNbBN、SA-335P92
20、20G、St45.8/Ⅲ、SA-106B	ER50-6/ E5015/ H08MnA、HJ330	ER50-6/ E5015/ H08MnA、HJ330	ER50-6/ E5015/ H08MnA、HJ330	ER50-6/ E5015/ H08MnA、HJ330	ER50-6/ E5015/ H08MnA、HJ330	ER5-6/ E5015/ H08MnA、HJ330		
SA-106C	ER5-6/ E5015/ H08Mn2MoA、HJ350	ER5-6/ E5015/ H08Mn2MoA、HJ350	ER50-6/ E5015/ H08Mn2MoA、HJ350	ER50-6/ E5015/ H08Mn2MoA、HJ350	ER50-6/ E5015/ H08Mn2MoA、HJ350	ER50-6/ E5015/ H08Mn2MoA、HJ350		
15NiCuMoNb5-6-4			Union Imo/ SH Schwarz3KNi/ S3NiMo1、UV420TTR					
15CrMoG、13CrMo4-5、SA-335P12				ER55-B2/ E5515-B2/ H12CrMoA、HJ350	ER55-B2/ E5515-B2/ H12CrMoA、HJ350	ER55-B2/ E5515-B2/ H12CrMoA、HJ350		
12Cr2MoG、10CrMo9-10、SA-335P22					ER62-B3/ E6015-B3/ H12Cr2MoA、HJ350	ER62-B2/ E6015-B3/ H12Cr2MoA、HJ350	ER90S-B9/ E9015-B91/ EB91、MARATHON543	
12Cr1MoVG						ER55-B2-MnV/ E5515-B2-V/ H08CrMoV、HJ350	ER90S-B9/ E9015-B91/ EB91、MARATHON543	
10Cr9Mo1VNb、SA-335P91							ER90S-B9/ E9015-B91/ MARATHON543	ER90S-B9/ E9015-B91/EB91、MARATHON543
10Cr9MoW2VNbBN、SA-335P92								MTS616/ ER9015-B92/NTS616、MARATHON543

注：本表按GTAW/SMAW/SAW配备焊接材料，若采用GTAW/SMAW，则采用其中的GTAW焊丝和SMAW焊条；若采用GTAW-AP，则采用GTAW焊丝。Union Imo、SH Schwarz3KNi、S3NiMo1、UV420TTR、MTS616、MARATHON543为伯乐蒂森公司焊接材料商业牌号。

表 9-14　集箱环缝 GTAW/SMAW/SAW 和 GTAW/SMAW 的焊接及热处理参数实例

材料	焊接方法	焊接材料直径/mm	最低焊接预热温度/℃	最高道间温度/℃	焊接电流/A	焊接电压/V	焊接速度/(mm/min)
20、20G、SA-106B、St45.8/Ⅲ	GTAW	2.5	5	350	100~160	10~16	35~70
	SMAW	4.0			140~180	22~28	120~180
	SMAW	5.0			170~210	22~28	120~180
	SAW	4.0			450~550	30~38	400~600
SA-106C	GTAW	2.5	10	350	100~160	10~16	35~70
	SMAW	4.0	150		140~180	22~28	120~180
	SMAW	5.0			170~210	22~28	120~180
	SAW	4.0			450~550	30~38	400~600
15NiCuMoNb5-6-4	GTAW	2.4	80	350	100~160	10~16	35~70
	SMAW	4.0			140~180	22~28	120~180
	SMAW	5.0	120		170~210	22~28	120~180
	SAW	4.0			450~550	30~38	400~600
15CrMoG、13CrMo4-5、SA-335P12、SA-335P11、12Cr1MoVG	GTAW	2.5	80	350	100~160	10~16	35~70
	SMAW	4.0			140~180	22~28	120~180
	SMAW	5.0	150		170~210	22~28	120~180
	SAW	4.0			450~550	30~38	400~600
12Cr2MoG、10CrMo9-10、SA-335P22	GTAW	2.5	80	350	100~160	10~16	35~70
	SMAW	4.0			140~180	22~28	120~180
	SMAW	5.0	200		170~210	22~28	120~180
	SAW	4.0			450~550	30~38	400~600
10Cr9Mo1VNbN、10Cr9MoW2VNbBN、SA-335P91、SA-335P92	GTAW	2.4	100	300	100~160	10~16	35~70
	SMAW	3.0			90~130	22~28	120~180
	SMAW	4.0	200		140~180	22~28	120~180
	SAW	3.0			350~450	30~38	400~600

注：SA-106C 等级以上的材料按实际化学成分和拘束程度，应考虑是否进行焊后消氢处理；异种材料焊接时，应按较高等级的材料进行预热和控制道间温度及按相应的焊接材料选择焊接参数。

表 9-15　集箱环缝 GTAW/SAW 的焊接及热处理参数实例

材料	焊接方法	焊接材料直径/mm	最低焊接预热温度/℃	最高道间温度/℃	焊接电流/A	焊接电压/V	焊接速度/(mm/min)
20、20G、SA-106B、St45.8/Ⅲ	GTAW	1.0	5	350	120~160	10~14	100~150
	SAW	1.6			180~350	28~34	280~560
SA-106C	GTAW	1.0	10	350	120~160	10~14	100~150
	SAW	1.6	150		180~350	28~34	280~560
15NiCuMoNb5-6-4	GTAW	1.0	80	350	120~160	10~14	100~150
	SAW	1.6	120		180~350	28~34	280~560
15CrMoG、13CrMo4-5、SA-335P12、SA-335P11、12Cr1MoVG	GTAW	1.0	80	350	120~160	10~14	100~150
	SAW	1.6	150		180~350	28~34	280~560

（续）

材料	焊接方法	焊接材料直径/mm	最低焊接预热温度/℃	最高道间温度/℃	焊接电流/A	焊接电压/V	焊接速度/(mm/min)
12Cr2MoG、10CrMo9-10、SA-335P22	GTAW	1.0	80	350	120～160	10～14	100～150
	SAW	1.6	200		180～350	28～34	280～560
10Cr9Mo1VNbN、10Cr9MoW2VNbBN、SA-335P91、SA-335P92	GTAW	1.0	100	300	120～160	10～14	100～150
	SAW	1.6	200		180～350	28～34	280～560

注：20、20G、SA-106B、St45.8/Ⅲ材料SAW焊丝采用H10Mn2；碳钢、1Cr-0.5Mo、12Cr1MoVG、2.25Cr-1Mo材料SAW焊剂采用SJ101；其余焊接材料按表9-13选取；SA-106C等级以上的材料按实际化学成分和拘束程度，应考虑是否进行焊后消氢处理；异种材料焊接时，应按较高等级的材料进行预热和控制道间温度及按相应的焊接材料选择焊接参数。

集箱环缝焊接热处理保温温度见表9-16。

表9-16 集箱环缝焊接热处理保温温度 （单位：℃）

集箱管材料	集箱管材料							
	20、20G、St45.8/Ⅲ、SA-106B	SA-106C	15NiCuMoNb5-6-4	15CrMoG、13CrMo4-5、SA-335P12	12Cr2MoG、10CrMo9-10、SA-335P22	12Cr1MoVG	10Cr9Mo1VNbN、SA-335P91	10Cr9MoW2VNbBN、SA-335P92
20、20G、St45.8/Ⅲ、SA-106B	550～600（600～650）	600～650	580～610	660～700	680～710	680～710		
SA-106C		600～650	600～630	660～700	680～710	680～710		
15NiCuMoNb5-6-4			580～610					
15CrMoG、13CrMo4-5、SA-335P12				660～700	680～720	680～720		
12Cr2MoG、10CrMo9-10、SA-335P22					700～740	700～740	730～760	
12CrMoVG						700～740	730～760	
10Cr9Mo1VNbN、SA-335P91							745～775	745～775
10Cr9MoW2VNbBN、SA-335P92								760～790

集箱环缝热处理保温时间：

碳钢、15NiCuMoNb5-6-4，壁厚$t \leqslant 50mm$，1h/25mm；壁厚$t > 50mm$，保温时间$(h) = 2 + (t - 50)/100$。

1Cr-0.5Mo、2.25Cr-1Mo、12Cr1MoVG，壁厚$t \leqslant 125mm$，1h/25mm；壁厚$t > 125mm$，保温时间$(h) = 5 + (t - 125)/100$。

10Cr9Mo1VNbN（P91），1h/25mm，至少5h。

10Cr9MoW2VNbBN（SA-335P92），1h/25mm，至少6h。

二、集箱管接头的焊接

1. 管接头结构型式及焊接方法

集箱上有众多的管接头或管座，集箱通过管接头或管座与受热面管或管道相接。根据锅炉工作压力不同，管接头、管座采用不同的焊接结构型式，图9-9所示为各种管接头、管座型式。管接头、管座有焊透和非焊透之分，其中 D 型、E 型、H 型为全焊透结构，其余为非全焊透结构。

（1）A 型伸入式管接头　集箱本体开孔，管接头插入集箱，外侧焊接角焊缝，采用焊条电弧焊（SMAW）焊接。管接头壁厚 $t \leqslant 6mm$ 时，焊脚尺寸 $K = t + 2mm$；管接头壁厚 $t > 6mm$ 时，焊脚尺寸 $K = t + 3mm$。A 型管接头焊缝为角焊缝结构。

（2）B 型平座式管接头　集箱本体开孔，表面刮平，刮平量 $\leqslant 5mm$，刮平直径为管子外径 $D +$（$0.5 \sim 1.5$）mm。管接头端面刮平，直接坐在集箱本体刮平平面上，外侧焊接角焊缝，采用 SMAW 焊接，角焊缝高度按强度计算确定。B 型管接头为角焊缝结构。

（3）C 型倒角座式管接头　集箱本体开孔并加工出沉孔，管接头加工坡口，钝边插入沉孔，插入深度 $\leqslant 5mm$，外侧焊接坡口角焊缝，采用 SMAW 焊接，角焊缝高度按强度计算。C 型管接头为非焊透坡口角焊缝结构。

A 型、B 型、C 型管接头按设计技术条件选用。

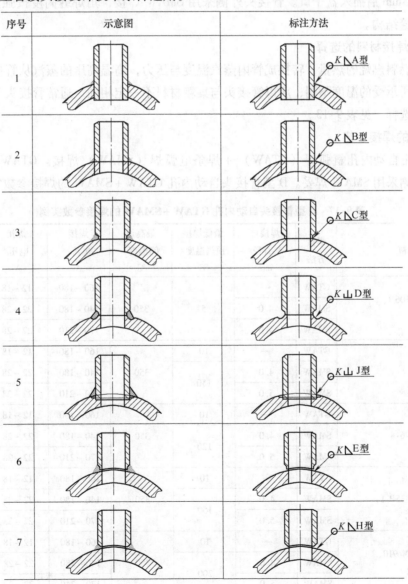

序号	示意图	标注方法
1		$K \triangle$A型
2		$K \triangle$B型
3		$K \triangle$C型
4		$K \curlyvee$D型
5		$K \curlyvee$J型
6		$K \triangle$E型
7		$K \triangle$H型

图9-9　各种管接头、管座型式

（4）D 型盆座式管接头　适用于任何工作压力的锅炉集箱管接头，集箱本体上开孔并加工出盆座型式坡口，管接头坐在盆座上。管接头钝边厚度一般有 1.0 ~ 1.5mm 和 2.5 ~ 3.0mm 两种，钝边厚度 1.0 ~ 1.5mm 的管接头，采用外侧手工氩弧焊（GTAW）封底，封底焊接添加填充焊丝；钝边厚度 2.5 ~ 3.0mm 的管接头，采用自动内孔氩弧焊（GTAW），从管内以管接头轴线为中心，旋转一圈完成焊接，焊接过程中不添加焊接填充材料，外侧采用焊条电弧焊（SMAW）焊妥。自动内孔氩弧焊封底 D 型管接头长度不能太长，内孔直径≥18mm。D 型管接头角焊缝高度按强度计算。D 型管接头为全焊透坡口角焊缝结构。

（5）E 型或 H 型骑马式管接头　适用于任何工作压力的锅炉集箱管接头，管接头焊缝可以有较大落差，集箱本体开孔，管接头在专用骑马式车床上加工管接头坡口，或打磨出管接头坡口，管接头焊接端圆弧与集箱本体管外径相吻合，管接头焊接端坡口角度 0° ~ 45°（焊接处坡口不小于 45°），钝边 0.5 ~ 1.0mm，焊接间隙 3mm。管接头采用外侧手工氩弧焊（GTAW）封底，封底添加填充焊丝，封底完成后采用焊条电弧焊（SMAW）焊妥。角焊缝高度按强度计算。E 型或 H 型管接头为全焊透坡口角焊缝结构。

（6）J 型管接头　管接头外径≤76mm，适用于任何工作压力的锅炉集箱管接头，集箱本体上开孔并加工出盆子口坡口，盆子口深 f ≥管接头壁厚且最小为 6.5mm。壁厚≤12mm 的碳钢管接头和壁厚 <5.5mm 合金钢管接头端面刮平后直接插入盆子口；壁厚 >12mm 碳钢管接头和壁厚≥5.5mm 合金钢管接头端面刮平，焊接端壁厚削薄至 3mm 后插入盆子口。管接头外侧采用 SMAW 焊接，角焊缝高度按强度计算。J 型管接头为非焊透坡口角焊缝结构。

2. 管接头焊缝焊接材料的选择

受热面管吸收燃料燃烧的热量，转换成管内蒸汽温度与压力，高温高压的蒸汽从管接头汇集到集箱。由于受热面管和集箱所承受的温度不同，所以管接头与集箱材料不一定相同，通常管接头与集箱焊接的焊接材料按集箱焊接材料选择，见表 9-13。

3. 管接头焊缝的焊接工艺

D 型管接头采用自动内孔氩弧焊（GTAW）+ 焊条电弧焊（SMAW）焊接。GTAW 不添加填充焊接材料，GTAW 焊后外侧采用 SMAW 焊妥。D 型管接头自动内孔 GTAW + SMAW 的焊接参数实例见表 9-17。

表 9-17　D 型管接头自动内孔 GTAW + SMAW 的焊接参数实例

集箱本体材料	焊接方法	焊接材料直径/ mm	最低焊接预热温度/ ℃	最高道间温度/ ℃	焊接电流/ A	焊接电压/ V	焊接速度/ (mm/min)
20、20G、SA-106B、St45.8/Ⅲ	GTAW	—	5	350	160 ~ 180	12 ~ 18	75 ~ 85
	SMAW	4.0			140 ~ 180	22 ~ 28	120 ~ 180
	SMAW	5.0			170 ~ 210	22 ~ 28	120 ~ 180
SA-106C	GTAW	—	10	350	160 ~ 180	12 ~ 18	75 ~ 85
	SMAW	4.0	150		140 ~ 180	22 ~ 28	120 ~ 180
	SMAW	5.0			170 ~ 210	22 ~ 28	120 ~ 180
15NiCuMoNb5-6-4	GTAW	—	10	350	160 ~ 180	12 ~ 18	75 ~ 85
	SMAW	4.0	120		140 ~ 180	22 ~ 28	120 ~ 180
	SMAW	5.0			170 ~ 210	22 ~ 28	120 ~ 180
15CrMoG、13CrMo44、SA-335P12、SA-335P11、12Cr1MoVG	GTAW	—	10	350	160 ~ 180	12 ~ 18	75 ~ 85
	SMAW	4.0	150		140 ~ 180	22 ~ 28	120 ~ 180
	SMAW	5.0			170 ~ 210	22 ~ 28	120 ~ 180
12Cr2MoG、10CrMo910、SA-335P22	GTAW	—	10	350	160 ~ 180	12 ~ 18	75 ~ 85
	SMAW	4.0	200		140 ~ 180	22 ~ 28	120 ~ 180
	SMAW	5.0			170 ~ 210	22 ~ 28	120 ~ 180

（续）

集箱本体材料	焊接方法	焊接材料直径/mm	最低焊接预热温度/℃	最高道间温度/℃	焊接电流/A	焊接电压/V	焊接速度/(mm/min)
10Cr9Mo1VNbN、10Cr9MoW2VNbBN、SA-335P91、SA-335P92	GTAW	—	10		160~180	12~18	100~150
	SMAW	3.2	200	300	90~130	22~28	120~180
	SMAW	4.0			130~170	22~28	120~180

注：SA-106C 等级以上的材料按实际化学成分和拘束程度，应考虑是否进行焊后消氢处理。

其余全焊透管接头的焊接采用 GTAW/SMAW，非焊透管接头的焊接采用 SMAW。全焊透管接头 GTAW 封底焊的焊接参数实例见表 9-18，SMAW 的焊接参数见表 9-17 中的 SMAW 部分。

表 9-18　全焊透管接头 GTAW 封底焊的焊接参数实例

材料	焊接方法	焊接材料直径/mm	最低焊接预热温度/℃	最高道间温度/℃	焊接电流/A	焊接电压/V	焊接速度/(mm/min)
20、20G、SA-106B、SB42、St45.8/Ⅲ	GTAW	2.5	5	350	100~160	10~16	35~70
SA-106C	GTAW	2.5	10	350	100~160	10~16	35~70
15NiCuMoNb5-6-4	GTAW	2.4	80	350	100~160	10~16	35~70
15CrMoG、13CrMo44、SA-335P12、SA-335P11、12Cr1MoVG	GTAW	2.5	80	350	100~160	10~16	35~70
12Cr2MoG、10CrMo910、SA-335P22	GTAW	2.5	80	350	100~160	10~16	35~70
10Cr9Mo1VNbN、10Cr9MoW2VNbBN、SA-335P91、SA-335P92	GTAW	2.4	100	300	100~160	10~16	35~70

4. 管接头焊接的热处理规范

集箱管接头与集箱本体焊接后可以与集箱环缝一起进行焊后热处理，热处理规范按表 9-16。

当集箱环缝可以不热处理，集箱管接头与集箱本体焊接后，以下焊缝可以不热处理：

1）Fe-1 材料（SA-106C 类材料除外），焊缝厚度≤30mm；SA-106C 类材料，焊缝厚度≤30mm，根据材料碳当量确定是否进行热处理，同时应考虑是否预热和后热。

2）Fe-3 材料，焊缝厚度≤13mm，预热温度>150℃。

3）Fe-4-1 材料，焊缝厚度≤13mm，预热温度>120℃。

4）Fe-4-2 材料，焊缝厚度≤13mm，预热温度>150℃。

5）Fe-5A 材料，焊缝厚度≤13mm，预热温度>150℃。

三、集箱的焊后检验

1. 外观检验

1）焊缝外形尺寸应符合设计图样和工艺文件的规定，焊缝高度不低于母材表面，焊缝与母材应平滑过渡。

2）焊缝及热影响区表面无裂纹、夹渣、弧坑和气孔。

3）拼接焊缝无咬边，其余焊缝咬边深度不超过0.5mm。

2. 无损检测（RT、UT）

1）外径 >159mm，或者壁厚≥20mm 时，A级锅炉和B级锅炉的环向对接接头，100% RT 或 100% UT。

2）外径≤159mm 时，A级锅炉的环向对接接头，p≥9.8MPa，100% RT 或者 100% UT（安装工地，接头数的 50%）；p <9.8MPa，50% RT 或者 50% UT（安装工地，接头数的 25%）；B级锅炉的环向对接接头，10% RT。

3）A级锅炉外径 >108mm 的管接头角接接头，100% UT。

采用 RT 或 UT 时，壁厚 <20mm 的焊接接头应采用 RT；壁厚≥20mm 时，可以采用 UT，UT 宜采用数字式可记录仪器，如果采用模拟式仪器，应当附加 20% 局部 RT。

3. 无损检测（MT）

A级锅炉外径≤108mm 的管接头角接接头，至少接头数的 20% MT（非铁磁材料可进行 PT）。

接头的 RT、UT、MT、PT 按 NB/T 47013《承压设备无损检测》的规定执行。射线检测技术等级不低于 AB 级，超声检测技术等级不低于 B 级。

额定蒸汽压力 >0.1MPa 的锅炉，接头 RT 的质量不低于 II 级；额定蒸汽压力≤0.1MPa 的锅炉，接头 RT 的质量不低于 III 级。

接头 UT 的质量不低于 I 级。

MT 的焊接质量等级不低于 I 级。

四、水压试验

集箱水压试验应在无损检测和热处理后进行。水压试验时，压力应缓慢地升降。当水压上升到工作压力时，应暂停升压，检查有无漏水或异常现象，然后升压到试验压力。

散件出厂的锅炉集箱试验压力为其工作压力的 1.5 倍，并在此试验压力下保持 5min。

整体出厂的锅炉，集箱随锅炉本体进行水压试验（再热器集箱试验压力为再热器工作压力的 1.5 倍），并在此试验压力下保持 20min。

以部件形式出厂的起动（汽水）分离器为其工作压力的 1.25 倍，保压时间至少为 20min。

在试验压力下保持规定时间后，降压到工作压力进行检查，检查期间压力应保持不变。

敞口集箱、无成排受热面管接头以及内孔焊封底的成排管接头的集箱及类似集箱的部件［如起动（汽水）分离器、减温器、储水箱、分配集箱］，其所有焊缝经过 100% 无损检测合格，能够确保焊接质量，在制造单位内可以不单独进行水压试验。

第四节　受热面管的焊接

工业上广泛使用管子作为热交换和传输介质用。不同工作压力、温度和不同介质的管子使用不同的管子材料，其质量要求也不同。在锅炉受热面，管子主要作为热交换用；在所有不同用途管子中，电站锅炉管子的材料类别、规格最多，焊接工作量最大，质量要求也甚高。受热面管通常有垂直管屏和水平管屏，分别布置于炉膛和后烟井包覆烟道内，图9-10 所示为置于后烟井烟道内的水平布置受热面管。本节以阐述锅炉管子焊接为重点，其中许多焊接技术对其他产品管子焊接同样适用。

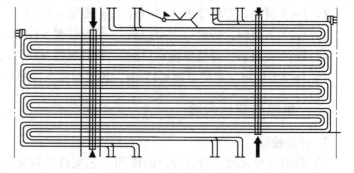

图 9-10　受热面管示意图

图9-10中的受热面由4根管子组成1片受热面管屏，2片管屏组装成1组管屏，上端8根管子与上一级受热面管屏对接，下端8根管子与下一级受热面管屏对接。

一、锅炉受热面管的牌号及其焊接性

1. 锅炉受热面管的牌号

根据锅炉受热面管的使用工况（例如工作温度、工作压力等），可选择不同材料的管子。表9-9为我国锅炉钢管的主要钢种；表9-19为美国ASME锅炉钢管的主要钢种。

表 9-19　ASME 规范锅炉钢管的化学成分及力学性能

序号	牌号	化学成分（质量分数,%）								力学性能			
		C	Mn	Si	Cr	Mo	S≤	P≤	其他	$R_m/$ MPa ≥	$R_{eL}/$ MPa ≥	A(%) ≥	硬度 HBW (HV) ≤
1	SA-210A-1	≤0.27	≤0.93	≤0.10	—	—	—	0.035	0.035	415	255	30	—
2	SA-210C	≤0.35	0.29	≥0.10	—	—	—	0.035	0.035	485	275	30	—
3	SA-209T1	0.10~0.20	0.30~0.80	0.10~0.50	—	0.44~0.65	—	0.25	0.025	380	205	30	—
4	SA-209T1a	0.15~0.25	0.30~0.80	0.10~0.50	—	0.44~0.65	—	0.025	0.025	415	220	30	—
5	SA-213T2	0.10~0.20	0.30~0.61	0.10~0.30	0.50~0.81	0.44~0.65	—	0.025	0.025	415	205	30	—
6	SA-213T12	0.05~0.15	0.30~0.61	≤0.50	0.80~1.25	0.44~0.65	—	0.025	0.025	415	220	30	—
7	SA-213T11	0.05~0.15	0.30~0.60	0.50~1.00	1.00~1.50	0.44~0.65	—	0.025	0.025	415	205	30	—
8	SA-213T22	0.05~0.15	0.30~0.60	≤0.50	1.90~2.60	0.87~1.13	—	0.025	0.025	415	205	30	—
9	SA-213T23	0.04~0.10	0.10~0.60	≤0.50	1.90~2.60	0.05~0.30	—	0.010	0.030	W=1.45~1.75, V=0.20~0.30, Nb=0.02~0.08, N≤0.40, Al≤0.030, B=0.0005~0.006	585	415	20	250 (265)
10	SA-213T91	0.08~0.12	0.30~0.60	0.20~0.50	8.00~9.50	0.85~1.05	—	0.010	0.020	V=0.18~0.25, Nb=0.06~0.10, Ni≤0.40, N=0.030~0.070, Al≤0.04	585	415	20	250 (265)
11	SA-213T92	0.07~0.13	0.30~0.60	≤0.50	8.50~0.95	0.30~0.60	—	0.010	0.020	V=0.15~0.25, W=1.50~2.00, Nb=0.04~0.09, N=0.03~0.07, Ni≤0.40, Al≤0.04	620	440	20	250 (265)
12	SA-213T122	0.07~0.14	≤0.70	≤0.50	10.0~12.5	0.25~0.60	—	0.010	0.020	V=0.15~0.30, W=1.50~2.50, Nb=0.04~0.10, Ni≤0.50, N=0.04~0.10, Cu=0.30~1.70, Al≤0.04	620	400	20	250 (265)

（续）

序号	牌号	化学成分（质量分数,%）								力学性能			
		C	Mn	Si	Cr	Mo	S≤	P≤	其他	R_m/MPa ≥	R_{eL}/MPa ≥	$A(\%)$ ≥	硬度 HBW (HV) ≤
13	SA-213TP 304H	0.04 ~ 0.10	≤2.00	≤0.75	18.0 ~ 20.0	—	0.030	0.040	Ni = 8.00 ~ 11.0	515	205	35	192 (200)
14	SA-213TP 347H	0.04 ~ 0.10	≤2.00	≤0.75	17.0 ~ 20.0	—	0.030	0.040	Ni = 9.00 ~ 13.00, Nb + Ta≥8C (≤1.0%)	590	235	35	219 (230)
16	HR3C（SA- 213TP310 HCbN）	0.04 ~ 0.10	≤2.00	≤0.75	24.00 ~ 26.00		0.030		Ni = 17.00 ~ 23.00, Nb + Ta = 0.20 ~ 0.60, N = 0.15 ~ 0.35	655	295	30	250 (265)

2. 锅炉受热面管的焊接性

1）20G 钢管供货状态为正火温度控轧或正火。20G 钢管焊接性优良，焊前一般不要求预热，焊后可不热处理，可以采用自动 GTAW、GMAW、手工 GTAW、SMAW 等多种熔化焊接方法或组合用于该钢种的对接焊，GTAW 封底焊接时可添加填充焊丝，也可熔化母材作为填充金属，GMAW 采用富 Ar 混合气体保护和细丝射流过渡。焊接材料选用可按材料的强度级别，通常采用 490MPa 级的焊接材料，如 GTAW、GMAW 一般可选用 ER50-6 型号的焊丝，SMAW 一般可选用 E5015 型号的焊条。

2）15CrMoG 钢管的主要合金元素为 Cr、Mo，公称成分为 1Cr-0.5Mo 的钢。1Cr-0.5Mo 是国内外广泛使用的一种低合金热强钢。15CrMoG 钢管供货状态为正火 + 回火。15CrMoG 焊接性良好，一般小口径钢管对接焊不预热，可采用多种熔化焊方法焊接，GTAW 封底焊接时可添加填充焊丝，也可熔化母材作为填充金属，GMAW 采用富 Ar 混合气体保护细丝射流过渡。焊接材料选用按 Cr-Mo 化学成分与母材相当，GTAW、GMAW 采用 ER55-B2 或 ER55-B2-Mn 焊丝，SMAW 采用 E5515-1CM（E5515-B2）焊条。当壁厚不超过 10mm 时焊后可不热处理；壁厚超过 10mm 时焊后经 660 ~ 700℃ 热处理，保温时间按每 25mm 厚度保温 1h，最少 15min。ASME 规范第 I 卷 PW-39 规定：符合 ASME 规范的 P-No.4（公称成分为 1Cr-0.5Mo）材料，壁厚不大于 16mm 的管子对接，预热温度≥120℃（对于管径≤38mm、壁厚≤4.2mm 的 SA-213 T11 管子采用 GTAW 多道焊焊接时可免预热），碳的质量分数≤0.15%，则焊后可不热处理。

3）12Cr1MoVG 钢管是国内高压、超高压、亚临界压力和超临界压力等各种压力电站锅炉过热器、再热器广泛使用的钢种，合金的质量分数在 2% 以下，580℃温度 105h 的持久强度比国外广泛使用的 2.25Cr-1Mo 钢高。12Cr1MoVG 钢管供货状态为正火 + 回火。12Cr1MoVG 钢管焊接性良好，一般小口径钢管对接焊不预热，可采用多种熔化焊方法焊接，GTAW 封底焊接时可添加填充焊丝，也可熔化母材作为填充金属，GMAW 采用富 Ar 混合气体保护细丝射流过渡。焊接材料选用按 Cr-Mo-V 化学成分与母材相当，GTAW、GMAW 采用 ER55-B2-MnV 焊丝，SMAW 采用 E5515-1CMV（E5515-B2-V）焊条。当壁厚不超过 6mm 时焊后可不热处理；壁厚超过 6mm 时焊后经 700 ~ 740℃ 热处理，保温时间按每 25mm 厚度保温 1h，最少 15min。

4）12Cr2MoG 钢管为 2.25Cr-1Mo 钢种。12Cr2MoG 钢管供货状态为正火 + 回火。2.25Cr-1Mo 钢也是国外在锅炉受热面中广泛使用的一种低合金热强钢。12Cr2MoG 具有良好的加工工艺性能，钢的淬透性大于 12Cr1MoVG，有一定的焊接冷裂纹倾向，580℃温度 105h 的持久强度比 12Cr1MoVG 低。正因为如此，所以国内较多地采用 12Cr1MoVG 钢管，而较少采用 12Cr2MoG，原来曾经采用 2.25Cr-1Mo 钢管的也正逐渐被 12Cr1MoVG 所代替。但随着与国际市场交往日益增多，在电站锅炉中受热面也较多地采用符合 ASME SA-213 T22 这类 2.25Cr-1Mo 钢管。12Cr2MoG 钢管可采用多种熔化焊方法焊接，GTAW 封底焊接时可添加填充焊丝，也可熔化母材作为填充金属，GMAW 采用富 Ar 混合气体保护细丝射流过渡。焊接材料选用按 Cr-Mo 化学成分与母材相当，GTAW、GMAW 采用 ER62-B3 焊丝，SMAW 采用 E6015-2C1M（E6015-B3）焊条。焊后经 700 ~ 740℃ 热处理，保温时间按每 25mm 厚度保温 1h，最少 15min。ASME 规范第 I 卷 PW-39 规定：

符合 ASME 规范的 P- No. 5A-1（公称成分为 2.25Cr-1Mo）材料，Cr 的质量分数≤3.0%，壁厚不大于 16mm 的管子对接，碳的质量分数≤0.15%，预热温度≥150℃，则焊后可不热处理。

5）12Cr2MoWVTiB、12Cr3MoVSiTiB 同属于我国自行研制的低碳、低合金贝氏体热强钢，这两种钢管在 600℃使用时，具有较高的热强性和抗氧化性，以及良好的综合力学性能。在超高压与亚临界锅炉过热器、再热器管系中得到了广泛应用。

12Cr2MoWVTiB 与 12Cr3MoVSiTiB 两种钢管的焊接性能尚可，供货状态为正火＋回火，可采用除气焊之外的多种熔化焊方法焊接，GTAW 封底焊接时可添加填充焊丝，也可熔化母材作为填充金属，GMAW 采用富 Ar 混合气体保护细丝射流过渡。GTAW、GMAW 分别采用 H10Cr2MnMoWVTiB 和 H08Cr3MoVNbTiRe 焊丝，SMAW 采用 E5515-2CMWVB（E5515- B3- VWB）或 E5515-2CMVNb（E5515- B3- VNb）焊条。焊后分别经 750～780℃和 730～760℃热处理，保温时间按每 25mm 厚度保温 1h，最少 1h。

6）07Cr2MoW2VNbB（T23）。国外钢种系列中，锅炉受热面管 2.25Cr-1Mo 钢和 T91 钢，两者热强性能差异较大，在锅炉受热面中，当 T22 无法满足使用要求时，通常采用 T91 或奥氏体不锈钢，这显然是不经济的，因此日本住友开发了 T23 材料，已列入 ASME SA-213 标准，GB/T 5310—2017《高压锅炉用无缝钢管》也将其收入在标准中，在亚临界、超临界、超超临界锅炉受热面作为 12Cr1MoVG、T22 与 T91 之间的材料而广泛使用。T23 钢的焊接性能尚可，供货状态为正火＋回火，可采用除气焊之外的多种熔化焊方法焊接，GTAW 封底焊接时可添加填充焊丝，也可熔化母材作为填充金属。GTAW 采用 TGS-2CW 或 Union IP23 焊丝，SMAW 采用 HCM2S 或 METRODE Chromet 23L 焊条。焊后经 730～760℃热处理，保温时间按每 25mm 厚度保温 1h，最少 1h。

7）10Cr9Mo1VNb（T91）、10Cr9MoW2VNbBN（T92）、T122 属于马氏体耐热钢，是在 9～12Cr-1Mo 钢的基础上发展起来的，供货状态为正火＋回火。T91 在 620℃及以下的温度范围内热强性不低于 ASME SA-213 TP304H 钢，所以在 620℃及以下温度可取代 TP304H 作为锅炉过热器、再热器管使用，在抗氧化要求较高的条件下，可取代 12Cr2MoWVTiB 和 12Cr3MoVSiTiB。

T91、T92、T122 焊接性能尚可，可采用除气焊外的多种熔化方法焊接，GTAW 封底焊接时可添加填充焊丝，也可熔化母材作为填充金属，GMAW 采用富 Ar 混合气体保护细丝射流过渡。T91 焊丝为符合 AWS A5.28 的 ER90S-B9，SMAW 采用 E6215-9C1MV（AWS A5.4 E9015-B91）焊条。焊后经 745～775℃热处理，保温时间按每 25mm 厚度保温 1h，最少 1h。T92 焊丝为 MTS-616，SMAW 采用 AWS A5.4 E9015-B92，焊后经 745～775℃热处理，保温时间按每 25mm 厚度保温 1h，最少 1h。

8）07Cr19Ni10、07Cr18Ni11Nb（TP304H、TP347H）是 Cr-Ni 奥氏体不锈钢，其中 TP347H 采用 Nb 作为稳定化元素，这两种钢具有良好的热强性和耐蚀性，焊接性能良好，广泛用于大型锅炉高温段过热器和再热器管系及化工设备管系，可采用多种熔化焊接方法，供货状态为固溶状态，焊前不需预热，环缝对接一般不需焊后热处理。焊后可进行固溶处理，TP304H 焊后固溶处理温度为 1040～1090℃，TP347H 焊后固溶处理温度为 1130～1180℃，固溶处理保温结束后采用水冷或强制空冷等冷却方法得到奥氏体组织，也可进行 850℃以上温度的焊后稳定化处理。GTAW、GMAW 焊接分别采用 ER308 和 ER347 焊丝，SMAW 焊接采用 E308-15 和 E347-15 焊条，为管理方便，焊丝可统一采用 ER347，焊条可统一采用 E347-15。在电站锅炉过热器、再热器管系中应用的 TP304H、TP347H 焊后也可随合金耐热钢一同进行焊后热处理。

在电站锅炉中，TP304H、TP347H 都是作为热强钢使用的，在锅炉高温段采用 TP304H、TP347H 钢管，而在温度较低的部位则采用珠光体、马氏体耐热钢，因此 TP304H、TP347H 焊后势必与珠光体、马氏体耐热钢一同进行焊后热处理，其热处理温度正好处于 TP304H、TP347H 的敏化温度区间，降低了材料的抗 Cl⁻ 腐蚀能力，所以含 TP304H、TP347H 钢的过热器、再热器组件水压试验时要严格控制水压用水的 Cl⁻ 含量≤25mg/L，水压试验后去除水渍，避免 Cl⁻ 腐蚀。

9）Super304H、TP310HCbN（HR3C）是在 18Cr-8Ni 和 25Cr-20Ni 基础上添加热强和抗氧化元素发展起来的，可在更高温度、压力下使用的受热面用钢，供货状态为固溶状态，已在超超临界锅炉受热面使用。采用 GTAW，焊丝分别为 YT-304H 和 YT-HR3C。

二、锅炉受热面管的焊接工艺

1. 锅炉受热面管的焊接方法

锅炉受热面管对接焊的方法主要有自动 GTAW、GMAW、GTAW-HW、PAW 以及手工 GTAW、SMAW 等及其组合，表 9-20 列出了小口径管对接常用的焊接方法组合及其工艺特点和适用范围。

表 9-20　小口径管对接常用的焊接方法组合及其工艺特点和适用范围

焊接方法	焊接位置	工艺特点	适用范围
GTAW（自动钨极氩弧焊）	平	焊接质量特别是封底焊接质量好；生产率低于 GMAW	$t \leq 5mm$ 的薄壁管直管拼接
GTAW（自动钨极氩弧焊）	全	焊接质量好；生产率低；装配精度要求高；焊接机头可随工件位置而变化	管子的弯后对接
GTAW（自动钨极氩弧焊）	立	焊接质量好；生产率高，$t \leq 6mm$ 的管子可不开坡口；焊接位置调整要求高	$t \leq 6mm$ 的管子直管拼接
GTAW-HW（自动热丝钨极氩弧焊）	平	生产率高，与 GMAW 相当；焊接质量好，特别是解决了 GMAW 引弧处的未焊透缺陷	中厚壁的直管拼接
GMAW（自动熔化极气保护焊）	平	生产率高；焊接质量好，但引弧处易未焊透，常与自动 GTAW 组合应用	中厚壁的直管拼接
GTAW-GMAW	平	兼容了 GTAW 封底质量好和 GMAW 生产率高的特点	中厚壁的直管拼接
GTAW（钨极氩弧焊）	全	灵活方便，适用性强；设备简单；操作技能要求高	用于受空间位置限制的场合及焊接返修
SMAW（焊条电弧焊）	全	灵活方便，适用性强；设备简单；操作技能要求高；常与 GTAW 组合应用	用于受空间位置限制的场合及焊接返修
GTAW-SMAW	全	灵活方便，适用性强；设备简单；操作技能要求高	管子的弯后对接
PAW（脉冲等离子弧焊）	平	能量集中，生产率高，$t \leq 6mm$ 的管子可不开坡口；可采用声控、光控控制焊透，焊接参数复杂，控制要求高	$t \leq 6mm$ 的管子直管拼接
PAW	全	焊接机头可随工件位置而变化	$t \leq 6mm$ 的管子弯后对接
手工 GTAW-自动 GTAW	全	手工 GTAW 封底可降低接头装配精度要求；自动 GTAW 盖面焊接质量高	接头装配质量难以保证时的弯后对接

注：t 表示管子壁厚。

2. 锅炉受热面管的焊接材料

焊接材料除 20G 按相应强度等级材料选用外，其他合金钢管、不锈钢同种钢焊接材料应按相应化学成分进行选择，以保证高温条件下的使用性能；异种钢焊接材料选择应考虑材料的焊接性、合金元素的稀释、碳迁移所产生的碳化物及软化带、线膨胀系数的匹配等。表 9-21 为小口径管对接焊接材料的选用。

3. 锅炉受热面管对接的焊接坡口

常用的管子对接焊缝坡口形式如图 9-11 所示，各种坡口适用的焊接方法见表 9-22。

这些坡口适用于锅炉中受热面管，一般壁厚 ≤14mm，其中 D 型坡口形式适用于壁厚 ≤6mm。

为了改善接头的装配质量，避免错边，保证封底焊良好的单面焊双面成形，图 9-11 所示坡口管端应进行内镗加工，当管子对接端实际壁厚差 <0.5mm 允许不内镗，但内镗有助于提高对接焊缝的一次合格率。内镗孔径按下式计算：

$$DM = DN - 2t_{min} - \delta - 0.15mm$$

式中，DM 为管子镗孔直径（mm）；DN 为管子公称外径；t_{min} 为管子最小壁厚（mm）；δ 为管子在一定范围内的外径负偏差平均值（mm）。按此式可保证镗孔后的壁厚不小于最小壁厚。

表 9-21 小口径管对接焊接材料的选用

钢管材料

钢管材料	20G, SA-210A-1, SA-210C	15CrMoG	12Cr2MoG	12Cr1MoVG	12Cr2MoWVTiB	T23	T91	T92	TP347H (TP304H)	Super304H	HR3C (TP310HCbN)
20G, SA-210A-1, SA-210C	ER50-6、E5015	ER50-6、E50-15	ER50-6、E5015								
15CrMoG		ER55-B2、E5515-1CM	ER55-B2、E5515-1CM	ER55-B2、E5515-1CM							
12Cr2MoG			ER62-B3、E6015-2C1M	ER62-B3、E6015-21CM			ER90S-B9、E6215-91MV		ERNiCr-3、ENiCrFe-3 或 ENiCrFe-2		
12Cr1MoVG			ER55-B2-MnV、E5515-1CMV	ER55-B2-MnV、E5515-1CMV	ER55-B2-MnV、E5515-1CMV		ER90S-B9、E6215-9C1MV		ERNiCr-3、ENiCrFe-3 或 ENiCrFe-2		
12Cr2MoWVTiB					H10Cr2MnMoWVTiB、E5515-2CMWVb		ER90S-B9、E6215-9C1MV		ERNiCr-3、ENiCrFe-3 或 ENiCrFe-2		
T23						TG-32CW、HCM2S、UNION IP223、CHROMET 23L	ER90S-B9、E6215-9C1MV		ERNiCr-3、ENiCrFe-3 或 ENiCrFe-2		
T91						ER90S-B9、E6215-9C1MV	ER90S-B9、E6215-9C1MV	ERNiCr-3、ENiCrFe-3 或 ENiCrFe-2	ERNiCr-3、ENiCrFe-3 或 ENiCrFe-2	ERNiCr-3、ENiCrFe-3 或 ENiCrFe-2	ERNiCr-3、ENiCrFe-3 或 ENiCrFe-d
T92								Thermanit MTS616	ERNiCr-3、ENiCrFe-3 或 ENiCrFe-2	ERNiCr-3、ENiCrFe-3 或 ENiCrFe-2	
TP347H (TP304H)									ER347、E347-15		
Super304H										YT-304H	ER347、E347-15
HR3C (TP310HCbN)											YT-HR3C

注：1. Thermanit MTS616 为伯乐蒂森公司用于 T92 钢焊接的焊丝、焊条商业牌号。

2. TG-32CW、HCM2S 为住友公司用于 T23 钢焊接的焊丝、焊条商业牌号。

3. UNION IP223 为伯乐蒂森公司用于 T23 钢焊接的焊丝。

4. CHROMET 23L 为曼彻特公司用于 T23 钢焊接的焊条。

5. YT-304H、YT-HR3C 为住友公司用于 Super304H、TP310HCbN 钢焊接的焊丝商业牌号。

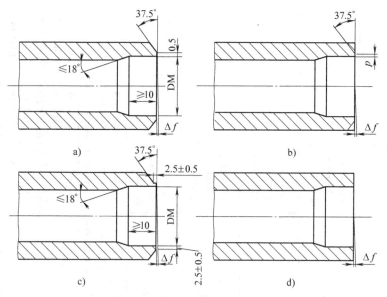

图 9-11 管子对接焊缝坡口形式

表 9-22 各种焊接方法的坡口形式

坡口形式	A 型	B 型	C 型	D 型
适用焊接方法	自动 GTAW 自动 GTAW-HW 自动 GTAW（加丝）-GMAW	GTAW（$p = 0 \sim 1.5\text{mm}$） GTAW-SMAW 自动 GTAW（$p = 1 \sim 2\text{mm}$）	自动 GTAW 自动 GTAW-HW 自动 GTAW（不加丝）-GMAW	自动 GTAW（立焊） PAW
端面倾斜度 Δf	按管径而定，通常可取：DM≤60mm，Δf≤0.5mm；60mm＜DM≤108mm，Δf≤0.8mm； 108mm＜DM≤159mm，Δf≤1.0mm；159mm＜DM≤219mm，Δf≤1.5mm			

4. 主要焊接工艺介绍

（1）管子对接水平转动平焊位置自动 GTAW 管子对接水平转动平焊位置自动 GTAW 可以焊接表 9-9 和表 9-19 中所有钢种的同种钢及其异种钢接头。根部焊缝焊接时，既可添加填充焊丝，也可不添加填充焊丝，焊接坡口为 A 型、B 型、C 型，不留间隙。对于奥氏体不锈钢与其他钢种的异种钢接头，必须添加填充焊丝，填充丝的直径为 0.8~1.2mm，坡口形式为表 9-22 中的 A 型。

焊前管壁内外须清除铁锈、氧化皮及其他影响焊接质量的杂物，外壁清理长度不小于 10mm。

保护气采用工业纯氩（Ar），保护气流量为 7.5~12.5L/min，喷嘴直径为 8~12.5mm，在焊接 T91、T92、奥氏体不锈钢及奥氏体不锈钢与耐热钢异种钢接头时，为改善根部焊缝内壁成形和减少氧化，管子内壁须通 Ar 保护。

GTAW 采用高频引弧，直流正接，可以采用恒直流，也可采用脉冲电流。钨极端部至被焊处的距离一般控制在 1.5~3.5mm，电弧电压为 10~14V，层与层之间焊接规范自动切换，表 9-23 为管子对接水平转动平焊位置自动 GTAW 的焊接参数实例。

表 9-23 管子对接水平转动平焊位置自动 GTAW 的焊接参数实例

序号	接头材料组合及规格（管径×壁厚）	焊接材料及直径	坡口	层数	焊接电流/A	焊接电压/V	送丝速度/(mm/min)	焊接速度/(mm/min)	摆动宽度/mm	摆动速度/(mm/min)
1	20G $\phi32\text{mm} \times 4\text{mm}$	ER50-6 $\phi1.0\text{mm}$	C 型	1	130	10.2	0	120	0.0	0
				2	130	10.5	700	90	6.0	420
2	15CrMoG $\phi42\text{mm} \times 3.5\text{mm}$	ER55-B2 $\phi1.0\text{mm}$	C 型	1	130	10.0	0	135	0.0	0
				2	120	10.5	600	110	5.0	300

（续）

序号	接头材料 组合及规格 （管径×壁厚）	焊接 材料及直径	坡口	层数	焊接 电流/ A	焊接 电压/ V	送丝 速度/ （mm/min）	焊接 速度/ （mm/min）	摆动宽度/ mm	摆动 速度/ （mm/min）
3	12Cr1MoVG φ42mm×3.5mm	ER5-B2-MnV φ1.0mm	C型	1	130	10.0	0	135	0.0	0
				2	120	10.5	600	110	5.0	300
4	T91 φ38mm×5mm	ER90S-B9 φ1.0mm	C型	1	140	10.2		85	0.0	0
				2	130	10.5	800	95	7.0	420

（2）管子对接水平固定全位置自动 GTAW　管子对接水平固定全位置自动 GTAW 适用于管子弯后拼接，管子不动，焊枪绕管子旋转。

全位置自动 GTAW 除具有一般 GTAW 的特点之外，还具有其独有的优点：焊接熔池位置不断变化，焊接熔池金属受到电弧力、熔池液态金属重力、表面张力作用，使液态熔池保持平衡，在电弧向前移动时，熔池金属不断凝固形成焊缝金属。

全位置自动 GTAW 由于上述特点，在焊接过程中，通常将整个管子周长分成八个区域，即平焊、仰焊、立焊向上、立焊向下及其过渡区域，焊接参数从一个区域进入另一个区域时自动切换，由于熔池区域不断变化，所以熔池不宜过大，可采用薄道多层多道焊接。通常选择 B 型坡口，焊接奥氏体不锈钢与耐热钢异种钢焊口时采用 A 型坡口，不留间隙，第一层不摆动，从第二层起开始摆动焊接。全位置自动 GTAW 通常都采用脉冲焊接，脉冲电流时保证一定熔深，基值电流时仅起维弧作用，熔池凝固，前后两个脉冲要保证有一定的搭接量。

水平固定全位置自动 GTAW 由于其固有的特点，焊接生产率低于管子转动自动 GTAW，设备复杂程度高于管子转动自动 GTAW，其次对坡口加工精度及对口精度要求严格，所以在工业生产中一般只应用于管子弯后拼接。水平固定全位置自动 GTAW 采用高频引弧，直流正接，并采用脉冲电流。钨极端部至被焊处的距离一般控制在 1.5～3.0mm，电弧电压为 9～12V，表9-24 为全位置 GTAW 的焊接参数实例。

表9-24　管子对接水平固定全位置自动 GTAW 的焊接参数实例（坡口形式为 B 型）

序号	接头材料 组合及规格 （管径×壁厚）	焊接 材料及直径	层数	基值电流/ A	脉冲电流/ A	焊接电压/ V	送丝 速度/ （mm/min）	焊接 速度/ （mm/min）	摆动宽度/ mm	摆动 速度/ （mm/min）
1	12Cr1MoVG φ42mm×5mm	ER5-B2-MnV φ0.8mm	1	65	115	9.0	557	60	0.0	0
			2	60	110	9.0	1198	55	3.2	500
			3	60	100	9.3	1264	55	7.0	800
2	12Cr1MoVG + 12Cr2MoWVTiB φ42mm×4mm	ER5-B2-MnV φ0.8mm	1	65	130	9.6	800	55	0.0	0
			2	60	98	9.5	1475	55	6.2	600
3	12Cr1MoVG + T91 φ42mm×4mm	ER90S-B9 φ0.8mm	1	66	132	9.1	810	55	0.0	0
			2	62	103	8.9	1290	61	6.0	650

注：基值电流和脉冲电流值为该层平均值。

（3）管子对接水平转动立焊位置自动 GTAW　管子对接水平转动立焊位置自动 GTAW 可以用较大的焊接参数，已凝固的焊缝可以托住较大的熔池，其除具有一般 GTAW 的特点之外，还具有其固有的特点：适宜于管壁厚度小于 6mm 的 20G、12Cr1MoVG 等钢种的直管拼接，不开坡口，不留间隙，一次焊透，坡口形式为 D 型，可以采用封底盖面一次完成的工序，简化了坡口加工工序，提高了工效，比 V 形坡口节约焊接

特种设备金属材料焊接技术

材料。

管子对接水平转动立焊位置自动 GTAW 焊枪位于管子中心水平面下方，如图 9-12 所示。

管子对接自动 GTAW 开 I 形坡口立焊位置焊接，采用匀速送丝，焊丝与焊炬呈 90°沿管子切向送入熔池。

焊接电流采用方波脉冲。脉冲电流 I_p 击穿管壁，形成熔池，基值电流 I_b 维持电弧燃烧，并让熔池局部冷却凝固，焊接过程连续步进完成。通过 I_p、I_b、t_p、t_b 的调节来控制热输入，控制焊缝成形。在焊接中，一圈焊接若用同一参数，则圆周上每一点的热循环曲线都不同，随着焊接的不断进行，熔池越来越大，将会造成坍塌，因此在焊接过程中需不断调节焊接参数以解决热输入不均衡的问题，为此将焊接过程分为五段加搭接段，每段的电参数分别设定，以解决热输入不均衡问题。立焊 GTAW 脉冲电流分段如图 9-13 所示，基值电流为恒值。表 9-25 为管子对接水平转动开 I 形坡口 GTAW 立焊的焊接参数实例。

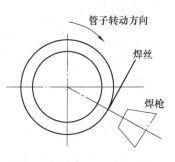

图 9-12 管子转动不开坡口 GTAW 立焊焊炬位置

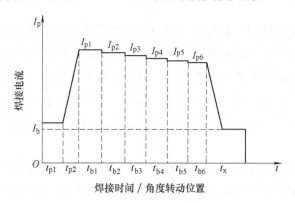

图 9-13 立焊 GTAW 脉冲电流分段

表 9-25 管子对接水平转动开 I 形坡口 GTAW 立焊的焊接参数实例

序号	接头材料组合及规格（管径×壁厚）	焊接材料及直径	坡口	层数	基值电流/A	平均脉冲电流/A	占空比	焊接电压/V	送丝速度/(mm/min)	焊接速度/(mm/min)
1	20G φ32mm×3mm	ER50-6 φ0.8mm	D型	1	20	135	50%	10	1500	90
2	20G φ38mm×6mm	ER50-6 φ0.8mm	D型	1	75	155	60%	10	950	40
3	20G+12Cr1MoVG φ42mm×5mm	ER50-6 φ0.8mm	D型	1	70	160	60%	10	1130	46
4	12Cr1MoVG φ42mm×5mm	ER55-B2-MnV φ0.8mm	D型	1	70	160	60%	10	1130	45

（4）管子对接水平转动自动 GTAW-HW 热丝钨极氩弧焊（GTAW-HW）可以焊接表 9-9、表 9-19 中所有钢种的同种钢和异种钢接头。GTAW-HW 是一种适宜于直管拼接的高效焊接方法。GTAW-HW 除了具备一般 GTAW 的优点之外，热丝是一种独特的填充焊丝的方法，它具有热输入量低、熔合比和热影响区小的特点，因此特别适用于奥氏体不锈钢与合金耐热钢异种钢接头的焊接。焊接过程中，钨极、焊丝与工件之间分别形成两个独立的回路，如图 9-14 所示，热丝焊接需要一个独立的热丝电源，并通过热丝焊枪将焊丝加热到红热至接近熔化状态，连续送入熔池。GTAW-HW 与普通自动 GTAW 相比，焊接速度至少提高一倍，

减少了焊接层数，熔敷金属填充率为 1.5 ~ 2.5kg/h，其生产率与 GMAW 相当，焊接质量好，特别是可解决 GMAW 引弧处易产生未焊透和未熔合问题。

GTAW-HW 采用 A 型坡口，采用高频引弧或小电流接触引弧，弧压反馈焊枪自动提升，引弧可靠，弧长控制精确，使用 $\phi0.9 \sim \phi1.2mm$ 的焊丝，由于焊丝不参与电弧燃烧，所以对焊丝直径公差及表面镀铜要求低于 GMAW。

GTAW-HW 焊接电源通常采用直流脉冲电源，热丝电源可以采用直流电源或工频交流电源。为控制根部成形，在封底焊时，通常采用冷丝或小电流热丝焊接，从第二层起直至盖面焊道使用常规热丝电流，热丝电流值从碳钢、合金钢、不锈钢随着焊丝电阻增大而递减。焊封底焊道时焊枪不摆动，其余焊道焊枪摆动宽度为坡口平均宽度减去 4 ~ 4.5mm，摆动速度应考虑前后两点有一定搭接量，层与层之间的焊接参数可自动切换。GTAW-HW 除了采用热丝送丝之外，其余参数均与一般 GTAW 脉冲焊接相同。表 9-26 为 GTAW-HW 的焊接参数实例。

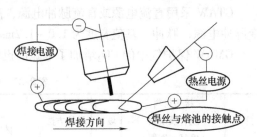

图 9-14 GTAW-HW 的原理

表 9-26 GTAW-HW 的焊接参数实例

材料及规格（管径×壁厚）	焊丝材料及直径	焊层	焊接电流/A	焊接电压/V	送丝速度/(mm/min)	热丝电流/A	焊接速度/(mm/min)	摆动宽度/mm	摆动速度/(mm/min)	两端停留时间/s
20G $\phi60mm \times 12mm$	ER50-6 $\phi1.0mm$	1	260	9.7	550	0	105	0.0	0	0.0
		2	265	11.8	4200	55	220	4.5	1300	0.2
		3	295	11.5	4600	65	160	6.0	1300	0.2
		4	270	11.7	4700	60	145	10.0	1500	0.1
12Cr1MoVG $\phi51mm \times 6.5mm$	ER55-B2-MnV $\phi1.0mm$	1	225	9.7	500	0	135	0.0	0	0.0
		2	260	11.0	4500	60	250	4.0	1400	0.2
		3	225	11.0	3600	45	150	8.0	1500	0.1
T91 $\phi38.1mm \times 9.03mm$	ER90S-B9 $\phi1.0mm$	1	190	9.0	850	15	105	0.0	0	0.0
		2	230	10.5	3800	58	145	4.8	1500	0.2
		3	205	11.0	3500	50	130	8.5	1300	0.1
TP347H $\phi47.6mm \times 6.78mm$	ER347 $\phi1.0mm$	1	185	9.7	1000	20	155	0.0	0	0.0
		2	235	11.5	3400	40	250	4.0	1500	0.2
		3	205	11.0	2600	35	185	7.0	1500	0.1
T91 + TP347H $\phi51mm \times 7.5mm$	ERNiCr-3 $\phi1.0mm$	1	220	9.8	1000	0	120	0.0	0	0.0
		2	250	11.7	4800	70	220	4.2	1200	0.2
		3	210	11.0	4200	60	180	8.0	1400	0.1

（5）管子对接水平转动 GTAW-GMAW GTAW 焊接质量好，特别是封底焊接单面焊双面成形质量可靠，但 GTAW 生产率低；GMAW 焊接质量好，采用脉冲电流，脉冲周期为毫秒级，可做到一个脉冲过渡一滴熔滴，生产率比 GTAW 高，所以广泛应用于生产，特别适宜于中厚壁管子的焊接。GMAW 采用 Ar + CO₂ 富 Ar 混合气体保护，通常采用 $\phi0.8mm$ 焊丝，熔滴过渡形式为细颗粒的喷射过渡。但 GMAW 在起弧点处易产生未熔合、未焊透缺陷。

管子对接水平转动 GTAW-GMAW 就是融合了 GTAW 封底质量好和 GMAW 生产率高的优点而发展起来的，第一层焊接采用 GTAW 封底，封底完成后自动进入 GMAW 焊接程序，第一层 GMAW 完成后焊机自动进入第二层 GMAW 焊接程序，层与层之间自动切换，直至焊接完成。

GTAW-GMAW 组合焊接采用 A 型和 C 型坡口，其中 C 型坡口 GTAW 封底时不加焊接填充材料；A 型坡口适宜于 GTAW 封底焊接时必须添加焊接填充材料的焊接接头。表 9-27 为 GTAW-GMAW 的焊接参数实例。

焊前管壁内外须清除铁锈、氧化皮及其他影响焊接质量的杂物，外壁清理长度约 20mm。GTAW 保护气（Ar）流量为 7.5 ~ 12.5L/min，喷嘴直径为 12mm；GMAW 保护气为 85% ~ 90% Ar + 10% ~ 15% CO_2，保护气流量为 8.3 ~ 14.4L/min，喷嘴直径为 16mm。

GTAW 采用直流电源或直流脉冲电源，高频引弧，直流正极性。目前 GMAW 采用晶体管脉冲电源或逆变脉冲电源，脉冲、基值宽度为 1.0 ~ 1.2ms，采用接触式引弧，直流反极性。

GMAW 保护气中的 CO_2 增加了电弧的挺度，避免了电弧的飘移。

表 9-27　GTAW-GMAW 的焊接参数实例

序号	接头材料组合及规格（管径×壁厚）	坡口	焊接方法	焊接材料及直径	层数	焊接电流/A	焊接电压/V	焊接速度/(mm/min)	摆动宽度/mm	摆动速度/(mm/min)
1	20G ϕ51mm×6.5mm	C 型	GTAW	—	1	150	11.3	140	0	0
			GMAW	ER50-6 ϕ0.8mm	2	90	22.5	170	1	60
					3	85	22.0	130	8	50
2	12Cr1MoVG ϕ54mm×9mm	C 型	GTAW	—	1	150	11.5	90	0	0
			GMAW	ER55-B2-MnV ϕ0.8mm	2	90	22.5	160	1	60
					3	100	23.0	160	6	55
					4	90	22	135	10	50
3	12Cr1MoVG + TP347H ϕ54mm×8.5mm	A 型	GTAW	ERNiCr-3 ϕ1.0mm	1	120	12.0	90	0	0
					2	130	12.0	100	3	25
			GMAW	ERNiCr-3 ϕ0.8mm	3	100	23.0	160	7	60
					4	95	22.5	150	10	55

（6）管子的 PAW（脉冲等离子弧焊）　PAW 具有能量集中、熔深大、焊缝窄、热影响区小的优点，一次可焊透 6mm 厚的碳钢、低合金钢材料，能焊接表 9-9、表 9-19 中除不锈钢与耐热钢之间异种钢接头之外的所有钢种，一般用于壁厚小于 6mm 的管子对接环缝。

PAW 有两种基本方法，一种是穿孔焊接，另一种是非穿孔焊接，前者又称穿孔法，后者称为熔入法。

"穿孔法"使等离子弧穿透工件形成小孔（钥孔），被熔化的金属依靠表面张力，通过孔壁拉住，不使滴漏，形成熔池，熔池在电弧吹力、液体金属重力和表面张力相互作用下保持平衡。焊枪在前进时，小孔在电弧后闭合，形成完全穿透的焊缝，焊缝断面呈"酒杯状"。

"熔入法"是用等离子弧把工件焊接处熔化到一定的深度或熔透形成单面焊双面成形，此方法主要用于 3mm 以下薄壁工件的单面焊双面成形，或较薄工件的盖面焊接，它类似 GTAW。

PAW 既可以用于直管拼接（平焊），也可以用于管子弯后拼接（全位置焊）。通常采用 D 型坡口，第一层不添加填充焊丝，采用穿透法焊接，第二层采用加丝熔入法盖面，补充焊缝表面凹陷。

等离子穿透法焊接的主要参数有焊接电流、离子气流量、焊接速度、喷嘴几何形状和尺寸、电极内缩量、喷嘴到工件的距离、电极尺寸、保护气体成分及流量等。

焊接电流是一个重要的参数，电流小于某一数值时，电弧不稳定，"小孔效应"消失，引起未焊透。在等离子弧焊接光控自动反馈时，通常采用电流自动控制小孔穿透。电流大于某一数值时，焊缝上部平或者下凹，严重时会使熔池泄漏。电流增大超过某一数值时，电弧稳定性破坏，容易产生双弧，烧坏喷嘴。

离子气一般用纯 Ar，流量大小对熔深、焊缝成形、焊接速度都有影响。流量小，等离子弧穿透能力下降，流量过大，会形成切割现象。在管子等离子弧焊接声信自动反馈焊接时，通常采用程控等离子气流自动控制小孔穿透。

焊接速度太快会产生咬边和未焊透，太慢会导致过热或形成大熔池，甚至使熔池泄漏。

等离子弧焊接用喷嘴一般采用带有压缩段的三孔型喷嘴。电极内缩量通常控制为：电极端头到喷嘴口的距离与喷嘴压缩段长度相等或者稍微短一些。

对于合金钢管子焊接，选用纯 Ar 作为保护气体。对于低碳钢管子焊接，用纯 Ar 焊接时容易产生气孔，在 Ar 中加入适量的 CO_2（5% ~ 20%）或 1% 左右的 O_2，有助于消除焊缝内气孔，并能改善焊缝表面成形。表 9-28 为管子直管 PAW 的焊接参数实例。

表 9-28 管子直管 PAW 的焊接参数实例

序号	接头材料组合及规格（管径×壁厚）	基值电流/A	脉冲电流/A	通断时间比/(s/s)	焊接电压/V	焊接速度/(mm/min)	基本离子气（Ar）流量/(L/min)	程控离子气（Ar）流量/(L/min)	保护气（Ar）流量/(L/min)
1	12Cr1MoVG ϕ42mm×3.5mm	34	115	0.32/0.48	26	110	0.8 ~ 1.2	1 ~ 5	20
2	20G ϕ51mm×6.5mm	44	160	0.32/0.48	28	110	0.8 ~ 1.2	1 ~ 5	20
3	TP304H ϕ63mm×4mm	35	130	0.40/0.40	28	150	0.8 ~ 1.2	1 ~ 5	20

注：基值电流和脉冲电流值为该层平均值。

（7）其他焊接方法 手工 GTAW、SMAW、GTAW-SMAW 具有灵活、方便的特点，可适用于各种复杂位置的焊接。

5. 异种钢对接焊

在大容量、高参数电站锅炉中，受热面管的高温部位达到 600℃ 以上，因此在温度较高的部位选用蠕变强度较高和抗氧化能力较强的 Cr-Ni 奥氏体不锈钢，而与之连接的较低温度区则采用珠光体、贝氏体、马氏体系列耐热钢，其合金元素主要为 Cr-Mo 系列，这样就形成了异种钢焊接。在长期高温高压的工况条件下，这类接头容易产生过早失效，各国对此有较多的报道。目前我国 300MW 以上级别的亚临界、超临界、超超临界锅炉过热器、再热器异种钢接头，采用的 Cr-Ni 奥氏体不锈钢有 TP304H、TP347H、Super304H、HR3C 等，采用的 Cr-Mo 系列钢种有 12Cr1MoVG、2.25Cr-1Mo、12Cr2MoWVTiB、T23、T91、T92 等。

（1）异种钢焊接的特点 异种钢焊接时，除了两种母材本身在焊接时易产生的问题外，主要还有下列特点：

1）焊缝稀释。焊接时由于母材金属熔化而使焊缝金属稀释，稀释程度受焊接方法、接头形式、焊接参数（焊接电流、焊接速度等）、预热温度、焊接操作、材料化学成分等影响。Cr-Mo 钢合金元素含量低，它与奥氏体钢焊接时，由于它对焊缝金属的稀释作用，而使焊缝中奥氏体钢合金元素含量降低。

2）过渡层。异种钢焊接时，在焊接热源作用下，熔池内部和熔池边缘的液态金属温度、机械搅拌作用、液态金属停留时间均不同。熔池边缘的液态金属温度较低，流动性差，且液态停留时间短，机械搅拌作用弱，导致熔化的母材不能与填充金属充分混合，因此，这部分焊缝中母材所占比例较大。在毗邻 Cr-Mo 钢一侧熔合线附近的焊缝金属中，形成一层与内部焊缝金属成分不同的过渡层。过渡层中，合金元素比 Cr-Mo 钢多，比奥氏体钢少，往往形成马氏体，高硬度的马氏体组织会使脆性增加，塑性显著降低。过渡层宽度与焊缝中的镍含量成反比。

3）碳迁移。异种钢接头在焊接过程、焊后热处理及长期高温运行中，存在碳的扩散迁移。碳在固态铁和液态铁中溶解度不同，碳在奥氏体中的溶解度比在铁素体中的溶解度大，Cr-Mo 钢和奥氏体钢的液态焊缝金属碳化物形成元素含量不同，在高温条件下，Cr-Mo 合金钢中的碳向奥氏体焊缝金属扩散迁移，结果在 Cr-Mo 合金钢中产生脱碳层，形成软化带；奥氏体钢一侧则由于增碳而形成硬化带。在长期高温运行时，脱碳层母材由于碳元素的减少而成为薄弱部分。提高焊缝金属镍含量，提高 Cr-Mo 合金钢碳化物形成元素的含量，能显著减弱碳的扩散迁移。

4）膨胀系数差别大。奥氏体钢膨胀系数比珠光体类钢大 30% ~ 50%，在加热、冷却及长期高温运行条件下，都会在熔合区产生较大的热应力。由于异种钢接头长期失效基本上发生在低合金钢一侧熔合面上，因此选择与 Cr-Mo 低合金钢膨胀系数相近的填充材料，能降低低合金钢与焊缝熔合区的热应力。

5）蠕变强度不匹配。异种钢接头奥氏体与 Cr-Mo 低合金钢随温度升高而蠕变强度下降的规律是不一样的，珠光体钢蠕变开始温度低于奥氏体钢，随着温度的升高，珠光体钢蠕变强度下降幅度很大，奥氏体钢的蠕变强度下降幅度小。随着温度升高，两者的蠕变强度差值越来越大，特别是采用 Inconel 82 作为填充金属时，其蠕变强度高于奥氏体钢，这样 Cr-Mo 低合金钢与焊缝蠕变强度差别更大，致使低合金钢侧产生蠕变开裂。提高异种钢接头低合金钢侧蠕变强度，有助于延长异种钢接头寿命。试验结果证明 10^5h 外推性能，600℃ 时，T91 + TP347H 接头优于 12Cr2MoWVTiB + TP347H 接头；580℃ 时，12CrMoWVTiB + TP347H 接头优于 12Cr1MoVG + TP347H 接头。

（2）异种钢焊接及热处理工艺

1）焊接异种钢接头时，要求焊缝金属稀释率低，但靠近焊缝界面的熔合区和焊缝根部的实际稀释率要比其他部位大得多，一般要求根部焊缝的平均稀释率控制在 30% 以下。为了降低熔合比，减少焊缝金属尤其是焊缝根部的稀释，应采用较大的坡口，推荐采用角度不小于 70°、无钝边的 V 形坡口或 U 形坡口。

2）采用较小的焊接热输入，以利于防止热裂纹和降低稀释率。

3）不预热焊接会增大 Cr-Mo 钢侧热影响区的淬硬倾向，但采用镍基填充金属，焊缝金属溶解氢的能力较大，塑性较好，接头的组织应力较小，同时管子对接的拘束程度也不大，因此异种钢焊接时不预热或采用较低的预热温度是可行的。此外不预热或采用较低的预热温度实际上也降低了热输入，有利于降低焊缝的热裂倾向和熔合比。

4）选择合适的焊接材料。在焊缝金属被稀释的情况下，保证异种钢接头特别是熔合区仍有满意的高温性能，则熔合区过渡层要窄，焊缝金属要有足够的抗碳迁移能力，同时焊缝金属的膨胀系数要接近 Cr-Mo 低合金钢。根据上述原则，推荐采用 Inconel 82 镍基填充材料。Inconel 82 填充材料能获得满意的熔合区及焊缝的成分、硬度分布和金相组织，镍作为石墨化元素，能抑制异种钢接头 Cr-Mo 钢侧熔合区碳的迁移，此外 Inconel 82 的热膨胀系数接近 Cr-Mo 钢。

5）采用过渡段。采用过渡段的目的是尽可能改善材料的蠕变强度差别，尽可能考虑用 T91 + 不锈钢接头来取代 12Cr1MoVG + 不锈钢接头和 12Cr2MoWVTiB + 不锈钢接头，用 12Cr2MoWVTiB + 不锈钢接头取代 12Cr1MoVG + 不锈钢接头。

6）焊后热处理。焊后热处理会使异种钢接头低合金钢一侧热影响区的碳元素向焊缝扩散，形成碳化物沉淀，从而使低合金钢一侧热影响区产生软化带；而且由于异种钢接头材料本身线膨胀系数存在较大差别，焊后热处理无法消除应力，但不热处理可能会在低合金钢一侧产生淬硬组织，并存在较大的焊接应力。

生产实践证明，采用镍基焊接材料，在拘束应力较小、淬硬倾向不严重时，或者进行焊前预热，焊后可以不进行热处理。在拘束应力较大或焊前不预热时，焊后应该进行热处理。由于异种钢接头采用镍基材料焊接，焊缝中有大量的石墨化元素 Ni，故不会产生严重的碳迁移，但焊后热处理应采用较低的热处理温度和较短的热处理时间，防止碳元素的迁移。

三、锅炉受热面管的焊后热处理

焊后热处理的目的是消除焊接应力和回火。通常碳钢、低合金钢焊后热处理的目的是消除应力，热处理的温度为 Ac_1 以下 50℃ 甚至更低；高合金钢焊后热处理的目的除了消除应力外还有回火作用，热处理温度通常接近 Ac_1 温度，为 Ac_1 以下 30℃。符合焊后可不热处理标准的焊缝焊后可不热处理；供货状态为固溶处理的奥氏体不锈钢环缝焊后可不热处理，也可进行固溶处理，当与其他耐热钢组成异种钢焊接时，应按耐热钢要求进行焊后热处理；不同钢种的接头焊后热处理应按较高温度要求进行，但不得超过任一材料的 Ac_1 温度。

表 9-29 为锅炉受热面管焊后热处理保温温度，保温时间为 1h/25mm，12Cr2MoWVTiB、T23、10Cr9Mo1VNb（T91）及 T92 至少 1h，其余至少 15min。

表 9-29　锅炉受热面管焊后热处理保温温度　　　　　　　　　　　　　　（单位：℃）

管子材料	管子材料								
	20G （SA-210A-1） （SA-210C）	15CrMoG	12Cr2MoG	12CrMoVG	12Cr2MoWVTiB	T23	T91	T92	TP304H、 TP347H、 Super304H、 HR3C
20G （SA-210A-1） （SA-210C）	550～600 （600～650）	660～700	680～710	680～710					
15CrMoG		660～700	680～720	680～720					
12Cr2MoG			700～740	700～740	730～760	730～760	730～760	730～760	700～740
12CrMoVG				700～740	730～760	730～760	730～760		700～740
12Cr2MoWVTiB					750～780		745～775		750～780
T23						730～760	730～760		
T91							730～775	745～775	730～775
T92							745～775	745～775	
TP304H、 TP347H、 Super304H、 HR3C									1040～1090 1130～1180 1040～1090 1175～1225

四、锅炉受热面管的焊后检验

1. 外观检验

1）焊缝外形尺寸应符合设计图样和工艺文件的规定，焊缝高度不低于母材表面，焊缝与母材应平滑过渡。

2）焊缝及热影响区表面无裂纹、夹渣、弧坑和气孔。

3）焊缝咬边深度不超过 0.5mm，管子两侧咬边总长度不超过管子周长的 20%，且不超过 40mm。

4）管子对接焊缝接头处的内径不得小于表 9-30 的规定，并作为通球直径进行检查。

表 9-30　管子对接焊缝通球要求　　　　　　　　　　　　　（单位：mm）

管子公称内径 DN	DN≤25	25＜DN≤40	40＜DN≤55	＞55
焊缝接头处内径	≥0.75DN	≥0.80DN	≥0.85DN	≥0.90DN

2. 无损检测（RT 或 UT）

1）管子外径＞159mm，或者壁厚≥20mm 时，按本章第三节"集箱的焊接"中环缝对接接头进行无损检测。

2）蒸汽锅炉、热水锅炉。管子外径≤159mm，A 级锅炉，$p≥9.8MPa$，管子对接接头制造厂内 100%RT，安装工地 50%RT；$p＜9.8MPa$，管子对接接头制造厂内 50%RT，安装工地 25%RT；B 级锅炉管子对接接头 10%RT。

3）承压有机热载体锅炉。管子外径≤159mm，管子对接接头 10%RT。

3. 水压试验

水压试验应在无损检测和热处理后进行。水压试验时，压力应缓慢地升降。当水压上升到工作压力时，应暂停升压，检查有无漏水或异常现象，然后升压到试验压力。对接焊接的受热面管子试验压力为其工作压力的1.5倍，并在此试验压力下保持10~20s；管子受热面组件水压试验压力为其工作压力的1.5倍，保压时间5min，然后降压到工作压力进行检查。奥氏体钢水压试验时，应控制水的氯离子浓度不超过25mg/L，水压试验后将水渍去除干净。

第五节 膜式水冷壁的焊接

在电站锅炉中，膜式水冷壁结构通常指膜式水冷壁和后烟井包覆过热器，是组成锅炉炉体的管屏结构。早期的锅炉多采用拉拔鳍片管，鳍片之间焊接，组成管屏结构，现在基本采用管子加扁钢焊接而成的管屏结构。图9-15所示为保证电厂工地顺利安装而在制造厂内进行试拼装的超临界锅炉膜式水冷壁。膜式拼排焊缝为受压件与非受压件焊接的非受压焊缝，其主要作用是保证管子与扁钢之间要有良好的热传导并有一定的强度，因此对它的要求主要是一定的熔深和焊缝的横截面面积，如图9-16所示。对于焊接熔深较浅的焊接方法，如GMAW，采用提高角焊缝焊脚高度来降低熔深要求；对于有熔深要求而焊接方法无法保证的产品，则采用在扁钢上开坡口的方法实现。

图9-15 超临界锅炉膜式水冷壁管屏

一台大型电站锅炉膜式水冷壁角焊缝总长度达数百千米，如300MW亚临界锅炉的膜式壁焊缝约有200km，600MW亚临界锅炉的膜式壁焊缝约有350km，600MW超临界锅炉的膜式水冷壁焊缝约有360km，1000MW超超临界锅炉的膜式水冷壁焊缝约有530km。因此，对膜式壁拼排焊接来说，除了要保证熔深和表面质量外，还要有高的焊接生产率。

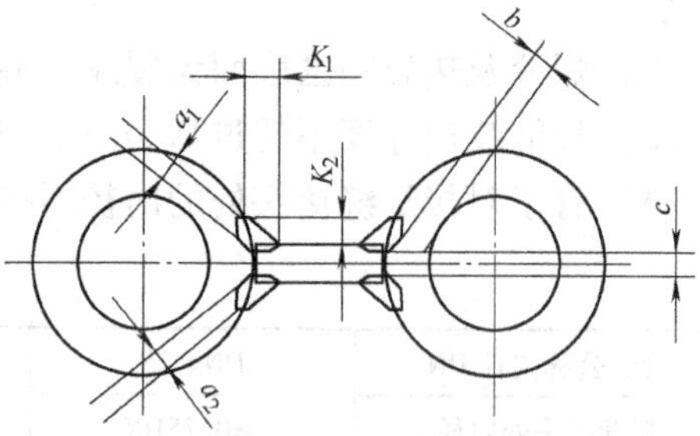

一、膜式水冷壁制造工艺流程和焊接方法的选择

图9-16 膜式水冷壁焊接熔深与横截面

1. 制造工艺流程

图9-17所示膜式水冷壁制造工艺流程，某些合金钢管排焊后需进行消除应力热处理。

2. 焊接方法

膜式壁管子实际上也是锅炉受热面，其管子外径通常≤89mm，其管子对接在本章第四节中已叙述，本节主要叙述拼排焊接方法。膜式壁焊接中应用的焊接方法有SAW、MPM（GMAW）、高频鳍片管焊接和手工焊（SMAW、FCAW、GMAW）等。膜式壁拼排焊接方法及适用范围见表9-31。

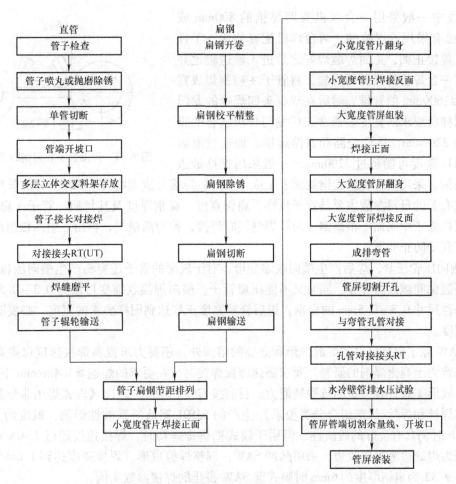

图 9-17 膜式水冷壁制造工艺流程

表 9-31 膜式壁拼排焊接方法及适用范围

焊接方法		适用范围	工艺特点
SAW		管屏成排焊接	工艺稳定，工艺参数调节范围大，便于调节熔深，焊缝成形好，表面易呈微凹状态，对中要求低，但只能焊接平位置（1G、2F），需清渣，变形比 MPM 大，需配以调节扁钢，劳动强度相对较低
GMAW（MPM）		管屏成排焊接	热影响区小，变形小，不需清渣，可正反面同时焊接，生产率高，但对中要求和清洁度要求高，工艺参数调节范围较小，焊缝熔深受限制，通常采用较大的角焊缝高度保证传热，焊缝表面易呈凸形状态，明弧焊接，劳动强度相对较高
高频电阻焊		光管加扁钢鳍片管焊接	生产率高，设备要求高，宜专业化生产
手工焊	SMAW	短焊缝及修补焊缝	灵活方便，适合各种空间位置和返修焊接，GMAW 飞溅大，焊缝成形差；FCAW 焊缝成形好，飞溅小
	FCAW		
	GMAW		

注：MPM 为 Mitsubishi 公司最早开发和应用正面俯焊、背面仰焊的多头熔化极富氩气体保护焊的管屏高效焊接方法。

二、膜式水冷壁的焊接工艺

1. SAW

SAW 主要适用于焊接图 9-16 所示管子 + 扁钢的结构形式，管子外径 OD = 22~89mm，扁钢宽度为 6~102mm，扁钢厚度一般为 6mm。焊枪布置如图 9-18 所示，每一机头两把焊枪，两把焊枪前后相距 20~

40mm，在生产线中一般采用一台双机头四焊枪的 800mm 或 1600mm 焊机，也有采用八焊枪的。两台焊机配套使用，工件行走，一台焊机焊接正面，正面焊缝焊好之后进入输送辊道并翻身，输送到下一台焊机焊接反面焊缝，将管子 + 扁钢焊成宽度≤800mm 或≤1600mm 的管排，然后在双机头四焊枪的龙门焊机上拼焊到图样所要求的宽度。通常工厂龙门焊机适合的膜式壁宽度最大为 3200mm，适合公路和铁路运输；而通过海运的膜式壁管排出厂宽度可能超过 3200mm，一般采用管排最边

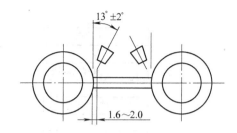

图 9-18　焊接管子和扁钢的 SAW 焊枪布置

上管子带半根扁钢，采用两块管排扁钢双面手工或小车焊机焊接形成宽度大于 3200mm 的管排。

　　与焊接工艺有关的母材参数主要是管子规格、扁钢宽度、扁钢厚度及其材质。管子 + 扁钢 SAW 一般采用双身法，即两根管子中间加一根扁钢，两条焊缝同时焊接，称为两根组，再由三组两根组焊成六根组，其余类推，这样有利于防止变形。

　　SAW 采用侧向压轮压紧，焊后产生横向收缩变形，对于较薄的管子还容易产生横向压扁成椭圆的形状，因此横向压紧要避免间隙以防焊穿，同时又不能压扁管子。横向焊接收缩变形量为 0.3 ~ 0.5mm，所以通常采用宽度超过公称尺寸 0.3 ~ 0.5mm 的扁钢，焊后管排宽度正好达到图样要求的宽度。必要时需配备调节扁钢来调节管排宽度。

　　膜式壁的 SAW 除了保证良好的焊缝成形和必要的熔深外，还要力求提高焊接速度以提高生产率。为此目的，国内外都致力于高速焊剂的研制，要求高速埋弧焊接时，在要求的焊速≥1.4m/min 下电弧燃烧稳定，脱渣良好，焊缝成形美观且有一定的抗铁锈能力。目前按 GB/T 5293—2018《埋弧焊用非合金钢及细晶粒钢实心焊丝、药芯焊丝和焊丝-焊剂组合分类要求》生产的 SJ501 铝钛渣系酸性焊剂，碱度约为 0.5，焊接速度在 60 ~ 100m/h 时仍具有良好的脱渣性；但用于膜式壁拼排焊接时，焊接速度超过 1.4m/min 时，焊缝成形变差，其表现为焊缝边缘出现咬边。采用脉冲 SAW，调整焊缝成形，焊接速度达到 1.6m/min，焊缝成形仍保持良好。表 9-32 为扁钢厚度为 6mm 时膜式壁 SAW 拼排的焊接参数实例。

表 9-32　膜式壁 SAW 拼排的焊接参数实例

序号	母材牌号及规格		焊丝		焊剂	焊接电流/A	焊接电压/V	焊接速度/(m/min)
	管子	扁钢	牌号	直径/mm				
1	20G SA-213T2 SA-213T12 15CrMoG $S \leqslant 4.5mm$	Q235-A SS400 15CrMo 12Cr1MoV $\delta = 6mm$	H10Mn2 EH14 H10MoCrA H12CrMoA EB2	1.2	SJ501 S-777MXT	270 ~330	26 ~32	0.9 ~ 1.2
2	20G SA-213T2 SA-213T12 15CrMoG SA-213T22 SA-213T23 $S > 4.5mm$	Q235-A SS400 15CrMo SA-38712 12Cr1MoV SA-38722 $\delta \geqslant 6mm$	H10Mn2 EH14 H10MoCrA H12CrMoA EB2 EB3	2.0	SJ501 S-777MXT	360 ~420	28 ~32	0.9 ~ 1.2

注：管子壁厚 S、扁钢厚度 δ 按 JB/T 5255—1991《焊制鳍片管（屏）技术条件》，见表 9-35。

2. MPM（GMAW）

　　MPM 采用富氩混合气体保护焊，电弧稳定，飞溅小，熔滴容易呈轴向射流过渡，同时气体带有一定的氧化性，克服了纯氩焊接时电弧的飘移现象和熔池表面张力大的缺点，焊缝质量好。特别是 MPM 可配置高达 20 头焊枪，可同时焊接 5 根管子 +6 根扁钢的正反面焊缝。MPM 采用上下压轮压紧，只需采用公称尺寸

宽度的扁钢，不需配备调节扁钢。与 SAW 相比，MPM 省掉了拼排的翻身工序，焊接变形小，生产率高，占用生产场地小。与 SAW 双身焊法不同，MPM 通常采用图 9-19 所示的扁钢中间夹管子的组合方式进行焊接。

MPM（GMAW）焊接保护气体为 85% ~ 90% Ar + 10% ~ 15% CO_2，流量为 20 ~ 25L/min，喷嘴孔径为 16mm，可控熔滴射流过渡，脉冲频率和焊接电流成正比自动调节，焊丝直径为 1.2mm，焊接速度为 60 ~ 70cm/min。

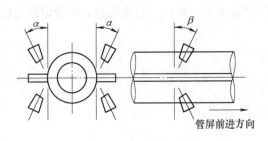

图 9-19 MPM 示意图

MPM 有 4 焊枪、8 焊枪、12 焊枪、20 焊枪几种，4 焊枪布置为一组正反面各 2 个焊枪；8 焊枪布置为一组正反面各 4 个焊枪；12 焊枪的布置为前组正反面各 4 个焊枪，后组正反面各 2 个焊枪；20 焊枪的布置为前组正反面各 6 个焊枪，后组正反面各 4 个焊枪。拼排焊接前将管子与扁钢定位点固焊后，多个焊枪便同时从正反面起焊。

与 SAW 比较，MPM 焊接熔深较浅，通常在扁钢厚度为 6mm 时，角焊缝高度为 4mm，焊缝在管子、扁钢上的熔深不小于 1mm。表 9-33 为膜式壁 MPM 拼排的焊接参数实例。

表 9-33　膜式壁 MPM 拼排的焊接参数实例

母材		焊丝		保护气体（体积分数）	保护气流量/（L/min）	焊接电流/A	焊接电压/V	焊接速度/（cm/min）
管子	扁钢	牌号	直径/mm					
20G SA210C	Q235A SS400	ER50-6 ER70S-6	1.2	85% ~ 90% Ar + 10% ~ 15% CO_2	20	260 ~ 280	26 ~ 28	0.7

3. SMAW、GMAW、FCAW

在膜式水冷壁管屏上开孔插入弯管后，弯管孔与膜式水冷壁的封板、扁钢焊接采用 SMAW、GMAW、FCAW。超宽管排之间的扁钢对接焊缝可以采用 SMAW、GMAW、FCAW，也可以采用小车式 SAW 或 GMAW。

4. 鳍片管的高频电阻焊

交流电频率高于 100kHz 为高频（又称射频）。用高频电流使得工件边缘表层加热至熔化或接近熔化的塑性状态，随后加压，将氧化层及熔化层排出，并使处于高温塑性状态的金属产生足够的塑性变形而实现焊接。由于熔化层被挤出，高频焊实际上是塑态压力焊。

高频焊热能高度集中，能在极短的时间内将工件待焊边缘加热至焊接温度，生产率高，热影响区小，氧化少，焊缝质量稳定，工件变形小，不需要任何填充金属及焊剂，电能消耗少，生产成本低，适用于连续高速度生产。

鳍片管高频电阻焊接的电流频率为 200 ~ 450kHz，将光管与扁钢相焊以制成鳍片管，其主要参数为高频电流、焊接速度、挤压力、待焊边缘 V 形角和导电点到焊接点的距离等。鳍片管高频电阻焊的焊速可达 15 ~ 30m/min，生产率很高。

鳍片管高频电阻焊采用管子加扁钢连续生产，扁钢可为单侧扁钢与两侧扁钢，管子加扁钢的鳍片管焊后经校正可采用 SAW 或 GMAW，将扁钢接扁钢拼焊成膜式水冷壁。

在受热面管组中，为了增加受热面也可采用高频电阻焊在管子上焊接扁钢、螺旋鳍片或 H 形鳍片。图 9-20 和图 9-21 所示分别为螺旋鳍片管和 H 形鳍片管。

三、膜式水冷壁的热处理工艺

随着锅炉参数越来越高，水冷壁管子材料已从原来用于高压、超高压、亚临界锅炉的碳钢，发展到目前用于超临界、超超临界锅炉的 SA-213 T12、SA-213 T22、12Cr1MoVG、SA-213 T23 和 SA-213 T24，甚至还有 SA-213 T91 高合金钢管子。由于膜式水冷壁结构为大量的纵向焊缝，焊接应力大，合金钢还存在热影响区淬硬组织，所以，合金钢膜式水冷壁焊后应进行低于 Ac_1 温度的热处理，热处理温度见表9-34。

图9-20　螺旋鳍片管

图9-21　H形鳍片管及其支承方式

表9-34　合金钢管排焊后热处理温度　　　　　　　　　　（单位：℃）

扁钢	管子					
	SA-213 T12	SA-213 T22	12Cr1MoVG	SA-213 T23	SA-213 T24	SA-213 T91
SA-387 Gr12	660~700	680~720	680~720	730~760	680~720	
SA-387 Gr22		680~740	680~740	730~760	680~740	730~760
12Cr1MoV		680~740	680~740	730~760	680~740	730~760
SA-387 Gr91						730~760

保温时间为焊缝厚度每25mm保温1h，由于膜式水冷壁结构不同于第四节的锅炉受热面管结构，在大炉中热处理时热量不易对流，因此多排管排热处理时，管排之间净间距至少应保证200mm，以保证热量的传送，同时适当增加保温时间，通常保温时间为1h。

四、膜式水冷壁的焊接检验

1. SAW、MPM、SMAW、GMAW 和 FCAW 焊缝的外观检验

焊缝的外观检验应满足如下要求：

1）焊缝成形光滑、平整，焊缝与母材之间圆滑过渡，焊缝表面不允许有裂纹、夹渣、弧坑等缺陷。

2）焊缝表面不允许有直径大于2mm的单个气孔，同时不允许存在密集性气孔（3个以上小孔连成一片）或成排气孔（任意100mm焊缝直线范围内气孔数多于5个）。

3）焊缝咬边深度在管子侧不得大于0.5mm，咬边总长度不大于管子长度的25%，且连续长度不超过500mm；扁钢侧咬边深度不大于0.8mm。

4）扁钢与管子焊接时不得烧穿管子。

2. 拼排焊缝的焊缝断面熔深检验

应定期检验焊缝断面熔深，断面熔深应符合图9-16和表9-35的规定。

表9-35 管子与扁钢焊缝断面熔深要求 （单位：mm）

埋弧自动焊	气体保护自动焊、手工焊
$S<5$，K_1、$K_2 \geqslant 2.0$ $S \geqslant 5$，K_1、$K_2 \geqslant 3.0$	K_1、$K_2 \geqslant 4$
$a_1 + a_2 \geqslant 1.25\delta$	
$c \leqslant 0.4\delta$	$t \geqslant 1.0$
$S<5$，$b \geqslant 0.4S$ $S \geqslant 5$，$b \geqslant 2.0$	

注：S为管子壁厚；K_1、K_2为角焊缝尺寸；a_1、a_2为焊缝厚度；c为扁钢与管子之间未焊透量；δ为扁钢厚度；t为焊缝熔入管子和扁钢深度；b为管子侧未熔化净壁厚。

3. 高频焊鳍片管焊缝的外观检验

高频焊鳍片管焊缝应满足如下要求：

1）鳍片管外表面不得有明显的压痕和拉伤。

2）鳍片管的焊接处不允许有贯穿熔合面的小孔、夹渣和未熔合等缺陷存在［焊合处表面允许有规则的被挤出的金属（或毛刺）存在］。

3）对用作膜式水冷壁（或膜式顶棚、包墙管）的鳍片管，其管子与扁钢的熔合率不小于扁钢厚度的80%；对用于其他用途的鳍片管，其管子与扁钢的熔合率可按具体产品的技术要求或加工合同规定而确定。

4. 膜式水冷壁的水压试验

水压试验应在无损检测和热处理后（若需要）进行。水压试验时，压力应缓慢地升降。当水压上升到工作压力时，应暂停升压，检查有无漏水或异常现象，然后升压到试验压力。试验压力为其工作压力的1.5倍，单根管水压试验在此试验压力下保持10~20s，整片水冷壁串联水压试验在此试验压力下保持5min，然后降压到工作压力进行检查。

压力容器焊接

随着工程技术的发展，压力容器在能源、化工、航空航天等领域发挥着不可替代的作用。在炼油、煤化工等装置中压力容器朝大型化、重型化发展，服役环境有高温、高压、深冷、强腐蚀等极端环境，对设备的安全性提出了很严苛的要求，而压力容器的焊接是压力容器制造中最重要、最关键的一个环节，焊接质量直接影响压力容器的质量。焊接接头作为压力容器不可分割的组成部分，在不同工作环境下的抗断裂性能、抗疲劳性能、抗高温蠕变及回火脆性、抗氢脆及应力腐蚀性能等，对压力容器的运行可靠性和工作寿命起着决定性的影响。

为适应压力容器的大型化要求，近几年来焊接技术在高效、自动化程度上有了很大进步，如窄间隙埋弧焊、双丝埋弧焊、多丝埋弧焊、马鞍埋弧焊、深熔 TIG 焊、热丝 TIG 焊堆焊、等离子焊、高效带极堆焊、气电立焊、埋弧横焊等技术已在压力容器上得到了广泛应用。

第一节 总体要求

一、压力容器用金属材料总体要求

压力容器的选材应考虑材料的力学性能、物理性能、工艺性能和与介质的相容性，压力容器材料的性能、质量、规格与标志应符合相应材料的国家标准或行业标准。

用于焊接的压力容器用钢材分为钢板、钢管、锻件。压力容器受压元件、与受压元件相焊接的非受压元件用钢应是焊接性良好的钢材。

压力容器受压元件用钢，应当是氧气转炉或者电炉冶炼的镇静钢。对标准抗拉强度下限大于 540MPa 的低合金钢板和奥氏体-铁素体不锈钢板，以及用于设计温度低于 -20℃ 的低温钢板和低温锻件，还应当采用炉外精炼工艺。

压力容器用钢，在 GB 150.2—2011《压力容器 第 2 部分：材料》、ASME、EN 标准中所引用的钢材类别可分为碳钢、低合金钢（含低合金高强钢、中温抗氢钢、低温钢）、高合金钢（含高铬钢、奥氏体不锈钢、双相不锈钢）、复合板（含不锈钢-钢复合板、镍-钢复合板、钛-钢复合板、铜-钢复合板）、有色金属及其合金（含镍及镍合金、铝及铝合金、铜及铜合金、钛及钛合金、锆及锆合金）。

二、压力容器用焊接材料总体要求

用于焊接压力容器受压元件的材料，应当保证焊缝金属的拉伸性能满足母材标准规定的下限值，冲击吸收能量满足设计要求，当需要时，其他性能（如高温、低温、腐蚀等）也不得低于母材的相应要求。

压力容器用焊材需符合相应的焊材标准和产品标准，对于按国标设计制造的产品还应符合 NB/T 47018.1~47018.7《承压设备用焊接材料订货技术条件》系列标准的要求。焊接材料要有质量证明书和清晰、牢固的标志。压力容器制造单位、球罐制造及现场组焊单位应建立并严格执行焊接材料的验收、复验、保管、烘干、发放和回收的管理制度。焊接材料的采购、验收、仓储、使用过程中的管理规定可参考 JB/T 3223—2017《焊接材料质量管理规程》。

三、压力容器焊接总体要求

1. 焊接工艺评定要求

压力容器产品施焊前，受压元件焊缝、与受压元件相焊的焊缝、熔入永久焊缝内的定位焊缝、受压元件母材表面堆焊与补焊，以及上述焊缝的返修焊缝都应当进行焊接工艺评定或者具有经过评定合格的焊接工艺规程支持。

用于焊接结构受压元件的材料，压力容器制造单位在首次使用前，应掌握材料的焊接性能并进行焊接工艺评定。

压力容器焊接工艺评定应符合相应的设备建造标准，如国标体系的 NB/T 47014《承压设备焊接工艺评定》、ASME 锅炉压力容器国际性规范Ⅸ《焊接、钎接和粘接评定》或 ISO 15614《金属材料焊接工艺规程及评定》。焊接工艺评定完成后应编制焊接工艺评定报告（PQR）和根据合格评定编制用于指导生产的焊接工艺规程（WPS）。

2. 压力容器焊工要求

用于焊接受压元件焊缝、与受压元件相焊的焊缝、熔入永久焊缝内的定位焊缝、受压元件母材表面堆焊与补焊的压力容器焊工应按照 TSG Z6002《特种设备焊接操作人员考核细则》、ASME 锅炉压力容器国际性规范Ⅸ《焊接、钎接和粘接评定》、EN ISO 9606 - 1《焊工考试 熔化焊 第 1 部分：钢》的规定考核合格，取得相应项目的合格证后，方可在有效期内承担合格项目范围内的工作。

3. 压力容器焊接环境要求

当施焊环境出现下列任一情况且无有效防护措施时，禁止施焊：①焊条电弧焊时风速大于 10m/s；②气体保护焊时风速大于 2m/s；③相对湿度大于 90%；④雨雪环境；⑤焊件温度低于 - 20℃。

当焊件温度低于 0℃但不低于 - 20℃时，应在施焊处 100mm 范围内预热至 15℃以上。

4. 压力容器焊接接头分类

压力容器主要受压部分的焊接接头按 GB 150.1—2011 分为 A、B、C、D、E 类，如图 10-1 所示；按 ASME Ⅷ-1 分为 A、B、C、D 类，如图 10-2 所示。注意：在 GB 150.1—2011 中嵌入式接管或凸缘与壳体对接连接的接头为 A 类焊接接头，而在 ASME 中属于 D 类接头；在 GB 150.1—2011 中长颈法兰与壳体或接管连接的对接接头属于 B 类焊接接头，而在 ASME 中属于 C 类焊接接头。

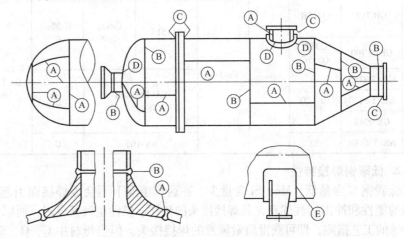

图 10-1 焊接接头分类（按 GB 150.1）

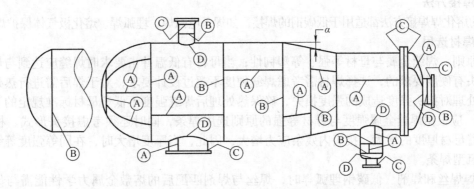

图 10-2 焊接接头分类（按 ASME Ⅷ-1）

第二节 低碳钢、低合金高强钢压力容器的焊接

一、压力容器用低碳钢的焊接

1. 碳钢的种类及标准

碳钢是以铁为基础、含有少量 C（一般 C 的质量分数 ≤1.0%）的铁碳合金。碳钢除以 C 作为主要合金元素外，还有少量有益元素 Si 和 Mn（其中 Si 的质量分数 ≤0.5%，Mn 的质量分数 ≤1.2%），Si、Mn 皆不作为合金元素，而其他元素如 Ni、Cr、Cu 等需控制在残余量限度内，S、P、O、N 等作为杂质元素根据钢材品种和等级都需有严格限制。

碳钢根据碳的质量分数的不同，分为低碳钢（C 的质量分数 ≤0.30%）、中碳钢（C 的质量分数 = 0.30% ~ 0.60%）、高碳钢（C 的质量分数 ≥0.60%）。压力容器主要受压元件用碳钢主要限于低碳钢。常用压力容器用低碳钢材料标准号、牌号及类别组别号见表 10-1。

表 10-1 常用压力容器用低碳钢材料标准号、牌号及类别组别号

材料类型	中国				美国 ASME				ISO，EN			
	标准号	牌号	主要公称成分	NB/T 47014 类别组别号	标准号	牌号	主要公称成分	ASME Ⅸ类别组别号	标准号	牌号	主要公称成分	ISO 15608 组别号
钢板	GB 713	Q245R	C	Fe-1-1	SA-516	Gr60，Gr65	C-Mn-Si	P-No.1 Gr.1	EN10025	S235JR	C	1.1
									EN10028-3	P275NH	C	
	GB/T 700	Q235B，Q235C							EN10028-2	P235GH P265GH	C-Mn	
钢管	GB/T 8163	10，20			SA-106 GrB SA-179，SA-214		C		EN10216-2	P235HG	C	
	GB/T 6479										C	
	GB 9948								EN10217-1	P235TR2	C	
锻件	NB/T 47008	20			SA-105		C					

2. 低碳钢焊接特性

低碳钢 C 含量低，Mn、Si 含量少，在通常情况下不会因焊接而引起严重组织硬化或出现淬火组织，这种钢的塑性和冲击韧性优良，其焊接接头的塑性、韧性也极其良好，所以焊接时一般不需预热和后热，不需采取特殊的工艺措施，即可获得质量满意的焊接接头。但当母材中 C、O、S、P 或焊材中 C、S 含量过高时，热裂纹倾向会增大，因此在 TSG 21—2016《固定式压力容器安全技术监察规程》中规定：用于焊接的碳素钢和低合金钢，C 的质量分数 ≤0.25%，P 的质量分数 ≤0.035%，S 的质量分数 ≤0.035%，并规定采用氧气转炉或者电炉冶炼的镇静钢，对于承受动载或较低温度下工作的重要结构应采用炉精炼工艺且脱氧完全的镇静钢。

3. 低碳钢焊接方法

几乎所有的熔化焊焊接方法都适用于低碳钢的焊接，如焊条电弧焊、埋弧焊、熔化极气体保护焊、氩弧焊等。

4. 低碳钢焊材选用

焊材选用原则：焊缝金属与母材等强、等塑韧性；当母材有低温冲击要求时焊缝应达到与母材相当的要求；对焊接接头有硬度要求的，选择焊材需考虑焊缝硬度不超过设计要求；对于焊后需进行热处理的焊接接头，需考虑热处理对接头强度造成的强度损失，确保热处理后焊缝强度不低于母材标准规定的下限。

（1）焊条 应根据焊缝金属强度与母材等强的原则选用焊条，同时还须考虑接头形式、板厚和焊接位置等因素。随着母材厚度的增大，接头内残余应力增大，因此，当厚度增大时，在同等强度等级中应选用抗裂性能好的低氢型焊条。

（2）埋弧焊焊丝和焊剂 低碳钢埋弧焊时，焊丝与焊剂匹配后的熔敷金属力学性能需与母材相当，不同商标号的焊剂会有不同的力学性能，推荐采用同一厂家焊丝与焊剂进行匹配，且应采用中性焊剂。

（3）气体保护焊焊丝 首先要满足焊缝金属与母材等强度，当焊缝金属强度超过母材过多时，可能引起焊接接头塑性和韧性下降。气体保护焊焊丝分为实心焊丝和药芯焊丝，用于压力容器焊接的药芯焊丝应采用

碱性渣系。实心焊丝保护气体可采用 Ar + 20% CO$_2$ 或 Ar + CO$_2$ + O$_2$ 三元气体以获得综合性能良好的焊接接头，药芯焊丝可采用纯 CO$_2$ 保护气。

常用低碳钢材料焊材选用推荐见表 10-2。

表 10-2　常用低碳钢材料焊材选用推荐

牌号	焊条电弧焊		埋弧焊		钨极氩弧焊		熔化极气体保护焊	
	焊条型号 （GB/T 5117）	焊条型号 （ASME SFA5.1）	焊材型号 （GB/T 5293）	焊材型号 （ASME SFA5.17）	焊丝型号 （GB/T 8110）	焊丝型号 （ASME SFA5.18）	焊丝型号 （GB/T 8110）	焊丝型号 （ASME SFA5.18）
10，20，Q235B，Q2435R，SA-105，SA-106，SA-516 60	E4315	E7015	F4A0-H08A	F7A2-EL8	ER50-2	ER70S-2	ER50-6	ER70S-6
			F4A2-H08MnA		ER50-3	ER70S-3		
			F4P2-H08MnA		ER50-6	ER70S-6		
					ER50-G	ER70S-G		

5. 有特殊要求的低碳钢焊接要点

1）当焊件温度低于 0℃ 或焊件厚度大于 32mm 的低碳钢焊接时，由于焊接接头冷却速度较快，冷裂纹的倾向增大，特别是焊接大厚度或大刚度结构，在多层焊时第一道焊缝最容易开裂。为避免焊接裂纹，应采取以下措施：

① 焊前预热，焊接过程中保持层间温度不低于预热温度。

② 采用低氢型或超低氢型焊条。

③ 定位焊时，加大电流，减慢焊速。

④ 整条焊缝尽量一次连续焊完，焊后及时进行后热处理或消氢处理。

2）对于有低温冲击要求的焊接接头，为保证其接头的冲击韧性和冷弯性能，应适当控制热输入和层间温度，不宜采用大规范焊接，避免摆动过宽的焊道，尽量使每道焊肉的厚度减薄。

3）对于盛装碱性溶液、湿 H$_2$S、液氨等特殊介质的低碳钢压力容器的焊接，应符合以下要求：

① 严格控制原材料中 S、P、Ni 的含量及碳当量 C_{eq} 符合相应标准及设计要求。

② 焊材选择参考 NACE SP0472，控制焊材熔敷金属中 V、Nb（Cb）的含量，一般要求 V 的质量分数 ≤ 0.02%，Nb（Cb）的质量分数 ≤ 0.02%，V + Nb（Cb）的质量分数 ≤ 0.03%，C_{eq} ≤ 0.43，且控制熔敷金属的硬度 ≤ 200HBW。

③ 任意厚度均需进行焊后消应力热处理，且热处理温度不低于 620℃。

二、压力容器用低合金高强钢的焊接

1. 低合金钢分类及材料标准

低合金钢是在碳钢的基础上添加一定的合金化元素（合金元素总的质量分数在 5% 以下），以提高钢的强度并保证其具有一定的塑性和韧性，使钢材具有特殊性能，如耐低温、耐高温或耐腐蚀等。用来制作压力容器的低合金钢可分为低合金高强钢、低温钢、珠光体耐热钢（中温抗氢钢），本节仅介绍低合金高强度钢，低温钢、珠光体耐热钢在其他章节介绍。

低合金高强度钢是指屈服强度在 275MPa 以上并具有良好综合性能的钢，这种钢的主要特点是强度高、塑韧性好。按钢的屈服强度级别及热处理状态，压力容器用低合金高强钢可分为两类：

（1）热轧、正火钢　屈服强度在 295 ~ 490MPa 之间，其使用状态为热轧、正火、正火 + 回火或控轧控冷，属于非热处理强化钢，这类钢应用最为广泛。压力容器常用材料在国标中有 Q355R、18MnMoNbR、13MnNiMoR 等，在 ASME 中有 SA-516 Gr70、SA-537、SA-204、SA-302 GrB、C 等，在 EN 中有 P355、20MnMoNi4-5 等。

（2）低碳低合金调质钢　屈服强度在 490 ~ 980MPa 之间，在调质状态下使用，属于热处理强化钢，其特点是既有高的强度，又有良好的塑韧性，可以直接在调质状态下焊接。压力容器常用材料国标中有 07MnMoVR、12MnNiVR 等。

在 ASME Ⅷ-1 中采用的 SA-533 B CL.1、CL.2 材料热处理状态为淬火 + 回火，其中 SA-533 B CL.1 屈服强度 ≥ 345MPa，抗拉强度与 18MnMoNbR、13MnNiMoR 相当。SA-533 B CL.2 屈服强度 ≥ 485MPa，抗拉强度与 07MnMoVR、12MnNiVR 相当，但在 ASME Ⅷ-1 中不属于热处理强化钢。

常用压力容器用低合金高强钢材料标准、牌号及类别组别号见表 10-3。

表10-3　常用压力容器用低合金高强钢材料标准、牌号及类别组别号

材料类型	中国 标准号	中国 牌号	中国 主要公称成分	NB/T 47014 类别组别号	美国 ASME 标准号	美国 ASME 牌号	美国 ASME 主要公称成分	ASME IX 类别组别号	ISO, EN 标准号	ISO, EN 牌号	ISO, EN 主要公称成分	ISO 15608 组号
钢板	GB 713	Q345R	C-Mn	Fe-1-2	SA-516	Gr70	C-Mn-Si	P-No.1 Gr.2	EN10028-2	P295GH, P355GH	C-Mn-Si	1.2
					SA-537	CL.1	C-Mn-Si	P-No.1 Gr.2	EN10028-3	P355NH	C-Mn-Si	
		Q370R	C-Mn	Fe-1-3	SA-537	CL.2	C-Mn-Si	P-No.1 Gr.3	EN10028-5	P355M	C-Mn-Si	1.2
		13MnNiMoR	Mn-Ni-Mo	Fe-3-3	SA-204	CrA	C-0.5Mo	P-No.3 Gr.1	EN10028-2	18MnMo4-5	C-Mn-Mo	3.1
		18MnMoNbR	Mn-Mo-Nb	Fe-3-3	SA-204	CrB, C	C-0.5Mo	P-No.3 Gr.2	EN10028-2	20MnMoNi4-5	Mn-Mo-Ni	3.1
	GB 19189 (调质钢)	07MnMoVR	Mn-Mo-V	Fe-1-4	SA-302	CrB, C	Mn-0.5Mo-0.5Ni	P-No.3 Gr.3	EN10028-6	P460Q	Mn-Ni	
		12MnNiVR	Mn-Mi-V	Fe-1-4	SA-533	Type B CL.1, CL.2	Mn-0.5Mo-0.5Ni	P-No.3 Gr.3				
钢管	GB/T 6479	Q345D, Q345E	C-Mn	Fe-1-2	SA-210	GrC	C-Mn-Si	P-No.1 Gr.2	EN10216-2	16Mo3	C-Mn-Mo	1.2
	GB/T 8163	16Mn	C-Mn	Fe-1-2	SA-350	LF2	C-Mn-Si	P-No.1 Gr.2	EN10216-2	20MnNb6	C-Mn	1.2
					SA-266	Gr2, Gr3	C-Si					
锻件		20MnMo	Mn-Mo	Fe-3-2	SA-335	P1	C-0.5Mo	P-No.3 Gr.1	EN10222-2	P280GH, P305GH	C-Mn-Si	1.2
					SA-182	F1	C-0.5Mo	P-No.3 Gr.2		16Mo3	C-Mn-Mo	1.2
					SA-336	F1	C-0.5Mo					
	NB/T 47008	20MnNiMo	Mn-Ni-Mo	Fe-3-3	SA-508	Gr3 CL.1, CL.2	0.75Ni-0.5Mo-Cr-V					
		20MnMoNb	Mn-Mo-Nb	Fe-3-3	SA-541	Gr3 CL.1, CL.2	0.5Ni-0.5Mo-V	P-No.3 Gr.3		18MnMoNi5-5	Mn-Mo-Ni	3.1

2. 低合金高强钢的焊接特点

（1）热轧、控轧及正火钢的焊接特点 低合金高强钢中碳的质量分数一般不超过 0.20%，为了确保钢的强度和韧性，通过添加适量的 Mn、Mo 等合金元素及 V、Nb、Ti、Al 等微合金化元素，配合适当的轧制工艺或热处理工艺来达到晶粒细化、沉淀强化或通过控制终轧温度和变形量，并配合加速冷却使钢材获得细小的铁素体组织，从而获得良好的综合力学性能。

屈服强度为 295~390MPa 的低合金钢大多属于热轧钢，靠合金元素 Mn 来固溶强化获得高强度。用于低温压力容器或厚板结构时，为改善低温韧性需在正火处理后使用，如 Q355R、Q370R。屈服强度大于390MPa 的低合金钢一般需要正火或正火 + 回火状态下使用，钢中加入 Mo 不仅细化组织提高强度而且还可提高钢材的中温性能，如我国的 13MnNiMoR、18MnMoNbR 等可用于制造中温厚壁压力容器。

低合金高强钢中含有质量分数不超过 5% 的合金元素，其焊接性能与碳钢有一定差别，其焊接特点主要表现在：

1）冷裂纹敏感性。焊接氢致裂纹（通常称焊接冷裂纹或延迟裂纹）在低合金高强度钢焊接时最容易产生，主要发生在焊接热影响区，有时也出现在焊缝金属中。根据钢种的类型、焊接区氢含量及应力水平的不同，氢致裂纹可能在焊后 200℃ 左右立即产生，或在焊后一段时间内产生。由于这类钢含少量的合金元素，焊接时钢的淬硬倾向比低碳钢要大一些。对于热轧钢，因碳当量较低，一般情况下冷裂纹敏感性不大；对于正火或正火 + 回火钢由于合金元素较多，随着碳当量和板厚的增加，其淬硬倾向和冷裂敏感性都会增大。当热影响区中产生淬硬的马氏体或马氏体 + 贝氏体 + 铁素体混合组织时，对氢致裂纹敏感，对于一般的低合金高强度钢，为防止氢致裂纹产生，焊接热影响区硬度应控制在 350HV 以下。

对于 C-Mn 系低合金钢，热影响区淬硬倾向可采用国际焊接学会（IIW）推荐的碳当量 C_{eq} 加以评定，对于微合金化的低碳低合金钢可用冷裂纹敏感指数 P_{cm} 来评定。

$$C_{eq} = w(C) + w(Mn)/6 + w(Cr + Mo + V)/5 + w(Ni + Cu)/15$$

当 $C_{eq} < 0.4\%$ 时，淬硬性不大，不需预热；当 $C_{eq} = 0.4\% ~ 0.6\%$ 时，钢材易淬硬需预热才能防止裂纹。

$$P_{cm} = w(C) + w(Si)/30 + w(Mn + Cu + Cr)/20 + w(Ni)/60 + w(Mo)/15 + \\ w(V)/10 + 5w(B)$$

注意，P_{cm} 适用于 $w(C) = 0.07\% ~ 0.22\%$ 的钢。

对于强度级别较低的热轧钢（如 Q355、Q390），由于碳当量较低，通常冷裂倾向不大，但快速冷却可能出现淬硬的马氏体组织使冷裂倾向变大。正火钢合金元素含量较高，焊接热影响区的淬硬倾向有所增加，对强度级别及碳当量较低的正火钢冷裂倾向不大，但随着强度级别及板厚的增加，其淬硬性及冷裂倾向都随之加大。因此对于厚板或环境温度较低的热轧或正火钢，需要采取控制热输入、降低氢含量、预热和后热处理等措施以防止冷裂纹的产生。

2）再热裂纹敏感性。再热裂纹又称消除应力裂纹（SR 裂纹），是焊接接头在焊后消除应力热处理过程或长期处于高温运行（一定范围内的再次加热）中发生在靠近熔合线粗晶区的沿晶开裂。一般认为，其产生与杂质元素 P、Sn、Sb、As 在初生奥氏体晶界的偏聚导致的晶界脆化有关，也与 V、Nb 等元素的化合物强化晶内有关。低合金高强钢焊接接头一般不易产生再热裂纹，但 Mn-Mo-Nb 和 Mn-Mo-V 系低合金高强钢对再热裂纹有一定的敏感性，如 18MnMoNbR，由于 Nb、V、Mo 是促使再热裂纹敏感性较强的元素，因此这一类钢在焊后热处理时应注意避开再热裂纹的敏感温度区，防止再热裂纹的发生。

3）热影响区的粗晶区脆化。热轧、正火钢焊接时，热影响区中被加热到 1100℃ 以上的粗晶区及加热温度在 700~800℃ 的不完全相变区是焊接接头的两个薄弱区。热轧钢焊接时如果热输入过大，粗晶区将会因晶粒严重长大或出现魏氏组织，如果热输入过小又会使粗晶区中的马氏体比例增加而降低韧性。正火钢焊接时，粗晶区组织性能受热输入的影响更为显著，热输入过大粗晶区将产生粗大的粒状贝氏体、上贝氏体组织而导致韧性显著降低。

4）热应变脆化。在自由氮含量较高的 C-Mn 系低合金钢如 Q355R 中，焊接接头在焊接前需经受各种冷加工（下料剪切、筒体卷圆等），钢材会产生塑性变形，如果该区再经 200~400℃ 的热作用，容易在焊接接头熔合区及热影响区发生热应变脆化现象。应变时效脆化会使钢材塑性降低，脆性转变温度提高，从而导致设备脆断。消应力热处理可消除焊接结构这类应变时效，使韧性恢复。因此在 GB 150.4—2011《压力容器 第 4 部分：制造、检验和验收》中规定：钢板冷成形受压元件，对于碳钢、低合金钢成形前厚度大于 16mm、成形后减薄量大于 10% 者或材料要求做冲击试验者，当变形率大于 5% 时，应于成形后进行恢复性能热处理。

（2）低碳低合金调质钢的焊接特点　低碳低合金调质钢具有较高的屈服强度、良好的塑韧性，这类钢虽然通过热处理获得较高的强度，但由于碳含量较低，与中碳调质钢相比具有较好的焊接性。其主要焊接特点有：

1）焊接热影响区的粗晶区有产生冷裂纹和韧性下降的倾向。低碳调质钢的淬硬倾向较大，但在热影响区的粗晶区形成的是低碳马氏体，又因这类钢的 Ms 点较高，在焊接冷却过程中，所形成的马氏体可发生自回火，产生韧性较好的回火马氏体组织，因此其冷裂倾向相对要小得多，只要严格控制焊接时的氢源及选择合适的焊接方法及工艺参数，就可有效地避免冷裂纹的产生。

2）热影响区组织软化。在焊接热影响区受热时未完全奥氏体化的区域，以及受热时其最高温度低于 Ac_1 而高于钢调质处理时的回火温度的那个区域有软化或脆化倾向。虽然随着焊接热输入的增加和提高预热温度使软化问题加重，但一般软化区的断裂强度仍高于母材标准的下限，因此这类钢的热影响区软化问题只要工艺得当，不至于影响接头的使用性能。

3）热裂纹。一般低碳调质钢的热裂倾向较小，因钢中的 C、S 含量较低，而 Mn 及 Mn/S 又较高，如果钢中 C、S 含量较高或 Mn/S 低时，则热裂倾向增大。如果材料中又含有较多的 Ni，在近缝区易出现液化裂纹。采用小热输入的焊接参数来控制熔池形状，就可防止这种裂纹的产生。

3. 低合金高强钢焊接方法选择

低合金高强钢可采用焊条电弧焊、熔化极气体保护焊、埋弧焊、钨极气体保护焊、气电立焊等所有常用的熔焊方法进行焊接，具体选何种焊接方法取决于所焊产品的结构、板厚、对性能的要求及生产条件，并在焊前进行焊接工艺评定。无论哪种焊接方法，应采用低氢焊材，结合适当的预热、后热等措施来保证接头的性能。

4. 低合金高强钢焊材选择

1）根据不同钢材的强度级别选择与母材强度相当的焊材是这类钢焊材选用的基本原则，并且还要根据产品的使用条件、产品结构和材料厚度等因素，综合考虑焊缝金属的韧性、塑性和焊接接头的抗裂性，只要焊缝强度不低于或略高于母材标准抗拉强度的下限值即可。若选择的焊材焊缝金属强度过高，将会导致接头的韧性、塑性及抗裂性降低，接头的弯曲性能不易合格。

2）对于厚板、拘束大及冷裂纹倾向大的焊接结构，应选用超低氢焊材以提高抗裂性能。由于第一层打底焊缝易产生裂纹，此时可选用强度稍低、塑性、韧性良好的低氢或超低氢焊材。

3）考虑焊后加工工艺的影响，对焊后需经热处理、热卷（热弯）的焊件，应考虑焊缝金属经受高温处理后对其力学性能的影响，保证焊缝金属经热处理后仍具有要求的强度、塑性和韧性等。如焊后经热压或正火处理的焊缝在选择焊材时应选用合金成分较高的焊接材料，如焊后经长时间消应力热处理应考虑热处理对强度的降低；对于焊后经冷卷或冷冲压的焊件，则要求焊缝具有较高的塑性。例如，对于压力容器常见的 Q355R 钢的埋弧焊，一般情况下选用 H10Mn2 焊丝 + SJ101 焊剂即可；但对于焊后需经正火温度下冲压的封头拼板焊缝，应选用高一档强度的焊材，如 H08MnMoA 焊丝 + SJ101 焊剂，可弥补其强度损失。常用低合金材料焊材选择推荐见表 10-4。

5. 低合金高强钢焊接工艺要点

（1）焊接热输入控制　热输入大小直接影响焊缝金属及热影响区的组织，并最终影响焊接接头的韧性及抗裂性，为确保焊缝金属的韧性，不宜采用过大的焊接热输入。由于合金体系及合金含量不同，焊接热输入的控制需根据合格的焊接工艺评定来进行。对于碳含量偏下限的 Q355R 钢焊接，焊接热输入没有严格的限制，因为这种钢焊接热影响区脆化倾向较小；但对于合金元素较高、屈服强度较高的钢，如 18MnMoNbR、13MnNiMoR，选择热输入时既要考虑钢种的淬硬倾向也要兼顾热影响区粗晶区的过热倾向，一般为保证热影响区的韧性应选择较小的热输入，同时采取预热、消氢措施来防止冷裂纹的产生。

表 10-4 常用低合金材料焊材选择推荐

牌号	焊条电弧焊		埋弧焊		钨极氩弧焊		熔化极气体保护焊	
	焊条型号(GB/T 5117)	焊条型号(ASME SFA5.1)	焊材型号(GB/T 5293)	焊材型号(ASME SFA 5.17)	焊丝型号(GB/T 8110)	焊丝型号(ASME SFA5.18)	焊丝型号(GB/T 8110)	焊丝型号(ASME SFA 5.18)
16Mn，Q355R	E5015		F5AX-H10Mn2		ER50-3			
	E5016				ER50-6		ER50-6	
					ER50-G			
SA-516 70 SA-537 CL.1, CL.2	E7015, E7018, E7018-1			F7AX-EH12K F7PX-EH12K		ER70S-3, ER70S-6, ER70S-G		ER70S-6
20MnMo	E5515-G		F55A0H08-MnMoA					
13MnNiMoR	E6015-D1		F62A2H08-Mn2MoA					
18MnMoNbR								
20MnMoNb								
SA-204 GrA, GrC		E7018-A1		F7P2-EA2		ER70S-A1		
SA-302 GrC, SA-508 Gr3 CL.1, SA-533 Type B CL.1		E8018-G		F8PX-EF3-F3 F8PX-EF2-F2		ER80S-G		ER80S-G

（2）预热及道间温度的控制 预热可以控制焊接冷却速度，降低热影响区硬度，同时还可以降低焊接应力，并有助于氢的逸出，因此预热是防止低合金高强钢焊接氢致裂纹产生的有效措施。NB/T 47015—2011《压力容器焊接规程》中推荐：对于 C-Mn 系列的 Fe-1 类材料，当材料抗拉强度下限值大于 490MPa 且厚度大于 25mm 时需进行预热；对于 C-Mo、Mn-Mo、Mn-Ni-Mo 等系列的 Fe-3 类材料，当材料抗拉强度下限值大于 490MPa 或接头厚度大于 16mm 时需进行预热。预热温度随钢材碳当量、板厚、接头拘束度、焊材氢含量的增加及环境温度的降低而要相应提高。对于需要预热的焊接接头，应控制焊道间温度不低于预热温度，一般规定低合金高强钢预热温度和道间温度不大于 300℃。

（3）焊后后热及消氢处理 焊后后热是指一条焊缝焊接完成后立即将焊接区加热到 200~350℃ 范围内，并保温一段时间；而消氢处理是加热到 300~400℃ 范围内保温一定时间。两种处理的目的都是加速焊接接头内氢的扩散逸出，消氢效果比后热更好。对氢致裂纹敏感性较强的 18MnMoNbR、13MnNiMoR 等材料，焊后消氢处理是防止冷裂纹的最有效措施。对于厚度或拘束度大的焊件，焊接过程中至少需要 2~3 次中间消氢处理，以防止多层多道焊氢的积聚而导致的氢致裂纹。

（4）焊后消应力热处理 即焊后将焊件均匀加热到 Ac_1 以下温度，保温一段时间后随炉冷却的热处理。合理的消应力热处理可以起到消除内应力并改善接头的组织与性能的目的。不同材料的低合金高强钢的焊后热处理温度根据设计及相应的制造标准进行，消应力温度不能高于材料的回火温度，一般要求低于回火温度 14℃ 以上。

6. 产品焊接案例

SA-533 B CL.1 产品的焊接，设备规格 ID4500mm×145mm。

（1）工艺评定方案　工艺评定根据产品所需的焊接方法可采用组合评定，本产品主体纵环缝采用 SAW，接管与筒体焊缝采用 SMAW 及马鞍焊机埋弧焊，小接管与法兰采用 GTAW 打底加 SMAW 或 SAW 填充盖面，因此评定采用了 50mm 厚的板，采用 GTAW + SMAW + SAW 组合焊，焊材分别采用 ER80S-G、E8018-G、F8P2-EF2-F2，焊缝厚度分别为 10mm、20mm、20mm，焊后进行消应力热处理。评定热处理保温时间需考虑产品在制造过程中的所有热过程，如热校圆、产品整体热处理、局部热处理、热处理后的返修热处理、后期设备维修所需处理，一般至少覆盖 3 个热循环。热处理完毕按 NB/T 47014—2011《承压设备焊接工艺评定》或 ASME Ⅸ进行拉伸、弯曲、每种方法的冲击，并增加硬度、宏观检验等内容。

（2）筒体纵环缝的焊接

1）焊前准备。坡口采用机加工，加工完毕对坡口进行磁粉检测，并在焊前对坡口表面及周围至少 20mm 范围内进行清理。焊材在使用前按规定的温度进行烘干，并在使用过程中放入保温筒内随用随取。

2）预热。焊前对焊接处两侧至少 150mm 范围内进行预热，预热温度不低于 150℃，待温度均匀后在加热面背面进行测温，达到要求后方可进行焊接。

3）焊接要点。采用窄间隙埋弧焊或双丝埋弧焊进行焊接，焊前点焊需达到规定的预热温度后方可进行，点焊焊材采用 SMAW E8018-G。正式焊缝焊接采用 SAW F8P2-EF2-F2、ϕ4.0mm，SAW 焊接参数：I = 550～600A，U = 28～33V，v = 21～26m/h，焊接过程中控制层间温度为 150～250℃，焊接过程若需中断应立即进行 300～350℃/2h 的消氢处理，再次焊接前重新按原要求进行预热。整条焊缝焊接完毕立即进行 300～350℃/4h 的消氢处理。

（3）热处理后焊缝的返修　如果热处理后焊缝需要返修，返修符合以下要求可不再重新进行热处理：

1）返修焊缝厚度不超过 13mm，如果位于焊缝同一横截面的两处部位返修，则为两处焊缝厚度之和不超过 13mm。

2）返修区域焊前预热温度至少 180℃，且层间、道间温度不超过 220℃。

3）打底焊道焊条直径不超过 3.2mm，在整个坡口面上堆焊一层。

4）在焊第二层前要将坡口表面层上的堆焊金属磨去一半厚度。

5）后续焊道采用最大直径为 4.0mm 的焊条施焊。

6）在返修焊缝表面施焊回火焊道并进行 200～260℃/4h 的后热处理。

7）磨去回火焊道与母材齐平。

8）冷却至常温 48h 后采用交流磁轭法进行磁粉检测，返修厚度大于 10mm 的需增加射线检测。

第三节　耐热钢压力容器的焊接

在石油精炼设备、加氢裂化装置、合成化工容器及其他高温加工设备中，需要材料具有高温持久强度和蠕变强度，有好的耐蚀性、抗氢能力和高温抗氧化性，在长期高温工况下具有抗回火脆断性，这种材料就是在碳钢的基础上增加了 Cr、Mo、V 等元素的耐热钢。耐热钢在石化行业中应用相当普遍，设备朝向大型化、重型化发展。

耐热钢压力容器材料和制造要求可参考的重要标准有：API 934-C 高压氢工况服役温度在 441℃ 以下的 1.25Cr-0.5Mo 压力容器材料和制造规范；API 934-E 服役温度在 440℃ 以上的 1.25Cr-0.5Mo 压力容器材料和制造规范；API 934-A 高温高压氢工况 2.25Cr-1Mo、2.25Cr-1Mo-0.25V、3Cr-1Mo、3Cr-1Mo-0.25V 压力容器材料和制造规范；API 941 炼油厂和石油化工厂用高温高压临氢作用用钢；API TR 938-B 炼油工业用

9Cr-1Mo-V。

1. 压力容器用耐热钢的种类

耐热钢是在碳钢中加入一定量的合金元素，以提高钢的高温强度和持久强度。耐热钢分为低合金耐热钢、中合金耐热钢和高合金耐热钢。为改善钢材的焊接性能，碳的质量分数控制在0.2%以下。合金元素总质量分数控制在5%以下的合金为低合金耐热钢，材料通常以正火＋回火状态供货。合金的质量分数在2.5%以下的低合金耐热钢具有珠光体＋铁素体组织，故也经常称为珠光体耐热钢，如1Cr-0.5Mo、1.25Cr-0.5Mo等；合金的质量分数在3%~5%之间的低合金耐热钢供货状态为贝氏体＋铁素体组织，故也称为贝氏体耐热钢，如2.25Cr-1Mo等。

压力容器上使用的低合金耐热钢主要是以加入Cr和Mo元素或辅以加入少量的V、Ti等元素来提高钢的蠕变强度和组织稳定性，所以也经常称之为Cr-Mo耐热钢或Cr-Mo-V系耐热钢。也正是由于这一类钢在耐高温的同时还具有良好的抗氢腐蚀性能，为此，Cr-Mo或Cr-Mo-V系的低合金耐热钢也常称为抗氢钢。

合金的质量分数在6%~12%之间的为中合金耐热钢（如5Cr-1Mo、9Cr-1Mo、9Cr-1Mo-V），组织为铁素体＋贝氏体。当钢中合金的质量分数超过10%时，供货状态下组织为马氏体，属于马氏体耐热钢。

合金的质量分数大于13%的高合金耐热钢如06Cr13Al、10Cr17、12Cr18Ni9Ti，组织分为马氏体、铁素体、奥氏体，这些材料在其他章节中介绍，本节仅介绍低合金耐热钢和中合金耐热钢。

2. 对耐热钢焊接接头性能的基本要求

为保证用于高温、高压、临氢工况下压力容器的长期安全运行，耐热钢材料和焊接接头性能应满足下列几点要求：

1）足够的常温和高温强度。压力容器用材料及焊接接头的常温屈服强度、常温抗拉强度、高温屈服强度需达到标准及设计要求。

2）高温持久强度和蠕变强度。

3）耐蚀性、抗氢能力和抗氧化性，临氢工况下材料的选择可参考API RP 941中图1所示的Nelson曲线，可避免材料的高温氢损伤。

4）抗脆断性。虽然耐热钢压力容器大多数是在高温下工作的，但压力容器制造完工后将在常温下进行水压试验，并在安装检修后也要经历水压试验及冷起动过程，因此要求材料及焊接接头具有一定的抗脆断性，在API 934-A、C、E中都提出了对材料及接头的冲击要求。再者，铬钼钢都用于高温工况，钢中有微量元素如P、Sn、Sb、As及Mn、Si的影响，在370~565℃温度下长期工作会渐渐脆变，也就是回火脆性，因此材料及焊接接头还要有一定的抗回火脆性。

5）材料可加工性包括冷、热成形性、焊接性能好，且焊接接头与母材性能基本一致，避免接头在高温运行过程中的热应力。

3. 低合金耐热钢的焊接

在压力容器中常用的低合金耐热钢品种较多，以Cr-Mo、Cr-Mo-V钢为主，材料的供货状态多为正火＋回火状态，在高温下具有良好的力学性能。

常用的压力容器用低合金耐热钢材料标准号、牌号及类别组别号见表10-5。

（1）低合金耐热钢的焊接特点分析及工艺措施　低合金耐热钢含有一定量的合金元素，因此它与低合金高强钢具有一些相同的焊接特点，但又由于其含有一些特殊的微量元素及不同高温工作环境，所以有其独特的焊接特点。

表 10-5 常用压力容器用低合金耐热钢材料标准号、牌号及类别组别号

材料类型	中国 标准号	牌号	主要公称成分	NB/T 47014 类别组别号	美国 ASME 标准号	牌号	主要公称成分	ASME IX 类别组别号	ISO, EN 标准号	牌号	主要公称成分	ISO 15608 组号
钢板	GB 713	15CrMoR	1Cr-0.5Mo	Fe-4-1	SA-387	Gr12 CL.1, 2	1Cr-~0.5Mo	P-No.4 Gr.1	EN10028-2	13CrMo4-5	1Cr-0.5Mo	5.1
		14Cr1MoR	1.25Cr-0.5Mo	Fe-4-1	SA-387	Gr11 CL.1, 2	1.25Cr-0.5Mo	P-No.4 Gr.1	EN10028-2	13CrMoSi5-5 +QT	1.25Cr-0.5Mo-Si	5.1
		12Cr1MoVR	1Cr-0.3Mo-0.2V	Fe-4-2								
		12Cr2Mo1R	2.25Cr-1Mo	Fe-5A	SA-387	Gr22 CL.1, 2	2.25Cr-1Mo	P-No.5A Gr.1	EN10028-2	10CrMo9-10	2.25Cr-1Mo	5.2
		12Cr2Mo1VR	2.25Cr-1Mo-0.25V	Fe-5C	SA-542	Type D Class 4a	2.25Cr-1Mo-0.25V	P-No.5C Gr.1				
钢管	GB/T 6479	15CrMo	1Cr-0.5Mo	Fe-4-1	SA-335	Gr P12	1Cr-0.5Mo	P-No.4 Gr.1	EN10216-2	13CrMo4-5	1Cr-0.5Mo	5.1
	GB/T 5310	15CrMoG		Fe-4-1	SA-335	Gr P11	1.25Cr-05Mo	P-No.4 Gr.1				
	GB 9948	12Cr1MoV	1Cr-0.3Mo-0.2V	Fe-4-2								
	GB/T 5310	12Cr1MoVG		Fe-4-2								
	GB/T 6479 GB/T 9948	12Cr2Mo	2.25Cr-1Mo	Fe-5A	SA-335	Gr P22	2.25Cr-1Mo	P-No.5A Gr.1	EN10216-2	10CrMo9-10	2.25Cr-1Mo	5.2
锻件	NB/T 47008	15CrMo	1Cr-0.5Mo	Fe-4-1	SA-182	F12 Class1, 2	1Cr-0.5Mo	P-No.4 Gr.1	EN10222-2	13CrMo4-5	1Cr-0.5Mo	5.1
		14Cr1Mo	1.25Cr-0.5Mo	Fe-4-1	SA-182 SA-336	F11 Class2, 3	1.25Cr-0.5Mo	P-No.4 Gr.1				
		12Cr1MoV	1Cr-0.3Mo-0.2V	Fe-4-2								
		12Cr2Mo	2.25Cr-1Mo	Fe-5A	SA-182 SA-336	F22 Class3	2.25Cr-1Mo	P-No.5A Gr.1	EN10222-2	11CrMo9-10	2.25Cr-1Mo	5.2
		12Cr2Mo1V	2.25Cr-1Mo-0.25V	Fe-5C	SA-182 SA-336	F22V	2.25Cr-1Mo-0.25V	P-No.5C Gr.1				

1）淬硬性及冷裂倾向。低合金耐热钢中的主要合金元素 Cr、Mo 等都能显著地提高钢的淬硬倾向，其中 Mo 的作用比 Cr 大 50 倍。如果淬硬倾向较大，在焊接拘束应力的作用下，特别是当焊接接头内扩散氢含量较高时，则很可能会引起冷裂纹（氢致延迟裂纹），这种裂纹在热影响区和焊缝金属中都易发生，在热影响区大多是表面裂纹，在焊缝金属中通常表现为垂直于焊缝的横向裂纹，也可能发生在多层焊的焊道下或焊根部位。冷裂纹是 Cr-Mo 钢焊接中存在的主要危险。

焊接冷裂纹的控制措施：

① 预热。预热可延长焊接接头由 800℃ 到 500℃ 的冷却时间，因而可避免或减少焊接接头中的淬硬组织。

② 限制扩散氢含量。采用低氢或超低氢的焊接材料，焊材在使用前进行烘干，焊前清除工件和焊丝中的油污和水分，采取焊前预热和焊后消氢来加速扩散氢的逸出。

③ 消除焊接残余应力。对 Cr-Mo 钢制容器，标准要求任意厚度进行焊后消应力热处理，可改善焊接接头的组织，改善其性能。

2）再热裂纹。再热裂纹是指在焊后并未发现裂纹，而在一定温度范围内再次加热（如热处理）而产生的裂纹，即所谓的消除应力处理裂纹。Cr-Mo 钢是再热裂纹敏感性钢种，敏感的温度范围一般为 500~700℃。

再热裂纹通常以裂纹指数 P_{SR} 来评价，P_{SR} 的计算公式：

$$P_{SR} = w(Cr) + w(Cu) + 2w(Mo) + 10w(V) + 7w(Nb) + 5w(Ti) - 2$$

当 $P_{SR} \geq 0$ 时，就有可能产生再热裂纹。

再热裂纹的形成与焊接热规范、接头的拘束应力以及热处理制度有关，为防止再热裂纹的形成可采取以下冶金和工艺措施：

① 严格控制母材和焊材中加剧再热裂纹的合金成分，应在保证钢材热强性的前提下，将 V、Ti、Nb 等合金元素的含量控制在最低的允许范围内。

② 选用高温塑性优于母材的焊材。

③ 适当提高预热温度和层间温度。预热是防止低合金耐热钢焊接接头冷裂纹和再热裂纹的有效措施之一，预热温度主要依据钢的碳当量、接头拘束度和焊缝金属的氢含量来决定。

④ 采用小热输入焊接方法和工艺，以缩小焊接接头过热区的宽度，限制晶粒长大，改善显微组织而提高冲击韧度。大多数低合金耐热钢对焊接热输入在一定范围内的改变并不敏感，当焊接热输入超过30kJ/cm，预热温度和层间温度高于250℃，则 Cr-Mo 钢焊缝金属的强度和冲击韧性会明显下降。

⑤ 选择合理的热处理规范，尽量缩短在敏感温度（370~565℃）的保温时间。对于低合金耐热钢来说，焊后热处理的目的不仅是消除焊接残余应力，而且更重要的是改善金属组织，提高接头的综合力学性能，包括降低焊缝及热影响区的硬度，提高接头的高温蠕变强度和组织稳定性等。

⑥ 改进接头设计和调整施焊工艺。改进接头设计可减小拘束应力，防止产生应力集中。调整焊接顺序或采用分段退焊，可减小焊接残余应力。

⑦ 避免焊缝缺陷。焊缝咬边、未焊透以及焊缝表面的余高都会使热影响区产生应力集中，不同程度地增大再热裂纹的敏感性。

3）回火脆性。Cr-Mo 钢及其焊接接头的回火脆变归因于钢中微量元素 P、As、Sb、Sn，回火脆性敏感性有两种评价方式：

① 对于焊缝金属用 X 系数：

$$X = (10P + 5Sb + 4Sn + As)/100 \leq 15$$

式中元素以 10^{-6} 含量代入，且 Cu 的质量分数≤0.20%，Ni 的质量分数≤0.30%。

② 对于母材还应考虑 Si、Mn 元素的影响，引用 J 指数：

$$J = (Si + Mn)(P + Sn) \times 10^4 \leq 100$$

式中元素以百分数含量代入，且 Cu 的质量分数≤0.20%，Ni 的质量分数≤0.30%。

如果 $J>100$，说明该钢种具有一定的回火脆性，如果 $J>150$ 则有明显的回火脆性。

针对 $2\frac{1}{4}$Cr-1Mo、$2\frac{1}{4}$Cr-1Mo-1/4V、3Cr-1Mo、3Cr-1Mo-1/4V 材料，为测定钢材对回火脆性的敏感性，通常采用如图 10-3 所示的步冷试验来检测材料及接头的回火脆性。按图 10-3 所示曲线加热后分别对步冷试验前后的母材、焊缝及热影响区进行 8 组冲击试验，绘制出步冷试验前、后回火脆化程度的曲线（图 10-4）。

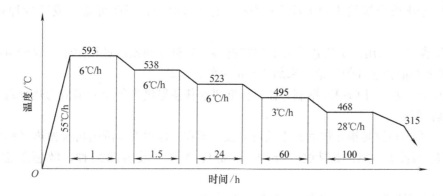

图 10-3　测定回火脆性敏感性的步冷处理程序

评价母材和焊缝回火脆性敏感性的指标为

$$CvTr54 + 2.5\Delta CvTr54 \leqslant 10℃$$

式中　CvTr54——步冷前（试样经最小程度焊后热处理）冲击吸收能量达到 54J 的转变温度（℃）；

ΔCvTr54——步冷后（试样经最小程度焊后热处理 + 步冷）冲击吸收能量达到 54J 的转变温度增量（℃）。

降低 Cr-Mo 钢中焊缝金属回火脆性最有效的措施是降低焊缝金属中的 O、Si、P 的含量。

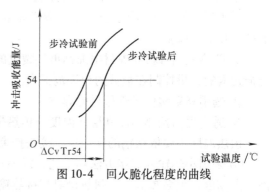

图 10-4　回火脆化程度的曲线

（2）焊接方法的选择　常用的电弧焊方法，如 GTAW、SMAW、GMAW 以及 SAW 都可用于低合金 Cr-Mo 钢的焊接。

（3）耐热钢焊材选用　焊接材料的选用首先要保证所获得焊接接头达到设计要求的使用性能，主要注意以下几点：

1）等强原则。常温下焊缝金属与母材强度相当，高温强度不低于母材标准值下限。

2）焊缝金属的耐氢腐蚀、高温抗氧化性应与母材相当，因此焊缝金属中的 Cr、Mo 含量应与母材接近。

3）抗回火脆性。控制焊材中杂质元素含量，焊材不仅要满足 X 系数 $X\leqslant15$（目标值 12）的要求，对于焊接 2.25Cr-1Mo 等的焊材还需进行步冷试验，测定抗回火系数是否达到要求：CvTr55 + 2.5 ΔCvTr55 $\leqslant$ 10℃。

4）低温韧性。按 API 934-C、E、A 要求，对于 1Cr-0.5Mo、1.25Cr-1Mo 钢一般要求焊缝金属在 -18℃ 的冲击吸收能量达到 54J，对于 2.25Cr-1Mo 钢一般要求焊缝金属在 -29℃ 的冲击吸收能量达到 54J。

5）为提高焊缝金属的抗裂性，应控制焊材中的碳含量低于母材，但应注意，碳含量过低时经长时间的焊后热处理会促使铁素体形成，从而导致韧性下降，因此，对于低合金耐热钢的焊缝金属碳含量最好控制在 0.08% ~0.12%（质量分数）范围内，这样才会使焊缝金属具有较高的冲击韧度和与母材相当的高温蠕变强度。

常用低合金耐热钢焊材选择推荐见表 10-6。

表 10-6　常用低合金耐热钢焊材选择推荐

牌号	焊条电弧焊		埋弧焊		钨极氩弧焊		熔化极气体保护焊	
	焊条型号（GB/T 5118）	焊条型号（ASME SFA5.5）	焊材型号（GB/T 12470）	焊材型号（ASME SFA5.23）	焊丝型号（GB/T 8110）	焊丝型号（ASME SFA5.28）	焊丝型号（GB/T 8110）	焊丝型号（ASME SFA5.28）
15CrMo	E5515-1CM	E8015-B2	F48PX-H08CrMo	F7PX-EB2-B2	ER55-B2	ER80S-B2	ER55-B2	ER80S-B2
15CrMoR	E5516-1CM	E8016-B2						
SA-387 Gr12 CL.1	E5518-1CM	E8018-B2						
14Cr1MoR	E5515-1CM	E8015-B2	F48PX-H08CrMo	F7PX-EB2-B2	ER55-B2	ER80S-B2	ER55-B2	ER80S-B2
14Cr1Mo	E5516-1CM	E8016-B2						
SA-387 Gr11 CL.1, CL.2	E5518-1CM	E8018-B2						
12Cr2Mo	E6215-2C1M	E9015-B3	F55PX-H10Cr3Mo	F9PX-EB3-B3	ER60-B3	ER90S-B3	ER60-B3	ER90S-B3
12Cr2Mo1R	E6216-2C1M	E9016-B3						
SA-387 Gr22 CL.2	E6218-2C1M	E9018-B3						
12Cr2Mo1V	E62××-2C1MV	E9016-G（CM-A106HD/CM-A106H，日本神钢）	—	F9P2-EG（PF-500/US-521H，日本神钢）	—	ER90S-G（TG-S2CMH，日本神钢）	—	ER90S-G
SA-542 Type D Class 4a								
SA-336 F22V								

（4）低合金耐热钢焊接要点

1）预热与层间温度。耐热钢焊前必须预热，预热的目的是防止冷裂纹的产生，对含铬、钼、钒等元素的耐热钢而言，预热还可以有效避免和减少再热裂纹的产生。预热须保持至焊接结束，且层间温度不低于预热温度。预热温度根据钢的碳当量和接头拘束度而定，但预热与层间温度必须低于母材的 Mf 点（马氏体转变结束点），否则当焊件经消应力热处理后，残留奥氏体可能发生马氏体转变，其中过饱和的氢逸出会促使钢材开裂，如对 12Cr2Mo1R 的预热和最高层间温度应低于 300℃。钢材下料进行热切割时，切割边缘的淬硬层可能成为钢材卷制或冲压时的裂纹源，因此材料热切割前也应进行预热。

2）焊接规范的选择。焊接热输入、预热温度和层间温度直接影响焊接接头的冷却条件。一般来说，焊接热输入越大，冷却速度越慢，加之伴有较高的预热和层间温度，就会使接头各区的晶粒粗大，强度和韧性都会降低。对于低合金耐热钢而言，对焊接热输入在一定范围内变化并不敏感，也就是说，允许的焊接热输入范围较宽，只有当热输入过大时，才会对强度和韧性有明显的影响，所以为了防止冷裂纹的产生，希望焊接时热输入不要过小。

3）焊后消氢和中间热处理。Cr-Mo 钢冷裂倾向大，导致生产裂纹的影响因素中，氢的影响居首位，因此，焊后（或中间停焊）必须立即消氢。一般说来，Cr-Mo 钢容器的壁厚大、刚性大、制造周期长，焊后不能很快进行热处理，为防裂并稳定焊件尺寸，对于拘束度大的焊接接头（如厚度大于 50mm 的接管与壳体间的焊缝）在焊接完成后进行比最终热处理温度低的中间热处理，对接头的抗裂性是有益的。常用低合金耐热钢材料的预热、消氢、中间热处理、焊后热处理温度见表 10-7。

表 10-7　常用低合金耐热钢材料的预热、消氢、中间热处理、焊后热处理温度

标准要求	钢种	预热	消氢	中间热处理	焊后热处理
NB/T 47015 ASME Ⅷ-1, 2	1Cr-0.5Mo	≥120℃	200~350℃，≥30min	—	≥650℃
	1.25Cr-0.5Mo				

（续）

标准要求	钢种	预热	消氢	中间热处理	焊后热处理
API 934 C，E	1. 25Cr-0. 5Mo	≥150	≥300℃/1h	≥593℃/2h	660~690℃
NB/T47015	2. 25Cr-1Mo	≥200℃	200~350℃，≥30min	—	≥680℃
ASME Ⅷ-1，2		≥150℃	—	—	≥675℃
API 934 A		≥150℃	≥300℃/1h	≥593℃/2h	(690±14)℃
ASME Ⅷ-1，2	2. 25Cr-1Mo-0. 25V	≥150℃	—	—	≥675℃
API 934A		≥177℃	≥350℃/4h	650℃/4h 或 680℃/2h	(705±14)℃，≥8h

4）焊后热处理。

① 作用。对于低合金耐热钢，焊后热处理的目的不仅是消除焊接残余应力，更重要的是改善组织提高接头的综合力学性能，包括提高接头的高温蠕变强度和组织稳定性，降低焊缝及热影响区硬度，并促使氢进一步逸出避免产生冷裂纹。

② 热处理参数的确定。由于耐热钢有回火脆性及再热裂纹倾向，焊后热处理应尽量避免在钢材回火脆性及再热裂纹敏感区的温度范围停留时间过长。通常利用回火参数来评定其影响程度，即纳尔逊-米勒（Larson-Miller）参数 LMP：

$$LMP = T(20 + \lg t) \times 10^{-3}$$

式中　T——热处理热力学温度（K）；

t——热处理保温时间（h）。

从该公式中可以看出，热处理的温度和保温时间决定了 LMP 值的高低，也就影响了 Cr-Mo 钢焊接接头的强度和韧性。LMP 值过低，接头的强度和硬度会过高而韧性较低，若 LMP 值太高，则强度和硬度会明显下降，同时由于碳化物的沉淀和聚集也会使韧性下降，因此，LMP = 18. 2~21. 4 可以使接头具有较好的综合力学性能。试验证明，对于每一种 Cr-Mo 钢都有一个最佳的回火参数范围，如 1. 25Cr-0. 5Mo 钢焊缝金属的最佳 LMP = 20. 0~20. 6，对于 2. 25Cr-1Mo 钢而言，其最佳 LMP = 20. 2~20. 65。

必须指出，某些 Cr-Mo 钢，特别是含 V 的 Cr-Mo-V 钢，再热裂纹的敏感性较大，应避免在再热裂纹敏感温度区间（有文献认为在 580~640℃之间）进行焊后热处理，加热、冷却过程中也应尽快通过该温度区间，所制订的热处理工艺应通过工艺评定试验验证合格后，才能用于生产。

常用低合金耐热钢材料的焊后热处理温度见表 10-7。

（5）焊接工艺评定报告制作案例　低合金耐热钢焊接工艺评定报告（PQR）需考虑的内容：

1）常规检验和试验。工艺评定试件应按 NB/T 47014 或 ASME 第Ⅸ卷等标准进行常温拉伸、弯曲及冲击试验。试验结果均需符合标准或设计文件的规定。

2）除工艺评定标准要求的内容外，还应考虑：

① 评定用母材须与产品用母材有相同的类别号、组别号及相同的公称成分，焊材须与产品用焊材有相同的类型和商标号。

② 进行设计温度下的高温拉伸。

③ 对试样分别进行最大程度的焊后热处理（Max. PWHT）和最小程度的焊后热处理（Min. PWHT），并进行 Max. PWHT 及 Min. PWHT 状态下的拉伸和冲击试验，针对组合评定，需要对每种方法进行冲击试验。

注：Max. PWHT 包括所有制造过程中超过 482℃以上的热过程（如中间热处理、产品最终热处理）、一次制造厂热处理后返修的热处理、一次用户以后检修所需热处理；Min. PWHT 仅包括所有制造过程中超过 482℃以上的热过程，不含制造厂和用户返修所需热处理。

④ Min. PWHT 状态下的硬度检测（包括焊缝区、热影响区、母材）。

⑤ 进行焊缝金属化学成分分析，计算 X 系数（或由焊材厂家提供）。

⑥ 针对 2.25Cr-1Mo、2.25Cr-1Mo-0.25V、3Cr-1Mo、3Cr-1Mo-0.25V 材料，对每种焊接方法进行焊缝及热影响区在 Min. PWHT 状态下的步冷试验，测定回火脆性曲线并计算抗回火敏感性指标。

4. 中合金耐热钢性的焊接

（1）概述　常用中合金耐热钢有 5Cr-0.5Mo、9Cr-1Mo、9Cr-1Mo-V，这类钢的主要合金元素是 Cr，其使用性能主要取决于 Cr，Cr 含量越高，耐高温性能和抗高温氧化性越好。在常规碳含量下所有中合金铬钢的组织均为马氏体组织。为提高钢的蠕变强度并降低回火脆性，通常加入质量分数为 0.5% ~1% 的 Mo，这些抗氧化性和耐热性良好的中合金耐热钢在高温高压锅炉和炼油高温设备中部分取代了高合金奥氏体耐热钢。

（2）中合金耐热钢的焊接性

1）淬硬倾向。中合金耐热钢具有较高的淬硬性，当碳的质量分数大于 0.10% 时，在等温热处理状态下组织均为马氏体，焊后热影响区硬度很高。降低碳的质量分数至小于 0.05% 时其最高硬度可降低至 350HV 以下，即不会导致焊接冷裂纹的产生，但过小的碳的质量分数会导致钢的蠕变强度下降，为保证钢的高温蠕变又兼顾焊接性，中合金耐热钢碳的质量分数一般控制在 0.1% ~0.2% 范围内。5Cr-0.5Mo 加入微量的 W、V、Ti 等碳化物形成元素时，钢在焊接时只有熔合线的过热区有少量马氏体，其余部分均为贝氏体组织，使接头具有较高的韧性和抗裂性。如果没有 W、V、Ti 元素，焊接时接头热影响区有马氏体＋碳化物，硬度很高，若不及时进行消应力热处理，在外应力作用下则可能会引起材料断裂。

2）焊前预热。焊前预热对中合金耐热钢焊接的成败起关键作用，对于壁厚在 10mm 以上的焊件，为防止冷裂和高硬度区的形成，预热 200℃ 以上是必须的。当中合金耐热钢碳的质量分数为 0.10% ~0.20% 时，可将预热温度控制在 Ms 点以下，使一部分奥氏体在焊接过程中转变为马氏体，并保持层间温度在 230℃ 以上，焊接过程中就不会产生裂纹。焊接结束后将工件冷却至 100~125℃，并立即进行 720~780℃ 的回火处理。当碳的质量分数小于 0.10% 时，焊接时保持层间温度 250℃，焊后将焊件缓冷至室温，使接头各区完全转变成马氏体，并立即进行 750℃ 的回火处理。焊后回火的温度和保温时间对中合金耐热钢接头的力学性能特别是韧性有较大的影响，温度越高保温时间越长，韧性越好但强度会降低，所以回火参数的选择应兼顾强度和韧性。

（3）中合金耐热钢的焊接工艺

1）焊接方法。常用焊接方法如 SMAW、SAW、GTAW、GMAW 都可用于焊接中合金耐热钢，但由于中合金耐热钢的淬硬性和裂纹倾向较高，当采用 SAW 和 SMAW 时，须使用低氢碱性焊剂和焊条。

2）焊前准备。由于材料的淬硬性较高，所以中合金耐热钢热切割前，需将切割边缘 200mm 宽度范围内预热至 150℃ 以上方可进行切割。采用热切割加工坡口的，需采用机加工或打磨去除淬硬层，并对坡口表面质量进行磁粉检测。

3）焊接材料的选择。为保证焊接接头具有与母材相当的高温蠕变强度和抗氧化性，焊缝金属中需含有与母材相当的 Cr、Mo 含量，推荐焊材见表 10-8。

4）预热和焊后热处理。焊前预热对中合金耐热钢焊接的成败起关键作用，为防止冷裂和高硬度区的形成，预热 200℃ 以上是必须的，并应在焊接过程中保持层间温度不低于预热温度，焊接过程中就不会产生裂纹。焊接结束后立即进行消氢或消应力热处理。推荐焊前预热及焊后热处理温度见表 10-8。

5）焊接工艺规程。

① 焊接要求同低合金耐热钢，需明确的是规定焊接结束后焊件在冷却过程中容许的最低温度以及焊后到热处理的时间间隔，这个要求对于保证中合金耐热钢焊接接头无裂纹和高韧性是十分重要的。

② 合金成分的影响。合金成分的微量变化会对焊缝性能有较大影响，如 9Cr-1Mo 焊缝金属中，C 高 Mn 低的焊缝金属的韧性明显低于 C 低 Mn 高的焊缝，因此严格控制焊缝金属的合金成分和杂质含量至关重要。

③ 热输入的影响。中合金耐热钢具有高的淬硬倾向，焊后状态的焊缝金属和热影响区均为马氏体组织，但焊接热输入对接头的性能会产生一定影响，过高的热输入会严重降低接头的高温持久强度，因此选择低的

焊接热输入控制焊道厚度、焊前预热和层间温度不高于250℃，尽量缩短焊接接头热影响区在830~860℃区间的停留时间。

④ 焊后热处理的影响。回火温度越高，冲击韧性越好，标准推荐的常用中合金耐热钢焊后热处理温度见表10-8。

表10-8　常用中合金耐热钢材料焊材、预热及热处理

主要合金成分	材料牌号	材料组别号	标准	推荐焊材	最低预热温度	热处理温度
5Cr-0.5Mo	1Cr5Mo	Fe-5B-1	NB/T 47015	E5516-BS（SMAW）	任意厚度200℃	≥680℃
	SA-387 Gr5 CL.1，2	P-No.5B Gr1	ASME Ⅷ-1 UCS-56	E8016-B6（SMAW） ER80S-B6（GTAW） F7P2-EG-B6（SAW）	厚度≤13mm，150℃	≥675℃
					厚度>13mm，204℃	
		P-5B	API 582		—	718~746℃
9Cr-1Mo	SA-387 Gr9 CL.1，2	P-No.5B Gr1	ASME Ⅷ-1 UCS-56	E8016-B8（SMAW） ER80S-B8（GTAW） F8PZ-EB8-B8（SAW）	任意厚度，204℃	≥675℃
		P-5B	API 582			732~760℃
9Cr-1Mo-V	SA-387 Gr91 CL.2	P-No.15E Gr1	ASME Ⅷ-1 UCS-56	E9016-B9（SMAW） ER90S-B9（GTAW） F9PZ-EB9-B9（SAW）	任意厚度，204℃	730~775℃
		P-5B	API 582			746~773℃

（4）5Cr-0.5Mo 压力容器制造案例

1）情况简介：一小型压力容器，材料为 SA-387 Gr5 CL.1，筒节规格为 ID1360mm×800mm×20mm，筒节纵缝采用 SMAW E8018-B6 ϕ4.0mm 进行焊接，焊前按焊接工艺规程要求进行了 200℃预热，焊接参数控制在合格的焊接工艺规程范围内，焊接完毕立即进行了 300~350℃/2h 消氢处理，焊后经射线检测合格后，直接对筒节进行校圆，校圆时沿焊缝断裂，如图 10-5 所示。

2）问题分析：在现场对断裂的筒节焊缝进行了硬度检测，硬度平均值分别为母材 197HBW、焊缝 309HBW、热影响区 289HBW。由此可见，虽然在焊接时采取了预热、消氢并控制了焊接热输入等措施，但基于材料本身有较大的淬硬

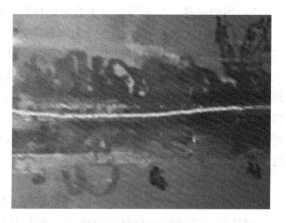

图10-5　筒节校圆断裂

倾向，焊缝及热影响区都有马氏体产生，导致硬度偏高，在校圆外力作用下很容易产生断裂。

3）处理措施：在后续的筒节制造过程中，在采用相同的焊接工艺进行焊接后，对筒节进行了 690℃的中间热处理，热处理后对焊缝、热影响区和母材进行了硬度检测，硬度平均值分别为母材 170HBW、焊缝 237HBW、热影响区 184HBW，中间热处理后硬度有了大幅下降，然后对筒节进行了校圆，没有出现问题。

第四节　低合金低温钢压力容器的焊接

1. 低温钢的种类、标准及性能

低温钢主要用于低温下工作的容器、管道等，如液化石油气储罐、石油化工的低温设备等。GB 150.3—2011 附录 E"关于低温压力容器的基本设计要求"中规定，对于碳素钢和低合金钢设计温度低于 -20℃、奥氏体型设计温度低于 -196℃的钢制压力容器为低温容器。

衡量低温钢性能的主要指标是低温韧性，即低温下的冲击韧性和脆性转变温度，钢的低温冲击韧性越高，脆性转变温度越低，则该钢低温韧性越好。钢的成分和组织对低温性能都有显著影响，P、C、Si 使钢的脆性转变温度升高，其中尤以 P、C 最为显著，而 Mn 和 Ni 会使脆性转变温度降低，对低温韧性有利。低

合金低温钢通过严格控制钢材中的 C、S、P 含量或加入一些 V、Al、Nb 及 Ni、Ti 等合金元素（钢中加入 Nb、V、Ti 元素时，Nb + V + Ti 的质量分数≤0.12%），达到固溶强化、晶粒细化之目的，并通过正火或正火 + 回火处理来细化晶粒，使组织均匀化从而使钢在低温下具有足够的低温韧性及抵抗脆性破坏的能力，以保证设备在低温条件下能安全运行。

低温钢一般可分为无 Ni 和含 Ni 两大类。GB/T 3531—2014《低温压力容器用钢板》除了 16MnDR 中 Ni 的质量分数≤0.40%，其余材料如 15MnNiDR、09MnNiDR、3.5Ni、9Ni 都含有一定的 Ni。

部分低温钢的化学成分及低温冲击韧性见表 10-9 和表 10-10，本节仅介绍低合金低温钢的焊接（不含 9Ni 钢）。

表 10-9　部分低温钢化学成分（质量分数,%）

标准号	牌号	C	Mn	Si	Ni	V	Al	Cr	Mo	Cu	P	S
GB/T 3531	16MnDR	≤0.20	1.2 ~ 1.6	0.15 ~ 0.5	≤0.4	—	≥0.02	—	—	—	≤0.02	≤0.01
GB/T 3531	09MnNiDR	≤0.12	1.2 ~ 1.6	0.15 ~ 0.5	0.3 ~ 0.8	—	≥0.02	—	—	—	≤0.02	≤0.008
GB/T 24510	3.5Ni	≤0.12	0.3 ~ 0.8	0.10 ~ 0.35	3.25 ~ 3.75	≤0.05	—	≤0.25	≤0.12	≤0.35	≤0.015	≤0.005
ASME Ⅷ-1	SA-203 Gr. E	≤0.20	≤0.70	0.15 ~ 0.40	3.25 ~ 3.75	—	—	—	—	—	≤0.025	≤0.025
GB/T 24510	9Ni	≤0.10	0.3 ~ 0.8	0.10 ~ 0.35	8.50 ~ 9.50	≤0.01	—	≤0.25	≤0.08	≤0.35	≤0.010	≤0.003
ASME Ⅷ-1	SA-553 Type 1	≤0.13	≤0.90	0.15 ~ 0.40	8.50 ~ 9.50	—	—	—	—	—	≤0.015	≤0.015

表 10-10　部分低温钢冲击韧性

标准号	牌号	交货状态	公称厚度/mm	最低冲击温度/℃	冲击吸收能量/J
GB/T 3531	16MnDR	正火，正火 + 回火	6 ~ 36	-40	≥47
			>36 ~ 100	-30	≥47
GB/T 3531	09MnNiDR	正火，正火 + 回火	6 ~ 120	-70	≥60
GB/T 24510	3.5Ni	正火，正火 + 回火	<150	-100	≥60
ASME Ⅷ-1	SA-203 Gr. E	正火或正火快冷 + 回火	<50	-101	≥20
			>50 ~ 75	-87	≥20
GB/T 24510	9Ni	正火 + 正火 + 回火，淬火 + 回火	<50	-196	≥80
ASME Ⅷ-1	SA-553 Type 1	淬火 + 回火，淬火 + 淬火 + 回火	<50	-195	≥27

2. 低合金低温钢的焊接性

对不含 Ni 的低温钢而言，由于其 C 含量低，其他合金元素含量也较少，故其淬硬倾向和冷裂倾向都小，因而具有良好的焊接性能，板厚小于 25mm 可不预热，但应避免在低温下施焊。板厚大于 25mm 或接头刚性拘束较大时，应考虑预热，预热温度不能太高，一般控制在 100 ~ 150℃，并控制层间温度不可过高。

含 Ni 低温钢由于添加了 Ni 增大了钢的淬硬性，但冷裂纹倾向不大。对于 Ni 的质量分数小于 1% 的低温钢，当板厚大于 25mm 或拘束度较大时，应进行适当的预热；对 Ni 的质量分数大于 1.5% 的任意厚度的低温钢在焊接前都应进行预热。Ni 可能增大热裂倾向，但严格控制钢及焊接材料中 C、S、P 的含量以及采用合理的焊接工艺，使焊缝有较大的焊缝成形系数，避免形成窄而深的焊道成形截面，就可以有效避免热裂纹的产生。

3. 低合金低温钢焊接方法及焊材选择

1) 常用的熔焊方法如焊条电弧焊（SMAW）、埋弧焊（SAW）、钨极氩弧焊（GTAW）及熔化极气体保护焊（GMAW）都可用来焊接低温钢。

2) 焊材选择：焊材必须保证焊缝含有最少的有害杂质（S、P、O、N 等），对于含 Ni 低温钢尤其要严格控制，选用的焊材应保证焊缝金属的低温韧性。对于含 Ni 低温钢，选用焊材的镍含量应与母材相当或稍高。部分低温钢焊材选择推荐见表 10-11。

表 10-11　部分低温钢焊材选择推荐

牌号	SMAW	SAW	GTAW	GMAW
16MnDR	E50154-G（J507RH）	F7P4-EH12K	ER50-G	—
09MnNiDR	E5015-C1L（E707Ni）	H09MnNiDR/SJ208DR	ER80S-Ni3	—
SA-203Gr，E（3.5Ni）	E7015-C2L	F7P15-ENi3-Ni3	ER80S-Ni3	ER80S-Ni3

4. 压力容器用低温钢焊接要点

（1）严格控制焊接热输入　为避免焊缝及热影响区形成粗大组织而使其冲击韧性严重降低，焊接时必须采用较小的焊接热输入，采用小电流、不摆动或微摆动、窄焊道、多层多道快速焊，以减小焊道过热，并通过多层焊的重复加热作用细化晶粒。多层多道焊时要严格控制层间温度小于150℃。

（2）选择适当的焊接速度　对于含镍低温钢进行埋弧自动焊时，切不可以提高焊接速度来获得较小的焊接热输入，这是因为当焊接速度较高时，由于熔池形成典型的雨滴状，且焊道成形变成窄而深的截面形状，此时就易产生焊道中心的热裂纹。所以这类钢焊接时，焊接速度要特别选择适当，不可小也不可过大。总之，焊接参数的选择是要保证焊缝和粗晶区获得足够的低温韧性。

（3）焊缝质量要求　低温容器焊缝表面不允许有咬边、夹渣缺陷，并注意避免弧坑、未焊透等不良缺陷，这些缺陷在低温条件下，在应力作用时，都会造成较大的应力集中而引起脆性破坏。焊后消应力热处理可降低低合金低温钢焊接产品的脆断危险性。

5. 含镍低温钢焊缝热处理

一般低温钢要求焊后进行消应力热处理，对于09MnNiDR、3.5Ni钢，根据NB/T 47015—2011中的表5，推荐的焊后热处理温度最低为600℃；ASME Ⅷ-1 UCS-56 SA-203 Gr E 材料，最低热处理温度为595℃。两个标准都允许采用降低温度延长时间的方法进行热处理，大量实践数据证明，采用降低温度延长时间的方法进行热处理后，接头的低温冲击韧性会有不同程度的提高，所以产品焊后消应力热处理温度一般选择（580±10）℃，保温时间根据标准进行延长。

6. 3.5%Ni 钢焊接案例

某大型塔器，材料为 SA-203 Gr E，最低设计金属温度：-85℃，产品规格：ID7000mm×34mm，产品制造标准：ASME Ⅷ-1。

（1）焊接方法选择　主体 A、B 类焊缝首选 SAW，接管与法兰 C 类焊缝选 GTAW + SMAW，接管与筒体 D 类焊缝选 SMAW 或 GTAW + SMAW，塔盘支承圈与主体角焊缝选 GMAW。

（2）焊材选择　选择焊材时一方面要考虑强度级别与母材相当，更重要的是考虑低温冲击性能与母材相当，采用焊材如下：SMAW 选用 E7018-C2L φ4.0mm，SAW 选用 F7P15-ENi3 φ3.2mm，GTAW 选用 ER80S-Ni3 φ2.4mm，GMAW 选用 HS06Mn35DR φ1.2mm。

（3）制造过程控制要点

1）下料及坡口加工。下料或 D 类坡口采用火焰切割后须去除 1.5~2mm 的淬硬区，A、B 类坡口采用机加工，装配时避免强力组对、锤击，材料表面避免硬物磕伤，避免尖锐缺口出现。

2）焊前预热及层温控制。焊前预热温度不低于120℃，并严格控制层间温度≤150℃。

3）焊接总体要求。焊接时应控制焊接热输入，在保证焊缝成形及质量的前提下尽量采用较小的焊接热输入，焊接时采用多层多道快速焊，避免摆动过宽的焊道，避免在母材表面引弧，收弧时填满弧坑。产品焊接根据合格的焊接工艺规程控制焊接热输入如下：SMAW 的热输入 <19kJ/cm，SAW 的热输入 <20kJ/cm，GTAW 的热输入 <13kJ/cm，GMAW 的热输入 <12kJ/cm。

4）清根要求。背面清根可以采用碳弧气刨，但气刨后应打磨去除 2~2.5mm 的渗碳层，并露出金属光泽。

5）焊缝成形要求。所有焊缝表面不得有气孔、夹渣和咬边等缺陷，不得有急剧的形状变化，焊缝与母材应圆滑过渡。焊接过程中应控制变形量，避免过大的变形矫正。不能在母材或焊缝表面敲打材料标记和焊工钢印。

6）气体保护焊焊接。因塔器直径大、长度达 50m，内部有大量的塔盘支承圈需与塔体进行焊接，为提高焊接效率，应采用高效的 GMAW，但在 ASME C 篇 SFA 5.28 中 ER80S-Ni3 只能达到 -75℃ 冲击，且很多国外厂家不生产这种焊丝。为解决这个问题，通过试验采用了国产焊丝，焊接气体采用了 Ar + CO_2 + O_2 三元混合气，-85℃ 冲击吸收能量达到了 80J，远高于标准要求。后成功用于产品塔盘支承圈与塔体间角焊缝的焊接，焊接时采用双面角焊缝同时焊接，不仅成形好、效率高，而且很好地控制了支承圈焊后变形量。

7）产品总体焊接质量。由于主体焊缝采用了 SAW，且热输入控制在合格的评定范围内，产品焊接试板进行的 -85℃ 冲击中焊缝及热影响区均达到了 100J 左右，焊接一次合格率达到 98% 以上，焊缝表面质量良好，无咬边等缺陷，焊接取得了良好的效果。

第五节 不锈钢压力容器的焊接

一、压力容器用不锈钢种类及组织特点

所谓不锈钢是指在钢中加入一定量的铬元素后，使钢处于钝化状态，具有不生锈的特性。为达到此目的，其铬的质量分数必须在 12% 以上。为提高钢的钝化性，不锈钢中还往往需加入能使钢钝化的镍、钼等元素。压力容器不锈钢材料常用标准为 ASME SA240《用于制造压力容器和一般用途的铬和铬镍不锈钢钢板、薄板、钢带技术规范》、GB/T 24511—2017《承压设备用不锈钢和耐热钢钢板和钢带》和 EN 10028《压力容器用钢的扁平产品》。

1. 不锈钢种类及用途

压力容器用不锈钢按其钢的组织不同可分为四类，即奥氏体不锈钢、铁素体不锈钢、马氏体不锈钢、奥氏体-铁素体双相不锈钢。其中奥氏体不锈钢使用最为广泛。

奥氏体不锈钢中 Cr、Ni 含量较高，在氧化性、中性以及弱还原性介质中均具有良好的耐蚀性。奥氏体不锈钢的塑韧性优良，冷热加工性及焊接性优于其他不锈钢，因而广泛用于建筑装饰、食品、医疗、石油化工等领域。

铁素体不锈钢中 Cr13、Cr17 型不锈钢主要用于腐蚀环境不十分苛刻的场合，超低碳高铬含钼铁素体不锈钢因对氯化物应力腐蚀不敏感，因而广泛用于热交换设备、耐海水设备、有机酸及制碱设备中。

马氏体不锈钢应用较为普遍的是 Cr13 型，为获得或改善某些性能，添加 Ni、Mo 等合金元素。马氏体不锈钢主要用于硬度、强度要求较高、耐蚀性要求不太高的场合。

双相不锈钢是金相组织为奥氏体和铁素体两相组成的不锈钢，而且各相都占有较大的比例。双相不锈钢具有奥氏体不锈钢和铁素体不锈钢的一些特性，韧性好，强度较高，耐氯化物应力腐蚀，适用于制作海水处理设备、冷凝器、热交换器等，在石油化工领域应用广泛。

2. 不锈钢的组织特点

奥氏体不锈钢：在室温下为纯奥氏体组织，也有一些奥氏体不锈钢室温组织为奥氏体加少量铁素体，这种少量铁素体有助于防止热裂纹的产生。

铁素体不锈钢：该类钢在固溶状态下为铁素体组织，当钢中 Cr 的质量分数超过 16% 时，存在加热脆化倾向，在 400~600℃ 温度区间停留易出现 475℃ 脆化，在 650~850℃ 温度区间停留易引起 σ 相析出而导致的脆化，加热至 900℃ 以上易造成晶粒脆化，使塑韧性降低。脆性转变温度与钢中的碳、氮有关，碳、氮含量越低脆性转变温度越低。

马氏体不锈钢：马氏体不锈钢中 Cr 的质量分数为 12%~18%，C 的质量分数为 0.1%~1.0%。马氏体不锈钢在加热时可形成奥氏体，一般在油或空气中冷却可得到马氏体组织，碳含量较低的马氏体不锈钢在淬火状态的组织为板条马氏体加少量铁素体组织。

双相钢：室温下的组织为铁素体加奥氏体，通常铁素体的体积分数不低于 50%，双相不锈钢与奥氏体

不锈钢相比具有较低的热裂倾向，与铁素体不锈钢相比，具有较低的加热脆化倾向，其焊接热影响区铁素体的粗化程度也较低，但这类钢仍然存在铁素体不锈钢的各种加热脆化倾向。

3. 压力容器用不锈钢的使用温度限制

奥氏体不锈钢的使用温度高于525℃时，钢中碳的质量分数应不小于0.04%。双相钢使用温度上限不超过300℃（ASME为316℃）。

使用温度下限按下列规定：

1）铁素体型钢板为0℃。

2）奥氏体-铁素体型钢板为-20℃（ASME为-40℃）。

3）奥氏体型钢板使用温度高于或等于-196℃时，可避免做冲击试验；使用温度为-253～-196℃时，由设计规定冲击试验要求。

二、奥氏体不锈钢的焊接

1. 奥氏体不锈钢的类型与应用

奥氏体不锈钢是应用最广泛的不锈钢，以Cr-Ni型不锈钢最为普遍。最常用的有06Cr18Ni10（SA-240 304）、022Cr19Ni10（SA-240 304L）、022Cr17Ni12Mo2（SA-240 316L）、06Cr25Ni20（SA-240 310S）等，另外还有超级奥氏体不锈钢N08904等。

2. 奥氏体不锈钢的焊接特点

虽然奥氏体不锈钢有良好的焊接性，但如果不采取正确的预防措施会出现很多焊接性问题，焊接过程中可能会出现各种热裂纹，如凝固裂纹、液化裂纹，部分奥氏体不锈钢还会出现再热裂纹。奥氏体不锈钢虽然有好的耐腐蚀能力，但也可能在热影响区的晶粒边界产生晶间腐蚀、应力腐蚀裂纹、σ相脆化等问题。

（1）裂纹

1）焊缝凝固裂纹。奥氏体不锈钢凝固裂纹敏感性取决于成分，当焊缝金属以全奥氏体模式（A模式）凝固时，对凝固裂纹最敏感，而以铁素体→奥氏体（FA）模式凝固时，则抗凝固裂纹能力很强。高的杂质元素如S、P含量增加了以A、AF（奥氏体→铁素体）模式凝固的焊缝金属对凝固裂纹的敏感性。凝固裂纹主要发生在焊缝区，最常见的弧坑裂纹就是凝固裂纹。

控制凝固裂纹产生的最好方法是控制凝固模式，当焊缝中铁素体含量FN=3～20时可以得到FA凝固模式，能有效避免凝固裂纹。但如果焊缝需要进行消应力热处理或在高温下工作，FN超过10时，在425～870℃会生成σ相，降低焊缝的韧性和延性，所以这种情况下需控制FN。对于母材和填充材料组成的合金不可能产生FA凝固模式时（如06Cr25Ni20），则很容易产生凝固裂纹，在这种焊缝中最有效的避免凝固裂纹的方法是降低杂质元素含量和减少接头的拘束度，并采用凸形焊缝形状、收弧时填满弧坑的方式。

2）热影响区液化裂纹。热影响区（HAZ）的液化裂纹是由于在邻接熔合线的部分熔化区内，沿晶粒边界形成了液态薄膜而产生的，这种液化是由于高温时在晶粒边界的杂质或NbC（347型不锈钢）和TiC（321型不锈钢）的成分液化而产生的。对于液化裂纹，S比P更有害。

HAZ液化裂纹可通过控制母材成分来降低，沿HAZ和部分熔化区的边界形成一些铁素体可有效防止液化裂纹，因为液态薄膜不易浸润生成的铁素体-奥氏体边界，在晶粒边界上形成铁素体也限制了晶粒长大，从而有利于减少裂纹倾向。对于HAZ都是奥氏体的钢要通过限制杂质元素含量和晶粒长大来减少液化裂纹。采用小的焊接热输入及细小晶粒的钢可以增加抗裂性。

3）焊缝金属液化裂纹。焊缝金属液化裂纹是在多道焊焊缝中沿凝固晶界或迁移晶界发生的，全奥氏体的焊缝是最容易发生的，而含有一定量的铁素体（2＜FN≤6）一般可以阻止焊缝液化裂纹。这种裂纹是微裂纹，藏在熔敷金属内部。

控制焊缝金属中液化裂纹的方法是调整熔敷金属成分使其产生铁素体。在全奥氏体焊缝中降低杂质含量、减小焊接热输入可以减少或消除液化裂纹。

4）再热裂纹。再热裂纹也称消应力裂纹，在标准奥氏体不锈钢中是不常见的，但在消应力热循环时会形成 MC 类碳化物的钢中有可能产生，含有 Nb 并生成 NbC 的 347 型不锈钢对这种裂纹最敏感。这种钢产生再热裂纹机理和含 Cr、Mo、V 的低合金钢相似，焊接时在靠近熔合线的 HAZ 中合金碳化物发生溶解，而在焊缝金属中也有碳化物形成元素，当焊件进行再加热时，碳化物会在晶内析出，使其强度高于晶界，如果在这个温度下应力充分松弛，则会沿晶界发生破坏。

　　再热裂纹的形成经常显示一个 C 曲线形的温度-时间关系，图 10-6 所示为研究得到的 347 型不锈钢焊缝金属的再热裂纹敏感性曲线，产生裂纹的温度区间 700~1050℃ 代表了产生 NbC 析出物的温度区间，而在 800~1000℃ 析出最快，这也是焊后稳定化处理的温度区间，析出在 20min 内发生，而稳定化处理温度（900℃）几乎正好落在 C 曲线的鼻尖上，并且热处理时间长达几个小时，因此 347 型焊缝焊后进行稳定化处理后产生再热裂纹就不足为奇了。

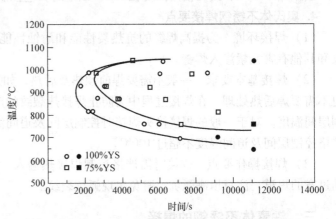

图 10-6　347 型不锈钢焊缝金属的再热裂纹敏感性曲线
注：空心符号表示破坏，实心符号表示未裂。YS 表示屈服强度。

　　（2）耐蚀性

　　1）晶间腐蚀：根据贫铬理论，在晶间析出碳化铬，造成晶界贫铬是产生晶间腐蚀的主要原因。为此，选择超低碳焊材或含有铌、钛等稳定化元素的焊材是防止晶间腐蚀的主要措施。在焊接工艺上采用较小的焊接热输入，加快冷却速度，将有利于防止晶间腐蚀的发生。在某些情况下，晶界腐蚀也可能出现在稳定化种类的钢中，如 347 型、321 型，在紧靠熔合线很窄的区域发生，也称为刀蚀，这是因为在冷却时，富铬的碳化物析出得比 NbC、TiC 快，从而产生了一个很窄的敏化区。

　　2）应力腐蚀裂纹（SCC）：很多奥氏体不锈钢对 SCC 具有固有的敏化倾向，特别在含氯的环境中，试验证明 Ni 的质量分数为 8%~12% 的不锈钢在含氯的环境最容易发生 SCC，而这正是 304 型、316 型不锈钢 Ni 的质量分数范围。选用更高或更低的 Ni 含量都可以避免 SCC，比如采用 2205 双相钢代替 304 型、316 型不锈钢就可以避免产生 SCC。再者采用应力集中系数低的焊接接头，焊接过程中采用较小的焊接热输入、合理的焊接顺序来降低残余应力，也对降低 SCC 的产生起一定的作用。

　　（3）焊接接头脆化

　　1）焊缝金属的低温脆化：对于奥氏体不锈钢焊接接头，耐蚀性或抗氧化性并不总是最为关键的性能，在低温使用时，焊缝金属的塑韧性就成为关键性能，为了满足低温韧性的要求，通常希望获得单一奥氏体组织的焊缝，避免 δ 铁素体的存在，δ 铁素体的存在总是恶化低温韧性。

　　2）焊接接头 σ 相脆化：在某些场合为了消除残余应力需要对焊缝进行焊后热处理，如果焊缝中有一定量的铁素体，在经过 600~900℃ 热处理时，会很快产生 σ 相，σ 相是一种脆硬的金属间化合物，会降低接头的耐蚀性、延性和韧度。试验证明，当焊缝中铁素体含量 FN=3~8 就可以避免产生 σ 相。因此，对于需要进行热处理或需要在高温下运行的奥氏体不锈钢需要控制铁素体含量。

3. 焊接方法与焊接材料选择

　　（1）焊接方法　奥氏体不锈钢具有优良的焊接性，几乎所有的焊接方法都可用于奥氏体不锈钢的焊接，如 SAW、SMAW、GTAW、FCAW、GMAW。

　　（2）奥氏体不锈钢焊材选用　为保证焊接接头具有与母材相当的耐蚀性、低温韧性等，需选择与母材化学成分相当或略高的焊材，力学性能与母材相当，对于有低温冲击要求的焊接接头需达到规定要求，接头使用性能（如耐蚀性）不能低于母材。

　　对于有耐腐蚀要求的奥氏体不锈钢，一般希望含一定量的铁素体，这样既能保证良好的抗裂性能，又能有很好的抗腐蚀性能。但在某些特殊介质中，如尿素设备的焊缝金属是不允许有铁素体存在的，否则就会降低其耐蚀性。对耐热用奥氏体钢，应考虑对焊缝金属内铁素体含量的控制。API 582 中规定，当材料需要进行焊后热处理或高温工况下运行（超过480℃）时，焊缝金属中铁素体含量 FN 不超过 10，最低可为 3，对于 E347 焊材，熔敷金属最低的铁素体含量 FN 可为 5。有热处理要求的铁素体测量应在热处理前进行，可采用 WRC1992（FN）相图。

当采用 FCAW、接头使用温度在 538℃ 以上时，应控制焊材熔敷金属中 Bi 的质量分数小于 0.002%。

4. 奥氏体不锈钢焊接要点

（1）焊接环境　为提高焊缝的抗热裂性能和耐蚀性能，焊接时需在洁净的环境中进行，避免碳钢的污染和其他有害元素渗入焊缝。

（2）焊接基本要求　一般不需要焊前预热及后热，如果没有应力腐蚀或结构尺寸稳定性等特别要求时，也不需要焊后热处理。在焊接过程中为防止焊接热裂纹的产生和热影响区晶粒长大以及碳化物的析出，需控制层间温度。对于一般的焊接接头焊接时控制层间及道间温度不超过150℃，对于有低温冲击要求的接头应严格控制层间及道间温度不超过100℃。

（3）焊接操作要点　焊接时需严格控制焊接热输入，采用小电流快速焊，采用多层多道排焊，避免摆动过宽的焊道，注意填满弧坑，避免出现弧坑裂纹。

三、铁素体不锈钢的焊接

1. 铁素体不锈钢的类型及应用

铁素体不锈钢是因为在其中存在的主导相是铁素体，这类钢具有很好的耐应力腐蚀、耐点蚀和耐缝隙腐蚀能力（特别是在氯化物环境中），可用于很多种主要要求耐腐蚀能力而不是力学性能的场合。低铬（Cr 的质量分数 = 10.5% ~ 12.5%）级别的铁素体不锈钢用于要求耐一般腐蚀能力高于碳钢的场合，中铬（Cr 的质量分数 = 16% ~ 18%）和高铬（Cr 的质量分数 ≥ 25%）级别的用于腐蚀性更强的环境中。

从铁素体不锈钢总体成分看，铁素体分为三代，第一代主要是含有较高碳含量的中铬型钢，如 SA-240 UNS S41008 Type 410S（06Cr13）、UNS S40500 Type 405（06Cr13Al）等，这类钢不是 100% 铁素体，而是在凝固中及随后冷却时或加热到高温时形成一些奥氏体，在冷却至室温时会转变成马氏体。为了减少在铁素体组织中生成马氏体改进其焊接性，又开发了第二代铁素体，其碳含量低，含一些起稳定作用的元素（Ti、Nb），如 SA-240 UNS S40900 等，这些元素碳和氮结合掉，从而增进铁素体的稳定性。第三代为超纯铁素体不锈钢，含有高铬量、低夹杂物，并严格控制了 C + N 的质量分数，一般控制在 0.035% ~ 0.045%、0.030%、0.010% ~ 0.015% 三个层次，并同时增加了必要的合金化元素进一步提高了耐蚀性及其他综合性能，如 SA-240 UNS S44400 等。与普通铁素体不锈钢相比，超纯铁素体不锈钢具有很好的耐均匀腐蚀、点蚀、缝隙腐蚀及应力腐蚀性能。压力容器中常用的铁素体不锈钢多作为复合板覆层，主要材料有 SA-240 410S（06Cr13）、SA-240 405（06Cr13Al）。

2. 铁素体不锈钢的焊接特点

（1）马氏体的影响　在通常的热加工条件下，在高温形成的奥氏体冷却至室温时一般转变为马氏体，只有在很慢冷却时或在略低于奥氏体固溶线的温度保温时，则高温奥氏体将转变为铁素体和碳化物。但马氏体不总是有害的，钢中的碳含量和出现的马氏体体积分数决定了在铁素体不锈钢中形成的马氏体是典型的低碳型马氏体，在碳的质量分数超过 0.15% 的钢中，经常出现的与未回火马氏体有关的韧度、延性的下降在铁素体不锈钢中一般不成问题。因此在低铬和中铬铁素体不锈钢的焊缝和热影响区中存在一些马氏体是允许的，不会显著降低力学性能。

（2）脆化现象　有三种脆化现象影响铁素体不锈钢的力学性能。

1）475℃脆化：Cr 的质量分数 = 15% ~ 70% 的 Fe-Cr 合金加热到 425 ~ 550℃ 温度区间会产生严重脆化，475℃脆化速度和程度随铬含量而变化，高铬钢在很短时间和稍高一些的温度脆化，而铬含量最低的不锈钢如 405 型和 409 型不易发生 475℃脆化，对于低铬和中铬钢引起脆化的时效时间一般出现在 100h 以上，而高铬钢在很短时间内会出现韧度和延性下降。合金元素如 Mo、Nb、Ti 倾向于加速 475℃脆化，475℃脆化会严重降低耐蚀性。

2) σ相脆化：在 Cr 的质量分数 = 20% ~ 70%的铁铬合金中，σ 相脆化是由于加热到 500 ~ 800℃温度区间停留而形成的，就像 475℃脆化一样，铬含量越高对 σ 相形成越敏感，形成速度也越快。对铬的质量分数低于 20%的钢，σ 相不能立即形成而需要在临界温度停留几百小时。

3) 高温脆化：高温脆化是在高于熔点 70% 的温度停留而发生的冶金变化所引起的，一般在焊接过程中发生，从高温冷却时富铬碳化物和氮化物析出对高温脆化产生显著影响，因而高水平的 Cr、C、N 和 O 的含量使高温脆化现象变严重。热影响区的脆化与 C + N 的含量有关，随着 C、N 的含量降低，焊接热影响区的塑性与韧性得到明显改善。

（3）焊接接头的晶间腐蚀 对于普通铁素体不锈钢，高温加热的晶间腐蚀敏感性的影响与奥氏体不锈钢不同，把普通铁素体不锈钢加热至 950℃以上冷却，则产生晶间敏化，而在 700 ~ 850℃进行短时保温退火处理则敏化消失，加热温度越高，敏化程度越大。由此可见，普通铁素体不锈钢焊接热影响区的近缝区由于受到焊接热循环的高温作用而产生晶间敏化，在强氧化性酸中将产生晶间腐蚀，为防止晶间腐蚀，焊后进行 700 ~ 850℃的退火处理，使铬重新均匀化，从而恢复焊接接头的耐蚀性。

3. 铁素体不锈钢焊接方法、焊材选择及工艺措施

（1）焊接方法 常用焊接方法为 GTAW、SMAW、FCAW、GMAW。

（2）焊材选择 铁素体不锈钢焊材基本上有三类，即成分基本与母材匹配的焊材、奥氏体焊材或镍基合金焊材。在某些腐蚀介质中，焊缝的耐蚀性可能与母材有很大的不同，这一点在选择焊材时要注意。API 582《化工、石油和天然气行业的焊接准则》中铁素体不锈钢焊材选用推荐见表 10-12。

表 10-12 铁素体不锈钢焊材选用推荐

母材牌号	焊材	预热	热处理
SA-240 410S SA-240 405	E410- × ×（C 的质量分数 <0.05%）	需要	需要
	E309- × ×	需要（有硬度要求时）	不需要
	ERNiCr-3/ENiCrFe-2, 3, ENiCrMo-3	需要（有硬度要求时）	不需要

注：由于 E410 焊材焊接性较差，且制造厂家少，所以很少采用。一般焊接这类材料时选择 E309 类或镍基类焊材，具体需根据设备运行工况来选择。镍基类材料更适于需进行热处理的场合。

（3）工艺措施 普通铁素体不锈钢在焊接过程中，热影响区晶粒长大严重，焊接接头韧性很低，在拘束度大时易产生焊接裂纹，接头耐蚀性也严重恶化。

在采用同质焊材进行焊接时需预热至 100 ~ 150℃，采用较小的热输入，焊接过程中不摆动，采用多层多道焊，并控制层间温度不低于预热温度，但层间温度也不可过高以免产生 475℃脆化，焊后进行 750 ~ 800℃热处理。当采用奥氏体焊材焊接时，焊前预热和焊后热处理可以免除，有利于提高焊接接头的塑韧性，但对于不含稳定化元素的铁素体不锈钢来说热影响区的敏化难以消除。

四、马氏体不锈钢的焊接

1. 马氏体不锈钢类型

马氏体不锈钢可分为 Cr13 型马氏体不锈钢、低碳马氏体不锈钢和超级马氏体不锈钢。Cr13 型具有一般耐蚀性，以 Cr12 为基的马氏体不锈钢，加入镍、钼、钨、钒等合金元素后，除具有一定的耐蚀性，还具有较高的高温强度及抗高温氧化性能。

2. 马氏体不锈钢的焊接特点

Cr13 型马氏体不锈钢焊缝和热影响区的淬硬倾向特别大，焊接接头在空冷条件下便可得到硬脆的马氏体，在焊接拘束应力和扩散氢的作用下，很容易出现焊接冷裂纹。当冷却速度较小时，近缝区及焊缝金属会形成粗大铁素体及沿晶析出碳化物，使接头的塑、韧性显著降低。

对于低碳及超低碳马氏体不锈钢，由于 C 的质量分数已降至 0.05%、0.03%、0.02%的水平，因此从高温奥氏体冷却至室温时，虽然也全部转变为低碳马氏体，但没有明显的淬硬倾向，不同的冷却速度对热影响区的硬度没有显著影响，具有良好的焊接性。

3. 焊接方法与焊接材料的选择

（1）焊接方法　常用 SMAW、GTAW、FCAW、GMAW 来焊接马氏体不锈钢。

（2）焊接材料的选择　对于 Cr13 型马氏体不锈钢总体来看焊接性较差，因此除采用与母材化学成分、力学性能相当的同材质焊接材料外，对于碳含量较高的马氏体不锈钢，或在焊前预热、焊后热处理难以实施以及接头拘束度较大的情况下，也常采用奥氏体型的焊接材料，以提高焊接接头的塑韧性，防止焊接裂纹的发生。但需注意的是，当采用奥氏体不锈钢填充金属时，焊缝金属被马氏体稀释后会产生奥氏体 + 铁素体两相组织，焊接接头强度比母材低，如果需要进行焊后热处理，在标准的回火范围内可能会产生 σ 相脆化，且由于焊缝金属在化学成分、金相组织与热物理性能及其他力学性能方面与母材有较大差异，焊接残余应力不可避免，对焊接接头的使用性能产生不利影响，因此需对焊接接头做出更为严格的评定。

对于在高温工况下运行的焊接接头还可采用镍基焊材，使焊缝金属的热膨胀系数与母材接近，尽量降低焊接残余应力及在高温状态使用时的热应力。

对于低碳以及超低碳马氏体不锈钢，由于良好的焊接性，一般采用同材质焊材，通常不需要预热或仅需低温预热，但需要进行焊后热处理，以保证接头的塑韧性。API 582 中马氏体不锈钢焊材选用推荐见表 10-13。

表 10-13　马氏体不锈钢焊材选用推荐

母材牌号	焊材	预热	热处理
SA-240 410	E410-×× （C 的质量分数 <0.05%）	需要	需要
	E309-××	需要 （有硬度要求时）	不需要
	ERNiCr-3/ENiCrFe-2，3，ENiCrMo-3	需要 （有硬度要求时）	不需要

4. 马氏体不锈钢焊接要点

对于 Cr13 型马氏体不锈钢，由于焊后出现未经回火的马氏体，马氏体不锈钢可能对氢致裂纹敏感，所以焊接这些钢时，一般建议进行预热和焊后热处理。采用低氢的焊接方法和实际操作可以降低焊接时吸收的氢，采用焊前预热、后热等措施对焊接马氏体不锈钢是非常重要的。

（1）预热与后热　预热温度一般在 100～350℃，预热温度主要随碳含量增加而提高，C 的质量分数 < 0.05% 时，预热温度为 100～150℃；C 的质量分数 = 0.05%～0.15% 时，预热温度为 200～250℃；C 的质量分数 > 0.15% 时，预热温度为 300～350℃。对于碳含量较高或拘束度大的焊接接头，在焊后热处理前，还应采取必要的后热措施，以防止焊接氢致裂纹的发生。

（2）焊后热处理　为改善焊接接头塑、韧性和耐蚀性，焊后热处理温度一般为 650～750℃，保温时间按 1h/25mm 计。

对于超低碳及低碳马氏体不锈钢，一般可不采取预热措施，当拘束较大或焊缝中氢含量较高时，采取预热及后热措施，预热温度一般为 100～150℃，焊后热处理温度为 590～620℃。

五、双相不锈钢的焊接

1. 双相不锈钢的特点及应用

双相不锈钢的屈服强度是普通奥氏体不锈钢的 2 倍，可节约用材降低设备制造成本。在耐蚀性方面，特别是在介质环境比较恶劣（如 Cl^- 含量较高）的条件下，双相钢的抗点蚀、缝隙腐蚀、应力腐蚀性能明显优于普通奥氏体不锈钢。双相钢具有良好的焊接性，因此在石油化工设备、海水与废水处理设备中广泛应用。

压力容器中常用的双相钢材料有 Cr22 型和 Cr25 型。Cr22 型属于普通双相钢，材料有 ASME SA-240 中的 S32205、S31803，GB/T 24511 中的 S22053。Cr25 型属于超级双相钢，材料有 ASME SA-240 中的 S32750、S32760，GB/T 24511 中的 S25073。

2. 双相不锈钢的组织特点

双相钢的组织为铁素体 + 奥氏体，典型组织如图 10-7 所示。

3. 双相不锈钢焊接冶金

（1）凝固模式 所有双相不锈钢都凝固生成铁素体，而在凝固终了时得到全铁素体组织。铁素体相在一个高温范围内是稳定的，直到低于其固溶线温度后开始转变为奥氏体。铁素体-奥氏体相变的特征取决于成分和冷却速度，这个相变决定了焊缝金属中最终的铁素体-奥氏体的平衡组分和奥氏体的分布。当焊后接头冷却速度适中时，δ→γ 的二次相变化较充分，因此到室温时可得到相比例比较合适的双相组织，但过慢的冷却速度会产生 σ 相，若焊后冷却速度较快时，会使

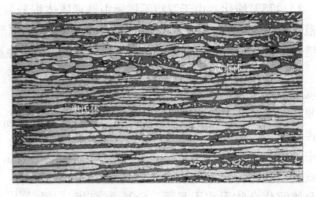

图 10-7 双相钢的典型组织（深色为铁素体，浅色为奥氏体）

δ 铁素体相增多，导致接头塑韧性及耐蚀性严重下降。冷却速度对 σ 相的影响如图 10-8 所示。

（2）氮的作用 所有现代双相不锈钢都有意加入氮，以提高强度、改善耐点蚀能力和缝隙腐蚀能力。如压力容器中常用的 SA-240 S31803 和 S32205 中都含有一定量的氮元素。氮是最有效的固溶强化元素，它是低成本合金元素和强奥氏体形成元素，能替代部分镍起到稳定奥氏体的作用。氮不能阻止金属间相的析出，但可以推迟金属间相的形成。氮对形成中间相的影响如图 10-9 所示。

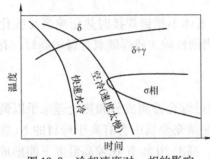

图 10-8 冷却速度对 σ 相的影响

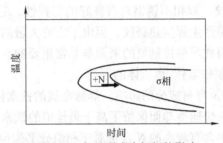

图 10-9 氮对形成中间相的影响

（3）析出反应及中温脆化

1）析出反应。双相不锈钢合金化很复杂，在低于 1000℃ 的一个温度范围内会发生很多析出反应，如图 10-10 所示，所有这些析出反应都是依赖于时间-温度的。很多析出物使双相钢变脆，所以要避免，要注意加入或增加 Cr、Mo 和 W 的含量，会加速形成这些析出物，特别是 σ 相和 χ 相，σ 相硬且脆，可显著降低钢的塑、韧性，又由于它富铬，因而在其周围往往出现贫铬区或由于它本身的溶解而使钢的耐蚀性降低。而析出物的加速形成对于焊后热处理和多道焊引起的脆化有重要意义。

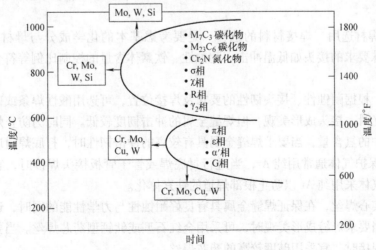

图 10-10 双相不锈钢析出物的形成

2）475℃脆化。由于双相不锈钢中铁素体体积分数约达50%，双相钢母材金属和HAZ在475℃脆化温度范围停留几分钟后会产生σ′相，会造成HAZ韧度剧烈降低，因此双相钢的使用温度通常低于250℃，且焊缝组织选择不当时，多道焊和焊后热处理就可能产生脆化。

3）σ相形成。在高于生成σ′析出相的温度会生成σ相，σ相在570℃开始形成，在800~850℃形成最快，在高于1000℃时会再次溶解。在焊接HAZ和再热的焊缝金属中，总有一些区域一次或多次地形成σ相或其他金属间化合物，一般Cr22型双相钢金属间化合物形成不显著，Cr25型双相钢金属间化合物形成很快，在焊态下不能完全避免形成这种相，但如果形成小的不连续的区域，它们对焊缝力学性能几乎没有影响。为了避免σ相的析出，尤其对于Cr、Mo含量高的超级双相钢，需要进行固溶处理来消除中间相。不同双相不锈钢σ相形成如图10-11所示。

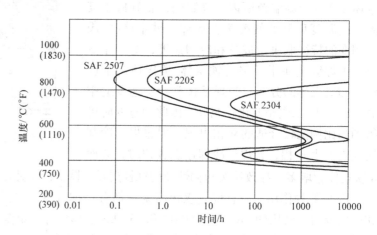

图10-11　不同双相不锈钢σ相形成

（4）裂纹　双相不锈钢具有良好的焊接性，它既不像铁素体不锈钢焊接时热影响区易脆化，也不像奥氏体不锈钢易产生焊接热裂纹，但由于它有大量的铁素体，当刚性较大或焊缝氢含量较高时，有可能产生氢致冷裂纹，因此严格控制氢的来源是非常重要的。

（5）控制铁素体-奥氏体的平衡

1）焊缝及母材成分的影响。焊缝金属的铁素体含量可通过综合控制成分和热处理来予以调整，为了克服由于焊接时快速冷却而保留了高于最佳值的铁素体含量，在填充金属中含有高于母材的Ni含量，在母材和焊缝金属中含有较高的N含量对于相组分平衡也是有益的，高的Ni和N在较高温度下能形成奥氏体，同时也促使奥氏体在冷却时更快形成，完成更多的铁素体-奥氏体转变。热影响区的铁素体-奥氏体相平衡只能通过调整热循环来控制，选择N含量高的母材（比如用S32205代替S31803）对控制相比例的平衡是有利的。

2）热输入和冷却速度的影响。热输入过大、冷却速度过慢会形成铁素体含量低的组织，热输入过小、冷却速度过快会在熔合线附近形成铁素体含量高的HAZ组织。

4. 焊接方法与焊接材料选择

（1）焊接工艺方法　常用焊接方法如GTAW、SMAW、SAW都可以用来焊接双相钢，甚至GMAW也可以用来焊接双相钢。

（2）双相不锈钢焊材选用　焊接材料的选择一是要考虑基本的化学成分与母材相当，力学性能相当；二是考虑对焊缝有特殊要求的接头如低温冲击、耐蚀性、铁素体含量的控制比例等符合设计要求，并达到与母材相当的性能指标。

对于焊条电弧焊，根据耐蚀性、接头韧性的要求及焊接位置，可选用酸性焊条或碱性焊条，采用酸性焊条时脱渣性好，焊缝光滑，接头成形美观，但焊缝金属的冲击韧度较低。同时为防止焊接气孔及焊接氢致裂纹，需严格控制焊条中的氢含量，当要求焊缝金属具有较高的冲击韧性时，打底焊道应选择碱性焊条。

采用GTAW时，保护气体通常用纯Ar，当进行封底焊或管子管板接头焊接时，宜采用Ar+2%N$_2$作为焊接气体，背面保护气体采用纯Ar以防止根部焊道的铁素体化。

对于气体保护焊实心焊丝，在保证焊缝金属具有良好耐蚀性与力学性能的同时，还应注意其焊接工艺性能。对于药芯焊丝，当要求焊缝成形美观时，可采用金红石型或钛钙型药芯焊丝。当要求较高的冲击韧度或在较大的拘束条件下焊接时，宜采用碱度较高的药芯焊丝。

对于埋弧焊宜采用直径较小的焊丝，实现中、小焊接规范下的多层多道焊，以防止焊接热影响区及焊缝金属的脆化，并采用配套的碱性焊剂。

常用双相钢焊材选用推荐见表 10-14。

表 10-14　常用双相钢焊材选用推荐

母材型号	焊接方法及焊材型号			
	SMAW	GTAW	SAW	FCAW
S32205	E2209-16，E2209-15	ER2209	ER2209/SJ××	E2209T0-1，E2209T1-1
S32304	E2209-16，E2209-15	ER2209	ER2209/SJ××	E2209T0-1，E2209T1-1
S32750	E2594-16，E2594-15	ER2594	—	E2594T0-1，E2594T1-1

5. 双相不锈钢的焊接要点

1）常用的 Cr22（S32205、S31803）型普通双相钢具有良好的焊接性，其焊缝及热影响区焊接冷裂纹敏感性较小，因此焊前不需要预热，焊后不需热处理，焊接时控制热输入不可过大也不可过小，一般控制在 10～25kJ/cm，焊接时采用多层多道焊，控制层间温度不超过 150℃，就能防止焊接热影响区出现晶粒粗大的单相铁素体组织及焊缝的脆化，保证接头的力学性能和耐蚀性。

2）对于超级双相钢 Cr25（S32750）型，其抗点蚀指数大于 40，具有良好的抗点蚀性能，与普通双相钢相比焊接时同样具有良好的焊接性能，焊接不需预热，焊后不需热处理，但由于合金含量较高，在 600～1000℃ 范围内加热时，焊接热影响区及多层多道焊时焊缝金属易析出 σ 相等其他各种金属间化合物，造成接头耐蚀性及塑韧性大幅度降低，因此焊接此类钢时要严格控制焊接热输入。另外，当冷却速度过快时，会造成铁素体含量过高，因此焊接热输入还不可过小，一般控制在 10～20kJ/cm，层间温度不高于 150℃，基本原则就是中薄板采用中小热输入，中厚板采用较大热输入。

3）特别要求。采用 GTAW 时，为防止铁素体含量过高，焊接时不允许自熔。对于单面焊缝，应采用 GTAW 进行打底焊和第二层焊接，打底焊时采用热焊道，焊接热输入要适当加大，第二层采用冷焊道技术，适当降低热输入。

6. 耐蚀性

（1）应力腐蚀裂纹（SCC）　绝大多数双相不锈钢具有比奥氏体不锈钢更优良的耐蚀性，由于 Ni 含量低、Cr 含量高，双相不锈钢在含氯化物的环境中抗 SCC 能力特别强，S32205 钢抗 SCC 能力优于 S32304 钢，而 S32750 几乎对 SCC 不敏感。

（2）点蚀　点蚀是局部的表面侵蚀，很快长成深孔，会严重损害结构的完整性。不锈钢的抗点蚀能力主要决定于成分。一般用抗点蚀当量 PREN 来表示，公式如下：

$$PREN = w(Cr) + 3.3w(Mo + 0.5W) + 16w(N)$$

PREN 值越高，抗点蚀能力越好，当 PREN＞40 时，可大致判断这种钢属于超级双相钢，具有较高的抗点蚀能力。

7. 双相不锈钢的热处理

当焊件由于冷成形而导致铁素体含量过高、部件热成形或焊态下析出了有害相 α 相时，需进行固溶处理以恢复材料性能。热处理时加热应尽可能快，在热处理温度下保温 5～30min，应该足以恢复相的平衡。对于 Cr22 型双相钢应在 1050～1100℃ 温度下进行热处理，而 Cr25 型双相钢和超级双相钢要求在 1070～1120℃ 温度下进行热处理，加热至要求的固溶温度后需要立即入水冷却（一般控制在 1～2min 内入水），避免在危险温度区间 600～1000℃ 停留时间过长。

8. 案例分析

封头成形，材料：SA-240 S32750，规格：ID1500mm×50mm，由于封头直径较小，厚度较大，压制需要采用热压，热压后进行固溶处理。

热压前的加热：高温入炉进行加热，快速升温至 1100℃ 后出炉压制，为防止压制后冷却速度过慢而产生 σ 相，压制后采用了快速水冷。

成形后的固溶处理：固溶处理加热过程在炉内高温入炉，由于炉子临时出了问题，导致在 600~1000℃ 停留时间超过了 1h，由图 10-11 "不同双相不锈钢 σ 相形成" 及图 10-12 "S32750 材料等温析出相" 可以看出，在 600~1000℃ 温度区间，S32750（2507）尤其在 800~1000℃ 停留时间几分钟就会有大量的 σ 相产生。大量的 σ 相产生会导致材料脆性急剧加大，实际结果显示在封头出炉后进行固溶处理时整个材料出现了严重的脆断，如图 10-13 所示。

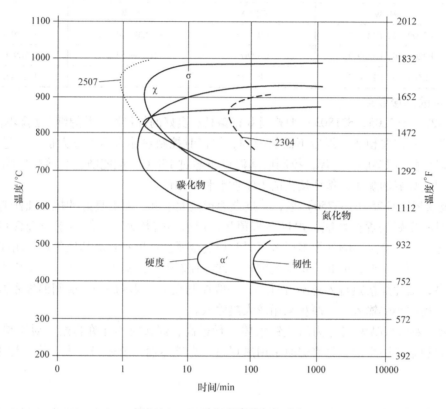

图 10-12　S32750 材料等温析出相

随后对脆断的封头材料进行了铁素体检测，铁素体的体积分数仅为 5%~7%，并取样进行了微观金相分析，在晶界间发现有大量的 σ 相析出，如图 10-14 所示。

由以上生产实例分析可知，S32750 材料采用热成形及固溶处理时，需严格控制在危险温度区间 600~1000℃ 的停留时间，避免产生大量的 σ 相，对材料造成不可修复的破坏。

图 10-13　封头脆断

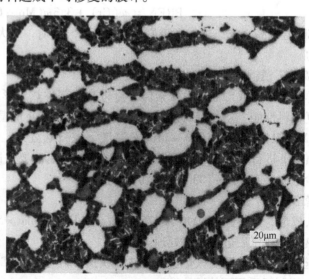

图 10-14　S32750 封头的微观金相

第六节 有色金属压力容器的焊接

压力容器的应用除承压外，常要求耐腐蚀、耐高温、耐低温，物料不受铁离子污染等，而钛及钛合金、锆及锆合金、镍及镍基合金、铜及铜合金、铝及铝合金等有色金属能满足不同压力容器的需求，在一些特殊的场合占有主导地位。

有色金属压力容器的建造应符合 TSG 21—2016《固定式压力容器安全技术监察规程》和以下专项标准：JB/T 4734—2002《铝制焊接容器》；JB/T 4745—2002《钛制焊接容器》；JB/T 4755—2006《铜制压力容器》；JB/T 4756—2006《镍及镍合金制压力容器》；NB/T 47011—2010《锆制压力容器》；ASME Ⅷ-1 UNF 篇《非铁基材料压力容器建造要求》。

一、镍及镍合金的焊接

1. 镍及镍合金的性能、分类和用途及耐蚀性

（1）性能　镍基耐蚀合金具有独特的物理、力学性能和耐蚀性，能够在低温下使用又能在接近 1200℃ 的高温下使用，具有良好的高温和低温力学性能。在 200～1090℃ 范围能耐各种腐蚀介质的侵蚀，因此在石油化工、湿法冶金、航空航天、海洋开发等许多领域得到了广泛应用，解决了一般不锈钢和其他金属、非金属材料无法解决的工程腐蚀问题。

（2）分类

1）按化学成分分类：镍及镍合金包括工业纯镍和镍合金，镍合金包括镍基合金和铁镍基合金。工业纯镍是指 Ni+Co 的质量分数 ≥99.0%，且其中 Co 的质量分数 ≤1.5% 的镍材；Ni 的质量分数 ≥50% 的合金为镍基合金；Fe 的质量分数 <50%，Ni 的质量分数 =30%～50% 且 Ni+Fe 的质量分数 ≥60% 的合金为铁镍基合金或镍铬铁合金。

2）按使用性能分类：分为耐蚀合金、高温合金，压力容器用的镍合金仅限于耐蚀合金，而不采用主要用于航空航天中高热强性能的高温合金，尽管许多耐蚀合金也有很好的耐高温性能。

3）按合金的强化类型分类：有固溶强化型和析出强化型两类，压力容器标准中基本采用固溶强化型镍合金。

4）按主要合金化体系分类：分为工业纯镍、镍铜合金、镍铬合金、镍钼合金、镍铬钼合金、镍铁铬合金等。

这里仅介绍常用的固溶强化型镍基耐蚀合金。

（3）用途及耐蚀性

1）商用纯镍合金：是指 Ni 的质量分数 >99% 的合金，如 UNS N02200、N02201，力学性能好，尤其塑韧性好，主要用于食品加工设备、处理苛性碱设备、化学品运输容器、耐海水腐蚀设备等。

2）固溶强化合金：通过添加 Cr、Fe、Mo、W、Cu 等可提供奥氏体组织固溶强化的合金元素进行强化，大多数固溶强化合金以固溶退火状态进行供货。固溶强化合金广泛用于 800℃ 以下的温度，在某些情况下可至 1200℃ 高温下要求中等强度和极好耐蚀性相结合的场合。固溶强化合金按添加的合金元素可分为 Ni-Cu 合金、Ni-Cr 合金、Ni-Cr-Fe 合金、Ni-Cr-Mo 合金、Ni-Mo 合金、Ni-Fe-Cr 合金。

① Ni-Cu 合金：Ni-Cu 合金兼备 Cu 和 Ni 的耐蚀性，在还原性介质中比 Ni 耐蚀，在氧化性介质中比 Cu 耐蚀，Ni-Cu 合金在大气中具有极好的耐蚀性，并在多数水腐蚀情况下耐蚀性能极佳，对苛性碱、盐酸、氢氟酸耐腐蚀，但对浓硫酸、浓硝酸不耐腐蚀。如 UNS N04400（Monel 400）用量最大、用途最广，综合性能极佳，具有综合的力学性能，广泛用于制造各种换热设备、槽、阀等。

② Ni-Cr、Ni-Cr-Fe 合金：Inconel600（UNS N06600）是应用最广泛的镍基合金，它具有耐蚀、耐热和抗氧化能力且易加工、焊接等特点，在大气、水和蒸汽中耐蚀性极佳。

③ Ni-Cr-Mo 合金：常用的材料有 UNS N06625、UNS N10276（哈氏 C-276），是应用广泛的镍铬钼合

金，在氧化性酸和还原性酸的混合酸中、在湿氯和含氯的水溶液中均具有良好的耐蚀性。

④ Ni-Fe-Cr 合金：常用的铁镍基耐蚀合金有 UNS N08800（800）、N08810（800H），具有抗氧化性介质腐蚀、高温下抗渗碳性良好、热强度高等特点，用于热交换器、加热管、炉管等耐热构件等。

⑤ Ni-Mo 合金：常见的有哈氏 B3（UNS N10675），镍钼合金主要用于还原性的强酸介质中，如各种温度和浓度下未充空气的盐酸、100℃以下各种浓度未充空气的硫酸、10%～50%的未充空气的醋酸等，不宜用于氧化性介质。

2. 镍及镍合金物理冶金和力学性能

纯镍的熔点低于钛和低碳钢，镍合金熔点低于奥氏体；纯镍的热膨胀系数与低碳钢接近且稍高，镍合金的热膨胀系数与低碳钢的差别比奥氏体不锈钢的热膨胀系数与低碳钢的差别小；纯镍的热导率与铁素体钢接近，而镍合金的热导率比奥氏体钢稍低。

绝大多数固溶强化镍基合金以固溶退火状态供货，固溶退火处理确保合金添加剂在奥氏体基体中溶解，并在材料中没有脆化相，大多数合金在 1000～1200℃ 的温度范围内进行固溶退火处理，为避免在冷却过程中形成碳化物，要求在固溶温度下进行快速水淬。

固溶强化型的镍及镍合金在退火或固溶状态，从室温到高温基体均为奥氏体组织，面心立方晶格，因此力学性能与奥氏体不锈钢接近，且具有良好的冷成形性能，具有较大的塑性储备。

镍及镍合金压力容器允许采用的最高设计温度为 900～950℃，最低设计温度一般不低于 -268℃。镍及镍合金在低温下有比室温更高的强度和良好的塑韧性。

3. 镍及镍合金的焊接特点

1）镍与铁、铜、铬在高温下可以相互无限溶解，因而镍及镍合金和低碳钢、低合金钢、奥氏体钢、铜及铜合金较易进行异种材料的熔焊。

2）易形成热裂纹。镍及镍合金在焊接过程和使用过程中易形成熔合区凝固裂纹、HAZ 液化裂纹和高温失塑裂纹。

① 熔合区凝固裂纹。由于镍基合金为单相奥氏体组织，Ni 和 S、P、B 等都能形成低熔点共晶，并在凝固过程中形成偏析，这种偏析促使在枝状晶间和凝固晶界区域形成低熔点液态薄膜，在晶粒凝固收缩应力和焊接应力的作用下，未完全凝固的晶界低熔点物易被拉形成裂纹。凝固裂纹易发生在焊道弧坑，形成火口裂纹，且多半沿焊缝中心纵向开裂，也有垂直于焊缝的。

② HAZ 液化裂纹。合金元素含量越高，熔化凝固温度范围就越宽，焊接过程中紧靠熔合区的母材将经受合金的液相线和有效固相线温度之间的峰值范围，由于合金元素及杂质元素 S、P、B 在晶界的偏析会在 HAZ 部分熔化区沿边界形成连续的液态薄膜，这些液态薄膜若不能承受所施加的应变就会形成液化开裂。液化裂纹多出现在紧靠熔合线的热影响区中，有的还出现在多层焊的前层焊缝中。

避免凝固裂纹和液化裂纹的措施：控制焊缝金属及母材金属中杂质元素 S、P、B 的含量，限制形成低熔点共晶元素 Nb、Ti、Si 等，会降低产生裂纹的敏感性；采用细晶粒母材比粗晶粒可更好地抗 HAZ 液化裂纹；采用小热输入的焊接方法和焊接参数并在收弧处填满弧坑，是防止产生凝固裂纹的有效措施。

③ 高温失塑裂纹，也称为延性下降裂纹，是由于晶粒边界的滑移或分离及高温下延性耗尽所引起的 HAZ 或焊缝金属中独特的开裂形式。失塑裂纹在许多镍基焊缝金属中可能是严重的焊接性问题，尤其在高拘束度厚件的多道焊缝中。

3）镍及镍合金液态金属流动性差，焊缝熔深浅，这是镍基合金固有的特性，镍基合金焊缝金属不像钢焊缝金属容易润湿展开，即使增大焊接电流也不能改善金属的流动性，反而会增大热裂纹的敏感性，而且使焊缝金属中的脱氧剂蒸发出现气孔。在焊前对工件表面去除氧化皮、水分、有机物等均可减少产生气孔的可能，焊缝金属中含有 Mn、Ti、Al 等元素可起到脱氧作用，含 Cr、Mn 能提高气体在固体金属中的溶解度，对减少气孔也能起到有利作用。

4. 常用焊接方法的焊接工艺特点

（1）焊条电弧焊（SMAW） 由于镍基耐蚀合金的熔深更浅及液态焊缝的流动性差，在焊接过程中须严格控制焊接参数的变化，宜采用直流反接平位焊。由于熔池流动性差，为防止产生未熔合、气孔等缺陷，在焊接过程中可适当摆动焊条，摆动宽度不应超过焊条直径的 3 倍，焊接时采用多层多道排焊。收弧时要稍微压低电弧高度并增大焊速以减小熔池尺寸，可采用逆向收弧，把弧坑填满，防止弧坑裂纹，必要时要对弧坑进行打磨。

（2）钨极氩弧焊（GTAW） GTAW 广泛应用于镍基耐蚀合金的焊接，特别适用于薄板、小截面、打底焊道的焊接。保护气体可采用 Ar、Ar + He 或 Ar + H_2 的混合气，加氢的混合气可增加电弧的热量，加大熔深，并容易得到表面光滑的焊缝。加入氦气，热导率大，可加大熔池热输入，提高工作效率。采用 GTAW时，背面需进行气体保护以防止氧化。焊接时采用窄焊道多层多道焊，电弧摆动以与两侧母材熔合良好。

（3）熔化极气体保护焊（GMAW） 一般采用 Ar 或 Ar + He 进行保护，根据不同的熔滴形式采用不同的保护气体。焊丝选择与 GTAW 焊丝相同，焊丝成分与母材相当。

（4）等离子焊（PAW） PAW2.5 ~ 8mm 厚的镍基耐蚀合金能得到质量满意的接头，而且利用小孔法的单道焊更为有效，采用 Ar 或 Ar + H_2 的混合气作为等离子气和保护气体，在 Ar 中加入 H_2 增加电弧能量。

（5）埋弧焊（SAW） 埋弧焊使用的焊丝与气体保护焊丝一样，焊剂在焊接过程中不渗合金。焊丝宜采用细丝，一般为 $\phi2.4mm$、$\phi3.2mm$，焊接过程易出现热裂纹、未熔合、未焊透缺陷，选择合适的焊接参数尤为重要。

5. 镍及镍合金焊材选择原则

镍基耐蚀合金选择焊材的原则是采用与母材化学成分相当或略高的焊材，对于有腐蚀要求的焊接接头选择焊材时还需保证接头的耐蚀性。

严格控制焊材中 S、P 含量，因 Ni 与 S、P 等易形成低熔点共晶物，焊材中 S 含量对热裂纹形成的敏感性起关键作用，所以需严格控制焊条熔敷金属及焊丝中的 S 含量。焊材中加入 Mn 可与 S 形成 MnS，可明显降低焊缝形成热裂纹的敏感性，焊材中应尽量降低 P 含量。镍合金中 Cr、Mo、Al、Ti、Nb 等可在焊缝中起变质剂作用，能细化晶粒；Al、Ti 能起到脱氧作用，减少 NiO 的量，这些对防止产生热裂纹是有利的。常用镍及镍合金焊材选用推荐见表 10-15。

表 10-15 常用镍及镍合金焊材选用推荐

母材牌号（ASME UNS）	焊接方法及焊材型号			
	SMAW（AWS 5.11）	GTAW（AWS 5.14）	SAW（AWS 5.14）	GMAW（AWS 5.14）
N02200（Nickel 200）N02201	ENi-1	ERNi-1	—	ERNi-1
N04400（Monel 400）	ENiCu-7	ERNiCu-7	—	ERNiCu-7
N06600（Alloy 600）	ENiCrFe-2 ENiCrFe-3	ERNiCr-3	ERNiCr-3/FLUX	ERNiCr-3
N06625（Alloy 625）	ENiCrMo-3	ERNiCrMo-3	ERNiCrMo-3/FLUX	ERNiCrMo-3
N08825（Alloy 825）	ENiCrMo-3	ERNiCrMo-3 ERNiFeCr-1	ERNiCrMo-3/FLUX	ERNiFeCr-1
N06022（Alloy C-22）	ENiCrMo-10	ERNiCrMo-10	—	ERNiCrMo-10
N10276（Alloy C-276）	ENiCrMo-4	ERNiCrMo-4	—	ERNiCrMo-4
N08367	ENiCrMo-10 ENiCrMo-3	ERNiCrMo-10 ERNiCrMo-3	—	ERNiCrMo-3
N08904	E385-16	ER385	—	—
N10675（哈氏 B3）	ENiMo-10	ERNiMo-10	—	—
N08810	ENiCrFe-2 UTP 2133Mn	ERNiCr-3	ERNiCr-3/FLUX	ERNiCr-3

6. 镍基耐蚀合金的焊接要点

（1）焊件清理 焊件表面的清洁性是成功焊接镍基耐蚀合金的一个重要要求，制造过程中所用的一些材料如油脂、漆、标记用蜡笔或墨水、切削液等含有害元素 S、P、Pb、Sn、Zn、Sb、As 等，这些元素与 Ni 形成低熔点共晶物，会增加镍基耐蚀合金的热裂纹倾向，因此在焊前必须完全清除这些杂质，清理范围至少为坡口两侧各 50mm 范围内。

（2）合适的热输入　焊接时采用过大的热输入对镍基耐蚀合金可能产生不利影响，在热影响区会产生一定程度的退火和晶粒长大、偏析、碳化物沉淀或其他的有害冶金现象，引起热裂纹或降低耐蚀性。采用较小的热输入和合适的焊缝熔池深宽比对降低热影响区液化裂纹是有利的，但热输入过小会加速焊缝的凝固结晶速度，更易形成多边化晶界并在一定应力下导致多边化裂纹的产生。

（3）预热和后热处理　镍基耐蚀合金不需要焊前预热，但当母材温度低于15℃时，应对接头两侧进行去湿气加热，温度为 15 ~ 20℃即可，在大多数情况下，预热温度和层间温度应较低，以避免母材过热。一般不需要焊后热处理，但有时为保证使用中不发生晶间腐蚀或应力腐蚀需要热处理。

（4）控制层间温度　镍基合金焊接过程中一般控制层间、道间温度不超过150℃，过高的层间温度易引起晶粒粗大导致热裂纹的产生。

（5）耐蚀性　对于大多数镍基耐蚀合金来说，焊后对耐蚀性并没有多大的影响，通常选择与母材合金成分相当的填充金属，以保证焊接接头的耐蚀性与母材相当。对于大多数镍基合金不需要通过焊后热处理来恢复耐蚀性，但对于一些工作在特殊环境中的材料例外，如 600 合金工作在熔融状态苛性碱中及 400 合金工作在氢氟酸介质中，需要进行焊后消应力处理。

7. 案例分析

某反应器材料为 N08810（800H），规格为 ID2400mm × 64mm，设计温度为 580℃，根据 ASME Ⅷ-1 UNF-56 的要求，设备制造完毕后需进行 885℃消应力热处理。

设备制造难点：由于容器壁厚较厚，焊接过程需严格控制焊接参数及层间温度，否则很容易出现未熔合、裂纹缺陷。

主体 A、B 类焊缝的焊接：为避免清根，可采用 GTAW 打底，SAW 填充、盖面，为控制焊接热输入，需采用 φ2.4mm 细丝 SAW。GTAW、SAW 焊丝采用 ERNiCr-3，焊前对坡口及周边母材进行清理，焊接过程中严格控制焊接热输入，并控制层间温度不超过 150℃。

接管与筒体 D 类焊缝的焊接：采用 GTAW + SMAW，根据标准推荐焊条可选择 ENiCrFe-2 或 UTP 2133Mn，经过一系列试验发现，对有焊后热处理要求的焊缝，采用 UTP 2133Mn 在热处理后不会产生应力松弛裂纹，因此产品焊接采用了 UTP 2133Mn 焊条。焊接时应注意每根焊条收弧处的弧坑裂纹，若无法避免需进行打磨去除。

焊后热处理：设备制造完毕后按标准要求进行了 885℃消应力热处理，热处理后重新对焊缝进行射线检测、渗透检测，结果发现在拘束应力较大的部位（如 D 类焊缝）采用 SMAW 的焊缝表面有微裂纹产生，而 GTAW 焊后几乎无裂纹产生，经分析表明这与焊材本身的纯净度有一定的关系。熔敷金属纯净度越高，焊后及热处理后出现裂纹的概率越小。但 SMAW 表面微裂纹较浅，经打磨去除后进行补焊，经渗透检测合格。

二、钛及钛合金的焊接

1. 钛及钛合金的应用

钛在空气和氧化性、中性水溶液介质中，其表面易产生致密的氧化钛钝化膜，可以大大提高热力学稳定性。钛及钛合金具有良好的耐蚀性，在氧化性、中性及有氯离子的介质中，其耐蚀性均优于不锈钢；在还原性介质如稀盐酸和稀硫酸中钛的耐蚀性差，但经氮化处理后耐蚀性可提高 100 倍，因此钛及钛合金在化工、冶金、造纸、海水淡化、海洋工程中得以应用。

2. 钛的物理性能和化学性能

物理性能：纯钛呈银白色，熔点为 1668℃，导热性差，线膨胀系数小，密度比铁低，电阻率大。

化学性能：化学性质活泼，与氧有很强的亲和力，室温下会迅速形成稳定的氧化膜。由于氧化膜的保护作用，钛及钛合金在海水及大多数酸、碱、盐的介质中具有优良的耐蚀性，所以在化学工业和造船工业中得到应用。

钛不存在低温脆性问题，可用作温度低至 -269℃ 的低温容器，在温度超过 500℃ 的纯氧或温度超过 1200℃ 的空气中，钛会燃烧，因此钛容器不得在接触空气和氧的情况下接触明火，以避免钛容器燃烧。钛和钛容器一般不要求考核冲击韧性。

钛在固态下能吸收气体，加热至 300℃ 时开始吸氢、400℃ 时开始吸氧、600℃ 时开始吸氮，钝钛中含这些气体元素其强度显著提高，而塑性急剧下降，所以氧、氢、氮是钛的有害杂质。钝钛具有良好的塑、韧性特别是低温韧性，并具有很好的热稳定性。钛在 885℃ 以下具有密排六方晶体结构，称为 α 钛；高于 885℃ 将发生同素异构转变，成为体心立方晶体结构，称为 β 钛。

3. 钛及钛合金的种类

按钛的同素异构转变体或退火组织可分为 α 型、β 型和 α + β 型三类钛和钛合金，常用的 α 型用 TA 代表，TA 类又分为工业纯钛和 α 钛合金。

工业纯钛为不含合金元素的钛，有 TA1、TA2、TA3 三个牌号，它们之间的区别在于氧、氮、碳、氢杂质依次增多，强度也依次增加，而塑性则依次下降。工业纯钛常温强度较低但塑韧性较好，且具有优良的耐蚀性，适用于工作温度在 350℃ 以下强度要求不高的耐蚀场合，又由于焊接性能好，在石油、化工行业被广泛应用。工业纯钛一般在退火状态下使用。

α 钛合金是加入了铝、锡、钯等合金，常用 α 钛合金有 TA9（Ti-Pb 合金）、TA10（Ti-Ni-Mo 合金）等。

压力容器常用钛及钛合金材料有：GB/T 3620.1—2016《钛及钛合金牌号和化学成分》中的 TA0、TA1、TA2、TA3、TA9、TA10 等；ASME Part B 中的 SB-265 Gr1、Gr2、Gr7、Gr12 等。

4. 钛及钛合金的性能特点和焊接特点

1）钛比钢、铝、铜、镍等材料屈强比高，钛的规定残余伸长应力与弹性模量的比值大，钛在切削加工中会产生变形硬化，在冷成形时零件内部存在较大的应力，过量冷成形会导致工件开裂，钛冷成形时回弹量为不锈钢的 2~3 倍。

2）焊接变形大。钛的熔点高、导热性差、热容量小、电阻系数大，因而与钢、铝、铜等材料的焊接相比，钛冷却速度慢；钛的弹性模量仅为铁素体钢的一半，在同样的焊接应力下，钛的变形量比铁素体钢大 1 倍。

3）钛易受气体等杂质污染而脆化。常温下钛及钛合金比较稳定，与氧生成致密的氧化膜具有良好的耐蚀性，但在 540℃ 以上高温生成的氧化膜则不致密，随着温度升高，容易被空气、水分、油脂等污染，吸收氧、氮、氢、碳等，降低焊接接头的塑性和韧性，因此焊接时对熔池温度超过 400℃ 的焊缝和热影响区、正在冷却中的焊接接头正面、背面都需要进行惰性气体的保护，采用保护拖罩是钛焊接的重要特点。

4）钛和钢不能直接熔焊，在衬钛层和钛钢复合板焊接时，应绝对避免钢层熔入钛焊缝。

5）焊接接头晶粒易粗化。由于钛熔点高、热容量大、导热性差，焊缝及近缝区易产生晶粒长大，引起塑性和断裂韧度降低，因此焊接时对焊接热输入要严格控制。

6）易产生气孔。钛焊件与焊丝表面的水分、油污、氧化物及其他有机污染物进入熔池会使熔池里的氢和 CO 增多，容易使焊缝产生气孔，且塑性降低。因此焊前对焊件坡口及附近区域以及焊丝应清理和清洗干净，这对钛的焊接非常重要。

7）易形成冷裂纹。焊接钛及钛合金时极易受氧、氢、氮等杂质污染，当这些杂质含量较高时，焊缝及热影响区变脆，在焊接应力作用下易产生冷裂纹，其中氢是产生冷裂纹的主要原因。防止钛及钛合金焊接裂纹的措施主要是避免氢的有害作用，减少和消除焊接应力。

5. 钛及钛合金焊接环境要求

由于钛对空气及工件表面的杂质元素比较敏感，钛的作业对环境的洁净度要求很高，钛材焊接应在空气洁净、无尘、无烟的独立洁净车间进行。钛焊接时所在作业区内不得同时进行非钛产品的切割和打磨，并且焊接时远离通风口和敞开的门窗，生产场地应铺设橡胶等软垫。焊接区域的湿度应严格控制，高湿度的环境是氧和氢的来源，所有设备应除湿，稍加预热及用乙醇擦洗除湿。烟气抽出系统可以保持区域干净不产生焊接过程的污染，用于施工钛、锆的厂房及洁净棚应进行菲绕啉试验检查。

焊接环境若出现下列任一情况时应采取有效防护措施，否则禁止施焊：焊接环境风速≥1.5m/s；焊接环境相对湿度>80%；焊件温度低于5℃；下雨下雪的室外作业。焊工着装要求：焊工工作时的工作服必须干净、整洁，鞋套必须是干净、整洁的专用鞋套，焊接用手套必须是无棉纱脱落的专用手套。

6. 焊接方法

钛及钛合金材料的焊接采用钨极氩弧焊（GTAW）、熔化极氩弧焊和等离子弧焊（PAW），电源采用直流正接（DCEN）。其中，GTAW可采用手工或机械，PAW采用小孔型焊接方法。

7. 焊接材料

（1）焊丝选择原则　采用与母材化学成分相当的焊材，其中焊丝中氮、氧、碳、氢、铁等杂质元素的标准含量上限值应低于母材中杂质的上限值。常用钛及钛合金焊丝选用推荐见表10-16。

表 10-16　常用钛及钛合金焊丝选用推荐

材料标准及型号	GB/T 3620.1TA1 ASME SB-265 Gr1	GB/T 3620.1 TA2 ASME SB-265 Gr2	GB/T 3620.1 TA3 ASME SB-265 Gr3	GB/T 3620.1 TA9 ASME SB-265 Gr7	GB/T 3620.1 TA10 ASME SB-265 Gr12
焊丝标准及型号	ASME SFA5.16 ERTi-1	ASME SFA5.16 ERTi-1，ERTi-2	ASME SFA5.16 ERTi-3	ASME SFA5.16 ERTi-7	ASME SFA5.16 ERTi-12

（2）焊接气体　GTAW时采用氩气纯度不应低于99.997%，露点不应高于−50℃；PAW时采用70%Ar+30%He等离子气及氩气纯度不应低于99.999%的保护气。

（3）钨极　选择含氧化物的钨极如钍钨极（AWS EWTh-2）或镧钨极（AWS EWLa-1.5），以提高起弧和载弧能力，电极直径应根据焊接电流大小选择，电极端部应打磨为圆锥形。

8. 焊接要求

（1）焊前准备

1）接头形式及加工。坡口宜采用机加工方法，加工后的坡口表面应平整、光滑，不得有裂纹、分层、夹杂、毛刺、飞边和氧化色，坡口表面应呈银白色。当采用砂轮打磨坡口时应选用专用砂轮，打磨后再用白钢刀刮削表面，去除掉可能嵌入的砂轮颗粒物。

2）焊前清理。焊前去除坡口周边表面氧化膜，并用丙酮清洗脱脂。焊丝应保持清洁、干燥，使用前用丙酮进行清洗。

3）气体保护措施。焊接钛合金需采用焊接气保护、尾部拖罩保护及背面气体保护，保护气为纯氩，氩气纯度不低于99.997%。根据不同的焊接结构应制订不同形状及规格的气体保护罩，其尺寸应足以使焊缝与热影响区在焊后冷却过程中温度高于400℃的部分处于惰性气体的良好保护下。

常见气体保护罩形式如图10-15所示。

（2）焊接要点　焊接时如果钨极碰到了焊缝金属应立即停焊，打磨去除夹钨层后再施焊，必要时修磨钨极尖端后再焊。每次焊完后焊丝必须等收弧处焊缝温度降到80℃以下方可离开保护罩，以免焊丝端部被氧化。多层焊缝在进行下一道焊缝前，对前道焊缝要进行表面颜色检查并彻底清除表面污染等缺陷后方可施焊。

图 10-15　常见气体保护罩形式

焊接时层间及道间清理可采用专用钛钢丝刷或不锈钢丝刷刷、抛磨、白钢刀刮削等方法，清理完毕并用丙酮擦拭后再进行下道焊缝的焊接。除非图样另有规定，钛的焊接一般不进行焊前预热，多层焊接时需控制层间温度≤150℃。

9. 钛及钛合金热处理

钛容器一般不进行热处理，但对于冷成形的部件如弯管、板卷管、翻边管件等，如果冷成形变形量较大时，应进行热处理，热处理温度为540~600℃。

钛封头尽量采用热成形，低温热成形温度可为300~400℃，高温热成形时加热温度可提高至650℃，冷成形变形较大时需进行热处理。热处理温度一般为540~600℃。

热成形和热处理的加热炉宜为电炉、真空炉或燃气炉，工件不允许直接接触火焰，不允许采用焦炭或煤加热炉，加热炉气氛应呈中性或微氧化性。对于需要热处理的部件，在热处理前一定要对部件表面进行清洗，去除工件上的含硫油污、油漆、铅笔标记、润滑剂等任何杂质残留。

10. 焊接缺陷

钛及钛合金焊接易出现的缺陷有气孔、裂纹、夹钨及保护不良引起的缺陷。

（1）气孔 材料及表面处理不到位会引起气孔，因此焊前及层间清理非常重要。对于GTAW，采用脉冲焊可明显减少气孔，采用PAW特别是脉冲等离子焊比GTAW气孔少。

（2）裂纹 虽然多种因素能引起裂纹，但实际生产中裂纹并不多见，焊接保护不良、焊缝变脆会引起焊接热应力裂纹。

（3）夹钨 操作不当可能会产生夹钨。

（4）保护不良引起的缺陷 保护不良时，氧、氮等进入焊缝及近缝区引起冶金质量变坏，焊缝及近缝区颜色是效果的标志。焊缝颜色如图10-16所示，图中焊缝及热影响区的颜色呈银白色和浅麦秆色或重麦秆色为合格，但浅麦秆色或重麦秆色须刷掉表面的氧化色，紫色、蓝色、黄色、灰色及白色是无法接受的。

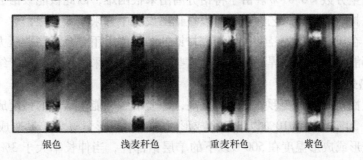

银色　　　　　浅麦秆色　　　　重麦秆色　　　　紫色

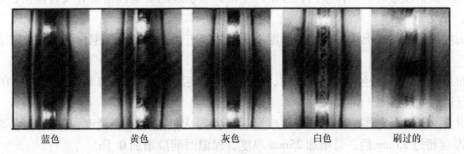

蓝色　　　　黄色　　　　灰色　　　　白色　　　刷过的

图10-16 焊缝颜色识别图

三、锆及锆合金的焊接

1. 锆及锆合金的用途

锆材具有特别优异的耐蚀性，尤其在强还原性酸如盐酸、含卤素离子的酸中具有更难能可贵的耐蚀性，在某些介质中甚至超过了铌和钛等耐蚀性良好的金属。锆可作为化工设备、农药等防腐结构材料。锆材作为价格昂贵的一种材料，在压力容器行业得到了越来越多的应用。

2. 锆及锆合金的物理和化学性能

锆有良好的综合性能，室温下锆属密排六方晶格金属，相变温度在862℃以上，一些锆合金有热处理效应，通过热处理可使其力学性能明显改善。

锆是非常活泼的金属，锆及锆合金对环境气体中的氧、氮、氢等气体有很强的亲和力，锆优异的耐蚀性取决于表面氧化膜的完整性和牢固性。锆在 200℃ 开始吸氧、300℃ 开始吸氢、400℃ 开始吸氮，315℃ 吸氢会导致氢脆使锆的塑性、韧性下降。锆与氧在 300℃ 可生成 ZrO_3，在大约 550℃ 以上与空气中的氧反应生成多孔的脆性氧化膜，在 700℃ 锆吸氧而使材料严重脆化，在 600℃ 锆吸氮可生成 ZrN。锆的熔点为 1845℃，比钛、镍、钢、铝都高，锆的热导率比铝、铜、镍都低，与钛和奥氏体不锈钢接近。

锆是仅次于钽的抗硫酸腐蚀的金属材料，对盐酸的耐蚀性优于其他金属，在磷酸中耐蚀性比较好。锆在潮湿氯气、王水和高价金属氯化物溶液中的抗腐蚀能力差。锆在海水及许多介质中有优良的抗应力腐蚀开裂性能。锆的抗点蚀性很好。

3. 锆制压力容器的材料特点

锆制压力容器主要用作耐蚀容器，锆容器设计温度上限为 375℃。锆的活性高，锆容器不得在接触空气或氧气的条件下接触明火，否则容易燃烧。压力容器上采用的锆材牌号，ASME 中只采用了 R60702、R60705，我国 NB/T 47011—2010《锆制压力容器》中则采用了 Zr-1、Zr-3、Zr-5。Zr-1（R60700）为低氧纯锆，强度低，主要用作复合板的覆层，不参与强度计算；Zr-5（R60705）为 Zr-2.5Nb 合金，耐蚀性与成形性能均低于 Zr-3（R60702）工业纯锆，而且要求 Zr-5（R60705）焊后必须热处理，因此 Zr-5（R60705）用得很少。锆容器采用的基本材料牌号为 Zr-3（R60702）。

锆分为工业级锆及核能级锆，主要区别是工业级锆中铪的含量较高，只要求铪的质量分数 <4.5% 即可，而核能级锆要求铪的质量分数 <0.01%。由于将铪分离出来很困难，因此核能级锆成本很高，但铪的含量并不影响在工业设备中锆材的使用与工艺性能，所以在化工设备中只采用工业级锆。

由于锆价格较高，在压力容器中经常采用钢壳衬锆的结构或采用复合板制造压力容器，由于锆与钢不能直接熔焊，在焊接时不能将锆熔入钢焊缝中，因此这些焊接构件须采用特殊的设计结构。

4. 锆板材成形及热处理

锆在退火状态下塑性较低，其变形强化能力又高，冷变形后可能使锆材的强度成倍提高，但伸长率由退火状态的实测值 20%~30% 降低到 10% 以下，冷成形时若一次成形量过大，易造成开裂，且冷变形后会提高吸氢速度，所以冷变形或成形温度在 500℃ 以下的单层锆部件，当伸长率大于 3% 时，成形后应进行恢复塑性的退火处理。板材成形时有回弹倾向，容易产生由刻痕引起的裂缝。锆材有咬合倾向，弯曲半径小时须采用高温成形。

单层锆封头宜采用加热成形的方法，成形温度一般不低于 500℃，成形温度在 500℃ 以下时，成形后应进行退火处理。

锆弯管弯曲半径与管子直径之比小于 5 时，宜采用加热后弯制成形，当弯制成形温度在 500℃ 以下时，应在成形后进行退火处理。

单层锆的封头、圆筒、壳体、弯管等构件成形后若需退火处理，退火温度可为 510~620℃，保温时间不少于 1h，当厚度超过 25mm 后，每增加 25mm 厚度，保温时间应增加 0.5h。

热成形和热处理的加热炉宜为电炉、真空炉或燃气炉，但工件不允许直接接触火焰，以减少吸氢现象，不允许采用焦炭或煤加热炉，加热炉气氛应呈中性或微氧化性。对于需要热处理的部件，在热处理前一定要对部件表面进行清洗，去除工件上的含硫油污、油漆、铅笔标记、润滑剂等任何杂质残留。

5. 锆及锆合金的焊接性

锆的焊接性良好、热膨胀系数低、热变形量小，相变时产生的体积变化也很小，纯锆与锆合金的焊接没有形成裂纹的明显趋势。

锆与钛、钽、铪、铌可相互无限互溶，可以进行熔焊。锆与这些金属熔焊后，焊缝金属的强度会比母材高，而塑性比母材稍低。但锆与铜、铝、镍、碳素钢、低合金钢、高合金钢之间不能进行熔焊。

由于锆对气体反应比较敏感，须防止焊缝污染，焊缝被污染后其耐蚀性降低、材料变脆。

锆在焊接中存在产生气孔的可能，锆的焊接工艺接近钛，但保护措施严于钛。

6. 锆及锆合金的焊接方法及焊材选择

由于锆活性高，在高温空气中极易氧化，焊接时必须用惰性气体保护，因此焊接方法只能采用钨极氩弧焊（GTAW）、等离子弧焊（PAW）、电子束焊等。

锆焊丝的选择原则是焊缝的抗拉强度不低于母材，焊缝的塑性不低于母材，焊丝的杂质元素应比母材低，因此不能从锆板上裁条充当焊丝，须采用标准的焊丝。Zr-3（R60702）选用 ASME SFA-5.24 ERZr2 焊丝，Zr-5（R60705）选用 ASME SFA-5.24 ERZr4 焊丝。

7. 锆的焊接要求

锆的活性很高，锆的制造应在清洁的场地中进行，锆材尤其是锆的切屑要单独存放，不得接触明火以免燃烧。锆制造过程中避免接触钢铁件，以减少锆的污染。锆的表面不得损伤，以避免破坏表面钝化膜，降低锆的耐蚀性。

焊前清理：锆材对焊件的清洁要求很高，锆材坡口及两侧焊前应进行表面处理，去除表面的氧化物、水、油及其他污染物，以免进入焊缝引起脆化。坡口及周围的氧化膜可进行锉削、合金磨头磨削或专用的不锈钢钢丝刷清理并用溶剂（如丙酮）清洗，清洗后用无绒抹布进行清理。焊丝在使用前也需用丙酮进行清洗，以去除氧化物、水、油污等。

锆焊接时保护气体氩气纯度应不低于 99.999%，露点在 -50℃ 以下，且焊接接头在高于 400℃ 时，接头正面、尾部及背面都应置于惰性气体保护之下。保护罩如图 10-15 所示。

纯锆的熔点较其他材料要高，热膨胀系数比其他材料低，散热慢，加之纯锆活性强，因而焊接喷嘴的直径比焊其他金属要大些，特别是手工焊更应如此。喷嘴的气流不得产生湍流，喷嘴后应带拖罩。当添加填充金属时，焊丝的热端应在任何时候都置于喷嘴保护之下，以防止污染，如果填充金属端部已受到污染，则应在焊前把污染的端部剪掉。

焊接时采用起弧板，焊接过程控制层间温度不高于 100℃，每层焊前都采用专用钢丝刷刷过并用无绒抹布进行清理。

锆焊缝表面质量要求：焊缝光滑，无氧化。

四、铝及铝合金的焊接

铝及铝合金具有优异的物理特性和力学性能，其密度低、比强度高、热导率高、电导率高、耐蚀能力强，并且因为铝及铝合金为面心立方晶体结构，当温度降低时，它们不会发生脆性转变，具有良好的力学和冲击性能。铝及铝合金容器设计温度可达 -269℃，因此在空分装置冷箱上得以广泛应用。压力容器中常用纯铝、铝锰合金和铝镁合金。铝锰合金可变形强化，其强度比纯铝略高，成形工艺及耐蚀性、焊接性好。铝镁合金可变形强化，其中 Mg 的质量分数一般为 0.5%~7.0%，与其他铝合金相比，铝镁合金具有中等强度，其延性、焊接性、耐蚀性良好。

1. 铝及铝合金焊接特点

铝极易氧化，在常温空气中即生成致密的 Al_2O_3 薄膜，焊接时造成夹渣；氧化铝膜还会吸附水分，焊接时会促使焊缝生成气孔。焊接时，对熔化金属和高温金属应进行有效的保护。

铝的线膨胀系数约为钢的 2 倍，铝凝固时的体积收缩率也比钢大得多，铝焊接时熔池容易产生缩孔、缩松、热裂纹及较高的内应力。

铝的热导率约为钢的 4 倍，因此焊接铝材时，需要采用能量集中、功率大的热源。

铝及铝合金液体熔池易吸收氢等气体，当焊后冷却凝固过程中来不及析出时，在焊缝中易形成氢气孔。

当母材为变形强化或固溶时效强化时，焊接热影响区强度将下降。

2. 焊接方法

铝及铝合金适用的方法很多，在压力容器上施焊时，经常采用钨极氩弧焊（GTAW）、熔化极惰性气体保护焊（MIG）和等离子弧焊（PAW）。

GTAW 和 MIG 这两种焊接方法热量比较集中，电弧燃烧稳定，由于采用惰性气体，保护良好，容易控制杂质和水分来源，可减少热裂纹和气孔的发生，焊缝质量优良。钨极氩弧焊一般用于薄板，熔化极惰性气体保护焊（MIG）用于厚板。

PAW利用压缩电弧，能量密度大、穿透能力强、加热范围小、焊接效率高、焊接变形小，适用于焊接厚壁零件及热敏感的热处理强化铝合金，焊接电源有直流或交流，焊缝成形方式有小孔型和熔透型，在压力容器中得以应用。

3. 焊接材料

选用的焊丝应使焊缝金属的抗拉强度不低于母材（非热处理强化铝为退火状态，热处理强化铝为指定值）的标准抗拉强度下限值或指定值，并使焊缝金属的塑性和耐蚀性不低于或接近于母材，或满足图样要求。

为保证焊缝的耐蚀性，在焊接纯铝时宜用纯度与母材相近或纯度比母材稍高的焊丝。在焊接铝镁合金或铝锰合金等耐蚀铝合金时，宜采用镁含量或锰含量与母材相近或比母材稍高的焊丝。

（1）焊材　按GB/T 3669—2001《铝及铝合金焊条》及GB/T 10858—2008《铝及铝合金焊丝》或ASME SFA-5.10《铝及铝合金电极丝、焊丝》选取。焊丝是影响焊缝金属成分、组织、液相线温度、固溶线温度、焊缝金属及近缝区母材的抗热裂性、耐蚀性及常温或高低温下力学性能的重要因素，当铝材焊接性不良，焊接易出现裂纹，焊缝及接头力学性能欠佳时，改用适当的焊丝而不改变焊件设计和工艺条件成为必要可行的有效措施。

（2）保护气体　铝及铝合金采用气保焊焊接时只能使用惰性气体，即氩气或氦气，其惰性气体纯度应大于99.8%，氮气应小于0.04%，氧含量小于0.03%，水含量小于0.07%，否则焊缝易出现化合物、电弧不稳、飞溅大、气孔等缺陷。

（3）电极　铈钨极化学稳定性好，阴极斑点小，压降低，烧损少，易于引弧，电弧稳定性好，宜作为焊接用电极。锆钨极适用于交流氩弧焊。

4. 焊接要点

1）焊前预热。由于铝及铝合金热导率高，熔焊时散热快，当装配厚度大、尺寸大时，可进行适当的预热，预热温度可根据实际工件材料及厚度而定，未强化的铝及铝合金预热温度一般为100~150℃，经强化的铝合金及铝镁合金，预热温度不应超过100℃。

2）熔化极氩弧焊时，熔滴过渡方式直接影响焊缝质量，采用亚射流过渡焊接铝及铝合金，焊接效率高、焊接质量更好，焊接电源一般采用直流反接。

3）钨极氩弧焊时，焊接过程稳定、易控制、质量好，特别适用于厚度较薄工件，焊接电源常采用交流电源。在冷态零件上焊接时，电弧应在始焊点稍做停留，以保证焊透。焊丝回撤时勿使焊丝末端露出气体保护区外，以免焊丝氧化。

五、铜及铜合金的焊接

常用的铜及铜合金有四种：纯铜、黄铜、青铜和白铜。在压力容器中海军黄铜（SB-171 C44300）、船用黄铜（SB-171 C46400）、白铜（铜镍合金 SB-171 70-30 Cu-Ni C71500、SB-171 90-10 Cu-Ni C70600）使用较多。

1. 黄铜的焊接性

黄铜是铜和锌组成的二元合金，黄铜与纯铜相比，强度、硬度和耐蚀能力都高，且具有一定的塑性，能很好承受热加工和冷加工。Zn的质量分数为30%~40%的黄铜具有α相与少量的β相，因而提高了强度、塑性和耐蚀性，但对焊接性不利。焊接性主要表现如下：

1）高热导率的影响。黄铜与低碳钢相比，具有高的热导率、线膨胀系数，采用与低碳钢相同的工艺参数时母材很难熔化，容易产生未熔合、未焊透，焊后变形也较严重，外观成形差。

2）热裂倾向大。焊接时，Cu能与Bi、Pb等杂质生成多种低熔点共晶，在焊缝凝固阶段，热影响区的易熔共晶处于液化状态下易因焊接应力而产生热裂纹，杂质中以氧的危害性最大。可采取的措施：严格限制铜中杂质元素的含量；增强对焊缝的脱氧能力，通过焊丝加入 Si、Mn、P 等合金元素。

3）气孔。氢在铜中的溶解度如在钢中一样，当铜处在液-固转变时，氢的过饱和度比钢焊缝大好几倍，这样易形成气孔。

4）接头性能变化。熔焊过程中，由于晶粒严重粗大，杂质和合金元素的渗入，有用合金的氧化、蒸发等，会导致接头塑性变坏、导电性下降、耐蚀性下降、晶粒粗化等。

2. 白铜的焊接性

白铜是铜镍合金，是因镍的加入使铜由紫色变为白色而得名。白铜作为一种高耐蚀的材料广泛用于化工、海水工程中。由于镍无限固溶于铜，白铜具有单一的 α 相组织。白铜不仅具有较好的综合力学性能，而且导热性接近于碳钢而容易焊接，焊前不需预热。但这些合金对 P、S 杂质很敏感，易形成热裂纹，焊接时要严格限制这些杂质含量。

铜中加入 Ni，氢的溶解度会提高，而且合金含量越高，对氢的溶解度影响也越大，因此白铜的气孔形成倾向比纯铜高。

3. 焊接方法的选择

焊接铜及铜合金需要大功率、高能束的熔焊热源，热效率越高，能量越集中越有利。不同厚度的材料对于不同焊接方法有其适应性，薄板焊接采用钨极氩弧焊、焊条电弧焊，中板采用熔化极气体保护焊和电子束焊较合适，厚板可采用埋弧焊、熔化极惰性气体保护电弧焊。

在铜制压力容器焊接中，较少用气焊。焊条电弧焊焊黄铜时锌蒸发严重，因此焊条电弧焊不用于焊黄铜。埋弧焊焊接时热输入大并且需要加垫板，因此有一定的局限性，黄铜埋弧焊时锌蒸发严重，白铜焊接一般不用埋弧焊，因此埋弧焊在压力容器焊接中很少采用。钨极氩弧焊（GTAW）具有电弧稳定、能量集中、保护效果好、操作灵活等优点，在压力容器中应用较多。熔化极惰性气体保护电弧焊与钨极氩弧焊相比效率高，并能获得良好的焊缝成形，因此在压力容器中应用广泛。

4. 焊接材料

（1）焊丝　焊接铜及铜合金的焊丝除了要满足对焊丝的一般工艺、冶金要求外，最重要的是控制其中杂质元素含量和提高其脱氧能力，避免出现热裂纹和气孔。对于黄铜，为了抑制锌的蒸发烧损所造成的气氛污染和对电弧燃烧稳定性的影响，一般选择不含 Zn 的焊丝，如对于海军黄铜 C44300、C46400 可选用不含 Zn 的 ERCuSi-A 焊丝，对于 90-10 的 Cu-Ni 合金 C70600 及 70-30 的 Cu-Ni 合金 C71500 可选择 ERCuNi 焊丝。

（2）GTAW 用电极　电极一般采用钍钨极（EWTh-2），性能好、寿命长、抗污能力强。

（3）保护气体　不同保护气体其电弧特性有明显不同，氦气和氢气的功率分别是氩气的 3 倍和 1.5 倍，但氢气密度小、耗气量大、成本高，因此大多数情况下采用氩气作为焊接黄铜、白铜的保护气。对于一些特殊情况，当不允许预热或要求获得较大的熔深时，可采用 70% Ar + 30% He 或 N_2 的混合气。

5. 焊接工艺

1）采用 GTAW 焊接黄铜时，对于一般部件可不预热，大厚部件补焊时才需预热，一般预热温度为 200℃，如采用 Ar + He 混合气可不预热。白铜焊前可不预热，焊接时保持短电弧确保有足够的保护气并降低气孔率。采用 GATW 焊接大多数铜及铜合金时采用直流正接。焊接铝青铜时可采用交流电源。

2）采用熔化极惰性气体保护电弧焊时，在氩气气氛中，熔滴过渡形式为喷射过渡时，会获得稳定的电弧和良好的焊缝成形。

3）严格限制铜中的杂质含量，通过焊丝中加入的硅、锰、磷等合金元素，能增加对焊缝的脱氧能力。采取选用能获得 α + β 组织的焊丝等措施，可以防止焊接接头裂纹与减少气孔。

4）控制焊后冷却速度，防止焊接变形。

第七节　压力容器中异种钢的焊接

一、异种钢焊接概述及其焊接特点

在压力容器中，根据不同的工况条件除了对材料和焊接接头有力学性能要求外，还有如高温强度、耐蚀性、低温韧性等多方面性能的要求，在这种情况下单靠任何一种金属材料都不可能完全满足使用要求，在同一设备中可能需要不同的材料来满足不同的需求。

异种金属是指不同元素的金属（如铝、铜）或从冶金观点来看其物理性能、化学性能等有显著差异的某些以相同基本金属形成的合金（如碳钢、不锈钢等）。

在异种金属的焊接中，最常见的是异种钢焊接（珠光体钢、马氏体－铁素体钢、奥氏体钢等），其次是异种有色金属焊接和钢与有色金属的焊接。从接头形式看有三种基本情况：两种不同金属母材的接头、母材金属相同而填充金属不同的接头以及复合板接头。

由于异种钢接头两侧的母材无论从化学成分上还是物理、化学性能上都存在着差异，因此，焊接时要比同一种钢自身之间的焊接复杂得多。异种钢焊接时存在以下特点：

1. 接头存在化学成分的不均匀性

异种钢焊接接头的化学成分不均匀性及由此而导致的组织和力学性能不均匀性问题极为突出，特别是对于不同类别的异种钢接头更是如此，不仅焊缝与母材的成分往往不同，就连焊缝本身的成分也是不均匀的，这主要是由于焊接时稀释率的存在所造成的，这种化学成分的不均匀性对接头的整体性能影响较大。

2. 接头熔合区组织和性能的不稳定性

在母材与焊缝金属之间的熔合区，由于存在着明显的宏观化学成分不均匀性，从而引起组织极大的不均匀性，给接头的物理、化学性能和力学性能带来很大影响。比如用奥氏体不锈钢焊条焊接低合金钢与奥氏体不锈钢之间的异种钢接头，在熔合区就存在着"碳迁移"现象，使熔合区靠焊缝一侧形成增碳层，而低合金钢一侧形成脱碳层，在此区域内硬度变化剧烈，同时力学性能下降，甚至引起开裂。

3. 焊后热处理是较难处理的问题

异种钢接头的焊后热处理是一个比较难处置的问题，如果处置不当，会严重损坏异种钢接头的力学性能，甚至造成开裂。例如对于同类异种钢接头，一侧母材强度较低，要求的焊后热处理温度也较低，而另一侧母材强度及合金元素含量较高，要求的焊后热处理温度较高，此时如果焊后热处理温度选择不当，会使强度低的一侧母材强度下降过度。

二、异种钢焊接工艺

1. 焊接方法的选择

在一般生产条件下，焊条电弧焊、钨极氩弧焊应用最多最方便，焊条种类多，可以根据不同异种钢的组合灵活选用，适应性非常强。焊接性差异比较小的异种钢的焊接可以选择埋弧自动焊、熔化极气体保护焊等方法。

2. 焊接材料的选择

异种钢焊接时，必须按照异种钢母材的化学成分、性能、接头形式和使用要求正确选择焊接材料。对于金相组织接近的异种钢接头，焊材选择的基本原则如下：

1）保证异种钢接头设计所需要的性能，如焊缝金属的力学性能、耐热性能、耐蚀性等其他性能不低于母材中性能要求较低一侧的指标。

2）对于金相组织差别比较大的异种钢接头，如珠光体-奥氏体异种钢接头，必须充分考虑填充金属受到稀释后，焊接接头性能仍能满足使用要求，须选择合金含量较高的焊材。

3）在焊接接头不产生裂纹等缺陷的前提下，当不可能兼顾焊缝金属的强度和塑性时，应优先选择塑性好的填充金属。

4）焊接材料应经济易得，并具有良好的工艺性能，焊缝成形美观。

3. 焊接参数

焊接参数对熔合比有直接影响，焊接热输入越大，母材熔入焊缝越多，稀释率越大，所以希望热输入小一些。对于不同的焊接方法，熔合比大小不同，希望选择熔合比较小的焊接方法。

4. 预热及焊后热处理

（1）预热 对于珠光体、贝氏体、马氏体类异种钢的焊接，预热是降低淬硬裂纹倾向的重要工艺手段，预热温度根据淬硬倾向大的钢种而定。对于铁素体或奥氏体钢，且焊缝金属也为铁素体或奥氏体的异种钢焊接接头，若预热对使用性能不利时，要谨慎选择预热。

（2）焊后热处理 对焊接结构进行焊后热处理的目的是改善接头的组织和性能，消除部分残余应力，并促使焊缝金属中氢的逸出。不过对异种金属的焊后热处理比较复杂，对于珠光体、贝氏体、马氏体类异种钢焊接接头，如果其焊缝金属的金相组织也与之基本相同时，可以按合金含量较高的钢种、焊后热处理温度较高的材料确定热处理工艺参数，但需要考虑高的热处理温度对材料强度性能的影响。对于铁素体或奥氏体钢，且其焊缝金属也为铁素体或奥氏体的异种钢接头，需谨慎选择热处理。

三、异种钢之间的焊接特点

1. 不同珠光体钢的焊接

按 ASME IX 表 QW/QB-422 中的材料分类号 P-No.1、P-No.3 ~ P-No.5 类（对应 NB/T 47014 中的 Fe-1、Fe-3 ~ Fe-5）之间的焊接，其中 P-No.1（Fe-1）属于低碳钢，其余属于低合金类，虽同属于珠光体钢，但它们的化学成分、强度级别及耐热性等性能不同，焊接性能也有较大差异。

（1）焊材选择 对于 P-No.1 不同组别之间、P-No.1 + P-No.3 之间宜选用与合金含量较低一侧的母材相匹配的焊材进行焊接，并保证接头抗拉强度不低于两种材料中标准规定的较低者。对于珠光体耐热钢 P-No.4、P-No.5 不同组别之间以及 P-No.4 + P-No.5 之间选用焊材要保证接头的耐热性能。对于 P-No.1 ~ P-No.3 与 P-No.4、P-No.5 之间的焊接可以按强度低侧选择焊材，但需要考虑接头焊后热处理对强度的影响。为保证珠光体钢焊缝金属的抗裂性和塑性，应选用低氢焊材进行焊接。不同类别、组别相焊推荐焊材见 NB/T 47015 中的表 3 或 API 582 中的表 A.1。

（2）预热 珠光体钢的碳当量是评价其淬硬及脆化倾向的重要指标，也是决定该类异种钢焊接接头是否需要预热、预热温度高低的依据。对于 C 的质量分数 <0.3% 的低碳钢没有淬硬倾向，焊接性非常好，一般不需要预热，但当工件厚度大于 32mm 或环境温度低于 0℃ 时，需要预热至 95℃ 以上。对于碳钢与低合金钢之间的焊接，应根据焊接性差的钢种来确定预热温度。

（3）焊后热处理 对珠光体钢焊接接头进行焊后热处理的目的是改善焊缝金属及近缝区的组织和性能，消除厚度较大构件中的残余应力，防止产生冷裂纹。对于低碳钢之间的焊接根据标准推荐温度来选择热处理温度及保温时间。对于低碳钢与低合金钢之间的接头，热处理温度及时间一般根据标准中要求较高侧的低合金钢来选，但需要注意较高温度的热处理对低强度侧母材造成的强度下降问题，如按照 ASME VIII-1 制造的容器，P-No.1 + P-No.4 材料之间的接头需要进行焊后热处理，P-No.1 最低热处理温度为 595℃，P-No.4 最低热处理温度为 650℃，此接头需要进行 650℃ 热处理，此时应考虑 650℃ 热处理对 P-No.1 材料和焊缝强度的影响，在采购材料时应提出模拟热处理要求，以确保热处理后强度能满足设计计算要求。

2. 不同奥氏体不锈钢之间的焊接（P-No.8）

（1）常用材料 SA-240 304 系列、SA-240 316 系列、SA-240 310S 系列。奥氏体不锈钢焊接时可能出现的问题在不同奥氏体钢组合焊时也同样存在，因此焊接时需要采取限制热输入及高温停留时间、添加稳定化元素等措施，以防止产生热裂纹、晶间腐蚀和 σ 相析出脆化等问题。

（2）焊材选择 根据母材化学成分选择焊材，需严格控制焊缝金属碳含量和 S、P 等杂质。不同不锈钢之间焊材选择可参考 API 582 中的表 A.2，焊接 P-No.8 Group 1 时，还应满足以下规定：

1）当材料有热处理要求或在高温环境下运行时，焊材熔敷金属中铁素体含量应控制在 10FN 以下，铁素体测量应在热处理前进行。最低铁素体含量应控制在 3FN，但当采用 E347 焊材时，最低铁素体含量应为 5FN。当不锈钢用在低温工况或有特殊腐蚀要求的场合时，焊缝金属可能需要更低的铁素体含量。

2）当采用奥氏体不锈钢 FCAW 焊丝，设备运行工况在 538℃ 以上时，熔敷金属中 Bi 的质量分数不得超过 0.002%，且最大铁素体含量为 9FN。

3）当焊接含稳定化元素（如 321 类、347 类和 316Cb）的厚壁锻件时，需控制焊接热输入和锻件的晶粒度，以降低产生裂纹的风险。

3. 珠光体钢与奥氏体钢的焊接（P-No.1 ~ P-No.5 + P-No.6，P-No.7，P-No.8）

（1）焊接特点　由于珠光体与奥氏体在化学成分、金相组织、物理性能及力学性能等方面有较大差异，在焊接时会引起一系列困难，为保证焊接质量，须考虑以下几点：

1）焊缝金属的稀释。选择焊材时可根据舍夫勒（Schaeffler）图来计算焊缝金属的组织，如图 10-17 所示，例如在选择 SA-508 与 304L 之间的焊材时，通过 Schaeffler 图进行焊缝组织的预测，采用不同的填充金属 309L 型或 310 型，得到不同的焊缝组织，不同的组织抗凝固裂纹的敏感性不同，一般情况下选用铬、镍含量比母材高的 309L 型的焊材比较合适。

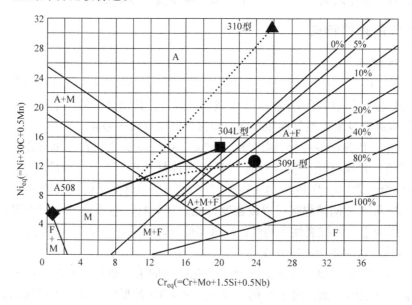

图 10-17　用 Schaeffler 图预测异种钢焊缝成分

2）熔合边界的过渡区。预测过渡区的组织是困难的，因为成分在一个很短距离内剧烈变化，在这个窄区的组织和焊缝主体及热影响区（HAZ）的组织都不相同，并受到局部成分梯度和扩散的影响。当母材的碳含量高于焊缝时，在焊接、热处理或使用中长时间处于高温时，碳将从 HAZ 向熔合区扩散（迁移），如果焊缝 Cr 含量高而母材含有少量 Cr 或不含 Cr，则在进行焊后热处理时，碳从 HAZ 向焊缝的迁移倾向很大，这样在熔合区边界产生一个很窄的硬度很高的马氏体区（图 10-18），通过热处理也很难降低硬度，在焊接过程中电弧气氛中的氢可能进入这个窄的边界马氏体区而产生氢致裂纹。这种碳的迁移会导致紧靠熔合边界的 HAZ 形成贫铬区，在其中生成软的铁素体而导致在蠕变中提前破坏，且由于焊缝两侧性能差别较大，接头受力时易引起应力集中，降低接头承载能力。为防止产生碳迁移，对于此类焊接接头需采取以下措施：尽量降低加热温度并缩短高温停留时间；在珠光体钢中增加强碳化物形成元素或预堆含强碳化物形成元素或镍基合金的隔离层；采用镍含量高的填充金属。

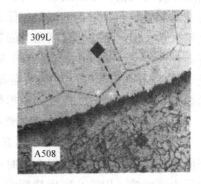

图 10-18　异种钢焊接熔合线边界

3）接头残余应力。由于珠光体钢与奥氏体钢线膨胀系数差别较大，且奥氏体钢导热性差，焊后冷却时不同收缩量的差异必然导致这类接头产生焊接残余应力，而且这部分残余应力很难通过热处理消除。

（2）焊材选择原则

1）当设计温度不超过 315℃时，可选择 E309 或 E309L 类的焊材。注意：除堆焊外，如果接头需要热处理时，不允许使用 E309Cb（Nb）的焊材。

2）当设计温度大于 315℃时，一般需选用镍基焊材，选择镍基合金是基于其线膨胀系数介于碳钢与不锈钢之间，且镍基合金与碳钢及不锈钢相容，有益于防止工作中产生蠕变破坏。对于不同型号的镍基焊材，非硫工况与含硫工况的镍基焊材的选择可按表 10-17 进行。

3）E310 系列的焊材和 ERNiCrFe-6 焊材不允许使用。

表 10-17 不同工况下镍基焊材选用

焊材型号（ASME/AWS）	最高设计温度（非硫环境）	最高设计温度（含硫环境）
ENiCrFe-3	540℃	370℃
ERNiCr-3，ENiCrFe-2	760℃	400℃
ERNiCrMo-3，ENiCrMo-3	590℃	480℃

（3）焊接工艺

1）焊接方法。珠光体与奥氏体钢的焊接应选择熔合比小、稀释率低的焊接方法，焊接异种钢对接焊缝时慎选 SAW，常用 SMAW、GTAW、GMAW、FCAW。

2）焊接工艺要点。尽量减小熔合比，采用小规格的焊材，小电流快速焊，对于珠光体侧需要预热的材料，焊接前需进行预热，但一般比珠光体钢之间焊接时预热温度要低些。

3）对于线膨胀系数差异较大、接头拘束度大或需要焊后进行热处理的异种钢焊缝，经常采用图 10-19 所示预堆边的方法来降低热处理过程中对接头的破坏。例如对于 P-No.1 ~ P-No.5 + P-No.8 之间的接头，如果 P-No.1 ~ P-No.5 侧焊后需要热处理，则可以采用如下工艺进行处理：在 P-No.1 ~ P-No.5 侧母材坡口处采用与对接焊缝同类的焊材进行坡口堆焊，形成至少

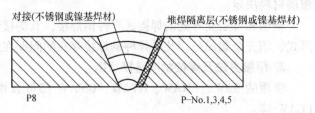

图 10-19　预边堆焊示意图

5mm 堆焊层，堆焊后随设备进行焊后热处理，热处理后再焊接与 P8 之间的对接焊缝，焊接完毕接头不再进行焊后热处理。

这种做法可减少熔合区成分不均匀所带来的一些问题，避免了热处理对 P8 材料带来的性能破坏，同时对于现场施工时不方便进行热处理的接头提供了可行的方案。

4. 不同铁素体-马氏体不锈钢的焊接

铁素体不锈钢中含有强烈的碳化物形成元素铬，所以这类钢焊接不会出现明显的扩散过渡区。存在的问题主要是：铁素体不锈钢是一种低碳高铬合金，在固溶状态下为单相铁素体组织，这类钢无淬硬性，但热敏感性很高，在焊接高温作用下会使晶粒严重粗化（含铬越高粗化越严重）而引起塑性和韧性显著下降；马氏体钢有强烈的空淬倾向，几乎在所有的冷却条件下都转变为马氏体组织，同时也有晶粒粗化倾向和回火脆性。这两类钢焊接性都很差，尤其是马氏体不锈钢。

对于铁素体不锈钢通常采取的措施是选用抗裂性好的奥氏体或镍基填充材料，采用小规范、快速焊、窄焊道以及控制层温等措施，低碳的铁素体钢焊前可不预热。对于马氏体钢则需要预热，预热温度通常为 250~300℃，采用小热输入、焊后缓冷，冷却到 100℃时再进行 700~750℃高温回火。当受条件所限无法进行预热和焊后热处理时，可采用奥氏体钢焊缝，但焊缝强度低于母材。

第八节 复合板的焊接

复合板通常是以低碳钢、低合金钢等珠光体钢为基层，以不锈钢、镍基合金、钛及钛合金等高性能合金为覆层进行复合轧制、焊接而成的双金属板。复合板基层满足强度、刚度及韧性等力学性能的要求，覆层满足耐蚀性、导电性或洁净要求。通常覆层仅占总厚度的10%～20%，因此可节约大量的覆层贵重金属材料，又能具有任何单独组成金属所不能达到的性能，因此具有很高的经济价值，在压力容器中得以广泛应用。

复合板的制造方法有爆炸复合、轧制复合、堆焊等，由于复合板是由两种化学成分、性能差别比较大的金属复合而成的，所以复合板的焊接也属于异种钢的焊接。目前应用最多的有奥氏体系和铁素体-马氏体系两种类型的复合钢板。压力容器用复合板按以下标准制造、验收：NB/T 47002.1—2019《压力容器用复合板　第1部分：不锈钢-钢复合板》；NB/T 47002.2—2019《压力容器用复合板　第2部分：镍-钢复合板》；NB/T 47002.3—2019《压力容器用复合板　第3部分：钛-钢复合板》；NB/T 47002.4—2019《压力容器用复合板　第4部分：铜-钢复合板》。

复合板的焊接可参考NB/T 47015—2011《压力容器焊接规程》中"9　复合金属制压力容器焊接规程"的规定进行。

一、不锈钢-钢复合板、镍-钢复合板、铜-钢复合板的焊接

1. 一般原则

为了保证复合板不因焊接而失去原有的优良综合性能，常对基层和覆层分别进行焊接，复合板焊接顺序应先焊基层，基层焊接完毕后焊接过渡层，最后焊接覆层焊缝。其焊接性、焊材选择、焊接工艺等由基层、覆层材料决定。

基层和覆层交界处的焊接属异种钢焊接，其焊接性主要取决于基层和覆层的物理性能、化学成分、接头形式、填充金属成分。凡是异种钢焊接存在的问题在复合板焊接时同样存在。

2. 焊接方法及焊接材料选择原则

常用的SAW、SMAW、GTAW、GMAW都可以用来焊接基层焊缝，覆层的焊接采用GTAW、SMAW、FCAW等。

焊接材料：基层用焊材须保证焊缝的力学性能，覆层焊接原则上选用与覆层化学成分相近的焊材，过渡层的焊接考虑到焊缝的稀释作用，采用化学成分比覆层高的焊材。覆层选择与母材合金成分相当的焊材，以保证接头的耐蚀性或耐磨性与母材相当。

3. 复合板覆层焊接对焊工的要求

焊接覆层的焊工需按焊工考试规则进行相应焊接方法及位置的堆焊项目的考试，考试合格后方可进行覆层的焊接。

4. 复合板焊接工艺要点

（1）坡口形式　对接接头坡口形式见NB/T 47015—2011中的附录B。基层根据板厚、材料及采用的焊接方法采用V形、X形、V形和U形等坡口。为确保焊接基层时基层焊材不熔到覆层上，一般对覆层进行剥边（5～6mm）处理，如图10-20所示。

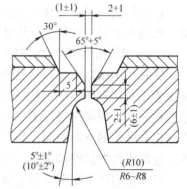

图10-20　复合板坡口形式

（2）焊接要点

1）一般情况下先焊基层再焊覆层，焊接基层时避免将基层焊缝金属熔敷到覆层焊缝中，以防止焊缝金属发生脆化或产生裂纹。基层焊接完毕后焊接过渡层，在堆焊过渡层前，必须清除坡口中的任何残余物。过渡层焊接需采用低稀释率的焊接方法，并应选择比覆层合金含量高的填充金属作为过渡层。过渡层焊接完毕后再焊覆层。

2）对于基层焊接需要预热的焊缝，焊接过渡层前也需要进行预热，耐蚀层的焊接不需要预热，还应控

制层间温度不宜太高。

3）对于覆层计入强度的复合板设备，焊接工艺评定应采用复合板进行评定，不能采用基层对接加堆焊。

（3）特殊节点的处理

1）无法进行双面焊的复合板接头。对于复合板的焊接有条件时先焊基层再焊覆层，但对于无条件进行双面焊的接头仅能进行单面焊时，需采用如图 10-21 所示的单边坡口，焊接时先从覆层焊接，再焊基层，但需采用与覆层化学成分相当的焊材打底，再采用焊接过渡层的焊材焊接完毕，例如对于覆层为 304L 的材料（图 10-21），焊材选择为：第一层采用 E308L 类，第二层及其余层采用 E309L 类。

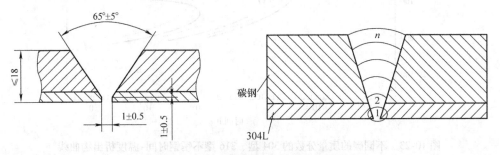

图 10-21　无法双面焊坡口形式及焊接顺序

2）复合板或堆焊件与纯不锈钢或镍基合金对接焊缝的处理。复合板设备主体材料采用复合板，接管采用堆焊结构，对于无法堆焊的小接管或弯头经常采用纯的覆层材料，如图 10-22 所示，与主体相焊的接管采用锻件加堆焊结构，而弯头采用不锈钢材料，因主体焊接完毕后需进行热处理，但热处理会对不锈钢材料造成一定程度的敏化，为避免对不锈钢进行热处理，对于如图 10-22 所示的接头经常采用在坡口侧堆焊隔离层至少 5mm，堆焊后随设备进行热处理，热处理完毕后再焊与不锈钢之间的对接焊缝，这样使对接接头由异质焊缝变成了同质焊缝，避免了热处理对不锈钢材料造成的破坏。

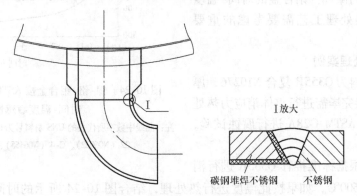

图 10-22　堆焊隔离层加对接接头形式

5. 复合板的热处理

复合板压力容器由于基层原因需要热处理时，热处理工艺应考虑以下因素：基层与覆层热处理工艺参数的差异；对覆层耐蚀性的影响；基层和覆层界面间元素扩散是否会产生脆性相从而导致复合板材料性能恶化；因基层与覆层物理性能差异，热处理冷却过程产生残余应力，导致覆层产生应力腐蚀开裂等。热处理一般是在完成基层和覆层的焊接后进行的，对于覆层耐蚀性能要求高的，尽量在过渡层焊后进行热处理，耐蚀层焊缝热处理后再进行焊接。

（1）不锈钢-钢复合板热处理　不锈钢复合板如果因基层厚度超标或特殊工况需要对焊缝进行消应力热处理时，对于覆层有耐腐蚀要求的，需要考虑热处理对覆层性能的影响。图 10-23 给出了不同碳的质量分数的 304 型、316 型不锈钢时间-温度析出物曲线，由曲线可看出随着碳的质量分数的提高，析出物对温度和时间更敏感，因此对于有热处理要求的材料及焊缝，应选择超低碳不锈钢材料作为覆层，在焊接覆层时，堆焊焊材应选择超低碳的焊材，这是保证复合板设备在热处理过程中不产生析出相并保证覆层及焊缝耐蚀性的重要措施。再者在标准许可的前提下，选择较低的热处理温度也是保证覆层性能的有力措施。

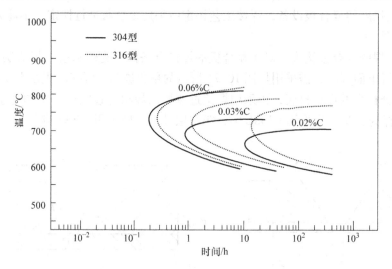

图 10-23　不同碳的质量分数的 304 型、316 型不锈钢时间-温度析出物曲线

（2）镍-钢复合板材料的热处理　压力容器中镍-钢复合板往往由于基层原因需要在焊接后进行消应力热处理，但不合理的热处理工艺会对不同镍基合金的耐蚀性能造成一定程度的破坏。热处理工艺的制订需考虑不同镍基合金在不同的温度-时间内产生的沉淀相对材料腐蚀性能造成的影响。

图 10-24 所示为不同镍-铬-钼合金的时间-温度敏感性曲线，是制订热处理工艺需要考虑的重要因素。

6. 镍-钢复合板热处理案例

某厚壁反应器，材料为 Q355R 复合 N10276，厚度为 90mm＋3mm，焊接完毕需进行整体消应力热处理，热处理后对覆层按 ASTM G28A 进行腐蚀试验，要求腐蚀率＜12mm/年。

热处理工艺制订：根据标准推荐 Q355R 进行消

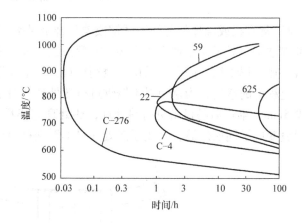

图 10-24　镍-铬-钼合金按 ASTM G28A 法试验得到的时间-温度敏感性曲线

注：曲线中数字所代表的 UNS 材料号为 625（N06625）、59（N06059）、22（N06022）、C-4（N06455）、C-276（N10276）。

应力热处理最低温度为 600℃，如果按此温度进行热处理，结合图 10-24 所示的时间-温度敏感性曲线，在 600℃保温 15min 左右 N10276 材料就进入敏化区，会有大量的中间相析出，这样覆层材料的耐蚀性会有不同程度的降低。根据敏感性曲线可看出，采用降低热处理温度会避免产生大量的中间相，可保证覆层的耐蚀性能，而通过延长保温时间的方法可兼顾基层消应力的效果。后经一系列试验验证，热处理温度采用 550℃并根据标准要求延长保温时间可获得比较满意的覆层耐蚀性能。

因此产品消应力热处理最终采用了温度为 550℃/5h 的工艺，热处理后对覆层材料和堆焊焊缝按 ASTM G28A 进行了腐蚀试验，腐蚀率为 10.2mm/年，满足了设计要求的＜12mm/年。

二、钛/锆-钢复合板的焊接

1. 材料要求

钛-钢复合板的基材、覆层应是符合压力容器标准规定的材料，复合板符合 NB/T 47002.3 的要求。锆-钢复合板按照 NB/T 47011 中 5.2 条的要求，采用爆炸复合方法，当锆覆层的屈服强度较高或锆覆层较厚时，以及当复合板用于冲压或旋压成形的封头或换热器管板要求较高的结合质量时，可采用工业纯钛板作为复合板的夹层，即钢-钛-锆三复合板。

焊接复合板用的基层和覆层焊材应符合相应的焊材标准。

2. 钛/锆-钢复合板的结构特点

由于钛与钢、锆与钢之间不相容，所以钛/锆复合板采用爆炸复合，焊接接头形式比较复杂，需采用垫板加盖板的接头形式，典型的对接接头及接管与壳体焊接接头结构如图10-25和图10-26所示。钛/锆-钢复合板容器中常为腐蚀性介质，衬里容器衬层和复合板容器的覆层一旦泄漏会对钢基层造成快速腐蚀，因此衬钛/锆容器和钛/锆复合板容器需对每条焊缝设置检漏孔，焊接完毕对钛/锆焊缝逐条进行检漏，检漏孔结构如图10-25所示。

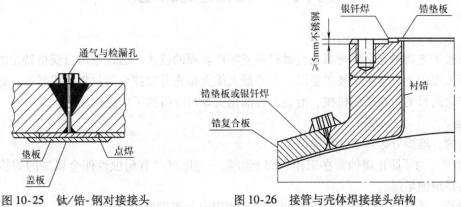

图10-25　钛/锆-钢对接接头　　　　图10-26　接管与壳体焊接接头结构

3. 钛/锆-钢复合板容器的总体制造顺序

（1）下料及坡口加工　钛/锆复合板可采用水下切割，覆层朝上。切割后去除坡口表面熔渣等。坡口加工后剥钛/锆覆层，并用试剂检测是否剥干净。

（2）成形　封头及筒体成形时注意对覆层的防护。

（3）焊接　先焊基层焊缝，基层焊缝焊接完毕后进行无损检测，并检测焊缝周边复合板是否有分层。

（4）热处理　对设备有热处理要求的，所有与基层焊接的部件焊接完毕后，对设备进行热处理。

（5）垫板/盖板安装及内件组装　热处理且相应的无损检测合格后，安装钛/锆垫板、盖板，然后进行垫板、盖板之间的焊接。对于局部接头钛与钢或锆与钢之间的焊缝采用银钎焊进行密封焊。

（6）检漏试验　钛/锆垫板、盖板组装完毕后，对每条焊缝逐条进行氦检漏。

（7）水压试验　所有基层、覆层焊接完毕后，按设计图样要求的压力进行水压试验。

（8）热气循环试验　对有热气循环试验要求的设备进行热循环。

（9）焊缝检测　再次对覆层焊缝进行无损检测。

4. 钛/锆-钢复合板的焊接

（1）基层焊接　按相应基层的焊接方法及要求进行基层的焊接，注意基层焊接前对覆层的保护，避免基层焊缝熔到覆层。

（2）钛/锆覆层垫板、盖板的焊接　采用GTAW，焊材选用与覆层化学成分相当的专用焊丝，焊接时采用较小的焊接热输入，焊接垫板时避免将焊缝熔到基层上，必要时背面通氩气保护避免氧化。

（3）钛/锆复合板的焊接　焊接时要做好焊缝的保护，使焊缝无氧化，焊缝颜色符合图10-16中的合格标准。

（4）钛-钢/锆-钢之间的焊接　由于钛/锆与钢互不相熔，因此钛-钢/锆-钢之间只能采用银钎焊进行密封焊，银钎焊可采用GTAW，焊丝采用专用的银焊丝。

5. 钛/锆-钢复合板成形过程热处理

（1）复合板的消应力　钛、锆复合板采用爆炸复合方法，当基层为碳素钢或低合金钢时，爆炸复合后可在540~600℃下进行2~4h的消应力热处理；当基层为不锈钢时，应根据压力容器对不锈钢的耐晶间腐蚀要求考虑热处理工艺。

（2）成形后的消应力 钛/锆-钢复合板封头需热成形时，成形温度要兼顾钢层与覆层的性能而定，其加热温度不应超过 800℃。对于基层为不锈钢的复合板封头，应尽量采用冷成形，热处理温度应考虑不锈钢层有无耐腐蚀要求。

（3）设备焊后消应力 钛/锆-钢复合板制造完毕后，如果基层需要热处理，则在覆层垫板、盖板安装前对设备进行整体热处理，热处理工艺的制订需同时考虑覆层和基层材料的性能，对于碳素钢或低合金钢的钛/锆-钢复合板，一般采用降低温度延长时间的工艺，热处理温度一般为 540~600℃。

第九节 压力容器的堆焊

1. 概述

堆焊是用焊接工艺将填充金属熔敷在金属材料或零件表面的技术，通过堆焊可获得特定的表层性能和尺寸。堆焊是表面工程中的一个主要技术手段，它的最大优点是充分发挥金属材料的优越性，达到节约用材和延长机件使用寿命的目的，在矿山机械、冶金、石油化工等行业得到了广泛应用。

2. 堆焊类型

按照使用目的，堆焊分为以下几种类型：

（1）耐蚀堆焊 为了防止腐蚀而在工作表面上熔敷一定厚度具有耐蚀性能金属层的焊接方法，压力容器上的堆焊主要是耐蚀堆焊。

（2）耐磨堆焊 为了减轻工作表面磨损和延长其使用寿命而进行的堆焊。

（3）增厚堆焊 为了恢复或达到工件所要求的尺寸，需熔敷一定厚度金属的焊接方法，多属于同质材料之间的焊接。

（4）隔离层堆焊 在焊接异种金属材料或有特殊性能要求的材料时，为了防止母材金属对焊缝金属的不利影响，或因热处理方面的考虑，以保证接头性能和质量，而预先在母材（或坡口表面）熔敷一定成分的金属隔离层。

在压力容器制造过程中，根据设备运行工况，有的需要采用复合板材料，接管法兰需采用堆焊方法达到与覆层材料相当的合金成分；有的设备则需要进行整体内壁堆焊。

3. 堆焊方法

堆焊是一种材料表面改性的经济而快速的工艺方法，为了有效地发挥堆焊层的作用，希望堆焊方法有较低的母材稀释率、较高的熔敷效率和优良的堆焊层性能。几乎任何一种焊接方法都可用来堆焊，压力容器上主要用的堆焊方法有：

（1）焊条电弧焊堆焊

1）特点：设备简单，适用性强，但稀释率高，堆焊质量受焊工操作技术影响较大，适用于小批量和不规则工件，如复合板压力容器中接管与壳体 D 类焊缝覆层的堆焊及其他不易采用自动堆焊的位置等。

2）焊接位置：堆焊尽量采用平焊位置，不锈钢焊材及镍基焊材不宜采用立焊位置，立焊与平焊位置相比，稀释率高、成形差，为得到合格的化学成分所需堆焊的厚度较厚。

（2）钨极氩弧堆焊 钨极氩弧堆焊可见度好，堆焊层厚度易控制，电弧稳定、飞溅少，质量优良，稀释率较焊条电弧焊要低，但堆焊效率较低。填充焊丝可以为实心或药芯，堆焊工作面可为端面或接管内壁。

（3）埋弧堆焊 埋弧堆焊机械化程度高，分为单丝、多丝、单带极、多带极埋弧堆焊，其中应用最多的是单带极埋弧堆焊，可用于大面积设备内壁耐蚀堆焊。带极堆焊效率高，质量优良，且具有低稀释率和高熔敷效率等优点。焊带宽度有 0.5mm×30mm、0.5mm×60mm、0.5mm×90mm、0.5mm×120mm，随着焊带宽度的增加，需加磁控装置，以防止由于磁偏吹引起的咬边等缺陷。

（4）电渣堆焊 电渣堆焊是利用导电熔渣的电阻热来熔化堆焊材料和母材的堆焊过程。带极电渣堆焊具有比带极埋弧堆焊更高的生产率、更低的稀释率及良好的焊缝成形等优点，且不易有夹渣缺陷，表面不需机加工，适用于压力容器内表面大面积堆焊。

带极堆焊分单层堆焊及双层堆焊，单层堆焊仅堆焊一层就能达到所要求的化学成分，所采用的焊材为单层堆焊专用焊带及焊剂，并要求在焊接时严格控制焊接热输入。

4. 堆焊合金与堆焊工艺

堆焊合金根据所达到的功能和特性进行分类，压力容器上常用的堆焊合金主要有奥氏体不锈钢、镍基合金。

（1）铬镍奥氏体不锈钢的堆焊 化工设备上常采用铬镍奥氏体不锈钢作为堆焊金属，它具有优良的耐蚀性。采用耐腐蚀铬镍高合金钢堆焊的容器及部件，多要求母材与堆焊金属的熔合区具有较高的韧性，即不允许或限制马氏体组织的出现，以减小脆性和焊接裂纹的敏感性。此外堆焊时要求用最少的堆焊层数达到所要求的铬镍合金成分和耐蚀性厚度。

1）堆焊方法选择：根据所需要的堆焊厚度、达到所要求合金成分的最小厚度及堆焊位置来选择堆焊方法。

2）堆焊焊材及工艺：过渡层焊材的选择要考虑到稀释的影响，需采用高铬镍的 25-13 型（E309）或 26-12（E309MoL）型不锈钢焊材。过渡层焊材应存在一定数量的铁素体，并在与母材交界的熔合区有满意的韧性，从而确保焊缝金属有较高的抗裂性和较好的耐蚀性。焊接时要严格控制焊接热输入，以得到较低的稀释率。堆焊耐蚀层时，仍应采用小的热输入，所选择的铬镍奥氏体堆焊焊材应保证堆焊层的碳含量、铁素体含量及化学成分符合所要求的焊材成分或母材成分，耐蚀层焊材一般选择与母材化学成分稍高或相当的焊材，如 20-10 型（E308）、18-12Mo（E316L）型等。对有热处理要求的堆焊焊材需采用超低碳焊材，严格控制碳含量。

3）铁素体含量要求：对于有热处理要求的不锈钢堆焊，面层铁素体含量应控制在 3FN ~ 10FN，对于 E347 类的焊材，堆焊后铁素体含量为 5FN ~ 11FN。铁素体检测应在热处理前进行。

4）预热及层间温度：对基层厚度大于 32mm 或标准要求对基层进行焊前预热的材料，在堆焊过渡层前需进行预热，预热温度根据基层的材料和厚度而定。过渡层堆焊完毕堆耐蚀层时不需要预热，且需控制层间温度不超过 150℃。

5）堆焊后热处理：如果堆焊后需进行热处理，热处理工艺的制订应考虑热处理温度对堆焊层耐蚀性能的影响，应根据图 10-23 来制订合理的热处理工艺。

（2）镍基合金的堆焊 最常用的镍基堆焊金属有 N06625、N10276，焊接方法常采用 SMAW、GTAW 及 ESW 进行堆焊。堆焊要点如下：

1）堆焊时要严格控制焊接热输入和层间温度，采用小的焊接热输入快速焊，避免摆动过宽的焊道，堆焊过渡层时要控制稀释率，并在过渡层堆焊完毕进行表面检测，确认是否有热裂纹产生。堆焊耐蚀层时要严格控制层间温度。

2）堆焊化学成分中 Fe 元素是最难达到要求的，可采取的措施：一是焊材采购时控制 Fe 元素含量，二是焊接过程中严格控制稀释率，尤其对于过渡层的焊接。

3）对于有热处理要求的堆焊件，需考虑热处理对堆焊层的影响，结合图 10-24 来制订合理的热处理工艺，避开敏化区，避免产生中间析出相。

第十节 球罐的焊接制造

球形储罐（以下简称球罐），由于其在相同条件下，占地面积最少、材料最省的优点而得到广泛应用，如图 10-27 所示。随着球罐工艺的改善、压制能力的提高，球罐的壁厚、容积不断增加，材料更加繁多，质量要求也不断增高，而现场组装、焊接是保证球罐质量的重要环节，因此采用合理的焊接工艺，保证优良的焊接质量是球罐安全运行的关键。

球罐制作和现场安装已经向大型化发展，球罐型式也由桔瓣型向混合型转变。随着我国冶金业的发展，球壳板等球罐用材料也逐渐从进口发展为自主研发。随着球瓣制作精度的提高，给施工现场的组装带来了方便，大中型球罐的现场组装也由原来的散装法、大片装法、带装法等统一采用一次组装成形，然后分带焊接，此方法既保证了球罐的几何尺寸，又保证了焊缝质量。

图 10-27　使用中的球罐

一、球罐的工厂制造

凡参加球罐焊接的焊工，必须取得 TSG Z6002—2010《特种设备焊接操作人员考核细则》中对应项目的合格证，并在有效期内；具有按 NB/T 47014—2011《承压设备焊接工艺评定》规定进行的合格的焊接工艺评定。

1. 工厂制造工艺流程

球罐工厂制造工艺流程如图 10-28 所示，主要包括下料、压片、焊接、热处理、检验等工艺。图 10-29 所示为球壳板的压制照片。

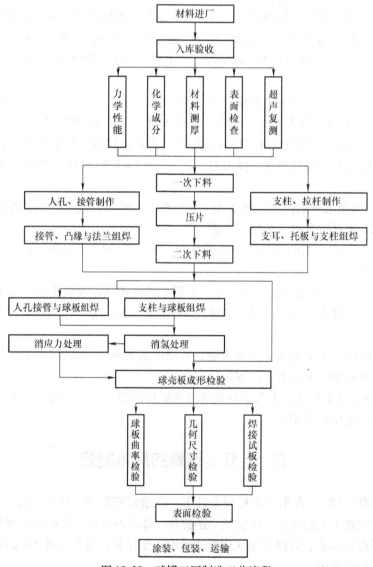

图 10-28　球罐工厂制造工艺流程

2. 工厂制造焊接

（1）上支柱和球片的焊接　上支柱和球片在专用胎具上进行组装并焊接，如图 10-30 所示，焊接采用对称的分段退焊法。

（2）人孔、接管和球片焊接　人孔、接管和球片组装后进行焊接，焊接顺序应根据先内后外、对称同向焊接的原则进行，如图 10-31 所示。

（3）定位块、吊耳和球片焊接　为调整球壳之间的间隙、错边等，需在球壳板周边焊一些临时定位块，其纵向间距为 1.1 ~ 1.3m，环向间隙为 0.55 ~ 0.8m，定位块距球壳边缘距离应根据夹具的结构而定。定位块和吊耳的焊接应和球壳的焊接采用同样的焊接工艺，拆除时须采用碳弧气刨或气割切除，砂轮打磨，严禁用锤打掉。定位块一般是赤道板及以上装在外侧，下温带板

图 10-29　球壳板的压制照片

及以下装在内侧，但对有腐蚀介质的球罐定位块宜全部装在外侧，因球罐的腐蚀主要在焊缝和焊迹处。球罐预装及定位块分布如图 10-32 所示。

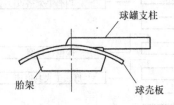

图 10-30　上支柱和球片组装焊接

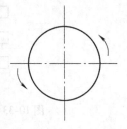

图 10-31　人孔、接管和球片焊接

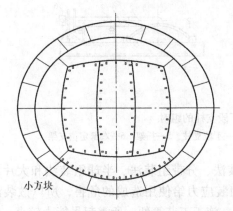

图 10-32　球罐预装及定位块分布

二、球罐的现场安装

1. 现场安装工艺流程

球罐组装方案多种多样，有散装法、大片装法、带装法等，安装现场用施工设备和机具、工夹具也繁多，组装工艺、脚手架的搭板又不尽一致。球罐的现场安装工艺流程如图 10-33 所示。

2. 现场焊接

（1）支柱与赤道带板地面组焊　大型球罐的支柱一般分两段，支柱上段与赤道板的组焊已在制造单位完成，所以安装现场需将支柱上、下段组对焊接。将支柱下段与已焊在赤道板上的支柱上段在地面组装平台上拼装，如图 10-34 所示。

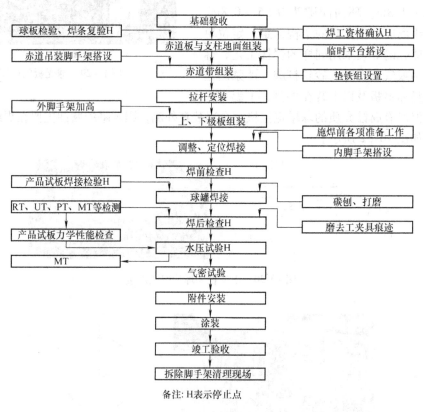

备注：H表示停止点

图 10-33　球罐的现场安装工艺流程

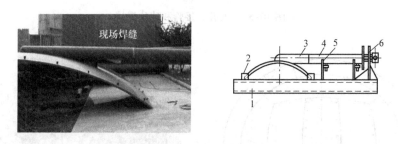

图 10-34　上、下段支柱的组对

1—组装平台　2—限位块　3—上段支柱　4—下段支柱　5—托架　6—端部定位支架

（2）组装及定位焊接　球罐常用的组装方法有散装法、分带组装法、半球组装法和大片装法等，但近几年球罐向大型化发展较快，更多业主已认识到球罐组装应力给使用造成的危害，所以散装法是一种先进的、组装应力比较低的方法。以赤道带为基准的散装法，施工工艺简便，所需起吊能力较小，使用起重机时间较少，是当前使用最普遍的方法。组装顺序是先组装赤道带，将赤道带调整合格后，再组装其他各带。赤道带的组装顺序如图 10-35 所示，各带的组装顺序如图 10-36 所示。

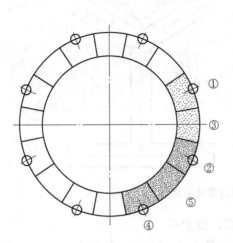

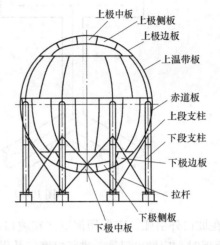

图 10-35　赤道带的组装顺序（俯视）　　　　图 10-36　各带的组装顺序（前视）

球罐组装结束后，进行定位焊接。在定位焊接前先对球罐的间隙、椭圆度、支柱垂直度、赤道水平度等进行调整，调整到允许偏差之内后方可进行定位焊接。定位焊缝及临时焊缝的焊工资格同球罐本体焊缝，焊接工艺同球罐本体焊缝。定位焊在 X 形坡口的小坡口一侧，定位焊长度为 80mm 以上，间距在 300mm 以内，焊肉高度不低于 6mm。定位焊顺序是先对赤道焊缝中心进行定位焊接，再由赤道焊缝中心向上下两边进行定位焊接到离赤道环焊缝 500mm 的位置，然后对赤道环焊缝和赤道焊缝（500mm）及上下丁字形焊缝同时进行定位焊接。上、下极板定位焊接顺序是，先对上、下极侧板中心进行定位焊接，再向两边进行定位焊接到上、下极边板环焊缝处 500mm，最后对上、下极边板环焊缝进行定位焊接。

（3）球罐本体焊接

1）焊接顺序。为确保焊接质量及有效地控制焊接变形，应选择合理的焊接顺序，即先外侧、后内侧，先纵缝、后环缝。球罐本体焊接顺序见表 10-18。

表 10-18　球罐本体焊接顺序

焊缝	焊接顺序		焊缝	焊接顺序	
	外面	里面		外面	里面
赤道板纵缝	1	6	赤道板×上温带环缝	12	18
上温带纵缝	2	7	上温带×上边板环缝	13	19
下温带纵缝	3	8	下温带×上边板环缝	14	20
上、下边板纵缝	4	9	上边板×上极板环缝	15	21
上、下极板纵缝	5	10	下边板×下极板环缝	16	22
赤道板×下温带环缝	11	17			

2）球罐纵缝焊接。赤道带纵缝采用分段退焊法焊接，分段长度可根据当天焊完为好。上极板纵缝应由焊缝两端向中间同步焊接，下极板纵缝应由焊缝中间向两端同步焊接。

3）球罐环缝焊接。赤道与上、下边板焊接应由数名焊工对称均匀分布、沿同一方向焊接，焊接接头应避开丁字接头处。上、下边板与上、下极板之间的环缝应由多名焊工对称分布焊接，上边板与上极板之间的环焊缝由两端向中间焊接，下边板与下极板之间的环焊缝由中间向两端焊接。

4）球罐 Y 形接头焊接。Y 形接头在焊接时，应绝对避免在 Y 形的交汇处引弧或熄弧。Y 形接头焊接，在焊接上、下极边板纵缝时，下极边板纵缝的起弧点和上极边板纵缝的熄弧点，都应在该部位的环向焊缝内，离 Y 形交汇处距离约 200mm。图 10-37 所示为 Y 形焊缝焊接示意图。

5）焊接施工要点。

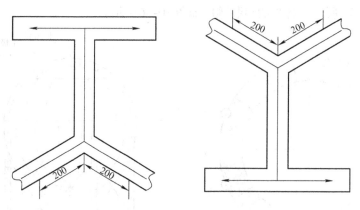

图 10-37 Y形焊缝焊接示意图

① 严禁在坡口外引弧，应采用倒退法在坡口内引弧，由于不小心碰伤球壳板时，应做出记号，进行打磨，并做磁粉检测。

② 焊接时，焊条摆动宽度为焊条直径的 4 倍以下，各层焊道的焊缝接头不要集中在同一地方，每层应叉开 20mm，如图 10-38 所示。

③ 每一层焊道焊接完后应认真、仔细地清除焊渣，并用角向砂轮机进行打磨，直到目测没有缺陷为止，再进行下一层次的焊接。

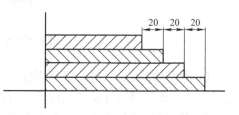

图 10-38 焊层的错位示意图

④ 在丁字焊缝的交叉处，焊接时应把熄弧点、引弧点留在环向焊缝内。

⑤ 焊接球罐本体的工艺参数严格按焊接工艺评定报告制订的焊接作业指导书选择。

6）清根与打磨。

① 球罐本体焊缝外侧焊接完后，在球内侧用碳刨清根，直到露出完好金属为止，再用砂轮机打磨、经渗透检测，直至缺陷全部清除为止。碳刨的刨槽应平直、光滑。

② 焊前打磨：在焊前应对坡口面内的锈、油污等进行打磨，直至呈金属光泽，坡口表面的除锈打磨宽度为 15 ~ 20mm。

③ 清根打磨：内侧碳刨清根后，应打磨清除表面氧化层，直至经渗透检测合格。

④ 成形打磨：在整球焊接结束后，无损检测前应对球罐的本体焊缝进行成形打磨，表面不得有妨碍无损检测评定的缺陷存在。焊缝表面余高外侧为 0 ~ 3.0mm，内侧为 0 ~ 2.5mm。

3. 球罐焊缝返修及球壳板表面损伤修补

1）焊缝表面缺陷应采用砂轮磨除，缺陷磨除后的焊缝表面若低于母材，则应进行焊接修补。焊缝表面缺陷当只需打磨时，应打磨平滑或加工成具有 3:1 及以下坡度的斜坡。

2）焊缝两侧的咬边和焊趾裂纹必须采用砂轮磨除，并打磨平滑或加工成具有 3:1 及以下坡度的斜坡。焊趾裂纹的磨除深度不得大于 0.5mm，且磨除后球壳的实际板厚不得小于设计厚度，当不符合要求时应进行焊接修补。

3）焊缝咬边和焊趾裂纹等表面缺陷进行焊接修补时，应采用砂轮将缺陷磨除，并修整成便于焊接的凹槽，再进行焊接。补焊长度不得小于 50mm。材料标准抗拉强度大于或等于 540MPa 的球罐，在修补焊道上应加焊一道凸起的回火焊道，焊后再磨去多余的焊缝金属。

4）焊接修补时若需预热，应以修补处为中心，在半径为 150mm 的范围内预热，预热温度应取上限。焊接热输入应在规定的范围内，焊接短焊缝时热输入不应取下限值。焊缝修补后，有后热处理要求的应立即进行。

5）焊缝内部缺陷的修补应符合下列要求：

① 应根据产生缺陷的原因，选用适用的焊接方法，并制订修补工艺。

② 修补前宜采用超声检测确定缺陷的位置和深度，确定修补范围。

③ 当内部缺陷的清除采用碳弧气刨时，应采用砂轮清除渗碳层，打磨成圆滑过渡，并经渗透检测或磁粉检测合格后方可进行焊接修补。气刨深度不应超过板厚的 2/3，当缺陷仍未清除时，应在焊接修补后从另一侧气刨。

④ 修补长度不得小于 50mm。

⑤ 焊缝修补时，若需预热，预热温度应取要求值的上限，有后热处理要求时，焊后应立即进行后热处理。热输入应控制在规定范围内，焊短焊缝时热输入不应取下限值。

⑥ 同一部位（焊缝内、外侧各作为一个部位）修补不宜超过两次，对经过两次修补仍不合格的焊缝，应采取可靠的技术措施，并经单位技术负责人批准后方可修补。

⑦ 焊接修补的部位、次数和检测结果应做好记录。

⑧ 各种缺陷清除和焊接修补后均应进行磁粉检测或渗透检测。当表面缺陷焊接修补深度超过 3mm 时（从球壳表面算起）应进行射线检测。

⑨ 焊缝内部缺陷修补后，应进行射线检测或超声检测，选用的方法应与修磨前发现缺陷的方法相同。

6）球罐在制造、运输和施工中所产生的各种不合格缺陷都应进行修补。

7）球壳板母材表面缺陷的修补应符合下列要求：

① 球壳板表面缺陷及工夹具焊迹应采用砂轮清除，修磨后的实际厚度不应小于设计厚度，磨除深度应小于球壳板名义厚度的 5%，且不应超过 2mm。当超过时，应进行焊接修补。

② 球壳板表面缺陷进行焊接修补时，每处修补面积应在 50cm² 以内；当在两处或两处以上修补时，任何两处的边缘距离应大于 50mm，且每块球壳表面修补面积总和应小于该球壳面积的 5%。

当划伤及成形加工产生的表面伤痕等缺陷的形状比较平缓时，可直接进行焊接修补。当直接堆焊可能导致裂纹产生时，应采用砂轮将缺陷清除后再进行焊接修补。表面缺陷焊接修补后焊缝表面应打磨平缓或加工成具有 3:1 及以下坡度的平缓凸面，且高度应小于 1.5mm。

压力管道焊接

第一节 压力管道材料的选用和管理

一、管材的选用

1. 基本原则

压力管道材料的选用除了符合安全技术规范和标准以外，还应考虑以下因素：

1）管道材料应按照材料的使用性能、工艺性能和经济性选用。

2）材料的使用性能应满足管道组成件的设计温度、受力状况、介质特性及工作的长期性和安全性要求。

3）选用材料时，应考虑材料在可能发生的明火、火灾和灭火条件下的适用性，以及由此带来的材料性能变化和次生危害。

4）选用的材料应适合相应的制造、制作和安装，包括焊接、冷热加工及热处理等方面的要求。

5）不同的材料组合时不应对材料产生不利的影响。

6）在管子上直接焊接的零部件宜采用与管子相同的材料。

7）选用材料应具备可获得性和经济性。

2. 常用的管道材料

（1）无缝钢管　无缝钢管是指采用热轧等热加工方法和冷拔等冷加工方法生产的不带焊缝的钢管，在压力管道中运用范围最广。

1）碳素钢无缝钢管。常用的碳素钢无缝钢管标准有：GB/T 8163—2018《输送流体用无缝钢管》、GB 3087—2008《低中压锅炉用无缝钢管》、GB 9948—2013《石油裂化用无缝钢管》、GB/T 5310—2017《高压锅炉用无缝钢管》和 GB 6479—2013《高压化肥设备用无缝钢管》等。

从检查试验角度来讲，一般流体输送用钢管必须进行化学成分分析、拉伸试验、压扁试验和水压试验。GB/T 5310—2017、GB 6479—2013、GB 9948—2013 三种标准的钢管，除了流体输送用钢管要求必须进行的试验外，还要求进行扩口试验和冲击试验，其中，GB 6479—2013 还对材料的低温冲击韧性提出了特殊要求，这三种钢管的制造、检验要求是比较严格的。对于 GB 3087—2008 的钢管，除了流体输送用钢管的一般试验要求外，还要求进行冷弯试验。对于 GB/T 8163—2018 的钢管，除了流体输送用钢管的一般试验要求外，可根据协议要求进行扩口试验和冷弯试验。

GB/T 8163—2018 的材料牌号有 10、20、Q345、Q390、Q420、Q460 共 6 种，适用范围：设计温度小于350℃、压力低于 10MPa 的普通流体介质管道。

GB 3087—2008 的材料牌号有 10、20 两种，适用范围：专门为锅炉用钢管而设置的标准，也可应用于其他低中压流体管道，应用很广泛。《蒸汽锅炉安全技术监察规程》规定：蒸汽工作压力 > 1.6MPa 时不能用 GB/T 8163—2018 中的钢管，而要用 GB 3087—2008 中的钢管作为受热面管子、蒸汽管道的材料。

GB 9948—2013 中碳素钢的材料牌号有 10、20 两种，适用范围：不宜采用 GB/T 8163—2018 中钢管的场合。

GB/T 5310—2017 中碳素钢的材料牌号有 20G、20MnG、25MnG 三种，适用范围：高压锅炉的过热蒸汽介质。《蒸汽锅炉安全技术监察规程》规定：当蒸汽工作压力 > 5.3MPa 时不能用 GB 3087—2008 中的钢管，而改用 GB/T 5310—2017 中的钢管作为受热面管子、蒸汽管道的材料。

GB 6479—2013 中碳素钢的材料牌号有 10、20、Q345B、Q345C、Q345D、Q345E 共 6 种，适用范围：一般情况下可用于设计温度为 -40 ~ 400℃、设计压力不大于 32MPa 的工况，在低温（小于 -20℃）使用的碳素钢管应采用本标准钢管。

2）不锈钢无缝钢管。常用的不锈钢无缝钢管标准有：GB/T 14976—2012《流体输送用不锈钢无缝钢管》、GB 13296—2013《锅炉、热交换器用不锈钢无缝钢管》、GB 9948—2013《石油裂化用无缝钢管》和 GB/T 5310—2017《高压锅炉用无缝钢管》等。工程上选用不锈钢无缝钢管标准，多选用前两个标准，后两个标准并不常用。

GB/T 14976—2012 的材料牌号有 12Cr18Ni9、06Cr19Ni10、022Cr19Ni10 等奥氏体不锈钢共计 22 种，06Cr13Al、10Cr15、10Cr17、022Cr18Ti、019Cr19Mo2NbTi 铁素体不锈钢共 5 种，06Cr13、12Cr13 马氏体不锈钢共 2 种，适用于一般流体介质的输送。

GB 13296—2013 的材料牌号有 12Cr18Ni9、06Cr19Ni10、022Cr19Ni10 等奥氏体不锈钢共计 26 种，10Cr17、008Cr27Mo 铁素体不锈钢共 2 种，06Cr13 马氏体不锈钢共 1 种，主要用于锅炉、热交换器。

GB 9948—2013 中不锈钢的材料牌号有 07Cr19Ni10、07Cr18Ni11Nb、07Cr19Ni11Ti、022Cr17Ni12Mo2 共 4 种。

GB/T 5310—2017 中不锈钢的材料牌号有 07Cr19Ni10、10Cr18Ni9NbCu3BN、07Cr25Ni21、07Cr25Ni21NbN、07Cr19Ni11Ti、07Cr18Ni11Nb、08Cr18Ni11NbFG 共 7 种。

3）耐热钢无缝钢管。常用的耐热钢无缝钢管标准有：GB 9948—2013《石油裂化用无缝钢管》、GB 6479—2013《高压化肥设备用无缝钢管》和 GB/T 5310—2017《高压锅炉用无缝钢管》等。

GB 9948—2013 中耐热钢的材料牌号有 12CrMo、15CrMo、12Cr1Mo、12Cr1MoV、12Cr2Mo、12Cr5MoI、12Cr5MoNT、12Cr9MoI、12Cr9MoNT 共 9 种。

GB/T 5310—2017 中耐热钢的材料牌号有 15MoG、12CrMoG、12Cr2MoWVTiB 等共 14 种。

GB 6479—2013 中耐热钢的材料牌号有 12CrMo、15CrMo、12Cr2Mo、12Cr5Mo、10MoWVNb、12SiMoVNb 共 6 种。

（2）焊接钢管　焊接钢管与无缝钢管相比优点颇多，如价格便宜、材料利用率高、尺寸偏差小，生产设备投资也较少，尤其是在大直径（DN≥600mm）钢管生产上，无缝钢管生产设备投资要比焊接钢管多几倍。随着现代工业生产技术的发展，焊接钢管的生产技术水平和质量在不断提高，应用范围日益扩大。

常用的焊接钢管按其生产时采用的焊接工艺可分为连续炉焊（锻焊）钢管、电阻焊钢管和电弧焊钢管三种。

1）连续炉焊（锻焊）钢管。连续炉焊（锻焊）钢管是在加热炉内对钢带进行加热，然后对已成形的边缘采用机械加压方法使其焊接在一起而形成的具有一条直缝的钢管，现已较少采用。材料牌号：L175、L175P。特点：生产率高、生产成本低，但焊接接头冶金结合不完全，焊缝质量差，综合力学性能差。用途：目前炉焊管在压力管道中仅用于压缩空气等不可燃、无毒流体。制造标准：GB/T 9711—2017《石油天然气工业　管线输送系统用钢管》。

2）电阻焊钢管。电阻焊钢管是通过电阻焊或电感应焊焊接方法生产的、带有一条直焊缝的钢管。材料牌号：Q195、Q215 和 Q235。特点：生产率高、自动化程度高，对母材损伤小，焊后变形和残余应力也较小，但其生产设备较复杂，设备投资高。用途：一般规定电阻焊钢管应使用在不超过 200℃ 的情况下。制造标准：SY/T 5038—2018《普通流体输送管道用直缝高频焊钢管》。

3）电弧焊钢管。电弧焊钢管是通过电弧焊接方法生产的钢管，根据焊缝形状不同，电弧焊钢管可分为直缝管和螺旋焊缝管两种。根据焊接时采取的保护方法不同，电弧焊钢管又可分为埋弧焊钢管和熔化极气体保护焊钢管两种。特点：焊接接头达到完全的冶金结合，接头的力学性能能够完全达到或接近母材的力学性能。用途：不同的制造标准用途不一，在经过适当的热处理和无损检测后，电弧焊直缝管的使用条件可以达到无缝钢管的使用条件。制造标准：GB/T 3091—2015《低压流体输送用焊接钢管》、GB/T 9711—2017《石

油天然气工业 管线输送系统用钢管》、GB/T 12771—2019《流体输送用不锈钢焊接钢管》、SY/T 5037—2018《普通流体输送管道用埋弧焊钢管》、GB/T 24593—2018《锅炉和热交换器用奥氏体不锈钢焊接钢管》、GB/T 28413—2012《锅炉和热交换器用焊接钢管》和 GB/T 32970—2016《高温高压管道用直缝埋弧焊接钢管》等。

二、管材的管理

1. 材料的订货

首先根据设计图样和相关技术资料提供材料明细表，编制订货清单，核准无误后由物质供应部门进行采购。材料供应商必须具有压力管道元件制造资格。

2. 材料的检查与验收

管道安装的一个重要方面就是材料的检查、验收和跟踪，必须正确识别材料，并能将材料的资料与有关文件做比较。材料的验收包括以下内容：

（1）材料标记和质量证明文件的验收

1）材料应具有相应的质量证明文件。

2）质量证明文件应包括标准以及合同规定的检验和试验结果，且具有追溯性。

3）设计文件规定进行低温冲击韧性试验的材料，质量证明文件中应有低温冲击韧性试验的结果。

4）设计文件规定进行晶间腐蚀试验的不锈钢管子和管件，质量证明文件中应有晶间腐蚀试验的结果。

5）质量证明文件的性能数据不符合产品标准或设计文件的规定，或对性能数据有异议时，应进行必要的补充试验。

（2）外观检查 管道组成件的材料牌号、规格、外观质量应按相应标准进行目视检查和几何尺寸抽查，不合格者不得使用。

（3）材质检查 合金钢、含镍低温钢、含钼奥氏体不锈钢及镍基合金、钛及钛合金材料的管道组成件，应采用光谱分析或其他方法按每批 5% 的数量进行主要合金元素定性复查，且不得少于一个管道组成件。

3. 管材的堆放和发放

（1）管材的堆放 钢管品种、规格较多，一定要分类堆放，列出标记，定期清点检查，保持账、物、卡三者相符。不锈钢和有色金属管道在储存期间不得与碳钢接触。

（2）管材的发放 管材要依据"领料单"发放，发放时车间领料者与仓库保管员应共同核对牌号、规格、型号、数量等，一定要防止"混料、错料"出库，一旦混入产品，会造成质量事故和经济损失。

第二节 管道焊接组装工艺

管道焊前组装是管道焊接准备工作的关键步骤，管道焊前组装质量的好坏直接影响管道接头焊接质量。

一、管道组对要求

管道组对时，对坡口及其内表面进行清理应符合表 11-1 的规定，管道内错边量应符合表 11-2 的要求。

表 11-1 坡口及其内表面清理要求

管道材质	清理范围/mm	清理物	清理方法
碳素钢	≥20	油、漆、锈、毛刺等污物	手工或机械
不锈钢			
合金钢			
铝及铝合金	≥50	油污、氧化膜等	用有机溶剂除净油污，用化学或机械法除净氧化膜
铜及铜合金	≥20		
钛	≥50		

表 11-2　管道内错边量要求

管道材质		内壁错边量
钢		不宜超过壁厚的 10%，且不大于 2mm
铝及铝合金	壁厚≤5mm	不大于 0.5mm
	壁厚＞5mm	不宜超过壁厚的 10%，且不大于 2mm
铜及铜合金、钛		不宜超过壁厚的 10%，且不大于 1mm

　　由于管道壁厚不同造成的内外壁错边量大于 3mm 时，均应进行修整。图 11-1 所示为不同壁厚材料的坡口形式，表示了内壁尺寸不相等、外壁尺寸不相等、内外壁尺寸均不相等时坡口的加工修整方法。不圆的管子要圆整，管子对口前要检查平直度，在距焊口 200mm 处测量，允许偏差不大于 1mm，图 11-2 所示为管子的组对偏差要求。此外，一根管子全长的偏差不大于 10mm。

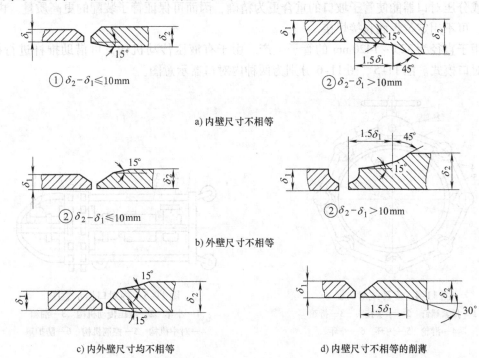

① $\delta_2-\delta_1\leqslant 10mm$　　　　② $\delta_2-\delta_1>10mm$

a）内壁尺寸不相等

② $\delta_2-\delta_1\leqslant 10mm$　　　　② $\delta_2-\delta_1>10mm$

b）外壁尺寸不相等

c）内外壁尺寸均不相等　　　　d）内壁尺寸不相等的削薄

图 11-1　不同壁厚材料的坡口形式

　　对接焊连接的管子端面应与管子轴线垂直，垂直度 a 值最大不能超过 1.5mm，如图 11-3 所示。焊前管端组对应有合适的间隙，必须符合焊接工艺的要求，大直径横管对口由下至上焊时，考虑到焊缝收缩对间隙的影响，间隙可适当放大一点。

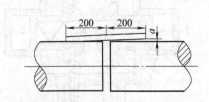

图 11-2　管子的组对偏差要求（当管径＜100mm 时，a＜0.6mm）

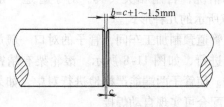

图 11-3　管子端面与轴线的垂直度

二、管道对接装配对口器

　　对于批量的、尺寸偏差比较小的管道，对接装配可采用对口器组对，将接口固定起来，防止或减小接口错边量。根据对口器在管子基面的安装位置分为内对口器和外对口器。

1. 外对口器

　　外对口器用于焊接直径小于 529mm 的旋转和非旋转对接接口，外对口器的结构可分为链式（多环式）

和偏心式两种。

偏心对口器的技术特性见表11-3。多环式对口器对口时，将多环链的薄板对称配置到接头面的两侧，接着用扣紧螺钉拧紧，多环链由滑轮重合两根管子的坡口，如图11-4所示。

表11-3 偏心对口器的技术特性

管径/mm	对口器质量/kg	管径/mm	对口器质量/kg
80~159	7	273~325	13.9，17.7
168~219	11.7，14.7	377~426	15.5，19.3

2. 内对口器或分压对口器

内对口器或分压对口器能使管子坡口的重合更为精确，因而可保证管子装配的更高质量。由于内对口器接头向外张开，可不用定位焊而直接焊接。

内对口器用于直径为325~1420mm的管子生产。由于有液压传动机构，可借助推杆进行接口的传递，实现干线流水对口模式。图11-5、图11-6分别为两种内对口器示意图。

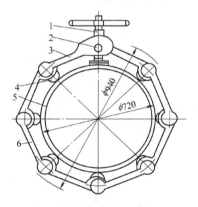

图11-4 多环式对口器
1—扣紧螺钉 2—十字接头 3—折锁
4—滑轮 5—内环 6—外环

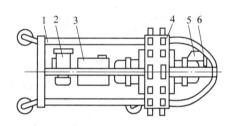

图11-5 内对口器示意图
1—小车 2—液压传动机构 3—油箱
4—对中机构 5—控制机构 6—防护罩

3. 组对夹具

为保证管子对口质量，可用夹具进行组对。组对夹具目前没有相关标准，通常为根据施工中管子的实际情况，自制相关夹具。对于管道一般采用图11-7所示的几种形式。

在管道预制加工车间，管子的对口一般放在滚轮架上进行，如图11-8所示。滚轮架有精密的调节机构，使管子两端能严格地进行对中，如果和自动焊机配合可实现自动焊接。

对于直径在DN15~DN100mm之间的小管子，可采用专用的焊接对口钳，适合于在施工现场使用，非常方便。

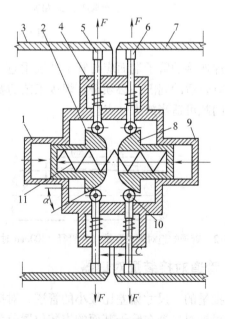

图11-6 液压内对口器示意图
1、9—圆筒 2、8—球形楔 3、7—管子
4—刚性壳体 5、6—杠杆夹具 10—滚柱 11—弹簧

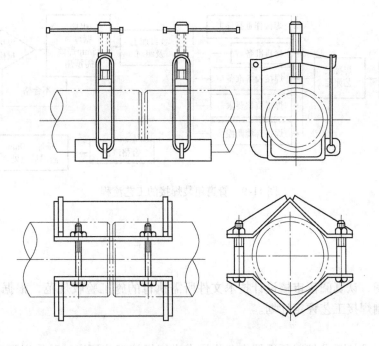

a) 小直径管道组对夹具

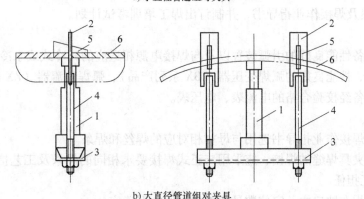

b) 大直径管道组对夹具

图 11-7　管道组对夹具

1—千斤顶　2—带孔扁钢　3—槽钢　4—螺栓　5—楔子　6—管子

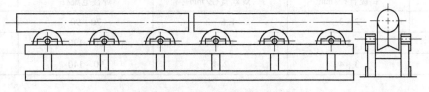

图 11-8　对口和焊接用的滚轮

第三节　碳钢管道的焊接

碳钢管道焊接通常采用手工钨极氩弧焊封底、焊条电弧焊盖面工艺。

一、工艺流程

对于管道直径≥100mm 的碳钢（Q235、15、20、20R、20g 等）管道的手工钨极氩弧焊打底、电弧焊盖面焊接，其组装焊接的工艺流程如图 11-9 所示。

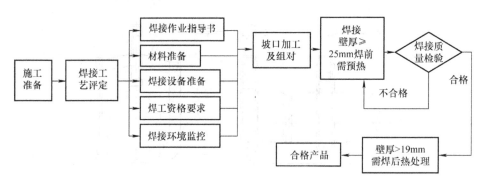

图 11-9　管道组装焊接的工艺流程

二、工艺过程

1. 施工准备

了解并熟悉施工图，认真阅读审核设计技术文件所需执行的施工验收规范，根据工程项目涉及的钢种、规格、焊接方法，编制焊接工艺评定计划。

2. 焊接工艺评定

根据设计与相关标准的要求编制预焊接作业指导书进行焊接工艺评定试验，以评定合格的焊接工艺为依据，编制焊接施工方案及焊接作业指导书，并制订出焊工培训考试计划。

3. 焊接设备提供

1）氩弧焊机应配备性能良好的引弧装置以及与焊接电源相适应的气冷式或水冷式焊枪。

2）选用装备齐全、性能良好的弧焊变压器（BX 系列产品）、弧焊整流器（ZX 系列产品）、逆变焊机。

3）焊机上必须配备经校验合格的电流表、电压表。

4. 焊接

1）根据已编制的焊接作业指导书选用与母材相对应的焊丝和焊条。

2）定位焊及固定夹具焊缝的焊接，应采用与正式焊接要求相同的焊条及工艺措施，并由与正式焊接要求相同项目的持证焊工担任。

3）定位焊可直接焊在坡口内，定位数量应根据具体情况确定。

4）焊接参数可参照表 11-4、表 11-5 选用。

表 11-4　钨极氩弧焊焊接参数

焊件厚度/mm	钨极直径/mm	焊丝直径/mm	焊接电流/A	氩气流量/（L/min）
3~4	2~3	1.6~2	70~90	8~10
5~8	3	2~2.4	80~120	8~12
>8	3~4	2.4	90~140	8~12

表 11-5　焊条电弧焊焊接参数

焊条类型	焊条直径/mm	焊接电流/A	电弧电压/V	焊接电源
E4303，E4315，E5015	2.5	60~90	20~25	交流或直流反接
	3.2	80~130	21~26	
	4.0	110~190	22~27	

5）焊接过程中应保证起弧和收弧处的质量，收弧时应将弧坑处填满。

6）施焊现场应做好防风措施，管内应防止穿堂风。

7）氩弧焊焊接时，应保证熔池得到有效保护，焊丝高温端应在氩气保护区，添加焊丝时要避免焊丝与钨电极间产生碰撞。

8）焊接时严禁在管道坡口外的管壁上引弧和熄弧，多层焊的层间接头应错开。

9）每焊完一焊道，应将焊渣、飞溅物等清理干净再进行下道工序焊接。若工艺上有特殊要求需中断，则应根据工艺要求采取措施，防止产生焊接缺陷如裂纹等，再焊接前必须仔细检查已焊焊缝，确认无裂纹后方可按原工艺要求继续焊接。

三、焊前预热及焊后热处理

1. 焊前预热

1）焊前预热应符合设计文件的规定，碳钢的最低预热温度见表11-6。

表11-6　碳钢的最低预热温度

母材	母材厚度/mm	母材最小规定抗拉强度/MPa	最低预热温度/℃
碳钢、碳锰钢	≥25	全部	80
	<25	>490	80

2）当焊件温度低于0℃时，焊缝应在始焊处100mm范围内预热至15℃以上。

3）焊前预热的加热范围应以焊缝中心为基准，每侧不小于焊件厚度的3倍，且不小于100mm。

4）碳钢最高预热温度和道间温度不宜大于250℃。

2. 焊后热处理

1）焊后热处理应符合设计文件的规定，碳钢热处理要求见表11-7。

表11-7　碳钢热处理要求

母材	母材厚度/mm	母材最小规定抗拉强度/MPa	热处理温度/℃	恒温时间/（min/mm）	最短恒温时间/h
碳钢、碳锰钢	≤19	全部	不要求	—	—
	>19	全部	600~650	2.4	1

2）采用局部加热热处理时，加热带应包括焊缝、热影响区及相邻母材，焊缝每侧加热范围不小于焊缝宽度的3倍，加热带以外100mm的范围应保温。

3）焊后热处理的加热速度及冷却速度应符合相关标准规定。

四、管道焊接实例

碳钢管道是每个工程项目中常见的材质，如上海化工区32万t/年丙烯酸及酯项目（一期工程）主体装置1标段工程，其中一条压力管道所用材料为20钢无缝钢管，材料标准为GB/T 8163—2018，规格为φ114mm×6mm，管道焊接采用手工钨极氩弧焊封底、焊条电弧焊盖面工艺。其主要焊接工艺如下：

1）工艺评定要求：评定标准按NB/T 47014—2011《承压设备焊接工艺品定》，评定时可采用手工氩弧焊（GTAW）打底和焊条电弧焊（SMAW）单独评定，也可采用组合评定，根据工艺评定制订焊接工艺规程。

2）焊接方法：GTAW + SMAW（手工氩弧焊打底 + 焊条电弧焊盖面）。

3）焊接材料：氩弧焊焊丝为H08Mn2SiA，焊条为J427。

4）喷嘴保护气：氩气纯度≥99.9%，流量为8~10L/min。

5）焊接坡口：V形坡口，如图11-10所示。

6）焊接设备：WS-160逆变直流钨极氩弧焊/电弧焊两用焊机。

7）焊接参数：钨极氩弧焊打底焊接电流70~90A、焊接电压12~14V；焊条电弧焊填充和盖面层焊接电流80~100A、焊接电压21~22V。

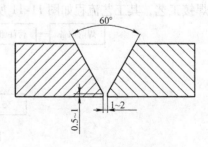

图11-10　碳钢对接焊接坡口

第四节　不锈钢管道的焊接

不锈钢管道的焊接，应结合其物理特性、力学性能、焊接特点、管道的结构以及场地条件等选择焊接设备和焊接方法。现场安装一般采用手工钨极氩弧焊和焊条电弧焊进行焊接，小直径薄壁管道（壁厚＜4mm）适宜于手工钨极氩弧焊（TIG）；壁厚较厚管道宜采用手工钨极氩弧焊封底、焊条电弧焊填充盖面的工艺。管道工厂化预制焊接中可以采用效率更高的焊接方法，如熔化极气体保护焊（MIG）、热丝TIG、离子弧焊等。

一、奥氏体不锈钢管的焊接

1. 奥氏体不锈钢管焊条电弧焊工艺

（1）材料要求

1）焊条应具备出厂批号及质量合格证书，当出厂批号及质量合格证书不齐全时，应具有焊条质量复验合格证明，其各项性能指标应符合 GB/T 983—2012《不锈钢焊条》的要求。

2）要求耐晶间腐蚀的管材与焊条，其耐晶间腐蚀性能应符合相关标准的要求，对于无出厂耐腐蚀性能合格证明的管材与焊条，应进行晶间腐蚀试验，并出具复验合格证明。

3）焊条应满足 NB/T 47018—2017《承压设备用焊接材料订货技术条件》要求。

（2）焊前准备

1）焊件的坡口采用机械加工或等离子切割并打磨。

2）管子、管件的组对。管子、管件应避免强行组对。管子、管件对接焊口的组对，应做到内壁齐平。内壁错边量要求：不超过管壁厚度的10%，且不大于2mm。

3）施焊前坡口两侧各100mm范围内应采取涂刷防飞溅涂料等可靠措施，防止焊接飞溅物沾污焊件表面。

4）焊条在使用前应按出厂证明书的规定进行烘干，并应在使用过程中保持干燥。焊条药皮应无脱落和显著裂纹。

（3）焊接参数　一般奥氏体不锈钢的焊条电弧焊焊接参数见表11-8，工程中实际参数要由工艺评定后制订。

表 11-8　不锈钢焊条电弧焊焊接参数

焊条直径/mm	焊接电流/A	电弧电压/V	焊接电源
2.5	60～90	20～24	交流或直流反接
3.2	80～130	21～25	
4.0	110～190	22～27	

2. 奥氏体不锈钢管道手工钨极氩弧焊工艺

（1）工艺流程　在石油、化工、电力、冶金、机械等行业中奥氏体不锈钢管道焊接，通常采用钨极氩弧焊接工艺，其工艺流程如图11-11所示。

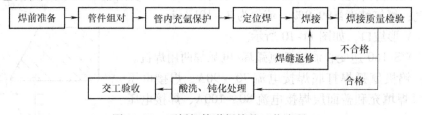

图 11-11　不锈钢管道焊接的工艺流程

（2）材料检验

1）要求耐晶间腐蚀的管道焊接时，所用焊丝的熔敷金属或焊接接头焊缝金属的耐晶间腐蚀性能，应符合 GB/T 4334—2020《金属和合金的腐蚀　奥氏体及铁素体-奥氏体（双相）不锈钢晶间腐蚀试验方法》规定的有关试验方法与合格要求。无晶间腐蚀试验的有效合格证明资料时，应按 GB/T 4334—2020 的规定进行复验，并出具合格说明书。

2）氩气应符合 GB/T 4842—2017《氩》的规定，且纯度不应低于 99.96%。

3）钨极宜采用铈钨极或钍钨极。

（3）机具设备准备

1）选用装备齐全、性能良好的直流手工钨极氩弧焊机。

2）选用与所需焊接电流相适应的气冷式或水冷式焊枪，且气保护性能良好。

3）配备管内充氩装置，以确保管道内侧焊缝根部的焊接质量。

（4）焊件的组对和定位焊

1）焊件的坡口。焊件的坡口形式和尺寸应符合设计文件规定。当设计无规定时，应符合 GB 50236—2011《现场设备、工业管道焊接工程施工规范》附录 C 的规定或根据工程特定条件，参照 GB/T 985.1—2008《气焊、焊条电弧焊、气体保护焊和高能束焊的推荐坡口》的规定选定。

2）焊件的组对。焊件组对前，应将坡口及其内外侧表面不小于 20mm 范围内的油漆、垢、锈、毛刺等清除干净，且坡口处不得有裂纹、夹层等缺陷。

除设计规定需进行冷拉伸或冷压缩的管道外，焊件不得进行强行组对。

3）定位焊。定位焊应采用手工钨极氩弧焊工艺，采用与根部焊道相同牌号的焊丝，并由相应资格的合格焊工施焊。

定位焊缝应直接焊在坡口内，公称直径小于或等于 100mm 的管道对接口，可定位焊两处；公称直径大于 100mm 的管道对接口，可根据实际情况确定定位焊的数量。定位焊缝的长度、厚度，应能保证焊缝在正式焊接过程中不致开裂。定位焊缝不得有裂纹、气孔等缺陷，否则应清除缺陷后重焊。呈水平固定位置的对接焊口的定位焊，应避开仰位及平位的焊缝接头处。

（5）管内充氩保护　奥氏体不锈钢管道手工钨极氩弧焊时，管内应充氩保护，以防止管内侧焊缝金属氧化，保证管内侧焊缝的质量。管内充保护气体的方式，应根据管道直径的大小与复杂程度，采用整管充氩法或局部充氩法。

1）整管充氩法。管道组焊后，先用密封胶带将焊接接头处封住，同时在靠近焊接接头的管道一端，用镶有充氩气管的挡板堵住，管道另一端用开有泄气孔的挡板堵住，然后通过充氩气管向管内充氩。根据管道的容积，充入一定数量的氩气后，待泄气孔外泄的气体能使火柴熄灭时，表示管内氩气浓度已具备焊接条件，可边揭焊接接头处密封胶带边实施焊接。此种方法一般适用于公称直径小于或等于 50mm 的管道。

2）局部充氩法。用板式挡板实施局部充氩：当焊口离管道端开启口距离较近，且焊后能顺利地将板式挡板取出时，可在组焊前将镶有橡胶密封的两块板式挡板（一块镶有充氩气管、一块开有泄气孔）通过对口处放入距焊接接头一定距离的管道内加以固定，用柔性金属连接件将两块挡板相互连接，并引出近端管道开启口，然后组对焊口，再用密封胶带将焊接接头处封住。氩气从镶有氩气管的挡板侧输入，通过另一侧挡板的泄气孔排出，对焊接接头处实施局部充氩。充入一定数量氩气后，揭开焊接接头处局部密封胶带，当此处流出的气体能使火柴熄灭时，表示焊接接头处管内的氩气浓度已具备焊接条件，可实施焊接。焊后通过引出管道开启口的柔性连接件，将两块挡板拽出管道。

（6）焊接　焊接电源与极性：应用直流电源，极性为直流正接，钨电极接焊机的负极。

1）焊丝的选用应根据设计规定，选用焊缝金属性能和化学成分与母材相当的焊丝。当设计无规定时，宜符合 GB 50236—2011 附录 D 的规定。超低碳不锈钢管道应选用相匹配的超低碳不锈钢焊丝。

含稳定化元素的不锈钢焊丝应用于含稳定化元素的不锈钢管道，不宜混用，以免影响焊接接头的耐蚀性能。对有耐晶间腐蚀要求的焊缝，应选用经焊接工艺评定确认晶间腐蚀试验合格的同牌号焊丝。

2）焊接参数。焊接参数应按焊接作业指导书的规定选用，可参照表11-9。

3）焊接要点。应严格执行焊接作业指导书或焊接工艺规程的规定，严禁在坡口之外的母材表面引弧和试验电流，且不宜直接接触引弧，防止焊缝产生夹钨。收弧时应将弧坑填满，防止引起弧坑裂纹。

表11-9 不锈钢手工钨极氩弧焊焊接参数

焊件厚度/mm	钨极直径/mm	焊丝直径/mm	喷嘴孔直径/mm	焊接电流/A	氩气流量/(L/min)	
					喷嘴	管内
1	2	1.2	6 ~ 8	20 ~ 25	5 ~ 6	2 ~ 3
1.5	2	1.2	6 ~ 8	25 ~ 30	5 ~ 6	2 ~ 4
2	2	1.6	6 ~ 8	35 ~ 50	5 ~ 6	2 ~ 4
2.5	3	1.6 ~ 2	8 ~ 13	60 ~ 80	6 ~ 8	2 ~ 4
3	3	1.6 ~ 2	8 ~ 13	70 ~ 85	6 ~ 8	2 ~ 4
4	3	2	8 ~ 13	75 ~ 90	6 ~ 8	2 ~ 4
5 ~ 8	3	2 ~ 2.4	13	80 ~ 110	8 ~ 10	4 ~ 6
>8	3	2.4	13 ~ 16	90 ~ 130	10 ~ 12	4 ~ 6

焊接时应预先通气（包括管内通气），焊后应滞后断气，以保证引弧与熄弧处焊缝的质量。预先通气的提前量应根据焊枪输气管长度调整，滞后断气的延续时间应根据熔池的金属量确定。

焊接过程应保证焊接熔池得到氩气充分有效的保护，焊丝高温端应在氩气保护区内，添加焊丝时要避免焊丝与钨电极间产生电弧而扰乱氩气保护。层间温度不高于100℃。

（7）酸洗钝化处理　经检验合格的管道焊口，当设计文件要求对焊缝及其热影响区表面进行酸洗钝化处理时，宜选购适用于奥氏体不锈钢的酸洗钝化胶泥，对焊缝及其热影响区表面进行酸洗钝化处理。在做酸洗钝化处理，特别是冲水清洗时，必须采取相应的有效措施，以防止酸液对邻近管道及管架等钢结构物的腐蚀，并尽量做好废水的回收和处理工作，防止环境污染。

3. 奥氏体不锈钢管道焊接实例

奥氏体不锈钢管道是每个工程项目中常见的材质，如上海化工区32万 t/年丙烯酸及酯项目（一期工程）主体装置1标段工程，其中一条压力管道的材质为06Cr19Ni10，制造标准为GB/T 14976—2012，对接接头，规格为 $\phi168mm \times 7mm$，采用 GTAW + SMAW 工艺。具体如下：

1）工艺评定要求：按 NB/T 47014—2011 进行钨极氩弧焊（GTAW）和焊条电弧焊（SMAW）的焊接工艺评定，并完成焊接工艺规程。

2）焊接方法：GTAW 封底焊接，SMAW 填充、盖面。

3）焊接材料：焊丝为 S308，直径为 2.0mm；焊条为 E308-16，直径为 3.2mm。

4）焊接坡口：V 形坡口，如图11-12所示。

5）焊接设备：WS-160 逆变直流钨极氩弧焊/电弧焊两用焊机。

6）喷嘴保护气：氩气纯度≥99.9%，流量为 7 ~ 8L/min；管内充氩气，流量为10 ~ 11L/min。

7）焊接参数：钨极氩弧焊打底焊接电流 70 ~ 80A，焊接电压 12 ~ 14V；焊条电弧焊填充和盖面层焊接电流 80 ~ 90A，焊接电压 21 ~ 22V。

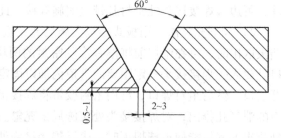

图11-12　不锈钢管道焊接坡口

二、马氏体不锈钢管的焊接

1. 焊接方法

厚度在 3mm 以下的板及管子，采用 TIG 焊较适宜；厚度 3mm 以上的管道，适宜用焊条电弧焊。

2. 焊接工艺

焊前杂质清理、焊接材料烘焙、定位焊，都可参照奥氏体不锈钢管焊接工艺，正确选择预热温度，严格控制层间温度，防止焊缝热影响区脆化。

推荐用于马氏体不锈钢管焊接的预热、焊接热输入及焊后热处理规范见表11-10。

表 11-10　马氏体不锈钢管焊接规范

碳的质量分数（%）	预热温度/℃	焊接热输入	焊后热处理要求
≤0.10	≥200	一般	任选
>0.10~0.20	200~250	一般	任选，缓慢冷却
>0.20~0.50	250~320	一般	焊后必须热处理
>0.50	250~320	大	焊后必须热处理

三、铁素体不锈钢管的焊接

1. 焊接工艺

常用铁素体不锈钢管的焊接材料及工艺要求见表11-11。

表 11-11　常用铁素体不锈钢管的焊接材料及工艺要求

牌号	对接头性能的要求	焊条		工艺要求
		牌号	合金系统	
06Cr13Al		G202、G207	Cr13	
		A102、A107	Cr18Ni9	
10Cr17 022Cr18Ti	耐酸、耐热	G302 G307	Cr17	预热至100~150℃，焊后750~800℃回火
019Cr18MoTi 019Cr19Mo2NbTi	高塑性	A207	Cr18Ni2Mo2	焊前不预热，焊后不热处理
019Cr25Mo4NbTi	抗氧化性	A307	Cr25Ni13	焊前不预热，焊后热处理760~780℃回火
008Cr27Mo 008Cr29Mo4	高塑性	A402 A412	Cr25Ni20Mo2	焊前不预热，焊后不热处理

2. 焊接工艺要点

1）当采用 Cr17、Cr17Ni 焊条焊接时，要进行预热。

2）铁素体不锈钢焊接工艺，要求用小电流快速度，焊条不横向摆动，多层焊。严格控制层间温度，一般当层间温度冷至预热温度时再焊下一层，不宜连续施焊。焊接厚度大的焊件，可在每道焊缝焊好后用不锈钢锤轻轻敲击，以减低焊缝的收缩应力。

3）为了消除应力，进行焊后热处理，以获得均匀的铁素体组织。铁素体不锈钢焊后热处理有两种：一是在 750~800℃ 加热后空冷退火，退火后应快冷，防止出现 σ 相析出脆化及 475℃ 脆化；二是在 900℃ 以下加热水淬，使析出的脆性相重新溶解，取得均一的铁素体组织，提高接头韧性。

4）焊后进行固溶处理及稳定化处理。

第五节 耐热钢管道的焊接

一、铬钼耐热钢管道的焊条电弧焊

1. 工艺流程

12CrMo、15CrMo、12Cr1MoV、ZG20CrMoV、ZG15Cr1Mo1V、1Cr2Mo、12Cr2Mo、12Cr2MoWVTiB、12Cr3MoWVSiTiB、1Cr5Mo 等铬钼耐热钢管道的焊条电弧焊工艺流程如图 11-13 所示。

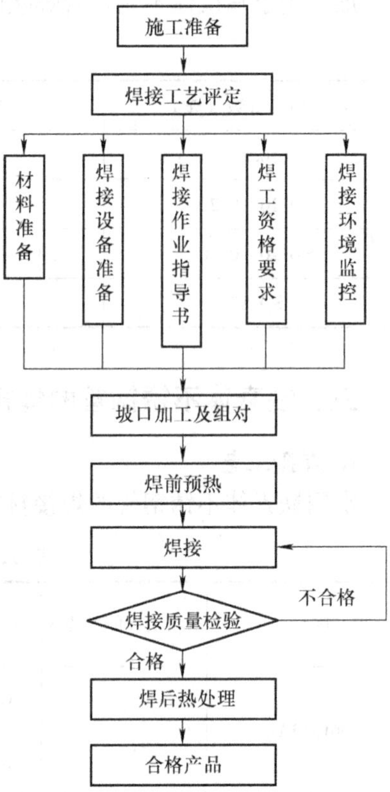

2. 管道焊条电弧焊工艺

（1）焊前预热

1）管道施焊前应根据钢材的淬硬性、焊接环境、焊件刚性及焊接方法进行预热。

2）预热方法宜采用电加热法，无条件时也可采用火焰加热法。

3）预热应在坡口两侧均匀进行，其预热范围以对口中心线为基准，两侧各不小于 3 倍壁厚，且不小于 100mm，加热区以外的 100mm 范围应予保温。

4）异种钢管焊接时，预热应在淬硬倾向大的一侧进行，且预热温度应取该钢种焊接时要求的预热温度下限。

5）铬钼耐热钢与奥氏体钢组成的焊接接头，奥氏体钢一侧不预热。

6）预热温度可用测温笔或触点式温度计进行测试，测量点应在整个圆周均匀分布。

（2）焊条材料和工艺规范　焊条的选用应按照母材的化学成分、力学性能、焊接接头的抗裂性、焊前预热、焊后热处理、使用条件及施工条件等因素综合确定。焊条电弧焊的焊接参数见表 11-12，采用直流电源，极性为直流反接。

图 11-13　铬钼耐热钢管道的焊条电弧焊工艺流程

表 11-12　焊条电弧焊的焊接参数

焊条直径/mm	焊接电流/A	电弧电压/V	焊接速度/(cm/min)	焊接电流
2.5	80 ~ 90	21 ~ 22	7 ~ 9	直流反接
3.2	100 ~ 110	22 ~ 24	9 ~ 12	直流反接
4	120 ~ 140	24 ~ 26	12 ~ 18	直流反接

（3）定位焊

1）定位焊的焊接材料、焊接工艺、焊工资格、预热温度等均与正式施焊相同。

2）定位焊应直接焊在坡口内，其焊缝长度、厚度和间距应能保证焊缝在正式焊接过程中不致开裂。

3）定位焊缝应保证焊透且熔合良好，无焊接缺陷，若发现裂纹等焊接缺陷应及时消除，重新进行点焊。

4）为保证底层焊道成形良好，减少应力集中，应将定位焊两端打磨成缓坡。

（4）焊接要点

1）严禁在坡口之外的母材表面引弧和试验电流，防止电弧擦伤母材。

2）焊接时应采取合理的施焊方法和施焊顺序。

3）达到预热温度后，立即进行底层焊道的焊接，且应一次连续焊完。

4）底层焊道完成后，应立即进行面层焊道的焊接，且应在保持预热温度的条件下，每条焊缝一次连续焊完，若中断焊接，应采取后热缓冷等措施，再次施焊前应检查焊层表面，确认无裂纹后，方可按原工艺要求继续施焊。

5）施焊过程中应保证起弧和收弧处的质量，收弧时应将弧坑填满。

6）多层焊时应控制层间温度，其层间温度等于或稍高于预热温度，每层的层间接头应错开。

7）焊口焊完后若不能及时进行热处理，应立即进行250～350℃的后热处理，后热处理的时间为15～30min，并且保温缓冷。

8）施焊现场应做好防风措施，特别在管子焊接时，管内应防止穿堂风。

9）在施焊过程中应保证焊透和熔合良好，不管是断焊或连续焊，均应短弧操作。

10）焊缝焊完后，应在焊缝附近做上焊工代号标记或其他规定的标记。

（5）焊接质量检验　焊缝完成后应及时去除飞溅物，将焊缝表面清理干净，然后对焊缝进行100%的外观检查，焊缝的外观质量等级应符合标准要求。

1）管道焊缝无损检测数量和质量标准应按设计规定执行。当设计的无损检测数量无明确规定时，其内部质量不应低于国家现行标准的规定。

2）焊缝无损检测时发现的不允许缺陷应消除后进行补焊，并对补焊处按原规定的方法进行检验直至合格。对规定进行局部无损检测的焊缝，当发现不允许缺陷时，除按原规定的方法进行检验直至合格外，还应进一步用原规定的方法进行扩大检验，扩大检验的数量应执行设计文件及相关标准的规定。

3）对于有再热裂纹倾向的焊缝，当规定表面无损检测时，其表面无损检测应在焊后及热处理后各进行一次。

4）焊缝的强度试验及严密性试验应在射线照相检测或超声检测以及焊缝热处理后进行，焊缝的强度试验及严密性试验方法及要求应符合设计文件及相关标准的规定。

（6）焊缝返修

1）要求焊后热处理的管道，焊缝返修应在热处理前进行，若热处理后还需返修，返修后应再做热处理。

2）焊缝返修前将缺陷清除干净，并应进行表面无损检测，确认缺陷清除后方可补焊。

3）需补焊部位应打磨成宽度均匀、表面平整便于施焊的凹槽，且两端具有一定坡度。

4）返修时采用与正式焊接相同的焊接工艺，且取预热温度上限，预热范围应适当扩大。

5）返修部位应按原无损检测方法进行检验。

（7）焊后热处理

1）管道的焊后热处理应按设计要求进行，当无规定时可参照 GB 50235—2010《工业金属管道工程施工规范》的规定执行。

2）管道的焊后热处理宜采用电加热法，在热处理过程中应能准确地控制加热温度，且使焊件温度分布均匀。

3）热处理的加热范围以焊缝中心为基准，两侧各不小于焊缝宽度的3倍，如图11-14所示，且不小于25mm，加热区以外的100mm范围应予保温。

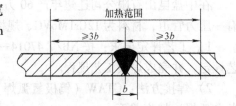

图 11-14　热处理加热范围

4）调质钢焊后热处理温度，应低于其回火温度。

5）焊后热处理过程中，焊件内外壁温度应均匀。

6）焊后热处理时，应测量和记录其温度，测温点的部位和数量应合理，测温仪表应经计量检定合格。

7）测温宜采用热电偶，并用自动记录仪记录热处理曲线。

8）焊接接头的热处理质量应采用硬度测定法进行检查，不宜大于母材硬度的125%。

9）管道热处理的加热速率、热处理温度下的恒温时间及冷却速度应符合规定。升温速度：升温过程中对400℃以下可不控制，当升温至400℃后，加热速度不应超过 $205 \times 25/S$（℃/h），且不大于205℃/h，其中 S 为壁厚（mm）；恒温时间：每毫米壁厚恒温时间 2.4min，且不少于1h；冷却速度：恒温后的冷却速度不应超过 $260 \times 25/S$（℃/h），且不大于260℃/h，当降至400℃以下时自然冷却。

10）热处理后进行返修或硬度检查超过规定要求的焊缝，应重新进行热处理。

二、铬钼耐热钢管道的手工钨极氩弧焊

铬钼耐热钢（12CrMo、15CrMo、12Cr1MoV、12Cr2Mo、1Cr5Mo 等）小直径管道及大直径管道打底焊采用手工钨极氩弧焊接时，焊丝应在使用前进行清理、除油、除锈，氩弧焊所用氩气应符合 GB/T 4842—2017 的规定，且纯度不低于 99.96%。钨电极宜采用铈钨极或钍钨极。坡口加工及焊件组对：焊件的切割及坡口加工宜采用机械方法，当采用热加工法时，应清除熔渣、氧化皮，并将表面凹凸不平处打磨平整。

1. 管道钨极氩弧焊要求

（1）焊前预热　管道施焊前应根据管材的焊接性和规格进行预热。

（2）焊材及焊接规范　焊丝的选用按设计要求规定，选用化学成分与母材相当或略高于母材的焊丝，一般合金成分应不低于母材，碳含量不高于母材，采用直流电源，极性为直流正接，即钨电极接焊机的负极。铬钼耐热钢氩弧焊焊接参数见表 11-13。

表 11-13　铬钼耐热钢氩弧焊焊接参数

焊件厚度/mm	钨极直径/mm	焊丝直径/mm	喷嘴孔直径/mm	焊接电流/A	氩气流量/(L/min)	
					喷嘴	管内
3	2 ~ 3	1.6 ~ 2	8 ~ 12	70 ~ 85	8 ~ 12	4 ~ 8
4	3	2 ~ 2.4	8 ~ 12	75 ~ 90	8 ~ 12	4 ~ 8
5 ~ 8	3	2.4	12	80 ~ 120	8 ~ 14	4 ~ 10
>8	3 ~ 4	2.4	12 ~ 16	90 ~ 140	10 ~ 16	4 ~ 10

（3）焊接要点　钨极氩弧焊施焊现场应做好防风措施，特别是在管子焊接时，管内应防止穿堂风。焊接时应预先通气（包括管内通气），焊后应滞后断气，以保证引弧、熄弧处的焊缝质量。焊接过程应保证熔池得到氩气充分有效的保护，焊丝高温端应在氩气保护区，添加焊丝时要避免焊丝与钨电极间产生电弧而扰乱氩气保护。对铬的质量分数≥3%或合金元素总的质量分数 >5% 的低合金钢管口氩弧焊打底焊接时，管内应充氩气保护，防止内侧焊缝金属被氧化。管内充氩方法可采用整管充氩法或局部充氩法。

2. 焊后热处理

管道的焊后热处理应按设计要求进行，热处理后进行返修或硬度检查超过规定要求的焊缝，应重新进行热处理。

三、管道焊接实例

在中盐昆山有限公司迁建年产 60 万 t 纯碱项目合成标段（3 标段）工艺管道工程中，氨气合成压缩段有一压力管道，材料为 12Cr1MoVG、规格为 $\phi114mm \times 9mm$ 的对接接头。

1）工艺评定要求：按 NB/T 47014—2011 进行钨极氩弧焊（GTAW）和焊条电弧焊（SMAW）的焊接工艺评定，并完成焊接工艺规程。

2）焊接方法：GTAW（钨极氩弧焊）打底和 SMAW（焊条电弧焊）填充盖面。

3）焊接材料：焊丝 H08CrMoVA，直径 2mm；焊条 R317，直径 3.2mm。

4）焊接坡口：V 形坡口，如图 11-15 所示。

5）焊接设备：WS-160 逆变直流钨极氩弧焊/电弧焊两用焊机。

6）喷嘴保护气：氩气纯度≥99.9%，流量为 8 ~ 10L/min。管内充氩气，流量为 10 ~ 11L/min。

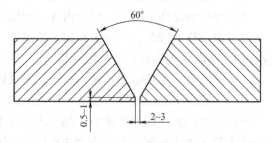

图 11-15　管道的坡口形式

7）焊接规范：钨极氩弧焊打底焊接电流 70~90A，焊接电压 14~16V；焊条电弧焊填充和盖面层焊接电流 100~120A，焊接电压 20~22V。

8）预热温度 200℃，焊后热处理温度 720~750℃，时间 2h。

第 六 节　有色金属管道的焊接

一、钛及钛合金管道的焊接

1. 焊接方法

由于钛及钛合金的化学活性特别强，因此必须采用不会使焊缝金属和热影响区受到氧、氮、氢等侵害的焊接方法，目前管道生产中常用的焊接方法主要有钨极氩弧焊、等离子弧焊等。

钛及钛合金手工钨极氩弧焊焊接参数见表 11-14。钛及钛合金等离子弧焊焊接参数见表 11-15。

表 11-14　钛及钛合金手工钨极氩弧焊焊接参数

焊件厚度/mm	钨极直径/mm	焊丝直径/mm	焊道层数	焊接电流/A	氩气流量/(L/min)		
					喷嘴	保护罩	背面
0.5	1	1	1	20~30	6~8	14~18	4~10
1	1	1	1	30~40	8~10	16~20	4~10
2	2	1.6	1	60~80	10~14	20~25	6~12
3	3	1.6~3	2	80~110	11~15	25~30	8~15
5	3	3	3	100~130	12~16	25~30	8~16
10	3	3	6	120~150	12~16	25~30	8~15

表 11-15　钛及钛合金等离子弧焊焊接参数

焊件厚度/mm	喷嘴孔直径/mm	焊接电流/A	电弧电压/V	焊接速度/(m/min)	焊丝速度/(m/min)	焊丝直径/mm	氩气流量/(L/min)			
							离子气	保护气	拖罩	背面
1	1.5	35	18	0.12	1.5	1.5	0.50	12	15	2
3	3.5	150	24	0.33	1.5	1.5	4	15	20	6
5	3.8	200	30	0.33	1.5	1.5	7	20	25	15
8	3.5	172	30	0.25	1.5	1.5	7	20	25	15
10	3.5	250	25	0.15	1.5	1.5	7	20	25	25

2. 焊接工艺要求

（1）焊缝坡口形式　钛及钛合金管的对接一般选用I形坡口和V形坡口。当管子壁厚小于3mm时，选用I形坡口，间隙为0~0.5mm；当管子壁厚为3~15mm时，一般采用V形坡口，间隙为0~1mm，钝边为0.5~1.5mm，坡口角度为60°~65°。

（2）焊接区气体保护措施　针对钛及钛合金对氧、氮、氢等气体的亲和力极强，为防止焊缝塑性降低，必须对焊接接头进行良好保护。钛及钛合金管焊接时，管内采用充氩气保护，焊缝表面采用通有氩气的拖罩，拖罩的结构如图11-16所示，拖罩具体尺寸根据管道直径和外表面的形状决定。

（3）流量选择　管内氩气保护流量的大小决定内表面的成形，流量过大会造成内凹。表面氩气保护的流量以达到良好的焊接表面为准（银白色或金黄色），过大易使焊缝表面产生微裂，过小则起不到保护作用。

（4）焊接工艺要点

1）焊前预先通入氩气一段时间后再起弧焊接。

2）采用较大口径喷嘴，喷嘴与工件间的距离适当缩小，并加以保护。钨极伸出喷嘴的长度宜短，以不

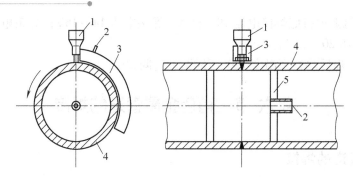

图 11-16　拖罩的结构

1—焊枪　2—氩气进口　3—环形拖罩　4—管子　5—金属或纸挡板

妨碍观察到熔池为限。

3）采用短弧焊不摆动焊枪，焊丝热端在焊接过程中不能脱离保护范围，若出现氧化，须将氧化部分切去之后才能继续使用。

4）若保护不好，焊道表面发生氧化，则须将氧化层除去后才能进行下一道焊接。

3. 管道焊接实例

某压力管道，管子材质为 TA9，规格为 φ60.3mm×3.5mm。

1）工艺评定要求：按 NB/T 47014—2011 进行钨极氩弧焊（GTAW）焊接工艺评定，并完成焊接工艺规程。

2）焊接材料：焊丝 TA9，φ2.4mm。

3）焊接坡口：坡口形式如图 11-17 所示。

4）焊接设备：全自动管焊焊机。

5）喷嘴保护气：氩气纯度≥99.99%，流量为 8 ～ 10L/min，背部为 15 ～ 16L/min，尾部为 18 ～ 20L/min。

6）焊接参数：电流 70A，焊接电压 10 ～ 12V，钨极为铈钨极，直径为 3.0mm，焊接速度为 78mm/min。

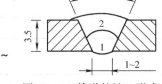

图 11-17　管道的坡口形式

二、铜及铜合金管道的焊接

1. 常用铜管材质

压力管道常用铜管有纯铜管、黄铜管和白铜管。按制造方法，铜管又可分为拉制管、轧制管和挤制管等，一般中、低压管道采用拉制管。纯铜管和黄铜管大多用于制造换热器、低温管路、化工管路、仪表的测压管等。

常用纯铜管牌号有 T2、T3、TU1、TU2、TP1、TP2，常用黄铜管牌号有 H62、H68、H85 以及 H95 等，常用白铜管牌号有 BFe30-1-1、BFe10-1-1、BZn15-20。

纯铜管适用于工作压力在 4MPa 以下、温度为 -196 ～250℃，黄铜管适用于工作压力在 22MPa 以下、温度为 -158 ～120℃。在制冷系统中，铜管适用在工作压力低于 2MPa、温度为 -150 ～ -20℃，输送制冷剂和润滑油的管路上。近年来在室内燃气以及冷热水管路上也经常使用。

2. 铜及铜合金管道的焊接方法

铜及铜合金管道最适用的焊接方法是熔化极惰性气体保护焊、钨极惰性气体保护焊和等离子弧焊。铜及铜合金管道焊接时散热快，难以达到熔化温度，母材难以熔合，焊速很难掌握，所以，必须把握熔化焊透的时机。若速度太快，则易出现未熔合和未焊透缺陷。

3. 管道焊接实例

某海洋工程中所使用的制冷设备，其热交换器管子 BFe30-1-1、TP2 的铜管与复合管板焊接时采用不填丝 TIG 焊。根据介质的压力、工作温度、密封性能等要求，以及溴化锂机组的特点及其实际使用要求，采用如图 11-18 所示的接头形式，并采用胀焊并用的连接方式，这种接头形式比较简单，在管板表面上开一环形槽道，并尽可能把管板焊接部分的厚度加工到和管子大致相同。开环形槽道有两个目的：①减少热量从焊接区域传到管板的其他部分，这样焊接时可以保证管子与管板的均匀熔化，得到好的焊接质量并减少热影响区；②这些环形槽道由于弹性较好，能补偿管板在焊接时的变形，可保证在焊接后管板的变形小并且不产生裂纹。

根据 NB/T 47014—2011 对复合板与 BFe30-1-1 铜管、TP2 铜管焊接进行评定，评定所用的材料是 06Cr19Ni10 不锈钢复合管板。工艺评定的试板如图 11-19 所示，厚度与实际管板相同，所用 BFe30-1-1 铜管和 TP2 铜管的长度为 80mm、壁厚 1.25mm。复合管板与 BFe 30-1-1 铜管焊接采用的电流为 45～50A，复合管板与 TP2 铜管焊接采用的电流为 50～55A。焊后对所有的接头进行检查，未发现裂纹、气孔等缺陷。

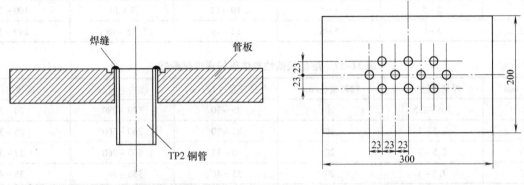

图 11-18　焊接接头形式　　　　　　　　图 11-19　复合板工艺评定试板

根据上述工艺规范，对实际溴化锂容器的管板与铜管进行焊接，焊接时两人同时对称焊接。由于管子接头较多，焊完后需对每一焊接接头进行检查，发现气孔后则需重复焊一遍。

三、铝及铝合金管道的焊接

1. 常用铝及铝合金材料

常用的铝及铝合金管道标准有 GB/T 4437.1—2015《铝及铝合金热挤压管　第 1 部分：无缝圆管》、GB/T 6893—2010《铝及铝合金拉（轧）制无缝管》，常用的牌号有 1050A、1070A、1060、3003、5052、5083、5183 等。

2. 铝及铝合金管道焊接方法

在工业生产中，铝及铝合金管道常用的焊接方法有气焊、钨极惰性气体保护焊、熔化极惰性气体保护焊、等离子弧焊等，其中钨极惰性气体保护焊质量最好，熔化极惰性气体保护焊效率最高。

3. 焊接材料

（1）填充金属

1）焊接时所选用的焊丝应符合 GB/T 10858—2008《铝及铝合金焊丝》和 NB/T 47018.6—2011《承压设备用焊接材料订货技术条件　第 6 部分：铝及铝合金焊丝和填充丝》的有关规定。

2）选用焊丝时应符合下列规定：

① 焊接纯铝时，应选用铝纯度与母材相同或比母材高的焊丝。

② 焊接铝锰合金时，应选用锰含量与母材相近的铝锰合金焊丝或铝硅合金焊丝。

③ 焊接铝镁合金时，应选用镁含量与母材相同或比母材高的焊丝。

④ 异种铝及铝合金的焊接，应选用与抗拉强度较高的母材相应的焊丝。

（2）保护气体　铝及铝合金焊接通常采用氩气作为保护气体，也可以采用氦气、氩氦混合气体、氩氩氮混合气体保护以改善熔深，提高焊接速度。保护气体应符合相关气体标准要求。

4. 焊接工艺要求

1）钨极惰性气体保护焊宜采用交流电源；熔化极惰性气体保护焊应采用直流反接。

2）当采用钨极惰性气体保护焊焊接厚度大于 10mm 的管件或采用熔化极惰性气体保护焊焊接厚度大于 15mm 的管件时，焊前均需对管件进行预热，预热温度为 100~120℃。当管件温度低于 5℃ 时，应在施焊处 100mm 范围内预热至 15℃ 以上。

3）焊接过程中应清除焊层焊道间的氧化物、夹渣等表面缺陷。

4）钨极惰性气体保护焊时，焊接过程中焊丝端部不得离开气体保护区，其焊接参数可按表 11-16 选用。

5）熔化极惰性气体保护焊焊接参数可按表 11-17 选用。

表 11-16　钨极惰性气体保护焊焊接参数

管材厚度/mm	焊丝直径/mm	钨极直径/mm	喷嘴直径/mm	气体流量/(L/min)	焊接电流/A
1.5~3	2~3	2~3	8~12	6~10	40~110
4~8	3~5	3~5	10~14	8~14	100~250
10~12	5~6	5~6	12~16	12~16	240~300

表 11-17　熔化极惰性气体保护焊焊接参数

管材厚度/mm	焊丝直径/mm	喷嘴直径/mm	气体流量/(L/min)	焊接电流/A	焊接电压/V
8~10	1.6~2.5	20	25~30	140~280	20~30
12~14	2.5~3	20	25~30	260~300	25~30
16~18	2.5~3	20	30~35	300~360	28~35
20~22	2.5~3	20	35~40	330~360	35~40

5. 管道焊接实例

某管道工程，管道材料牌号为 5083，对接接头，规格为 φ89mm×6mm。

1）工艺评定要求：按 NB/T 47014—2011 的规定进行工艺评定并完成焊接工艺规程。

2）焊接方法：GTAW（手工氩弧焊）打底和填充盖面。

3）焊接材料：焊丝 ER5556，直径 2.4mm。

4）焊接坡口：V 形坡口，如图 11-20 所示。

5）喷嘴保护气：氩气纯度 ≥99.99%，流量为 8~14L/min。

6）焊接参数：钨极氩弧焊焊接电流 250A，焊接电压 15V，焊接速度 50mm/min。

7）环境温度：低于 5℃，在施焊处 100mm 范围内预热至 15℃ 以上。

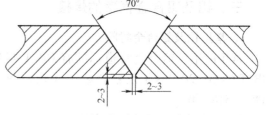

图 11-20　管道的坡口形式

四、镍及镍合金管道的焊接

1. 常用镍及镍合金材料

常用的镍及镍合金管道标准有 GB/T 2882—2013《镍及镍合金管》、NB/T 47047—2015《承压设备用镍及镍合金无缝管》，常用的牌号有：纯镍 N5、N6、N7，镍铜合金 NCu30，耐蚀镍合金 NS1101、NS1102、NS3102、NS3103、NS3204、NS3304 等。

2. 镍及镍基合金的焊接方法

目前镍及镍基合金的焊接方法主要有焊条电弧焊、钨极氩弧焊、熔化极氩弧焊、等离子弧焊和真空电子束焊。

3. 焊接工艺要求

1）管道根焊道的焊接宜采用钨极氩弧焊。

2）焊条电弧焊焊接时，应采用小热输入、短电弧、不摆动或小摆动的操作方法，小摆动时摆动幅度不大于焊条直径的 2.5 倍。

3）层间温度应控制在 100℃ 以下。

4）每层焊道完成后应清除焊层焊道间的夹渣等表面缺陷。

5）每层焊道的接头应错开。

6）焊接中应确保引弧与收弧处的质量，收弧时应将弧坑填满，并打磨平整。

4. 管道焊接实例

（1）工程实例一　某项目压力管道的工艺参数为：设计压力 0.6MPa，设计温度 170℃，工作介质 50% NaOH，管道材质 N6，管道直径 48～114mm。

1）焊接方法及材料选择。由于本项目中镍管的厚度为 3.0～4.0mm，因此，采用手工钨极氩弧焊。纯镍钨极氩弧焊所用填充焊丝的成分应使焊缝具有较高的抗裂性及弱的氧化性，以保证剩余的合金元素过渡、渗入焊缝金属中。有关研究表明，Ti 的质量分数在 2.0%～3.5% 时，抗裂性最佳。因此，选择 ERNi-1 焊丝，其化学成分见表 11-18。

表 11-18　ERNi-1 焊丝的化学成分（质量分数,%）

牌号	C	Si	Mn	Ni	Al	Ti	Fe	S	Cu
ERNi-1	0.03	0.6	0.3	96.0	0.2	2.5	0.05	0.05	0.03

2）坡口要求。由于镍的焊接熔透深度较浅，故采用较大的坡口角度 65°～75°，接头间隙 2～3mm，钝边高度 0～1mm，如图 11-21 所示。

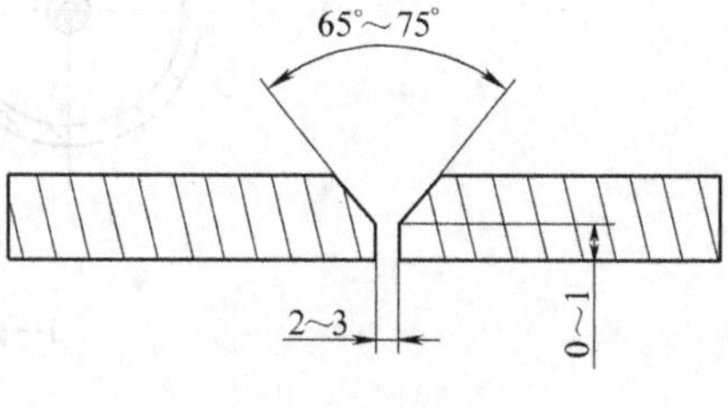

坡口应采用机械加工的方法制备，组对前，用丙酮对坡口两侧各 50mm 范围内进行清理。管材或管件组对时，内壁错边量应不大于 0.5mm。

3）焊接参数选择。按 NB/T 47014—2011 进行焊接工艺评定，确定焊接参数，见表 11-19。为了达到气体保护的效果，弧长应控制在 3mm 范围内，除了焊枪正面气体保护外，还要背面气体保护，保护气体为 99.99% 的氩气。背面保护气体及喷嘴气体流量都要适当控制。

图 11-21　坡口形式

表 11-19　焊接参数

焊层	焊接方法	填充材料		电流极性	电流/A	电弧电压/V	焊接速度/（cm/s）	喷嘴气体流量/（L/min）
		牌号	直径/mm					
1	GTAW	ERNi-1	2.4	直流反接	120～150	10～20	6～10	8～20
2	GTAW	ERNi-1	2.4	直流反接	150～200	10～20	8～15	8～20

4）层间温度。层间温度 ≤100℃。

5）焊后检验。

① 外观检查：用目测检查焊缝的成形质量、焊缝金属及热影响区的颜色，一般以银白色为好。

② 内部检查：采用 100% 射线检测的方法对焊接接头的质量进行检查。

（2）工程实例二　某核工程项目回路管道，管子材质 UNS N10003，规格为 $\phi48mm \times 3.68mm$。

1）工艺评定要求：按 NB/T 47014—2011 进行钨极氩弧焊（GTAW）焊接工艺评定，并完成焊接工艺规程。

2）焊接材料：焊丝 ERNiMo-2，$\phi2.4mm$。

3）焊接坡口：坡口形式如图 11-22 所示。

4）喷嘴保护气：氩气纯度 ≥99.99%，流量为 8～10L/min，背部为 15～16L/min。

5）焊接参数：电流 75A，焊接电压 11V，钨极为铈钨极，$\phi3.0mm$，焊接速度为 60mm/min。

五、锆及锆合金管道的焊接

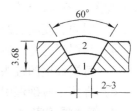

图 11-22 管道的坡口形式

1. 锆及锆合金常用材料

常用的锆及锆合金管道标准有 GB/T 26283—2010《锆及锆合金无缝管材》，常用的牌号有：Zr-0、Zr-2 和 Zr-4 的管材适用于核工业；Zr-1、Zr-3 和 Zr-5 的管材适用于一般工业，可用于热交换器、工艺管道等。

2. 锆及锆合金常用的焊接方法

压力管道工程中锆及锆合金常用的焊接方法为钨极氩弧焊、熔化极氩弧焊、电子束焊等。

3. 焊接设备及工装

1）在锆及锆合金的焊接过程中，常采用拖罩保护焊缝表面，拖罩的结构如图 11-23 所示。

2）采用具备高频或脉冲引弧、提前送气和延时断气程序功能的钨极氩弧焊机。

3）制作与工件能紧贴的环形拖罩，拖罩内衬两层 200 目的不锈钢丝网。

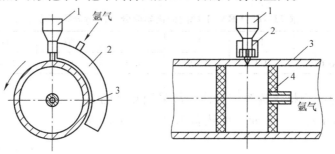

图 11-23 拖罩的结构

1—焊枪 2—环形拖罩 3—管子 4—硬质海绵塞

4）应采用多管进气（当管径 >250mm 时，双管进气；当管径 >400mm 时，三管进气），从而增加氩气的稳定性和保证没有死角，如图 11-24 所示。

图 11-24 多管进气保护焊接

4. 焊接工艺要求

1）焊前对锆管道材料和焊丝表面进行机械清理和化学清洗。

2）拖罩应根据接头形式确定，尽可能与焊件表面贴合严密，防止空气漏入使保护失效。管内充氩气保护，两端采用硬质海绵塞，确保不漏气，表面间隙采用耐高温胶带辅助封闭措施，达到良好的背面保护提高保护效果。

3）对于温度高于200℃的热态焊件，必须采取有效的高纯度（99.999%）氩气气体保护，并注意焊接用具、人员的衣着及工具干净无尘。

4）三路保护气体（焊炬、拖罩、背面保护）应独立供气，到达均匀，无湍流和互相干扰。检查输气管路无泄漏、无残留水分。输气软管应采用塑料管、尼龙管，禁止使用橡胶管等易吸湿材料管。

5）为保证保护有效，焊接前各部位提前 2min 送气，焊接停止后，应继续送气，直到焊接区域冷却到

200℃以下。

6）焊接过程中，焊丝加热端必须始终处于氩气保护区内，焊丝一旦离开氩气保护发生变色应将变色部分剪去。

7）采用手工氩弧焊，焊接电源采用直流正接法，电流不宜过小。

8）为了加大保护范围可适当增大喷嘴直径。

9）焊炬的氩气流量不必太大，但拖罩和背面（管内）要有足够的流量。

10）在不影响操作的前提下，喷嘴至工件表面的距离越小越好，一般为10mm。

11）锆合金氩弧焊常用焊接参数见表11-20。

表11-20　锆合金氩弧焊常用焊接参数

壁厚/mm	保护气体	焊接电流/A	焊接电压/V	焊接速度/(mm/min)
1.0	氩气	40	15	700
1.0	氩气	40	10	500
1.2	氩气	70	8	750
6.4	氩气	240	10	127

5. 工程实例

某醋酸装置压力管道，管子材质为 Zr-3，规格为 $\phi60mm \times 3.5mm$。

1）工艺评定要求：按 NB/T 47014—2011 进行钨极氩弧焊（GTAW）焊接工艺评定，并完成焊接工艺规程。

2）焊接材料：焊丝 ERZr-3，$\phi2.0mm$。

3）焊接坡口：坡口形式如图11-25所示。

4）喷嘴保护气：氩气纯度≥99.99%，流量为 8～10L/min，背部为 15～16L/min，尾部为 18～20L/min。

5）焊接参数：电流70A，焊接电压 10～12V，钨极为铈钨极，$\phi2.5mm$，焊接速度70mm/min。

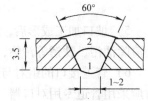

图11-25　管道的坡口形式

第七节　长输管道的焊接

一、概述

当今世界，随着能源结构的调整，能源从主要使用煤逐步转向石油和天然气，这也促进了长输管道的运用和发展。长输管道输送介质一般为石油和天然气，其压力一般不超过10MPa，在大型石油天然气行业中，由于长输管道采用高压和高密度输送，所以经济效益可观。长输管道的特点是超长输送，以及市郊、野外等敷设环境复杂，所以长输管道的预制、安装、焊接等都形成了比较独特的工艺。

1）管道钢管材质。我国常用的长输管道材质有 X52/L360、X60/L415、X65/L450、X70/L485 等。

2）管子的切割宜采用氧乙炔火焰，或使用自动割炬方法进行，切割管段宜留有适当余量。管子切口端面倾斜偏差 Δ 不得大于管子外径的1%且不得超过3mm，如图11-26所示。

3）管道的坡口宜在预制场内采用坡口机、车床等机械方法集中加工进行。当在现场进行加工时，可采用氧乙炔火焰切割坡口，但切割后应用手提砂轮磨去淬硬层。坡口的形式、角度应符合设计规定，若设计无规定时，应按表11-21中的要求进行。

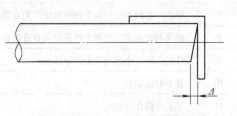

图11-26　管子切口端面倾斜偏差

表 11-21 管道坡口形式及尺寸

序号	厚度/mm	坡口名称	坡口形式	坡口尺寸		
				间隙 c/mm	钝边 p/mm	坡口角度 α(β)/(°)
1	≤8	V 形坡口	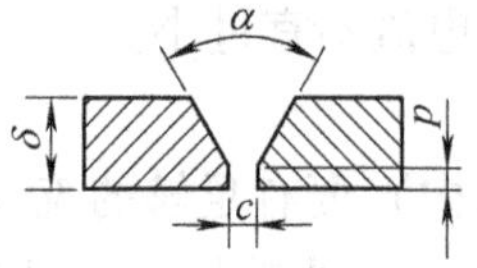	2.5 ± 0.5	1 ± 0.5	65 ± 5
	>8			2.5 ± 0.5	1 ± 0.5	60 ± 5
2	20 ~ 60	双 V 形坡口	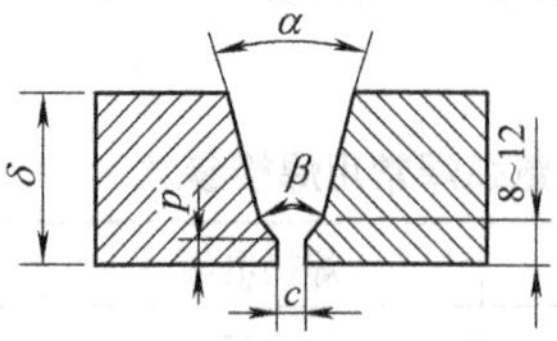	2.5 ± 0.5	1.5 ± 0.5	α = 50 ~ 55 β = 65 ± 5

4）若管道及组成件存在管壁不等厚情况时，其坡口形式如图 11-27 所示。

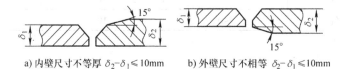

a) 内壁尺寸不等厚 $\delta_2 - \delta_1 \leqslant 10mm$　　b) 外壁尺寸不相等 $\delta_2 - \delta_1 \leqslant 10mm$

图 11-27 管壁不等厚时的坡口形式

5）坡口加工成形后，应对坡口管端进行裂纹、分层等缺陷的外观检查，合格品应在其内外口边 ≥10mm 处清除油污、铁锈等污物，以确保焊接质量。

6）管道接口的组对与定位焊是保证下向焊焊接质量的重要步骤，为保证错边量 <2mm，管口对接组对时应采用管道专用对口器（对口器分为外对口器、内对口器）进行组对；现场管口组对时管道下放置梁木或土堆填实，防止产生附加应力和变形；内对口器撤离必须在根焊全部结束后才能进行。长输管道的组对要求见表 11-22。

表 11-22 长输管道的组对要求

序号	检查项目	规定要求
1	管内清扫	无任何杂物
2	管口清理（距管端100mm）和修口	管口完好无损，无铁锈、油污、油漆等杂物，并且内外表面露出金属光泽
3	管端螺旋焊缝或直缝做余高打磨	端部 10mm 范围内余高打磨掉，并平缓过渡
4	两管口螺旋焊缝或直缝间距	错开间距不小于 10mm
5	错口和错口校正要求	错口不大于 1.6mm，沿周长均匀分布，个别使用锤击校正
6	钢管短节长度	大于管径，且不小于 0.5m
7	相邻和方向相反的两个弹性敷设中间直管段长	不小于 0.5m
8	相邻和方向相反的两个弯管中间直管段长	不小于管外径，且不小于 0.5m
9	分割以后，小角度弯头的短弧长	大于 51mm
10	管子对接偏差	不大于 3°，不允许割斜口
11	手工焊接作业空间	大于 0.4m（距管壁）
12	半自动焊接作业空间	大于 0.5m（距管壁）；沟下焊接两侧大于 0.8m

二、接头焊前的预热和焊缝热处理

1. 预热方法

可用外加热器或内加热器实施预热，可以放在已组对好的对接口上，也可以安置在准备组对的单根管子的顶端；既可以采用环形火焰加热，也可采用中频感应圈加热，如图11-28所示。

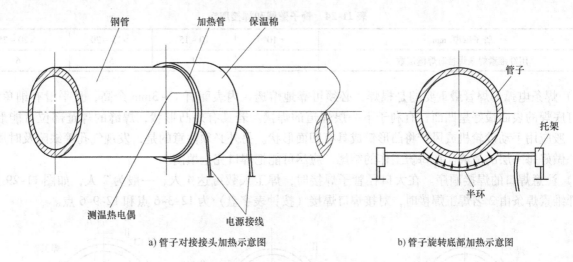

a) 管子对接接头加热示意图　　　　b) 管子旋转底部加热示意图

图 11-28　管道加热器示意图

2. 热处理

热处理应尽可能在焊后立刻进行，热处理前禁止经受冲击载荷，热处理总次数不得超过3次，否则接头报废。管道接头利用 TCL 型陶瓷带捆缚温控加热，用 NiCr-NiAl 热电偶控制温度。当用感应加热器和用柔性指状加热器加热时，必须将接口与加热器一起用石棉保温，其总厚度不小于50mm，范围以焊缝为中心，两边各400mm。热处理时应采取措施防止变形。经常需要在没有任何仪器和特别测温的情况下粗略地测量温度，可以用松木刨花或者肥皂接触加热的工件，看刨花或肥皂的变色情况，以判别金属温度，见表11-23。

表 11-23　用刨花和肥皂检查金属加热温度方法

大致温度/℃	慢速擦到金属上去的松木刨花	擦到金属上去的干肥皂
300	不变色	5~10s 后变黄
350	亮褐色	5s 后变成褐色
400	褐色	10s 后变成黑色
450	暗褐色	5s 后变黑，10s 后变干枯
500	黑色，5~10s 后消失	1s 后变黑并干枯

三、焊接

长输管道的焊接主要采用下向焊焊接工艺，其焊接方法主要采用 SMAW/FCAW，即根焊采用焊条电弧焊，填充盖面采用药芯焊丝熔化极保护焊的焊接方法，也可采用 STT（美国林肯公司逆变电源）半自动根焊+气体保护自动焊的焊接方式。

1. 下向焊工艺

（1）焊条电弧焊设备

1）ACⅡⅡ-500T/B：焊接工位数2，发动机功率44kW，空载电压≤55V，焊接电流60~130A，外形尺寸6.1m×2.35m×2.82m，质量4500kg。

2）ACⅡⅡ-502-Y-2：焊接工位数2，发动机功率37kW，陡降外特性，焊接电流120~500A，外形尺寸

6.1m×2.35m×2.67m，质量3400kg。

3）焊接装置的技术特性：焊接工位数2，焊接站用拖拉机类型T100M，驱动发动机Ⅱ108，发动机功率80kW，压缩机类型CO-7A，交流发电机功率5.5kW，外形尺寸5.23m×2.40m×3.04m，质量13500kg。

（2）焊条电弧焊工艺

1）管子壁厚和焊接层数见表11-24。

表11-24 管子壁厚和焊接层数

管子壁厚/mm	<10	10~15	>15~20	>20~25
用纤维素焊条焊接时焊缝层数	3	4	5	6

2）焊条电弧焊焊管最重要的是根焊，必须可靠地熔透，内表面有1~3mm余高，且平滑有细鱼鳞纹。根焊打底焊的表面最好呈凹面，有利于下一层焊道的焊接。若具有外凸形状，焊缝的焊趾部位可能形成夹渣，一般应用手动砂轮机或风铲将凸形铲成具有凹面形状。另外必须注意的是，发现气孔等缺陷及时用风铲清除，做好每一层的清渣。在每班工作的结尾，应尽可能把焊口完全填满。

3）注意焊口的焊接顺序。在大口径管子焊接时，焊工人数可达4人，一般为2人，如图11-29所示，专用纤维素焊条由2名焊工焊接时，对接焊口焊接（按钟表字盘）为12-3-6点和12-9-6点。

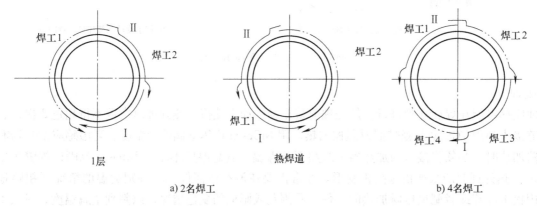

图11-29 2名和4名焊工用纤维素焊条下向焊时各层的施焊顺序（Ⅰ、Ⅱ为施焊顺序）

当盖面焊时，焊工中有1人从管子底部沿着管子的周长以钟表6-3-12点的焊接次序，另1人由9-12点次序向顶部焊完后，再返回按照6-9点进行焊接，其接头离开顶点50~100mm，如图11-30所示。

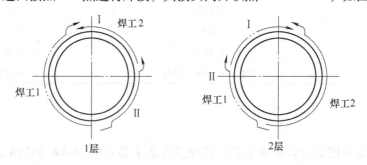

图11-30 2名焊工由下向上盖面焊接顺序（Ⅰ、Ⅱ为施焊顺序）

4）无论用直流反极性或正极性电流焊接，焊接电源空载电压不小于75V。当用直径3.2mm焊条焊接时，焊接电流值不超过120A；当用直径4mm焊条在平焊和半立焊位置焊接时，焊接电流为120~160A；在其余位置焊接时焊接电流为100~140A，见表11-25。同时推荐焊接电流下限值用在焊接坡口间隙最大时，上限值用在焊接坡口间隙最小时，若坡口超过规定值，最合理的是采用直流正极性电流进行焊接，焊接速度应当保持在16~22m/h。

表 11-25　纤维素焊条焊接时电流　　　　　　　　　　　　　　　　　（单位：A）

焊条直径/mm	焊接空间位置		
	平焊	立焊	半仰焊和仰焊
3、3.25	100～130	100～130	90～110
4	170～200	160～180	150～180
5	220～260	180～200	—

在焊接中，焊工应通过用坡口烧穿焊法形成的工艺窗口，一直注视着坡口的熔化，在焊接时把焊条倾斜角由 40°变到 90°，焊工保持着所需要的窗口。

根部焊缝完毕后，在 5min 内马上进行热焊道焊接，采用直流反极性空载电压 55V，焊接速度 18～20m/h。在焊这一层焊缝时，剧烈纵向摆动，幅度 10～20mm，推荐的电流值见表 11-26。

表 11-26　热焊道焊接电流　　　　　　　　　　　　　　　　　　　（单位：A）

焊条直径/mm	焊接空间位置		
	平焊	立焊	仰焊
4	150～180	150～170	140～170
5	190～220	160～180	—

填充焊缝用直径 5mm 焊条，盖面焊缝用直径 6mm 焊条，焊完热焊道后的第一道填充焊缝不用摆动焊条，而以后各焊条均需进行横向摆动。

（3）CO_2 气体保护焊设备

1）CⅡK 机床（坡口加工机）：它悬挂在铺管机的悬臂上，由铺管机发电机供电，管内焊接装置有用于组对和根部焊道的自动焊对中机构（管子组对）、焊机位置对准机构（使焊接机头的焊丝以 ±0.5mm 的精度对准接口的轴线）。

2）自动焊机头：内部装有焊丝送进机构、带气体喷嘴的导电嘴。

3）小车：布置在对管器的尾部，小车本身是一个带轮子的框架，在上面装有储能驱动装置、底架气动传动制动机构以及液压传动对管器和保护气体气瓶。

4）防护栅：是由管子制成的栅栏状结构，以便在支承座上固定电动和液压设备，并保护对中机构不受管子冲击。

5）托杆：在由分段的管子组成的对管器托杆中布置电缆导线，托杆有快速接头，以便管内焊接装置和布置在托杆端部的控制盘上接电缆。

6）管外焊接装置：沿着焊接坡口，在管子外壁装有导轨，焊接小车就装夹在导轨上，左右各一部。小车上装有焊接机头、校正器、带焊丝的焊丝盒和控制盘。焊接机头按用途分有：焊接根部焊缝用机头、焊接填充层用机头、焊接盖面焊缝用机头。管外用 BⅡY-301 型焊接整流器。

7）管内焊接装置：供电机组安装在 TT-4 型拖拉机底盘上，该拖拉机备有液压传动起重臂，并带有遮蔽焊工工作地点的帐篷。供电机组由装有功率 50kW 的驱动发电机、两台 BⅡY-504 型焊接整流器、两个气瓶台、发电机控制板和电气设备箱的机身框架组成。服务机组由拖拉机拖动，机组的机架上装有电站和由内燃机驱动的压缩机、轻型起重机、水箱和供水泵、气瓶台。

（4）管道气体保护焊工艺

1）根部。熔化极 CO_2 气体保护焊焊接管道的关键是"根焊"。根部焊缝的焊接，对于不带间隙的接口，可用 4～6 个焊接机头，从管子内部焊根部焊成。为了改善根部焊缝的形成条件，管道对接接口所开的坡口不大，焊接时不进行横向摆动，保护气体采用混合气体 25% Ar + 75% CO_2。尺寸为 1420mm × 16.5mm 的管道非旋转对接接口气体保护焊焊接参数见表 11-27。

表 11-27 管道对接接口气体保护焊焊接参数

焊接参数	焊缝					
	根部（内）	热焊道（外）	填充焊层			盖面焊
			第一层	第二层	第三层	
焊接速度/(m/min)	60~75	48~80	25~35	25~35	25~35	25~35
保护气体（Ar/CO$_2$）（%）	25/75	0/100	0/100	0/100	0/100	0/100
保护气体消耗量/(L/min)	40	30	30	30	30	30
焊丝伸出长度/mm	9	9	12	10	10	10
电弧电压/V	20~22	22~24	22~24	20~22	20~22	19~21
焊接电流/A	190~210	220~240	220~240	190~210	180~200	170~190
焊丝摆动幅度/mm	0	0	4	5.6	6.3	8.1
是否摆动	否	否	是	是	是	是
机头向前倾斜角度/(°)	0	0	0	0	0	0

2）热焊道。根焊完毕后，立即在外部焊"热焊道"，此层的焊接速度应当与根部焊缝接近，两层焊缝结束之间的间隔最短。热焊道不进行横向摆动，当管子壁很厚时，为了避免焊丝伸出过长，导电嘴伸入坡口之中。热焊道的焊接参数见表 11-27，由上向下进行 CO$_2$ 气体保护焊。

3）填充焊、盖面焊。焊丝要进行横向摆动，焊接参数见表 11-27。为了稳定熔化坡口的侧面边缘，摆动幅度不应小于坡口宽度，若焊缝的高度大大超过弧长，则摆动幅度应超过前一层焊缝表面坡口的宽度。另一重要参数是摆动频率，频率过快将破坏电弧燃烧的稳定性，频率过低焊缝成形不佳。焊缝填充层的数目取决于管子的壁厚，并且也取决于坡口的焊接规范。

4）用 X60 钢制成直径 1420mm、壁厚 16.5mm 和 19.5mm 的管子，若用 $C_{eq} = 0.4\%$ 的钢材制成时，为防止在盖面焊缝的热影响区中产生淬火现象，最好采用 220~250℃ 温度预热。

（5）其他有关事项

1）管道下向焊焊接时以合格的焊接工艺评定为依据，编制详细的焊接作业指导书。焊工上岗前必须按设计有关要求，经相关项目考试合格后方能上岗。

2）焊接设备的选型必须适应于下向焊接的焊接电源要求。焊接材料的选择，原则上应与管材的化学成分、力学性能相匹配，且使用性能良好。

3）焊前预热的预热温度应根据材质选定，其预热温度一般控制在 100~150℃。管口的预热器具可采用环形火焰加热圈。

4）定位焊应在管道坡口内进行，它是正式焊缝的组成部分，应注意保证定位焊缝质量，并将焊缝两端打磨成缓坡状，以利接头。

5）现场焊接时，应在焊接区域内做好防风、防雨的有效措施，防止不利气候条件影响焊接质量。

6）焊缝检验。焊缝应先进行外观检查，外观检查合格后方可进行无损检测。焊缝检查应符合 GB/T 31032—2014《钢质管道焊接及验收》的规定。

2. STT 半自动根焊 + 自动气体保护焊

西气东输工程长输管道由于长度有 2700km，地势平坦开阔，适用于自动焊机组进行大流水作业。主要采用全自动和半自动焊接为主、焊条电弧焊为辅助的焊接方法，共焊接 X70 钢 ϕ1016mm×14.6mm 焊口 890 道，ϕ1016mm×17.5mm 焊口 362 道，合计超过 14km，焊接一次合格率 95%。

（1）设备要求

1）STT 半自动根焊机 + APW-Ⅱ自动焊机。

2）美国林肯公司的 STT 逆变电源，配用 STTR-10 送丝机。

APW-Ⅱ为国产全位置管道自动焊机，以直流脉冲调速为基础，主要适用于大中型口径管道外环缝热焊道、填充焊道、盖面焊道的焊接。焊丝直径为 0.9 ~ 1.2mm，设备包括 IGBT 500A 电源、控制箱、焊接小车、操作盒、轨道五部分。混合气体为 80% Ar + 20% CO_2。

（2）焊接材料　自动焊用焊接材料见表 11-28。

表 11-28　自动焊用焊接材料

时新焊丝					焊接部位及保护气体		
					部位	CO_2（%）	Ar（%）
部位	标准号	型号	牌号	直径/mm	STT 根焊	100	0
					内根焊	20	80
根焊	AWSA5.18	ER70S-G	JM-58	1.2, 0.9	热焊	70	30
填充	AWSA5.28	ER80S-G	JM-68	1.0	填充	60	40
盖面	AWSA5.28	ER80S-G	JM-68	1.0	盖面	30	70

（3）坡口形式　采用复合坡口，如图 11-31 所示，减少焊丝填充量，提高焊接速度。

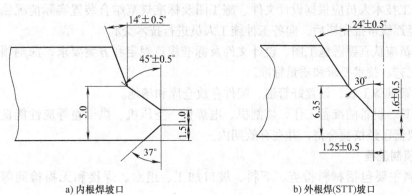

a）内根焊坡口　　　　　　b）外根焊（STT）坡口

图 11-31　焊接坡口形式

（4）焊接参数　STT 焊焊接参数见表 11-29。

表 11-29　焊接参数

位置	焊丝牌号	焊丝直径/mm	极性	焊接电流/A	电弧电压/V	焊接速度/(cm/min)	送丝速度/(cm/min)
STT 根焊	ER70S-G	0.9	直流反接	350 ~ 420	16 ~ 25	16 ~ 25	120 ~ 180
内根焊		1.2	直流正接	180 ~ 220	19 ~ 21	150	1000
热焊				245 ~ 260	24 ~ 25	100	1200
填充焊	ER80S-G	1.0	直流正接	170 ~ 210	19 ~ 21	30	820
盖面焊				160 ~ 200	18 ~ 20	21	800

第八节　管道工厂化预制

一、管道预制的优越性

目前管道预制已实现工厂化、机械化、自动化，根据施工图样和现场的实测实量，大量的管道首先在预制加工厂内加工制作，然后将半成品运抵施工现场组装和焊接。这样既大大提高了工作效率，又更加保证了产品质量，而且减少了施工现场用地面积、用工人数等，为提高工程进度、标准化与文明施工水平，以及提高工程质量和创建精品工程提供了强有力的保证。

管道预制加工厂生产流水线分碳钢、合金钢和不锈钢流水线三种，可采用 PLC 控制技术与触摸屏人机界面，实现产品的上线、送进、测量、切割、坡口加工、组对的机械化和焊接的自动化，从而达到组装和焊接质量的全过程监控。可加工碳钢、合金钢、不锈钢管道及镀锌钢管，同时配备了管道的运输功能，完全能满足有特殊地理位置、工期要求的大型工程的需要。

二、管道的预制要求

1) 管道的预制应根据工程的管线系统单线图施行，严格遵照图样规定的技术要求。

2) 管道预制应按单线图所示的数量、规格、材质选配管道组成件，并按图示顺序进行标识。

3) 管道的焊接一般采用可批量生产的流水生产线，可大大提高焊接生产率。

4) 焊接完的管道，其焊缝表面和内部质量必须经验收合格后才能进行下道工序。

三、管道预制流程

1. 预制准备

1) 预制前，施工技术人员应根据设计文件、施工图及标准规范结合装置实际情况编制详细的、切合实际的施工方案，并经逐级审批完毕后，向各工种施工人员进行技术交底。

2) 参加施工人员应认真熟悉施工图、设计文件及标准规范规定和方案要求，深刻领会设计意图，了解管道预制的方法、工艺、技术要求和质量标准。

3) 根据施工方案准备工装，设置好管道、配件存放仓库和场地。

4) 做好施工机具、设备的准备工作，切割机、电焊机、空压机、烘干箱等应性能良好，随时可用。计量、调校及测量用仪器已经校验合格，并在有效期内。

2. 管道工厂化预制流程

管道工厂化预制主要包括材料检查、下料、坡口加工、组对、焊接和无损检测等程序，如图 11-32 所示。

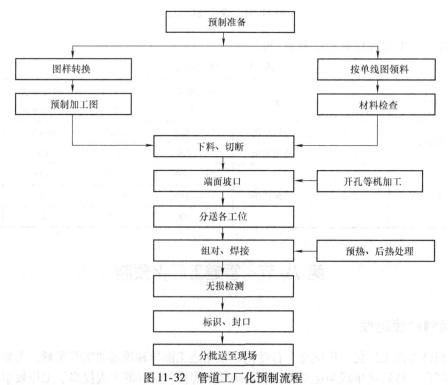

图 11-32 管道工厂化预制流程

3. 管道单线图的转换

管道预制的有效运行，不仅仅靠先进的硬件支撑，同时更有赖于软件系统的支持。工厂内的技术人员将根据单线图和技术说明，使用软件将单线图转换成车间使用的管段图，根据来料管子长度进行优化排料，确定下料表，再根据各工位的特点、能力和工程量，平衡后确定管段分配表和组焊单线图，以此指导预制工作。

（1）预制管段图设计阶段　预制管段图设计阶段主要包括管道三维建模、生成单线图和生成管段图及料表等，如图11-33～图11-35所示。预制管段图设计阶段需要的信息和输出的信息如下：

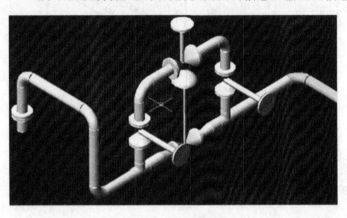

图11-33　三维建模

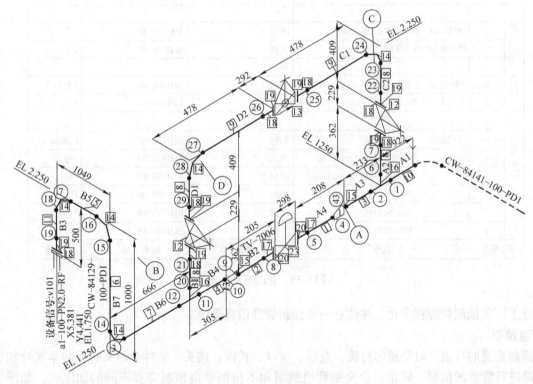

图11-34　单线图

1）输入：平立面图+材料表、单线图。

2）输出：预制安装用的单线图、管段图。

3）编号标识：管线、管段、焊口。

4）安装定位信息：长度、位置、方向。

5）材料规格描述信息：工称直径、端面、材质、壁厚、压力、制造标准等。

（2）管道工厂化预制中的管理　管道工厂化预制中的管理主要内容包括：①二次设计图样管理；②材料发放和追溯管理；③管道管段管理；④焊缝管理；⑤质检管理。管道工厂化预制中的管理手段要不断改

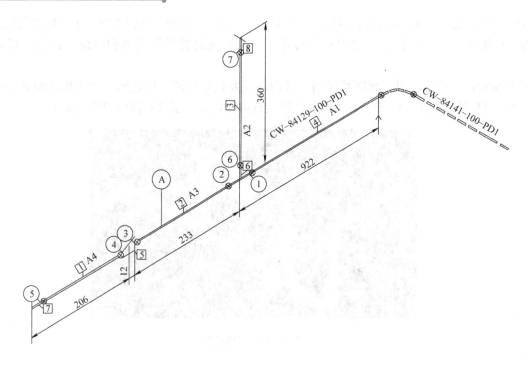

法兰	8	PN2.0–DN100–SO/RF–IISCH40	20钢	SH3406–92	1个
	7	PN2.0–DN80–SO/RF–IISCH40	20钢	SH3406–92	1个
管件	6	同径三通 T(S)–DN100–II–SCH40	20钢	SHJ408–90	1个
	5	偏心大小头R(E)–DN100×DN80–II–SCH40	20钢	SHJ408–90	1个
管 子		无缝钢管 100II–SCH40	20钢	SHJ405–89	1.185m
	4	100II–SCH40 L =0.814m	20钢	SHJ405–89	1根
	3	100II–SCH40 L =0.248m	20钢	SHJ405–89	1根
	2	100II–SCH40 L =0.122m	20钢	SHJ405–89	1根
		80II–SCH40	20钢	SHJ405–89	0.097m
	1	80II–SCH40 L =0.097m	20钢	SHJ405–89	1根
名称	编号	规格	材料	标准型号	数量

图 11-35　管段图及料表

进，使管道工厂化预制管理程序化，并建立一套预制管理信息系统。

4. 管道预制

根据预制管道的特点，对管道的材质、直径、壁厚、长度、接头、管件等因素进行科学统计和分析，合理分配资源进行管道的预制。碳钢、合金钢管道预制和不锈钢管道预制需要不同的加工区，如图 11-36 和图 11-37所示。

（1）碳钢、合金钢管道预制流程　采用通过式抛丸机对管子外表面进行除锈，半自动化高压无气喷涂底漆。带锯机下料，高速切割坡口机切割坡口。管件输送采用行车或电动流水线。管道组对利用专用组对平台，焊接工位采用不同类型的组对变位机、可移动升降小车等专用焊接辅助设备，实现机械化组对。管道焊接采用如图 11-38 所示的高效自动化焊接设备，焊枪位置固定，管子相对旋转，始终保持最佳焊接位置。合金钢管道预热采用便携式中频预热设备，管道退火使用远红外线热处理设备，程序化控制，并实时生成电子文档。无损检测使用 X 射线机和 γ 射线源，配合灵活的平车和转胎，以提高工效。成品预制件统一标识，保护法兰密封面，封闭端口，按照单元、管线号规则堆放，顺序出厂。

（2）不锈钢管道预制流程　水平输送系统与碳钢管道类似，但使用了不锈钢隔离材料。组对设备与碳钢生产线类似，只是增加了氩气保护工装。焊接采用氩弧焊、MIG 焊等高效焊接方法，管子旋转，焊枪固定；二维和三维组焊时，采用轨道式自动焊机，管子固定，焊枪旋转。无损检测使用 X 射线机和 γ 射线源，配合灵活的平车和转胎，以提高工效。成品预制件统一标识，保护法兰密封面，封闭端口，按照单元、管线号规则堆放，顺序出厂。

在工艺管道的安装过程中，还有一些工作量特别少，也无法采用自动焊来焊接的异形管件，只能采用手工焊接方式来完成。

图 11-36　碳钢、合金钢管道加工区

图 11-37　不锈钢管道加工区

图 11-38　高效自动化焊接设备

5. 产品保护和运输

1）由于管道预制的工作量较大，预制好的管道堆放，按单体、系统分别设置，做好标记，不能重叠，防止管道的几何变形。

2）管道预组装应方便运输和安装，组合件应有足够的刚度，否则应有临时加固措施，必要时应标出吊装索具捆绑点的位置，不锈钢管应采用橡胶专用吊索或尼龙绳。

3）检查和测试后，管道应保持干燥并准备发送。运送和储藏过程中应采取防止机械损害和大气腐蚀的保护措施。

4）预制好的管段，及时清除管内残留的焊剂、焊条残余、碎片或其他残余物，所有管口必须用塑料布或塑料盖子进行封口，如图 11-39 所示，以防止在运输及堆放过程中造成二次污染。

5）为防止法兰面在运输过程中损坏，应盖上木制或塑料法兰盖。木制法兰盖应配适当的螺栓固定，塑料法兰盖可以配塑料螺栓。

6）在预制件运输过程中不锈钢管道和碳钢管道不得混装，不锈钢管道运输时车厢内应设有木质托架，以避免直接与车体接触形成渗碳。小口径不锈钢应采用货架式运输，分层堆放，以避免扭曲变形。

图 11-39　成品管段运输保护

第 九 节　管道的在线焊接及修复

一、压力管道的在线焊接

在石油化工的管道传输中，当管道在运行中损坏或者要在现有的运行管线上增加支路时，传统的"冷操作"方法是首先采取管道停输、降压、放散、吹扫等操作，而后进行施工。这样势必造成输送管道停产、污染环境，影响正常的生产及生活，造成较大的经济损失，甚至可能引发事故，危及人身安全。

为了降低生产成本，将损失降到最低限度，不停输的带压开孔技术应运而生。这是在生产设备、工艺管线不停止传输的情况下，在线焊接支管，由专用钻床、连箱和刀具组成的开孔机与夹板阀、法兰堵塞配套，在运行管道（传输管道、储罐或其他压力容器）上以机械低速切割方式，密闭加工出不同尺寸的圆形孔洞。

带压开孔是一项风险性很大的工作，其关键技术是在线焊接。通常，如果支管能安全地焊接在带压的主管上，那么带压开孔操作就能安全进行。由于在线焊接时管道或设备内部存在流动的介质，所以主要有两个难点：①在线焊接过程中的局部高温，会使材料局部失去其强度，从而在内压作用下发生烧穿或爆破；②管道内流动的介质会带走大量的热量，加速了焊缝的冷却，从而增加了焊缝热影响区产生裂纹的可能性，为带压开孔装备的安全可靠性带来隐患。美国石油学会（API）在 1999 年版的 API 1104 中增加了关于在线焊接的内容，适应了带压开孔技术的发展趋势。

1. 焊接烧穿

烧穿有两种可能的失效模式：一种是直接焊穿，这是一种塑性失稳；而另一种更重要的问题是材料在温度接近熔点时发生破坏，如图 11-40 所示。烧穿的发生取决于壁厚、熔深、操作压力和介质流速等因素的综合影响，如图 11-41 所示是管线烧穿的影响因素。使用高强钢可以减少钢的用量，然而这对烧穿的发生和热影响区硬度值有着很大的影响。因此，焊接前需要用超声波仪检查待焊接部位管道的实际厚度，然后根据需要的熔深确定焊接参数和焊接热输入。

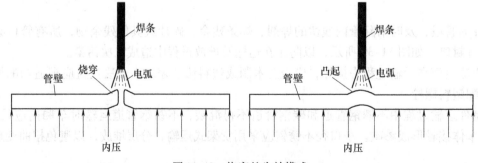

图 11-40　烧穿的失效模式

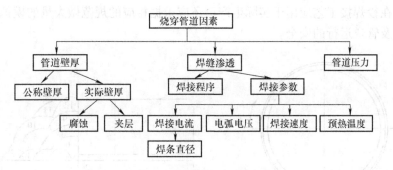

图 11-41　管线烧穿的影响因素

美国 BMI 研究所对 API X55 管的研究认为：982℃是不发生烧穿的最高安全温度。而当壁厚大于 6.4mm 时，在正常条件下使用低氢焊条焊接，内壁温度不可能达到 982℃，因此不会烧穿。我国石油天然气行业标准 SY/T 6554—2019《石油工业带压开孔作业安全规程》参照美国石油学会标准 API RP2201—1995，提出当管道或设备的厚度大于 12.8mm 时，烧穿不是在线焊接的主要问题，此时介质流动对焊接的冷却及烧穿的影响可以忽略不计；而当厚度小于 12.8mm 时，则应注意控制热输入大小以防止烧穿。

将在线焊接时由于局部高温引起的管壁强度降低转换成一有效管壁厚度，也就是将该管道看成一含缺陷的管道，可以预测在线焊接时管道的设计压力和烧穿发生的可能性。

为了控制焊接时焊缝区的温度，实际操作时可采用间断焊（即焊接一段时间，立即冷却一段时间，然后再重复该过程直至焊接结束）。实践证明，该种方法能有效降低焊缝区的温度，从而降低烧穿发生的可能性，但残余应力分布却产生了较大的变化。现在也有采用计算模拟分析，以及相关的静态、动态模拟试验来判断管壁烧穿的危险性，最后确定焊接工艺，完成焊接工艺评定，并应用到实际管线的修复中。在数值分析中可输入焊接参数（焊接电流、电弧电压、焊接速度及预热温度）和介质工作条件（介质类型、压力及流速）以及管壁厚度等参数预测管道内表面的温度，并进而判断管壁是否会烧穿。

2. 氢致裂纹

控制焊接工艺防止 HIC（氢致裂纹）比防止发生烧穿要困难得多，这是因为 HIC 与 CR（冷却速率）、管材的化学成分及焊接中氢的含量有关。引起 HIC 必须有三个同时存在的条件：焊缝中氢的存在、容易发生 HIC 的微结构及焊接残余拉应力。要消除 HIC，至少必须消除其中一个条件。焊接残余应力是固有的，不可能被消除，必须充分考虑。目前采用较多的是使用低氢焊条以降低焊缝中的氢含量，然而效果并不理想。

国外研究的重点放在降低 HAZ（热影响区）硬度和防止敏感组织生成的方法上。通常把硬度作为 HIC 的评价指标，美国爱迪生焊接研究所认为 350HV 是硬度的安全上限。热影响区硬度通常由 CR 和碳当量决定。最大硬度的计算可分为三种方法：①完全根据碳当量估算；②根据不同的碳当量，结合焊接参数来估算，如从 800℃冷却到 500℃的时间；③把碳当量与微观组织结合进行估算，但该方法还需要知道化学成分。无论焊接过程如何，硬度都随着热输入的增大而下降，但熔深也随之增加，烧穿的危险性也增加。在一定的热输入下，板厚度的增加会使热影响区粗晶区的硬度增加，因为冷却速率随着板厚的增加而增大。

对于薄壁管，流体带走热量成为主要的传热方式。如果管壁过薄，在正常的工艺条件下，硬度就达不到要求，国内外研究表明冷却速度将会影响氢致裂纹发生的可能性，也是在线焊接成败的关键。综上所述，减少氢致裂纹产生的方法是：①使用低氢型焊条；②采用足够的热输入，以克服由于流动介质的影响；③焊接时预热；④采用合理的焊道顺序；⑤采用合理的装配以减少焊缝根部的应力集中。

回火焊道技术使用得当，能可靠控制焊接接头的硬度。回火的效果与焊道位置、焊接顺序及所采用的热输入有关，回火焊道位置的偏差，可能对控制焊接接头的硬度没有效果或反而增加焊接接头的硬度。为此，也可采用小热输入多层焊技术。图 11-42 所示为套管的焊接工艺。其中，图 11-42a 所示为套管焊缝的焊接顺序；图 11-42b 所示为套管与主管间角焊缝的焊道顺序。焊接时，采用两个焊工对称焊接，按回火焊道的方案布置盖面焊道，效果较好。在线焊接中，还会遇到支管的焊接，支管与主管道的焊接由两人同时焊接，焊前要先预热。图 11-43 所示为支管与主管道的焊接坡口及焊道顺序，该焊接顺序及焊道布置都是在线焊接中常用的，但若要使在役焊接工艺应用于实际生产，还应根据相应的规范做大量的模拟试验及工艺评定，以确保在线焊接的成功及管道运行的安全。

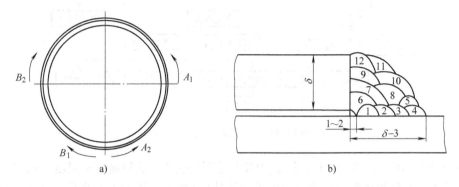

图 11-42　套管的焊接工艺

二、管道缺陷的修复技术

1. 换管

换管修复可以一次解决修复段所存在的所有问题，而且是永久性的。但是，换管修复也有着显而易见的缺点，施工作业时管道公司必须停产，将会对下游的用户产生一定影响。同时换管作业也存在一定的安全和环境风险，尤其是天然气、成品油等危险介质管道，对施工作业的安全措施要求较高。另外，换管施工作业需要大型的设备和优秀的焊接技术工人，耗费的时间也较长。因此，在大多数情况下，换管都是成本最高的

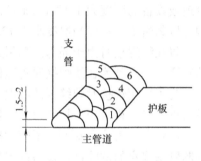

图 11-43　短管支管的焊接工艺

修复方案，也是管道公司最不愿意选择的修复方案。但是当需要连续修复较长距离的管道，或者管道存在包括材质在内的多个问题时，换管可能是唯一的选择。

2. 堆焊或补焊

大多数管道公司认为，使用堆焊或者补焊修复管道缺陷是一种非常方便易用的修复方案。在正在运行的管道上进行焊接作业是存在风险的，这些风险包括：管壁烧穿、爆裂的风险，氢脆，极易造成焊道下裂纹。焊接修复之前，需要评估这些风险因素。

ASME 标准对堆焊或补焊修复技术的应用限制做了明确说明：ASME B31.4（危险液体管道）用于 NPS12 或更低等级，API42 或更低等级；修复缺陷的长度不能超过 150mm；ASME B31.8（天然气管道）修复缺陷的长度不能超过管道周长的 1/2；用于规定的最小屈服强度 ≤276MPa 的管道。

3. 焊接螺母

国内有的单位将螺母焊到泄漏点上，其实这种方法相当于给管道增加了一个未加强的支管连接。对于许多管线而言，这种方法不推荐使用。

根据泄漏孔的大小选择合适的螺栓、螺母。

在线把螺母按图焊到泄漏处，然后拧上螺栓，使泄漏停止或减弱，最后再把螺栓与螺母焊到一起，漏孔即被完全堵死，设备便能很快进入正常运行。

4. 套管修复

套管修复如图 11-44 所示，是采用两段半圆管对接套在待修复管道外壁，然后将半圆套管焊接在管壁上并将两个半圆套管对接，使之与运行管道形成一体。该方法特别适合对管线发生腐蚀减薄的局部区域进行加固，防患于未然。当管线发生腐蚀穿孔，而穿孔或裂纹不大且管内压力较低时，可先将腐蚀孔或裂纹封堵，然后采用套管修复。

在维修大范围的金属损失缺陷区域时，由于要求将加强套焊接到管线上，

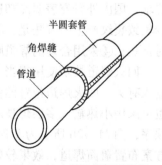

图 11-44　套管修复示意图

所以可能会导致严重腐蚀减薄区域出现烧穿，因此，加强套两端必须超出缺陷部位各100mm。

国外公司的应用实践表明：加强套越长，与管线的配合就越困难，当加强套的长度超过3m时，安装就会变得十分困难。

套筒可以用于修复泄漏缺陷，补强内腐蚀缺陷，更多地用于较大面积的腐蚀区域。

安装人员必须接受充分的培训，具有相应的技能水平，以保证安装的效果。同时必须严格按照安装工艺谨慎焊接，尽量减少焊接可能造成的潜在风险。

5. 机械卡箍

大型的螺栓连接着对开的厚壁锻钢卡箍，内部设计有机械密封。随着制造工艺的发展，螺栓型机械卡箍已经能够承受较高的压力。但是螺栓型机械卡箍一般都很厚重。卡箍的内部设有弹性密封，以确保泄漏时它们能够承压。在作为永久性修复措施时，螺栓连接部位和卡箍两端与管体接触部位需要焊接。

国内使用较多的螺旋焊管，在选择卡箍之前必须充分考虑螺旋焊缝与卡箍接触部位的处理，确保卡箍与管体紧密接触。

6. 安装支管焊接修复

安装支管焊接修复如图11-45所示，在出现问题管段的前后各焊一段带法兰的管外套筒，然后通过法兰孔用特制的刀具在管上开孔，通过前后两个法兰连接分流旁路，管内介质从分流旁路通过，然后将出现问题的管段切除，重新焊接上一段管子，焊好后介质再由主管线通过，将分流旁路撤除。整个修复过程中管道不停输，必要时可降低管内压力。该方法也适用于根据输送工艺要求在主管线上不停传输而安装分输管线以及根据外界环境等因素的需要对管道进行改线等情况。

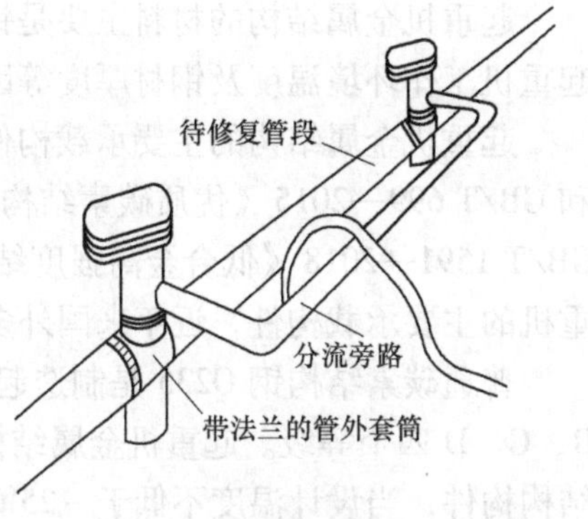

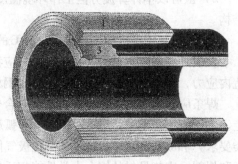

图11-45　安装支管焊接修复示意图

7. 环氧套筒

环氧套筒由两个直径比待修复的管道略大的钢壳连接在一起，覆盖在管线的受损部位。在现场将套筒安装在管道表面，将两端密封，然后注入环氧树脂，充满管线与修复套之间的孔隙。等环氧树脂完全固化后（通常为24h），打磨掉套筒表面的螺栓和通风管即可。

对于较长的缺陷，环氧套筒是一种有效的修复选择。同样，环氧套筒的施工也需要动用大型机具，修复后等待固化的时间也比较长。

8. ClockSpring 复合修复套筒

ClockSpring复合修复套筒是近几年在世界上应用较多的修复技术，这种套筒由美国天然气技术协会组织开发，并进行了长期可靠性测试。1998年美国运输部批准在中高压管道上应用。

ClockSpring的产品结构如图11-46所示，由3部分组成完整的修复套筒。

该修复套筒可以用于缺陷程度小于80%的管道缺陷补强修复，具有以下技术特点：避免焊接带来的潜在风险；修复期间不需要停输，也无须降压；当连续修复区域长度小于3m时，成本更低；能够100%恢复管道的运行能力；易于安装，不需要专门的设备，也不需要专门的技术工人；安装迅速，2个工人安装，时间一般小于25min；固化快，固化时间一般小于2h，2h后即可恢复涂层，回填；是一种永久性的修复技术，其长期可靠性已经得到世界上多个权威机构认证。

图11-46　ClockSpring 的产品结构

起重机械焊接

第十二章

第一节 基本要求

一、材料的选择

起重机金属结构的材料主要是钢材。钢材选择应考虑结构的重要性、载荷特征、应力状态、连接方式和起重机工作环境温度及钢材厚度等因素。

起重机金属结构的主要承载构件，宜采用力学性能不低于 GB/T 700—2006《碳素结构钢》中的 Q235 钢和 GB/T 699—2015《优质碳素结构钢》中的 20 钢。当结构需要采用高强度钢材时，可采用力学性能不低于 GB/T 1591—2018《低合金高强度结构钢》中的 Q355、Q390 和 Q420 钢材。大吨位流动式起重机如履带起重机的主要承载构件，近年来国外多采用屈服强度为 690MPa、460MPa 的高强度细晶粒钢。

普通碳素结构钢 Q235 是制造起重机金属结构最常见的材料。根据化学成分和脱氧方法，Q235 分为 A、B、C、D 四个等级。起重机金属结构的重要承载构件规定采用 Q235B、Q235C、Q235D，对一般起重机金属结构构件，当设计温度不低于 −25℃ 时，允许采用沸腾钢 Q235F；工作级别为 A7 和 A8 的起重机金属结构，宜采用平炉镇静钢 Q235C 或特殊镇静钢 Q235D。需要减小结构自重时，可采用 Q355 或 Q390。对室外工作受温度影响较大的起重机，如门式起重机等，其金属结构的选择必须慎重。选择碳素结构钢应按 GB/T 700—2006 选用，低合金钢按 GB/T 1591—2018 选用。

对厚度大于 50mm 的钢板，用作焊接承载构件时应慎重，当用作拉伸、弯曲等受力构件时，需增加横向取样的拉伸和冲击检验，且应满足设计要求。

为了保证钢结构低温工作的安全，根据国外有关资料和我国的使用经验，GB/T 3811—2008《起重机设计规范》规定，下列情况焊接结构的承载结构和构件钢材不应采用沸腾钢：

1）直接承受动载荷且需要计算疲劳的结构。

2）虽可以不计算疲劳但工作环境温度低于 −20℃ 的直接承受动载荷的结构以及受拉、受弯的重要承载结构。

3）工作环境温度等于或低于 −30℃ 的所有承载结构。

在设计高强度钢材的结构构件时，应特别注意选择合理的焊接工艺并进行相应的焊接试验，以减少其制造内应力，防止焊缝开裂及控制高强度钢材结构的变形。

焊条应符合 GB/T 5117—2012《非合金钢及细晶粒钢焊条》和 GB/T 5118—2012《热强钢焊条》的规定。焊丝应符合 GB/T 5293—2018《埋弧焊用非合金钢及细晶粒钢实心焊丝、药芯焊丝和焊丝-焊剂组合分类要求》和 GB/T 8110—2020《熔化极气体保护电弧焊用非合金钢及细晶粒钢实心焊丝》的规定。焊条、焊丝和焊剂，应与母材的综合力学性能相适应。

二、设计一般原则

对于动载荷比较严重和受力比较复杂的焊接结构件，除非采取措施减小或消除焊接内应力，否则选用的钢材厚度对碳素钢不宜大于 50mm，对低合金钢不宜大于 35mm。

对承载后会发生较大弹性变形的结构，设计时应预先采取与此弹性变形相反的措施，如桥式起重机和门式起重机主梁跨应做出向上的预拱,门式起重机悬臂段应做出向上的预翘,且这些预变形宜由结构构造或结构件的下料来保证。

在设计由疲劳强度控制的主要焊接结构时,应采取各种降低疲劳应力的措施,如改善接头形式降低应力集中等级,对双面连续焊缝的头部进行包裹回焊,采用较大半径的圆弧过渡板以减少内应力等。

主要承载结构件在不同连接处允许采用不同的连接方式来传递载荷,但在同一连接处不宜混合使用不同的连接方式。

对接焊缝的坡口形式应符合 GB/T 985. 1—2008《气焊、焊条电弧焊、气体保护焊和高能束焊的推荐坡口》和 GB/T 985. 2—2008《埋弧焊的推荐坡口》的规定。主要承载结构中不等板厚或板宽的对接,均应从一侧或两侧制成不大于 1:4 的过渡斜度,如图 12-1 所示。

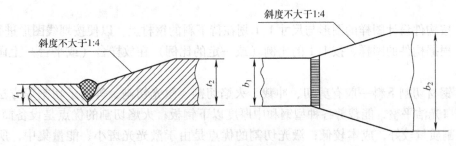

图 12-1 对接焊缝坡口形式

对角焊接,被焊接件厚度小于 4mm 时,焊脚尺寸等于被焊接件的厚度。

角焊缝的焊脚尺寸见表 12-1。

表 12-1 角焊缝的焊脚尺寸

较厚焊接件的厚度 t/mm	焊脚尺寸 h_t/mm
$t \leq 10$	4 (6)
$10 < t \leq 20$	6 (8)
$20 < t \leq 30$	8 (10)

注:h_t 数值中,括号外的数值用于碳素结构钢,括号内的数值用于低合金钢。

对于一般角焊缝,焊脚尺寸不应大于较薄焊件厚度的 1.2 倍;而对于杆件边缘的角焊缝,如图 12-2 所示,还应符合下列要求:

——$t_1 \leq 6mm$ 时,$h_t \leq t_1$;

——$t_1 > 6mm$ 时,$h_t = t_1 - (1 \sim 2)$ mm。

受动载荷的主要承载结构,在保证焊缝受剪计算截面面积的情况下,角焊缝的表面应呈微凹弧形或直线形。焊缝直角边的比例:对侧焊缝为 1:1,对端焊缝为 1:1.5(长边顺载荷方向)。

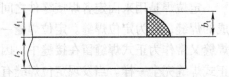

图 12-2 杆件边缘的角焊缝

第二节 焊接工艺基本流程

一、焊接前的准备

1. 材料要求

为了保证进厂材料的可靠性,制造特种设备的焊接结构所用材料进厂入库前首先应核对材料生产单位提供的质量证明书,其各项理化性能必须符合国家标准和行业标准的规定,对性能有特殊要求的金属材料应符合相应的企业标准。在下料前对照检查材料是否符合图样的要求,材料的表面质量和内在质量必须符合技术要求,对于重要的承载金属结构的金属材料,还应按批取样,进行理化性能的复验,确认材料的各项指标符

合要求后使用。

钢结构材料应有较高的抗拉强度和屈服强度，较好的塑性和韧性，以及良好的工艺性能。硫、磷等元素的含量要有合格保证，焊接结构应具有冷弯试验的合格保证，对某些承受动力载荷的结构以及重要的受拉或受弯的焊接结构，还应具有常温或低温冲击韧性的合格保证。

2. 材料预处理

钢材会跟空气中的氧气直接起氧化反应，在表面形成完整的、致密的氧化皮。钢材表面会吸附空气中的水分，由于钢中含有一定比例的碳和其他元素，因而在钢材的表面会形成无数的微电池而发生电化锈蚀，使钢材表面形成锈斑。锈和氧化物的危害会减弱结构件的承载能力，降低结构的涂漆质量，影响火焰切割和焊接质量等，可采用手工除锈法、机械除锈法（喷砂与抛丸）和化学除锈法（酸洗和碱洗）进行除锈。

3. 下料

（1）划线　按构件设计图样的图形与尺寸1:1划在待下料的钢材上，以便按划线图形进行下料加工。

（2）放样　根据构件的图样，按1:1的比例（或一定的比例）在放样台（或平台）上画出其所需要的图形。

（3）切割　钢材切割下料一般有剪切、冲裁、火焰切割、激光切割、等离子切割等方法。剪切和冲裁的生产率高、切口光洁平整，能裁剪各种型钢和中厚度以下钢板；火焰切割的优点是设备简单，操作方便，生产率较高，切割质量较好，成本较低；激光切割的优点是由于激光光斑小、能量集中，所以切割的割缝小、无挂渣，几乎没有热变形，切割面表面粗糙度值小；等离子切割的能量高度集中，具有极高的温度，可以进行高速切割。

4. 装配

装配的三个基本条件是定位、夹紧和测量。

（1）定位　定位就是确定零件在空间的位置或零件间的相对位置。

（2）夹紧　夹紧就是借助夹具等外力，将定位后的零件固定。

（3）测量　测量是指在装配过程中，对零件间的相对位置和各部件尺寸进行一系列的技术测量，从而鉴定定位的正确性，以便调整。

二、装配的定位焊

定位焊是用来固定各焊接零件之间的相对位置，以保证焊件得到正确的几何尺寸而进行的焊接，此时形成的焊缝，称为定位焊缝。定位焊缝一般都比较短小，焊接质量不够稳定，容易产生各种焊接缺陷，而定位焊缝又常作为正式焊缝留在接缝中，因此所使用的焊条、焊接工艺及对焊工操作技术熟练程度的要求，应与正式焊缝完全一样。当发现定位焊缝有缺陷时，都应该铲掉并重新焊接。

进行定位焊时应注意：定位焊缝的起头和结尾均应圆滑过渡，否则焊接时在该处容易产生未焊透等缺陷；需预热的焊件定位焊时也应进行预热，预热温度与焊接时相同；因定位焊为断续焊，焊件温度比焊接时要低，热量不足容易产生未焊透，故定位焊电流应比焊接电流大10%～15%；定位焊的尺寸可按表12-2选用，对保证焊件尺寸起重要作用的部位，可适当增加定位焊缝尺寸和数量；在焊缝交叉处和焊缝方向急剧变化处不要进行定位焊，而应离开50mm左右进行定位焊；经强行装配的结构，其定位焊缝的长度应根据具体情况适当加大；在低温下焊接时定位焊缝易开裂，为了防止开裂，应避免强行装配后进行定位焊，定位焊缝长度还应适当加大，必要时采用碱性低氢焊条，而且特别注意定位焊后应尽快进行焊接，避免中途停顿和间隔时间过长；定位焊所使用的焊条应与焊接时所用的焊条牌号相同，焊条直径可略细一些，常用ϕ3.2mm和ϕ4mm的焊条。

表12-2　定位焊的尺寸　　　　　　　　　　　　（单位：mm）

焊件厚度	定位焊缝高度	定位焊缝长度	定位焊缝的间距
≤4	<4	10～15	50～100
>4～12	3～6	20～35	100～200
>12	>6	30～50	100～300

对低合金高强度钢等具有淬硬倾向钢材的焊件，原则上采用机械夹紧定位方法，若施工现场不具备条件，而且必须采用定位板进行定位焊定位时，则应严格按焊接工艺规程施焊，采用低氢型焊条或 CO_2 气体保护焊，焊前按规定进行局部预热，防止定位焊部位裂纹的产生。待焊缝焊到一定厚度时，将定位板拆除，清除定位焊缝，并将定位焊焊缝表面修磨平整，做磁粉检测检查表面裂纹。

薄壁件或结构形状复杂、尺寸精度高的焊件的装配，必须采用相应的装焊夹具或装焊机械。焊件装配定位符合要求后，立即进行焊接。夹具的结构设计应考虑焊件的刚度和可能产生的回弹量，保证焊件焊后的尺寸符合产品图样的规定。

对于刚度较小且焊接变形量较大焊件的装配，在装配定位时，应将焊件做适当的反变形，以抵消焊接过程中过量的变形。对于某些拘束较大的焊件，焊件的夹紧方式和点固定位应允许某些零件有自由收缩的余地，防止焊接过程中由于焊接应力过大而产生裂纹。

焊件的装配质量应满足下列基本要求：

1）组装好的焊件首先应符合施工图规定的尺寸和公差要求，同时应考虑焊接收缩量，使焊件焊后的外形尺寸控制在容许的误差范围之内。

2）接头的装配间隙和坡口尺寸应符合焊接工艺规程的规定，同时应保证在整个焊接过程中，接头的装配间隙保持在容许的误差范围之内。

3）接头装配定位后错边量应符合相应制造技术规程或产品制造技术的规定。

4）碳钢焊件的定位焊焊缝，原则上不容许在焊缝坡口内，应采用定位板点固在坡口的两侧。若因结构形状所限，定位焊必须点固在焊缝坡口内时，则应按产品主焊缝的焊接工艺规程施焊，保证定位焊缝的质量。

三、典型装配焊接工艺流程

1. 箱形梁的装配焊接工艺流程

箱形梁装配包括划线装配法和胎夹具装配法。例如，图 12-3 所示为箱形梁划线装配法，其由腹板 2、翼板 1、4 及筋板 3 组成。

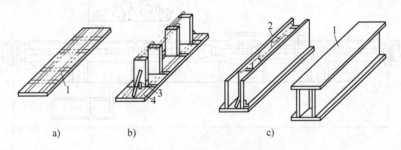

图 12-3　箱形梁划线装配法
1、4—翼板　2—腹板　3—筋板

装配前，先把翼板、腹板分别矫正平直，板料长度不够时应先进行拼接。装配时，将翼板放在平台上，用直角尺检验垂直度后定位焊，同时在筋板上部焊上临时支承角钢，固定筋板之间的距离，如图 12-3b 中双点画线所示。再装配两腹板，使它紧贴筋板立于翼板上，并与翼板保持垂直，用直角尺找正后施行定位焊。

装配完两腹板后，应由焊工按一定的焊接顺序先进行箱形梁内部焊缝的焊接，并经焊后矫正，内部涂上防锈漆后再装配上盖板，即完成了整个装配工作。

批量生产箱形梁时，也可以利用装配胎夹具进行装配，以提高装配质量和工作效率。

2. 工字梁的装配焊接工艺流程

工字梁也称 H 形梁，这种由两块翼板和一块腹板组成的焊接梁，已经有多种生产流水线采用机械化方法进行装配。图 12-4 所示为工字梁的装配焊接工艺流程。组装过程中，由安装在两侧的自动焊机按预编程序进行定位焊点固，即组装与定位焊同时完成，有很高的生产率和制造质量，以及很高的经济效益。点焊好的工字梁运到焊接平台，由专门焊机进行上下翼板与腹板角焊缝的连续自动埋弧焊焊接。

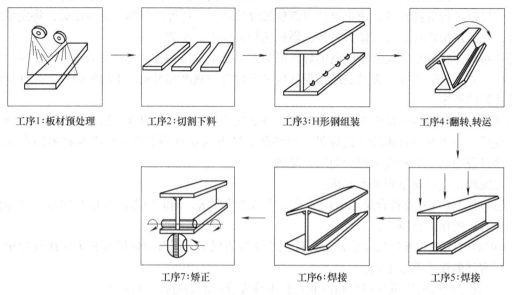

工序1：板材预处理　　　工序2：切割下料　　　工序3：H形钢组装　　　工序4：翻转、转运

工序7：矫正　　　　　　工序6：焊接　　　　　　工序5：焊接

图 12-4　工字梁的装配焊接工艺流程

第 三 节　桥式起重机的装配焊接

桥式起重机的金属结构件是桥架，如图 12-5 所示，桥架有单梁和双梁两种。单梁桥架的承载结构（主梁）是单根轧制的工字梁，在承载较大时可采用组合截面或增加副梁。双梁桥架由两根主梁组成，主梁的端部用端梁连接起来，两根主梁可选用轧制的工字钢，但应用较多较广的是箱形梁结构。

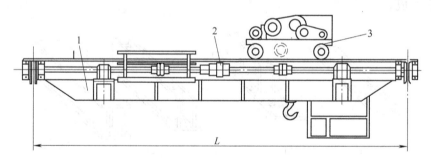

图 12-5　桥式起重机
1—桥架　2—运移机构　3—载重机构

桥式起重机的箱形桥架结构如图 12-6 所示，它由主梁（或桁架）、栏杆（或辅助桁架）、端梁、走台（或水平桁架）、轨道及操纵室等组成。桥架的外形尺寸取决于起重量、跨度、起升高度及主梁结构形式。桥式起重机桥架常见的结构形式如图 12-7 所示。

主梁是起重机的主要受力结构件，是桥架金属结构制造的关键。主梁的主要技术要求如图 12-6 所示，其中上拱度（上挠）应控制在 $L/1000$（或 $L/1000 \sim L/700$），即 $f_{\perp} = L/1000 \sim L/700$，$L$ 为起重机主梁的跨度。起重机有上拱度的原因是当受载后，可抵消主梁按刚度条件产生的下挠变形，避免承载小车爬坡。

应控制水平旁弯（向走台侧）。规定向走台侧旁弯的原因是在制造桥架时，走台侧焊后有拉伸残余应力，当运输及使用过程中残余应力释放后，导致两主梁向内旁弯，而且主梁在水平惯性载荷作用下，按刚度条件允许有一定的侧向弯曲，两者叠加会造成过大的侧向弯曲变形。当两根主梁向内旁弯时，可能导致车轮

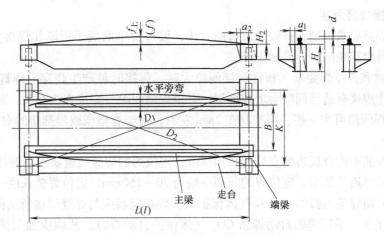

图 12-6　桥式起重机的箱形桥架结构

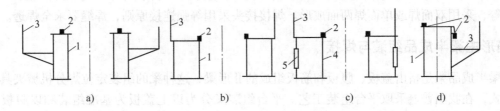

图 12-7　桥式起重机桥架常见的结构形式

1—箱形主梁　2—轨道　3—走台　4—工字形主梁　5—空腹梁

与轨道咬合，使起重机不能正常工作。

腹板波浪变形规定：受压区 $< L/2000$；受拉区 $< 1.2\delta_f$，δ_f 为腹板厚度。较小的波浪变形对于提高起重机的稳定性和寿命都是有利的。

上盖板水平度 $\leqslant B/250$，腹板垂直度 $\leqslant H/200$，B 为盖板宽度，H 为梁高。

一、盖板和腹板装配焊接

1. 盖板和腹板的拼接要求

钢板进行拼接前必须切割下料，对于曲线形板件，最好采用数控下料，以使装配间隙较小并减小焊接变形及焊接应力。主梁的盖板和腹板拼接时，为保证主梁的承载能力，无论从设计上考虑安全系数，还是从工艺上考虑，盖板和腹板的接头不应布置在同一截面上，错开距离不得小于 200mm，如图 12-8 所示，且应尽量减少接头，最好采用卷板，使用时应采用开卷矫平机矫平。拼接时通常采用不同长度的钢板，应将较长的钢板布置在中间，两端对称布置较短的钢板。

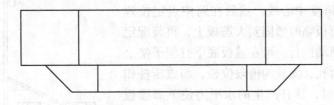

图 12-8　板件接头的布置

主梁上下盖板和腹板的焊缝要求焊透，一般采用等强接头，对焊缝进行射线检测或超声检测，焊接缺陷的存在会降低承载强度、引起应力集中，对疲劳强度也会有影响。

2. 盖板和腹板对接焊缝焊接

盖板和腹板对接焊缝要求焊透，采取开坡口的方法，坡口大小取决于板厚和焊接方法。开坡口的原则：要保证焊透，焊缝不易出现缺陷，容易加工等。

（1）板件拼接间隙和定位焊要求　板件拼接间隙大时，焊接时易产生烧穿、焊缝成形不佳的缺陷，同时焊接变形较大。板件焊接有适当间隙会增加熔深。对接焊缝间隙与焊接方法有关，对于双面埋弧焊，间隙大于1mm；对于电弧焊间隙可大一些，可控制在2mm左右；对于有垫板或焊剂垫的对接间隙根据板厚决定，最大间隙可达5~6mm。

盖板和腹板定位焊前要检查板边的直线度和预拱值，定位焊的焊缝质量要求与对接焊缝的要求一致，不得存在夹渣、裂纹、未焊透等缺陷。定位焊的间距一般为70~150mm，定位焊缝长度一般为20~40mm。

定位焊方法一般采用焊条电弧焊或CO_2气体保护焊，焊接材料应与焊缝焊接所用的焊接材料一致。

（2）引弧板和引出板　采用埋弧自动焊和CO_2气体保护自动焊时，两端应加引弧板和引出板，以保证焊缝焊接质量。

（3）对接焊缝的焊接　主梁的盖板和腹板对接焊，焊接方法一般采用焊条电弧焊、埋弧自动焊、CO_2气体保护焊等，采用双面焊或单面焊两面成形。焊接接头采用等强连接原则，焊缝要求全焊透。

二、箱形主梁半成品组装与焊接

箱形主梁半成品梁是指由盖板、腹板和筋板组成的Ⅱ形梁，这种梁的组装定位焊分机械夹具组装和平台组装两种方式，在我国普遍采取平台组装工艺。平台组装又分为以上盖板为基准组装和以腹板为基准组装两种。

1. 以上盖板为基准的平台组装

平台组装上盖板、筋板和腹板以及内部焊缝的焊接，均应以最小挠曲焊接变形为依据。组装焊接角钢、工艺扁钢应以对梁的整体变形影响最小为原则，在腹板或盖板上组装焊接纵向角钢或扁钢，可减少梁在最后整体焊接时的变形。在没有组装成"U"形梁之前先将上盖板与筋板组装焊接是上策，若是将两腹板与上盖板和筋板同时组装定位焊成Ⅱ形梁，再焊接筋板与上盖板焊缝，将有较大的挠曲变形产生。合理的工艺步骤如下：

1）用永磁吊具将上盖板铺放在平台上。

2）在腹板或盖板上组装定位焊角钢或扁钢。

3）为防止主梁扭曲，要控制筋板与腹板的接合边与上盖板的垂直度不超出允许值（可采用直角弯尺测量），然后将筋板与上盖板定位焊并焊接。

4）对要求Ⅱ形梁外弯的5~50t通用桥式起重机主梁，上盖板与筋板焊缝的焊接方向应由内侧向外侧。对不要求外弯的Ⅱ形梁，焊接方向应一边由内侧向外侧，另一边由外侧向内侧交错进行。

5）组装腹板。首先要在盖板和腹板上分别划出跨度中心线，然后用梁式起重机将腹板吊起与盖板筋板组装，使腹板的跨度中心线对准上盖板的跨度中心线，然后在跨中点定位焊上。腹板上边用安全夹将腹板临时紧固到大筋板上，再装配定位焊腹板，同时由跨中向两端进行。可在盖板底下打楔子使上盖板与腹板靠严。通过平台孔，安放沟槽限位板，斜放压杆如图12-9所示，当压下压杆时，压杆产生的水平力使下部腹板靠严筋板。为了使上部腹板与筋板靠严，可用专用夹具或夹钳式腹板装配胎夹紧。

由跨中组装定位焊至一端，然后用垫垫好，再装配定位焊另一端腹板，如图12-10所示。

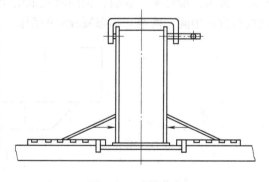

图12-9　腹板装夹

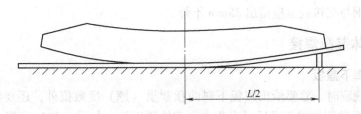

图 12-10　腹板装配过程

2. 以腹板为基准的平台组装

主梁高度很大时，腹板竖立过高，组装困难，可以采用将主腹板放在平台上为基准的组装工艺。在腹板上划出纵向角钢、扁钢和横向大筋板的定位线，并组装定位焊角钢和扁钢，然后组装定位焊大筋板，再组装定位焊上盖板，此时要检查每块筋板处上盖板的垂直度。当组装另一块腹板时要求腹板上预先焊好纵向角钢和扁钢，然后组装。可用压重，使腹板与筋板靠严。为使腹板与上盖板靠严，可用腹板装配夹具，夹具上装有滚轮，可沿腹板纵向滚动，如图 12-11 所示。夹具一端夹在腹板的下边，另一端带千斤顶。利用夹具自重使腹板靠严筋板，利用夹具的千斤顶使腹板与上盖板靠严。工人可在Ⅱ形梁里观察装配间隙或控制几何尺寸，然后进行定位焊。

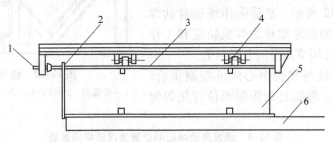

图 12-11　水平装配腹板

1—千斤顶　2—盖板　3—腹板　4—滚轮　5—大筋板　6—平台

这种工艺组装，筋板与盖板不能在Ⅱ形梁组装前焊接，只能在组装定位焊形成Ⅱ形梁后焊接，这样在焊接筋板与上盖板焊缝时会产生下挠变形，因此腹板下料时的预拱值应比以上盖板为基准的平台组装大些。

3. Ⅱ形梁内壁焊缝的焊接

（1）焊接次序　应根据主梁的技术要求采取不同的焊接顺序：5～50t 通用桥式起重机要求主梁向走台侧弯曲，即外弯 $f_水 = 0 \sim L/2000$，焊接Ⅱ形梁内壁焊缝时，针对焊接次序对弯曲变形的影响，考虑要使Ⅱ形梁外弯，应先焊接Ⅱ形梁内腹板焊缝，后焊接外腹板焊缝。对偏轨箱形主梁要求主梁是直线形的，则焊接Ⅱ形梁内壁焊缝时，应考虑焊接主腹板内壁长焊缝会产生较大的外弯，所以应先焊接副腹板焊缝，后焊接主腹板焊缝。

（2）焊接方法　焊接梁内壁焊缝，国外只有少数先进的企业采用机器人焊接，目前国内外大多数企业还是由工人手工焊接。较理想的是用 CO_2 气体保护焊及埋弧自动焊，可提高生产率，我国目前主要还是用焊条电弧焊及 CO_2 气体保护焊。为使Ⅱ形梁的弯曲变形均匀，应沿梁的长度由焊工均匀分布焊接。

4. Ⅱ形梁内壁的焊接质量

主梁内壁焊缝是非外露焊缝，焊接质量很不容易引起重视，又由于施焊的条件差，如果不重视更容易出现缺陷。

梁在正常工作应力下的疲劳破坏，多半是焊缝缺陷周围的应力集中引起的。疲劳破坏是焊接结构破坏最普通的形式，焊接裂纹和不完全熔合对疲劳强度有明显影响，焊缝的表面缺陷，如过大的焊缝余高、咬边和气孔都会影响疲劳强度。因此梁内壁焊缝要同外露表面焊缝一样严格要求。

另外值得注意的是，筋板与上盖板和腹板交接处的焊缝，焊接应力出现峰值，做梁的疲劳试验时首先在该处出现裂纹，因此美国、日本等国家都将筋板四角切掉 45° 角（边长通常为 25～50mm）不进行焊接。同理，加筋角钢和工艺扁钢与交接处也应留出25mm不焊。

三、箱形主梁整体装配焊接

1. Ⅱ形梁组装定位焊下盖板

在制订主梁的工艺规程时，除要给出腹板下料的预制拱（翘）度数值外，还要给出Ⅱ形梁组装下盖板后的拱（翘）度值，以及单根主梁焊成后（未焊走台和轨道压板）的拱（翘）度值。

定位焊下盖板之前，应首先将Ⅱ形梁立起检查其上拱度和水平弯曲，然后检查下盖板的水平弯曲，应使下盖板与Ⅱ形梁的水平弯曲方向一致。正轨箱形门式起重机（5～50t）和正轨箱形桥式起重机的Ⅱ形梁应控制外弯。

如果发现某项指标超差，应采取适当措施进行调整。

2. 焊接箱形梁的四条纵向角焊缝

（1）焊接方法的选择　目前我国起重机制造专业厂采用的焊接方法有以下几种。

1）船形位置埋弧自动焊。这种方法应用较普遍，焊缝成形较好。所谓船形位置，即使用45°垫架将箱形梁摆放成船形位置，如图12-12所示，然后采用埋弧自动焊进行焊接。也有采用特制的箱形梁作为焊机轨道和工作台，被焊的箱形梁支承在可调节高度的升降架上。

船形位置焊接时，焊丝与接头中心线可控制重合，熔池对称，焊缝焊脚相等。埋弧自动焊船形位置角焊缝焊接参数见表12-3。

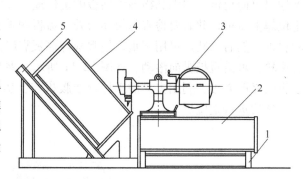

图12-12　船形位置埋弧自动焊

1—升降架　2—工作台　3—焊接设备　4—工件　5—垫架

表12-3　埋弧自动焊船形位置角焊缝焊接参数

焊脚尺寸/mm	焊丝直径/mm	焊接电流/A	焊接电压/V 交流	焊接电压/V 直流反接	焊接速度/(m/h)
6	3	500～525	34～36	30～32	45～47
	4	575～600	34～36	30～32	52～54
8	3	550～600	34～36	32～34	28～32
	4	575～625	33～35	32～34	30～32
	5	675～725	32～34	32～34	30～32
10	3	600～650	33～35	32～34	20～23
	4	650～700	34～36	32～34	23～25
	5	725～775	34～36	32～34	23～25
12	3	600～650	34～36	32～34	12～14
	4	700～750	34～36	32～34	16～18
	5	775～825	36～38	32～34	18～20

2）固定气体保护焊机焊接。通常采用平角焊法，将主梁正立放在焊件运行小车上，小车载着焊件运行，完成施焊。焊机可以改装成固定不动的，如图12-13所示。

富氩混合气体保护焊焊接角焊缝成形好、飞溅小、生产率高，是现在常用的焊接方法。

3）移动气体保护焊机焊接。主梁平放，腹板在水平位置，将气体保护焊机焊枪对准焊缝焊接。可采用混合气体保护焊或二氧化碳气体保护焊，可采用实心焊丝或药芯焊丝，焊接质量较好，生产率高，使用简单，不需要其他辅助设备。

混合气体保护焊角焊缝焊接参数见表12-4，在不具备条件时，也可采用焊条电弧焊。

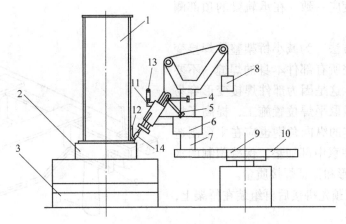

图 12-13 固定气体保护焊机焊接主梁示意图

1—主梁 2—垫座 3—运行车装置 4—调角度手柄 5—调焊枪上、下手柄 6—竖直滑杆
7—滑套 8—重砣 9—滑座 10—滑杆 11—水平导向轮 12—竖直导向轮 13—电动机 14—焊枪

表 12-4 混合气体保护焊角焊缝焊接参数

焊脚尺寸/mm	焊丝直径/mm	焊接电压/V	焊接电流/A	送丝速度/(m/mm)	气体流量/(L/mm)	混合气比例（体积分数,%） Ar	CO₂	备注
6	1.0	28~30	180~200	—	15	80	20	—
6	1.2	29~30	250~270	8.5~9.5	15~20	80	20	—
8	1.2	31~32	270~290	9~10	20	80	20	—
10	1.2	33~35	300~320	10~12	20	80	20	可用多层焊
6~8	1.6	34~36	320~350	7.5~9	20~30	80	20	自动焊

4）移动埋弧焊机焊接。主梁平放，腹板在水平位置，在梁的两侧安装道轨和龙门架，埋弧焊机及焊枪安装在龙门架上，将焊枪对准焊缝焊接。为提高生产率，还可采用双丝埋弧焊。

（2）焊接次序 根据焊接次序对弯曲变形的影响，对拱度偏小的主梁应先焊接下盖板与腹板的焊缝，拱度偏大的主梁应先焊接上盖板与腹板的焊缝。

四、桥架的装配焊接

1. 桥架装配焊接的工艺选择

（1）作业场地的选择 只要有温差存在，主梁就会有拱（翘）度的变化或水平弯曲（旁弯）的变化，相应引起小车轨道高低差和小车轨距的变化，给桥架制造的工艺参数控制带来不利影响。因此，凡有条件的工厂，箱形梁构成的桥架应选择在厂房内装配焊接，厂房内的玻璃窗最好用毛玻璃、变色玻璃，避免强光照射桥架。无条件在厂房内装配桥架而在露天条件下作业，必须掌握主梁温度变化规律，凡有温差存在时应对主梁拱翘度和水平弯曲进行修正，同时，桥架的检测应在早、晚或夜间进行为好。

对于桁架式桥架，温差较小，桥架组装场地可选择在露天（从改善劳动条件的角度考虑，厂房内作业自然更好），仍以早、晚较好。

（2）垫架位置选择 由于自重对主梁拱度有影响，主梁垫架位置应选择在主梁的跨端或接近于跨端的位置。起重量较小的桥架在最后测量调整时应尽量垫到端梁处。

（3）桥架组装基准选择 为使桥架安装车轮后能正常运行，四组弯板应在同一平面内。组装时应使它们在同一水平面内，以这一水平面为组装调整桥架各部分的基准。可穿过端梁上盖板的吊装孔立T形标尺，用水平仪测量调整，如图12-14所示。

对于大起重量起重机的桥架铰接式端梁，可以两台车架的上盖板为基准找正。

正轨箱形梁或偏轨箱形梁应在主梁的上盖板轨道两侧筋板处测量拱度曲线。对承轨梁在主梁下部的情况，主梁和承轨梁的拱度应一致，在承轨梁的顶部测量拱度。

（4）焊接变形控制方法　为减小桥架整体焊接变形，在桥架组装前应焊完所有部件本身的焊缝，不要等到整体组装后再补焊，这是因为部件焊接变形容易控制，又便于翻身和尽量取平焊位置施工，提高了焊缝质量。走台与主梁相连的纵向角钢也应在主梁制造时组装焊接于腹板上（注意中部加垫，保持预制的水平弯曲），以减小焊接变形和保证焊接质量。

走台边角钢应按长度预先拼接后再组装在桥架上，以减少主梁水平内弯变形。

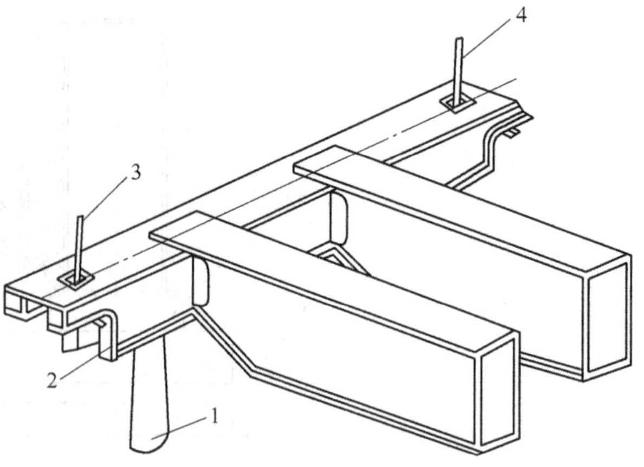

2. 桥架装配焊接的工艺特点

（1）主梁、端梁组装焊接

1）将已经过单根主梁阶段验收的两根主梁摆放在

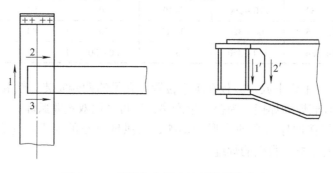

图 12-14　桥架水平基准
1—垫架　2—弯板　3、4—T 形标尺

垫架上，在主梁的上盖板中心线处找出两主梁的跨度中心和跨端基准点，按技术要求调整各部位尺寸。

2）端梁与主梁焊接时将使端梁两端向内弯而使桥架跨度缩短，故桥架组装时应预先使端梁两端外弯，且跨度要有加大量。

3）为减小焊接变形和焊接应力，应先焊上盖板焊缝，再焊下盖板焊缝，然后焊连接板焊缝；先焊外侧焊缝，后焊内侧焊缝。端梁与主梁连接板的焊接次序如图 12-15 所示。

图 12-15　端梁与主梁连接板的焊接次序

（2）组装焊接走台

1）检测调整两主梁的水平弯曲，偏轨箱形梁或桁架还要在离主梁两端各 1/3 处上、下定位焊拉筋。

2）为减小桥架的整体变形，走台的斜撑与连接板要按图样尺寸预先装配焊接成组件，再进行桥架组装焊接。

3）按图样尺寸划走台的定位线。走台应和主梁上盖板平行，即具有同主梁一致的上拱曲线。但当大车运行机构为集中传动时，为不影响传动机构的安装和在不同载荷下的正常运转，走台上拱度不宜过大。

4）装配横向水平角钢。用水平尺找正，使外端略高于水平线，定位焊于主梁腹板上，然后组装定位焊斜撑组件，再组装定位焊走台边角钢。走台边角钢应有与走台相同的上拱度。

5）走台的装配与焊接。

① 走台板应在接宽的纵向焊缝完成后在平板矫正机上矫平，然后组装定位焊在走台上。要求先焊走台板与角钢连接的纵向焊缝，后焊横向走台板焊缝，以减小走台板的波浪变形和内应力。

② 整个走台处于定位焊连接状态，水平刚性较小。先焊的一侧走台的主梁内弯变形较大，已经焊完的一侧走台增加了桥架的水平刚度，则焊接第二侧走台时主梁内弯变形较小。因此应先焊接水平外弯大的一侧走台，后焊接水平外弯小的一侧走台。

③ 为减小焊接走台主梁下挠，应先焊接走台下部焊缝，后焊接走台上部焊缝。

（3）组装焊接轨道压板　对5～30t通用桥式起重机正轨箱形主梁，在焊接轨道压板前主梁上拱度f<1.5L/1000时，应在主梁跨中用千斤顶顶起来焊接。对于5～30t桥式起重机偏轨箱形主梁，在焊接轨道压板前上拱度f<1.3L/1000时，也应在主梁跨中顶起来焊接轨道压板。偏轨箱形梁焊接轨道压板还会产生主梁外弯，焊前应将两根主梁用角钢拉起来（两端分别定位焊在主梁上）。承轨梁在主梁下部的结构形式，焊接轨道压板也会使主梁产生外弯，也应采取同样措施。

小车轨道应平直，不得扭曲和有显著的局部弯曲。轨道与桥架组装，应预先在承轨梁上划出定位线，小车轨道组装时，使轨底与盖板接触，然后定位焊轨道压板。为使主梁受热均匀，从而使下挠曲线对称，可由多名焊工沿跨度均匀分布，同时焊接。

桥式起重机桥架组装焊接后应按相关要求全面检测。

第四节　门式起重机的装配焊接

门式起重机一般由桥架（门架）、起升机构和小车运行机构、大车运行机构、操纵室、小车导电装置、起重机总电源导电装置等组成，如图12-16所示。

一、桥架的装配焊接

1. 门式起重机桥架装配特点

门式起重机一般跨度较大，通常两端具有悬臂，主梁较长，考虑运输条件，往往设有接头。主梁多为偏轨箱形梁，梁宽较大。门式起重机的桥架装配焊接与桥式起重机基本相同，但要注意下述两个特点。

（1）分段制造主梁的预装　门式起重机的主梁多为分段制造，应在厂内先行研配预装。

（2）主梁跨端法兰座（支腿连接座）的组装

主梁跨端法兰座（主梁下面与支腿连接的框架和法兰座板）如图12-17所示。

主梁跨端法兰座板的倾斜和支腿连接座板的倾斜会对门架跨度产生误差。

通常规定主梁跨端法兰座板水平倾斜量≤2mm。

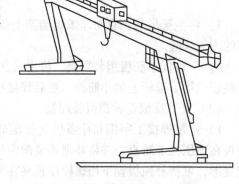
图12-17　主梁跨端法兰座
1—主梁　2—框架　3—法兰座板

图12-16　单主梁门式起重机

2. 单主梁门式起重机桥架工艺要点

单主梁门式起重机桥架由一根主梁走台、小车轨道和支座构成，其主梁的截面形式按小车的支承形式分，有水平反滚轮箱形梁和竖直反滚轮箱形梁。小车轨道有主轨道和反滚轮轨道，主轨道的中心线与主腹板中心线相重合。

（1）水平反滚轮轨道组装焊接

1）上水平反滚轮轨道组装焊接。腹板与盖板间的纵向角焊缝引起的腹板角变形会使组装反滚轮轨道时出现间隙，在反滚轮轮压作用下会使轨道焊缝早期开裂。为消除间隙可采取如下工艺：将组装定位焊后的箱形梁（未焊四条纵向角焊缝前）的主腹板朝下摆放在平台上，如图12-18所示，主腹板沿梁长均布垫实，在腹板上划出上盖板的板厚中心线，然后组装定位焊上水平反滚轮轨道，并先焊接轨道外侧角焊缝，内侧轨道焊缝暂时不焊。

2）下水平反滚轮轨道组装焊接。将主梁翻身使副腹板朝下，如图12-19所示，沿梁长均布垫实，在主腹板上组装焊接上部小筋板，然后在主腹板上划出下盖板厚度中心线，组装定位焊下水平反滚轮轨道，并焊接轨道与主腹板的外侧焊缝。

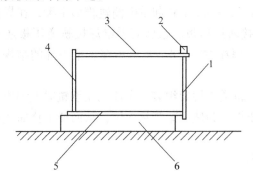
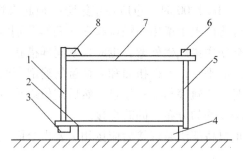

图 12-18　组装定位焊上水平反滚轮轨道　　图 12-19　组装定位焊下水平反滚轮轨道
1—上盖板　2—上水平反滚轮轨道　3—副腹板　　　1—上盖板　2—上水平反滚轮轨道　3—副腹板
4—下盖板　5—主腹板　6—垫板　　　　　　　4—下盖板　5—主腹板　6—垫板
　　　　　　　　　　　　　　　　　　　　　　7—小筋板　8—下水平反滚轮轨道

3）将主梁吊放到自动埋弧焊胎架上焊接四条纵向角焊缝及上、下水平轨道的内侧焊缝。

4）下盖板小筋板组装焊接。将主梁翻身使上盖板朝下，如图 12-20 所示，组装定位焊下盖板上的小筋板，然后焊接小筋板焊缝，焊工应均布焊接。

（2）竖直反滚轮轨道组装焊接

1）组装焊接工字钢和补强板（反滚轮轨道组合件），首先将工字钢和补强板在顶压机上矫直，并将补强板装配定位焊在工字钢上。为减小工字钢的焊接变形，可将补强板朝下用螺栓压板夹在平台上进行焊接，如图 12-21a 所示。也可将两工字钢叠置，中间定位焊在一起，然后组装焊接补强板，焊后卸开矫正变形，如图 12-21b 所示。

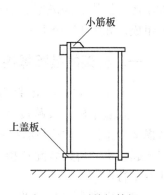

图 12-20　下盖板筋板组装定位焊

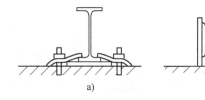

图 12-21　焊接反滚轮轨道组合件

2）在焊完补强板全部焊缝（包括纵向四条长焊缝）后，将主梁倒置，跨端法兰座板垫成水平，用水平仪在副腹板上划出竖直反滚轮轨道座板及走台角钢位置线。划反滚轮轨道座板位置线时，各点均应以该截面主腹板侧的上盖板为基准，误差控制在 −2 ~ +6mm 内。装配定位焊反滚轮轨道座及走台角钢。

（3）组装焊接支腿连接座框板　将主梁倒置，垫架在支腿中心位置。首先在下盖板上划出支腿中心线和框板的位置线，并按图样尺寸组装定位焊框板。框板的高度要加研配量 20 ~ 30mm，然后焊接框板，焊接方向如图 12-22 所示。

（4）走台的组装焊接　门式起重机的走台与桥式起重机的走台组装焊接方法基本相同。如果走台上有电缆，小车轨道应一并组装焊接，并应控制其水平弯曲。

（5）组装焊接小车轨道　定位焊轨道压板，然后沿梁长均布分别焊接轨道压板。

（6）组装焊接跨端法兰座板　方法略。

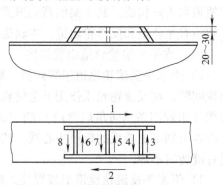

图 12-22　组装焊接支腿连接座框板

3. 双主梁门式起重机桥架工艺要点

（1）主梁跨端支腿连接座框板组装焊接　单根主梁制造后要根据图样尺寸确定支腿连接座的中心，在下盖板上划出框板位置线，组装焊接框板。

（2）桥架的组装　双梁门式起重机主端梁组装焊接方法与桥式起重机基本相同。

符合要求后，在主梁上、下盖板上用工艺筋（型钢）将两主梁定位焊固定，然后组装焊接端梁、走台和小车轨道压板，具体工艺措施同桥式起重机。

二、支腿的装配焊接

支腿是门式起重机的主要部件之一。支腿根据起重机种类不同，可分为单主梁门式起重机支腿、双主梁门式起重机支腿等。

支腿装配焊接通常采用的主要工艺过程如下：

1）确定基准件。通常以直线形盖板为基准，将它放在平台上，划出筋板的定位线，两边每隔一定距离用压板螺栓压紧在平台上，如图 12-23 所示。

2）组装焊接筋板。筋板与盖板组装定位焊后，要用角尺或样板检查，符合要求方可进行焊接。为防止焊接筋板时盖板产生旁弯变形，应采用正反两方向焊接筋板，如图 12-24 所示。

3）为减小支腿的整体变形，腹板和盖板上的加筋扁钢应事先组装焊接，若焊后有变形，可少焊一部分以不产生角变形为止，如图 12-25 所示。

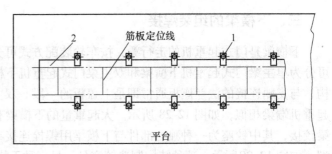

图 12-23　压板螺栓压紧盖板

1—压板螺柱　2—盖板

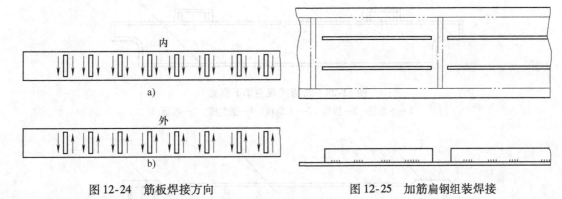

图 12-24　筋板焊接方向

图 12-25　加筋扁钢组装焊接

4）组装定位焊两腹板，形成Ⅱ形构件。如果筋板与另一块盖板采用塞焊，应先组装焊接筋板上的衬板，如图 12-26 所示。

5）将Ⅱ形构件卧放在平台上，同主梁一样焊接内壁焊缝。

6）Ⅱ形构件组装盖板。如果盖板与隔板采取塞焊，应先在盖板的对应位置划线钻出塞焊孔。

7）焊接支腿四条长焊缝。可采用埋弧自动焊、气体保护焊和焊条电弧焊等，焊接次序同主梁一样根据支腿的弯曲方向确定，应先焊拱曲方向的焊缝，如图 12-27 所示。

8）塞焊盖板筋板焊缝。如果支腿向塞焊盖板方向拱曲，应将支腿两端垫起塞焊。若支腿向相反方向弯曲，应将支腿挠曲处顶起进行塞焊。

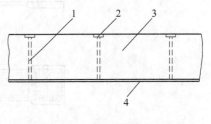

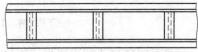

图 12-26　衬板焊接

1—筋板　2—衬板　3—腹板　4—盖板

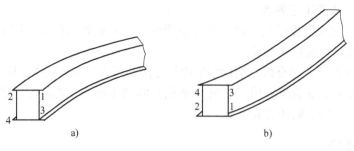

图 12-27　支腿焊接次序

对于支腿筋板与盖板、腹板四周全焊的焊缝，焊工从支腿的一端，通过筋板洞孔进入内部进行焊接，并要控制焊接变形。

三、下横梁的组装焊接

下横梁是门式起重机的走行梁，按车轮装配方式可分为弯板式和车轮嵌入式等。下横梁按起重机的类型可分为单主梁门式起重机下横梁和双主梁门式起重机下横梁。单主梁门式起重机下横梁多数是变截面箱形结构，与支腿连接的法兰座板通常即是上盖板的一段。双主梁门式起重机下横梁通常是等截面箱形梁，与桥式起重机端梁相似，如图 12-28 所示。大起重量的下横梁有两种形式。一种是下横梁两端下面通过铰座与平衡梁铰接，其中铰座为一种独立部件与下横梁用螺栓连接在一起，下横梁与支腿连接的法兰座板是上盖板的一端，如图 12-29 所示。这种结构制造较容易。另一种下横梁与支腿连接的形式与前一种类似，两端下面焊有耳板，通过耳板上的加工孔与平衡梁相铰接，制造时应使下横梁两端耳板的几何尺寸符合要求。

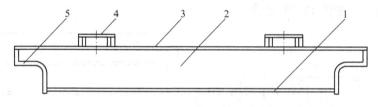

图 12-28　弯板式双主梁下横梁
1—下盖板　2—腹板　3—上盖板　4—法兰座　5—弯板

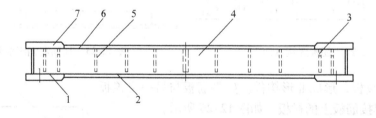

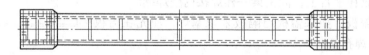

图 12-29　双主梁门式起重机下横梁
1—下法兰座　2—下盖板　3、5—筋板　4—腹板　6—上盖板　7—上法兰座

下面介绍耳板式下横梁组装焊接工艺。

1）将上盖板铺放于平台上，开坡口和背面碳弧气刨清根，采用正反面焊接对接焊缝。

2）研配焊接两端的法兰座板，每道焊缝要求焊透，并应采用 X 射线照相检测或超声检测。

3）将上盖板翻身放在平台上，矫平、划线，并组装筋板，用直角尺测量控制隔板的垂直度，如

图 12-30 所示。

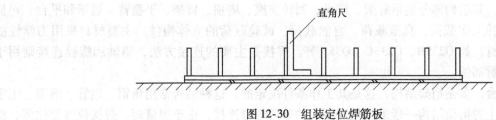

图 12-30 组装定位焊筋板

4）组装定位焊两腹板。为防止焊接筋板与腹板连接焊缝时腹板产生向内的角变形，预先在组装耳板处定位焊支承筋，如图 12-31 所示。

5）Ⅱ形梁焊接内壁焊缝，然后去掉内耳板处腹板支承筋。根据轮距尺寸确定耳板的距离，将耳板组装定位焊于腹板上。为防止焊接耳板时腹板向内弯曲变形，耳板中间要焊支承筋，如图 12-32 所示，然后进行焊接。

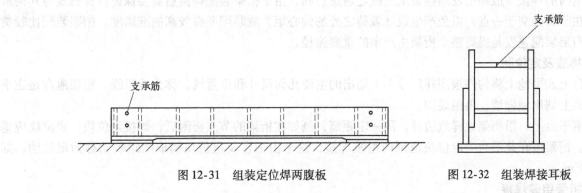

图 12-31 组装定位焊两腹板

图 12-32 组装焊接耳板

6）组装定位焊下盖板。首先割掉耳板上的支承筋，然后将下盖板吊放于Ⅱ形梁上组装定位焊，如图 12-33 所示。

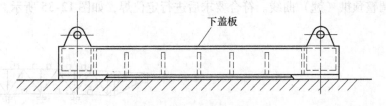

图 12-33 组装焊接下盖板

7）焊接下横梁四道纵向焊缝。先焊下盖板与腹板的纵向角焊缝，后焊上盖板与腹板的纵向角焊缝。

第五节 桁架起重机的装配焊接

一、桁架起重机的种类

桁架起重机属于臂架类型起重机，主要有塔式起重机、门座起重机、轮胎起重机、履带起重机、铁路起重机等，其结构的生产特点均属于焊接桁架，即由直杆在节点处通过焊接相互连接组成的、承受横向弯曲的格构式桁架结构。桁架结构是由许多长短不一、形状各异的杆件通过直接连接或借助辅助元件（如连接板）焊接而成节点的构造。

桁架结构具有材料利用率高、质量小、节省钢材、施工周期短及安装方便等优点，尤其在载荷不大而跨度很大的结构上优势更为明显，因此，在主要承受横向载荷的梁类结构、起重机臂架上应用非常广泛。桁架杆件材料的选用,与其工作条件、承受载荷的大小及跨度等因素有关。

以塔式起重机为例,其结构部分包括底架、塔身、回转支座、塔顶、臂架、平衡臂、通道和平台、司机室等,大部分是承受各种工作载荷、自重载荷、自然载荷、试验载荷的立体构件。主要材料采用力学性能高、工艺性好的轧制钢材,如 Q235B、Q235C、Q355 等。焊接是主要的连接方法,销轴和螺栓连接则用于为方便运输与安装的可拆部位。

塔机钢结构除了转台,多是桁架结构,这是其工作条件决定的,这种结构常用角钢、钢管、槽钢、工字钢等型材。目前,塔机上的桁架结构一般采用长度不大的分散焊缝连接,由于焊缝短,焊接位置变化多,所以主要采用半自动焊焊接。

二、桁架的焊接生产

由于桁架产品的焊缝多为短的角焊缝,实现焊接自动化比较困难,故目前国内主要采用焊条电弧焊及 CO_2 气体保护焊,后者有较高的生产率,值得推广。

桁架结构的焊接一般都是在结构装配完成之后进行的,由于桁架装配焊接后需要保证杆件轴线与几何形线重合,在节点处交于一点,以免产生设计载荷之外的偏心矩,故装配要有较高的准确度。桁架装配比较费时,提高桁架装配速度是提高整个桁架生产率的重要途径。

1. 地样线及定位胎

在平台上或平地上将构件按图样尺寸 1:1 划出的主要几何尺寸和位置线,称为地样线。桁架通常是在平台上或地面上划出地样线,再组装的。

在型钢平台上,沿桁架地样线边界,隔一定距离,例如在桁架的节点板附近,焊接定位块,定位块应垂直于平台。桁架可在此平台上定位块范围内组装焊接,这个由平台及定位块构成的组装胎称为定位胎,如图 12-34 所示。

2. 副桁架组装焊接

型钢的收缩量可按每个节点 1mm 计算。

上、下弦杆用顶床预制拱(翘)度曲线。按地样线组装节点板上弦杆、下弦杆、竖杆和斜杆。定位胎上焊有螺旋顶,用以调整预拱(翘)曲线。符合要求后进行定位焊,如图 12-35 所示。

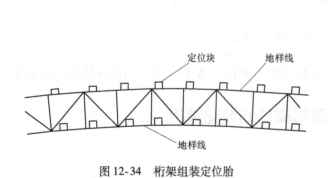

图 12-34 桁架组装定位胎

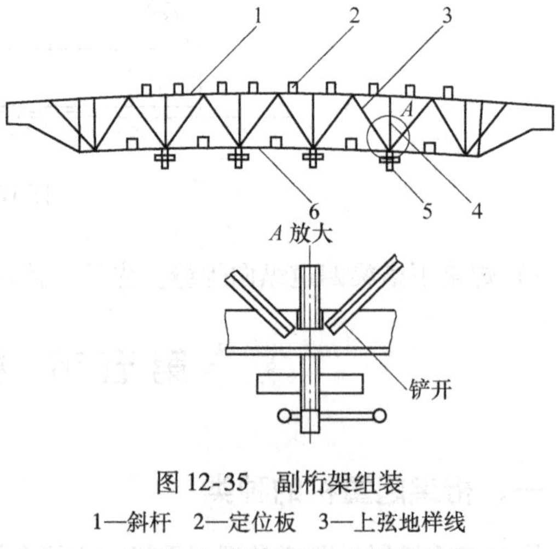

图 12-35 副桁架组装
1—斜杆 2—定位板 3—上弦地样线
4—竖杆 5—螺旋顶 6—下弦地样线

首先焊接下弦杆焊缝,然后焊接上弦杆焊缝。

如果上弦杆某处拱(翘)度不足,可将斜杆(竖杆)一端焊缝铲开,在该节点处旋加外力,符合要求后焊接。

3. 主桁架组装焊接

上、下弦杆可利用型钢原有的自然弯曲再经顶压或火焰调弯使其符合地样线上的拱(翘)度曲线,放置在定位胎上，如图 12-36 所示，再组装竖杆和斜杆。对焊接结构可先焊下弦杆节点处焊缝，后焊上弦杆节点处焊缝。悬臂端焊序相反。上、下弦均由跨中节点处向两边节点逐个焊接，也可由多个焊工同时焊接。对可拆结构可在定位后，在各杆件上钻定位孔，拧紧顶装螺栓。

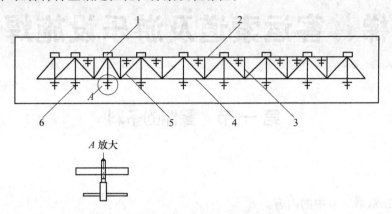

A 放大

图 12-36　主桁架组装焊接

1—定位块　2—上弦杆定位线　3—竖杆定位线　4—下弦杆定位线　5—斜杆定位线　6—螺旋顶

电梯、客运索道及游乐设施焊接

第一节 零件的备料

一、材料要求

材料要求见第十二章第二节中的内容。

二、下料的准备

1. 熟悉图样

钢结构图一般比较复杂，图中线条较多，但基本上是由钢板、型钢组成的。要核查件号，弄清某个零件是钢板还是型钢，再根据三面投影关系，弄清该零件的尺寸和形状。

（1）钢结构图的特点 同一个图上有时使用不同的比例：较大的钢结构在画图时都要按比例缩小，在画钢板厚度、型材断面等小尺寸图形时，可在同一图中使用不同比例画出。要注意构件的中心线和重心线，在确定零件之间的相互位置、形状、尺寸时，要以构件的中心线为基准计算。桁架类构件一般由型钢构成，型钢的重心线是绘图的基准，也是放样划线的依据。看图时，首先要弄清中心线、重心线以及各线之间的关系，计算尺寸时要力求精确。当图画标注尺寸与标题栏中尺寸不相符时，一般以图画尺寸为准，并应与设计人员进行确认。焊接结构一般要画出装配以后焊接以前的状况，除局部放大图外，不画出焊缝，只标注焊缝代号；特殊的接头形式和焊缝尺寸，可以画出局部断面放大图来表达清楚。焊缝的断面要涂黑，以区别焊缝和母材。

（2）钢结构焊接施工图读图方法 读图时一般按以下顺序进行，首先阅读标题栏，了解产品名称、材料、重量、设计单位等。核对一下各零件的图号、名称、数量、材料等，确定哪些为外购件或库领件，哪些为锻件、铸件或机械加工件。再阅读技术要求和工艺文件（工艺规程、工艺工装说明等）。正式识图时，要先看总图再看部件图，先看全貌再看零件图，有剖视图的要求结合剖视图再弄清大致结构，然后按投影规律逐个零件阅读。先看零件明细栏，确定是钢板还是型钢，然后再看图，弄清每个零件的材料、尺寸及形状，还要看清各零件连接方法、焊缝尺寸、坡口形状、是否有焊后加工的孔洞、平面等。

2. 划线

按构件设计图样的图形与尺寸1∶1在待下料的钢材上划出，以便按划线图形进行下料加工，这一工序称为划线。生产中经常采用的划线方法有样板和草图划线两种，划线时注意以下事项：

1）熟悉结构构件的图样和制造工艺，根据图样检验样板、样杆，核对选用的钢牌号、规格是否符合规定的要求。

2）检查钢材是否有表面麻点、裂纹、夹层及厚度不均匀等缺陷。

3）划线前应将材料垫平、放稳，划线时要尽可能使线条细且清晰，笔尖与样板边缘间不要内倾和外倾。

4）划线时应标注各种下道工序用线，例如，弯曲件的弯曲范围或折弯线、中心线、比较重要的装配位置线等，并加以适当标记以免混淆。

5）弯曲零件排料时，应考虑材料轧制的纤维方向。

6）钢板两边不垂直时一定要去边。较大尺寸的矩形划线时，一定要检查对角线。

7）划线的毛坯，应注明产品的图号、件号和钢牌号，以免混淆。

8）注意合理排料，提高材料的利用率。

3. 放样

根据构件的图样，按1:1的比例（或一定的比例）在放样台（或平台）上画出其所需要图形的过程称为放样。放样是焊接结构生产中的重要工序，对产品质量、生产周期、节约材料有着直接的影响。

放样工具：

（1）放样平台　放样平台有钢质和木质两种，但普遍使用的是钢质，一般是由厚12mm以上的低碳钢拼成。木质放样平台一般用70～100mm厚的优质木材制成。

（2）量具　放样使用的量具有钢卷尺、钢盘尺、钢直尺、直角尺、平尺等。

（3）其他工具　在钢板上进行放样划线时，常用的工具有划针、圆规、地规、粉线等。

放样方法有实尺放样、展开放样、光学放样等。

三、下料的方法

钢材切割下料过程一般在企业下料车间或下料中心进行，下料是采用某种方法把零件从钢材上切割下来的过程。金属制件的坯料一般可用火焰切割、等离子切割、剪切、冲裁或切削等方法下料。

第二节　钢结构装配

焊接钢结构的装配工艺是按照施工图将零件组装成部件并焊接，再将焊接好的部件组装成整体结构的过程。装配工作的质量好坏直接影响产品的最终质量，而且还将影响产品制造工期、产品生产成本，因此，装配在钢结构的制造中意义重大。

一、装配方法分类

钢结构的装配方法按机械化程度分为手工装配和机械装配两种。

1. 手工装配

手工装配是采用简单的工夹具、量具、样板、划线工具、起重机械等，以手工方法将零件定位、对准、固定。对于形状复杂且装配精度要求较高的结构，通常在专用的装配平台上先按图样划线放样，然后将形状不同的零件组对定位。在批量生产中，为提高效率，可利用样板和定位点，将零件或组件在专用的装配夹具或装焊夹具中装配，在此过程中焊件的就位、对准、压紧和固定以及用定位焊固定，仍以手工操作为主。

2. 机械装配

机械装配是将待装配的坯料或零件，由机械传送装置或起吊设备送至专用的自动装配夹具，装焊机械进行自动组对、夹紧、定位和定位焊固定，然后转入下道焊接工序。装配过程主要按规定的程序，由机械操作完成。

按照装配焊接的顺序，装焊过程可分为整装整焊、随装随焊、分部件装配焊接三种类型。

（1）整装整焊　先将全部零件按图样要求装配起来，然后转入焊接工序，将全部焊缝焊完。在此过程中，装配工人与焊接工人各自在自己的工位上工作，可实行流水作业，停工损失很小。装配可采用装配胎夹具进行，焊接也可采用滚轮架、变位器等工艺装备，有利于提高装配焊接质量。这种方法适用于结构简单、零件数量少、大批量生产的构件。

（2）随装随焊　即先将若干个零件组装起来，随之焊接相应的焊缝，然后再装配若干个零件，再进行焊接，直至全部零件装完并焊完，成为符合要求的构件。这种方法是装配工人与焊接工人在一个工位上交叉作业，影响生产率，也不利于采用先进的工艺装备和先进的焊接工艺方法。此种类型适用于单件、小批量生产和复杂结构的生产。

（3）分部件装配焊接　将结构件分解成若干个部件，各部件分别独立制作，将零件装配焊接成部件，然后再将各部件合并装配焊接成结构件。这一方式适合批量生产，可实行流水作业，几个部件同步进行，有利于应用各种先进工艺装备，有利于控制焊接变形，有利于采用先进的焊接工艺方法。可分解成若干个部件的复杂结构，如车辆底架、起重机卷扬车架、船体等。为此，焊接设计人员在进行结构设计时，尽量考虑使所设计的结构件能够分解为若干个部件，以利于组织生产。

二、装配的条件及基准

装配的条件见第十二章第二节中的内容。

装配过程中需要确定基准，基准是指某些作为依据并用来确定另外一些点、线、面位置的点、线、面。按不同的用途，基准一般分为设计基准和工艺基准两大类。

设计基准是按照产品的不同特点和产品在使用中的具体要求所选定的点、线、面，而其他的点、线、面是根据它来确定的。

工艺基准也称为生产基准，它指工件在加工制造过程中应用的基准。它仅在制造零件、部件和装配等过程中才起作用，它与设计基准可以重合，也可以不重合。装配常用的工艺基准有原始基准、测量基准、定位基准、检查基准、辅助基准等。

工件和装配平台（或夹具）相接触的面称为装配基准面，装配基准面按下列几点进行选择：工件的外形有平面也有曲面时，应以平面作为装配基准面；在工件上有若干个平面的情况下，应选择较大的平面作为装配基准面；根据工件的用途，选择最重要的面（如经过机械加工的面）作为装配基准面；选择的装配基准面要使装配过程中便于工件定位和夹紧。

三、装配的定位焊

装配的定位焊见第十二章第二节中的内容。

四、装配的质量要求

装配的质量要求见第十二章第二节中的内容。

第三节　工装夹具

一、工装夹具的分类和组成

工装夹具是指将待装配的零件准确组对、定位并夹紧的工艺装备。某些工装夹具专用于装配工序，称为装配工装夹具；某些工装夹具专用于焊接工序，则称为焊接工装夹具。既可用于装配又可用于焊接的工装夹具则称为装焊工装夹具。也可把上列几类工装夹具统称为装焊工装夹具。

焊接工装夹具按动力源分为七类，如图13-1所示。

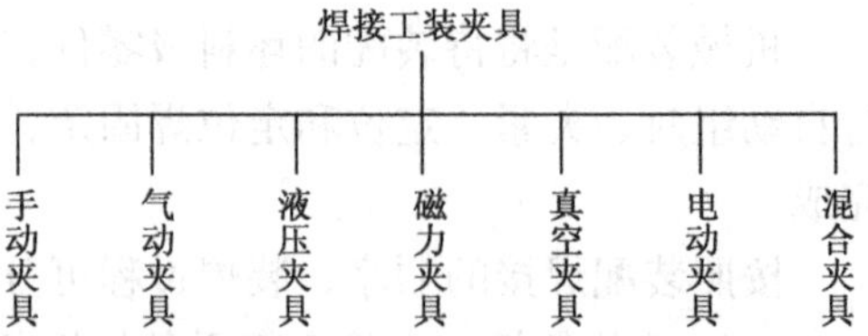

一个完整的夹具，由定位器、夹紧机构、夹具体三部分组成。在装焊作业中，多使用在夹具体上装有多个不同夹紧机构和定位器的复杂夹具（又称为胎具或专用夹具），其中，除夹具体是根据焊件结构形式进行专门设计外，夹紧机构和定位器多是通用的结构形式。

图 13-1　焊接工装夹具按动力源分类

二、装焊工装夹具的特点

装焊工装夹具的结构，取决于所装配焊件的结构和装配焊接工艺，在设计和选用各种装焊工装夹具时，应考虑如下特点：

1）装焊工装夹具的结构，必须考虑焊件在焊接过程中的热变形和收缩变形，还要降低焊接应力，避免焊接接头的开裂。

2）装焊工装夹具应按可能采用的焊接工艺方法决定的最大焊接电流，设置良好的导电机构。

3）对用于熔焊的夹具，工作时主要承受焊件的重力、焊接应力和夹紧力，有的还要承受装配时的锤击力，用于压焊的夹具则还要承受顶锻力。

4）装焊工装夹具的装配定位精度，应根据采用的焊接工艺方法和焊接设备而定，例如焊条电弧焊要求的装配精度比手工 TIG 焊低，手工 CO_2 气体保护焊要求的装配精度比机械或自动 CO_2 气体保护焊低，而薄板的自动焊、弧焊机器人或全自动焊接，则要求较高的装配精度，最高的精度要求达到 ±0.1mm。

三、定位器

定位器是将待装配零件在装焊夹具中固定在正确位置的器具，也可称定位元件，结构较复杂的定位器称为定位机构。

在装焊工装夹具中常用的定位器主要有挡铁、支承钉、定位销、定位槽、V 形块、定位样板等，这些定位器的外形如图 13-2 所示，其中挡铁和支承钉用于零件的平面定位，定位销用于零件的基准孔定位，定位槽用于矩形截面零件的定位，V 形块用于圆柱体和圆锥体的定位，定位样板则用于不规则曲面零件和组件的定位。

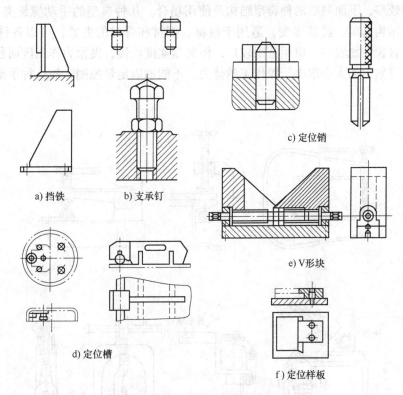

图 13-2　几种典型的定位器

对定位器的技术要求有耐磨度、刚度、制造精度和安装精度。在安装基面上的定位器主要承受焊件的重力，其与焊件的接触部位易磨损，要有足够的硬度。在导向基面和定程基面上的定位器，常承受焊件因焊接而产生的变形力，要有足够的强度和刚度。

如果夹具承重很大，焊件装卸又很频繁，也可考虑将定位器与焊件接触而易磨损的部位作成可拆卸或可调节的，以便适时更换或调整，保证定位精度。

四、夹紧机构

1. 夹紧机构的组成与分类

夹紧机构一般由动力装置、中间传动机构和夹紧元件组成。动力装置是产生原始力的部分，是指机构夹紧时所用的气压、液压或电动机等动力装置，手动夹紧机构没有这部分；中间传动机构即中间传力部分，是用以接受原始力并将它传递或转变为夹紧力的机构；夹紧元件是夹紧机构的最终执行元件，通过它与工件受压面直接接触而完成夹紧。

传动机构与夹紧元件合起来便构成夹紧机构。夹紧机构种类很多，有各种分类法。按原始力来源分为手动和机动两类，机动方式又分为气压夹紧、液压夹紧、气-液联合夹紧、电力夹紧等，此外还有用电磁和真空等作为动力源的。按夹紧机构位置变动情况分为携带式和固定式两类。按夹紧机构复杂程度分，有简单夹紧和组合夹紧两类；按组合方式不同又分成螺旋-杠杆式、螺旋-斜楔式、偏心-杠杆式、偏心-斜楔式、螺旋-斜楔-杠杆式等。

2. 手动夹紧机构

手动夹紧机构是以人力为动力源，通过手柄或脚踏板，靠人工操作用于装焊作业的机构。其结构简单，具有自锁和扩力性能，但工作效率较低，劳动强度较大，一般在单件和小批量生产中应用较多。

3. 气动与液压夹紧机构

气动夹紧机构是以压缩空气为传力介质，推动气缸动作以实现夹紧作用的机构。液压夹紧机构是以压力油为传力介质，推动液压缸动作以实现夹紧作用的机构。两者的结构和功能相似，主要是传力介质不同。

夹紧机构的类型较多，下面列举两种典型结构及使用场合。几种典型的手动螺旋夹紧机构如图13-3所示。这些夹紧机构的结构简单、灵活多变，适用于板材、型材和管材的夹紧，可以各种形式固定于夹具体上，其夹紧力较大，自锁性能较好，应用范围较广，但夹紧速度较慢，夹紧力作用区面积较小，容易产生凹陷。其另一个缺点是夹紧力的大小取决于操作工的体力，不能加以定量控制，故这种手动夹紧机构多数用于单件和小批量生产。

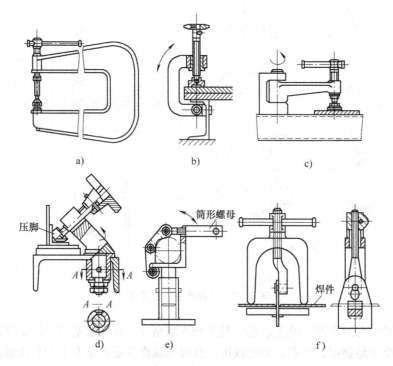

图13-3　几种典型的手动螺旋夹紧机构

几种典型的手动凸轮（偏心轴）夹紧机构的结构如图13-4所示。这类夹紧机构的特点是夹紧速度比螺旋夹紧机构快得多，只需将手柄推或拉一次，即可将工件夹紧。其缺点是夹紧机构的工作行程有限，扩力作用较小，自锁性能不如螺旋夹紧机构，因此，大多用于对夹紧力要求不高的场合。

手动杠杆-铰链夹紧机构，是借助杠杆与连接板的组合，对工件实行夹紧的机构，它具有夹紧速度快、工作行程大、结构形式多样、机动灵活和使用方便等特点，是目前装焊工装夹具中应用最广的夹紧机构之

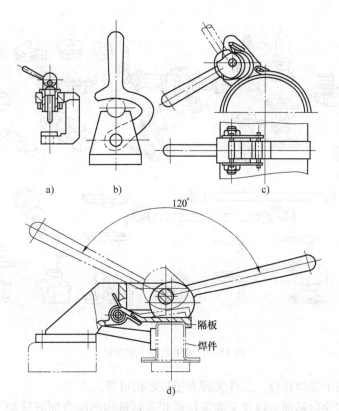

图 13-4 几种典型的手动凸轮（偏心轴）夹紧机构的结构

一。图 13-5 所示为几种杠杆-铰链夹紧机构的基本结构形式。

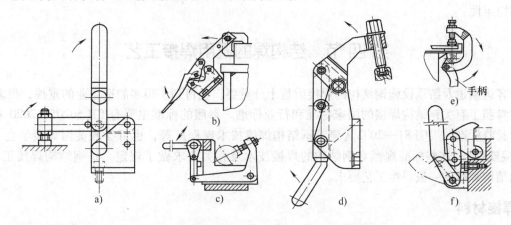

图 13-5 几种杠杆-铰链夹紧机构的基本结构形式

对于一般金属结构件的装焊作业，可以采用如图 13-6 所示的通用装焊工装夹具，这种装焊工装夹具可以按照焊件的形状和零件数量，任意组合定位器和夹紧机构，故特别适用于单件和小批量生产。

五、夹具体

夹具体是装焊夹具的重要组成部分，其结构应按所装配工件的外形设计。夹具体上安装定位器和夹紧机构，同时也可作为安装基面，因此应具有足够的刚度和强度。夹具体的结构是决定装焊夹具功能是否符合技术要求的关键。

夹具体的设计与制造应满足下列基本要求：

1）夹具体应有足够的刚度和强度，外形尺寸应与所装配的零件尺寸相配。夹具体的体积不宜过大。

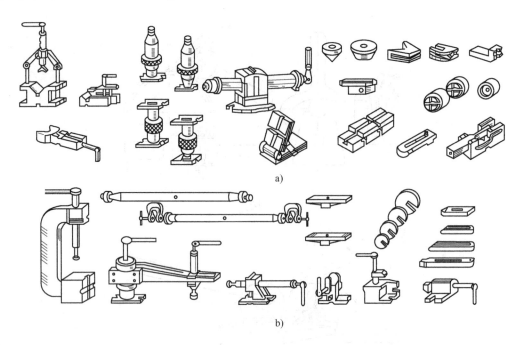

图 13-6　通用装焊工装夹具

2）夹具体的结构应便于装焊作业，工件装卸方便且定位可靠。

3）夹具体安装基面和导向基面，以及安装定位器和夹紧机构的配合面必须加工精确，符合设计图样规定的公差要求。

4）夹具体的装焊平台可以采用铸造结构，也可采用板焊结构，但焊后必须经消除应力处理，以保证夹具体的尺寸稳定性。

第四节　结构焊的通用焊接工艺

电梯、客运索道及游乐设施钢结构的焊接质量十分重要，也得到了很多制造企业的重视，很多企业在钢结构制造中参照了有关钢结构焊接的国家标准和行业标准。参照的标准主要有 GB 50205—2020《钢结构工程施工质量验收标准》、JGJ 81—2002《建筑钢结构焊接技术规程》等，也可参照美国焊接学会 AWS D1.1《钢结构焊接规程》。这些标准规范对钢结构的焊接技术及相关要求做了规定，是钢结构焊接工艺的基础。这里介绍钢结构焊接的一般焊接工艺要求。

一、焊接材料

1）焊条、焊丝、焊剂应储存在干燥、通风良好的地方，由专人保管。

2）焊条、焊剂和药芯焊丝在使用前，必须按产品说明书及有关工艺文件的规定进行烘干。

3）低氢型焊条烘干温度应为 350~380℃，保温时间应为 1.5~2h，烘干后应缓冷放置于 110~120℃ 的保温箱中存放、待用；使用时应置于保温筒中；烘干后的低氢型焊条在大气中放置时间若超过 4h 应重新烘干；焊条重复烘干次数不宜超过 2 次；受潮的焊条不应使用。

4）实心焊丝及导电嘴导管应无油污、锈蚀，镀铜层应完好无损。

5）焊条、焊剂烘干装置及保温装置的加热、测温、控温性能应符合使用要求。二氧化碳气体保护电弧焊所用的二氧化碳气瓶必须装有预热干燥器。焊接不同类别的钢材时，焊接材料的匹配应符合设计要求。常用结构钢材采用焊条电弧焊、二氧化碳气体保护焊和埋弧焊进行焊接时，焊接材料可按标准的规定选配。

6）焊条类别和尺寸、电弧长度、电压以及电流必须适合于材料厚度、坡口类型、焊接位置和伴随作业所出现的其他情况。

7）用于 SAW 的焊剂必须干燥且未受污物，应防止氧化皮或其他外来物的污染。所有采购的焊剂必须有包装，包装损坏的焊剂必须予以废弃或在使用前不低于 260℃烘干 1h。打开包装后焊剂必须立即放入发放系统，若使用已打开包装的焊剂，最上层 25mm 厚的焊剂必须废弃。已潮湿焊剂严禁使用。

二、焊接环境

焊接时焊接作业区的风速，当焊条电弧焊时超过 8m/s、气体保护焊时超过 2m/s，则应设防风棚或采取其他防风措施。制作车间内焊接作业区有穿堂风或鼓风机时，也应按以上规定设挡风装置。焊接作业区的相对湿度不得大于 90%，当焊件表面潮湿或有冰雪覆盖时，应采取加热去湿除潮措施。焊接作业环境温度低于 0℃时，应将构件焊接区各方向大于或等于两倍钢板厚度且不小于 100mm 范围内的母材，加热到 20℃以上后方可施焊，且在焊接过程中均不应低于这一温度。

三、焊接工艺评定及焊工要求

钢结构的焊接工艺规程必须按照相关的焊接工艺评定要求进行评定，制造及施工企业应按工艺评定结果编制详细的焊接工艺规程，并由经技能考试合格的焊工按规定的焊接工艺规程对结构进行焊接，以确保接头的焊接质量。

四、预热和层间温度

焊件的预热温度不得低于焊接工艺规程的规定。预热区的宽度不得小于焊件的最大厚度，且不应小于 75mm。最低的层间温度应不低于最低预热温度。

不同钢材组合的焊接接头，最低预热温度取其中较高值。

预热温度和层间温度应在施焊前加以测量和核对。

应注意焊接接头的坡口形式和实际尺寸、板厚及构件拘束条件对预热温度的影响，焊接坡口角度及间隙增大时，可适当提高预热温度。

五、临时焊缝、定位焊缝

临时焊缝是指组装构件时所需的工艺性焊缝，这些焊缝也采用与构件连接焊缝相同的焊接工艺来完成。通常这些临时焊缝应在构件组装焊接后加以清除。

对于承受交变载荷的板材、型材接头、调质钢制构件受拉区，不应加设临时焊缝。其他部位必须加临时焊缝时，应在施工图中标明。

定位焊缝是在焊接构件连接焊缝前，为固定结构元件而在接缝上或焊接坡口内施焊的工艺性焊缝，其质量应符合构件连接焊缝的要求。在连续埋弧焊时可重熔的单道定位焊缝，焊前不必预热。容许这种定位焊缝存在咬边、未填满弧坑和气孔等缺陷。

长度等于或小于 10mm 的定位角焊缝或要求根部深熔的定位焊缝的外形，应符合相应标准对连接焊缝的要求，不符合要求的定位焊缝在主焊缝焊接之前应加以清除或以适当的方法加以修整。不要求熔入主焊缝的定位焊缝应予清除。某些静载荷结构上的定位焊缝容许保留。

六、返修及焊补

经检查，钢结构上的焊缝如果发现不容许的焊接缺陷，可按缺陷的数量和长度选择返修方法。不合格焊缝的返修应符合下述要求：

1）焊瘤、过量的凸鼓、过大的余高，应采用适当的方法清除过量的焊缝金属。

2）过量的焊缝凹陷、弧坑、焊缝尺寸不足和咬边等，应修整焊缝表面并加以焊补。

3）未熔合、夹渣、过量的焊缝气孔，应清除缺陷并加以焊补。

4）焊缝或母材的裂纹，应采用适当的检测方法确定裂纹的深度和长度，清除所有的裂纹及裂纹每端

50mm 长的完好金属，并加以焊补。

焊接变形的构件如果采用局部加热矫正，加热温度不应超过650℃，调质钢的加热温度不应超过600℃。

第五节　电梯钢结构焊接

电梯是机械、电气紧密结合的大型复杂产品，电梯中最主要的焊接结构是轿厢，轿厢由轿厢体、轿厢架及有关构件组成。轿厢架是轿厢的承载结构，应有足够的强度，轿厢架一般由上梁、立柱、底梁和拉链等组成。底梁用以安装轿厢底，直接承受轿厢载荷，现在常用框式焊接结构，如图13-7所示，用型钢或折弯钢板焊成框架，中间有加强的横梁与立柱连接，焊接方法采用焊条电弧焊或二氧化碳气体保护焊。轿厢体也是组装焊接而成的，如轿底板与框架、轿壁与加强筋的焊接。电梯制造中薄板的焊接采用钨极氩弧焊，电器开关箱等螺柱与箱体的连接采用螺柱焊。

自动扶梯金属结构的作用在于安装和支承自动扶梯的各个部件、承受各种载荷以及将建筑物两个不同层高的地面连接起来，它的整体刚性及局部刚性的好坏直接影响扶梯的性能。对于中、大提升高度的自动扶梯，金属骨架常采用多段结合式结构。对于小提升高度的自动扶梯金属骨架，只要运输、安装条件许可，一般骨架在车间拼装和焊接成一体，两端利用承载角钢支承结构，图13-8所示为扶梯的金属结构。自动扶梯的金属结构骨架是个桁架结构，国内外有两种主材的结构形式：一种采用热轧125 mm ×80mm ×10mm 角钢作为主梁，6、3号槽钢作为主材；另一种采用110 mm ×80mm ×10mm 异形矩形管材作为

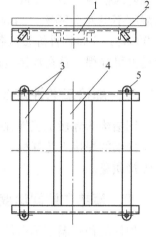

图 13-7　框式结构底架
1—轿厢底　2—螺杆　3—边框
4—横梁　5—拉条耳

主梁，80mm ×60mm ×10mm 异形矩形管材作为主材。自动扶梯的金属结构骨架都采用焊接方法进行拼装，其焊接方法一般采用焊条电弧焊、二氧化碳气体保护焊或埋弧自动焊，焊接变形和焊接质量至关重要，控制和消除焊接变形的常规做法是采用自然时效，但时间很长，占地多，不允许这样做。目前，国内有些公司采用振动时效方法消除焊接后的残余应力，效果很好。

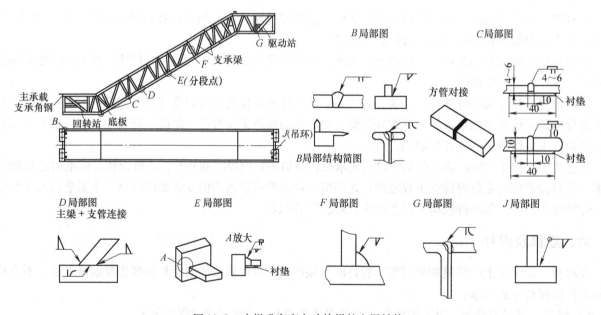

图 13-8　小提升高度自动扶梯的金属结构

第六节　客运索道钢结构焊接

客运索道是利用架空绳索支承和牵引客车运送乘客的一种机械运输设施，客运索道的主要焊接结构是支架钢结构，其结构形式如图13-9所示。其中，图13-9a所示为用钢管焊接而成的塔柱和塔架；图13-9b所示为做成四边形桁架结构形式的支架；图13-9c所示为用钢板焊接成四边形封闭式结构的支架。支架的焊接一般采用焊条电弧焊，焊缝有对接焊缝和角接焊缝。客运索道中其他结构如鞍座都是焊接制造而成的。

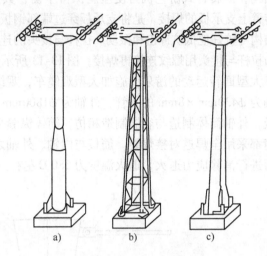

图13-9　支架结构图

焊接接头形式主要有对接接头、搭接接头、T形接头和角接接头等。这些钢结构大部分采用全焊接结构，结构承受静载或动载。这部分钢结构与乘坐客运索道的人员安全密切相关，一旦失效必将危及人身安全，因此，制造企业必须严格遵循相应的法规和标准，制订正确合理的焊接工艺规程，确保钢结构的焊接质量和可靠性。

第七节　游乐设施钢结构焊接

焊接是游乐设施零部件连接与紧固的重要方式，其优点是构造简单，任何形式的构件都可直接连接，制作加工方便，结构刚度大，整体性好；缺点是焊缝附近有热影响区，钢材的金相组织发生改变，导致局部材质变脆，残余变形使结构形状、尺寸变化，焊接裂缝易扩展。游乐设施制造中常用的焊接方法有焊条电弧焊、气体保护焊和埋弧焊。

游乐设施焊缝连接应符合 GB 50017—2017《钢结构设计标准》中11.2条和11.3条要求，合理选择材料的种类，尽量采用标准件、通用件和型材，合理设计结构形式，尽量采用最简单和最合理的接头形式，减少短而不规则的焊缝和避免不易加工的空间曲面结构。合理布置焊缝，例如对称布置焊缝，避免焊缝交叉、密集，重要的焊缝应连续，次要的联系焊缝可断续，使有利于焊接施工和减少焊接工作量，便于控制焊接应力和变形。

焊接结构件设计应注意尽可能采用合理的结构形式和焊接工艺，使焊接工作量能够减至最少，焊接件可不再或仅需少量机加工，焊接变形和焊接应力能减至最少；能为焊接操作者创造良好的劳动条件，降低结构生产成本，提高生产率。焊接件应具有好的定位基准以保证组装的可操作性，应考虑焊接操作方便，在设计图中保证焊接作业时的最小间距；焊缝的位置应使焊接设备的调整次数和工件的翻转次数为最少；考虑最有效的焊接位置，以最小量焊接达到最大量效果，尽量设计为平焊、横焊，避免立焊、仰焊；避免将焊缝设计在应力容易集中的地方，特别是重要部件或承受反复载荷的焊接件；焊缝的根部应避免处于受拉应力的状态，直接传递负载的焊件，采用整体嵌接为好，将工作焊缝转为联系焊缝；箱形焊接结构件应尽量设计为折弯件的拼焊；避免焊缝过分集中，焊缝间应保持足够的距离，以防止裂纹和减少变形；焊缝端部容易产生锐角的地方，应尽量使角度变缓，薄板筋的锐角必须去掉，因为尖角处易熔化；T形接头受集中载荷作用时，必须使集中载荷处有足够刚度。

一、游乐设施典型焊接结构

游乐设施是载人或高速运转载人设备，承受动载荷为主，所采用钢材类型大多为钢管，制造游乐设施所用的焊接结构和工艺也一直是关注的重点。

由于局部焊接结构及焊缝形式设计不合理，焊接制造工艺不合理，焊接质量不重视，游乐设施在运行中就会出现焊缝开裂现象，从而导致设备和人身事故。高速运转的游乐设施中，座舱及其连接机构是关键的焊接结构，回转臂式游艺机为使座舱保持平衡，其焊接结构主要包括拉杆、座舱、回转臂，如图 13-10 所示。回转臂上支承板的焊接，是将支承板穿过端部钢板，插入箱形梁的缺口中，并与其焊接，如图 13-11 所示，这种结构可较好地抵抗冲击和振动。拉杆与接头的连接采用如图 13-12 和图 13-13 所示的结构，其中图 13-12 所示为拉杆与接头用螺纹连接再焊接，图 13-13 所示是把接头尾部加工一段圆柱再焊接，并有 4 个塞焊点。

大型回转运动的游乐设施如大型观缆车，观缆车沿水平轴回转，其轴采用的焊接结构如图 13-14 所示，内轴为 $\phi430mm \times 8mm$ 的圆管，外轴为 $\phi1800mm \times 16mm$ 的筒体，长度为 4800mm。内轴与外轴之间有加强筋板，外轴筒体制造与容器制造相仿，筒体纵缝采用埋弧自动焊，环缝采用焊条电弧焊或埋弧自动焊，筒体焊缝都采用全焊透对接焊缝。筋板与内轴、外轴之间采用焊条电弧焊。观缆车主轴的焊缝多数较复杂，焊件焊后进行消除应力退火，退火温度为 580℃ 左右。

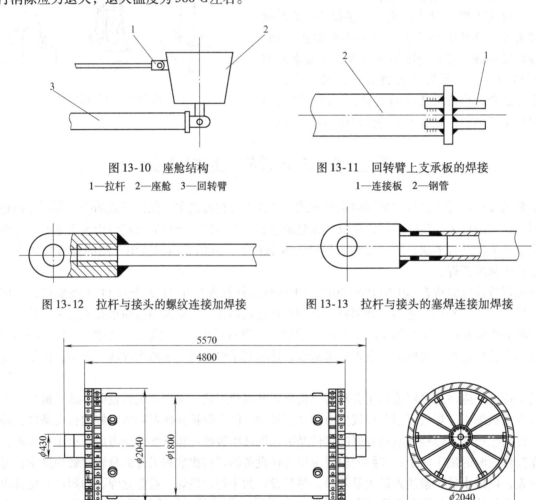

图 13-10　座舱结构
1—拉杆　2—座舱　3—回转臂

图 13-11　回转臂上支承板的焊接
1—连接板　2—钢管

图 13-12　拉杆与接头的螺纹连接加焊接

图 13-13　拉杆与接头的塞焊连接加焊接

图 13-14　观缆车水平轴结构

过山车、大型观缆车类钢结构的制造中大部分使用钢管，钢管之间的连接靠焊接。焊接是一个系统工程，关联的因素很多，而国内的设计院大多对结构的完整性重视的多，对接头细部的焊接质量要求的少，这里正是出问题的部位。采用管结构，美观漂亮。图 13-15 和图 13-16 中推荐了一些接头形式和焊缝情况，供游乐设施制造企业参考。钢管接头复杂，焊接位置变化大，利用必要的工装是焊接接头和焊缝质量的保证。游乐设施制造厂在选择焊接方法上有焊条电弧焊、二氧化碳气体保护焊、氩弧焊、埋弧自动焊等方法，追求质量是前提，管接头形式变化无穷，焊条电弧焊应是制造安装必不可少的方法之一，制造厂在制订工艺路线时应把该工艺方法放在首位。

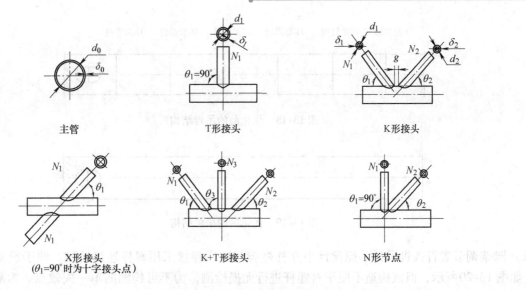

图 13-15 主管、支管及接头

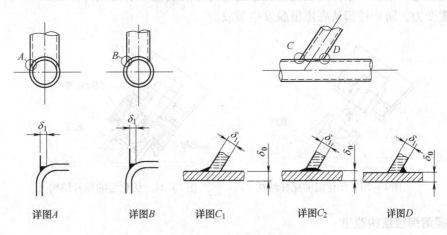

图 13-16 接管焊缝详图

二、焊接结构优化设计

1. 挑战者之旅（大摆锤）焊接设计改进

挑战者之旅包括立柱、吊臂、动力头、转盘（设有座舱）、活动站台等，如图 13-17 所示。整个动力头与四根立柱连接，动力头中间法兰与竖直方向的吊臂体连接，动力头上设有摆动吊臂体的驱动装置，吊臂体下端设有在垂直于吊臂体的平面内转动的转盘。

（1）吊臂设计改进 原先由于材料采购规格所限，吊臂主体由 7 个圆筒拼接而成，有 6 条环形焊缝，对焊接质量要求高，整体性难以控制，并增加了检测工作量，如图 13-18 所示。通过与钢管厂协商，定制符合要求的加长钢管，因此取消了环形焊缝，如图 13-19 所示，消除了焊接对整体性能的影响及焊接过程的不可控因素。

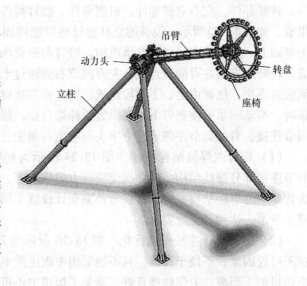

图 13-17 挑战者之旅三维示意图

环形焊缝　环形焊缝　环形焊缝　环形焊缝　环形焊缝　环形焊缝

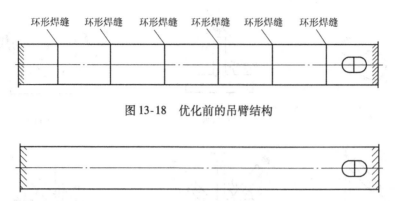

图 13-18　优化前的吊臂结构

图 13-19　优化后的吊臂结构

（2）脚架调节螺杆改进设计　原设计中立柱柱脚与底座连接采用螺杆连接结构，便于设备安装及位置调整，如图 13-20 所示，但该构造不便于对螺杆进行无损检测，为不可检测的单一失效点。为避免调节螺杆失效，在柱脚和底座之间增加一个保险装置，正常运行时保险装置不承受载荷，如图 13-21 所示，在调节螺杆失效时保险装置受力，防止柱脚从底座滑脱发生事故。

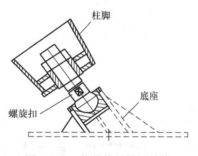

图 13-20　优化前的螺杆结构

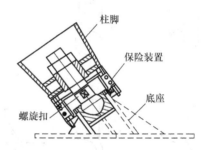

图 13-21　优化后的螺杆结构

2. 超级波浪翻滚焊接结构改进

超级波浪翻滚是新型的大型游乐设备，如图 13-22 所示，当转臂与摇臂的转速、旋转方向连续变化时，座舱在空中不断改变状态，使乘客领略到顶级的刺激。设备由座舱部件、左右万向节部件、转臂部件、左右立柱部件、机座部件、摆臂部件、站台部件等组成，如图 13-23 所示。设备的立柱通过地脚螺栓固定在钢筋混凝土基础上，立柱是本设备的支承机构，转臂和摇臂均由钢板焊接而成，转臂下方与左万向节连接，左万向节右侧通过十字头与座舱左侧法兰连接，摇臂由上、下两段组成，当转臂和摇臂旋转速度不一致时，滚动轴承可使摇臂下段在纵方向伸缩自如。摇臂下方与右万向节连接，右万向节左侧通过十字头与座舱右侧法兰连接。

图 13-22　超级波浪翻滚

（1）转臂内焊接结构设计　图 13-24 所示为转臂弯角与左万向节连接部分焊接结构，构件在交变应力的作用下，在弯角突变处容易变形，产生应力集中，图 13-25 所示为优化后的焊接结构，可看出在弯角突变处设置了回形隔板，起到加强筋的作用，提高了弯角处的强度并可减少变形，达到了工况要求。

（2）万向节十字头结构优化　图 13-26 所示为万向节十字头结构，由板材焊接而成，在焊接过程中存在不可控因素，不便于检验，且不能采用中碳优质钢。图 13-27 所示十字头结构为改进后采用优质中碳钢锻造后机加工而成，力学性能良好，避免了焊接中不可控因素的影响。

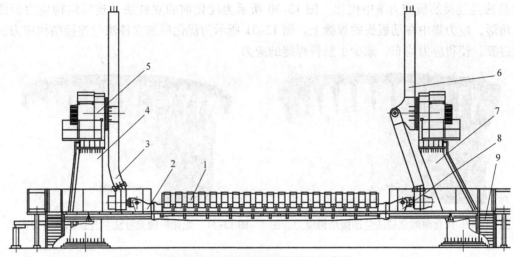

图13-23 超级波浪翻滚结构示意图

1—座舱部件 2—左万向节部件 3—转臂部件 4—左立柱部件 5—机座部件

6—摇臂部件 7—右立柱部件 8—右万向节部件 9—站台部件

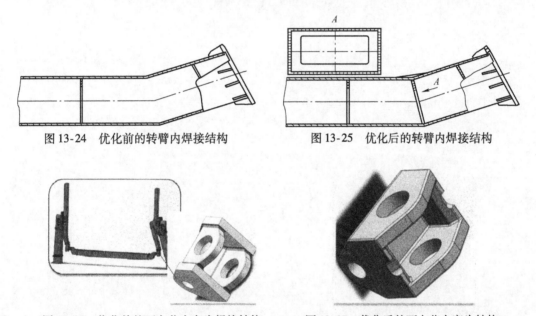

图13-24 优化前的转臂内焊接结构   图13-25 优化后的转臂内焊接结构

图13-26 优化前的万向节十字头焊接结构   图13-27 优化后的万向节十字头结构

（3）摇臂下端牵挂类结构优化 图13-28所示为摇臂下端牵挂类结构，其内置形式受力焊缝无法检测，且螺孔的攻螺纹质量不易控制。图13-29所示结构采用型钢穿过上下两层钢板，型钢左右内置两块加强筋板，使上下、左右钢板连成整体，该结构优化改善了内置筋板受力条件，便于设置双螺母连接及焊缝检查。

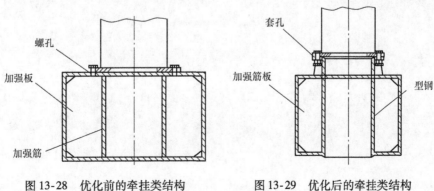

图13-28 优化前的牵挂类结构   图13-29 优化后的牵挂类结构

（4）立柱法兰连接筋板应力集中优化　图13-30所示为优化前的立柱法兰连接结构应力云图，由图可见筋板为三角形，应力集中在筋板头的焊缝上。图13-31所示为优化后的立柱法兰连接结构应力云图，筋板斜面为曲线过渡，使得应力均布，减少了筋板焊缝的应力。

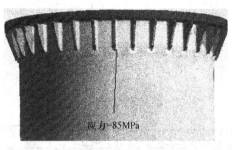

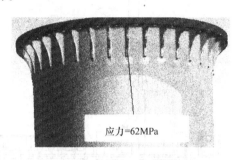

图13-30　优化前的立柱法兰连接结构应力云图　　图13-31　优化后的立柱法兰连接结构应力云图

第十四章

场（厂）内专用机动车辆结构焊接

第一节 基本要求

一、材料的选择

场（厂）内专用机动车辆包括叉车和旅游观光车等，其中车架、门架和驱动桥体等采用钢板和型钢焊接拼装而成，焊接构件在叉车整体重量中占到 40% 左右，很多叉车主机厂把焊接件作为自己的核心自制件。旅游观光车的车架焊接制造更是厂家重要的生产环节和整车基础，其质量直接关系到车辆的安全性和稳定性。车辆焊接材料一般选用相应强度等级的焊接材料，对于强度较高的母材，宜选用低氢型焊条进行焊接，为了避免焊接裂纹，在一些特定的焊缝上，也可采用相应强度等级略低而韧性高的焊条进行焊接。

车架是叉车和旅游观光车各大总成的载体和主要承载部件，为提高其整体强度，采用框架和侧蒙皮承载相结合的框架式车架结构。叉车搬运及提升货物的承载结构，常采用低合金高强度结构钢 Q355 作为车架框架，其非主要承载部件如加强板则采用 Q235A 等材料。旅游观光车的车架常采用 Q235 材质，其焊接性好，力学性能满足刚度及强度要求。

车架使用型材较多，且以焊接组装为主。在抗弯模量相近的前提下，不同截面的型材重量存在明显的差异，若选用截面不合适的型材，会增加车架及整车的重量。因此，型材的选择应综合考虑供应、性能、加工工艺及重量等因素的影响。圆形截面的型材性能较好，但横梁端面要加工成弧形与其配合，会导致加工成本增加；槽形梁的抗弯强度大，工艺性好，安装也比较容易，但其抗扭性差且规格较少；用钢板成形可自由设计槽形截面尺寸，但加工成形工艺复杂，因此适用于叉车批量大、规格相对较少的结构。对旅游观光车批量小、规格多的结构，选材时应尽量采用型材或断面简单的直梁或者小型的连接件，如槽钢、矩形管、圆管等，从而可以灵活选择原材料并降低成本。实际选用时可以根据负载的分布计算出梁的截面惯性矩数值，然后选择相应规格的型材。

门架是叉车的工作装置，其内门、外门架分别是由左右两根立柱，通过上、中、下不同数量的横梁连接而成的门式框架。立柱截面常采用不同形状截面的 Q355、Q460 等型钢，如槽型（C 型）、工字型（I 型和 H 型）和其他异型形状（L 型和 J 型）。左右立柱与横梁构成框架结构，依靠装在内外门架上的滚轮，使内门架沿外门架立柱滚动。当使用不同截面形状的型钢做门架立柱时，会有多种内外门架立柱的并列组合。

驱动桥体是关键零部件之一，其焊接质量直接关系车辆安全性，要求具有足够的强度、刚度和韧性。叉车一般采用整体式驱动桥壳，中段铸造压入钢管式桥壳和钢板冲压焊接式桥壳是常用的制造方法。铸造桥壳大多为铸钢桥壳，材料主要有 ZG200-400、ZG300-500 等，为进一步提高强度，正朝合金化方向发展，已开发应用 ZG20Cr13、ZG340-550 及更高强度的铸钢材料，多用于大吨位叉车。冲焊桥壳由于高效率、高强度及低成本广泛应用于中小吨位叉车，母材常采用 Q355、Q390 及 SAPH440 等，两端支承轴常采用 30CrMnTi、Q355、20、45 钢等。

二、场（厂）内专用机动车辆焊接结构设计一般原则

设计叉车和旅游观光车焊接结构时，需考虑的因素包括：外形、整车刚度、结构强度、焊接工艺性及焊接质量稳定性等。旅游观光车和叉车要求外形美观，车身焊点不能外露，这使得一些零件形状和焊接结构复

杂。为了达到一定的刚度和结构强度，要求车身采用一定厚度的钢板及加强板或加强筋结构，同时也考虑焊接工艺的易实施性及焊接质量的稳定性，如焊枪的可达性，尽量把焊点和焊缝安排在外部。

设计焊接结构的人员必须熟悉焊接结构生产工艺，根据工艺上实现的难易程度和接头所处位置对结构强度的影响，合理确定焊接结构和接头形式，不合理的结构设计不但难于制造和增加成本，而且往往会降低结构承载能力和使用寿命。焊接结构的工艺性和经济性是密切相关的，首先必须满足结构的使用性能，其次是生产条件（产品质量、设备条件和制造工艺水平等）。在研究焊接结构的工艺性和经济性时应分析下列诸因素：各零件的备料工作量和实现的可能性、各个焊缝焊点的焊接性、焊接质量的保证、焊接工作量的多少、焊接变形的控制、劳动条件的改善、材料的合理利用、结构焊后的热处理。

合理布置焊缝、设计合理的焊接接头、减少焊缝工艺缺陷，是避免焊接接头应力集中的主要途径。另外，可采用削平对接接头焊缝余高或增大过渡圆弧的措施来降低应力集中，提高接头疲劳强度。车辆焊接常用接头有T形接头和搭接接头等，其工作应力分布和工作性能各不相同。T形接头焊缝向母材过渡较急剧，接头在外力作用下力线扭曲很大，造成应力分布极不均匀，在角焊缝的根部和过渡处有很大的应力集中。保证焊透和降低余高是减小T形接头应力集中的重要措施之一，对重要的T形接头必须开坡口或采用深熔法进行焊接，应尽量避免在其板厚方向承受高拉应力，将工作焊缝转化为连接焊缝。搭接接头应力集中比对接接头复杂，正面角焊缝的根部和焊趾都有较大的应力集中，减小角焊缝斜边与水平边的夹角，增大熔深和焊透根部，可降低应力集中系数。试验证明，角焊缝的强度与载荷方向有关，当材料具有足够的塑性时，应力集中对其强度无影响。搭接和加盖板等连接常用电阻点焊，焊点主要承受切应力，在焊点区域沿板厚的应力分布也是不均匀的，电阻点焊的应力集中比弧焊更为严重，电阻点焊的焊点承受拉应力时，其焊点周围产生极为严重的应力集中，一般应避免点焊接头承受这种载荷。当材料塑性较好且设计合理时，电阻点焊仍有较高的静载荷强度，但其动载强度较低。

第二节　叉车焊接结构件制造工艺及设备

叉车焊接结构件制造的一般工艺流程如图14-1所示，主要分为板材下料、局部加工、成形、部件装配-焊接、矫形、总装配-焊接、矫形、抛丸处理、焊缝检测等。

一、板材下料及相关设备

叉车焊接结构的金属材料在划线的基础上，进行机械切割或热切割下料。切割的边缘，特别是装配焊接的边缘，通常要进行坡口加工，常用加工方法有机械切削和热切割两类，涉及设备有刨边机、坡口加工机、铣床、刨床等。叉车焊接结构中，绝大多数是中厚板。中厚板下料除剪切和压力机落料（较薄件和规划件）外，以往靠仿形火焰切割和手工火焰切割，存在周期长及制品周边质量差的弊端。随着先进下料切割设备的推广，大型叉车生产企业采用数控火焰切割机、数控等离子切割机、数控激光切割机等先进设备进行下料，下料既好又快，可解决下料问题从而提高了板材利用率。

二、成形及相关设备

叉车焊接结构件制造中弯曲成形、冲孔等工艺占有一定比例，成形所用到的设备有折弯机、卷板机等，还需制作相应的冲压模具。大吨位叉车的生产往往涉及低、中碳钢或低、中合金结构钢板材的折弯成形，需采用大型数控折弯机进行加工，实践表明，折弯机在叉车的结构件制造中使用率最高、使用成本最低，是具有推广前景的设备。

三、装配-焊接及相关设备

装配-焊接工艺是叉车焊接结构生产过程的核心，即将组成结构的已加工零件（部件）按图样规定相互位置固定组成结构的过程。装配是焊接结构制造的重要工序，装配质量直接影响焊接质量和产品质量，大型

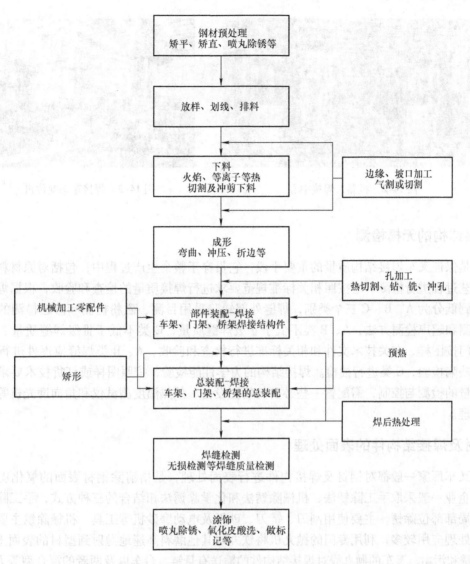

图 14-1　叉车焊接结构件制造的一般工艺流程

叉车制造企业焊接工艺机械化和自动化程度高，对装配质量要求很高。门架、车架及驱动桥体装配-焊接时零件的固定常用定位焊、定位板、焊接夹具来实现，定位焊和定位板在装配到焊接的运送过程中不能开焊或出现超过规定的变形，定位焊的位置和尺寸应以不影响焊接接头和结构的质量及工作性能为原则，定位板应不影响施焊，因此定位焊焊道应尽量布置在基本焊缝所在位置，并严格控制焊接质量。叉车的生产采用流动装配，焊件顺着一定工作地点依工序流动完成装配，各工作地点有装配夹具和工种工人。叉车的焊接结构件都采用零件装配成部（组）件并焊接合格后，再由部（组）件装配焊成结构，该方式与流水线生产相匹配，有利于先进焊接工艺和焊接设备的应用。目前叉车结构件焊接应用自动焊接技术，用焊接专机焊接驱动桥及门架槽钢，其参数稳定可控，如图 14-2 和图 14-3 所示机器人焊接中心及焊接车架变位机也应用于叉车车体、起升装置、薄板覆盖件等的焊接，如油箱、箱体、车架、门架上横梁、下横梁、外门架总成、货叉架、薄板结构件的焊接。叉车焊接结构件制造普遍采用焊后不加工工艺，即先加工好零件，待其他结构件都完成焊接装配后，再用一个有足够刚度和精度的装配-焊接工艺装备，完成机加工零件最后的装配焊接。

对于大型组焊工装的设计与制造应注意以下几个方面：①要结合工艺过程特别是装配工艺，选取焊接结构件的定位基准和工装上主要尺寸的公差；②关键件直接定位，普通件间接定位，以简化定位设计和夹紧设计；③由于工装上零件较多，要注意避免工装零件之间的干涉，还要注意避免工件吊运方向上工件与工件的干涉；④由于空间尺寸较多，工装设计和制造中要设置相应的工艺基准，以方便工装调整和检测。

图 14-2 机器人焊接中心

图 14-3 焊接车架变位机

四、焊接结构的无损检测

无损检测是保证叉车焊接结构质量的重要手段，它贯穿于整个生产过程中，包括对原材料、半成品、成品的质量及工艺过程进行检测。应按照相关标准规范要求进行焊接质量的检查和验收，根据焊缝的重要性和受力大小由高到低分为 A、B、C 三个类别，焊缝外部缺陷采用目测、磁粉检测和渗透检测的方法，内部缺陷采用射线检测和超声检测方法，A、B 类不低于 II 级焊缝质量，C 类不低于 III 级焊缝质量。焊接件由叉车制造厂质检部门按图样、有关技术文件和相关标准进行检查和验收，A、B 类焊缝应逐件进行几何形状与尺寸及焊缝外部缺陷检验，C 类进行抽检。焊接结构的力学性能检验，按照图样或订货技术要求规定进行。为了保障焊缝质量的检测与控制，需配置一些必要的检测设备、预热温度测试仪和角向磨光机等，并加强企业内部的质量管理。

五、钢材及焊接结构件的表面处理

目前国内叉车厂家一般都对钢材及焊接构件进行表面处理，是指清除钢材表面的氧化皮和铁锈，即除锈。叉车生产企业一般采取手工除锈法、机械除锈法和化学除锈法相结合的三种方式，手工除锈法用于机械除锈达不到的局部部位除锈，主要使用刮刀、铲刀、砂纸及电动磨砂机等工具。机械除锈主要有喷砂和抛丸等，其中抛丸处理应用较多，利用专门的抛丸机将铁丸或其他磨料高速地抛射到型材的表面上，以消除表面的氧化皮、铁锈和污垢。叉车的抛丸线对焊接结构件的输送有悬链、台车以及两者的混合型等方式，喷丸处理可在金属表面形成残余压应力，有利于提高疲劳强度，即为喷丸强化，通常在焊趾应力集中处喷丸，可获得既生成压应力又减少应力集中的效果，如图 14-4 和图 14-5 所示为两种抛丸清理机。钢材或焊接结构件经过抛丸除锈后，应进行防护处理：①首先用经净化过的压缩空气吹净钢材表面灰尘及铁锈等；②涂刷防护底漆或浸入钝化处理槽中进行钝化处理；③最后将涂刷防护底漆的型材或构件送入 70℃ 烘干炉中进行干燥处理。

图 14-4 悬链通过式抛丸清理机

图 14-5 型材通过式抛丸清理机

第 三 节 叉车典型焊接结构件制造

一、车架焊接结构制造

1. 车架结构

车架是整个叉车的基体，其功用是支承和传力，叉车的所有总成和零部件都直接或间接安装在车架上。叉车车架有箱式和铰接式两种形式，普通叉车采用箱式车架，越野叉车多应用铰接式车架。

箱式车架用钢板焊接成箱形，无明显的纵梁，刚度大，箱体可作为燃料箱及液压油箱。车架前端支承在驱动桥上，后端通过中间铰轴支承在转向桥上，如图 14-6 所示，主要由左右箱体、尾架和横梁等部件焊接组成，左箱体靠前端为燃油箱，后端部分安装油泵和油泵电动机；右箱体作为液压油箱，存储液压油；横梁在车架前端和后端各有一个，连接左右箱体；尾架用于连接转向桥和支承平衡重；左右箱体、横梁和尾架等焊接成一体。图 14-7 所示为焊接结束后的车架进行焊缝表面处理。在作业时驱动桥将承担其大部分重量，所以车架前部对称地焊接侧力板加强筋，前围板焊接在侧梁体之间，形成整体式刚性结构车架。车架焊缝的特点有：①车架承载力大，对焊缝要求高；②焊缝呈多方位分布且内部焊缝很多。由于机器人工作站焊接具有生产率高、焊缝质量好、劳动强度低的优点，已被大型叉车生产企业采用在小吨位叉车制造中。

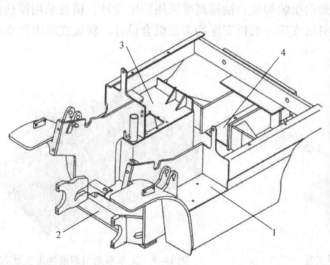

图 14-6 箱式车架	图 14-7 车架焊缝表面处理

1—左箱体　2—横梁　3—右箱体　4—尾架

2. 车架焊接工艺

车架所用的材料为 Q355，油箱的厚度为 6mm，前后支承结构板厚为 12mm，接头形式为多角接头，采用熔化极气体保护焊，配合机器人专用桶装 ER50-6 焊丝，保护气体为 80% Ar + 20% CO_2，焊接不预热，焊接电流为 200A，并采用两轴变位机完成焊接过程中油箱焊缝位置的调整。油箱焊接完成后进行油箱与横梁、尾架等前后支承结构的拼焊，由于前后支承结构板材较厚，且焊接位置较多，故采用射滴过渡的焊接方法，焊接电流为 220~260A。

3. 多工位机器人焊接方案

根据生产加工过程将车架焊接分为油箱焊接工位、油箱与支承架拼焊工位、车架整体焊接工位。为满足油箱焊接气密性要求，采用五轴双工位变位机配合机器人完成油箱焊接，可实现一边焊接一边拆装。油箱与前后车架支承架的拼焊仅完成结构件的定位与点固，因此拼装工位采用固定工作台配合机器人完成拼焊作业。车架整体结构焊接采用旋转两轴变位机配合机器人完成焊接。车架整体质量较大，采用搬运机器人完成三个工位之间的物料转移。

根据工件尺寸，结合实际加工工件，选用大功率型搬运机器人，配合专配导轨完成物料的搬运作业。为了同时可以搬运油箱和车架，采用自动快换装置完成油箱搬运吸盘和车架搬运抓手之间的切换。选用焊接机器人，配备机器人专用弧焊电源，选用机器人专用焊枪，同时配备清枪剪丝装置。在油箱焊接工位，采用五轴双工位变位机，在车架焊接工位采用两轴U形变位机和车架焊接工装对车架进行定位和夹紧。

由于油箱平整光滑、体积大的特点，采用真空式吸盘抓手进行抓取。当油箱与前后支承架拼焊后，需将车架搬运到车架焊接工作站的变位机上进行车架各焊缝的焊接，采用由外侧进行抓取的机械式抓手。

车架焊接变位机主要由支座、U形支承轴、驱动系统、工作台和工装夹具五个部分组成。变位机是工装夹具和车架的承载机构，通过变位机的两个外部轴与机器人的协同运动，实现焊接机器人对车架所有位置焊缝的焊接。采用U形机构增加了变位机的承载能力。

车架焊接工装是车架焊接机器人的重要组成部分，车架在变位机上的定位和夹紧都通过焊接工装完成，焊接工装对车架的定位精度直接影响焊接质量，而夹紧力是车架焊接过程中稳定性和安全性的前提。为了配合搬运机器人对车架进行拆装，车架焊接工装采用气动夹紧的方式，通过气缸实现对车架的夹紧动作。此外还需考虑机器人焊枪运动与车架焊接工装的干涉情况。

4. 大吨位叉车车架组焊定位工装

大吨位叉车车架组焊工装如图14-8所示。图14-9所示为叉车车架组焊前的定位状态，其尾架定位机构、变速器支座定位机构、发动机支座定位机构等均采用模块化设计，即上、下座分体设计，根据不同吨位叉车部件更换相应的定位座，实现多品种车架的组装焊接；油箱高度采用固定设计，横板采用浮动定位，能够保证横板与箱体贴合紧密、缝隙均匀；倾斜缸支座、前桥支座均采用组合设计，保证在有限的空间里减少拆装次数。

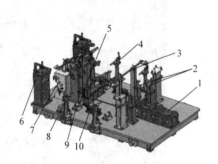

图14-8　大吨位叉车车架组焊工装

1—尾架定位机构　2—发动机支座定位机构　3—护顶架支座定位机构
4—油箱夹紧机构　5—变速器支座定位机构　6—第二组合定位机构
7—挡泥板定位机构　8—第一组合定位机构　9—横板浮动定位机构
10—油箱支承机构

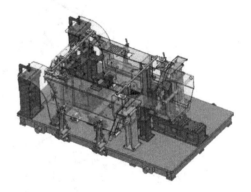

图14-9　叉车车架组焊前的定位状态

5. 车架焊后工序

当焊接完的车架经过焊缝及抛丸等表面处理后，进入车架的涂装及后续装配流程，如图14-10和图14-11所示。

二、门架焊接结构制造

1. 门架系统结构

门架升降系统有二级门架（内门架、外门架）或三级门架（内门架、中门架、外门架）。二级门架系统如图14-12所示，内、外门架是升降系统的骨架，主要承受货物重力及弯曲载荷。内、外门架是各自由左、右两根立柱，通过上、中、下不同数量的横梁连接而成的外形封闭的超静定框架，外门架的中横梁往往与倾斜液压缸支座相连。立柱既是门架承载的主要构件，又是叉架或内门架做升降运动的导轨，立柱截面有槽型

（C 型）、工字型（I 型和 H 型）和其他异型形状（L 型和 J 型）。左、右两立柱通过 2~3 根横梁连接，构成框架结构，然后嵌套在一起，依靠装在内、外门架上的滚轮，使内门架沿外门架立柱滚动，当使用不同形状截面的型钢做门架立柱时，会有多种内、外门架立柱的排列组合，如图 14-13 所示。

图 14-10 涂装后车架　　　图 14-11 装配驱动桥柴油机的车架

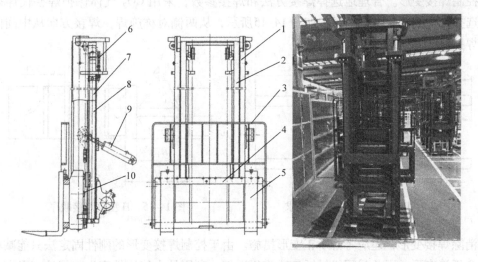

图 14-12 二级门架系统

1—外门架　2—内门架　3—挡货架　4—货叉架　5—货叉　6—链条
7—左升降液压缸　8—右升降液压缸　9—倾斜液压缸　10—滚轮

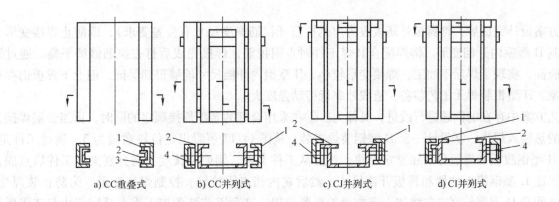

a) CC重叠式　　b) CC并列式　　c) CJ并列式　　d) CI并列式

图 14-13 门架立柱的截面形状与组配

1—外门架立柱　2—内门架立柱　3—导向衬板　4—滚轮组

各种组合形式都有不同的优缺点，CC 重叠式内、外门架立柱截面相同，材料规格单一，制造方便，但导向滚轮只能装在内门架立柱的下腹板上，滚轮压力比较大；CI 并列式、CJ 并列式和 Ⅱ 形截面共同特点为内门架立柱外翼缘均有外伸，翼缘插入外门架立柱槽形内，使得内门架上下支承滚轮间距大、滚轮压力小，在最大起升高度，滚轮间距最小、压力最大。为保证滚轮的自由运行减少起升摩擦力，对立柱的焊接变形要求较高。

2. H 型钢门架立柱焊接工艺设计及修正

内、外门架的立柱为叉车重要受力部件，由于 H 型钢材料具有厚度小、宽度窄、长度长的特点，焊接工艺应考虑焊接方法和优化焊接次序。设计的工艺方案为：①焊接前将腹板和翼板加工至图样要求尺寸（图 14-14）；②装焊时在 H 型钢内档加上定位垫块，以保证开档尺寸；③H 型钢翼板外侧每隔 300mm 点固筋板，使翼板靠实；④两侧对称从中间向两端同时施焊，控制焊接方向与顺序，分段进行焊接。该加工工艺可满足腹板和翼板焊后不加工要求。由于滚轮在门架立柱内开档上下滚动运行，预防焊接变形，保证翼板及腹板焊后平直也是重要要求。为保证开档的尺寸，在 H 型钢内档加上两块定位垫块并铆焊配合，将腹板放在垫块上，两边翼板分别靠实垫块两端并点固，既保证了 H 型钢内开档尺寸，又保证了腹板位置。

H 型钢焊接时上下翼板易产生挠曲变形，因此控制焊接变形是必要的，方法常有：反变形法、刚性固定法，合理选择焊接方法及装配焊接顺序等。采用刚性固定法时，在 H 型钢翼板外侧每隔 300mm 点固筋板，使翼板靠实以控制焊接变形。合理地选择焊接方法和焊接参数，采用 CO_2 气体保护焊替代焊条电弧焊，减少焊接变形。选择合理的装配焊接顺序，如图 14-15 所示，从两侧对称施焊，焊接方向从中间向两边同时施焊，分段进行焊接。

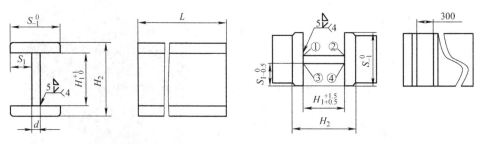

图 14-14　H 型钢加工尺寸要求　　　　　图 14-15　H 型钢焊接顺序

为进一步消除焊接变形，还应考虑矫正变形措施。由于控制焊接变形的刚性固定法只能减小翼板的挠曲变形，不能完全抵消变形，因此采用机械矫正法进行矫正，利用外力使构件产生与焊接变形方向相反的塑性变形，使两者互相抵消。图 14-16 所示为 H 型钢压力矫正工艺装备，在横梁断面内侧两端刨出合适的斜度形成斜面，将工件翼板两端放在横梁上，利用 1000kN 的液压机产生从上而下的压力矫正焊接可能引起的下挠变形。

工艺方案设计完成后，将翼板外筋板改为内侧拉筋（拉筋宽度尺寸有公差要求），既防止焊接变形又可更好地控制 H 型钢内开档变形。铆焊配合装焊工件时点固拉筋，焊接完成后打去拉筋修磨平整。通过试验工艺方案验证，实现了焊后不加工，焊接变形较小，H 型钢内开档尺寸能够得到保证，但上下翼板仍存在上下挠动现象。H 型钢装焊无工艺装备，造成效率低劳动强度大。

对工艺方案中存在的问题进行改进，具体为：①在采用合理的装配焊接顺序的同时，适当分层焊接，每层采用小的热输入焊接；②设计一套 H 型钢装焊工装，从图 14-17 可看出定位块数量为 3，满足工件定位，组对时将 H 型钢腹板和翼板分别靠紧定位块，然后从工件上面、侧面及长度方向分别夹紧工件后点固，这样可有效保证 H 型钢腹板位置和翼板开档尺寸，然后在内档点固拉筋，控制焊接变形。为防止装焊变形，在定位块之间沿 H 型钢长度方向增加一定数量的夹紧装置。这套工艺装备加工重点是定位块与连接板必须焊后加工，安装重点是定位块的位置调整。采取上述改进措施后焊接变形基本消除，个别件存在一些细小焊接变形，可以利用焊接矫正工艺装备彻底消除，内档尺寸完全得到控制，满足了图样设计要求。尤其装焊工艺装备的运用，大大提高了装焊质量，降低了劳动强度，提高了劳动效率。

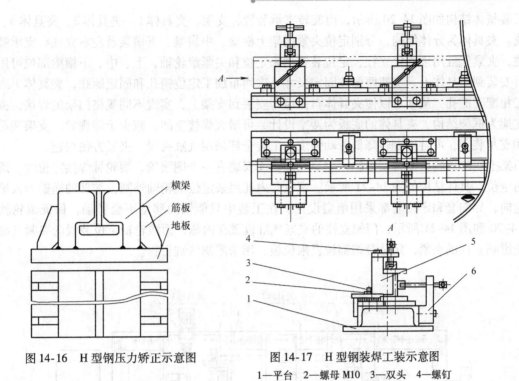

图 14-16　H 型钢压力矫正示意图

图 14-17　H 型钢装焊工装示意图
1—平台　2—螺母 M10　3—双头　4—螺钉
5—定位板　6—侧面夹紧板

3. 电动叉车门架组焊工装设计

电动叉车的门架结构如图 14-18 所示，由两侧立柱、上横梁、中横梁、下横梁和滚轮等零部件组焊而成，其中上、中、下横梁的作用是增加强度和安装固定零部件，立柱和滚轮在内、外门架装配后起导向滑动作用，因此门架组焊后需要保证左右立柱的平行度及两侧滚轮的同轴度。

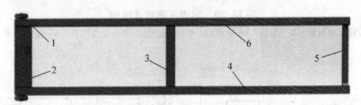

图 14-18　电动叉车的门架结构
1—滚轮　2—下横梁　3—中横梁　4—右立柱　5—上横梁　6—左立柱

根据门架的结构工艺性以及具体应用情况，组焊工装需要保证：①门架组焊后，宽度尺寸误差在设计要求范围内；②两侧滚轮轴同心度误差在设计要求范围内。选择左右立柱的侧面和底面以及滚轮轴安装外圆为定位基准，如图 14-19 所示，立柱侧面及底面两个定位点应尽量靠近立柱端部，从而减少定位误差，保证宽度尺寸的一致性。

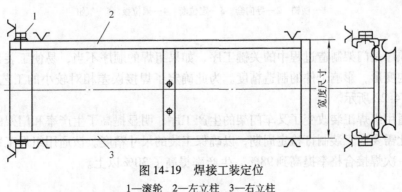

图 14-19　焊接工装定位
1—滚轮　2—左立柱　3—右立柱

组焊工装整体结构如图 14-20 所示，由旋转支承装置、支架、夹具体 1、夹具体 2、夹具体 3、旋转驱动装置等组成。夹具体为分体结构，分别定位夹紧门架上横梁、中横梁、下横梁及左右立柱。支承螺钉用来定位左右立柱，夹紧气缸用来固定立柱，定位装置用来定位和夹紧滚轮轴，上、中、下横梁部位可用小工装预先焊接，再安装到夹具体上。支架两侧按固定尺寸一次均布加工定位销孔和固定螺孔，夹具体 1、2、3 的底板上也加工相配套的孔，从而可以使夹具体自由组合安装到支架上，实现不同规格门架的焊接，提高工装的通用性。支架为框架结构，夹具体的底板为镂空设计，可增大焊接空间，减少干涉现象。支架两端连接旋转驱动装置和支承装置，可自由翻转降低劳动强度。工装全部采用气缸夹紧，夹紧方便快速。

由于门架上用的滚轮为复合型滚轮，主滚轮的侧面安装有一个侧滚轮，滚轮轴焊接定位时，既要外圆定位也要方向定位，具体结构如图 14-21 所示。定位套内孔用来定位滚轮轴外圆，端部的横销卡入滚轮轴的半圆槽用来定向，导向套和定位套都采用削扁设计，在工装中只能轴向移动不会转动，保证滚轮轴的焊接位置。如图 14-20 和图 14-21 所示，门架立柱的夹紧气缸设置在内侧，而滚轮轴定位装置的夹紧气缸设置在外侧，为防止影响立柱的夹紧，定位套端部设置限位板，用来限制气缸行程。

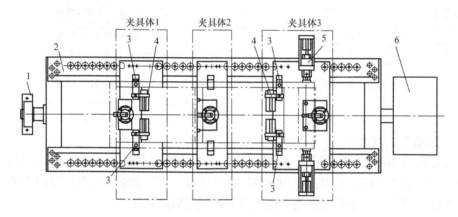

图 14-20　组焊工装整体结构

1—旋转支承装置　2—支架　3—支承钉　4—夹紧气缸　5—定位装置　6—旋转驱动装置

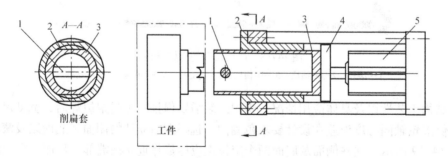

图 14-21　滚轮轴定位装置

1—横销　2—导向套　3—定位套　4—限位板　5—气缸

合理安排焊接顺序是门架制造过程中的关键工序，如果组焊的顺序不当，易使工装与工件之间产生较大的内应力，引起结构变形，影响工件的制造精度。为此确定了焊接误差相对较小的工艺，即先点焊再满焊，门架焊接顺序如图 14-22 所示。

电动叉车门架通用组焊工装改变了叉车门架的生产工序，明显提高了生产率和门架的焊接质量，但工装会磨损和变形，因此需要对工装制订检定周期，以确保工装的尺寸精度。该通用组焊工装已应用于常规电动叉车门架的焊接，一次焊接合格率提高到 98%，生产率提高了 30% 以上。

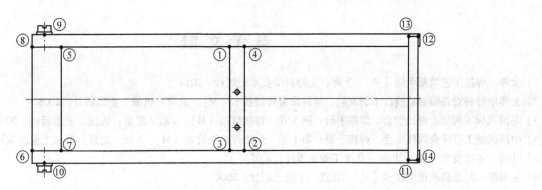

图 14-22　门架焊接顺序

参 考 文 献

[1] 徐峰. 焊接工艺简明手册 [M]. 上海：上海科学技术出版社，2014.

[2] 上海市特种设备监督检验技术研究院. 特种设备焊接技术 [M]. 北京：机械工业出版社，2008.

[3] 中国机械工程学会焊接学会. 焊接手册：第3卷 焊接结构 [M]. 3版. 北京：机械工业出版社，2008.

[4] 中国机械工程学会焊接学会. 焊接手册：第1卷 焊接方法及设备 [M]. 3版. 北京：机械工业出版社，2008.

[5] 叶琦. 焊接技术 [M]. 北京：化学工业出版社，2005.

[6] 王福绵. 起重机械检验技术 [M]. 北京：学苑出版社，2000.

[7] 李向东，张新东. 大型游乐设施安全管理与作业人员培训教程 [M]. 北京：机械工业出版社，2018.

[8] 付恒生，林明，梁朝虎. 大型游乐设施设计 [M]. 上海：同济大学出版社，2015.

[9] 刘普明. 锅炉压力容器压力管道焊工考试习题集 [M]. 沈阳：辽宁大学出版社，2003.

[10] 毛怀新. 电梯与自动扶梯技术检验 [M]. 北京：学苑出版社，2001.

[11] 拉达伊. 焊接热效应 [M]. 熊第京，等译. 北京：机械工业出版社，1997.

[12] 李平瑾. 锅炉压力容器焊接技术及焊工问答 [M]. 北京：机械工业出版社，2004.

[13] 北德国金属制造业健康与安全委员会. 在焊接及相关工艺过程中的有害物质：一 [J]. 焊接技术，2002，31（2）：60-63.

[14] 北德国金属制造业健康与安全委员会. 在焊接及相关工艺过程中的有害物质：二 [J]. 焊接技术，2002，31（4）：61-64.

[15] 北德国金属制造业健康与安全委员会. 在焊接及相关工艺过程中的有害物质：三 [J]. 焊接技术，2002，31（5）：61-64.

[16] 北德国金属制造业健康与安全委员会. 在焊接及相关工艺过程中的有害物质：四 [J]. 焊接技术，2002，31（6）：62-65.

[17] 李向东. 大型游乐设施安全技术 [M]. 北京：中国计划出版社，2010.

[18] 刘廷贵. 锅炉压力容器压力管道焊工考证基础知识 [M]. 北京：中国计量出版社，2002.

[19] 王晓雷. 承压类特种设备无损检测相关知识 [M]. 2版. 北京：中国计量出版社，2004.

[20] 陈裕川. 现代焊接生产实用手册 [M]. 北京：机械工业出版社，2005.

[21] 顾纪清，阳代军，等. 管道焊接技术 [M]. 北京：化学工业出版社，2005.

[22] 杜伟国. 管道施工技术 [M]. 上海：上海科学技术出版社，2001.

[23] 杨其富. 现场焊工必读 [M]. 北京：中国电力出版社，2005.

[24] 余燕. 焊接材料选用手册 [M]. 上海：上海科学技术文献出版社，2005.

[25] 陶元芳，卫良保. 叉车构造与设计 [M]. 北京：机械工业出版社，2010.

[26] 李德明. 重型叉车车架结构工艺优化及应用 [J]. 叉车技术，2015（1）：21-23.

[27] 董艳平，李向阳. 大吨位叉车车架组焊定位工装 [J]. 工程机械与维修，2018（5）：42.

[28] 刘秀春，亓安芳，李忠杰. 全位置TIG对接焊机工艺试验研究 [J]. 锅炉技术，2004，37（5）：52-54；78.

[29] 傅育文，王炯祥，亓安芳，等. 脉冲埋弧焊技术在膜式水冷壁管屏拼接中的试验及应用 [J]. 锅炉技术，2006，38（1）：56-58.

[30] 柳金海，陈百诚. 金属管道焊接工艺 [M]. 北京：机械工业出版社，2005.

[31] 中国机械工程学会焊接学会. 焊接手册：材料的焊接 [M]. 北京：机械工业出版社，2008.

[32] 杜邦. 镍基合金焊接冶金和焊接性 [M]. 吴祖乾，等译. 上海：上海科学技术文献出版社，2013.

[33] 利波尔德. 不锈钢焊接冶金学及焊接性 [M]. 陈剑虹，译. 北京：机械工业出版社，2008.

[34] 福克哈德. 不锈钢焊接冶金 [M]. 栗卓新，等译. 北京：化学工业出版社，2004.

[35] 利波尔德. 焊接冶金与焊接性 [M]. 屈朝霞，等译. 北京：机械工业出版社，2016.

[36] 全国锅炉压力容器标准化委员会. 承压设备焊接工程师培训教程 [M]. 昆明：云南科技出版社，2004.

[37] 周新年. 工程索道与悬索桥 [M]. 北京：人民交通出版社，2013.

[38] 张育益，李国锋. 图解叉车构造与拆装维修 [M]. 北京：化学工业出版社，2011.

[39] 张巍，叶国云. 电动叉车门架通用组焊工装的设计与应用 [J]. 起重运输机械，2017（11）：153-154；162.

[40] 宋佩辉，李兆辉，杨耀彩，等. 大吨位叉车门架立柱的焊接应力和焊接变形的研究与应用 [J]. 机械工人（热加工），2005（11）：53-54.

[41] 杨立，杨泽宇，曹姜华. 叉车车架多工位机器人焊接系统设计 [J]. 低碳世界，2019（12）：301-302.